贴片陶瓷电容器应用手册

刘 奎◎编著

人民邮电出版社
北京

图书在版编目（CIP）数据

贴片陶瓷电容器应用手册 / 刘奎编著. -- 北京 : 人民邮电出版社, 2021.11(2023.9重印)
ISBN 978-7-115-56765-9

Ⅰ. ①贴… Ⅱ. ①刘… Ⅲ. ①陶瓷介质电容器—手册 Ⅳ. ①TM534-62

中国版本图书馆CIP数据核字(2021)第126868号

内 容 提 要

本书是一本为贴片陶瓷电容器用户答疑解惑的应用宝典。主要内容包括贴片陶瓷电容器发展史简介、电容器的基本概念和定义、静电电容器构造方案简介、贴片陶瓷电容器的结构组成及生产工艺简介、MLCC 陶瓷绝缘介质分类及温度特性介绍、陶瓷绝缘介质的电气特性介绍、贴片陶瓷电容器规格描述、MLCC 的测试和测量标准、MLCC 质量评审、元件寿命和可靠性的相关理论、MLCC 常见客户投诉及失效模式分析、MLCC 在电路设计中的应用知识等。

本书适合作为电子产品的设计人员、电子产品制造的工程和品质人员、MLCC 售后服务人员、MLCC 技术型销售人员和技术型采购人员的参考用书，也适合作为 MLCC 厂家相关部门人员的培训教材。

◆ 编　　著　刘　奎
责任编辑　黄汉兵
责任印制　陈　犇
◆ 人民邮电出版社出版发行　　北京市丰台区成寿寺路 11 号
邮编　100164　　电子邮件　315@ptpress.com.cn
网址　https://www.ptpress.com.cn
三河市君旺印务有限公司印刷
◆ 开本：787×1092　1/16
印张：23.25　　2021 年 11 月第 1 版
字数：620 千字　　2023 年 9 月河北第 2 次印刷

定价：149.80 元

读者服务热线：(010)81055493　印装质量热线：(010)81055316
反盗版热线：(010)81055315
广告经营许可证：京东市监广登字 20170147 号

前言

电容器作为三大被动元件（电容器、电阻器、电感器）成员之一，是电子电气设备中应用最为广泛的元件，贴片陶瓷电容器（以下简称 MLCC）的应用更是在各类电容器中占比超过 50%以上，正因为如此，绝大多数跟电子制造打交道的人，不论愿不愿意，都不可避免地需要接触贴片陶瓷电容器。

MLCC 通常一身“素装”，本体表面没有任何丝印标识，别看它“低调”，在使用过程中它可真是麻烦不断。我们经常听到类似这样的抱怨，销售 MLCC 的人说“卖 IC 都没有难倒我，反而被 MLCC 的规格参数给弄糊涂了”，使用者说“忽好忽坏，太奇怪了”“电容器怎么变成电阻了？”“为什么有些电容器漏电问题无法在电子产品出货前拦截住？”“为什么贴片陶瓷电容器用电烙铁一重焊就好了，放上几天又不良了？”等。也经常有业内老朋友问我这些问题。于是，我萌生了一个想法：何不把这些常见问题整理一下，与人方便的同时也为自己节省时间，但是，当我在开始整理相关资料时发现这个任务不是那么简单。比如说，如果追求浅显易懂就难以保证专业性和权威性，如果追求专业性和权威性就无法保证非专业人士能看懂。能否做到两者兼顾，“丰俭由人”呢？

经过一番深思后，我最后还是理出了一条思路：浅显易懂的内容是针对“现象”和“检测标准”，专业权威的内容针对“现象背后的原理”“标准建立的依据和原理”。例如 MLCC 的容值老化特性，非专业的人士也许只需要了解贴片陶瓷电容器具有容值随时间变化而降低这种特性即可，不需要知道老化的原因和规律，而专业人士也许需要深入了解容值老化的规律及如何规避影响。因而，本人推荐不追求过高专业性的读者可直接跳到本书第 11 章和第 12 章，获取跟 MLCC 应用有关的内容，若在此过程中，需要了解相关联的专业知识，文中为读者备注了对应章节，以便学习更专业和更权威的内容。

本人接触 MLCC 至今已 20 多年，在 MLCC 工厂里从事过生产、工程、品质及售后服务等管理工作，在如此难得的完整工作经历中，我积累了很多宝贵的应用经验，我想，即便是细分领域的专业人士也难得有这样完整的经历，有机会把 MLCC 的生产与应用紧密结合起来。另外，我也分析和汇总了全球各大 MLCC 厂家的产品规格介绍和特性介绍，翻阅了 MLCC 的行业标准，例如中国的 GB 标准、美国的 EIA 标准、日本的 JIS 标准及国际标准 IEC，经过 3 年梳理，最终汇总成册。为了便于理解，我将书名确定为《贴片陶瓷电容器应用手册》。

虽然书中有一部分内容从 MLCC 厂家提供的规格书或官网中可随时查询，但是 MLCC 厂家提供的资料侧重于选型和局限于自身擅长的产品而难以概全，并且 MLCC 厂家有意或无意地回避了行业普遍存在的短板，最重要的是：关于 MLCC 稍微专业一点的资料大多是英文版的，它不方便中文用户对专业知识的获取。另外，我也不是纯粹的 MLCC 知识搜集者，本书融入了对比和分析。同时，我期望此书能有益于提升中国 MLCC 用户的专业水平，从而倒逼中国 MLCC 行业不断进步，追赶并超越国际水平。基于上述这些目的，羞于本心宏愿，权作抛砖引玉。

美国大约 30 年前就有介绍三大被动元件的书籍，其中涉及贴片陶瓷电容器，而在中国，本人至今还未搜寻到关于贴片陶瓷电容器应用的中文书籍。随着中国电子产品自主创新能力的提升，

MLCC用户对MLCC专业知识的需求也在逐步提升。本人的抛砖之作，其适用对象很宽泛：第一适用对象是电子产品的设计人员，因为目前选择合适的电容器仍然是一项艰巨的任务；第二适用对象是电子产品制造的工程和品质人员，制程中常见的疑难问题均可以在这本书中寻找到答案；第三适用对象是MLCC售后服务人员，可以一网打尽所有MLCC标准和常见问题分析；第四适用对象是MLCC技术型销售人员和技术型采购人员，可以查阅所有权威标准而不被所谓的“专业人士”蒙蔽；第五适用对象是MLCC厂家相关部门人员，可将此书作为系统培训的教材；第六适用对象是从事MLCC销售的各个渠道人员，可将此书作为“字典”，以备急需之用。

在MLCC应用中碰到的各种各样的品质纠纷和困扰，可以概括为两个方向，一个是专业与非专业之间的“误会”，另一个是脱离行业标准的“各说各话”。如果要判定产品品质，就需要依据标准，就像定罪要依据法律一样，再权威的第三方检测机构，也只能保证检测结果的正确性，但是它没有被授予判定的权利，所以，品质不良的最终判定是由裁决机构根据行业标准（或合同约定）和第三方权威机构的检测结果来做的。因而，如果脱离了标准和品质合约，第三方权威机构的检测报告就形同废纸。基于上述林林总总，当供需双方碰到品质纠纷时，可从本书获得中肯的建议。

最后，我想申明的是：本书的权威性不是依赖我个人的经验和名气，而是仰赖于行业标准和国际标准，套用一句经典的广告词：“我不是标准创立者，我只是标准的搬运工。”

由于本人能力和专业限制，疏漏和错误之处在所难免，恳切希望广大读者批评指正。

编者
2021年8月

目录

第 1 章 贴片陶瓷电容器发展史简介

1.1 贴片陶瓷电容器的命名

陶瓷电容器是指介质材料为高温烧结的无机陶瓷化合物的电容器，一般来说，这些材料是基于复合钛酸盐或铌酸盐化合物的混合物，比如钛酸钡、氧化钛、钛酸钙、钛酸锶等。锡酸盐和锆酸盐化合物也被使用。由于陶瓷电容器具有多种多样的电气特性，美国电子元件工业协会（EIA）将陶瓷电容器分为 4 个不同的类别。陶瓷电容器的绝缘介质属于无机介质，相对应采用有机介质的电容器，包括纸质电容器和塑胶膜电容器（聚酯膜、聚丙烯膜、聚碳酸酯、聚苯乙烯、特氟龙电容器）。

静电电容器通常以采用何种绝缘介质来命名，这是因为介质特性占主导地位而决定了电容器的电性。绝大多数陶瓷电容器设计采用叠层结构，英文名为“multilayer ceramic capacitor”，简称 MLCC，翻译过来应该叫“片式多层陶瓷电容器”，但是这个称谓太过冗长，如果称“贴片电容器”看似简洁，但是电解电容器和钽电容都有贴片型号，容易混淆，所以本书译为“贴片陶瓷电容器”。我们日常交易中的口语化称谓有很多种，比如贴片电容、片式电容、独石电容等，口语化称谓没必要如此严谨。

MLCC 位于三大被动元件（电容器、电阻器、电感器）之首，戏称电子产品的“大米”，用量最为广泛。从 1945 年美国率先制造出 MLCC 至今已有 75 年历史。时至今日，虽然日本厂家在 MLCC 制造工艺上独领风骚，但是美国的 EIA 标准和 IEC 标准针对 MLCC 所做的规范和描述非常详尽且与时俱进，一直是后来者参照的依据。我们今天所熟悉的介质分类 NP0、X7R、Y5V，以及英制尺寸描述 0603、0805、1206 等都来自 EIA 标准。浏览整个 MLCC 的发展史，我们能深刻地感受到像 EIA 和 IEC 这些行业标准对促进技术进步所起的巨大作用。行业标准的制定就好比是划定了产品优劣的分界线，假若脱离了标准我们就无法评价一个产品的好坏。同时产品的创新也是把行业标准作为参照的，只有性能在行业标准之上的才算是创新，所以这些标准也促进了行业有序良性竞争。

1.2 全球主要 MLCC 生产商介绍

目前，在全球 MLCC 制造商中，国外厂商占据市场主导地位，国内厂商仅能抢占中低端市场。全球前六大厂商分别是村田、三星、国巨、太阳诱电、华新科、TDK，约占据 85%以上的市场份额。全球大约有 30 多家 MLCC 生产商，主要的生产商如下。

日本：村田（MURATA）、太阳诱电（TAIYO）、TDK、京瓷（KYOCERA）、丸和（MARUWA）、

贵弥功（CHEMI-COM）、松下（PANASONIC）；

韩国：三星（SAMSUNG）、三和（SAMWHA）；

美国：AVX、基美（KEMET）、约翰逊（JOHANSON）、ATC、威世（Vishay）、Venkel、Cal-chip、NIC；

中国：国巨（YAGEO）、华新科（WALSIN）、天扬（TEAMYOUNG）、达方（DARFON）、禾伸堂（HEC）、风华高科（FENGHUA）、火炬电子、宇阳（EYANG）、潮州三环。

1.3 MLCC 发展历程简介

1945 年，美国最先发明叠层式陶瓷电容器 MLCC；

1960 年，美国发明 MLCC 新型电极材料，以银或银钯合金做电极；

1971 年，日本 TDK 开始投产 MLCC；

1975 年，美国 AVX 成为世界领先的 MLCC 制造商；

1983 年，日本村田开始生产 MLCC；

1984 年，日本太阳诱电率先实现 MLCC BME 制程，电极用镍铜替代银钯，成本下降近 70%；

1985 年，中国风华高科在国内率先引进美国 MLCC 生产线；

1988 年，韩国三星电机在韩国率先开始投产 0603（公制 1608）MLCC；

1990 年，中国台湾天扬创立并开始投产 MLCC；

1992 年，中国台湾华新科开始投产 MLCC；

1994 年，日本村田在中国无锡建厂生产 MLCC；

1996 年，中国台湾天扬在东莞建厂；

1999 年，日本太阳诱电在中国东莞成立分厂；

2000 年，中国台湾国巨并购飞利浦全球陶瓷组件与磁性材料部门，得以快速掌握 MLCC BME 制程和共烧技术；

2000 年，中国台湾华新科在东莞设厂；

2001 年，中国宇阳成立，专注小尺寸 MLCC 生产；

2001 年，韩国三星宣告开发全球最小尺寸 0201（公制 0603）MLCC；

2003 年，韩国三星宣告开发世界第一个微型 01005（公制 0402）MLCC；

2012 年，日本村田率先发布世界最小尺寸 008004（公制 0201）的 MLCC；

2015 年，日本太阳诱电率先生产 470μF MLCC；

2015 年，日本村田 1206 和 1210 尺寸规格容量做到 100μF 以上，0201 C0G 25V 做到 1 000pF；

2017 年，日本村田率先宣告 008004（公制 0.25mm×0.125mm）C0G 25V 容量做到 100pF。

MLCC 像半导体 IC 一样也存在一个“摩尔定律”，每 10 年左右产品尺寸缩小一级（例如，原本 0603 尺寸才能生产，现在 0402 尺寸也能生产了）。但是这种情况一定面临放缓的趋势。01005 已成功量产，008004 村田已率先推出。但是对于终端用户是否应该紧随超小尺寸脚步，这个未必要这么选择，后续章节会给出专业的建议。

第 2 章 电容器的基本概念和定义

2.1 电容器定义和介电常数概念

从原理上，电容器可以被看作跟储水的水桶一样的“容器”，不同的是，这个“容器”不是用来装水而是用来储存电荷的。“水桶”的蓄水能力被称作容量（或者称容值大小），其单位通常用“法拉”（F 或者 C/V）表示，当充电电压到 1V 时充电电荷为 1C，此电容器的电容就是 1 法拉。F 是一个很大的单位，贴片陶瓷电容器的常见单位是 pF、nF、μF。

因为绝缘介质特性是决定容量大小的因素之一，所以国际标准将绝缘介质特性定义为介电常数，用符号 ε 表示。从结构上电容器可以看作由两个正对的且互不导通的导电极板组成（如图 2-1 所示），两个导电极板中间的填充材料为绝缘介质。

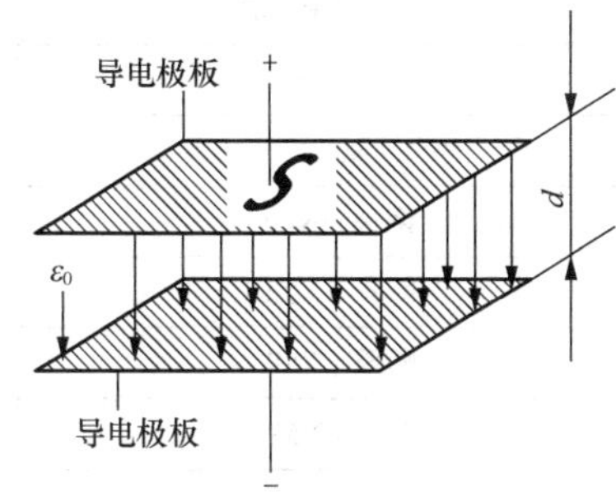

图 2-1　电容器组成结构原理

这样电容器的容值跟两个导电极板的正对面积 S 和介电常数 ε 都成正比，而跟极板间的距离 d 成反比。根据这个规律我们可以获得容值计算公式如下：

$$C=\varepsilon\times\frac{S}{d}\quad（单位：F）$$ 公式（2-1）

$$C=\frac{Q}{U}\quad（单位：C/V）$$ 公式（2-2）

C 为容值，单位 F。ε 为介电常数。S 为正对面积，单位 m^2。d 为间距，单位 m。Q 为电荷，单位 C。U 为电压，单位 V。

如果两个正对的导电极板之间是真空或者空气，那么容量公式为：

$$C=\varepsilon_0\times\frac{S}{d}$$ 公式（2-3）

如果现在将两个导电极板之间填充上一种绝缘介质材料，并且它的介电常数为 ε_1，那么所填充的绝缘介质材料的介电常数 ε_1 不是取代真空介电常数 ε_0 而是两者共同作用，所以容量计算公式演变为：

$$C=\varepsilon_0\times\varepsilon_1\times\frac{S}{d}$$ 公式（2-4）

ε_1 通常可以通过手册或者技术资料表查询到，ε_0 目前有实验得到的经验值，这个经验值与电极

间距 d 是采用公制单位还是英制单位有关：

$$C=\frac{0.008\,85\times\varepsilon_1\times S}{d}\text{（}d\text{为公制 mm）}\qquad\text{公式（2-5）}$$

$$C=\frac{0.224\times\varepsilon_1\times S}{d}\text{（}d\text{为英制英寸）}\qquad\text{公式（2-6）}$$

在上面的公式中，C 的单位为 pF，S 的单位为 mm^2，0.008 85 为常数（ε_0=8.85×10^{-12}F/m）。

多层陶瓷电容器容量计算公式：

$$C=\left(\frac{0.008\,85\times\varepsilon_1\times S}{d}\right)\times(N-1)\text{（}N\text{为内电极层数）}\qquad\text{公式（2-7）}$$

通常把真空介电常数作为参照并看作“1”，其他绝缘材料的介电常数是与真空介电常数相比较获得的，常见绝缘介质的介电常数见表 2-1。

表 2-1　常见绝缘介质的介电常数

绝缘介质材料类别	介电常数 ε_1	
	典型值	参考范围
真空	—	1
各种塑料薄膜	—	2～3
云母	—	6～8
氧化铝	—	8～10
陶瓷（NP0）	65	10～450
陶瓷（X7R）	2 000	2 000～8 000
陶瓷（X5R）	3 000	3 000～8 000
陶瓷（Y5V）	10 000	10 000～20 000

2.2 电容器的充电和放电

2.2.1 电容器的充电原理演示

如果把电容器理想地看成两个正对的且互不导通的导电极板，且不考虑两极板间的绝缘介质，那么电容器的充电和放电过程可以形象地理解如下。

第一步，在电容器的两极加载直流电压后，因为两块导电极板上的自由电子在外电场的作用下发生偏移或者移动，电容器的内部产生一个与外电场相反的内电场，经过片刻这两个方向相反的电场达到平衡，如图 2-2 所示。

待内外电场平衡后切断直流电源，此时相当于外电场消失，但是内电场依然存在，电容器充电完成，如图 2-3 所示。

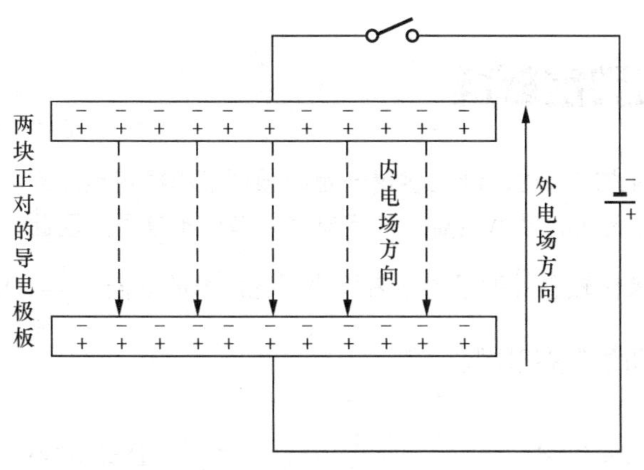

图 2-2 电容器充电示意

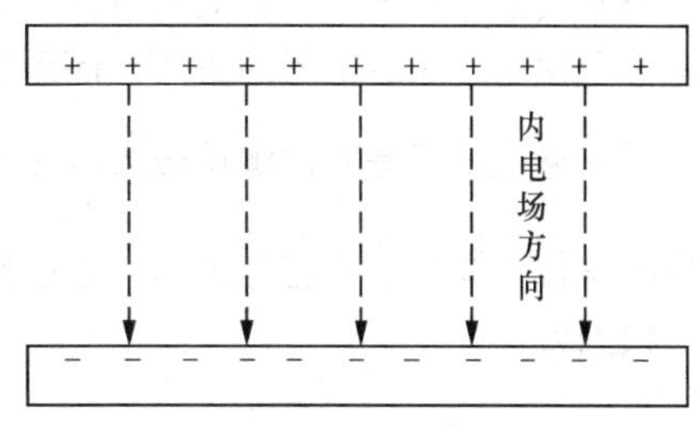

图 2-3 电容器充电完成示意

电容器的线性充电电流公式如下：

$$I = C \times \frac{\Delta U}{\Delta t}(\mathrm{A}) \quad \text{公式（2-8）}$$

I 为理想化充电电流，C 为容值，$\Delta U/\Delta t$ 为经过电容器的电压变化斜率。

2.2.2 电容器的放电原理演示

电容器充电完成也就相当于电容器储存了电荷。也可以理解为电容器其中一极因聚集了自由电子显负，另一极因失去自由电子显正，并且其中一极聚集的电荷数量等于另外一极失去电荷的数量，此时如果用一根导线将电容器的两极导通，自由电子就发生移动，这就是所谓的“放电”，在内电场作用下，放电电流由正极流向负极，直至电场为零，如图 2-4 所示。

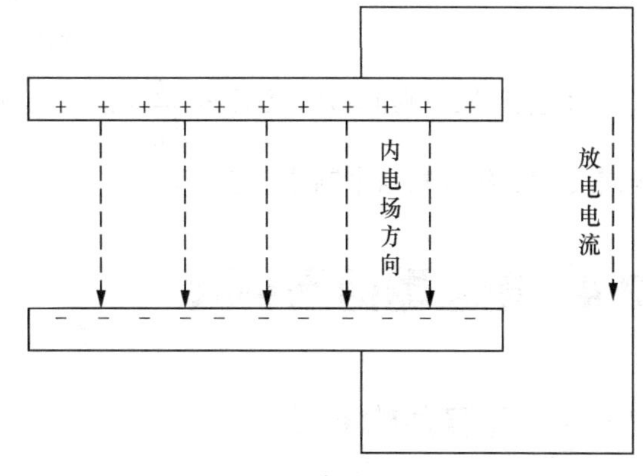

图 2-4 电容器放电示意

电容器完成放电后，电容器两极间的内电场消失，其中一极获得的电荷数量等于另一极释放的电荷数量，此时，电极作为导体本身达到内部电荷平衡，如图 2-5 所示。

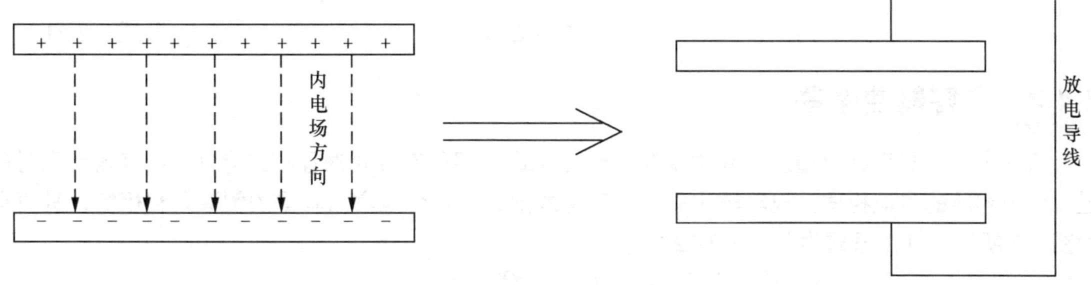

图 2-5 电容器放电完成示意

上述电容器充放电是假设在理想状态下，实际上这种理想化的电容器是不存在的，即使两极间是真空状态，也存在介电常数 ε_0 影响，一般情况下电容器的两极间是有绝缘介质的，所以放电过程比上述要迟缓和复杂，后续章节讲到的介质吸收和迟滞等物理现象也跟绝缘介质特性有关。

2.3 电容器尺寸小型化能力判定标准

不同类型电容的小型化要求可能用不同的方式表达，静电容量一定时根据最小额定电压来判定电容小型化能力是最常用的方法，而用相邻电极间的最小距离来判定电容小型化不常用。因此，我们通常忽略电压而是通过测量最大$\frac{C}{V_{体积}}$比率来比较各种型号的电容器小型化能力的高低，$\frac{C}{V_{体积}}$比率表达的是每单位体积的容量大小，它就是所谓的“容积比”。

根据公式：

$$V_{体积}=S\times d \quad 公式（2-9）$$

S为正对面积，d为相邻电极间距。

根据公式（2-4）可换算：

$$\frac{C}{V_{体积}}=\frac{\varepsilon_0\times\varepsilon_1\times S}{d}\div(S\times d)$$

$$\frac{C}{V_{体积}}=\frac{\varepsilon_0\times\varepsilon_1}{d^2} \quad 公式（2-10）$$

由上述公式可知当d为最小时$\frac{C}{V_{体积}}$最大，因此要想获得小体积大容量的电容器，就需要选择介电常数大的绝缘材料来制作电容器。

2.4 电容器的串并联

2.4.1 电容器的并联

将数个电容器并联时，相当于增加了有效正对面积，介质厚度（电极间距）没有增加，所以容量增加了但是耐电压不会增加。电容器并联时每个电容器两端的电压相同。数个电容器并联后的总容量等于各个容量的总和，其原理如图2-6所示，其关系式为公式（2-11）。

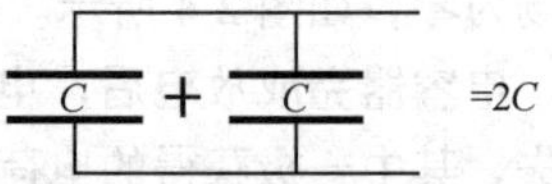

图2-6 电容器并联示意

$$C=C_1+C_2+C_3+\cdots \quad 公式（2-11）$$

2.4.2 电容器的串联

将数个电容器串联时增加了介质厚度（电极间距），但是有效正对面积未增加。电容器串联时通过每个电容器的电流相同。电容器串联后总容量的倒数与各个电容器容量的倒数之和相等，其原理如图2-7所示，其关系式为公式（2-12）。

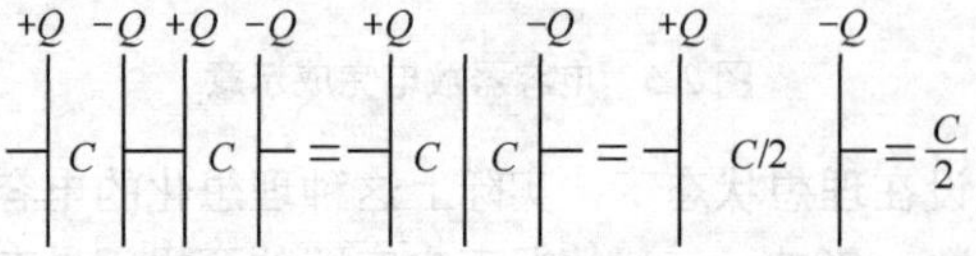

图2-7 电容器串联示意

$$\frac{1}{C}=\frac{1}{C_1}+\frac{1}{C_2}+\frac{1}{C_3}+\cdots \quad \text{公式（2-12）}$$

2.5 复合绝缘介质

复合绝缘介质的使用已经变得越来越普通了，人们在同一型号电容器上使用不同类型的绝缘介质材料。比如用纸和聚酯膜作为介质卷绕成的电容器，它结合了纸质材料的自我修复特性和聚酯材料相当高的绝缘电阻。原则上两个电容串联在一起仍然存在一个问题，有效正对面积跟之前相同，介质厚度是 d_1+d_2，所以无法尽可能地获得大容量。由于复合介质制成的电容器充电电量相等，所以描述上述关系可以准确表达成：

$$Q=U\times C=U_1\times C_1=U_2\times C_2 \quad \text{公式（2-13）}$$

$$\frac{U_1\times\varepsilon_1\times S}{d_1}=\frac{U_2\times\varepsilon_2\times S}{d_2} \qquad \varepsilon_1\times\left(\frac{U_1}{d_1}\right)=\varepsilon_2\times\left(\frac{U_2}{d_2}\right)$$

如果我们指定电场强度为 E（匀强电场 $E=\frac{U}{d}$，$E=\frac{F}{q}$）则获得：

$$\varepsilon_1\times E_1=\varepsilon_2\times E_2=\varepsilon_3\times E_3 \quad \text{公式（2-14）}$$

复合介质绝缘介质理论有时候也引申到贴片陶瓷电容器上，当贴片陶瓷电容器内部电极间陶瓷介质层出现微小孔隙或微小裂纹时，此时的介质相当于是陶瓷与真空或空气的混合介质。本章第 2.10.2 节介绍：通过局部放电（电晕）来探测内部微小孔隙及分层，正是利用上面混合介质的介电常数与电场强度的关系式。可以获知：在混合介质两端施加匀强电场时，介电常数小的介质所承受的电场反而大。因为空气或真空的介电常数一般比电容器所选用的绝缘介质的介电常数要小，所以，绝缘介质空隙处所承受的电场比绝缘介质本身大，因而触发孔隙处电晕放电的临界点较低。

2.6 绝缘介质的极化现象与容值的频率特性

2.6.1 绝缘介质中的偶极子及其极化作用

偶极和介质吸收这两个概念对理解实体电容极其重要，所以为了更深一层介绍电容器的基本原理，非常有必要对这两个概念做简单说明介绍。偶极子（dipole）可以分为 3 类。

固有偶极：极性分子中由于组成元素不同，其吸引电子的能力各有差异，这就使得分子中有电子偏移的现象，因而产生了极性，并且偶极子持续存在，称为固有偶极。

诱导偶极：是指非极性分子在电场中或者有其他极性分子在较近距离的情况下，由于电子带负电，核带正电，它们会发生偏移，这种现象称为诱导偶极。

瞬间偶极：一切分子中，不管是极性分子还是非极性分子，原子核时刻在振动，电子时刻在运动、跃迁，在它们运动的时候，偶尔离开平衡位置而产生极性，只不过这个过程持续时间很短，故称瞬间偶极。

所有绝缘材料含有多种偶极子（即带电的极性分子），当极性分子被加载电场时，根据电场强度它产生了一个扭矩，于是在电场作用下同趋向排列。基于下述原因这些扭矩可分为 4 组：

➢ 电子在原子和分子里的运动；

➢ 原子在对称分子里的运动；

➢ 原子在非对称分子里运动；

➢ 电荷积聚在不同绝缘介质材料界面。

只要电容没有被加载偏压，偶极子成随机无序排列，不产生任何极性。它原则上也许看起来如图 2-8 所示。

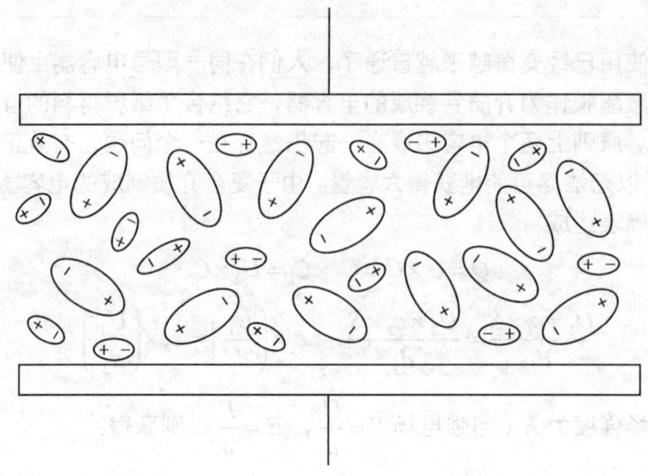

图 2-8　绝缘介质加载偏压前偶极子排列示意

如果像图 2-9 所示一样，这些偶极子被加载一个电场，它们在特定时间之后按趋向排列成偶极链，绝缘介质已经被极化。

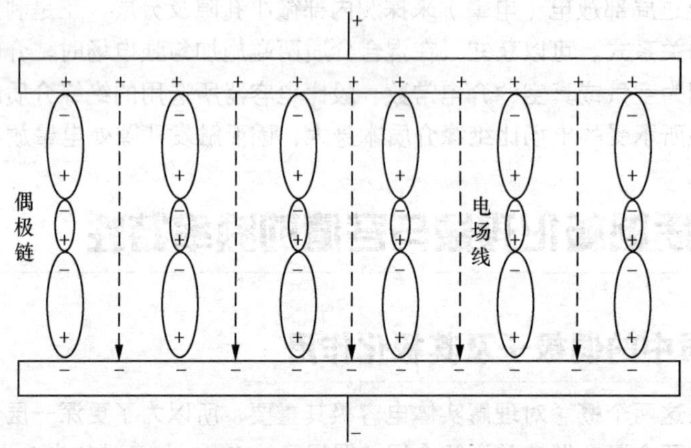

图 2-9　绝缘介质加载偏压后偶极子排列示意

电场强度（在真空环境下虚构的一定数量的场力线）被一定数量的已生成的偶极链所抵消。每个偶极链在界面处朝正极方向绑定一个正电荷，同时电极上一定数量的自由电荷被平衡到与之相应的程度。这样，偶极经过一段时间调整，电极可以接受更多新的自由电荷，从初始点起不需要建立一个新增的电场，这些偶极链就已经被绑定，这就意味着新增相应的容量。如果我们称这为极化率 α，那么设定一定数量被绑定的电荷为 q 和一定数量初始点电荷为 Q，则它们可以这样表达：

$$\alpha = \varepsilon_r - 1 = \frac{q}{Q-q} \quad \text{公式（2-15）}$$

从上述式子可以看出绝缘介质的介电常数 ε_r 与极化率 α 成正比关系。这就意味着极化效果越好所获得的容量就越大。极化率与频率的函数关系请参考图 2-11。因为介电常数 ε_r 依赖于两种或者成千上万种介质材料之间的多重复合，我们意识到：了解材料的偶极子和极化作用是有重大意义的。

2.6.2 容值的频率特性

一个偶极子置于一个外加电场下的反应速度称为弛豫时间（relaxation time）。弛豫时间范围从电子依赖偶极子的 10^{-17}s（秒）到大型分子复合物的数小时。这意味着，最快的偶极子能维持所有实际频率，而慢一拍的偶极子需要时间与一定数量的增容偶极链结合。这种现象可以被描述为：一种基本电容结合了一些额外附加电容成分，这些额外附加电容成分随着或长或短的时间常数隐藏在电阻电路中。其原理如图 2-10 所示。

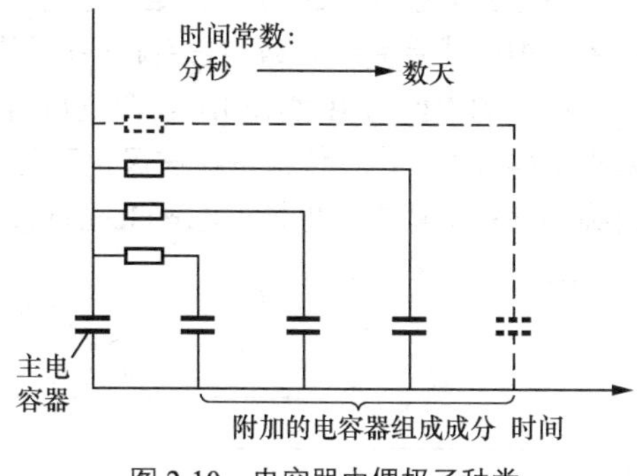

图 2-10　电容器中偶极子种类

我们通常习惯上称贴片陶瓷电容器为固定电容器，按照上述原理严格来讲并不“固定”，其容量会随时间变化，自然地也随频率变化，这就是所谓的容值的频率特性。不同种类偶极子发挥作用的频率范围表达如图 2-11 所示。

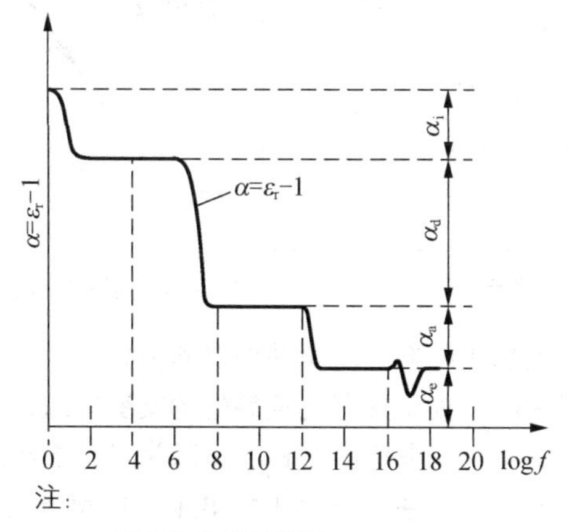

$\alpha=\varepsilon_r-1$

0　2　4　6　8　10　12　14　16　18　20　$\log f$

注：

α_i——界面依赖性偶极子

α_e——来自电子运动所产生的偶极效应

α_a——原子在对称偶极里运动产生的偶极效应

α_d——原子在非对称分子里运动产生的偶极效应

图 2-11　固体材料的极化率随频率变化示意

这样容值随着频率的增加而减少，在伴随有大介质损耗和大比例的惰性偶极子的元件中，我们将了解：当我们施加的频率接近谐振频率时，阻抗曲线（请参见图 2-23）如何开始偏离标称电容的容抗曲线。

2.7 绝缘介质吸收 DA

2.7.1 绝缘介质吸收的成因

如果偶极子从偶极链中被激活，那么它在相同的温度下需要花费相应时间去激活。图 2-12 所示是假设：电容首先被充电，然后立即将电容两极短路，最后保持断开状态，这些在短路瞬间表现出很强惰性作用的偶极链始终维持电容两极所捕获电荷持续存在。在没有电场作用的情况下，经过一

段时间，这些偶极子开始呈现随机性、无序状态、释放电极端被捕获的电荷。释放电荷显现为电容的残留电压，测量电压 U。这个残留电压就是电容介质吸收“DA（dielectric absorption）”的测量值，同时也表达为占初始外加电压的比例。

绝缘介质吸收（DA）通常是一个有害的性能，它严重地困扰着某些绝缘介质材料，其他性能可以考虑很少或者完全忽略。它引起很多问题，我们将在下面作专门讨论。

不同的类型的 II 类和 III 类介质材料都是以钛酸钡（$BaTiO_3$）为基础的，它们的晶体结构是由偶极子构成的，这些偶极子在被极化时呈现出介电迟滞现象（dielectric hysteresis），磁性材料的磁滞曲线的模式被称为铁电性（ferroelectric）。图 2-13 展示的是电容电荷与负载电压的关系。

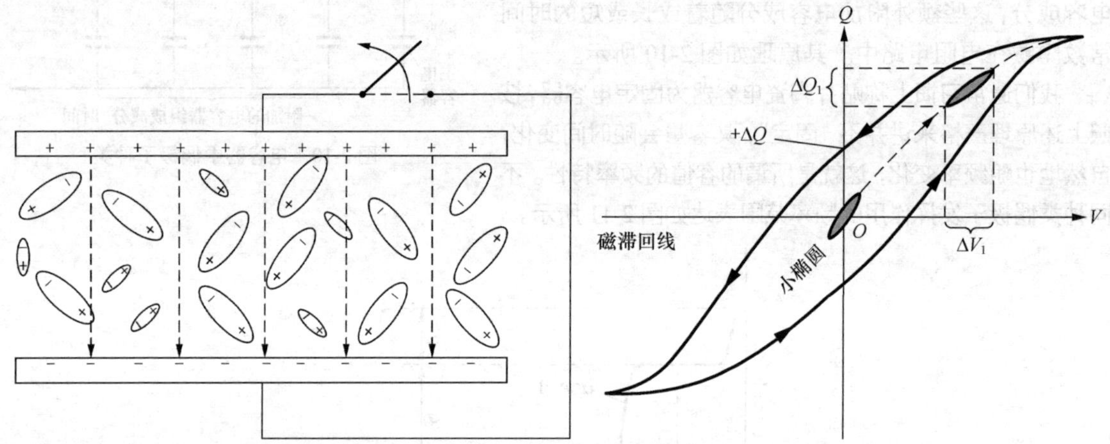

图 2-12　介质吸收效果示意

图 2-13　电容器的铁电迟滞现象（ferroelectric hysteresis）

当电压从 0 增加到极限值然后再降低，充电曲线循着另外一个分支变化，从这个充电曲线可以看到，当 V=0 时留下残余电荷+ΔQ。如果加载正反等幅的交变电压，它将迫使充电曲线沿着图中较大的磁滞回线的轮廓而变化。如果交流电压小且直流电压为 0，磁滞回线将循着图形中心小椭圆变化。比如对于一个高容（10μF 以上）来讲，一个小的电压变化能产生大的电荷变化，但是如果我们叠加一个小的交流电压在比较大的直流电压上，我们就会看到无论电压变量ΔV_1 如何，都只能产生微弱的电荷变化ΔQ_1，容量已经下降。

图 2-13 显示的是当加载在电容上的电压减弱到 0（外部电路短路）时，铁电材料是如何锁住电极表面的残余电荷ΔQ 的。换言之，根据前面章节介绍它其实是一个介质吸收问题，但是也有所不同，铁电曲线倒向 V 轴，此时普通介质吸收曲线看起来像一个放大的椭圆。在这两种情况下被束缚着的残余电荷ΔQ 是有时间依赖性（time dependent）的。如果外部电路短路（V=0），则电极表面的电荷被释放的同时ΔQ 减少。

铁电的能量吸收（energy absorption）是极性特性的作用。因此一个彻底的再极化（repolarizing）将比初始极化需要更多的能量。但是数模转换器里的脉冲持续时间不是那么足够满足再极化。

存在于 II 类和 III 类介质陶瓷里的相当多的介质吸收（dielectric absorption）对于像数模转换器这样精密积分器来说，采用它们是非常不合适的，特别是在有正负脉冲情况下。铁电材料的晶体结构在居里温度下始终保持着。

II 类和 III 类陶瓷绝缘介质吸收是非常高的：

X7R≈2.5%～4.5%

Y5V≈4.5%～8.5%

电介质吸收是电介质的一种特性，它可以防止电容器在短时间内完全放电。但随着断开暂时短路，电容电极之间会重新出现直流电压。

2.7.2 绝缘介质吸收的测试方法

绝缘介质吸收的测定用这样一个装置来实现：在一定时间内（通常 45s），偏置电容施加直流电压，然后通过借助电阻短接被测元件，持续时间达到指定秒数的时间（通常 10s），最后让其开路保持数分钟，再测量残留电压。它被表达成占充电电压比例。有时候用不同标准规定电压、时间及电阻参数。时间如何影响结果的例子展示在表 2-2 中。这里的记录是在 25℃环境中。绝缘介质吸收 *DA* 随温度的上升而急剧增大。

表 2-2 在 25℃下介质吸收 *DA* 数据统计举例

描述	测试条件	
	A	B
工作电压 U_R 下充电时间	5min	60min
通过 5Ω电阻的放电时间	10s	10s
读取残留电压前等待时间	1min	15min
材料	绝缘材料 ABS（介质吸收 U_R%）	
聚苯乙烯	0.02	0.05
聚碳酸酯	0.05	0.2
聚酯 PET	0.15	0.3

$$DA = \frac{U_{残留}}{U_R}$$

注：*DA* 为介质吸收，$U_{残留}$ 为测量的残留电压，U_R 为额定电压。

电容的介质吸收知识对最佳电路设计来说是至关重要的。在脉冲应用和重复快速放电的电路中，应考虑介电吸收这个问题。高介电吸收值通常与高介电系数有关，因此，可能会对这种类型的电路造成损害。表 2-3 提供了电容器各类绝缘介质的介质吸收参考值。

表 2-3 电容器各类绝缘介质的介质吸收参考值

介质类别	介质吸收参考值/%
陶瓷绝缘介质 C0G	0.50～0.75
陶瓷绝缘介质 X7R	2.5～4.5
陶瓷绝缘介质 Y5V	4.5～8.5
树脂	0.10～0.25
特氟隆	0.02
聚苯乙烯	0.02～0.05
涤纶	0.3
聚酯薄膜	0.2
玻璃	0.012
云母	0.70

2.8 II 类和 III 类陶瓷绝缘介质的压电效应

如果我们将 II 类绝缘陶瓷材料暴露在电场强度下，它将导致陶瓷内部出现微弱运动，相反地，

机械压力将在陶瓷电容器中产生电荷。这个现象被称作“压电现象（piezo-electricity）”。

在实验中如果把 X7R 陶瓷绝缘介质（K900～K1800）置于冲击或者振动（chock/vibration）的环境里，陶瓷介质输出电压可高达 40mV。如果我们把 X7R 电容器连接到示波器上，并且用锤子敲击这个元件，我们有时会测到一个尖峰电压，有时又测不到，它不仅依赖于敲击方式，还依赖于这个样品与另一个样品之间的变化，输出电压既依赖于产品类别又依赖于批次。

陶瓷电容器在机械应力作用下表现出较低的压电反应，这种压电效应在 III 类陶瓷绝缘介质中最为普遍。在 II 类陶瓷绝缘电介质中起相对较小的作用。即介电常数越高，压电输出越高。这种压电信号会在电路中产生颤噪噪声。因此，在使用高介电常数（K）作为耦合电容器用于极低信号电平应用之前，研究这种效应可能是明智的。如果这是个问题的话，那么 II 类（X7R）将是比 III 类（Y5V）更好的选择。而 I 类（C0G）是最好的（在较低的电容值是可以接受的前提下）。需要留意的是，通过机械隔离也可以降低对压电噪声的敏感性。可以对电路板进行修改以减少机械耦合，也可以选择插件电容器来代替贴片电容器。

2.9 绝缘电阻的概念和定义

电容器绝缘电阻等效示意如图 2-14 所示，绝缘电阻（insulation resistance，IR）是通过直流漏电电流的机理来测量带电电容器抵抗电荷损失的能力。在直流场的影响下，离子将从一个原子间隙位移到另一个原子间隙位，并产生直流电流。如果温度上升，这些载流子的流动性就会增加，导致绝缘电阻降低。影响陶瓷电容器绝缘电阻的其他因素是介质组成、介质厚度、电介质层的缺陷点以及电介质层的层数（总重叠面积或电容值）。由于后者的原因，*IR* 范围值通常表达成 *IR*（MΩ）和容值 *C*（μF）的乘积，得到以 MΩ·μF（或Ω·F，这是等效的）为单位表示的最低要求。

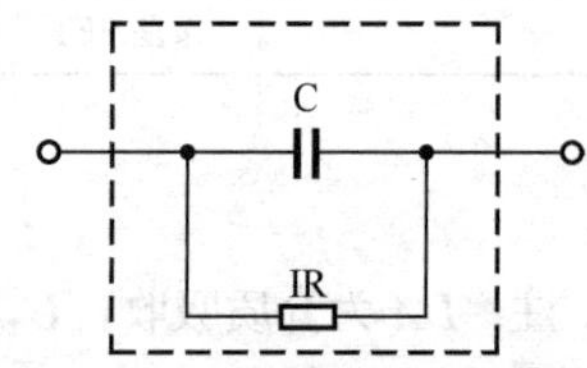

图 2-14 电容器绝缘电阻等效示意

EIA-521 标准给出了各种陶瓷介质的典型 *IR* 值，如表 2-4 所示。电容器的绝缘介质通常是面积大而间距小，即使它的绝缘介质是很好的绝缘材料，也总是在充电的两极之间存在一定的电流（电流随温度的变化呈指数增长）。这种漏电可以描述成一组平行的高阻值电阻。接下来我们用缩写“IR”（isulation resistance）表示。

表 2-4 常用陶瓷介质在不同温度下的 *IR* 标准

介质类别	在不同温度下 *IR* 参考标准		
	+25℃	+85℃	+125℃
I 类（C0G）	＞100GΩ	＞50GΩ	＞1GΩ
II 类（X7R）	＞2 000MΩ	＞1 000MΩ	＞200MΩ
II 类（X5R）	＞2 000MΩ	＞1 000MΩ	＞200MΩ
III 类（Y5V）	＞1 000MΩ	＞500MΩ	-

2.9.1 绝缘电阻的测量方法

在绝缘电阻（*IR*）测定过程中，有一个测量方式是通过测量流过电容的直流漏电流来达成的。测量电流时通常要串联一个电阻。因此我们需要考虑到充电时间。电容的充电电路及充电曲线分别如图 2-15 和图 2-16 所示。

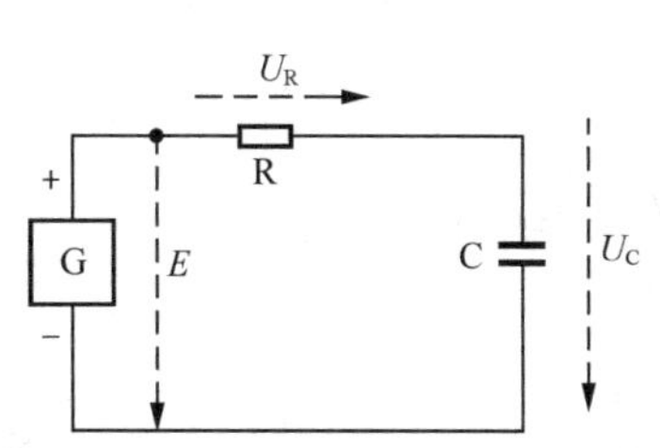

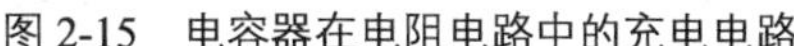

图 2-15　电容器在电阻电路中的充电电路

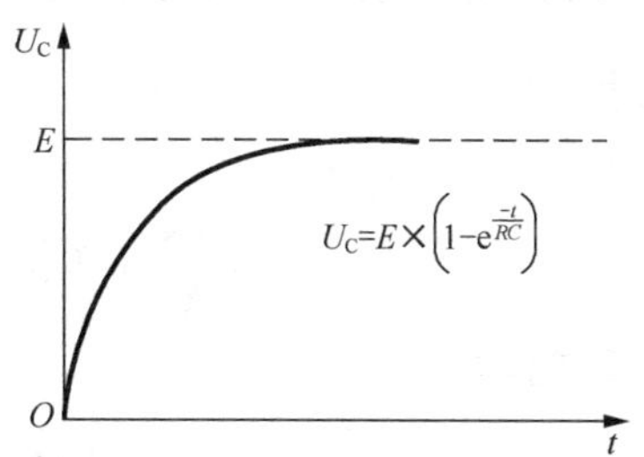

图 2-16　电容器在电阻电路中的充电曲线

电容器的充电电流用图 2-17 表示，如果电容器是理想状态的，充电电流将获得一个与 *IR* 相应的极限值，这个理想的电流曲线用 $I_{理想}$ 来表示。因为绝缘介质的极化特性需要一定时间让偶极子做状态调整，所以实际的充电电流符合曲线 $I_{实际}$ 。

为了获得真实 *IR*，其实我们需要等待很长时间才可以实现。实际上，我们自己满意的 *IR* 规格值是通过测量在测试时间（ $t_{测}$ ）内的相应的电流来实现的，如图 2-18 所示。这里我们规范一个规格电流值 $I_{规格}$ ，它是通过一个测量仪器计量出相应的 *IR* 值（见图 2-18）。参照 IEC 标准通用的 *IR* 测试时间是 1min，参考美国 MIL 标准通常要求是 2min 甚至更长。比较短的测试时间一般应用在进料检验和制程检验。在没有特别说明的情况下，*IR* 测试时间通常采纳 1min。另外，*IR* 测量还涉及室温条件（RT），大约 25℃，*IR* 随着元件温度的增加而降低，也许最高温度时与室温时的 *IR* 值相差 10 次方倍。

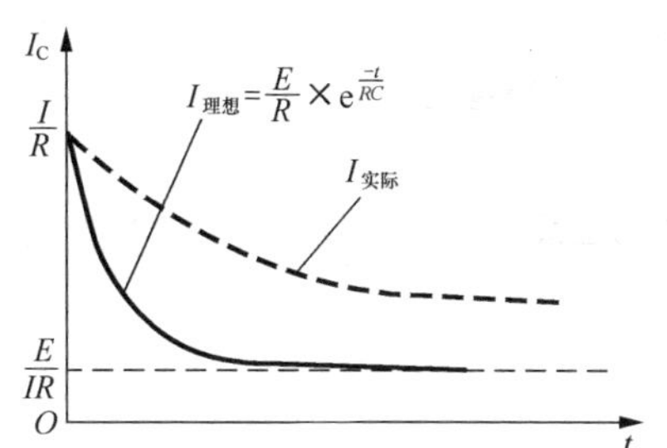

图 2-17　电容器的理想充电电流和实际充电电流曲线

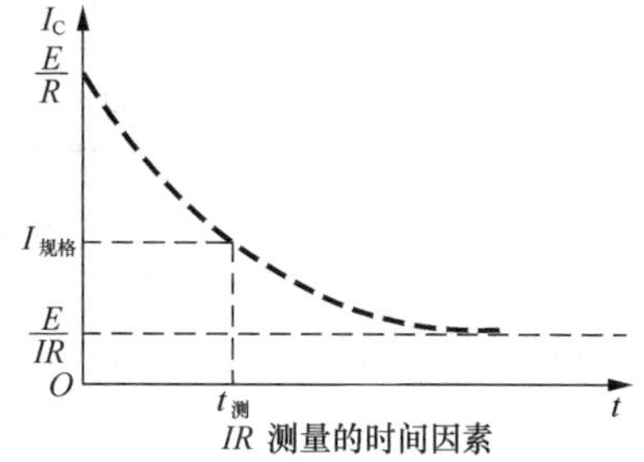

图 2-18　测试时间对 *IR* 测量的影响

2.9.2　时间常数的概念

时间常数τ定义

某一特定类型的电容器的 *IR* 值和额定电压会随着容量增加而降低，两者相互制约。一个电容器的容值随着有效正对面积的减小而减小，但是其绝缘电阻 *IR* 反而是增加的。容量到达规格最大值时，绝缘电阻 *IR* 值实际上是很高的，以至于电容的外形结构、成形方式、封装方式等决定了测量值。通常 MLCC 规格值单位用“MΩ”表达。关于 *IR* 值判定标准，还有另外一个表达方式，就是把它的规格描述成 $IR\times C$ 的定积（短时内），这个乘积也被称作时间常数τ。比如电解电容因其 *IR* 非常低，所以倒不如用漏电流来做规格描述，反而不用绝缘电阻来描述。贴片陶瓷电容器因为绝缘电阻 *IR* 通常非常大，与之对应的漏电流非常小，所以通常不用漏电流来描述而是用绝缘电阻 *IR* 来描述。

时间常数τ推算方法

如果我们对一个电容器进行充电，然后断开电源，电容的两极就会通过内部绝缘电阻开始漏电。最终电容两极的电压降至零。因为静电电容的绝缘电阻非常高，所以彻底放电将需要很长时间。一个更容易理解的关于放电速度的测量方法是测量时间常数τ。时间常数τ被定义为电容器从初始充电

电压 E 降到 $\frac{1}{e}\times E$ 所用的时间（如图 2-19 所示）。我们可以定义 τ 是 IR 与 C 的乘积。这个数量可以用如下等式推算：

根据

$$F=\frac{As}{V}（单位）\quad \Omega=\frac{V}{A}（单位）$$

可得 $IR\times C$ 单位为：

$$\Omega\times F=\frac{V}{A}\times\frac{As}{V}=s \qquad 公式（2-16）$$

注：F 是容量单位，Ω 是阻抗单位，V 是电压单位，A 是电流单位，s 是时间单位。

我们需要去理解一个表达式“Ω ·F”或者有些不太标准的“MΩ ·μF”。通常只有电容器的 RC 乘积习惯用式子 $IR\times C$ 来表达。“RC”中“R”是指绝缘电阻 IR。

$$IR\times C=RC=\tau$$

$$\tau=RC（单位：\Omega\cdot F 或 s） \qquad 公式（2-17）$$

由上述公式（2-17）推演可知，时间常数 τ 有 3 个可选的单位，除了有时间单位“s”之外，还有“Ω · F”和“MΩ · μF”，这 3 个单位虽然表达形式不同，但是它们是等价的。

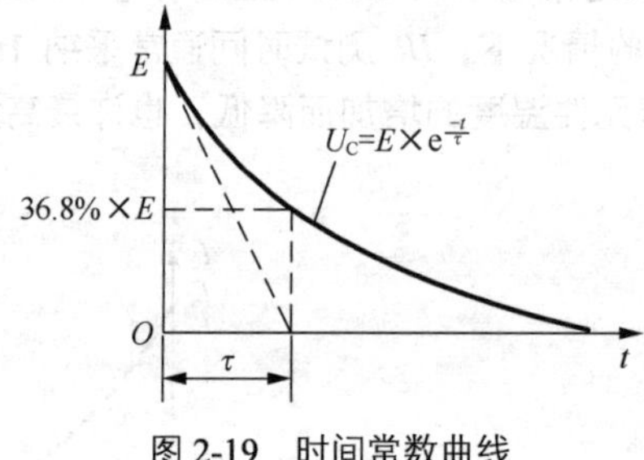

图 2-19　时间常数曲线

注：e 是自然常数，取近似值 2.71828，则 $\frac{1}{e}\times E=36.8\%\times E$ 。

$$U_C=E\times e^{\frac{-t}{\tau}} \qquad 公式（2-18）$$

2.9.3　贴片陶瓷电容器漏电流的换算

贴片陶瓷电容器因为漏电流非常小，所以通常以绝缘电阻 IR 来描述其绝缘性，而不是用漏电流来描述，如果非得要知道漏电流到底是多少，可以根据欧姆定律计算：

$$I=\frac{U_R}{IR} \qquad 公式（2-19）$$

U_R 为额定电压，IR 为绝缘电阻，I 为漏电流。

2.10　耐电压 DWV 的概念和定义

2.10.1　击穿电压 BDV

材料的绝缘强度通过击穿电压 BDV（breakdown voltage）来判定，单位用“kV/cm”来表达。

像时间、温度以及其他因素决定了击穿电压（BDV）测试一样，这些因素也体现在绝缘介质耐压测试（dielectric withstanding voltage，DWV）条件中。击穿电压（BDV）测试是在规定的温度、材料厚度、频率以及与连接方式一致的测试电压曲线波形下进行的。因为材料特性的不稳定，击穿电压 BDV 通常通过样品测试的平均值来判定。

MLCC 低压规格（$U_R \leqslant 100V$）要能承受 8 倍以上额定电压才能达到要求，$500V > U_R > 100V$ 规格（例如 200V）要能承受 5 倍额定电压，$1\,000V > U_R \geqslant 500V$ 规格（例如 500V）要能承受 2.5 倍额定电压，$2\,000V > U_R \geqslant 1\,000V$ 规格（例如 1 000V）要能承受 2 倍额定电压，$3\,000V > U_R \geqslant 2\,000V$ 规格（例如 2 000V）要能承受 1.5 倍额定电压，$U_R \geqslant 3\,000V$ 高压规格（例如 3 000V）要能承受 1.2 倍额定电压。具体击穿电压测试方法请参考第 8.9 节内容。

2.10.2 电晕电压

电晕放电电压是设计高于 500V 的高压设备时要考虑的因素。电晕通常被认为是带电设备周围大气的电离作用。但是电晕可以穿透绝缘材料，包括电容器的介电材料，并逐渐导致介质击穿。当电晕发生在电容器中时，它将产生有害的电磁干扰，并且如果持续较长时间，会使电介质劣化，最终导致失效发生。电晕临界电压（corona start voltage）等级（起始）跟消减等级（extinction levels）一样是可测量的，应在高压电容器中描述说明，以避免电容器运行在电晕启动电压的安全水平之上。

击穿电压有一个实用且重要的临界值，叫电晕电压（corona voltage），即电晕开始被触发的电压。电晕是气体电离后的初始放电。跟元件封装里的大孔洞一样，绝缘介质里可能存在一些典型的微细孔隙，如图 2-20 所示，这些孔隙有可能充满空气或者形成一个富氮环境，它们里面的电离物质一般由臭氧和含氮气雾组成。很多有机的绝缘介质因退化而遭受影响。如果气态物质随着浓度增加形成一个密闭封装，那么就会降低有机绝缘介质的性能。需留意的是：刚好大于电晕电压的交流峰值电压每半个周期为电离产物提供一个新的加压。同时，电晕现象中的热量释放加快了化学分解。

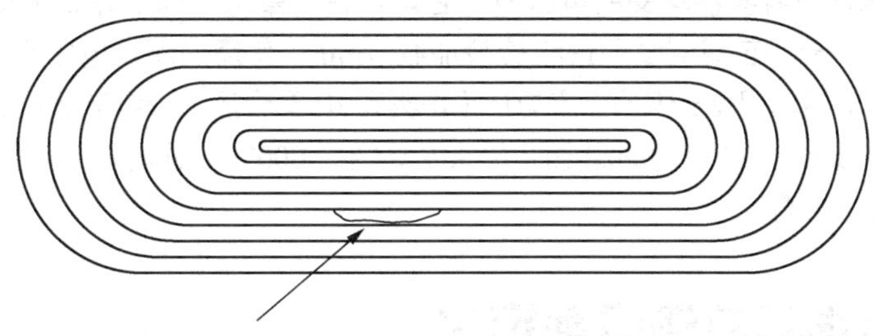

图 2-20　聚酯膜电容器内部介质孔隙示意

总之，为了触发电离，在孔洞处需要有一个特定的最小场强，而且电离的空隙长度发挥着决定性作用。即使在小于 250V（R.M.S）交流电作用下，混合绝缘介质局部的场强，根据第 2.5 节所提及的复合介质在匀强电场下的公式

$$\varepsilon_1 \times E_1 = \varepsilon_2 \times E_2 = \varepsilon_3 \times E_3$$

所换算的场强也是非常的高。虽然在大多数不利的情况下，它们也是无害的，但有一种条件：一旦允许瞬变电压进来，就有可能会触发一个电离过程。因此，我们应该根据我们对发生瞬变电压的认识来建立安全边界。如果不确定的话，我们在使用电容时应该采用串联的方式使电压分布在各个元件上。绝缘介质上的瞬变电压和孔隙异常，这两者是一对危险组合。

图 2-20 是由叠层复合有机绝缘材料和孔隙里的气体组成的一个不完全混合绝缘介质场强示意图。

下面的例子将证明一个危险现象，为了简单起见，我们按照图 2-20 选择了可测量值和介电常数来讨论。从前面的公式我们得到

$$\varepsilon_{r1} \times E_1 = \varepsilon_{r2} \times E_2$$

因为图 2-20 举例为聚酯膜电容器内部绝缘介质存在孔隙，将孔隙局部放大后示意图如图 2-21 所示，所以 ε_1 和 ε_2 分别为真空和聚酯膜介电常数，根据第 2.1 节提供的常用绝缘材料介电常数参照表，可知 $\varepsilon_1=1$，$\varepsilon_2=3$，则孔隙的场强 E_1 和聚酯膜场强 E_2 有如下关系：

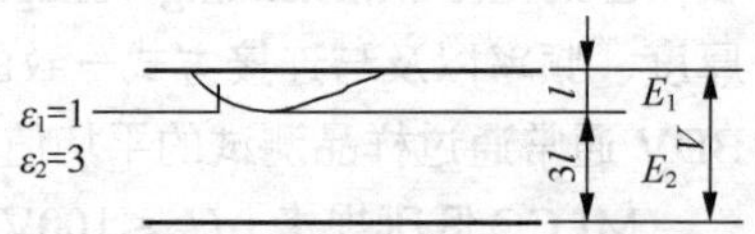

图 2-21 复合绝缘介质孔隙处场强示意

$$1 \times E_1 = 3 \times E_2$$

$$E_1 = 3E_2$$

这里我们偶然得到了一个电场，强度是先前额定电场强度的 3 倍。小于 250V（AC）所谓的“安全额定电压”或者瞬变电压，在有孔隙的地方自然而然地触发了电晕。

对于高电压陶瓷电容器，为了获得高可靠性，所采用的测试和筛选技术是：通过局部放电（电晕）来探测内部微小孔隙以及分层。有一种解决办法是优先使用刚好大于电晕临界电压（corona inception voltage，CIV）的交流电压，同时它能探测出超过 EIA-469 尺寸要求的孔隙。关于 EIA-469 标准是针对 MLCC 外观的判定标准，而内部孔隙应参考第 8.30.4 节的抛光后样品的微观判定。

2.10.3 MLCC 的额定电压

所谓的额定电压 U_R 就是 MLCC 厂家在其规格书上标明的允许的最大工作电压。通常 MLCC 的耐压和击穿电压都远远大于其额定电压，例如低压规格 MLCC（≤100V），耐电压大于等于 2.5 倍额定电压，击穿电压大于等于 8 倍额定电压，详细可参考第 8.8 节和 8.9 节的耐压和击穿电压测试标准。

2.10.4 耐电压 DWV 的测试方法

耐压是一个保证电容器能承受的电压值。它定位在电晕电压以下并且加载限定的时间。例如制程控制检验加载 1～5s，正规测试和进料检验加载 1min。普通的测试电压也许是 3 倍额定电压（I 类介质 $U_R \leqslant 100$V），或者是 2.5 倍的额定电压（II 类和 III 类介质 $U_R \leqslant 100$V），或者是 2 倍的额定电压 $100\text{V} < U_R < 500\text{V}$），或者是 1.5 倍的额定电压（$500\text{V} \leqslant U_R < 1\,000\text{V}$），或者是 1.3 倍的额定电压（$1\,000\text{V} \leqslant U_R \leqslant 2\,000\text{V}$），诸如此类。

2.11 介质损耗的概念和定义

2.11.1 阻抗形成的三要素

1. 容抗 |X|（capacitive reactance）

如果我们在电容的两极加上交流电，电容就会呈现一定的阻值，这个“阻值”称作容抗 |X|，用 X_C 表示，单位为Ω。根据公式可知容抗大小跟所使用频率成反比关系：

$$X_C = \frac{1}{\omega C} = \frac{1}{2\pi f C} \qquad \text{公式（2-20）}$$

$\omega = 2\pi f$，f 是频率，单位为 Hz，C 是电容量，单位为 F。

2. 贴片陶瓷电容器的感抗（inductive reactance）

电容器的寄生电感（parasitic inductance）在当今高速数字电路的去耦中起着越来越重要的作用。从简单的电感公式我们可以看出电感与直流线性电压上诱发的纹波电压之间的关系：

$$U = L\frac{\Delta I}{\Delta t}$$ 公式（2-21）

在目前的微处理器中的 $\frac{\Delta I}{\Delta t}$ 可高达 0.3A/ns，最高可达 10A/ns。在 0.3 A/ns 时，寄生电感 100pH 可引起 30mV 的电压峰值。虽然这看起来不是很剧烈，随着微处理器的 V_{CC} 以当前的速度减小，这可能占一个相当大的百分比。

寄生电感对于高频、旁路电容器很重要，因为在谐振点处会产生最大的信号衰减。谐振频率 f_0 可以通过如下的简单公式计算：

$$f_0 = \frac{1}{2\pi\sqrt{LC}}$$ 公式（2-22）

贴片陶瓷电容器在所有寄生电感共同作用下产生微小的总感值，这就是所谓的“等效串联电感 ESL（equivalent series inductance）”。当电容器通交流电时 ESL 会产生感抗，用 X_L 表示，单位为Ω，此感抗会试图削弱容抗。其公式如下：

$$X_L = \omega L = 2\pi f L$$ 公式（2-23）

$\omega = 2\pi f$，f 是频率，单位为 Hz，L 是电感量，单位为 H。

3. 等效串联电阻 *ESR*（equivalent series resistance）

如果施加的交流电压超过电容的热释放损耗，那么电容就被认为显现了电阻性。电容器内部等效电路如图 2-22 所示。

R_S 由引线阻抗、接触表面及金属电极组成，这里便产生类似于介电损耗的成分。如果我们在电容的两端加载直流电压，发生装置会感知一个被绝缘电阻 *IR* 支配的纯电阻性损耗。但是因为高的 *IR* 值使得热释放显得微不足道。假设我们切换到一个交流电压并且让频率上升，相应的电流也成正比增加，最后在 R_S 上释放一个相当大的热量。如果我们借助后续章节的公式 $ESR \times R_p \approx \left(\frac{1}{\omega C}\right)^2$ 将 IR 做一个转换，串联一个小电阻并且跟 R_S 连接，我们就得到一个串联的电阻，这个串联的电阻叫 *ESR*（equivalent series resistance，effective series resistance）。这样等效串联电阻将电容器中串联和并联的所有损耗按给定的频率组合起来，使等效电路简化为简单的 RC 串联。

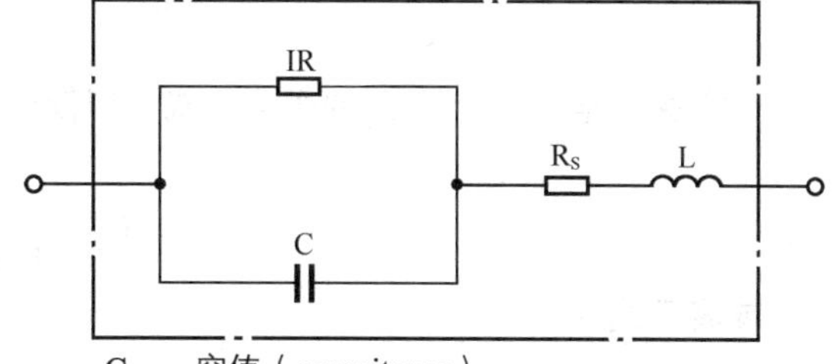

C——容值（capacitance）

IR——绝缘电阻（insulation resistance，$IR>R_S$）

R_S——串联损耗（series losses）

L——引线感值（inductance in lead-in wires）

图 2-22 电容器内部等效电路

4. 阻抗｜*Z*｜（impedance）

ESR、容抗 X_C 和感抗 X_L 一起作用下使电容器产生了电阻损耗（resistive losses），因此这 3 个因素一起作用产生了电容器的阻抗 *Z*（impedance）。

串联阻抗 Z_S 用如下公式表达：

$$\bar{Z}_S \approx ESR + \frac{1}{j\omega C} + j\omega L = ESR + \frac{1}{j\omega C}\left(1-\omega^2 LC\right)$$

根据均方根值我们可以得到一个公式（2-24）：

$$Z_S = \sqrt{(ESR)^2 + \left(\frac{1}{\omega C} - \omega L\right)^2}$$ （单位：Ω） 公式（2-24）

在上面的公式中，容抗 $1/\omega C$ 随频率升高而降低，降低到一定程度完全由感应电抗 ωL 支配。当 $\frac{1}{\omega C}=\omega L$ 时，电容器上的频率 f_0 称作谐振频率。在谐振频率之上的电容器是偏感性的。刚好在谐振频率时阻抗 Z 只剩下纯电阻性的 ESR。通过测试谐振频率下的介质损耗，我们获得了精确性。但是这个精确性有一个条件：我们需要知道 ESR 的频率依赖性，它很大程度上是由电介质材料决定的。在某些材料中它几乎可以忽略不计，而在另外一些材料中表现得非常重要。关于 MLCC 陶瓷绝缘介质的 ESR 频率依赖性将在第 6.2.2 节专门介绍。根据此部分提供的各种陶瓷绝缘介质的 ESR 频率曲线，我们可获得指导性参考数据。例如，我们通过观察 MLCC 的 ESR 频率曲线，它们形如一张仰卧的“弯弓”，底部 ESR 最小处的频率近似于谐振频率，如图 2-23 所示。

$$Z=\sqrt{R_S^2+\left(X_C-X_L\right)^2}$$

$$R_S=ESR$$

$$X_C=\frac{1}{2\pi fC}=\frac{1}{\omega C}$$

$$X_L=2\pi fL=\omega L$$

$$Z=\sqrt{(ESR)^2+\left(X_C-X_L\right)^2} \quad \text{公式（2-25）}$$

$$Z=\sqrt{(ESR)^2+\left(\frac{1}{\omega C}-\omega L\right)^2} \quad \text{公式（2-26）}$$

上面关于电容器阻抗 Z_S 的表达公式可以简化，相当于在电路中串联了一个电容 C_S，则下式：

$$C_S=\frac{C}{1-\omega^2 LC} \quad \text{公式（2-27）}$$

或者表达成：

$$\bar{Z}_S\approx ESR+\frac{1}{j\omega C_S}$$

等效电路见图 2-24。

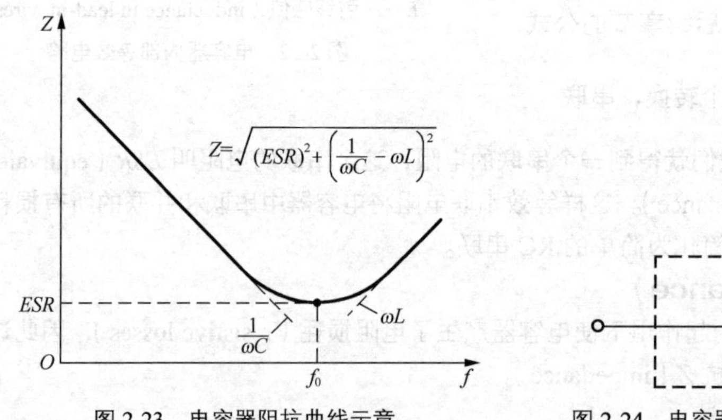

图 2-23　电容器阻抗曲线示意

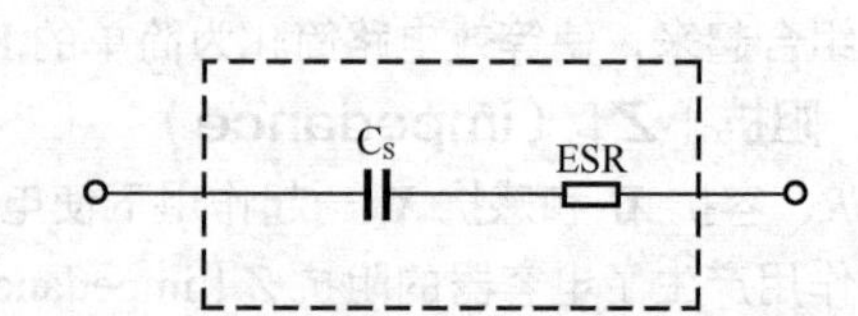

图 2-24　电容器在高频下的等效串联电路

关于公式（2-27）如何获得，我们现在对推理过程做一个说明。根据图 2-24 电容器在高频下等效串联电路图，我们可以获得阻抗 Z_S 公式如下：

$$Z_S=\sqrt{(ESR)^2+\left(\frac{1}{\omega C_S}\right)^2} \quad \text{公式（2-28）}$$

公式（2-28）和公式（2-24）中阻抗应该相等，所以可以获得：

$$Z_{\mathrm{S}}=\sqrt{(ESR)^{2}+\left(\frac{1}{\omega C}-\omega L\right)^{2}}=\sqrt{(ESR)^{2}+\left(\frac{1}{\omega C_{\mathrm{S}}}\right)^{2}}$$

经过等式换算最终可获得：

$$C_{\mathrm{S}}=\frac{C}{1-\omega^{2}LC}$$

5. 在谐振频率附近的阻抗

在前面的“电容阻抗曲线示意图”中我们已经展示了有关谐振频率下电容阻抗简图，接下来我们将做更进一步的推理。

下面的公式因为在公式引申过程中采用了近似法，所以它的应用限于电容器谐振频率 f_0 的条件下。这里跟实际值比可能产生明显的误差。

$$C_{\mathrm{S}}=\frac{C}{1-\omega^{2}LC}$$

已知在 $0.2\times f_0$ 条件下，C_{S} 跟正常 C 值比将产生约 4%的误差。当电容的频率依赖性如图 2-23 所示时，C_{S} 的表达式才常常被使用。这就意味着：容量将完全违反物理的和电气的规律，即在较高频率处开始上升。一个相应的解释是在测量方法上寻找原因。除电解电容和其他高损耗电容外，阻抗曲线如图 2-25 所展现的曲线模样。

对于电容器来说谐振频率曲线的顶端是损耗较低的特征点。在这个频率范围内，来自 *ESR* 的阻抗贡献比起容抗和感抗要小得多。当容抗的降低值跟感抗的上升值一样时，这样感抗的影响将逐渐增加。它抵消容抗直到容抗最终消失。曲线弯曲到尖锐顶端，曲线弯曲的底部被定义为 *ESR*。对于较大损耗的电容来讲（比如电解电容），在远没有到谐振频率之前阻抗曲线因这些损耗而提早被影响。容值的频率特性递减，并在一定的频率范围内扮演特定角色，在容性和感性的分支交叉点之上，阻抗曲线将脱离初始理论曲线，并且在 *ESR* 效应里的平滑弯曲处得到平衡，曲线底部变得平滑弯曲而非 V 形，此现象如图 2-26 所示。

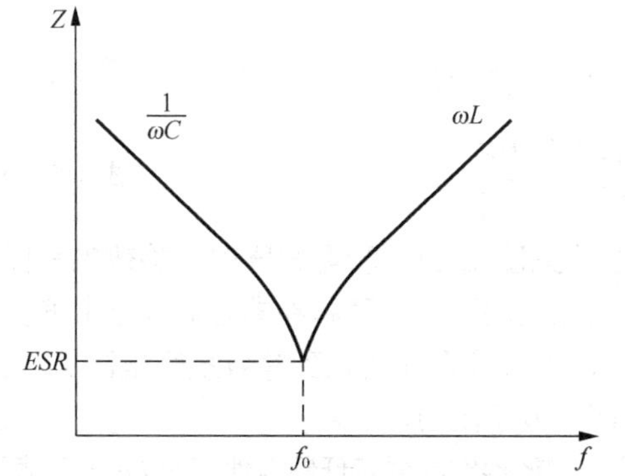

图 2-25　低损耗电容器在谐振频率处的阻抗频率曲线

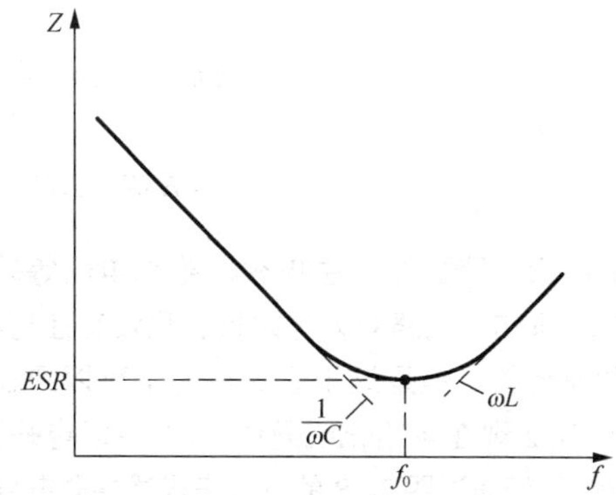

图 2-26　高损耗电容器在谐振频率处的阻抗频率曲线

2.11.2　损耗的降额特性

交流应用的热量释放限制了例如纸电容器的温度范围，在这种情况下，损耗会显著提高电容器内部温度。如果在 DC 应用条件下使用温度上限为+85℃或+100℃，那么在 AC（50Hz）应用条件下也许上限只有 70℃。较高的频率需要进一步降额，这是因其电流相应地增加所致。AC 交流电的 R.M.S 值还要依照 DC 标准值降额，这不仅仅只是考虑到峰值和温度上升，还要考虑到绝缘介质的每个再极化效应所产生的额外负荷。额定电压越高，它的降额等级就越高，表 2-5 所示是电容器应用在交流条件下参照直流额定电压的降额电压。

表 2-5　电容器直流额定电压应用到交流上的降额参考标准（单位：V）

序号	DC 额定电压	AC 降额电压	序号	DC 额定电压	AC 降额电压
1	63	40	5	630	300
2	100	63	6	1 000	500
3	250	125	7	1 600	660
4	400	220			

表 2-5 中所列是参考值，但是要最终确认规格书如何定义这些标准。

2.11.3　介质损耗因数

介质损耗因数（DF，Dissipation Factor）表示电容器中因内热损耗掉的能量与总能量的占比，或损耗掉的能量与储存的能量之比。

当我们抛开低频率范围时，电容器在图 2-24 所示的高频率下等效串联电路中的损耗被集中到 *ESR* 上，这一点因此变得非常重要。

高频晶片和高损耗元件（比如电解电容）通常在规格书里有标明 *ESR*。如果你经常碰到没有提供 *ESR* 信息（比如贴片陶瓷电容器）的情况，就参考所有类型元件的 *DF*（$\tan\delta$）值。*DF*（$\tan\delta$）是一个比例值，所以没有单位，通常用%表示，它表达的是一个电容器有多少百分比的视在功率（apparent power）被转化成热量。因电容器的电流相位角落后于电压相位角 90°，所以 DF 其实就是δ的正切值 $\tan\delta$，如图 2-27 所示。

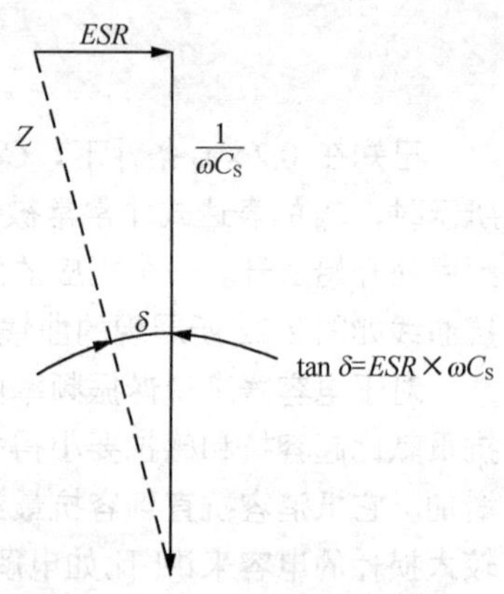

图 2-27　$\tan\delta$在串联电路中的定义

所以在串联高频电路里可以根据图 2-27 得到如下公式：

$$DF = \tan\delta = \frac{ESR}{X_C} = ESR \div \left(\frac{1}{\omega C_S}\right) = ESR \times \omega C_S = (2\pi f C_S)\times(ESR)$$

$$DF = \tan\delta = \frac{ESR}{X_C} = (2\pi f C)\times(ESR) \qquad \text{公式（2-29）}$$

$$ESR = DF \times X_C = \frac{DF}{2\pi f C} = \frac{DF}{\omega C} \qquad \text{公式（2-30）}$$

如果频率降到零，由电容器绝缘电阻等效示意图（见图 2-14）和电容器内部等效电路图（见图 2-22）可知，电路变为电阻性，且没有任何容量，损耗只限于 *IR*。同样在非常低的频率下，*IR* 是占主导作用的，但是这里它应该完全可以通过绘制 AC 依赖性损耗简化到等效损耗电阻 R_P 的电路图。图 2-22 现在可简化成通过 C_P 的并联电路图（如图 2-28 所示）。

如果我们通过图 2-28 的方式来描述并联电路的阻抗，它就很容易展示低频条件下的 *DF*，可表达成：

$$\tan\delta = \frac{1}{R_P \times \omega C_P} \qquad \text{公式（2-31）}$$

C_S 与 C_P 之间的差异通常可以忽略不计，通过公式我们应该可以推算出相互关系。如果我们把公式 $C_S = \frac{C}{1-\omega^2 LC}$ 与公式 $\bar{Z}_S \approx ESR + \frac{1}{j\omega C_S}$ 等同看待，我们就可以获得如下关系式：

$$\tan\delta \approx ESR \times \omega C \approx \frac{1}{R_P \times \omega C} \qquad \text{公式（2-32）}$$

$$ESR \times R_P \approx \left(\frac{1}{\omega C}\right)^2 \quad 公式（2-33）$$

通过区分图 2-29 所示的不同类型损耗等效电路来总结有关电容损耗的讨论。

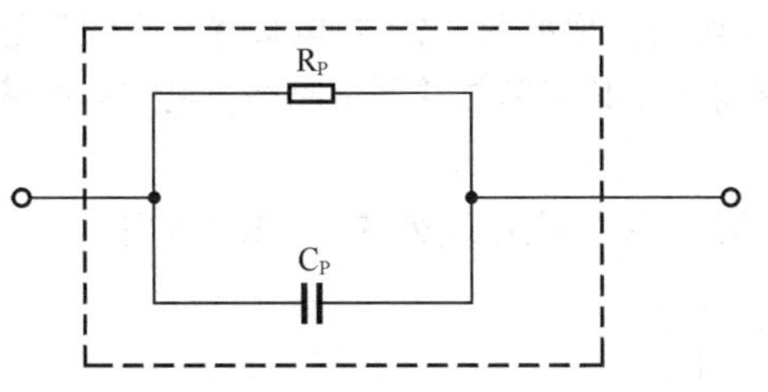

图 2-28　电容器在低频下的等效并联电路

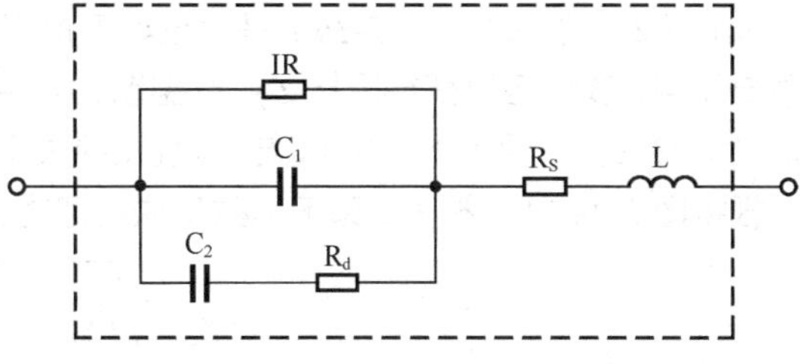

图 2-29　特别标注的介质损耗等效电路

- R_d 为介质损耗
- R_s 为引线、焊接点以及电极的金属镀层所产生的损耗
- $ESR = R_S + R_d$
- $C = C_1 + C_2$

因为电容器的损耗因数 *DF* 受温度影响，所以不同温度下其测量标准有所不同（参见表 2-6）。

表 2-6　EIA-521 标准所列的在不同温度下的 *DF* 值参考标准

介质类别	在不同温度下 *DF* 参考标准/%				
	–55℃	+10℃	+25℃	+85℃	+125℃
I 类（C0G）	<0.1	<0.1	<0.1	<0.1	<0.1
II 类（X7R）	4～6	2～2.5	1.5～2.5	1～1.5	0.7～1.5
II 类（X5R）	4～6	2～2.5	1.5～2.5	1～1.5	-
III 类（Y5V）	-	<3	<1.5	0.5	-

2.11.4　*Q* 值

为方便起见，当 *DF*（$\tan\delta$）极低时，*DF* 值的倒数，称作“*Q* 值”或电容器品质因数。特别是在高频应用中，有时我们会碰到 *Q* 值这个参数，它代替我们更习惯使用的电容 *DF* 值和损耗角 $\tan\delta$，*Q* 值与 $\tan\delta$ 换算关系如下：

$$Q = \frac{1}{\tan\delta} = \frac{1}{DF} \quad 公式（2-34）$$

对于 I 类陶瓷绝缘材料，在 100MHz 频率下典型的 *Q* 值范围从 200 到 2 000，并且随频率急剧变化。

我们将使用 *Q* 值来描述图 2-24 所示的电容器在高频下的等效串联电路和图 2-26 所示的高损耗电容器在谐振频率处的阻抗频率曲线中的串联和并联电路的数量之间的联系。通过描述这些电路的阻抗和 *Q* 值的表达式并将阻抗的实际值和虚拟值视为相等，我们可以得出：

$$C_S = C_P \times \frac{1+Q^2}{Q^2} \quad 公式（2-35）$$

$$C_P = C_S \times \frac{Q^2}{1+Q^2} \quad 公式（2-36）$$

$$ESR = \frac{R_P}{1+Q^2}$$ 公式（2-37）

$$R_P = ESR\left(1+Q^2\right)$$ 公式（2-38）

公式（2-35）和公式（2-36）是通过如下推理过程获得的。根据图 2-24 中电容器在高频下等效串联电路图，我们可以获得阻抗 Z_S；根据图 2-28 中电容器在低频下等效并联电路图，我们可以获得阻抗 Z_P，令 $Z_S=Z_P$ 便可推算出 C_S 与 C_P 直接的关系式。

根据图 2-24 电容器在高频下等效串联电路图，我们可以获得阻抗 Z_S 公式（2-28）如下：

$$Z_S = \sqrt{(ESR)^2 + \left(\frac{1}{\omega C_S}\right)^2}$$

所以可以获得：

$$Z_S^2 = (ESR)^2 + \left(\frac{1}{\omega C_S}\right)^2 = \frac{\left[(ESR)\times\omega C_S\right]^2 + 1}{(\omega C_S)^2}$$

根据公式（2-32）和公式（2-34）可知：

$$\tan\delta = (ESR)\times\omega C_S = \frac{1}{Q}$$

经过换算可得：

$$Z_S^2 = \frac{Q^2+1}{Q^2}\times\frac{1}{\omega^2 C_S^2}$$

根据图 2-28 所示的电容器在低频下等效并联电路图，因为 R_P 与 C_P 容抗之间是并联关系所以它的阻抗符合并联电阻特性。另外，C_P 的容抗与 R_P 之间存在相位差，我们可以获得阻抗 Z_P 公式（2-39）如下：

$$\frac{1}{Z_P} = \sqrt{\left(\frac{1}{R_P}\right)^2 + (\omega C_P)^2}$$ 公式（2-39）

$$\left(\frac{1}{Z_P}\right)^2 = \frac{(R_P\times\omega C_P)^2 + 1}{R_P^2}$$

根据公式（2-32）和公式（2-34）可知：

$$R_P\times\omega C_P = Q \qquad R_P = \frac{Q}{\omega C_P}$$

通过换算可以获得：

$$Z_P^2 = \frac{Q^2}{Q^2+1}\times\frac{1}{\omega^2 C_P^2}$$

$$Z_S^2 = Z_P^2$$

$$\frac{Q^2+1}{Q^2}\times\frac{1}{\omega^2 C_S^2} = \frac{Q^2}{Q^2+1}\times\frac{1}{\omega^2 C_P^2}$$

由此可以推导出：

$$C_S = C_P\times\frac{1+Q^2}{Q^2} \text{ 和 } C_P = C_S\times\frac{Q^2}{1+Q^2}$$

根据公式（2-32）和公式（2-34）可知：

$$ESR = \frac{1}{\omega C_S Q} \qquad R_P = \frac{Q}{\omega C_P}$$

再根据已推导出来的 C_S 与 C_P 之间关系式，就可推导出公式（2-37）和公式（2-38）。

2.11.5　损耗的频率特性

图 2-30 描述的是不同材料的绝缘偶极子受交变磁场的影响时所呈现的状态。如果满足这些偶极子的反应时间，即它们的谐振频率与磁场的频率相同，这样每一个偶极子旋转的动作都需要能量，而被执行的动作就产生了热量。大多数惰性偶极子将会对极低频率作出反应，而这将增加损耗。但是随着频率的增加，不同类型的偶极子将无法迅速相继做出反应，如图 2-30 所示。刚好在偶极子反应时间和频率周期相一致的范围内，某种谐振产生了，它导致各种类型偶极子产生了峰值损耗。

通过图 2-30 我们会发现这种材料只涉及偶极子损耗（dipole losses），并没有其他损耗。另外一种绝缘材料没有分子偶极子，相较于极性被称作无极性。极性完全依赖电解质，除此之外没有任何其他影响因素。在极性和非极性化材料中总损耗与频率的关系如图 2-31 所示。

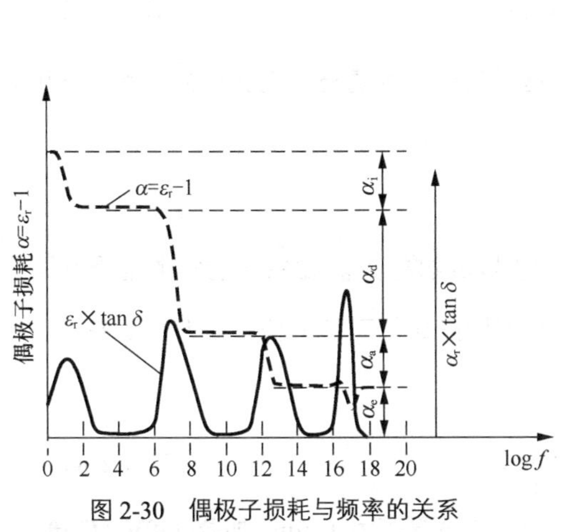

图 2-30　偶极子损耗与频率的关系

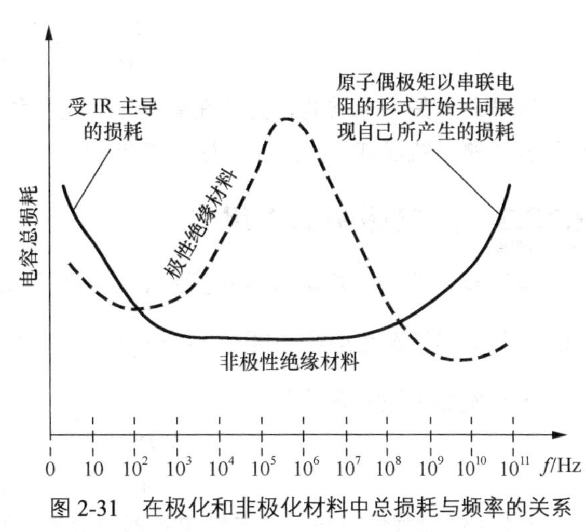

图 2-31　在极化和非极化材料中总损耗与频率的关系

2.12　内能和外力

2.12.1　内能

储存在电容器里的内能可以表达成：

$$E = \frac{1}{2}CU^2 \quad 单位：（J）或（Ws） \qquad 公式（2-40）$$

E 指能量，单位为焦耳 J 或者瓦特秒 Ws，C 是容值，单位为 F，U 指电压，单位为 V，Q 指电荷，单位为 C。

计算电容器储存的电荷多少可以用如下公式：

$$Q = C \times U \qquad 公式（2-41）$$

2.12.2 电磁场作用力

有电流通过的平行导体会被产生相互作用力的电磁场包围。如果电流方向相同则磁场（导体）相互吸引。如果电流方向相反则它们是相互排斥的。图 2-32 所示是导体间的电磁场作用力。

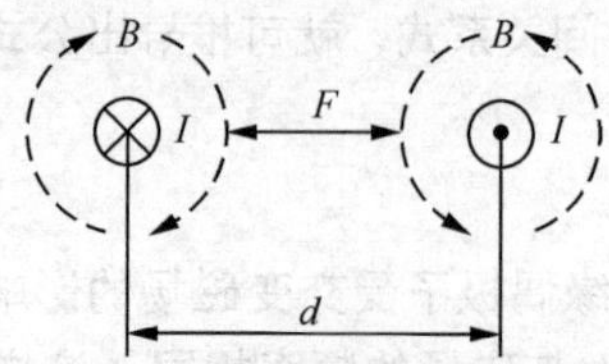

F 是磁作用力，I 是在导体之间通过的电流，B 是磁感强度

图 2-32 导体间的电磁场作用力

如果：导体长度 l 单位用 m，电流 I 单位用 A，间距 d 单位用 m，则导体之间每米的力可以表达为：

$$\frac{F}{l}=2\times10^{-7}\times\frac{I^2}{d}\text{(N/m)} \quad \text{公式（2-42）}$$

根据公式 $Q=C\times U$，如果将这个表达式进行推导我们可以得到：

$$\frac{\Delta Q}{\Delta t}=I=\frac{C\times\Delta U}{\Delta t}\text{(A)} \quad \text{公式（2-43）}$$

脉冲负载是不寻常的，尤其在高电压落差条件下，这样电容器的高充电电流也会出现，它可能导致在闭路引线模式之间产生可感知的磁场。

2.12.3 静电场中的作用力

电容器是典型的静电场应用案例，这些场可以产生明显的机械力。如果我们知道电极间距为 d(m)，就很容易确定电场强度 $E=\frac{U}{d}$(V/m)。然后我们可以描述单位面积上的作用力，即有一个压强由电极施加于绝缘介质上。

$$\frac{F}{A}=\varepsilon_0\times\varepsilon_r\times\frac{E^2}{2}\text{(N/m}^2\text{)} \quad \text{公式（2-44）}$$

举例：假设我们有一个油浸纸电容器的介电常数 $\varepsilon_r=5$，介质厚度为 15μm，加载 250V AC 电压，那么该电容器所受到的最大瞬间压强可以计算如下：

$$5\times\frac{10^{-9}}{36\pi}\times\left(\frac{250\sqrt{2}}{15\times10^{-6}}\right)^2\times\frac{1}{2}\approx1.2\times10^4\text{(N/m}^2\text{)}\approx0.1\text{(kPa/cm}^2\text{)}$$

如果我们换算成 35V 的固态钽电容器，介质厚度为 0.23μm，按 30V DC 电压代入公式：

$$27\times\frac{10^{-9}}{36\pi}\times\left(\frac{30}{0.23\times10^{-6}}\right)^2\times\frac{1}{2}\text{(N/m}^2\text{)}\approx2\text{(N/mm}^2\text{)}$$

当电容器电极有这样的复杂组合的时候，尤其难判定到底有多少绝缘材料受作用力影响，但是我们需要知道静电作用力是至关重要的。

2.13 与电容器有关的功率概念

2.13.1 电容器上电流与电压之间的相位角

功率因数和损耗因数经常被混淆，因为它们都是衡量电容器在交流应用下损耗的指标，而且它们的值几乎相同。在“理想化”的电容器中，电容器中的电流将领先电压 90° 相位角。理想化的电阻其电流与电压相位相同，理想化的电感其电流比电压延迟 90° 相位角。

2.13.2 电容器的功率损耗

电容器的视在功率（apparent power）计算公式：

$$P_A = 2\pi fCU^2 \quad （单位：W） \qquad 公式（2-45）$$

$$P_A = 2\pi fCU^2 \times 10^{-3} \quad （单位：kVA） \qquad 公式（2-46）$$

P_A 为视在功率，f 为频率（Hz），C 为容值（F），U 为电压（V）。

电容器跟其他元件一样，在电路中工作时是存在功率损耗的，只是它的损耗非常小而已，计算功率损耗的公式如下：

$$P_L = \left(2\pi fCU^2\right) \times DF = P_A \times DF \quad （单位：W） \qquad 公式（2-47）$$

P_L 为功率损耗，f 为频率（Hz），C 为容值（F），U 为电压（V），$DF=\tan\delta$，P_A 为视在功率。

2.13.3 电容器的功率因数

在实际应用中，受串联电阻 R_S 的影响，电流并未领先电压 90°，而是引入另一个相位角，相位角的补角称为损耗角（如图 2-33 所示）。

功率因数计算公式如下：

$$P_F = \sin\delta = \cos\varphi \qquad 公式（2-48）$$

$$P_F = DF \quad （当 P_F<10\%时）$$

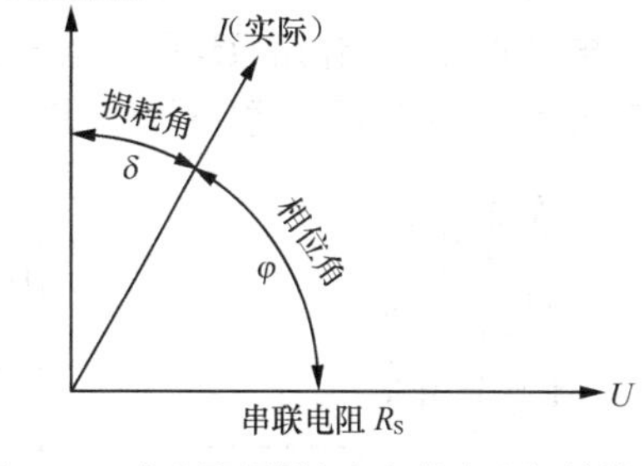

图 2-33 电容器损耗角与相位角之间的关系

P_F 为功率因数，δ 为损耗角，φ 为相位角，DF 为 $\tan\delta$。

因为当 $\tan\delta$ 很小时，正弦值 sineδ 与 $\tan\delta$ 基本上是相等的，这就导致了这两个术语在行业中的通用互换性。

2.14 电容器的基本性质及在电路中的作用

2.14.1 电容器的两个基本功能

电容器的充放电原理，其实是展示了电容的第一个基本功能：储存电荷（energy storing）。电容器的第二个基本功能是阻绝直流（DC current blocking）和耦合交流（coupling），即所谓的“阻直通交”。这个现象可以形象地理解为电容器的两极正反交互反复充电，也可以看作交流电在绝缘介质中的往复流动。电容器在电路中的其他作用无非是这两个基本功能的延伸而已，比如去耦（decoupling）、旁路（bypassing）、滤波（filtering）、调谐（tuning）、振荡（oscillation）、分压（voltage divider）、计时（timing）、抑制瞬态电压（voltage transient suppressing）、电压倍增（voltage multiplying）。

2.14.2 储能

电容器在电路应用中有时候会扮演“电池”一样的角色，必要时能为某个元件提供瞬时电流，相机的闪光灯就是利用电容器此功能工作的。图 2-34 为电容器在相机闪光灯中应用原理简图，在没有按下快门之前电容器被充电且充电电压就是电源电压，当相机按下快门的一瞬间，相当于在闪光灯两端并联了两个等压的电源，满足了闪光灯瞬间大电流的需要。

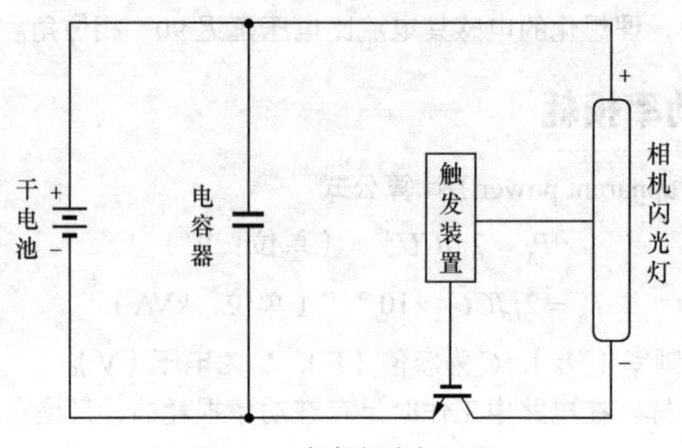

图 2-34 相机闪光灯原理

2.14.3 平滑

手机 AC 适配器作为充电装备是大家熟知的产品，如何将交流的 220V 电源转换成低压的直流电源，其中就利用了电容器对电压的平滑（smoothing/filtering）作用。

电容器的平滑作用原理是：当电压在峰值时，电容器充电，相当于“削峰”，当电压在谷值时，电容器放电，相当于“填谷”（见图 2-35）。

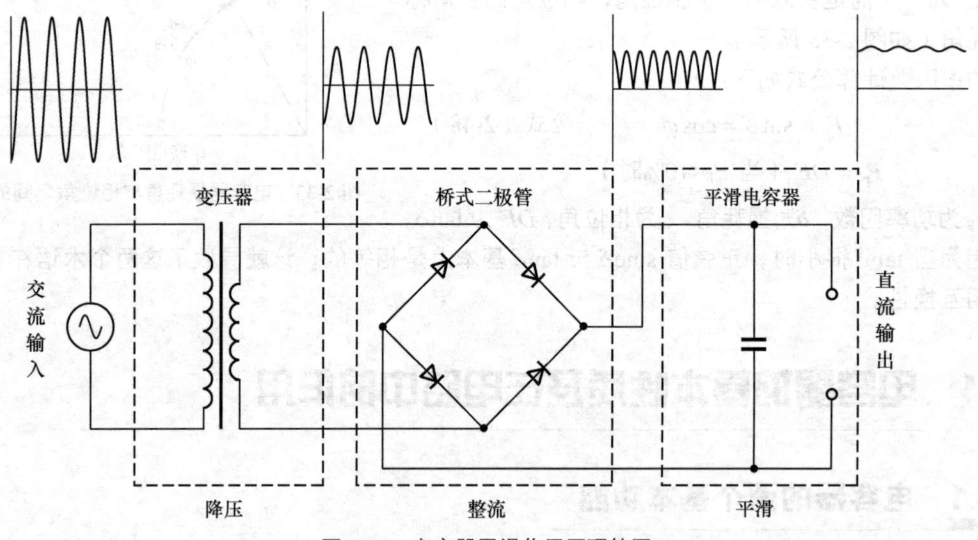

图 2-35 电容器平滑作用原理简图

2.14.4 耦合

图 2-36 是放大电路中电容器的耦合原理图，容值为 1μF 的电容器在电路中起到阻截直流、耦合（coupling）交流（“阻直通交”）的作用。

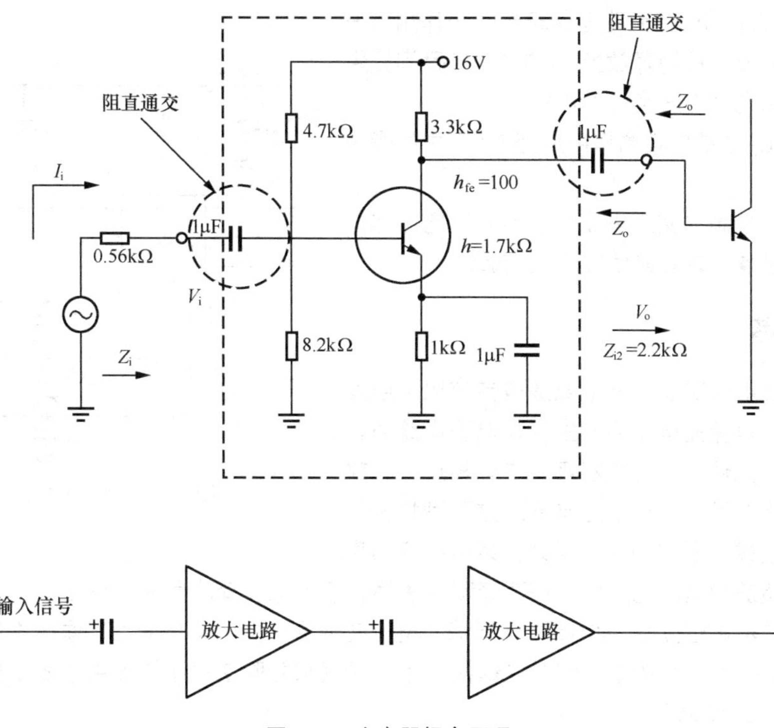

图 2-36　电容器耦合原理

2.14.5　去耦

去耦（decoupling）有时被称作旁路（bypass），其实都可以看作滤波，其作用就是让电路中高频噪声接地被过滤掉。例如在晶体管的射极电阻或真空管的阴极电阻上并联的电容器，之所以叫它旁路电容器，是因为其交流信号经过电容器接地（见图 2-37）。旁路电容器一般是指高频旁路，也就是给高频的开关噪声提供一条低阻抗的泄噪途径。高频旁路电容器一般比较小，根据谐振频率一般是 0.1μF、0.01μF 等，而去耦合电容器一般比较大，是 10μF 或者更大，要根据电路中分布参数以及驱动电流的变化大小来确定。

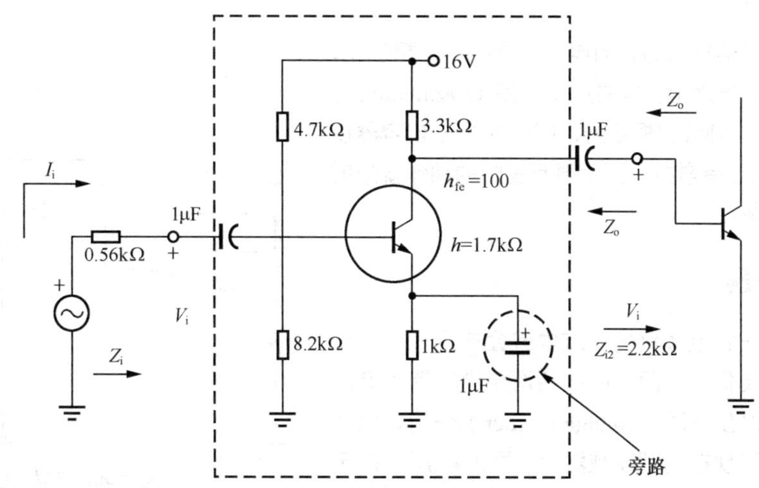

图 2-37　放大电路中的旁路电容器

图 2-38 中的 C_1 和 C_2 旁路电容起到两个作用：一是将噪声等交流成分接地释放掉；二是向 IC 瞬间提供电流并起到抑制电源电压突变的作用。

C_3、C_4 和 C_5 去耦电容的作用是把 IC 产生的噪声接地释放掉。

总之，频率越高的交流电流越容易通过电容器，电容器的电容量越大越容易使交流电流通过。

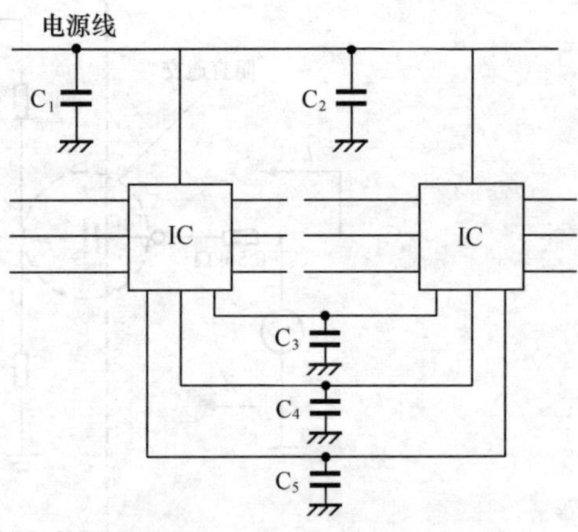

图 2-38　电容器去耦原理简图

2.14.6　调谐

电容器的导电情况是在充电或放电完成以前所发生的作用，所以电流先电压而发生。在电子电路中，有另外一种被动元件，其特性刚好与电容相反，也就是其电压先电流而发生，这就是电感。这两种特性相反的元件若串联或并联在一起，那么在某一特定频率时，电容电流超前和电感电流落后使两者刚好重叠，于是电流变成最大，反之，电容电流超前与电感电流落后，使两者相位差 180°而相互抵消，电流变成最小。电容与电感串联产生的谐振叫串联谐振，电容和电感并联产生的谐振叫并联谐振。串联谐振和并联谐振通常被用于效率极高的带通或滤波电路中，如图 2-39 所示。

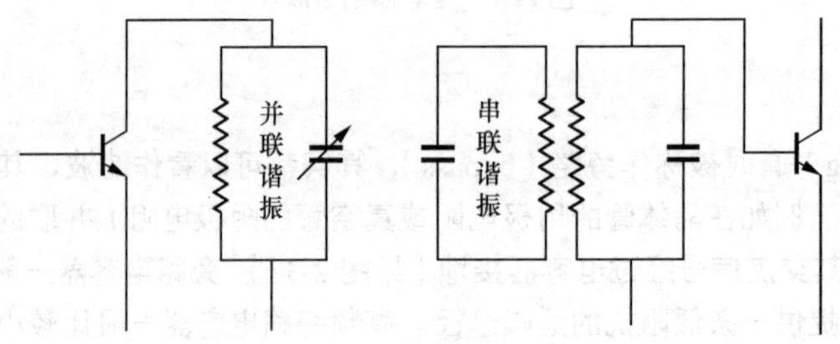

图 2-39　电容器谐振原理

2.14.7　振荡

电容器在导通交流时，因电流与电压存在相位差，所以在有增益的电路里很容易产生振荡（Oscillation）。图 2-40 所示为一种移相振荡器，图中的 3 个电容器使 FET 的漏极（D）有增益，因此周而复始的动作就形成了，这就是振荡。

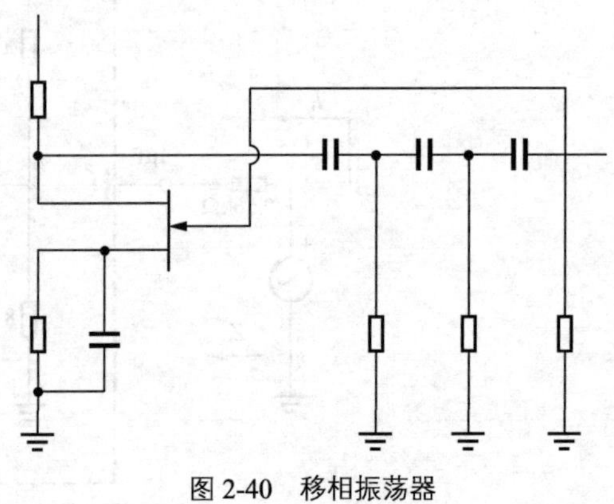
图 2-40　移相振荡器

2.14.8　分压

电容器对一特定频率的交流电就会产生容抗，而容抗的性质又类似于电阻，所以将两个电容器串联时跟电阻一样会产生分压（voltage divider）作用，因此电阻和电容会出现在高频衰减器上。图 2-41 所示是示波器或高频电压表输入电路中的衰减器，基本上还是以电阻分压为主，但是为了减轻寄生（潜在）电容对输入电阻的影响，每一个分压电阻均并联一个电容器，其容值大小的确定方法是使所有 $R \times C$ 均相等。

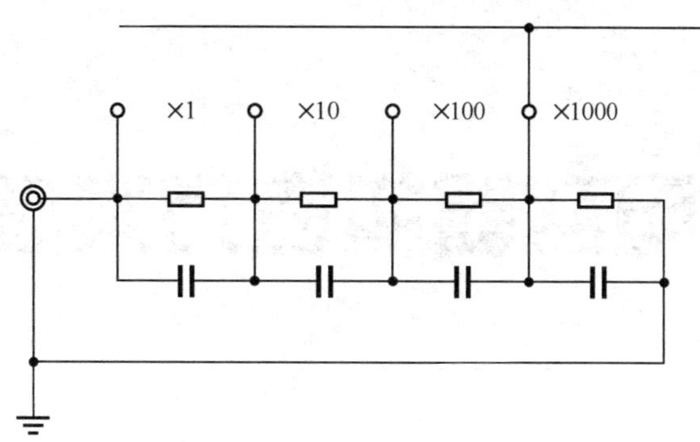

图 2-41　精密衰减电路

2.14.9　计时

计时（timing）功能是将电容器与电阻器配合使用，来确定 RC 电路的时间常数。图 2-42 所示延时电路可简要说明电容器是如何协同其他元件共同完成计时效果的。根据前面章节时间常数概念 $\tau = R \times C(\mathrm{s})$，$R$ 阻值和 C 容值一旦确定，就能获得恒定的时间参数。

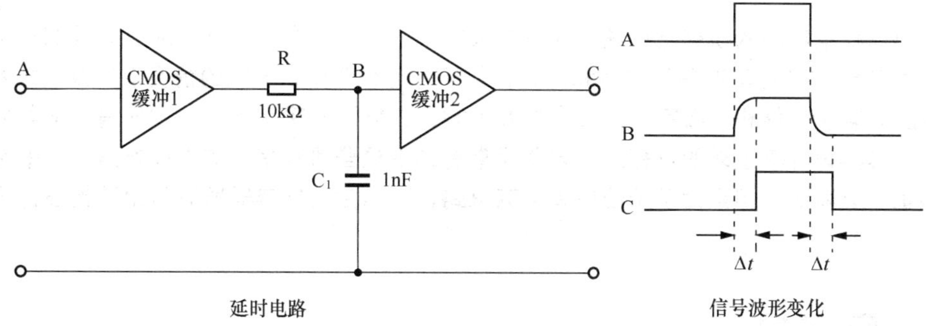

图 2-42　电容器计时原理

当输入信号由低向高跳变时，先经过 CMOS 缓冲 1，然后输入 RC 电路。因电容充电的特性使 B 点的信号并不会跟随输入信号立即跳变，而是有一个逐渐变大的过程。当变大到一定程度时，经 CMOS 缓冲 2 翻转，并在输出端得到了一个延迟的由低向高的跳变，至此便达成了延时效果。假设上面延时电路没有电容器 C_1，那么信号波形从低电位向高电位跳变是瞬间发生的，没有时间差，这里正是利用了电容在充电时电压渐升、放电时电压渐降的特性。

第 3 章 静电电容器构造方案简介

电容器可以划分两大类：静电电容器（electrostatic capacitors）和电解电容器（electrolytic capacitors）。电解电容器具有极性特性（polarity dependent）结构、由正负两极组成。静电电容的绝缘材料没有极性特性，也可以承受交流电压。

3.1 静电电容器常用构造方案简介

关于小体积电容器的研究已经获得许多解决方案，并且每个都有其优缺点。我们将试着在本章节说明大量与 C/V 比率有关的方法和问题，如何在电容器体积一定的情况下获得最大容量和最高工作电压。容量、体积、额定电压三者相互牵制，在体积和额定电压一定的情况下如何获得最大容量是电容器设计者追求的目标。电容器通常有如下这些可被采纳的设计方案。本书是专门介绍贴片陶瓷电容器的，但是为了给使用者拓宽思路，下面会对电容器所有常用结构设计方案做简单介绍。

3.2 叠层结构

假设我们有 6 颗电容，它包含 2×6=12 个电极，按图 3-1 所示有序排列。我们可以理解为展开成一个平面并且连接在一起，它们将产生一个 $6C$ 的电容值，这样通常 N 个电极可以获得 $\frac{N}{2}\times C$ 的容值。

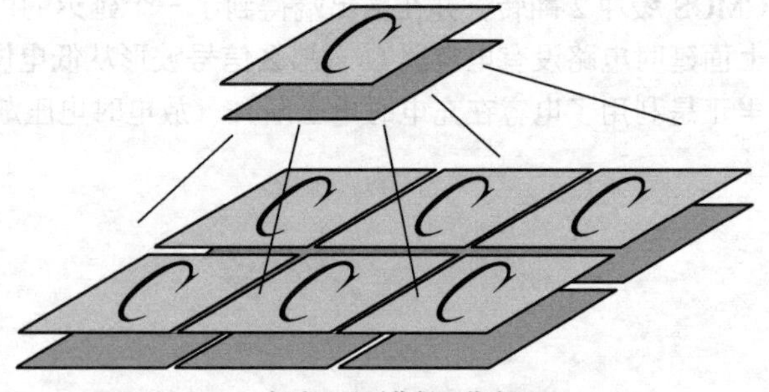

图 3-1　数颗同样的电容器平铺连接示意

相反地，如果我们根据图 3-2 所示把这 6 个电容叠加起来，在每个不同极性的电极之间产生一个新容值，这里将产生 12−1=11 个电容，它们并联在一起，$C_{总}=11C$。如果有 N 个极，则 $C_{总}=(N-1)C$。如果 N 越大，那么在同样数量的情况下，采用堆叠方式获得的容量将是展开平面放置所获得容量的 2 倍。所以贴片陶瓷电容器采用叠层式结构，就是为了在容量和耐电压一定的情况下获得体积最小化。所以堆叠式结构使得电容器有效正对面积倍增。

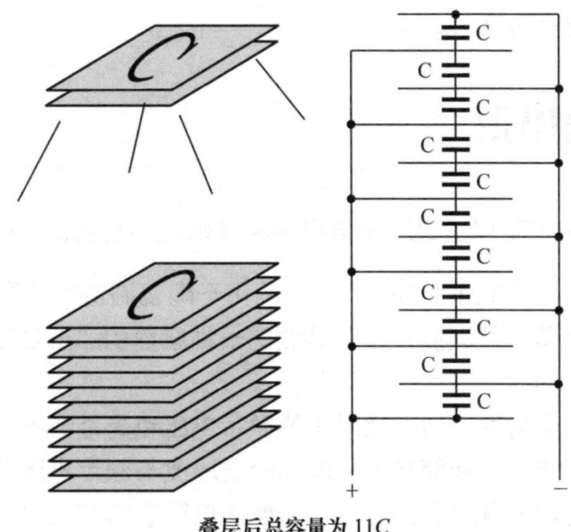

图 3-2　数颗同样的电容器堆叠连接示意

3.3　卷绕结构

此结构一般用于卷绕式电容器，由电极箔和绝缘箔交替卷绕而成，此设计思路也是增加电极有效正对面积。如图 3-3 所示，我们用两层绝缘箔将两层金属箔进行绝缘隔离，然后缠绕封装成卷绕式结构，这样其效果等同于前面介绍的叠层结构，可以获得双倍容量，此时电极的两侧均产生容量，如图 3-4 所示。

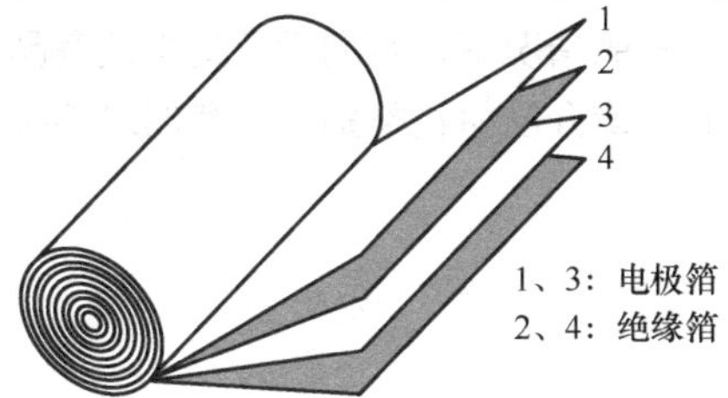

图 3-3　卷绕式电容器组成结构示意

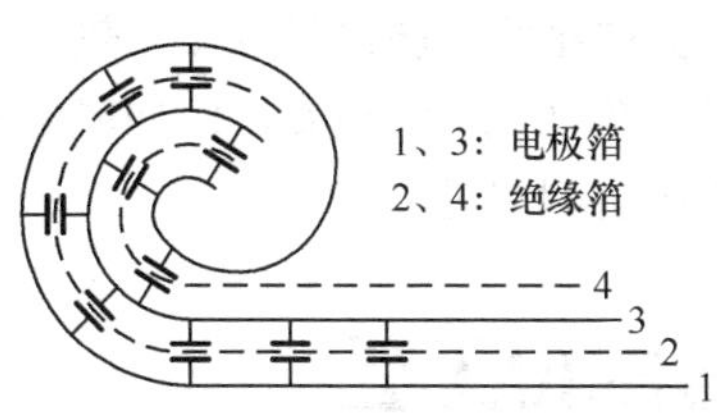

图 3-4　卷绕式电容器容值组成示意

3.4　扩大表面积

增加容量的一个重要方法实际上是通过蚀刻或者粉末烧结技术来扩大电极有效正对面积。但是这些技术应用仅限于电解电容器（electrolytic capacitor），简称“电解（electrolytics）”。电解电容器在结构上比静电电容器（electrostatic capacitor）更为复杂，它们有一个阳极和一个阴极，如图 3-5 所示，然后它们形成了极性依赖特性（polarity dependent）。在阳极和阴极之间，存在一种传导介质，它的存在形态可以是液体或固体，这种传导介质通常被称作“电解液（electrolyte）”，实际上电解液充当了阴极作用。因此，电解电容器命名源自电解液，并且日常用语称作“电解”，我们有时候把“钽质电解（tantalum electrolytics）”简称“钽质

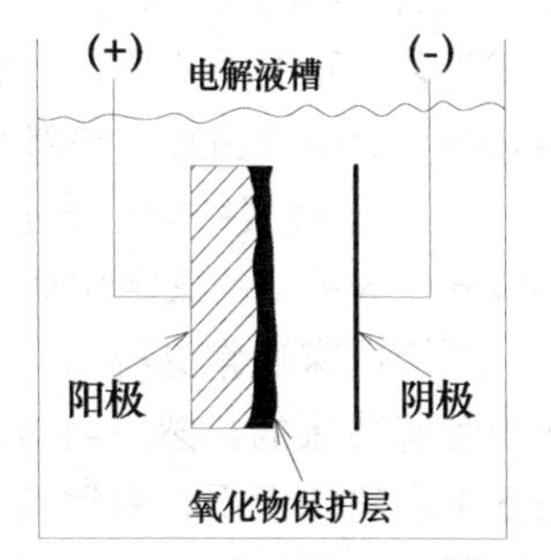

图 3-5　电解电容器构造原理示意

(tantalums)”，这可与前者进行区分。

3.5 电极间距最小化

根据公式 $C=\varepsilon\times\dfrac{A}{d}$，我们可以通过减小电极间距 d 来提高容量。这样的改良技术已经用于某些塑料薄膜电容器的生产，其厚度低于 0.5μm。所谓的用于陶瓷制造的“湿法工艺（wet method）”已经实现厚度低于 5μm，并且基于塑料膜传输和装载的一种成熟的“干法工艺（dry method）”已经将绝缘材料厚度降低至 1μm 以下。

当不同材料的绝缘介质最薄时，与之相对应的额定电压也是最低的。但是我们有时候为了确保达到绝缘材料厚度的最低要求，不能简单地只考虑介质厚度与额定电压的关系。例如，如果我们需要 6V 直流电压，最接近的额定电压也许是 10V，但这仅限于陶瓷电容，塑料膜电容要到 30V，纸质要到 100V，云母要到 125V，玻璃要到 250V。

我们来表述另外一个关于绝缘介质薄度极限值。要想电容的工作电压越高，它的介质厚度必须越厚。但是如果厚度增加 5 倍，它的容量就减少到 1/5，或者要获得同样容量，电容的体积要增大 5 倍。因此高压电容器通常是大体积的。

3.6 绝缘介质材料选择较高的介电常数

塑料和纸箔有一个相对的介电常数，大约是 3 左右，如果我们把它替换成陶瓷，它的介电常数 ε_r 有可能增加到好几千倍。因此我们在设计电容器时，如果在体积一定的情况下要想获得高容量，选择高介电常数的绝缘介质是最直接有效的方法。但在不同的情况下，我们需要适当放宽品质特性，这对其他的材料来说非常重要，比如聚合物，在不同的绝缘介质材料类别中，我们对绝缘介质典型特性做出相应说明即可。

3.7 金属化工艺

金属化一般应用于薄膜电容器，而本书重点是介绍贴片陶瓷电容器的，所以金属化非本书介绍重点。这里只简要介绍一下金属化叠层电容器，因为它跟叠层陶瓷电容器有相似之处，它的一些特性可作为分析参照。

采用卷绕或者线圈式工艺的金属化电容器，如果被加载交变电压或者脉冲电压，那么接触端电极的触点处将容易烧毁，根据我们前面的讨论，最后会以完全开路告终。如果用叠层式工艺代替卷绕式工艺，我们就会得到一个叠层式金属箔电容器，避免了卷绕式落后的接触方式。但是经过残留结构的电流不会因某一局部的烧毁而改变，电容在交变脉冲条件下一样正常工作（伴随容量稍微减少）。金属化叠层结构可防止边缘触点被烧毁，这样它的安全性增加了，同时也意味着它可以维持比卷绕式电容更高的额定功率。

制造厂家通常这样做：在巨大的轮子上卷绕一卷被称作母版电容的结构，此母版电容是从一侧用金属喷涂的，然后再对已完工的电容进行切割，大直径的母版电容被制作成细小方块。当从母版电容的切面看，金属喷涂表面部分和切面处的塑料熔化物被分散开来。这些局部的塑料熔化物在两极间产生巨大的绝缘电阻。制造商常用的另外一个方式是将绕组放置在平板上然后切割成大元件。

自愈功能

绝缘介质总会有弱点或者缺陷点，同时有比其他普通材料更容易被击穿的较薄的区域。比如一个击穿介质的短路故障导致局部能量产生，它将穿透通道上的材料转化成等离子体，并且气化掉穿透孔周围的薄薄的金属涂层。在这个空洞周围直径 5～100μm 范围内产生一个直径 0.1～3mm 的非金属绝缘区域，瞬间短路变成开路。这种现象被称作自愈（self-healing）。自愈的条件是某一处最小能量预计至少是 10μJ。小容量或者低工作电压也许不会导致自愈发生。然而如果有一个穿透发生在薄弱点，比如在超高温条件下，此时介质变得更弱，会导致自然愈发生。自愈效果示意图如图 3-6 所示。

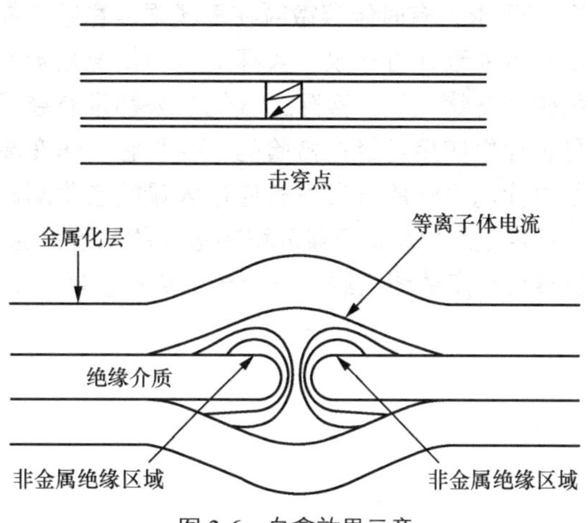

图 3-6　自愈效果示意

从图 3-6 可以看出，自愈能量产生一股等离子体流。它的温度和压强非常的高，但是持续时间短。在穿透位置周围形成的气压传递和分散到邻近介质层一定范围内，分解物传遍周围的金属涂层，同时等离子体的压强和温度下降。典型的一系列能量活动发生在 0.01～1μs 内。电学上的结果证明它自身遭遇了突然压降，此压降通常在 100μs 内被充电曲线修复。时间常数可通过直接的外围 RC 电路来测定。整个现有能量被用到自愈功能上，这是非常难得的事情。

自愈设计允许在击穿电压与额定电压之间选择较低的安全系数。短路问题没有必要不惜一切代价去避免。击穿电压与额定电压的比值可以从 15:1 降低到 3:1，这相当于减少了绝缘介质厚度。

自愈效果

在自愈的过程中，聚合的绝缘介质被分解。富碳混合物产生非结晶碳，它堆积在空腔里，不幸的是在穿透孔周围绝缘的烧焦表面也堆积了非晶碳，如图 3-7 所示。

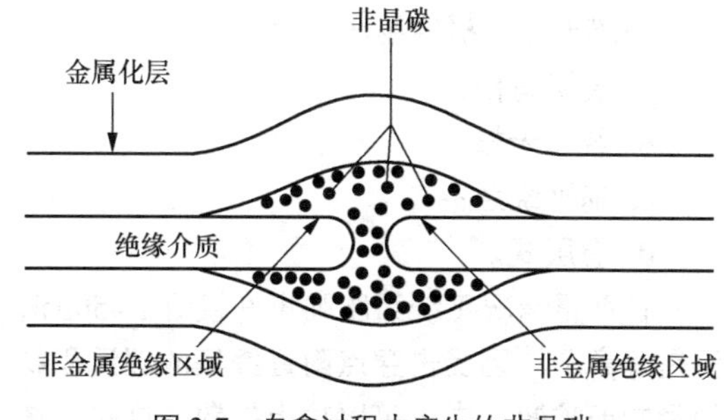

图 3-7　自愈过程中产生的非晶碳

混合物富含碳，比如聚苯乙烯，这样他们通常不可能用于金属涂层设计。在自愈效果发生之后碳堆积会破坏 IR。其他材料有不同程度的碳生成，见表 3-1。

表 3-1　不同绝缘介质自愈后碳沉淀

金属涂布的材料	沉积碳占总量百分比/%	
	介质中含碳	介质材料
纸/纤维素	≈2	—
涤纶（PET）	38～41	≈26

续表

金属涂布的材料	沉积碳占总量百分比/%	
	介质中含碳	介质材料
树脂（PC）	59～60	≈46
聚丙烯（PP）	51～54	≈47
聚苯乙烯（PS）	≈76	≈70

即使沉积碳不破坏绝缘电阻 IR，有时候碳微粒在弱场强的影响下排列成一条可导电的且阻值不稳定的线，其阻值范围从几百欧到几百千欧，实际上这种情况被看作短路。如果电压升高或者电路电阻不能限流，导电的碳线就烧毁了。实际上我们从来都没有经历这个现象，因为它需要的能量比自愈要低很多。但是，如果应用是经过检验的，并且它工作在高阻抗瞬时弱场强条件下，短路就不会出现。因此，如果我们采购的电容没有通过大量的老化测试和通电热循环测试，薄膜电容器应尽量避开使用某些特定绝缘材料。像碳沉积物这类的风险会随着绕组的内压升高而增大，比如精密电容是由密实的机械将稳定的绕组绕在一个核上组成。图 3-8 展示了在不同绕组类型中近似的内压分布情况。

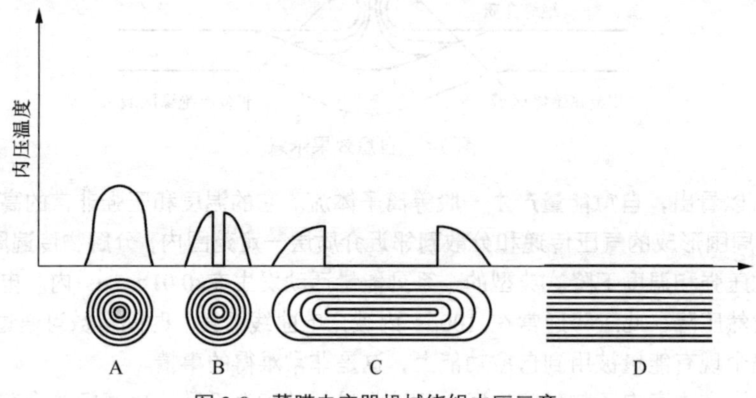

图 3-8　薄膜电容器机械绕组内压示意

薄膜电容机械绕组压力：

a. 绕组有核；

b. 绕组无核；

c. 扁平绕组；

d. 叠层式。

在严重情况下绕组压强也许接近 1 450psi，但是等离子体因受击穿点附近聚集的碳沉积物的影响而扩散，内压可以防止扩散。这转而增加了碳线短路风险。而且如果已生成的能量叠加到高工作电压条件下，损坏邻近介质层的风险就会增加（如图 3-9 所示）。

在非常严重的情况下，自愈现象会导致热失控，此时电容将被损坏或者烧毁。对于贴片陶瓷电容器来讲，绝缘介质为非含碳材料，所以不会发生碳线短路风险。

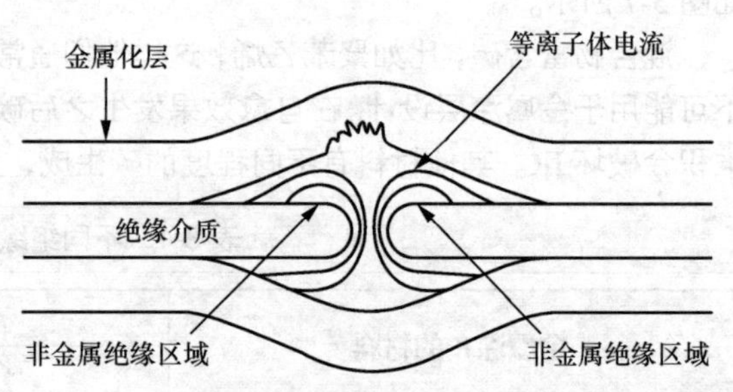

图 3-9　因高绕组压强和高能量产生的自愈介质损伤示意

3.8 热处理/收缩

通过金属箔电极创建的本体硬化工艺，随着金属化薄膜电极的使用而消失。对于电容器来说，卷绕结构变得更加宽松，而且更容易满足折弯和型腔成型。在交流电压应用中，卷绕结构如果没有进行浸渍，那么就会增加电晕风险。然而对于塑胶膜电容器，在某种程度上，缺陷可能会消除，这样金属化工艺与金属箔工艺效果一样。被采用的塑料膜沿着纵向和横向冷轧，以获得更薄的金属电极箔。分子被“冻结”在强制性位置。但是在某一高温的条件下，被“冻结”的分子开始离开这个位置。随着连续升温，最终结果是所有的分子完全回归到它们的最初位置。这是在某一特定高温下通过烘烤卷绕结构来实现的。

卷绕结构轻微收缩后会变硬，但是温度上升是有限制的，否则，收缩将继续进行，它反过来影响末端涂层与金属化涂层接触界面的退化，增加损耗和容量损失。随着表面贴装工艺的发展，我们可能面对很多关于焊锡热的难题。对此我们有两个主要的方法是可用的，一个是利用隔热封装，另一个是在冷轧拉伸前消除分子位置记忆。此方法如果能利用焊接工艺来达成，就显得更完美。

3.9 浸渍/电压分布

如果电容必须工作在加压条件下并开始出现电晕现象，则此电容不能包含气体或者有充满空气的空洞。在空洞处的电场强度比均质介质的电场强度高好几倍。因此不能通过制造工艺避免空洞，必须用其他方法排除。

一个排除空洞的方法是浸渍工艺（如果是纸质绕组应用，这是非常必要的）。矿物油、硅油、蜡以及环氧树脂都是普通的浸渍剂。要注意，当它们填充内部空隙和增加张力稳定性的同时，它们也轻微地影响到介电常数。

为了完全填充所有空隙，浸渍应在真空中进行。浸渍也不是那么容易的事情，它可能需要应用各种有效手段来达成。这里通常用液体来做浸渍剂是最好的选择。但是矿物油不应该用于金属涂层式薄膜电容器，因为自愈作用会分解和污染油渍，使油渍的阻抗 *IR* 降低。相反，可用一些植物油来代替。

即使我们已完美完成了浸渍并且通过增加箔膜厚度保持绝缘材料里的电场强度维持在限定范围内，工作电压还是需要做限定。沿着电极边缘的场强发展到一定量级的时候会产生跳火现象，因此它迫使电压分布到各个电容器组成单元。由于电晕风险，这种构造方案对于无浸渍电容来讲是必须尽早实施的。原理展示如图 3-10 所示，元件通过 3 个普通的独立箔膜串联起来。电极由真正的金属箔组成，或者一侧/双侧有金属涂布的塑胶膜组成，或者是它们的组合。

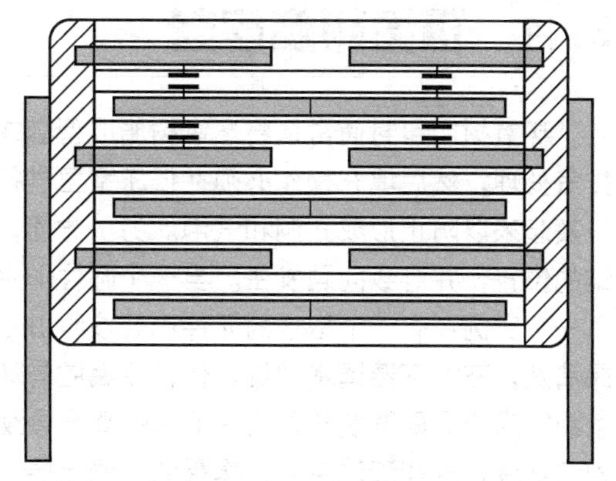

图 3-10　串联结构的高压卷绕电容器示意

大体上，通过图 3-10 形式连接，我们可以将串联模式转换成平行电极。同时在电容体积相同的情况下承压能力增倍而容量减到原来的四分之一。

3.10 密封封装

有时候元件需要防潮封装，然而，如果没有采用油漆或者聚合物进行防潮密封封装，湿气将随着时间推移通过材料扩散。防潮只能用特定的无机材料，比如玻璃、金属和焊锡。一个普通的组合用法是将玻璃和锡封物制成的金属包封壳包覆住引线。我们不应该一开始想解决所有问题，但是为了与导孔里的玻璃类型、厚度、直径以及合金成分相匹配，在密封封装工艺中就必须考虑，这样也能使元件抵挡温度变化。但是，有一个失效模式我们应该考虑到——用焊锡包封引线的封装元件偶然发生失效的情况。图 3-11 代表的是这样一类有金属套管和焊料的元件。焊锡材料通常在垂直位置用壳做成，它也许会导致一个风险，当熔化的焊锡滴落到壳里，特别是如果其他引线还没有锡封情况下，可能在气腔处产生一个“反压”，此气腔会阻止焊锡熔液滴落。最终这些焊锡珠可能造成短路，特别是在有嵌入标签的元件。

此外，在包封壳里的内气压可能导致失效模式的发生。如果在焊接物固化之前封装工艺产生太多的热量，这就带来一个风险，气压可能会从焊接物里开通一个毛细管（所谓“锡爆”），比如在焊接过程中也可能产生内气压。如果焊锡性很差，那么一个较长的焊接工艺可能会导致“气爆”发生。这个失效原理在固态钽电容的使用中可以看到。

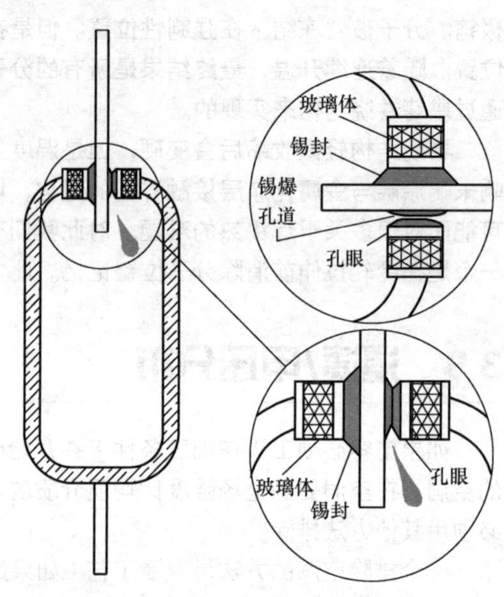

图 3-11　锡封元件产生锡珠和锡爆示意

锡封密封元器件一般符合 US 和 MIL 标准，尽管这样的元件符合 MIL 标准，但是它必须保证元件里没有散落的锡珠。如果生产厂家的检验设置了实时检控和微焦 X 射线检测，那么产品的品质标准等级是可以保证的。

3.11 环氧树脂包封

环氧树脂包封通常是将环氧树脂成型套在元器件的金属或塑料外壳上。成型套混合物首先要做排气处理，然后填充操作必须在低压室里进行，这两点非常重要，以便环氧树脂渗透到元件本体并包裹起来以防止形成孔洞和气泡。另一方面，如果温度有一个充分回降，就有一个扩散湿气可能凝结的位置，并导致问题发生。当一个圆柱形金属从末端被环氧树脂包封时，风险就格外大增。我们举一个实例：有一个型号的元件已经按照 IEC68 标准很好地完成了 56 天耐湿测试，A 级 48℃氟利昂清洗，室温下蒸馏水冲洗，但在金属腔与环氧树脂模型之间产生了巨大温差，导致黏合失效。一条裂缝沿着金属壁裂开，这些不幸的情况导致金属腔底部出现空洞。图 3-12 显示，空洞里的负压吸入清洗液，这些清洗液浸入暴露的金属涂层，在毛细作用力下清洗液被转移到金属化电极，这样就产生了一个完美的电解池。经过几小时的电解，消耗掉绝大多数金属化涂层，这样就会造成容量减少。同样的容量减少现象在塑封的插件式金属化塑胶膜电容器里也被关注到。在环氧树脂填充异常的批次里，绕组的末端金属涂层的一侧有很深的裂缝，直到局部孔洞，清洗液混合着助焊剂被吸入孔洞里，结果导致同样的失效途径。

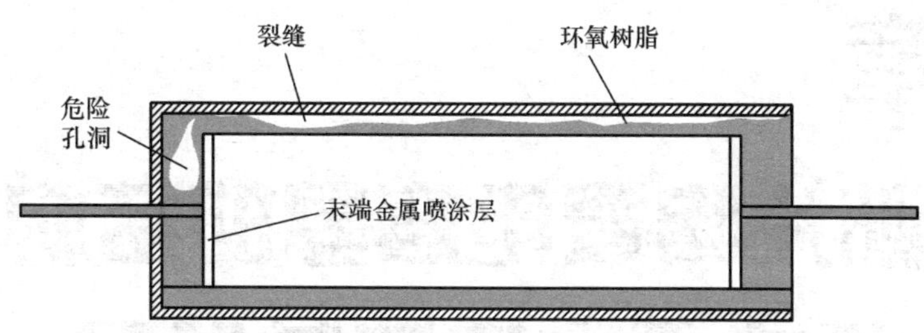

图 3-12　环氧树脂密封元件沿着金属壁出现裂缝及底部孔洞示意

3.12　四端子连接

现在假设一个瞬态电流进入如图 3-13 所示的电路。由于传统的插件式去耦电容器在引线中具有一定的电感（按引线长度大约 1nH/mm），入口阻碍了瞬时信号继续传向更远的负载。为了解决这个难题，所谓的“四端子元件”被推出使用。信号和瞬时电流一起加到电容器的两极上，如图 3-14 所示。

我们注意到一个现象：越来越多的普通贴片元件原则上也有像四端子一样的噪声抑制器应用。

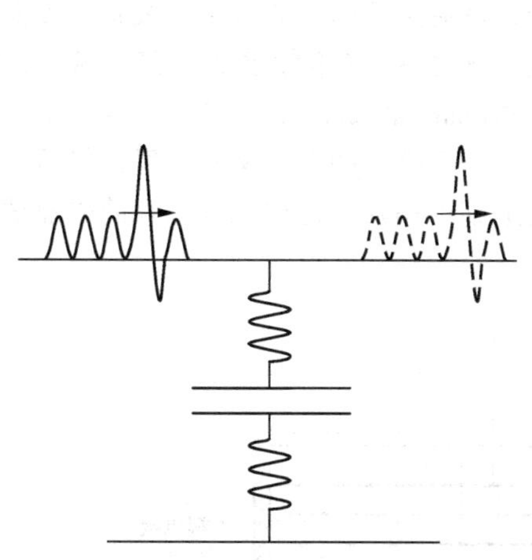

图 3-13　电容器里导体电感阻碍瞬时通路示意

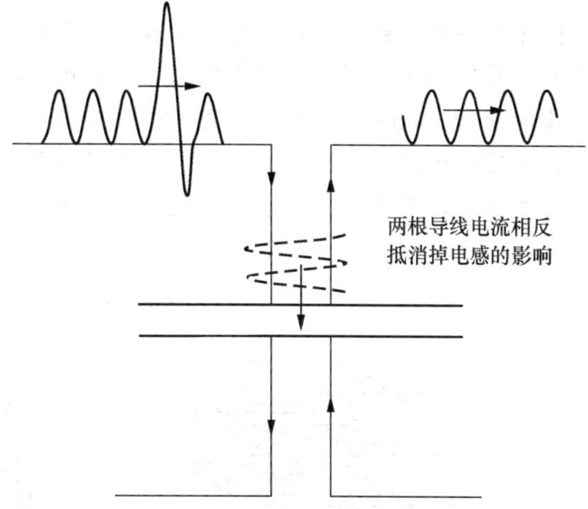

图 3-14　四端子设计迫使噪声信号传向电容器电极示意

3.13　阻燃性

元件工作可能遇到因过压而导致的短路风险，特别是所谓的“X 电容器和 Y 电容器”，必须能够经受某些易燃测试而不被点燃或燃烧。主动可燃性和被动可燃性是有区别的，被动可燃性是指元件在外部点火后仍能继续燃烧的特性，即由元件外部施加的能量引起的点火（参考 IEC 695-2-2）。对主动可燃性的理解是一种没有外部点火的自燃现象。套管内的自灭火材料和浸渍可产生被动可燃现象。树脂浸渍金属化纸电容器与金属化塑料薄膜电容器相比具有明显的优越性。

第 4 章 贴片陶瓷电容器的结构组成及生产工艺简介

4.1 陶浆制带工艺简介

陶瓷电容器的组成正如它的名字，它的制造工艺开始于由陶瓷粉末添加溶剂和树脂黏合剂混合而成的泥浆。第一步，是利用干燥工艺制成柔软薄带，然后采用丝网印刷电极浆料。陶瓷电容器有一种传统生产工艺叫“干燥法（Dry method）”，其工艺如下。在陶瓷浆脱离承载板床之前被干燥成薄带（Conveyor belt），然后它被裁切成“基带（Primary sheets）”，这些“基带”被印刷上许许多多微小片状电极涂层，然后这些“基带”被堆叠在一个精准的钢结构框架里，然后再被热压成固体块，这是为了方便沿着电极交叉堆叠的位置切成细小晶片。这样每颗晶片的内部结构如图 4-1 所示。

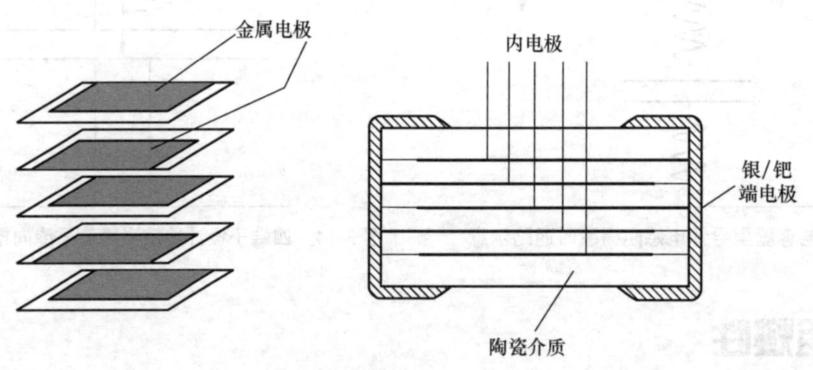

图 4-1　贴片陶瓷电容器内部结构示意

最新“干燥法”工艺是利用传送薄膜（Conveyor film）并将陶瓷浆涂布在其上制成薄带，这样可以成功地将绝缘介质厚度减少到 1μm，这里要求生产环境为等级较高的无尘室。比如室内需要过滤空气，从而管控空气中大量和大尺寸的粉尘颗粒。在传送薄膜用于“干燥法”工艺之前，有一种叫“湿法（Wet method）”的工艺越来越普遍。该工艺通过让陶瓷浆在“基带架（Primary sheet frames）”中干燥，可以跳过“基带（primary sheets）”的处理过程。如果陶瓷粉末结合更好的研磨法以及比较高的材料纯度，湿法工艺就可以在不增加失效率的条件下获得更薄的绝缘介质。

4.2 贴片陶瓷电容器烧结工艺简介

这些被切割开来的松散晶片首先要经过受热处理（烧制），这时电极浆里所含有的有机黏合剂发生气化，并通过还未烧结的陶瓷扩散掉。如果这个过程进行得过快，大量气泡将会形成，这些气泡会隔离电极与陶瓷，结果产生所谓的“分层”现象，如图 4-2 所示。

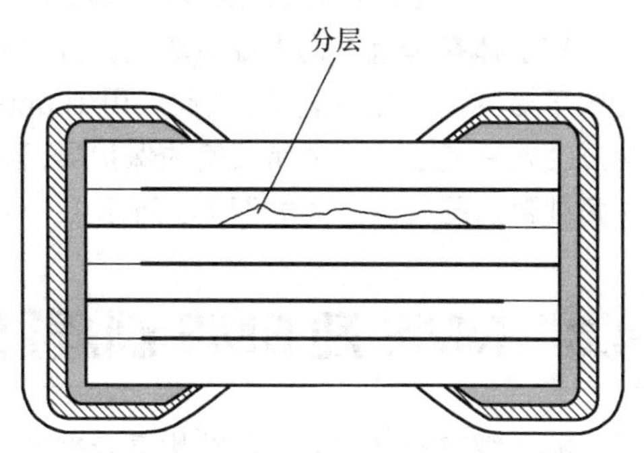

图 4-2　贴片陶瓷电容器内部分层示意图

分层带来的风险也随着层数而增加，首先它取决于陶瓷中金属电极的数量和这些材料的不同热膨胀系数（TCE，temperature coefficient of expansion）。在尺寸一定的条件下容量最高的电容几乎不可避免地会发生分层的问题。目前分层不良也许不是我们所担心的那种灾难性的问题，因为如果电容器没有经受极端高湿环境和经受实地焊接过程，就没有任何热传导不均匀的问题，这样我们也许永远都不会意识到分层的存在。但是高湿可能会扩散到电容内部的空洞里，而焊接过程中热传导不均会导致陶瓷内裂的发生，因此如果不处理好这些分层问题，高压电容的电晕效应是非常危险的。个人意见是：采用人工烙铁焊接将使贴片陶瓷电容器局部会产生温差，进而导致陶瓷本体的内裂。但是也许还有另外一些原因，它解释了为什么应尽量避免选用最高容量。贴片陶瓷电容器在尺寸规格一定的情况下，绝缘介质厚度和电极层数决定了容量大小，绝缘介质厚度是通过堆叠层数来改变的。当我们朝高容量方式发展将层数从一加到二时短路的风险就增加了。当然，当电容层数达到最多时，它的短路风险才有可能出现，同时分层的风险也随之增加。有一个实际的极限可以用来避免这种双重风险，比如某个尺寸规格的贴片陶瓷电容器容量达到设计极限值并假设这个极限值为 C，那么该尺寸规格的容量达到 $0.8C$ 时会存在风险，可以考虑当容量需求在 $0.8C$～$1C$ 之间时选下一级更大尺寸的贴片陶瓷电容器。

如果元件工作在高电场强度下或者在严苛的机械加速度下以及冲击环境下，我们无论如何都应该避免采用某尺寸规格下的设计极限容量。比如我们可以降低容量或者选用更大尺寸规格。

我们也可以考虑买“高可靠性”元件，比如根据 MIL-C-123 对分层程度所规定的极限和国标 X 射线诊断方法来选择，但是单价可能比常规元件贵将近 20 倍。用 X 射线检测的方法具有一定争议性。另外一个超声波检测方法是相对成熟的，但是它的检测结果的准确性依然受制于外在因素，这是因为超声波扫描是在纯净水中进行的，贴片陶瓷电容器表面是否有气泡、表面是否有异物、是否放置平整等因素都会或多或少干扰检测结果的准确性。除开设备昂贵之外，通常也无法做到全检，总之只有“航空”和“高可靠性”应用才刺激价格上扬，我们必须为品质保证买单。

烧制工艺不应该被迫进行过快，因为这会引起分层的产生。它也不应该持续太长时间，为了预防电极涂层里含有的大量钯被氧化。换句话说，对于陶瓷和电极材料必须选择合适、标准的时间温度曲线。在烧制之后要非常快速地对陶瓷和电极材料进行烧结处理。同样，这里确认时间温度曲线也是非常重要的。如果我们想避免陶瓷内部微裂，冷却时间尤其重要。烧结之后的端电极成分如下。

在端电极最里层是银 Ag 或者钯 Pd（NME），也有可能是铜（BME 制程），与陶瓷间有良好的附着力，厚度 15～40μm。

隔层是镍 Ni，可以防止银被溶解到焊锡里，厚度 1～3μm。

最外层是锡 Sn，厚度 3～10μm，或者焊接层 10～100μm。

在最外层边角的地方电镀均匀厚度的锡。

锡晶体在垂直方向上靠近表面，如果锡层太薄，它会留下被穿透氧化的途径，因此采用 10μm（好过 3μm）。热浸镀锡生成了一个非常紧密的保护层，但厚度不均匀，边角处覆盖层变薄了（如图 4-3 所示）。

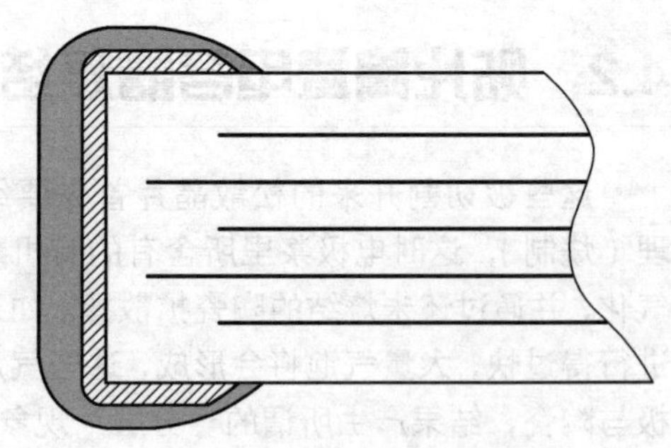

图 4-3　MLCC 球形热镀锡层

4.3　NME 和 BME 制程介绍

贴片陶瓷电容器的内部结构看起来如图 4-4 和图 4-5 所示。它们的实际尺寸正在向小型化方向发展。目前贴片陶瓷电容器制造工艺已能实现在薄膜介质上叠 1 000 多层，依靠先进的薄膜技术和高精密的叠压工艺，单层陶瓷介质厚度最薄可达 0.5μm，单层内电极厚度最薄可实现 0.4μm，最高容量可达 330μF（1210，X5R），目前最小尺寸可以做到 008004（英制），即 0.25mm×0.125mm。MLCC 早期电极浆料通常是银钯混合物，银钯属于贵金属，称之为 NME 制程，也有称之为 PME 制程的。而如今通用规格大多采用非贵金属镍替代银钯，称之为 BME 制程。BME 制程显然大大降低了成本，但稳定性不如 NME。NME 制程与 BME 制程之间最大的区别在于内电极与端电极的成分不同，烧结工艺因此也不同，比如烧结温度时间等。它们成分区别如表 4-1 所示。

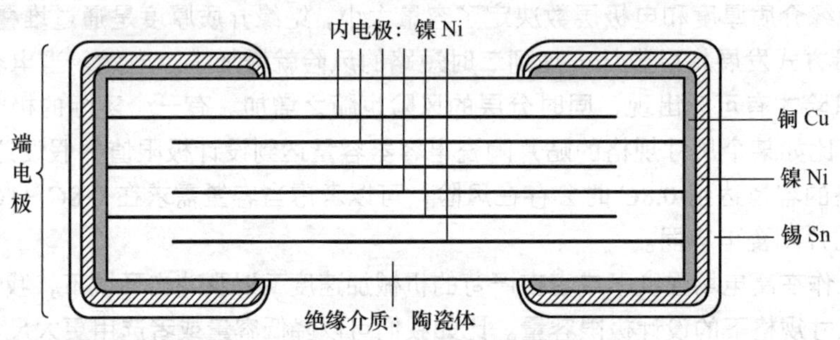

图 4-4　MLCC 内部结构（BME 制程）

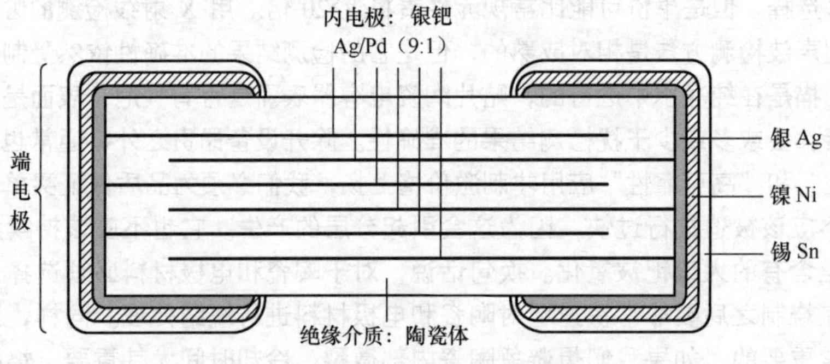

图 4-5　MLCC 内部结构（NME 制程）

表 4-1 贴片陶瓷电容器（MLCC）成分组成参考

内部结构	组成材料	制程类别	主含成分	CAS No.	含量/%
陶瓷本体	Y5V 陶瓷粉末（主材钛酸锶钡 $BaSrTiO_3$）	BME	碳酸钡 $BaCO_3$	513-77-9	70～89
			二氧化钛 TiO_2	13463-67-7	
	X7R&X5R 陶瓷粉末（主材钛酸钡 $BaTiO_3$）	BME	钛酸钡 $BaTiO_3$	12047-27-7	70～89
	C0G（NPO）陶瓷粉（主材锆酸锶 $SrZrO_3$）	BME	二氧化钛 TiO_2	13463-67-7	81～93
			碳酸锶 $SrCO_3$	1633-05-2	
		NME	氧化钙 CaO	1305-78-8	81～93
			氧化锆 ZrO_2	1314-23-4	
			氧化镁 MgO	1309-48-4	
			二氧化硅 SiO_2	14808-60-7	
内电极	印刷电极	BME	镍 Ni	7440-02-0	4～18
		NME	银 Ag	7440-22-4	2～9
			钯 Pd	7440-05-3	
端电极	烧制层	BME	铜 Cu	7440-50-8	5～11
		NME	银 Ag	7440-22-4	3～9
	电镀层	BME&NME	镍 Ni	7440-02-0	0.3～1.0
			锡 Sn	7440-31-5	

4.4 MLCC 生产工艺流程简介

如果一个电子产品生产厂家想让自己的产品获得高可靠性，那么就需要对其上游电子元器件供应商的生产工艺和关键制程控制参数有所了解，也只有如此才不至于发生不可控的品质事故。因此接下来简单介绍一下贴片陶瓷电容器（MLCC）生产流程，对分析 MLCC 品质问题是有极大的帮助的。MLCC 的许多品质问题都是因制程异常和品质检测失效引起的。

4.4.1 MLCC 生产流程

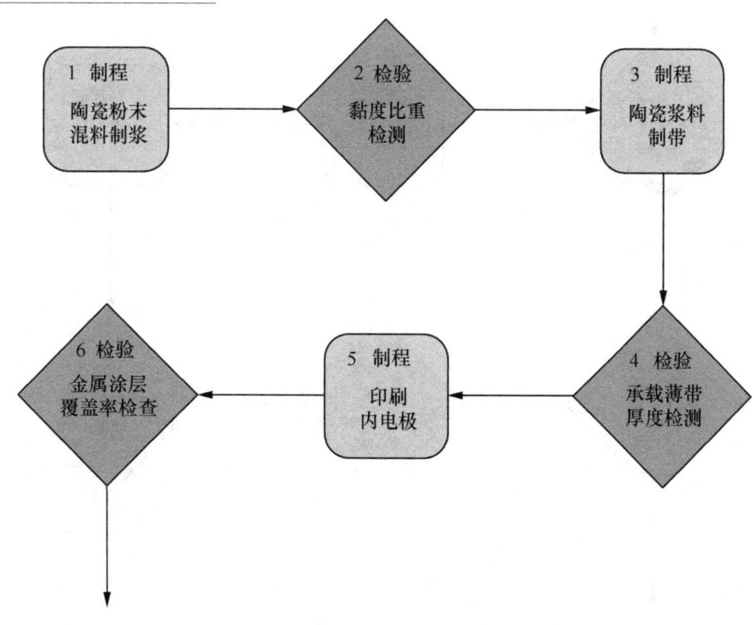

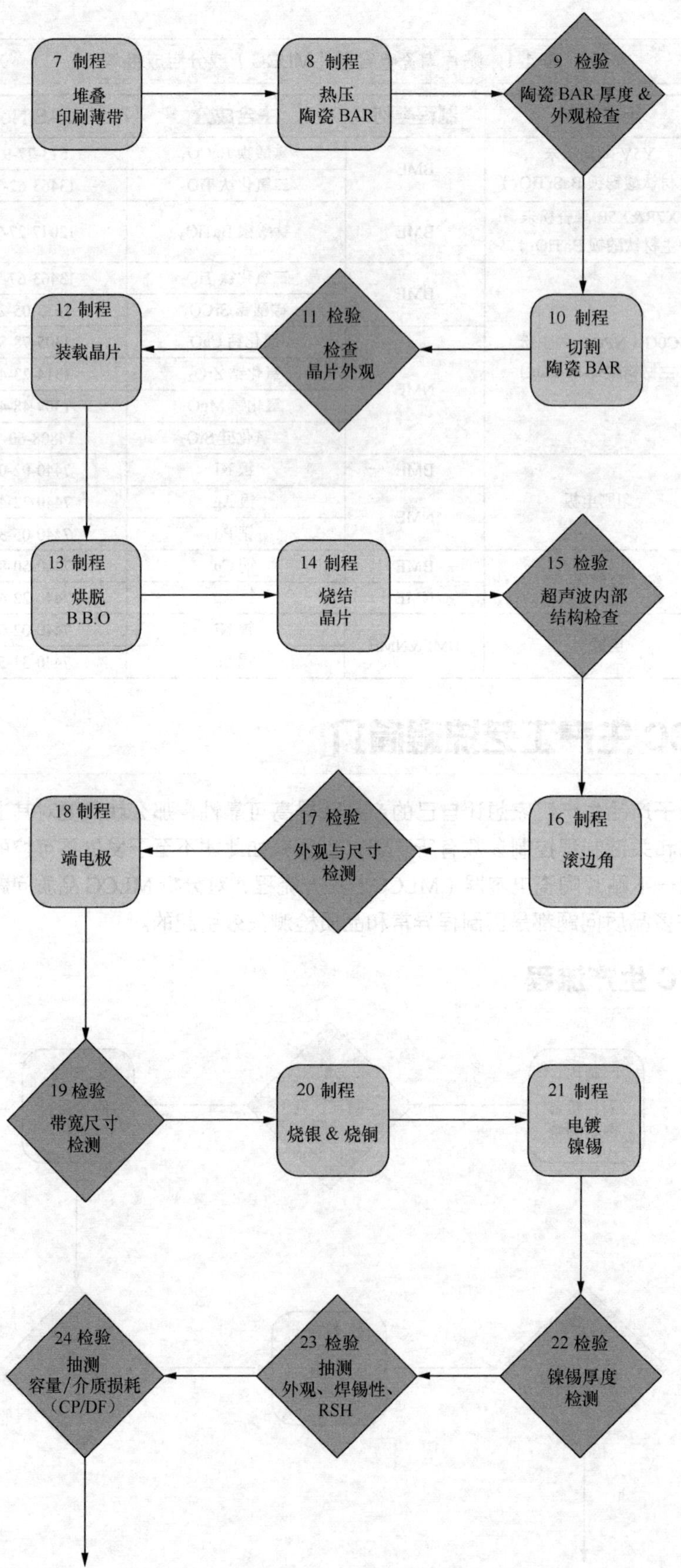
7 制程
堆叠
印刷薄带
8 制程
热压
陶瓷 BAR
9 检验
陶瓷 BAR 厚度 &
外观检查
10 制程
切割
陶瓷 BAR
11 检验
检查
晶片外观
12 制程
装载晶片
13 制程
烘脱
B.B.O
14 制程
烧结
晶片
15 检验
超声波内部
结构检查
16 制程
滚边角
17 检验
外观与尺寸
检测
18 制程
端电极
19 检验
带宽尺寸
检测
20 制程
烧银 & 烧铜
21 制程
电镀
镍锡
22 检验
镍锡厚度
检测
23 检验
抽测
外观、焊锡性、
RSH
24 检验
抽测
容量/介质损耗
（CP/DF）

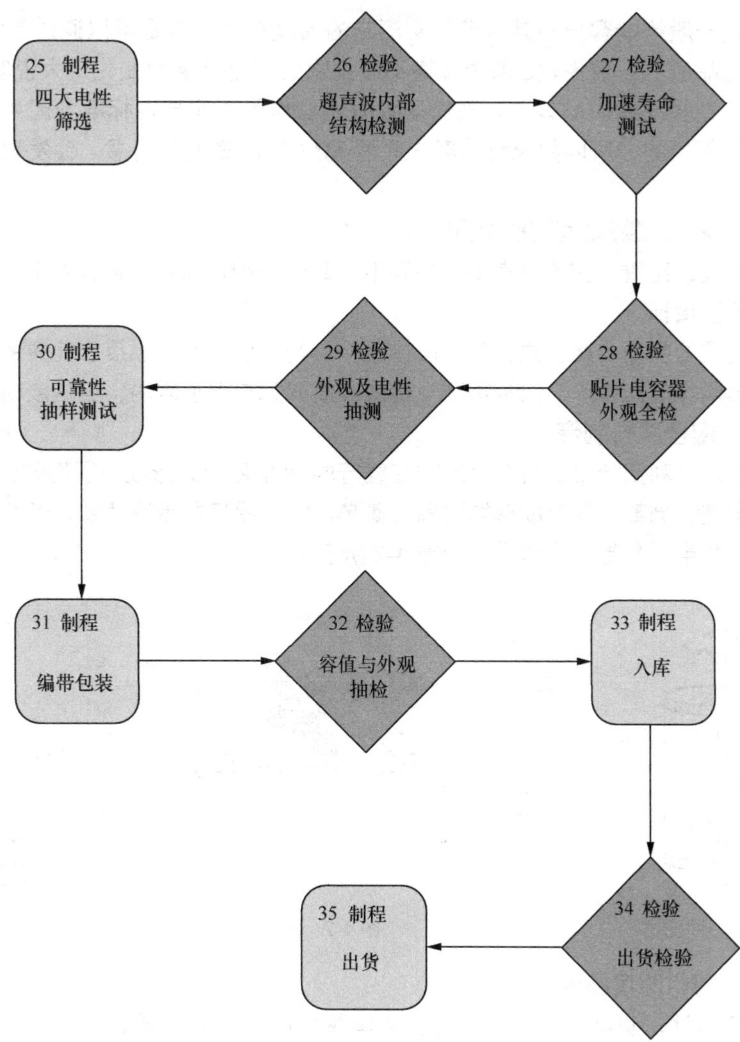

4.4.2 MLCC 各个生产工序简要说明及可能诱发的品质问题

生产工序 1：混料制浆

制浆的原材料主体是陶瓷粉末，外加有机溶剂、分散剂、黏结剂、塑化剂等，这些原材料一同放入球磨机并加入锆球。锆球是仅次于金刚石的高硬耐磨材料，在搅拌的过程中与陶瓷粉末相互摩擦使得制成的陶浆平均粒径更微细（如图 4-6 所示），陶浆的平均粒径目前已经从当初的 0.1μm 精细到纳米级（nm）。贴片陶瓷电容器实现“小型化大容量”依靠两大工艺技术的提升：一是陶瓷粉末的微粉化、分散化技术；二是超微细丝网印刷技术（这个属于后段制程：印刷内电极）。陶瓷粉末的精细化和它的配方决定了贴片陶瓷电容器的绝缘介质特性，比如它的温度特性、介电常数、介质绝缘电阻、介质吸收等。

对于终端用户来说能接触到的不良现象可能是：容值随温度变化超出标准，绝缘电阻偏规格下限，介质损耗 *DF* 偏大等。MLCC 生产厂家原本有可能根据行业标准制定更严的内部检测标准，但是有的时候生产厂家为了不至于批量报废造成损耗，而采用不加严甚至略低于行业标准。所以产生的不良品就有可能流入终端用户，问题也许不是致命的但是可靠性大打折扣。聪明的使用者应该可以通过对比的方式发现端倪，对同品牌同规格的不同批次进行对比，或者在同规格不同品牌之间进行对比，一般终端客户不具备条件实测它的温度特性，但是可以通过测试容值、*DF*、*IR* 等电性参数来评估品质的一致性，如果同规格不同批次之间电性参数变化不大说明品质较为稳定。此种方法只能作为选择品牌时的参考，在有争议时无法作为不良判定标准。因为行业标准总是落后于工艺技术提升能力的，所以如果终端客户只看 MLCC 厂家的规格书，会发现其上所列测试标准是非常宽松的。

生产工序 2：陶瓷泥浆黏度比重检测

陶瓷泥浆的黏度、比重、固含量直接影响到下一站的制带，所以它们的实测值是判定陶瓷泥浆是否合乎要求的重要指标。

此工序可能诱发的品质问题：混料配方出错直接影响介质特性，黏度和比重的异常会造成薄带厚度异常，最终影响容值命中率，同批次同规格的容值就算在上下限内，但是波动很大。

生产工序 3：陶瓷浆料制带

制带的工作原理是利用涂布机将泥浆涂布在绕行的 PET 膜上，形成一层均匀的浆料薄层，再通过高温、干燥、定型、剥离，脱膜成形得到陶浆薄带，PET 膜只起承载功能，最终不会成为 MLCC 成分，此工序最后的半成品是承载薄带（如图 4-7 所示）。

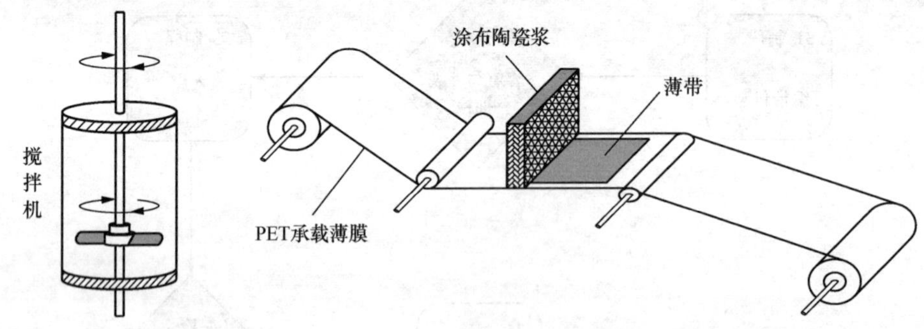

图 4-6　混料制浆示意

图 4-7　陶浆制带示意

生产工序 4：薄带厚度检测

此工序属于检测站，测量生胚薄带厚度、测量薄带烧后厚度、测量薄带烧后重量（150mm × 150mm），以及检查薄带孔洞和外观。

生产工序 5：印刷内电极

如图 4-8 所示。此道工序是利用网版将内电极浆料印刷在承载薄带上，电极浆由金属粉、有机溶剂、分散剂、黏结剂组成。BME 制程金属粉是镍粉，NME 制程金属粉是银钯合金粉末。

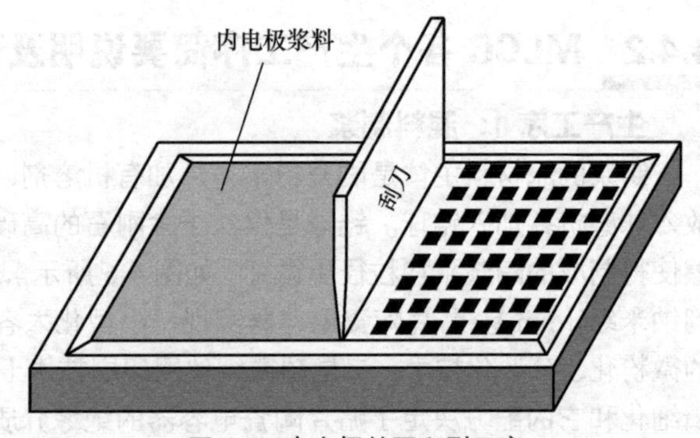

图 4-8　内电极丝网印刷示意

内电极印刷通常有 3 种较常用的印刷方式，分别采用 3 种不同型号网版实现，它们是 N 网（见图 4-9）、K 网（见图 4-10）、F 网（见图 4-11）。采用 N 网可以获得最大有效正对面积，缺点是容易发生内电极侧露；K 网和 F 网有效正对面积相对于 N 网小，可通过对设计层数微调获得较准确的容值；F 网可以承受高压，较不容易发生短路问题。各网版的电容横切示意图如图 4-9 至图 4-11 所示。

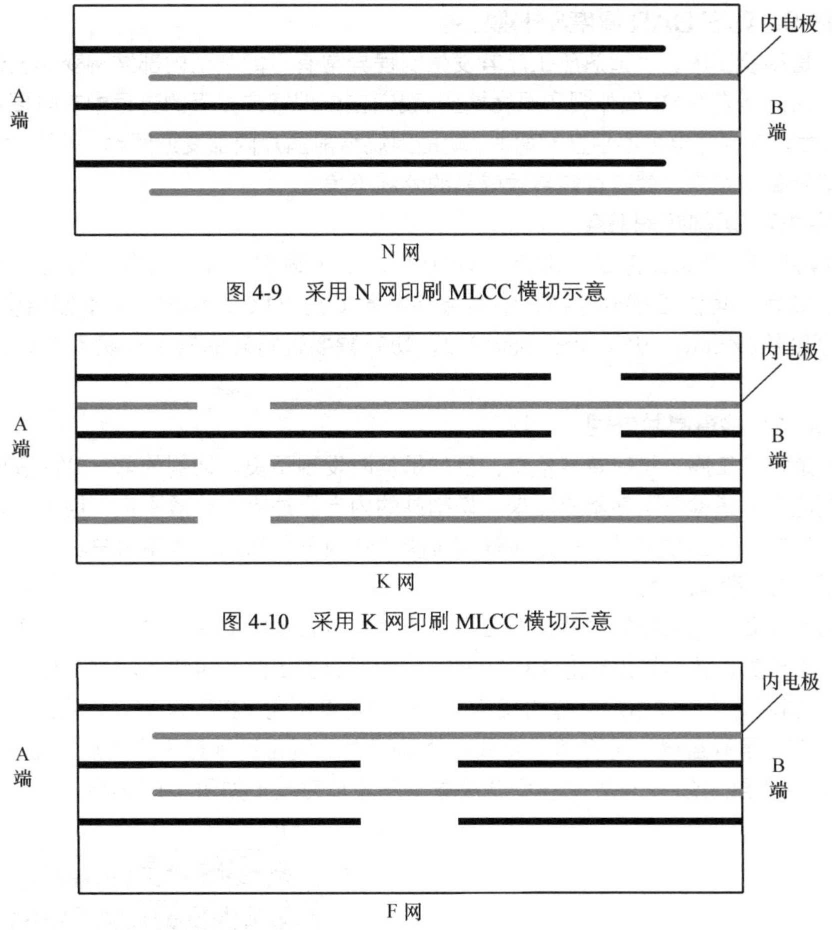

图 4-9　采用 N 网印刷 MLCC 横切示意

图 4-10　采用 K 网印刷 MLCC 横切示意

图 4-11　采用 F 网印刷 MLCC 横切示意

生产工序 6：金属涂层覆盖率检查

此道工序是对上一道工序网版印刷效果的再确认。金属涂层的覆盖率直接影响到贴片电容器内部电极的有效正对面积，最终影响到容量是否能达到设计目标。

生产工序 7：堆叠印刷薄带

依据叠压参数依次堆叠下盖、电极层、上盖，叠好的块状半成品叫陶瓷 BAR（如图 4-12 所示）。贴片陶瓷电容器的终端用户有时会碰到一种外观不良的现象——“内电极外露”，在贴片陶瓷电容器的表面有一条银色的线条状痕迹，就是在堆叠工序中发生的制程异常，异常原因是某层薄带在堆叠时发生了对位偏移。

生产工序 8：热压陶瓷 BAR

此道工序是为了增强一定的陶瓷 BAR 机械强度，以利于后续切割。热压是在热压机的热压模具里完成的，热压温度在 100℃左右（见图 4-13）。

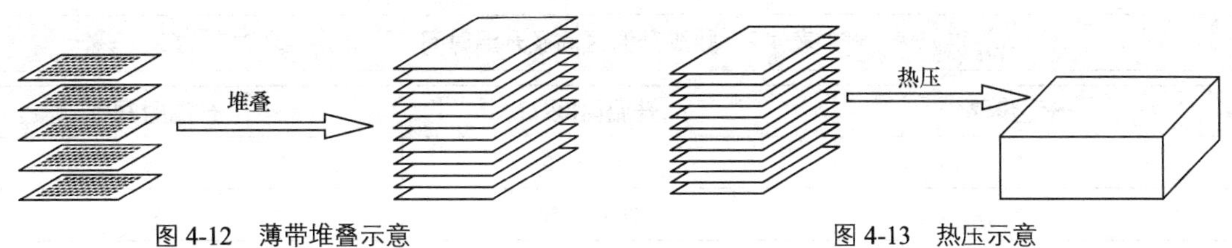

图 4-12　薄带堆叠示意

图 4-13　热压示意

生产工序 9：陶瓷 BAR 厚度&外观检查

此道工序是检验工序，上道热压工序若发生制程异常有可能产生内部结构变形及外观瑕疵，所以需要对热压后的陶瓷 BAR 做外观和厚度检查。我们在处理客户投诉的过程中有时要对不良品做剖面分析，如果发现其内部电极不平直有弯曲，就是因烧结前晶片内部变形所致。另外，如果陶瓷 BAR 表面有刮伤或者黏附杂物，就有可能导致成品的外观不良。

生产工序 10：切割陶瓷 BAR

如图 4-14 所示，此道工序是把陶瓷 BAR 切成小长方体型晶片，由自动切割机依据切割参数设定来完成。切割环境温度需要管控，切割台参照温度约 73℃，切割刀的参照温度约 40℃。切刀为钨钢，厚度约0.4mm，刃锋0.05mm@18℃，切刀需要进行寿命管制以防因刀具磨损影响切割品质。

生产工序 11：检查晶片外观

此道工序是检验工序，设有首件检查，目的是及时发现不良。切割的前一站的叠压变形或者堆叠偏移等问题能在此道检查工序暴露出来，切割站的内电极外露、分散不良、崩角、棱形等问题也能检查出来。半成品不良如果没有被拦住就有可能有外观不良品流入终端用户。

生产工序 12：装载晶片

在装载晶片前要先把切割好的晶片做生胚滚边角，也就是把晶片、锆砂、水、倒角粉（氧化铝粉）等放入远心球磨机的滚筒里研磨 10min 左右，然后过滤出晶片再烘干。这个过程也简称为“生滚”，目的是把切割后还未烧结的晶片的棱角进行初级打磨倒角。接下来进入装载作业，需要把晶片混合锆砂均匀装入承载盘里，再将承载盘放入烧结架上。混合锆砂是为了防止“粘片”，通常是在 25Hz 频率下在滚筒里混合 5min 左右。到此装载工序才算完成（如图 4-15 所示）。

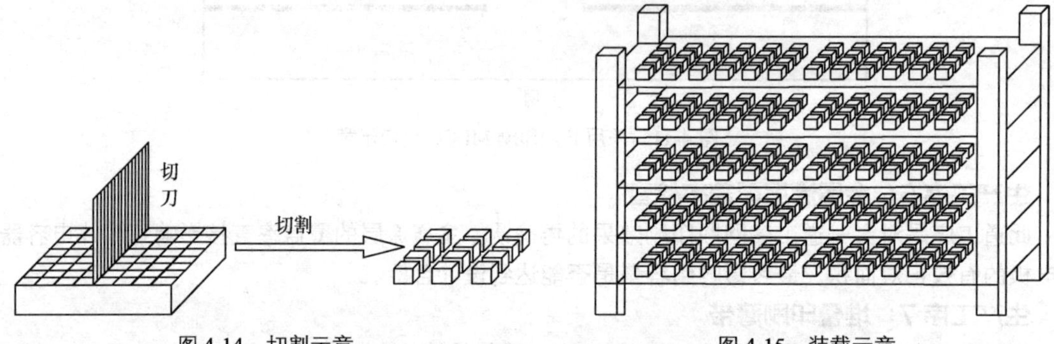

图 4-14　切割示意

图 4-15　装载示意

生产工序 13：烘脱 B.B.O

在第一道工序制浆时陶瓷浆料里添加了很多的添加剂，这些添加剂大多是有机物，如果直接进入烧结，有机物在高温下急速氧化而气化膨胀，不利于形成致密的陶瓷体。烘脱的目的就是在正式烧结前去有机。烘脱的温度要缓慢升高以利于有机物缓慢释放而不至于损伤内部结构。烘脱温度通常从 40℃起缓慢升温，不同生产厂家经验值不尽相同，其大致升温过程可以参考如下（见表 4-2）。

表 4-2　烘脱升温区间及升温时间

升温步骤	升温区间/℃	升温时间/h
1	40 → 70	0.5
2	70 → 150	3
3	150 → 240	20

续表

升温步骤	升温区间/℃	升温时间/h
4	240 → 240	6
5	240 → 270	2
6	270 → 270	2
7	270 → 110	2
8	110 恒温	35.5

另外，烘箱里完全密闭并充入氮气，防止有机物跟空气接触被氧化，烘脱工序结束后，BO 炉自动恒温于 100～120℃，待烧结上料（见图 4-16）。

生产工序 14：烧结晶片

烧结在所有工序中是非常重要的，烧结过程也分温度区间，温度区段数量达四十多区间，像 BME 制程烧结温度在 300～1 400℃，当然这是参考值。在烧结的过程中会充入氮气等惰性气体，阻隔氧气以防因高温导致电极被氧化（见图 4-17）。烧结温度设置是 MLCC 生产厂家技术秘密，不会主动分享给客户。这里是想借这个温度说明：MLCC 在如此高的温度下烧结而成，所以它的陶瓷本体应该是耐高温的，但是它承受“热冲击”能力还是差，所谓承受“热冲击”能力，就是承受温度急剧变化能力。晶片烧结完成后要通过筛选机进行分离筛选，此时要把锆砂除去。

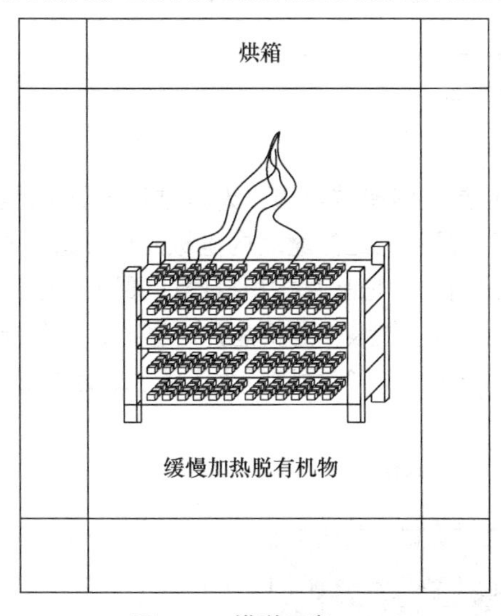

图 4-16　烘脱示意

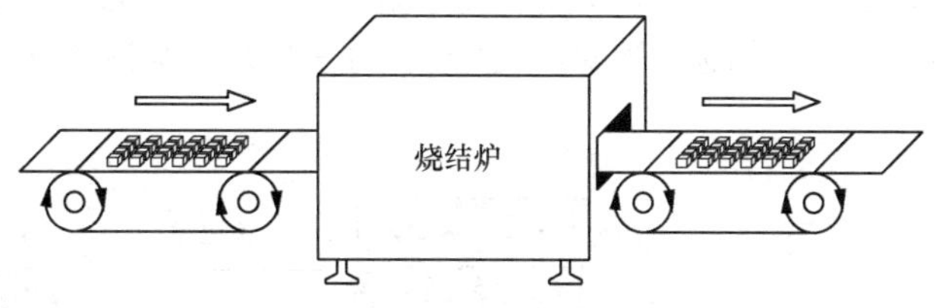

图 4-17　烧结示意

生产工序 15：超声波内部结构检查

此道工序是检验工序，烧结后如果晶片内部结构存在“微裂”，对贴片陶瓷电容器的可靠性影响就太深了。因为普通的测量手段根本无法检查出来，所以此问题的隐蔽性非常强。有时候对存在“微裂”贴片陶瓷电容器进行四大电性测试（CP 容量/DF 损耗/IR 绝缘电阻/FL 耐压），测试结果均正常。MLCC 生产厂家有另外一个检测手段就是超声波内部结构检查，这个检测的原理是：利用超声波的折射特性，类似一束太阳光从空气斜射入水里时它的传播方向会发生改变，如果晶片内部有裂纹或者孔洞，同正常的晶片相比，超声波的传播方向改变了，超声波探头能探测到这一改变。超声波内部结构检查正是利用这样一种原理来达到“探伤”效果的（见图 4-18）。

超声波检查要在纯净水里检查，晶片要求紧贴发热胶片，平整放置，晶片表面不可有气泡，所以上过焊锡且使用过的贴片陶瓷电容器无法用此方法检测，因为没有办法放置平整或者表面有异物影响测试效果。超声波检测是抽检，此检验判定标准各个厂家可能各不相同，但是判定标准定得越严说明品质越稳定。比如抽样数量标准，一批贴片陶瓷电容器的总数量一般大约是 5×10^5 片，比如有厂家抽 6 000 片的，判定标准 0 收 1 退，即只要发现一颗不良整批报废，但是也许有厂家是 1 收 2 退，即不良品 2 颗以上报废，1 颗以下特采，如果这样此批次就有可能存在 $\frac{1}{6\,000}$ “内部微裂”不良率，这些不良品一旦流入终端客户，也许会出现一些奇奇怪怪的忽有忽无的问题，使用者很难分析出来。

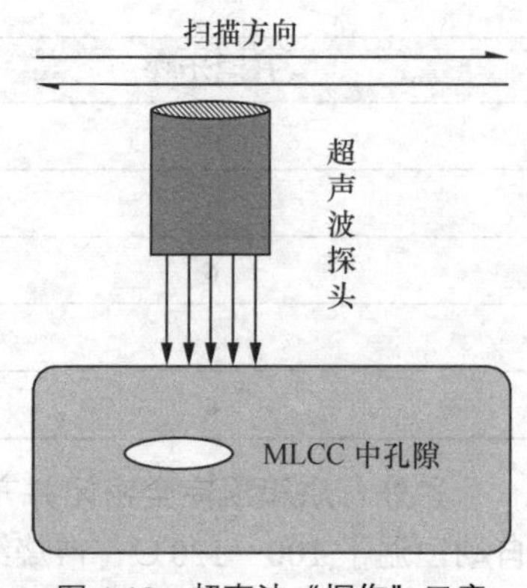

图 4-18　超声波“探伤”示意

超声波探伤的实质并非发现不良品，准确地说是识别良品与不良品之间的差异，两个被测品的差异出来了，两者到底孰优孰劣，由测试者来定义，我们用一个不太准确和不太严谨的示意图表达如下（见图 4-19）。

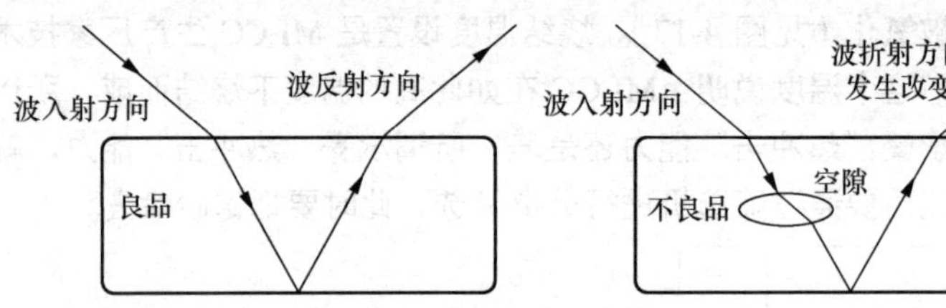

图 4-19　超声波探伤原理示意

生产工序 16：滚边角

烧结后的晶片已经具备容量及符合相关电性要求了，但是还没有端电极，无法进行测量和焊接作业。滚边角工序首先是为了给后面端电极烧铜做铺垫，因为晶片经过打磨后内电极充分裸露出来，铜电极才能更好地跟内部镍电极烧制成金属结晶，同时滚边角也会把晶片棱角打磨成圆润的倒角。与烧结前的“生滚”相区别，此站滚边角也称作“熟滚”。所谓“熟滚”是把晶片、锆砂、倒角粉、纯净水等倒入远心球磨机的球磨罐里，打磨完成后晶片与锆砂分离，然后进行手工清洗、超声波清洗、烘干、筛选。到此滚边角作业才算完成（见图 4-20）。

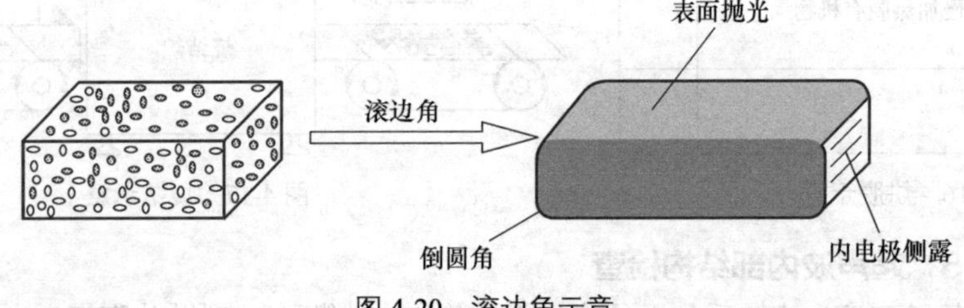

图 4-20　滚边角示意

生产工序 17：外观与尺寸检测

此道工序为检测工序，所有陶瓷本体的尺寸问题和外观问题在此站全部暴露出来，此时进行尺寸检测只能是监测陶瓷本体尺寸是否正常，并不能代表贴片陶瓷电容器的最终尺寸，因为此时还没有端电极。陶瓷本体的凹洞、边损、肿块等外观不良可以被检查出来。

生产工序 18：端电极

熟滚之后的半成品为长方体，从两端面可以看到裸露的内电极，所谓的“端电极”就是在裸露的内电极的两端沾银浆或者铜浆，沾浆的深度就确定了带宽，也就是所谓的“可焊面”的宽度（见图 4-21）。这里的银浆或者铜浆是由铜粉（银粉）添加分散剂、黏结剂、有机溶剂等搅拌而成，铜粉是由不同粒径组成，可以增加铜电极的致密性，避免电镀时残留水分，否则如果铜电极致密性达不到要求并残留水分，则在焊接时就有可能发生所谓的"锡爆"问题。至于铜粉是由什么样的粒径组成，这也是生产厂家的技术秘密。

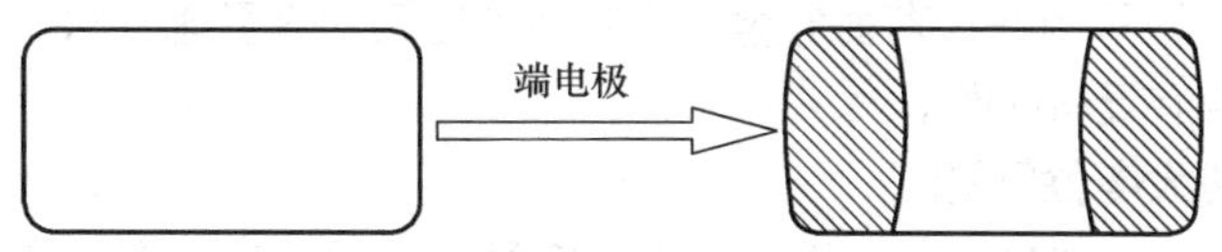

图 4-21　端电极示意

生产工序 19：带宽尺寸检测

在上一工序已经提到沾浆的深度决定了带宽，带宽太宽影响贴片陶瓷电容器的平整度，带宽太窄影响焊锡性及端电极强度，所以带宽是有尺寸范围的。带宽尺寸检查的目的就是为了管控沾银或沾铜后的带宽是否符合设计标准。

生产工序 20：烧银&烧铜

在端电极沾好银钯浆或者铜浆的晶片，已经具备端电极最里层的雏形了，但是它是靠黏结剂的强度包覆在晶片的两端，烧铜或者烧银的目的是让铜或者银钯合金跟内电极结成金属结晶，这样端电极铜就牢固地包覆住陶瓷本体（见图 4-22）。

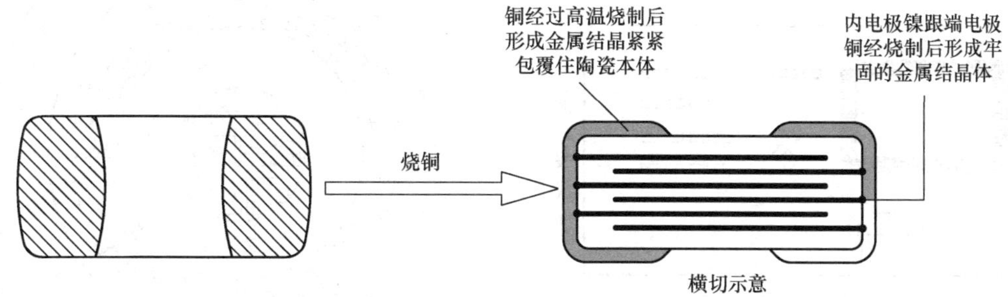

图 4-22　烧铜示意

生产工序 21：电镀镍锡

经过烧银（NME 制程）或者烧铜（BME 制程）后的端电极，可以测量贴片陶瓷电容器的相关电性了，但是还不能焊接，因为铜（或者银钯）不能直接上锡，所以需要在铜的表面先电镀一层镍，然后在镍层外面再电镀一层锡，这样就可以实现焊接了（如图 4-23 所示）。

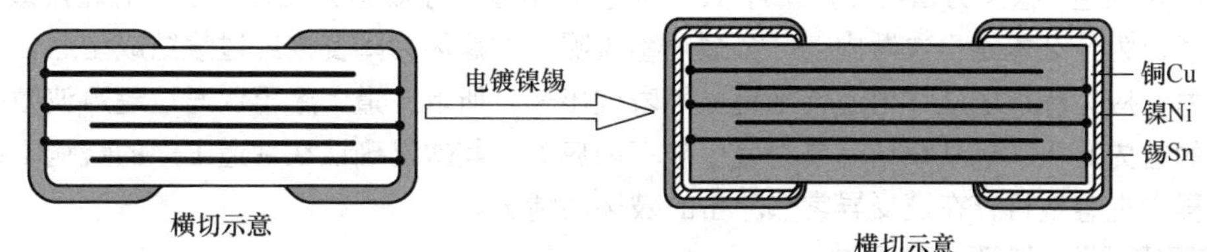

图 4-23　电镀镍锡示意

生产工序 22：镍锡厚度检测

电镀后的镍膜和锡膜厚度需要上下限管控，太薄或者太厚均影响焊锡性。MLCC 厂家通常用 X-RAY 膜厚仪来测量镍膜和锡膜厚度，可参考的镍膜厚度为 3.0～4.5μm，可参考的锡膜厚度为 4.3～7.8μm，这个管控标准各个厂家并不相同。

生产工序 23：抽测外观、焊锡性、RSH

此道工序为检测工序，检测的内容主要包括端电极的外观、焊锡性检测、抗焊热冲击测试 RSH

(resistance to soldering heat)。

生产工序 24：抽测容量/介质损耗

如图 4-24 所示，此检验工序是为了抽测该投产批次的容值命中率，比如设计的容值为 100nF（K 挡，±10%），抽测一定数量的贴片陶瓷电容器看有多少比例的容量落在 90～110nF 之间。同时也确认规格是否相符，是否有混料问题。

生产工序 25：四大电性筛选

所谓的“贴片陶瓷电容器的四大电性”是指：容量、介质损耗、绝缘电阻、耐电压。此四大电性在自动筛选机上进行 100%全检，不良品会被筛选掉。同一投产批次有可能同时筛选出不同的容值范围，比如 K（±10%）挡和 M 挡（±20%），如图 4-25 所示。容值范围比较集中的批次也能侧面证明此批次前序制程均正常，其可靠性也相对比较好。比如 104K，标准的容值范围是 90～110nF，如果实际容值 90%落在更窄的范围内，比如 100～105nF，这也侧面证明生产厂家制程控制能力高，所以其产品理应有更好的可靠性。但是实际应用中我们只能以标准偏差来判定来料，容值在允收范围内再怎么分散，也会被判定为良品。

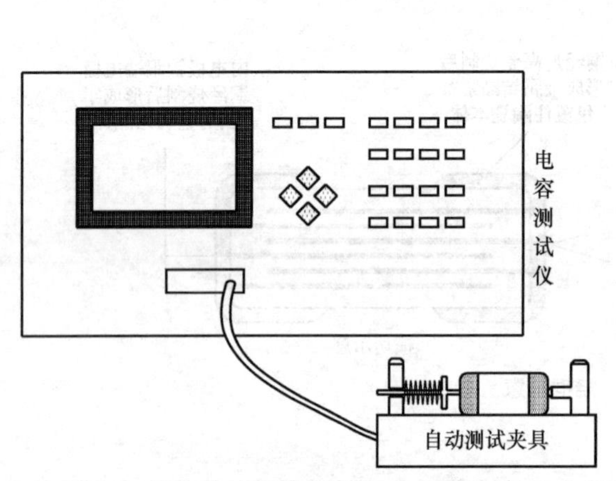

图 4-24　容值&损耗因数测量示意

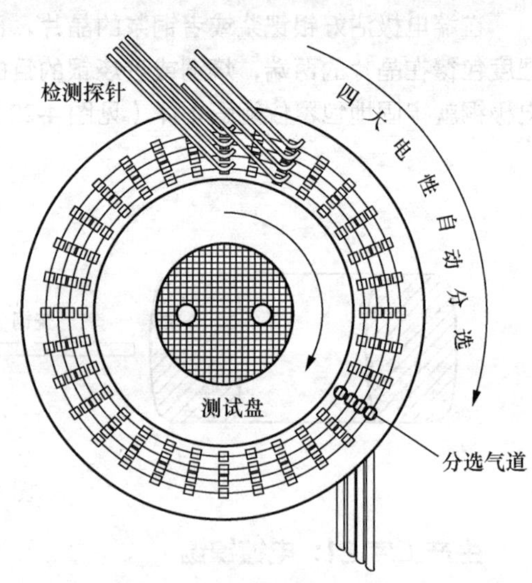

图 4-25　四大电性自动筛选示意

生产工序 26：超声波内部结构检测

此工序为抽检，检测方法与生产工序 15 相同。在前道工序烧结完成之后已经通超声波做过“探伤”抽测了，为什么本站再次做内部“微裂”检查呢？这是因为陶瓷浆经过烧结成型后，仍有可能残存内应力，应力释放的破坏力也许不是立即表现出来。所以此道工序再次通过超声波做内部结构检查，目的首先是再次确认烧结后是否残留破坏内应力，其次是确认在后道工序的烧铜（或者银）及电镀过程中电容是否存在遭受异常热冲击的破坏的情况。

生产工序 27：加速寿命测试

所谓“加速寿命测试”是相对于“寿命测试”来定义的，寿命测试通常要求测试 1 000h，如此长的测试时间对生产线执行抽测来说是有困难的，所以就采用更严格的寿命测试条件来缩短测试时间的方法，比如寿命测试电压采用 2 倍的额定电压，加速寿命测试采用 5 倍的额定电压，寿命测试的温度是 125℃，加速寿命测试温度 140℃。寿命测试时间需要 1 000h，加速寿命测试只需要 5.5h，但是测试效果相同。此测试为抽测，属于可靠性测试。对于加速寿命测试这里只作简单介绍，后面在第 10 章第 2 节再详细说明。

生产工序 28：贴片陶瓷电容器外观全检

此道工序是全检工序，贴片陶瓷电容器除了两个端面，还有四个面。现在生产厂家很少人工检查而用自动外观机检查，早期外观机只能做正面检查，现在已经有四面外观机了。其原理是：第一步，将光投射到被测物体表面；第二步，用摄像头捕捉反射光成像；第三步，外观机将反射成像跟正常产品比对并判断良与不良；第四步，被判断不良的电容被排除。

生产工序 29：外观及电性抽测

此道工序是抽测工序，目的是再次确认前道工序“四大电性”全检和外观全检的效果，同时也进行规格再确认。

生产工序 30：可靠性抽样测试

此道工序其实是品质管控测试，确定制程稳定性和监控产品可靠性。具体内容请参考第 8 章相关测试。

生产工序 31：编带包装

散装的贴片陶瓷电容器已经具备全部电性功能了，但是它还不能方便用户进行 SMT 贴装，所以此道编带工序目的是方便 SMT 贴装（见图 4-26）。编带包装机上有 100%容值检测防止混料。

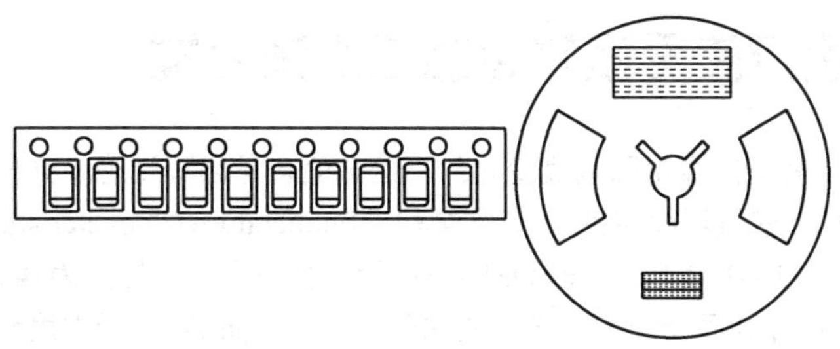

图 4-26　编带包装示意

生产工序 32：容值与外观抽测

编带包装好后每盘抽测一颗，这是为了确认标签规格跟实物一致，外观检查是为了检查在编带包装过程中晶片是否受到损伤。

生产工序 33：入库

每个料盘贴有规格标签和数量，再放入料盒，然后放置于成品仓，通常厂家建议用户的保存条件是温度 5～40℃，湿度 20%～70%，生产厂家实际可能采用比这个更严的保存条件，比如温度（25 ± 3）℃，湿度<50%。

生产工序 34：出货检验

在客户没有特别要求的情况下，通常出货检验只做容值检验，目的是确认规格是否正确。

生产工序 35：出货

正式出货时除原本的产品标签外还要贴上客户标签，这样客户料号跟产品料号才有对应关系，方便客户确认规格是否正确。厂家建议库存产品最好在 6 个月用掉，超过 6 个月的需要确认包装材料是否正常，超过一年的需要确认焊锡性。其他电性受库存时间影响很小，即使有容值老化问题，经过焊接后也会恢复如初。

第 5 章 MLCC 陶瓷绝缘介质分类及温度特性介绍

5.1 陶瓷绝缘介质温度特性的定义和分类

贴片陶瓷电容器的容量其实是随温度变化的，这个变化是因陶瓷绝缘介质引起的，这个特性被称作贴片陶瓷电容器的“容值温度特性”，英文全称“Temperature Characteristic of Capacitance（缩写为 TCC）”。EIA 标准（EIA-198-1-F）通常把陶瓷绝缘介质按温度特性分为 4 大类（I 类、II 类、III 类、IV 类），I 类陶瓷绝缘介质受温度和电压变化影响最小，而 IV 类受温度和电压变化影响最大。目前 MLCC 所用的比较多的陶瓷绝缘介质是 I 类、II 类和 III 类，IV 类几乎没有用到，所以这里针对 IV 类我们只作简单介绍。

国际标准 IEC 通常把陶瓷绝缘介质分为两类，IEC 标准中 I 类的定义跟 EIA 标准中 I 类一样，EIA 标准中的 II、III、IV 类在 IEC 标准中统称 II 类。两个标准参照的温度点不同，EIA 参照温度点是 25℃，而 IEC 是 20℃。贴片陶瓷电容器温度特性描述的是容值随温度变化的幅度，其计算公式如下：

$$TCC=\frac{C_t-C_{25}}{(T_t-25)\times C_{25}}\times 10^6 \quad (\text{ppm/℃}) \qquad \text{公式（5-1）}$$

TCC 为陶瓷绝缘介质温度系数，C_{25} 为基准温度 25℃下的容值，C_t 为测试温度下的容值，T_t 为测试温度，温度系数单位为 ppm/℃（10^{-6}/℃）。通常 I 类介质的 TCC 单位以“ppm/℃”来表达，II&III（IEC 统称 II 类）类介质的 *TCC* 单位以“%/（额定工作温度范围内）”表达。

5.2 陶瓷绝缘介质温度特性类别代码

MLCC 的绝缘介质材料主要组成成分是钛酸钡，钛酸钡在一个相对狭窄的温度范围内表现出自发和可逆的极化特性，该温度范围与电子设备中的环境温度相一致。通常陶瓷介质的介电常数随温度升高而增大，随钛酸钡粒径减小而增大，因此我们一般按陶瓷介质的温度特性进行分类，例如 C0G、X7R、X5R、Y5V 等。

5.2.1 I 类陶瓷绝缘介质的定义及温度特性代码（EIA 标准）

I 类陶瓷绝缘介质以损耗（DF）小、高绝缘电阻（IR）、高稳定性、容值随温度变化的线性平缓为特征，采用此类陶瓷绝缘介质制作的电容器通常用于对容值偏差精度要求最高的领域，它的绝缘介质采用最受青睐的温度补偿型陶瓷配方。所谓“温度补偿型”是指：在早期的配方里，介质材料含有正负温度系数的氧化物，例如钛酸钡、钛酸钙、钛酸锶、钛酸镁，它们按照特定的配方比混合在一起便获得了期望的温度特效，其中钛酸钡占比 15%～50%，温度系数为+150ppm/℃（介电常数为 30）～–2 200ppm/℃（介电常数为数百）。

I 类陶瓷绝缘介质中最受欢迎的配方是 C0G（NP0），它包含相当大比例的钕、钐及其他稀土氧化物，介电常数甚至可以达到 70 以上，还拥有容值几乎不随电压变化的非常稳定的电压特性。另外，它拥有最小的介质厚度，通常介质厚度取决于制造工艺和裂纹大小，其决定因素远超介质特性要求。

I 类陶瓷电容器属于容值稳定类型的电容器，适合于谐振电路，或者适用于高 Q 值要求和高容值稳定性要求的其他应用。美国 EIA 标准（EIA-198-1-F）采用“字母-数字-字母”的符号形式来定义陶瓷绝缘介质的温度特性代码（Temperature characteristic code）。对于 I 类陶瓷绝缘介质，第一位用字母表达，表示标称温度系数；第二位用数字表达，表示倍数；第三位用字母表达，表示温度系数偏差。温度系数是指：当贴片陶瓷电容器在经受最低温–55℃到最高温+85℃（或+125℃）时，容值变化比这一参数平均每度是百万分之几（ppm/℃），I 类陶瓷绝缘介质温度特性代码可根据表 5-1 查询。

表 5-1 I 类陶瓷绝缘介质温度特性代码

温度特性代码第一位		温度特性代码第二位		温度特性代码第三位	
字母符号	容值温度系数的有效数字/（ppm/℃）	数字符号	有效数字的倍数	字母符号	温度系数偏差/（±ppm/℃）
C	0	0	–1	G	30
B	0.3	1	–10	H	60
U	0.8	2	–100	J	120
A	0.9	3	–1 000	K	250
M	1.0	4	–10 000	L	500
P	1.5	5	+1	M	1 000
R	2.2	6	+10	N	2 500
S	3.3	7	+100		
T	4.7	8	+1 000		
U	7.5	9	+10 000		

注：

（1）上表这些对称偏差适用于 2 个测试点间的温度系数，一个测试点在+25℃下，另一个测试点在+85℃下（除非另有规定）；

（2）在低电容值下，测量中的误差可能会限制判定 TC 公差的准确性。

举例：I 类陶瓷绝缘介质 C0G、C0H、M7G、P2G 温度系数。

C0G 经查表 5-1C 对应 0，0 对应–1，G 对应 30，则 C0G 为[0×（–1）±30]ppm/℃=（0±30）ppm/℃；

C0H 经查表 5-1C 对应 0，0 对应–1，H 对应 60，则 C0H 为[0×（–1）±60]ppm/℃=（0±60）ppm/℃；

M7G 经查表 5-1M 对应 1.0，7 对应+100，G 对应 30，则 M7G 为[1.0×（+100）±30]ppm/℃=（+100±30）ppm/℃；

P2G 经查表 5-1P 对应 1.5，2 对应–100，G 对应 30，则 P2G 为[1.5×（–100）±30]ppm/℃=（–150±30）ppm/℃。

从表 5-1 我们查询的最终结果如下（见表 5-2）。

C0G:（0±30）ppm/℃；

C0H:（0±60）ppm/℃；

M7G:（+100±30）ppm/℃；

P2G:（–150±30）ppm/℃。

表 5-2　温度特性代码组成举例

温度特性代码	标称温度系数	温度系数偏差/（ppm/℃）
C0G	0	±30
C0H	0	±60
M7G	+100	±30
P2G	−150	±30

标称温度系数通常用 N 表示负“−”（negative），用 P 表示正“+”（positive），数值后面的单位是 ppm/℃，这样表 5-2 中的标称温度系数可以表述成：

P2G 的标称温度系数“−150”：N150

M7G 的标称温度系数“+100”：P100

C0G 和 C0H 标称温度系数为“0”：NP0

我们常常提到的“NP0”，它的命名采用 MIL 标准。NP0 是指其标称温度系数为 0，而温度系数偏差是对称偏差。有厂家把它等同于 C0G，实际上这是不太严谨的，确切的说它是 EIA 标准中 I 类陶瓷绝缘介质中的一个系列，它占主导地位，我们也称作精密陶瓷，出现在某些高频器件中。除 C0G 和 C0H 外还有 C0J 和 C0K，但是 NP0 主要型号是 COG 和 C0H。这就是 NP0 命名的由来，日常中因“0”跟“O”很容易混淆，所以被人们误称作 NPO。国际标准 IEC-60384-8 对 I 类陶瓷绝缘介质也作了类似定义，但是人们已经习惯用 EIA 标准了。虽然 NP0 这个称谓我们耳熟能详了，但是其含义未必被大家了解。

5.2.2　I 类陶瓷绝缘介质温度系数极限值的换算（EIA 标准）

经过表 5-1 查询出来的温度系数对称偏差仅仅适用于 2 个温度测试点，一个测试点在+25℃，另一个测试点在+85℃（或者+125℃，如果规格要求如此）。为了确定−55℃测试温度点的偏差，则需要根据曲率进行换算，换算规则如下：

1）从+25℃到−55℃的正偏差跟从+25℃到+85℃（或者+125℃）的正偏差一样。

2）从+25℃到−55℃的负偏差（ppm/℃）=（−36）−（1.22×规格正偏差）+（0.22×标称温度系数），如表 5-3 所示。

I 类陶瓷绝缘介质温度系数计算举例如下。

C0G（±30 ppm/℃在 85℃）：

在−55℃下，负偏差=（−36）−[1.22×（+30）]+[0.22×0]= −72.6（ppm/℃）

在−55℃下，下限值=0−72.6= −72.6（ppm/℃）

在−55℃下，上限值=0+30=30（ppm/℃）

C0H（±60 ppm/℃在 85℃）：

在−55℃下，负偏差=（−36）−[1.22×（+60）]+[0.22×0]= −109.2（ppm/℃）

在−55℃下，下限值=0−109.2= −109.2（ppm/℃）

在−55℃下，上限值=0+60=60（ppm/℃）

P7H（+150±60 ppm/℃在 85℃）：

在−55℃下，负偏差=（−36）−[1.22×（+60）]+[0.22×（+150）]= −76.2（ppm/℃）

在−55℃下，下限值=150−76.2=73.8（ppm/℃）

在−55℃下，上限值=150+60=210（ppm/℃）

U2J[（−750±120）ppm/℃在 85℃]：

在−55℃下，负偏差=（−36）−[1.22×（+120）]+[0.22×（−750）]= −347.4（ppm/℃）

在–55℃下，下限值= –750–347.4= –1 097.4（ppm/℃）
在–55℃下，上限值= –750+120= –630（ppm/℃）
根据以上计算规则做成对照表（见表 5-3）。

表 5-3　I 类陶瓷绝缘介质在 25℃基准下允许的容值变量

特性		系数/（ppm/℃）			
		在–55℃		在+85℃（+125℃）	
标称特性（ppm/℃）	特性代码	最大负偏差	最大正偏差	最大负偏差	最大正偏差
+150	P7K P7J P7H P7G	–158 +0 +73 +110	+400 +270 +210 +180	–100 +30 +90 +120	+400 +270 +210 +180
+100	M7K M7J M7H M7G	–219 –60 +12 +49	+350 +220 +160 +130	–150 –20 +40 +70	+350 +220 +160 +130
+33	S6K S6J S6H S6G	–300 –142 –68 –32	+283 +153 +93 +63	–217 –87 –27 +3	+283 +153 +93 +63
0	C0K C0J C0H C0G	–341 –182 –109 –72	+250 +120 +60 +30	–250 –120 –60 –30	+250 +120 +60 +30
–33	S1K S1J S1H S1G	–381 –222 –149 –112	+217 +87 +27 –3	–283 –153 –93 –63	+217 +87 +27 –3
–75	U1K U1J U1H U1G	–432 –273 –200 –164	+175 +45 –15 –45	–325 –195 –135 –105	+175 +45 –15 –45
–150	P2K P2J P2H P2G	–524 –365 –292 –255	+100 –30 –90 –120	–400 –270 –210 –180	+100 –30 –90 –120
–220	R2K R2J R2H R2G	–609 –450 –377 –341	+30 –100 –160 –190	–470 –340 –280 –250	+30 –100 –160 –190
–330	S2L S2K S2J S2H	–1048 –743 –585 –511	+170 –80 –210 –270	–830 –580 –450 –390	+170 –80 –210 –270
–470	T2K T2J T2H	–914 –755 –682	–220 –350 –410	–720 –590 –530	–220 –350 –410
–750	U2M U2K U2J U2H	–2 171 –1 256 –1 097 –1 024	+250 –500 –630 –690	–1 750 –1 000 –870 –810	+250 –500 –630 –690

续表

特性		系数/（ppm/℃）			
		在-55℃		在+85℃（+125℃）	
-1 500	P3K	-2 171	-1 250	-1 750	-1 250
-2 200	R3L	-3 330	-1 700	-2 700	-1 700
-3 300	S3N S3L	-7 112 -4 672	-800 -2 800	-5 800 -3 800	-800 -2 800
-4 700	T3M	-6 990	-3 700	-5 700	-3 700

5.2.3 I 类陶瓷绝缘介质定义及温度特性代码（IEC 标准）

根据 IEC-60384-21 标准，I 类陶瓷绝缘介质的温度系数代码用两个字母表达，第一个字母表示标称温度系数，第二个字母表示温度系数的偏差，标称温度系数和温度系数偏差都以 10^{-6}/K 为单位（10^{-6}/K 跟 EIA 标准所用的 ppm/℃的意义一样）。表 5-4 列出了标称温度系数和温度系数偏差的对应代码。

表 5-4 标称温度系数代码和温度系数偏差代码（IEC 标准）

标称温度系数/（10^{-6}/K）	温度系数误差/（10^{-6}/K）	二级分类	代码		
			标称温度系数 α	温度偏差	组合
+100	± 30	1B	A	G	AG
0	± 30	1B	C	G	CG
-33	± 30	1B	H	G	HG
-75	± 30	1B	L	G	LG
-150	± 30	1B	P	G	PG
-220	± 30	1B	R	G	RG
-330	± 60	1B	S	H	SH
-470	± 60	1B	T	H	TH
-750	± 120	1B	U	J	UJ
-1 000	± 250	1F	Q	K	QK
-1 500	± 250	1F	V	K	VK
$-1\,000 \leqslant \alpha \leqslant +140$	α	1C	SL	-	SL

（1）标称温度系数中 0、-150、-750（有下划线的）为优先值；

（2）标称温度系数和偏差是用 20℃和 85℃之间的容值变化来定义的；

（3）当陶瓷绝缘介质的标称温度系数是“0”对应偏差是“± 30”时，此介质代码表达为“CG”（1B 二级分类）；

（4）SL 因没有定义容值变化偏差，所以不用于作检验标准

5.2.4 I 类陶瓷绝缘介质容值变化允许偏差（IEC 标准）

表 5-5 给出了在下限和上限类别温度下每个标称温度系数与温度特性偏差组合的允许容值变化千分比。标称温度系数和温度系数偏差的单位都用 10^{-6}/K（跟 EIA 标准所用的 ppm/℃的意义一样）。

表 5-5　I 类陶瓷绝缘介质容值变化允许偏差（参照 IEC 标准）

介质代码	温度特性组合类别/（10^{-6}/K）		在 20℃到规定的温度范围内容值变化允许偏差千分比/‰							
			下限类别温度 T_{LC}/℃				上限类别温度 T_{UC}/℃			
	标称温度系数 α	温度系数偏差 *Tol*	−55	−40	−25	−10	+70	+85	+100	+125
AG	+100	±30（G）	−9.75/−3.71	−7.80/−2.96	−5.85/−2.22	−3.90/−1.48	3.50/6.50	4.55/8.45	5.60/10.4	7.35/13.7
CG	0	±30（G）	−2.25/5.45	−1.80/4.36	−1.35/3.27	−0.90/2.18	−1.50/1.50	−1.95/1.95	−2.40/2.40	−3.15/3.15
HG	−33	±30（G）	0.225/8.47	0.180/6.77	0.135/5.08	0.090/3.39	−3.15/−0.15	−4.10/−0.195	−5.04/−0.240	−6.62/−0.32
LG	−75	±30（G）	3.38/12.3	2.70/9.85	2.03/7.39	1.35/4.92	−5.25/−2.25	−6.83/−2.93	−8.40/−3.60	−11.0/−4.73
PG	−150	±30（G）	9.00/19.2	7.20/15.3	5.40/11.5	3.60/7.67	−9.0/−6.0	−11.7/−7.80	−14.4/−9.60	−18.9/−12.6
RG	−220	±30（G）	14.3/25.6	11.4/20.46	8.55/15.3	5.70/10.2	−12.5/−9.50	−16.2/−12.4	−20.0/−15.2	−26.3/−20.0
SH	−330	±60（H）	20.3/38.4	16.2/30.7	12.2/23.0	6.10/15.4	−19.5/−13.5	−25.4/−17.6	−31.2/−21.6	−41.0/−28.4
TH	−470	±60（H）	30.8/51.2	24.6/41.0	18.5/30.7	12.3/20.5	−26.5/−20.5	−34.5/−26.7	−42.4/−32.8	−55.7/−43.1
UJ	−750	±120（J）	47.3/82.3	37.8/65.8	28.4/49.4	18.9/32.9	−43.5/−31.5	−56.6/−41.0	−69.6/−50.4	−91.4/−66.2
QK	−1000	±250（K）	56.3/117	45.0/93.7	33.8/.70.2	22.5/46.8	−62.5/−37.5	−81.3/−48.8	−100/−60.0	−131/−78.8
VK	−1500	±250（K）	93.8/163	75.0/130	56.3/97.7	37.5/65.1	−87.5/−62.5	−114/−81.3	−140/−100	−184/−131

注 1：带下划线的标称温度系数α是优先值，当上限类别温度超过 125℃时相关规格应详细规定。

注 2：从 20℃到上限类别温度之间的容值变化限定值是通过标称温度系数和它的偏差来计算的（参考注 3 公式 5-2），从 20℃到−55℃之间的容值变化允差是用注 3 中公式 5-3 和公式 5-4 来计算的。

注 3：在下限类别温度处的容值变化限定值是通过如下公式计算的。

a. 在上限类别温度下容值变化允许的上下限偏差计算方法：

$$\frac{\Delta C}{C}(‰)=(\alpha \pm Tol)\times(T_{UC}-20)\times10^{-3} \qquad 公式（5-2）$$

α是标称温度系数，*Tol* 取温度系数偏差绝对值，T_{UC}是上限类别温度，这里的α和 *Tol* 取值不带单位。

例：CG 在上限类别 125℃下的容值允许偏差。

CG 的标称温度系数α=0，温度系数偏差绝对值 *Tol*=30，T_{UC}= −55℃。

$$\frac{\Delta C}{C}(‰)=(0\pm30)\times(125-20)\times10^{-3}‰=\pm3.15(‰)$$

b. 在下限类别温度下容值变化允许的下限偏差计算方法：

$$\frac{\Delta C}{C}(‰)=(\alpha \pm Tol)\times(T_{LC}-20)\times10^{-3}‰ \qquad 公式（5-3）$$

α是标称温度系数，*Tol* 取温度系数偏差绝对值，T_{LC}是下限类别温度，这里的α和 *Tol* 取值不带单位。

举例：CG 在下限类别−55℃下的容值允许偏差下限。

CG 的标称温度系数α=0，温度系数偏差绝对值 *Tol*=30，T_{LC}= −55℃。

$$\frac{\Delta C}{C}(‰)=(0+30)\times(-55-20)\times10^{-3}‰=-2.25(‰)$$

c. 在下限类别温度下容值变化允许的上限偏差计算方法：

$$\frac{\Delta C}{C}(‰)=\left[(-36)-(1.22\times Tol)+(0.22\times\alpha)+\alpha\right]\times(T_{\mathrm{LC}}-20)\times10^{-3}(‰) \qquad 公式（5-4）$$

α是标称温度系数，*Tol* 取温度系数偏差绝对值，T_{LC}是下限类别温度，这里的α和 *Tol* 取值不带单位。

举例：CG 在上限类别–55℃下的容值允许偏差上限。

CG 的标称温度系数α=0，温度系数偏差绝对值 *Tol*=30，T_{LC}= –55℃。

$$\frac{\Delta C}{C}(‰)=\left[(-36)-(1.22\times30)+(0.22\times0)+0\right]\times(-55-20)\times10^{-3}‰=5.445(‰)$$

5.2.5 I 类陶瓷介质的烧结收缩率和介质吸收

对于 I 类绝缘陶瓷电容器，当你在观察内部结构做不良分析时会发现陶瓷介质并非铺满金属涂层而是留有凹陷区，此凹陷区每层都有并且被填充了一些惰性化合物，通常是釉质。这被称作修剪区，修剪区的电极涂层被去掉，这是为了使容量获得好的偏差，比如 1%或者 2%。陶瓷本体在烧结的过程中收缩是非常大的，接近 15%的收缩率，并且导致容量不均，所以通过修剪来调整容值是必要的。因为修剪区被填充了化合物并且在邻近层边缘不含有任何气泡，所以它是无害的。低损耗的 I 类陶瓷绝缘介质并不等同于低介质吸收 DA，相反它的介质吸收同样高，为 0.5%～1%。

5.2.6 高频元件（HF chips）中高精密陶瓷绝缘介质的应用

当频率上升到几百 MHz 时，常规陶瓷设计的多层电容器损耗开始快速、成倍地增加。我们可以通过改进陶瓷的办法来解决这个问题，通过使用介电常数低于 I 类材料的高精密陶瓷（ε_{r}=12～15），使损耗急剧降低。另外一个方法是通过单层数设计来减少高频损耗。此外还可以引进金、铜、铝薄膜电极，将二氧化硅（ε_{r}=4.4）和氮化硅（ε_{r}=7.5）作为绝缘材料使用。有时候更换成云母电容也能降低损耗，高频电容的损耗大多情况下用品质因数表达$Q=\frac{1}{\tan\delta}$。

5.2.7 II 类陶瓷绝缘介质定义（EIA 标准）

II 类陶瓷绝缘介质属于介电常数为中等的陶瓷配方，是将钛酸钡改性后烧结成小晶粒，目前粒径可能达到 nm 级。为了提高 II 类陶瓷绝缘介质稳定性，就得使陶瓷具有可控的不均匀性。为此，首先将 $BaCO_3$ 与 TiO_2 预反应（焙烧）到钛酸钡粉末里。这里需要排掉 15%的 CO_2，如果在烧结过程中存在 CO_2 会影响致密性。当这种预反应的钛酸钡与施主掺杂物混合后再烧结时，只有少量的施主扩散到原钛酸钡晶粒中。烧结后的陶瓷在原晶核（grain cores）处含有一个很低的施主浓度区，但是，在晶核的周围区域存在相当多的可溶性掺杂物，那里是晶粒生长的地方。当掺杂水平足够高时，可以完全抑制二次结晶。

烧结后陶瓷展示了两个介电常数峰值，一个在 125℃处，来自无掺杂晶核（grain cores）区，第二个介电常数峰值在较低温度下（25℃附近），形成于高掺杂的晶粒生长区。这两个区的体积比是由原始粉末的晶粒大小和烧结陶瓷的晶粒大小共同决定的。

X7R 配方是 II 类介质中最通用的一种陶瓷绝缘介质，它含有添加成分，例如锆酸钙和少量中和剂。

II 类陶瓷绝缘介质以高介电常数为特征，通常介电常数 ε_{r} 前面有一个“K”，K2000 表示$\varepsilon_{\mathrm{r}}\approx2\,000$，容值的温度特性是很大的。采用此类陶瓷绝缘介质制作的电容器适合旁路和去耦应用或适用于对 *Q* 值和容值的稳定性要求不是太高的鉴频电路。这类陶瓷绝缘介质按电容器温度特性可以分类成从 A 到 S。

5.2.8 III 类陶瓷绝缘介质定义（EIA 标准）

III 类陶瓷绝缘介质（在 IEC 标准里仍属于 II 类）属于高介电常数材料，采用相对均匀的钛酸钡配方，它们的高 K 值来自加入了具有相同价键的取代基，这能将居里温度点向室温推移。经常使用二价锶（Sr^{2+}）或四价锆（Zr^{4+}），使峰值介电常数高达 18 000。这种材料在 50℃时介电常数会降低 50%，但在计算机和其他商用低功率电子产品中得到广泛应用。III 类介质的代表配方是 Y5V，此类陶瓷绝缘介质电容器特别适合应用于电子电路中的旁路、去耦以及其他不太注重介质损耗、高绝缘电阻和容值稳定性的应用领域。III 类跟 II 类比，除了 III 类温度特性中的最大容值变化量等级限定在 T、U 和 V 之外，其余的 III 类陶瓷绝缘介质跟 II 类陶瓷绝缘介质的特性一样。

5.2.9 IV 类陶瓷绝缘介质定义（EIA 标准）

此种介质类型仅限于那些利用减少钛酸盐或阻隔层结构的元器件。虽然基本符合 II 类和 III 类的描述，但可以注意到某些其他电气差异，如 EIA-198-3-F 所述。

5.2.10 II、III 类陶瓷绝缘介质的温度特性代码及容值允许变量（EIA 标准）

EIA 标准像 I 类一样也采用“字母-数字-字母”的符号形式来定义 II、III、IV 类陶瓷绝缘介质的温度特性代码。第一位用字母表达，表示要求的最低工作温度；第二位用数字表达，表示要求的最高工作温度；第三位用字母表达，表示在最低和最高工作温度范围内容值变化最大百分比，如表 5-6 所示。

表 5-6 II&III 类陶瓷绝缘介质的容值温度特性代码（EIA 标准）

温度特性代码第一位		温度特性代码第二位		温度特性代码第三位	
字母符号	最低工作温度/℃	数字符号	最高工作温度/℃	字母符号	整个工作温度范围内容值最大百分比变量/%
				A	±1.0
				B	±1.5
				C	±2.2
				D	±3.3
		2	+45	E	±4.7
		4	+65	F	±7.5
Z	+10	5	+85	P	±10
Y	−30	6	+105	R	±15
X	−55	7	+125	S	±22
		8	+150	L	−40～+15
		9	+200	T	−33～+22
				U	−56～+22
				V	−82～+22

查询上表可知：

X7R 中的“X”对应−55℃，“7”对应+125℃，“R”对应 ± 15%。

X7R 是指采用此类陶瓷绝缘介质做成的电容器其工作温度范围为−55～+125℃，并且在此工作温度范围内容值的最大变化量为 ± 15%（加载的直流电压是 0）。以此类推。

X7R：工作温度范围−55～+125℃，最大容值变化量 ± 15%（II 类陶瓷绝缘介质）。

X5R：工作温度范围−55～+85℃，最大容值变化量 ± 15%（II 类陶瓷绝缘介质）。

Y5V：工作温度范围–30～+85℃，最大容值变化量–82%～+22%（III 类陶瓷绝缘介质）。

5.2.11　II 类陶瓷绝缘介质的温度系数和偏差（IEC 标准）

EIA 标准里定义的 II、III 和 IV 类在 IEC-60384-22 标准里都被定义为 II 类。表 5-7 用交叉表示施加直流电压和不施加直流电压时温度特性的优选值。表中给出了该细分类别的编码方法，例如，在温度范围从–55℃到+125℃之间不施加直流电压的情况下，容值变化百分比为±20%的陶瓷绝缘介质将被定义为 2C1 类陶瓷绝缘介质。陶瓷绝缘介质温度特性的温度范围定义与类别温度范围相同。

表 5-7　II 类陶瓷绝缘介质的容值温度特性代码（IEC 标准）

二级分类代码	在加载和不加载直流电压的情况下，以 20℃的容值为参考点，在类别温度变化范围内的最大容值变化比		类别温度范围及其代码					
			–55℃～150℃	–55℃～125℃	–55℃～85℃	–40℃～85℃	–25℃～85℃	+10℃～85℃
	不加载直流电压	加载直流电压（注 1）	0	1	2	3	4	6
2B	±10%	在详细规范中规定要求			×	×	×	
2C	±20%			×	×	×		
2D	–30%/+20%			×			×	
2E	–56%/+22%				×	×	×	×
2F	–80%/+30%				×	×	×	×
2R	±15%		×	×	×		×	

当上限类别温度超过 125℃时，加载和不加载直流电压条件下的容值变化限定应在相关标准中给出。

注：（1）直流电压为额定电压或详细规范中规定的电压。

（2）“×”指优先值。

5.2.12　MLCC 常用陶瓷绝缘介质代码及温度系数

前面介绍了 MLCC 陶瓷绝缘介质在两套标准（EIA 和 IEC）下的代码命名规则，供给专业人士参考，而实际上我们普通用户也许无须了解这些，所以把常用的陶瓷介质列入表 5-8，方便普通用户查询。

MLCC 主要用到的是 I、II、III 类陶瓷绝缘介质，所以 IV 类忽略、不讨论。MLCC 厂家一般都会在其物料代码里标示所用绝缘介质类别，只不过都是精简成一个字符（或者 2 个字符），这种做法是为了简化物料代码，但是却不便于直观表达所用绝缘介质。有些终端用户为了选择容值误差范围相对小的规格，通常误以为把偏差从“M”挡变更为“K”挡，或者把“K”挡变更为“J”挡就可以了。如果抛开陶瓷绝缘介质的温度特性，一切都是枉然。

关于各类陶瓷绝缘介质温度系数的测试标准请参考第 8.13 节的 TCC 测试，因为这些常见的陶瓷绝缘介质（例如 C0G，X7R，X5R，Y5V）的命名都是沿袭 EIA 标准，所以个人认为：这些温度系数测试参考 EIA 标准比较合适。通常 IEC 标准选择的参考温度点是 20℃，而 EIA 却是 25℃。其测量方法可以简略理解为以 25℃点的容量作为参照，第一个测量点：当 MLCC 处于最低允许工作温度（比如–55℃）时的容值变化比例；第二个测量点：当 MLCC 处于最大允许工作温度（比如 125℃）时的容值变化比。

表 5-8　常用陶瓷绝缘介质温度特性及代码

介质类别		温度特性代码		温度特性				工作温度范围
EIA	IEC	EIA	IEC	基准温度		温度系数测试点	温度系数	
I 类	1B	C0G（NP0）	CG	EIA	25℃	–55～125℃	（0±30）ppm/℃	–55～125℃
				IEC	20℃	–55～125℃		
		C0H（NP0）	CH	EIA	25℃	–55～125℃	（0±60）ppm/℃	–55～125℃
				IEC	20℃	–55～125℃		
		C0J（NP0）	CJ	EIA	25℃	–55～125℃	（0±120）ppm/℃	–55～125℃
				IEC	20℃	–55～125℃		
		C0K（NP0）	CK	EIA	25℃	–55～125℃	（0±250）ppm/℃	–55～125℃
				IEC	20℃	–55～125℃		
		U2J	UJ	EIA	25℃	–55～125℃	（–750±120）ppm/℃	–55～125℃
				IEC	20℃	–55～12℃		
	1B	U2K	UK	EIA	25℃	–55～125℃	（–750±250）ppm/℃	–55～125℃
				IEC	20℃	–55～125℃		
	1C		SL	IEC	20℃	–55～125℃	（+140～–1000）ppm/℃	–55～125℃
II 类	2R	X7R	2R1	EIA	25℃	–55～125℃	±15%	–55～125℃
				IEC	20℃	–55～125℃		
		X5R	2R2	EIA	25℃	–55～85℃	±15%	–55～85℃
		X8R	2R0	EIA	25℃	–55～150℃	±15%	–55～150℃
	2B		2B2	IEC	20℃	–55～85℃	±10%	–55～85℃
	2C	X7S	2C1	EIA	25℃	–55～125℃	±22%	–55～125℃
		X6S	—	EIA	25℃	–55～105℃	±22%	–55～105℃
		X5S	2C2	EIA	25℃	–55～85℃	±22%	–55～85℃
	2D	X8L	2D0	EIA	25℃	–55～150℃	+15%，–40%	–55～150℃
III 类	2D	X7T	2D1	EIA	25℃	–55～125℃	+22%，–33%	–55～125℃
		X6T	2D2	EIA	25℃	–55～105℃	+22%，–33%	–55～105℃
	2E	X7U	2E1	EIA	25℃	–55～125℃	+22%，–56%	–55～125℃
	2F	Y5V	2F3	EIA	25℃	–30～85℃	+22%，–82%	–30～85℃

注：

（1）X8L 在–55～125℃范围内容值偏差为±15%，在–55～150℃范围内容值偏差为+15%，–40%。

（2）有少数未列入上表的为 MLCC 生产厂家自己命名的介质材料。

（3）JIS 标准接近 IEC，所以日系产品可参考 IEC 标准。

（4）因 EIA 标准和 IEC 标准定义有差异，上表代码对应关系有部分不是完全吻合，代码对照仅供参考，做测试或者介质确认时，请选定参照标准再做测试。

（5）I 类介质的两个温度测试点依据 EIA-521 标准，虽然最高工作温度是 125℃，但是测试最高温度点是 85℃，最低温度点是–55℃，它们的参照温度点都是 25℃。

EIA 代码没有考虑到 II、III 类陶瓷电容器的容值因直流电压产生衰减效应而造成的影响，而某些其他标准有考虑这些影响，表 5-9 中列举了一些例子。

表 5-9　II 类和 III 类陶瓷电容器加载直流电压后容值偏差举例

规格标准	陶瓷介质类别	温度范围/℃	容差偏值 $\frac{\Delta C}{C}$/%	
			$U_C=0$	$U_C=U_R$
EIA	X7R	–55～+125	±15	–
MIL	BX	–55～+125	±15	+15～–25
MIL	BZ	–55～+125	±20	+20～–30
EIA	Y5V	–30～+85	–82～+22	–
EIA	Z5U	+10～+85	–56～+22	–

第6章 陶瓷绝缘介质的电气特性介绍

6.1 陶瓷绝缘介质的温度特性

MLCC的容值*CP*、损耗因数*DF*以及绝缘电阻*IR*均受温度影响，我们称之为MLCC绝缘介质的温度特性。当然，各类绝缘介质的温度特性是存在差异的。例如容值的温度特性，I类MLCC的容值几乎不随温度变化，而II类和III类（IEC统称II类）MLCC的容值随温度变化很明显，下面我们用图表曲线来描述它们之间的差异性。有少数厂家在其官网上提供了每个规格的*CP*和*DF*的温度特性曲线和数据库，MLCC用户可随时查询和下载。虽然不同厂家的MLCC温度特性存在细小差异，但是同规格总体还是相似和接近的，下面我们选取不同陶瓷绝缘介质以及多个有代表性的容值规格的温度特性曲线，来描述它们之间的相互差异性。

6.1.1 容值和损耗因数的温度特性

MLCC温度特性的测试方法

1）测试设备

测试设备推荐是德科技的LCR测试仪E4980A。

实验槽：恒温槽。

2）测试条件

测试频率和测试电压：参考第8.5.3节测试条件。

直流偏压：$0.5U_R$（额度电压）。

加直流偏压时间：60s。

1. I类陶瓷绝缘介质（C0G）*CP*和*DF*的温度特性

C0G（NP0）是I类陶瓷绝缘介质中最常用、最具代表性的一种绝缘介质，它的容值漂移和迟滞影响几乎可以忽略不计，均小于±0.05%。它的容值随时间变化小于±0.1%，而其他陶瓷介质有的变化率多达五分之一以上，所以可以说C0G（NP0）的容值几乎不随温度变化。C0G（NP0）：（0±30）ppm/℃（$ppm=10^{-6}$），工作温度范围–55～125℃，可理解为此种陶瓷介质电容器在温度每变化1℃时容值变化量为$\pm 30\times10^{-6}$（±0.003%/℃），如果环境温度从25℃上升到125℃，电容器的容值变化量小于±0.3%（即0.3%/100℃）。所以C0G（NP0）材质的电容器的容值随温度变化非常小，几乎可以忽略不计，它的温度特性相当稳定。另外它的损耗角（*DF*值和$\tan\delta$）几乎不随温度变化，且始终小于0.05%。C0G是I类陶瓷绝缘介质的典型代表，图6-1展示的是其不同容值规格的容值温度曲线可能落入的区间范围。

在 MLCC 工厂里，有时候为了矫正不同 LCR 测试仪之间的误差，选 C0G（NP0）材质的电容器做矫正补偿电容，这也是利用其温度特性稳定的特性。为了更具体展现它的容值温度特性，我们选择几个不同容值规格的容值温度特性曲线进行对比，所选代表容值分别为 1pF、10pF、100pF、1nF、10nF、100nF，尺寸为常用规格，额定电压 50V。

1）C0G 不加载电压的容值变化比温度曲线（见图 6-2）

2）C0G 加载 0.5 倍额定电压的容值变化比温度曲线（见图 6-3）

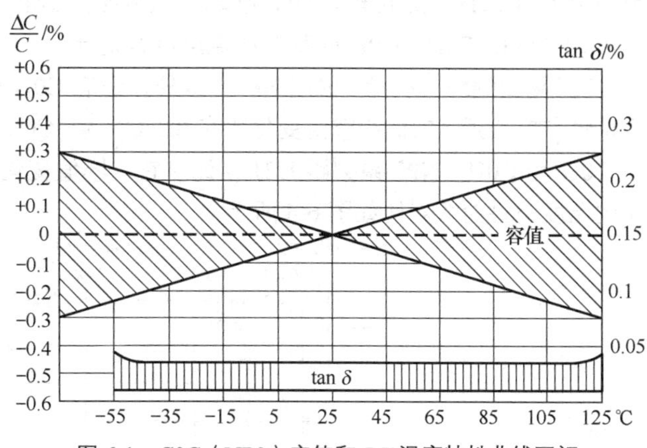

图 6-1　C0G（NP0）容值和 *DF* 温度特性曲线区间

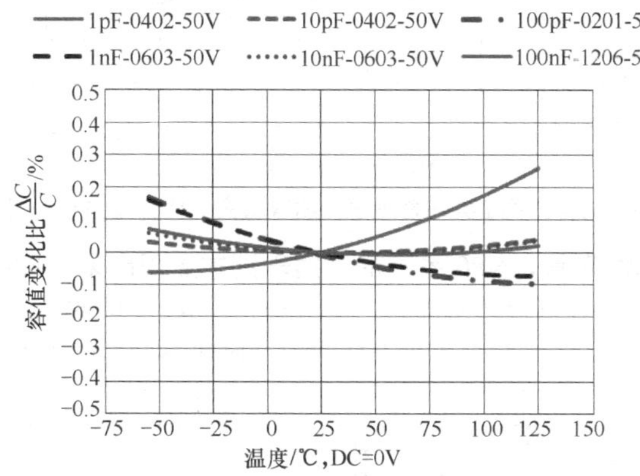

图 6-2　C0G 不同容值的容值变化比温度曲线 1

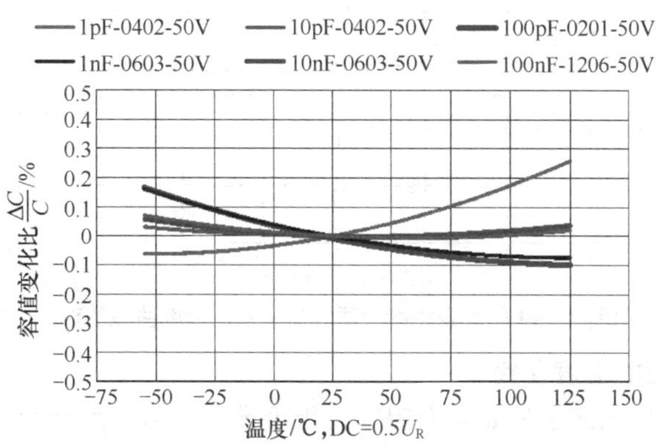

图 6-3　C0G 不同容值的容值变化比温度曲线 2

从 C0G 容值变化比温度曲线可以看出（如图 6-2 和图 6-3 所示）：

a. 不加载电压和加载 0.5 倍额定偏压对容值变化比温度曲线没有明显影响，说明 C0G 容值几乎不受直流偏压影响；

b. 1pF～100nF 之间规格在–55～125℃温度范围内，容值变化比 < 0.3%，说明 C0G 容值随温度变化非常轻微，几乎可以忽略不计。

容值变化比测试是以 25℃时被测量规格的容值作为参考基点，测试条件：*CP*≤1nF，测试电压

AC 1.0V@1MHz（交流电压 1V，频率为 1MHz）；1nF < *CP*≤10μF，测试电压 AC 1V@1kHz。

3）C0G、C0H、C0K 以及 U2J 温度特性对比

I 类陶瓷绝缘介质除 C0G（NP0）以外，还有 C0H（NP0）、C0K（NP0）、U2J。C0G 和 C0H 温度特性非常接近，它们的容值变化比在 0.3%以内，C0K 也属于 NP0，但是容值随温度变化百分比大于 C0G 和 C0H。NP0 系列跟 U2J 相比，它的容值变化曲线几乎可以看作一条直线，它们的容值变化比温度特性曲线对比如图 6-4 所示。

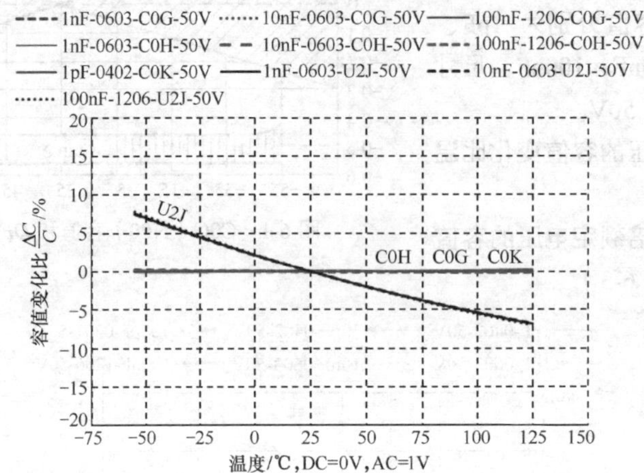

扫码看图

图 6-4　几种不同 I 类陶瓷绝缘介质容值变化比温度曲线的对比

将上面温度曲线放大比例来看，NP0 系列的曲线差别才显现出来，如图 6-5 所示。

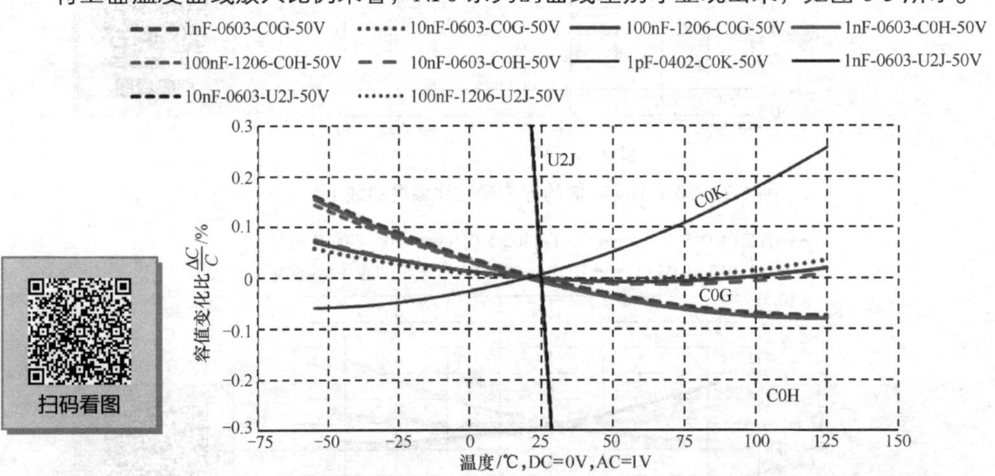

扫码看图

图 6-5　几种不同 I 类陶瓷绝缘介质容值变化比温度曲线的对比（放大）

4）C0G（NP0）的 *DF* 温度曲线

如图 6-6 所示，C0G（NP0）的 tan*δ*（*DF*）随温度升高而降低，此说明以 C0G 为绝缘介质的陶瓷电容器在较高温度下损耗因数反而低。

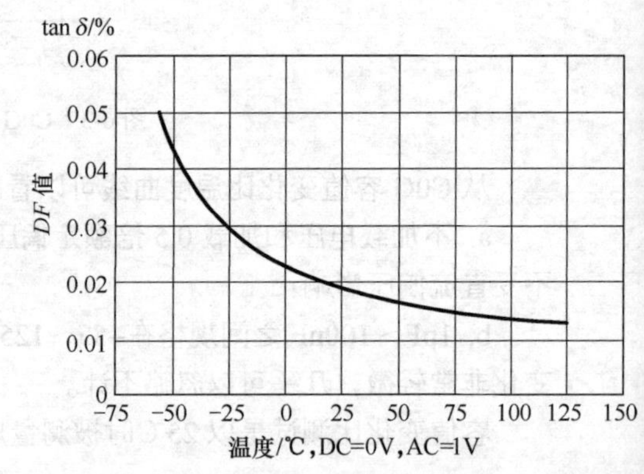

图 6-6　C0G（NP0）典型 *DF* 温度曲线举例

2. II 类陶瓷绝缘介质（X7R）*CP* 和 *DF* 的温度特性

1）X7R 的容值 *CP* 温度特性

根据 X7R 的温度特性，在−55～125℃下，容值变化在±15%范围内。加载偏置电压与不加载偏置电压相比，容值随温度变化的幅度更大。

图 6-7 所示是 X7R 在不加载偏置电压的温度特性曲线，根据第 5 章 5.2.7 的描述，II 类陶瓷绝缘介质展示了两个容值峰值，第一个在较低温度下（形成于高掺杂的晶粒生长区），第二个峰值在 125℃处（来自无掺杂晶核区），因为 125℃是 X7R 工作温度上限，所以真正有影响的是第一低温峰值点。我们对比各 MLCC 厂家的 X7R 的温度特性曲线，发现低温容值峰值点各有差异，如图 6-7 和图 6-8 所示，MA 厂家部分规格低温的峰值落在–35～–5℃，而 TK 厂家则落在 15～45℃，正因为这个差异，也许会让 MLCC 用户认为前者“耐寒”、后者“耐热”，可能出现低或高工作温度环境的产品无法用另外一个 MLCC 品牌替换的情况。个人认为容值峰值落在 25～50℃是比较理想的，因为绝大多数电子电气设备存在自热现象，所以它们的工作温度上升的可能性比较大，这样可以确保 MLCC 的容值不至于因环境温度上升而大幅度下降。

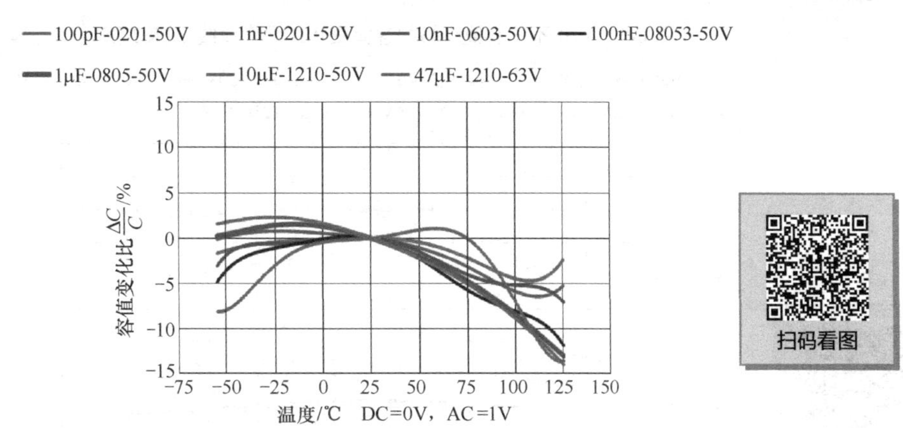

图 6-7　X7R 不同容值规格的容值变化比温度曲线（MA 厂家）

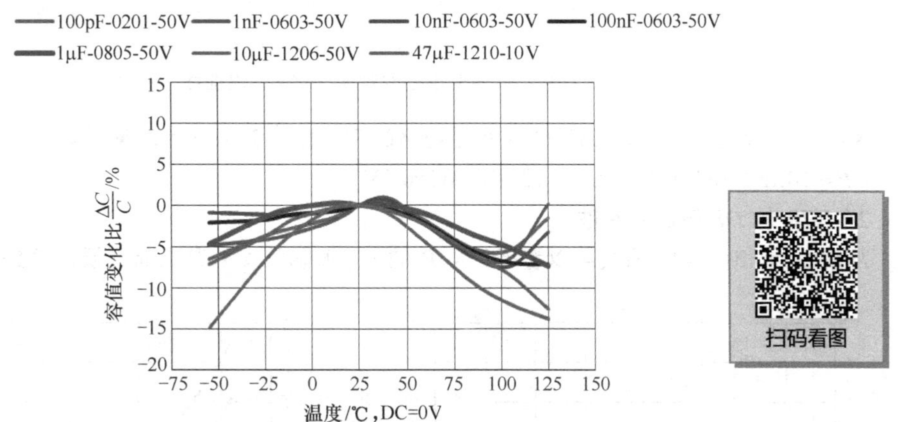

图 6-8　X7R 不同容值规格的容值变化比温度曲线（TK 厂家）

图 6-8 所示是 TK 厂家的 X7R 加载 $0.5U_R$ 偏置电压的温度特性曲线，容值随温度变化的幅度增大。后面 6.3.1 章节会提及 X7R 容值随直流电压的增大而降低，这里是加载固定的 0.5 倍额定电压。在加载 0.5 倍额定电压后，各个 MLCC 厂家的电容器温度特性曲线的差异还是很大的，如图 6-9 所示温度曲线，TK 厂家的 X7R 在加载 $0.5U_R$ 偏置电压后，容值随温度变化的幅度增大而增大，但容值变化范围仍落在 ± 15%以内，而 SG 厂家有部分规格容值下降可能高达 60%（见图 6-10）。

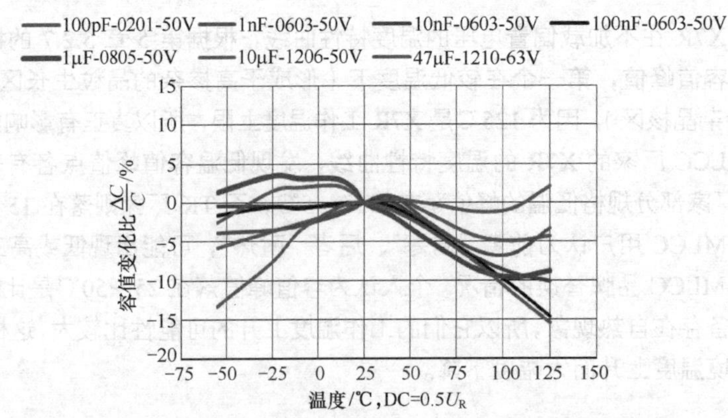

扫码看图

图 6-9　X7R 不同容值规格的容值变化比温度曲线（TK 厂家）

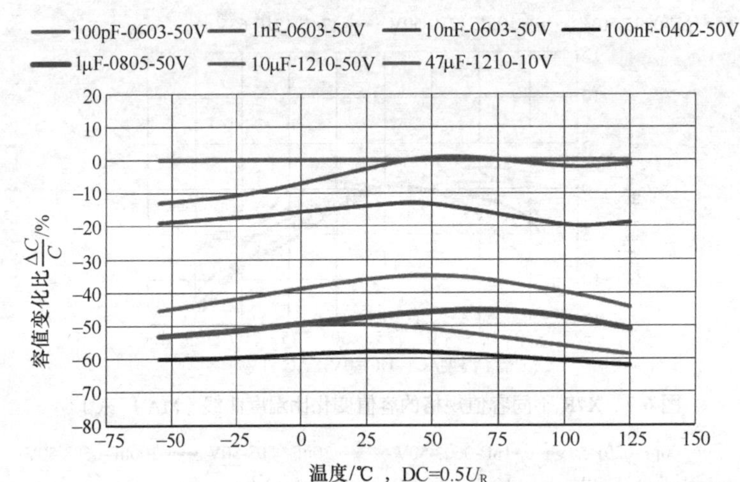

扫码看图

图 6-10　X7R 不同容值规格的容值变化比温度曲线（SG 厂家）

X7R 温度特性测试是以 25℃时被测量规格的容值作为参考基点，测试电压：

CP≤10μF，AC=1.0V，*CP*＞10μF，AC=0.5V。

2）X7R 的 *DF* 值温度特性

从图 6-11 和图 6-12 曲线可以看出：X7R 的 *DF* 值随温度的升高而降低，这是利好的特性。

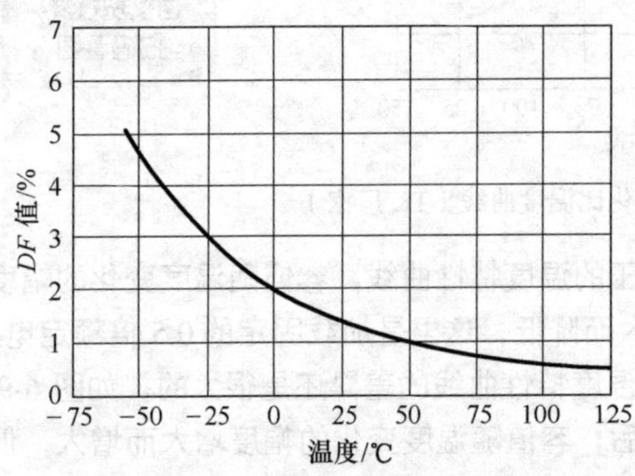

图 6-11　X7R 典型 *DF* 温度曲线举例

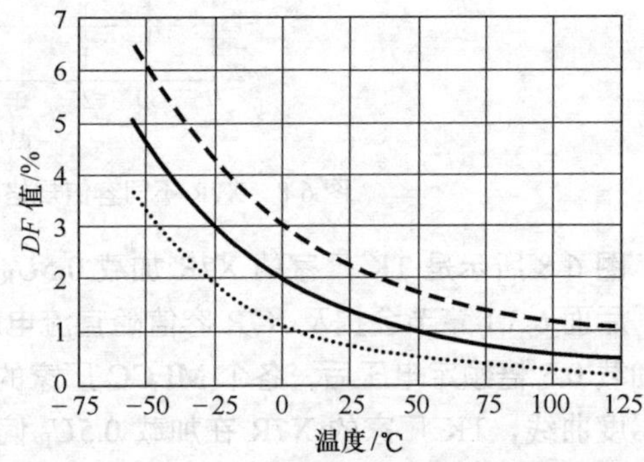

图 6-12　X7R 的 *DF* 温度曲线分布区间示意图

3. II 类陶瓷绝缘介质（X5R）*CP* 和 *DF* 的温度特性

1）X5R 的容值温度特性

X5R 容值温度特性跟 X7R 比有相似的地方，在工作温度范围内容值变化率均小于±15%，区别在于 X7R 的工作温度范围是–55～125℃，而 X5R 是–55～85℃。

图 6-13 和图 6-14 所示是 X5R 不加载偏置电压的温度特性曲线。根据第 5.2.7 节的描述，II 类陶瓷绝缘介质可以通过添加物使居里温度点向低温区推移，即容值峰值向低温区移动。我们对比各 MLCC 厂家的 X5R 的温度特性曲线，发现容值峰值点各有差异，有些厂家即使同介质不同容值规格的容值峰值就各不相同（如图 6-13 所示，TK 厂家），而有些厂家能做到同材质的容值峰值温度点相近（如图 6-14 所示，AX 厂家）。TK 厂家除开高容规格外大部分规格的峰值还是比较一致的，落在–25～0℃，而 AX 厂家所有规格的峰值显示出很高的一致性，落在 30～60℃，正因为这个差异，也许会让 MLCC 用户感觉到前者“耐寒”与后者“耐热”的差异，可能出现低或高工作温度环境的产品无法用另外一个 MLCC 品牌替换的情况。个人认为容值峰值落在 25～50℃之间是比较理想的，因为绝大多数电子电气设备存在自热现象，所以它们的工作温度上升的可能性比较大，这样可以确保 MLCC 的容值不至于因环境温度上升而大幅度下降。

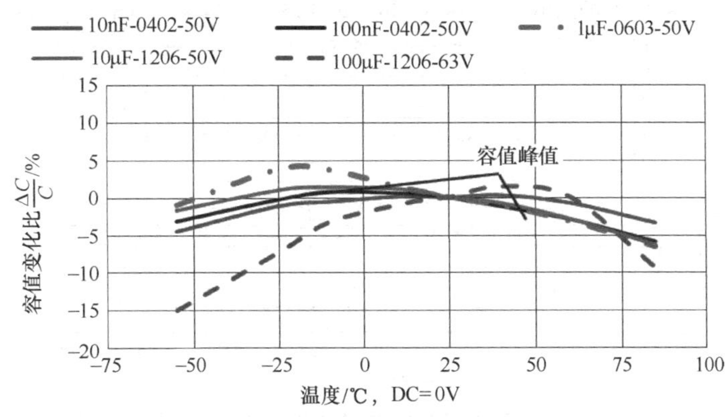

扫码看图

图 6-13 X5R 不同容值规格的容值变化比温度曲线（TK 厂家）

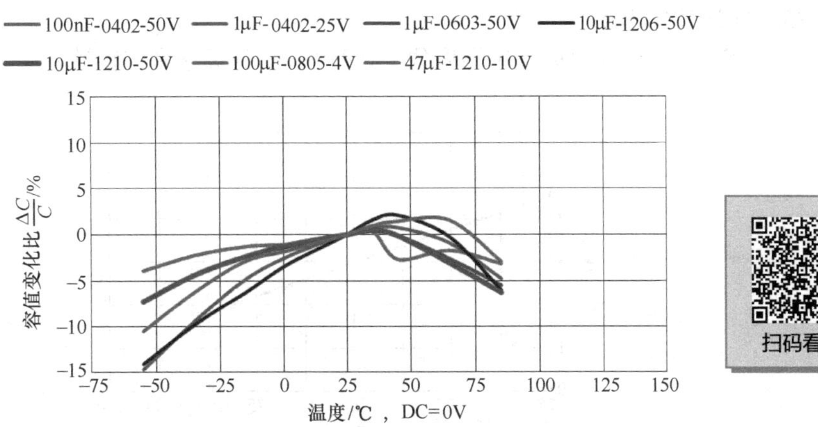

图 6-14 X5R 不同容值规格的容值变化比温度曲线（AX 厂家）

后面 6.3.1 章节会提到 X5R 容值随直流电压的增大而降低，这里是加载固定的 0.5 倍额定电压。在加载 0.5 倍额定电压后，各个 MLCC 厂家的温度特性曲线的差异还是很大的，如图 6-15 所示为 TK 厂家温度曲线，在加载 $0.5U_R$ 偏置电压后，容值随温度变化的幅度的增大而增大，并且出现无规律峰值，但容值变化范围仍落在±15%以内，而 SG 厂家有部分规格容值下降可能高达 90%，如图 6-16 所示。

X5R 温度特性测试是以 25℃时被测量规格的容值作为参考基点，测试电压：

$CP \leqslant 10\mu F$，$U_{AC}=1.0V$，$CP > 10\mu F$，$U_{AC}=0.5V$。

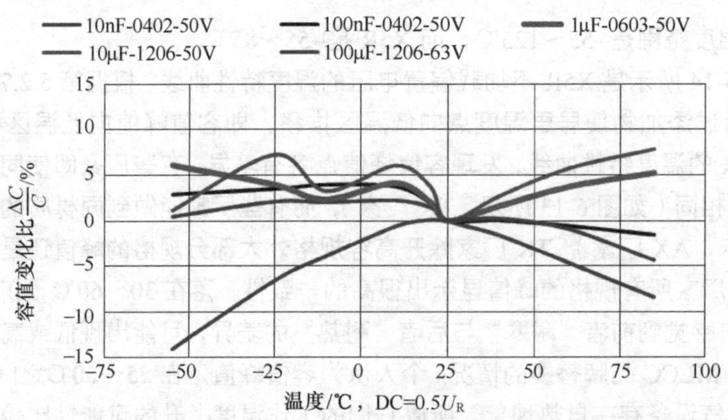

图 6-15　X5R 不同容值规格的容值变化比温度曲线（TK 厂家）

扫码看图

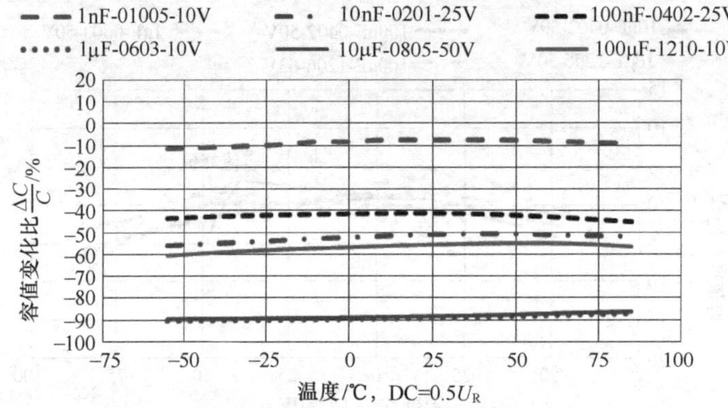

图 6-16　X5R 不同容值规格的容值变化比温度曲线（SG 厂家）

2）X5R 的 *DF* 温度特性

如图 6-17 所示，X5R 的 *DF* 值随温度的上升而下降，这属于利好特性。

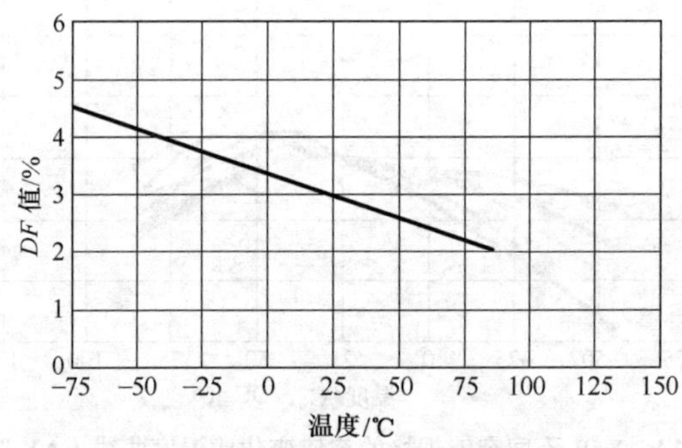

图 6-17　X5R 典型 *DF* 温度曲线举例

4. III 类陶瓷绝缘介质（Y5V）*CP* 和 *DF* 的温度特性

1）Y5V 的容值温度特性

Y5V 在−30～+85℃工作温度范围内，容值变化比为−82%～+22%，温度特性比 X7R 和 X5R 差。在不加载偏压的情况下，对比各 MLCC 厂家 Y5V 温度特性曲线，容值的峰值在 0～25℃附近，在 50℃下容值下降将近 50%，代表性温度特性曲线如图 6-18 所示。

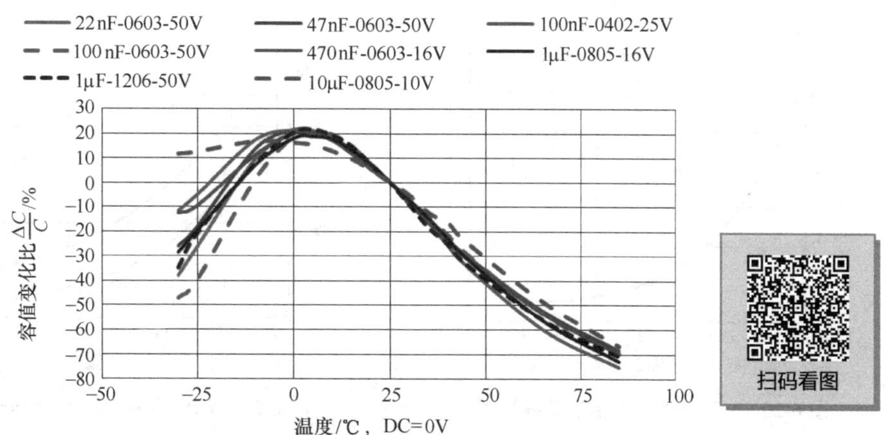

图 6-18　Y5V 不同容值规格的容值变化比温度曲线 1

图 6-19 所示的温度曲线为在加载 $0.5U_R$ 偏置电压后的 Y5V 温度特性曲线，加载偏置电压后容值随温度变化的幅度的增大而显著增大，跟不加载偏压相比，容值的峰值几乎被削平，容值下降可能高达 90%。

Y5V 的存在是因为它有比 X5R 更高的 K 值（介电常数），换言之，在体积一定的情况下可以获得更高的容量，但是它很差的温度特性抹杀了这一优点。由于目前制造工艺的进步，MLCC 小型化大幅提升，如果没有成本优势，X5R 可以完全取代 Y5V，它之所以存在于“市”，还有另外一个原因，即在电路应用中确实有些应用对容值稳定性没有太高的要求，只要容值变化保持在一个数量级上即可。比如 Y5V 104Z 规格，标准容值是 100nF，受工作温度影响，容值最大变化达−82%，也就是说在 25℃测试的容值为 100nF，在 85℃测试容值可能只有 100×（1−82%）=18nF。

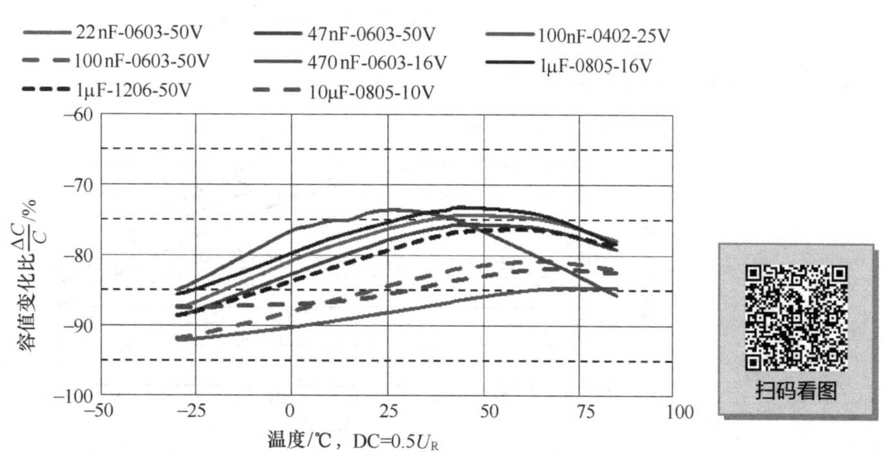

图 6-19　Y5V 不同容值规格的容值变化比温度曲线 2

2）Y5V 的 *DF* 值温度特性

从图 6-20 和图 6-21 中的曲线可以看出：II 类陶瓷绝缘介质的 *DF* 值随温度上升而下降，而 *DF* 越小说明损耗越小，所以温度上升对 *DF* 值来说是正面影响。

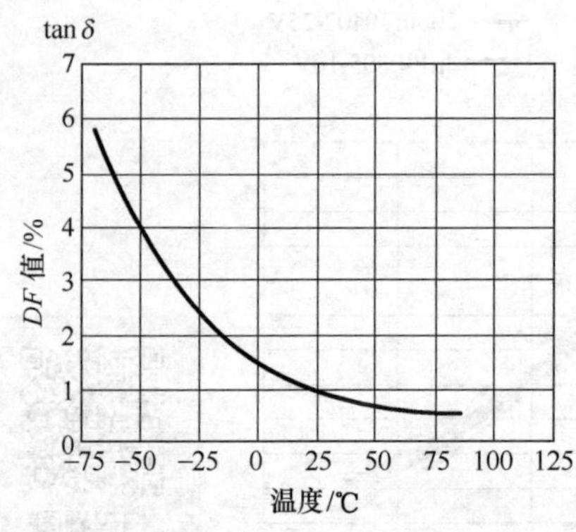

图 6-20　Y5V 典型 *DF* 温度曲线举例

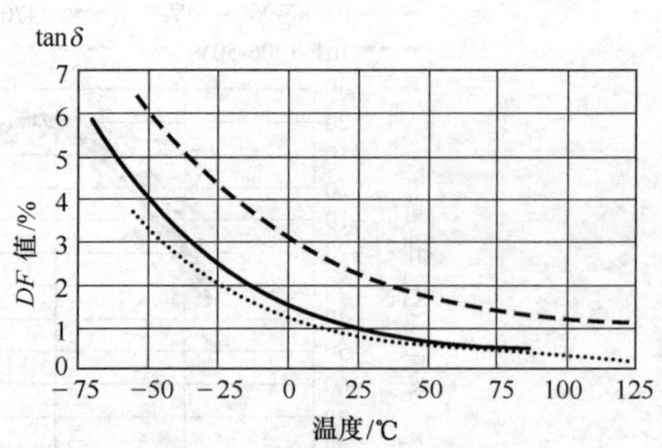

图 6-21　Y5V 的 *DF* 温度曲线分布区间示意图

6.1.2　陶瓷绝缘介质的绝缘电阻的温度特性

1. I 类陶瓷绝缘介质（C0G）*IR* 的温度特性

图 6-22 是 RC 电路中的 *IR*，*Y* 轴表达的是 *IR* 与 *C* 的乘积，根据第 2.9.2 所提时间常数公式：

$$\tau = IR \times C(\Omega \cdot \mathrm{F})$$

以及单位换算关系式：

$$IR = \frac{U}{I}\left(\frac{\mathrm{V}}{\mathrm{A}}\right) \quad \mathrm{F} = \frac{Q}{U} = \frac{It}{U}\left(\frac{\mathrm{C}}{\mathrm{V}}\right)$$

注：V 为电压单位伏特，A 为电流单位安培，C 为电荷量单位库仑，s 为时间单位秒，所以可以换算成：

$$\tau = IR \times C = \Omega \times \mathrm{F} = \frac{\mathrm{V}}{\mathrm{A}} \times \frac{\mathrm{As}}{\mathrm{V}} = \mathrm{s}$$

就可以知道为什么温度曲线 *Y* 轴单位为 Ω·F=s。

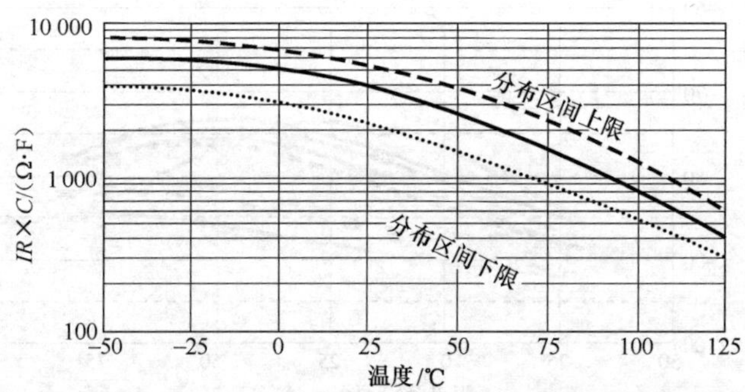

图 6-22　C0G 温度特性-*IR*×*C* 典型曲线及曲线分布范围

通过图 6-22 所示曲线我们可以获知 MLCC 在某个工作温度的时间常数 τ，但是我们如何通过时间常数换算 *IR* 的大小呢？根据公式 $\tau = IR \times C$，假设时间常数 τ 恒定，当容量 *C* 是上限值时，可以获得 *IR* 下限值，即最小值。MLCC 规格书通常在 10nF 处设定 *IR* 增长上限。根据典型曲线，*RC* 在 25℃时接近 4 000s，此时其 $IR = \frac{\tau}{C} = \frac{4\,000\mathrm{s}}{10\mathrm{nF}} = 400\mathrm{G\Omega}$，对于低于 10nF 以下的容值也不能期望有比这个更大的 *IR* 值了。从温度曲线可以看出 *IR*×*C* 是随温度升高而降低的，而 *C* 通常取上限值 10nF，由此可知 *IR* 是随温度升高而降低的。

2. II 类陶瓷绝缘介质的 *IR* 温度曲线

II 类陶瓷绝缘介质的 *IR* 从室温到+125℃下降为原来的 1/10（如图 6-23 中 X7R&X5R 的 *IR* 温度曲线所示）。

3. III 类陶瓷绝缘介质（Y5V）的 *IR* 温度曲线

III 类陶瓷绝缘介质的 *IR* 从室温到+125℃下降为原来的 1/10 左右（如图 6-24 Y5V 的 *IR* 温度曲线所示）。

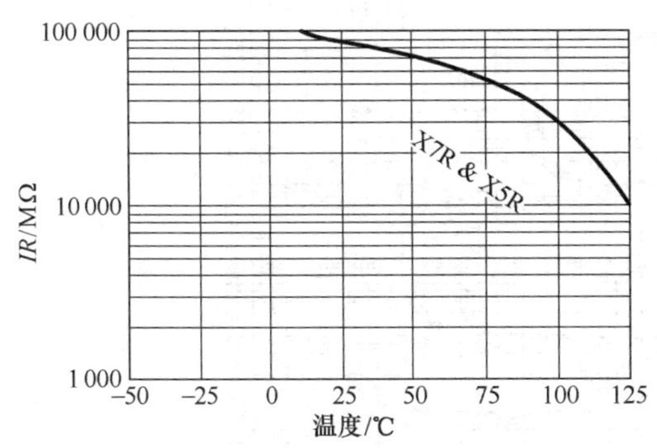

图 6-23　X7R&X5R 的 *IR* 温度曲线

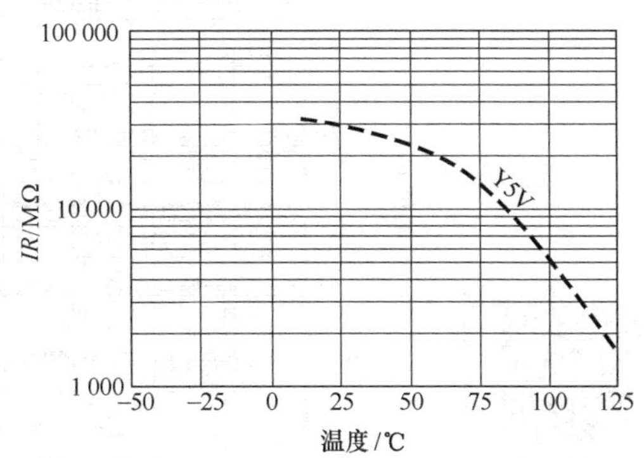

图 6-24　Y5V 的 *IR* 温度曲线

6.2 陶瓷绝缘介质的频率特性

MLCC 具有频率敏感性，此敏感性因极化机理的交变磁场引起，它导致介电常数的升高。外加场频率的增加使部分极化机制滞后于场的逆转，增加了损耗因数，降低了净极化。其结果是随着频率的增加，容值减小，损耗因数 *DF* 增大。下面我们用图表曲线来描述它们的频率特性。

6.2.1 容值和损耗因数的频率特性

关于 *CP* 和 *DF* 的频率特性，是指 MLCC 的容值和损耗因数随频率变化的特性。有些 MLCC 厂家在其官网提供了每个规格的 *CP* 和 *DF* 频率特性曲线和可供下载的相关数据。本书受制于 MLCC 规格太多，无法在这里一一列举，但是可以挑选有代表性的容值规格来对比分析，以便 MLCC 用户快速、粗略地了解相关特性，对于有详尽要求的客户也有指引作用，使其查询目的更清晰。挑选代表性规格基本遵循从最低容量到最高容量、采取十进制跨度、同容量挑选不同尺寸等规则。下面本书挑选了具有代表性的 MLCC 厂家的频率特性数据来对比分析，主要是两大内容：容值变化大小与频率的关系以及容值变化比例与频率的关系。前者因不同容值跨度太大而无法在同一个图表表达清楚，但是可以看出容值发生突变的频率点；后者以容值变化比例跟频率的关系来对比分析，对于容值大小跨度太大的规格来说，更为合理。

1. C0G（NP0）*CP* 和 *DF* 的频率特性

1）C0G（NP0）容值 *CP* 的频率特性

为了对比 C0G（NP0）同容值不同尺寸之间或者同电压不同容值之间的频率特性，我们选取额定电压均为 50V，容值分别为 1pF、10pF、100pF、1nF、10nF、100nF 这些代表性规格的频率特性曲线进行对比，图 6-25 所示为某知名厂家的容值频率曲线。

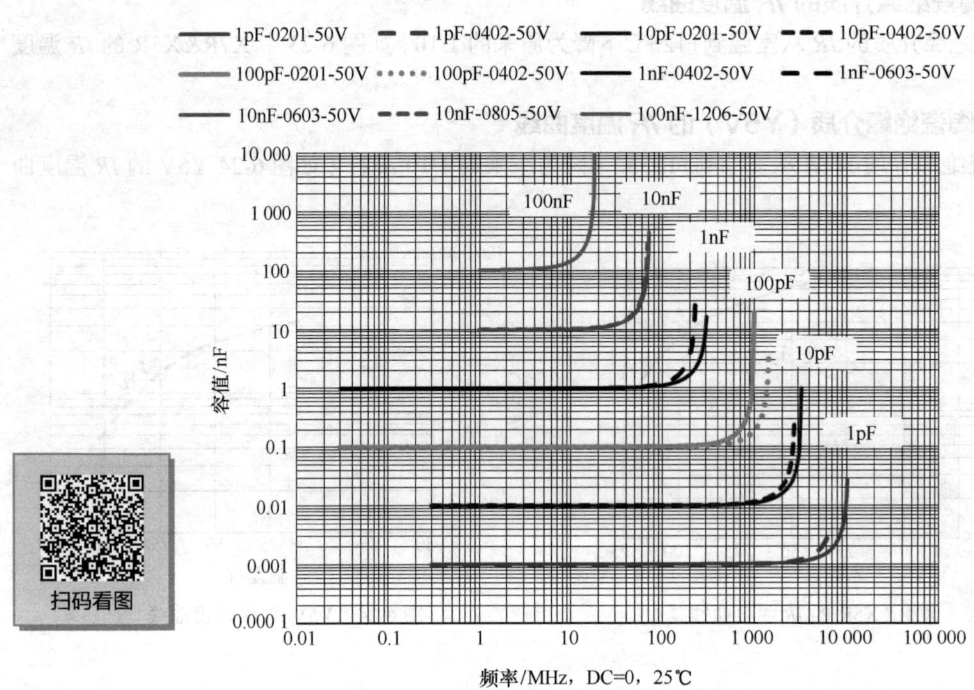

扫码看图

图 6-25　C0G 不同容值和不同尺寸的容值频率曲线

图 6-25 所示的容值频率特性曲线可以看出当频率上升到某个频率点时容值发生突变，几乎每个容值频率特性曲线都这样，参考图 6-26。

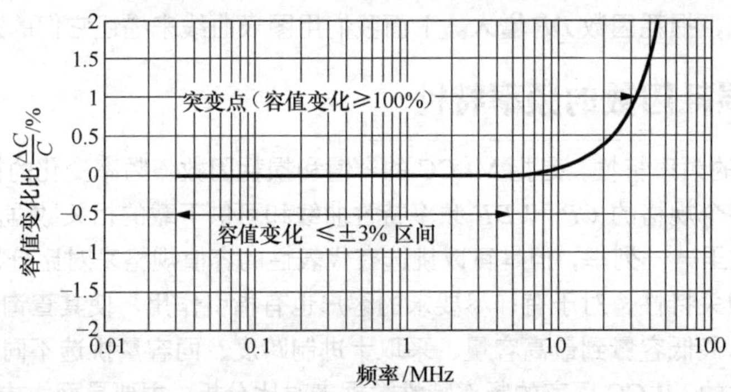

图 6-26　容值突变点局部放大图

从各个规格的容值频率曲线，我们可以看出两个明显的共同特征：一是都具有一个相对平稳的频率段，在此频率段，容值受频率影响较小，容值变化大约在 ±2%以内；二是都在某个频率点容值开始陡升。对于这两个特征，不仅不同容值规格之间各有差异，即使同容值规格不同品牌之间也存在差异。另外，同容值不同尺寸之间，在相对平稳频率段的曲线几乎重合，但是容值突变频率点有差异。一般情况下，尺寸较大的容值发生突变的频率点要低些，请参考图 6-27 中容值变化比频率曲线。容值变化比参照点：*CP*≤1nF 以 1MHz 处所测容值，*CP*＞1nF 以 1kHz 处所测容值。

从图 6-27 C0G（NP0）容值变化比频率曲线可以看出：在 100kHz～100MHz 频率范围内，10pF 以下规格的容值突变点还未到达，所以容值几乎不随频率变化，而大于 10pF 以上的规格，容值越大突变的频率点越低。

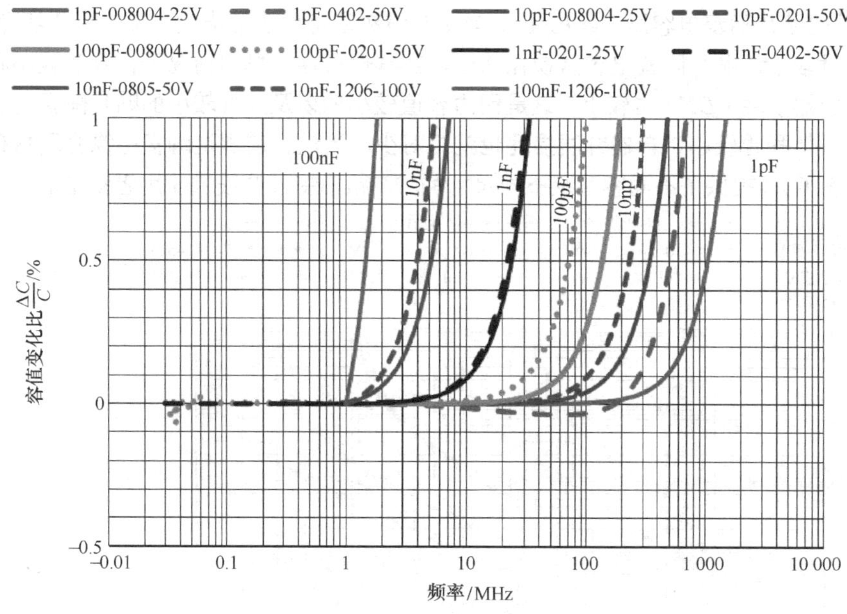

图 6-27　C0G 不同容值和不同尺寸的容值变化比频率曲线

对比各个 MLCC 厂家的容值频率曲线，我们发现同规格容值相对稳定频率段和容值突变的频率点各有差异，所以无法推导出一个精准的规律给用户参考，但是，如果 MLCC 用户有此需求，一家有技术实力的 MLCC 厂家应该能随时提供。下面我们随机挑选四家知名 MLCC 品牌的参考数据，见表 6-1，这里为了避免争议，厂家不列全称。

表 6-1　C0G 容值随频率变化参考数据

频率段 代表规格	容值相对平稳的频率范围（≤±2%）				容值突变的频率点（≥100%）			
	MA	TO	KT	TK	MA	KT	TO	TK
1pF	<950MHz	<900MHz	<1.4GHz	<650MHz	>5.5GHz	>5.3GHz	>4.8GHz	
10pF	<350MHz	<460MHz	<330MHz	<270MHz	>1.9GHz	>1.3GHz	>2.3GHz	>1.3GHz
100pF	<140MHz	<140MHz	<52MHz	<86MHz	>600MHz	>220MHz	>720MHz	>400MHz
1nF	<30MHz	<45MHz	<26MHz	<25MHz	>160MHz	>110MHz	>230MHz	>130MHz
10nF	<9.3MHz	<7.5MHz	<8.5MHz	<6.9MHz	>49MHz	>31MHz	>39MHz	>35MHz
100nF	<2.6MHz	<2.4MHz	<2.8MHz	<1.9MHz	>12MHz	>10MHz	>10MHz	>19MHz

2）C0G（NP0）*DF* 的频率特性

在第 2 章 2.11.3 节介绍过介质损耗因数（*DF*），它表示电容器中因内热损耗的能量在总能量中的占比，或损耗的能量与储存的能量之比。这里可以简单地理解为：在电容器充放电的过程中，计量电荷损失比例的量，所以是没有单位的，所以 *DF* 值是越小越好。假设充电 100C，放电只有 99C，那么 *DF* 值和 *Q* 值计算如下：

$$DF=\frac{100-99}{100}=1\% \qquad Q=\frac{1}{DF}=\frac{1}{0.01}=100$$

从图 6-28 所示 C0G 绝缘介质的 *DF* 值频率特性曲线可以看出：

1）同一容值规格 *DF* 值随频率的增大而增大，这就意味着频率越高损耗越大。

2）在频率相同时容量小的 *DF* 值较小，这意味着在其他条件一样的情况下容值低的比容值高的损耗小。

3）同容值不同尺寸的贴片陶瓷电容器（≥10pF），其 *DF* 值频率特性非常接近，只有细微差异，这个细微差异通常是尺寸较小的贴片陶瓷电容器损耗略小。在其他条件一样的情况下，容值较小和尺寸较小的贴片陶瓷电容器损耗（*DF*）也较小，这是因为容值较小的以及尺寸较小的贴片陶瓷电容器所利用的有效绝缘介质体积也较小，自然介质损耗也就相对少。当然，前提是陶瓷绝缘介质材料的稳定性是有保证的。图 6-28 提供了不同容值及不同尺寸的 *DF* 频率特性曲线供使用者参考。

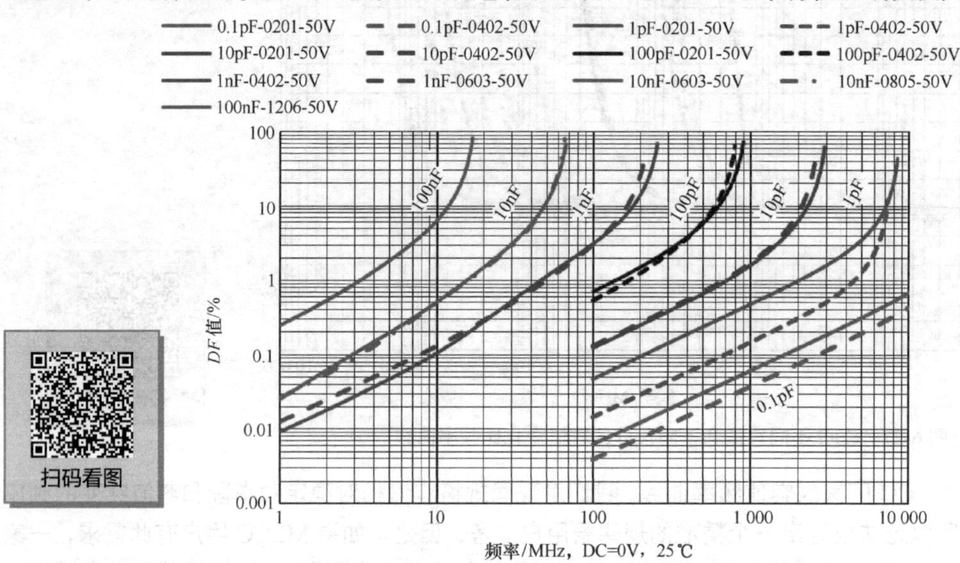

扫码看图

图 6-28　C0G 不同容值和不同尺寸的 *DF* 频率曲线

2. C0G（NP0）*Q* 值的频率特性

Q 值是 tanδ 的倒数，所以需要了解 *Q* 值时是可以参照图 6-28 的 tanδ（*DF*）值的频率曲线图。因为 *Q* 是 *DF* 值的倒数，所以 *Q* 值的频率特性跟 *DF* 是反过来的，在尺寸一样的情况下，容值小的 *Q* 值大，在容量一样的情况下，不同规格尺寸的 *Q* 值非常接近，但是有细微差异，通常尺寸小的 *Q* 值大一些。图 6-29 提供了不同容值以及不同尺寸的 *Q* 值频率曲线图给使用者参考，其规律性一目了然。

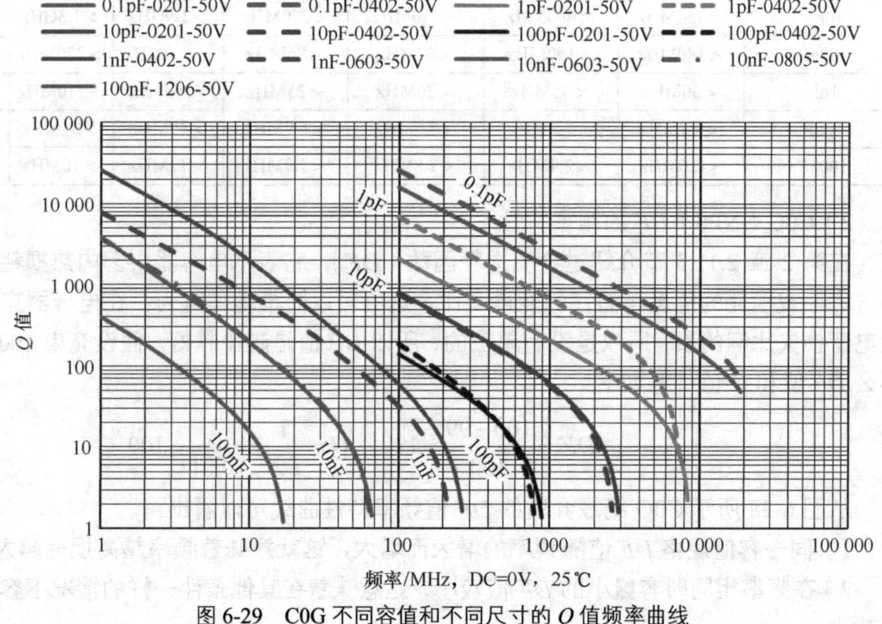

图 6-29　C0G 不同容值和不同尺寸的 *Q* 值频率曲线

3. C0H（NP0）*CP* 和 *Q* 的频率特性

C0H（NP0）*CP* 和 *Q* 的频率特性跟 C0G（NP0）很相似，一样存在容值突变的频率点，MLCC 厂家应该提供每个规格的 *CP* 和 *DF* 的频率特性曲线，以便用户查询。对于 MLCC 用户，对 *CP* 频率特性应该关注两个方面，一是容值相对稳定的频率区间，二是容值突变的频率点。这里挑选有代表性规格频率特性曲线，如图 6-30 所示的容值频率曲线和图 6-31 所示的容值变化比频率曲线。表 6-2 中为某厂家代表规格的容值随频率变化的参考数据。

1）C0H（NP0）容值的频率特性

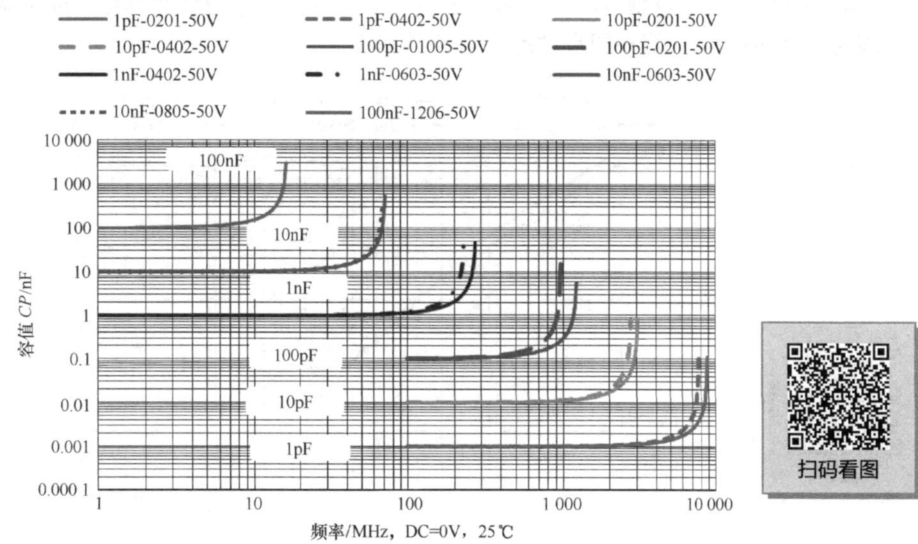

图 6-30　C0H（NP0）不同容值和不同尺寸的容值频率曲线

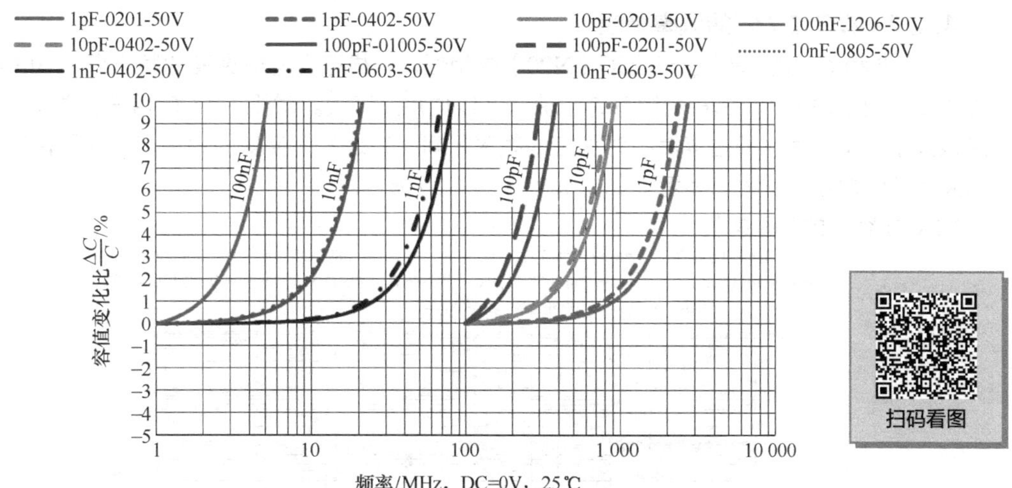

图 6-31　C0H（NP0）不同容值和不同尺寸的容值变化比频率曲线

表 6-2　C0H 容值随频率变化参考数据

容值	容值随频率变化相对稳定的区间（≤±2%）	容值陡变的频率点（≥100%）
1pF	1kHz～1GHz	5GHz
10pF	1kHz～350MHz	2GHz
100pF	100kHz～120MHz	600MHz

续表

容值	容值随频率变化相对稳定的区间（≤±2%）	容值陡变的频率点（≥100%）
1nF	100kHz～35MHz	160MHz
10nF	100kHz～10MHz	50MHz
100nF	1.2MHz～3.5MHz	10MHz

2）C0H（NP0）*Q* 值的频率特性

从图 6-32 C0H 的 *Q* 值频率曲线可以看出：同一容值的 *Q* 值随频率增大而降低，同一频率下容值大的 *Q* 值较小，同容值不同尺寸的 *Q* 值差异较小。

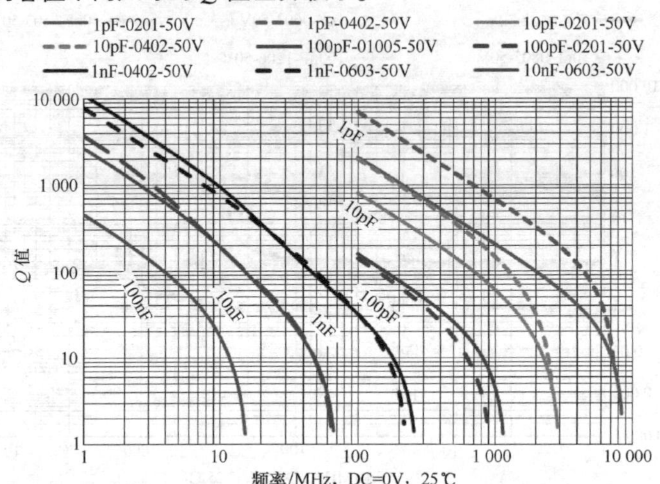

扫码看图

图 6-32　C0H 不同容值和不同尺寸的 *Q* 值频率曲线

4. U2J *CP*和 *DF*的频率特性

U2J *CP* 和 *Q* 的频率特性与 C0G（NP0）很相似，一样存在容值突变的频率点，MLCC 厂家应该提供每个规格的 *CP* 和 *DF* 的频率特性曲线，以便用户查询。对于 MLCC 用户，关于 *CP* 频率特性应该关注两个方面，一是容值相对稳定的频率区间，二是容值突变的频率点。这里挑选有代表性规格频率特性曲线，供大家参考，如图 6-33～图 6-35 所示。

1）U2J 容值的频率特性

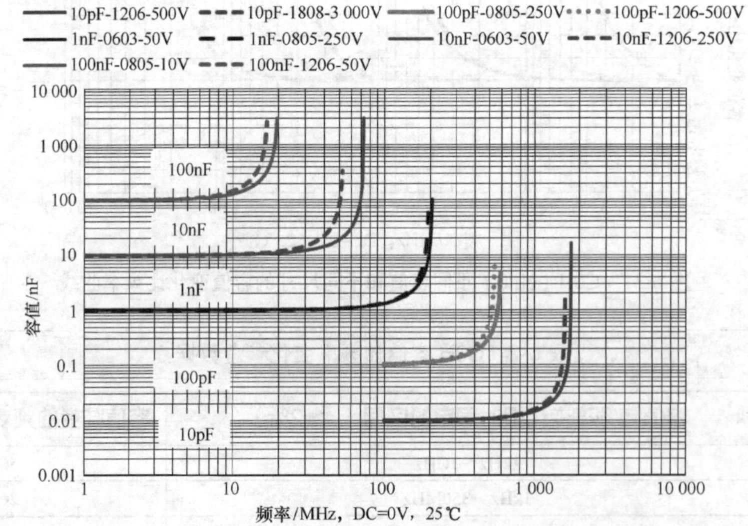

扫码看图

图 6-33　U2J 不同容值和不同尺寸的容值频率曲线

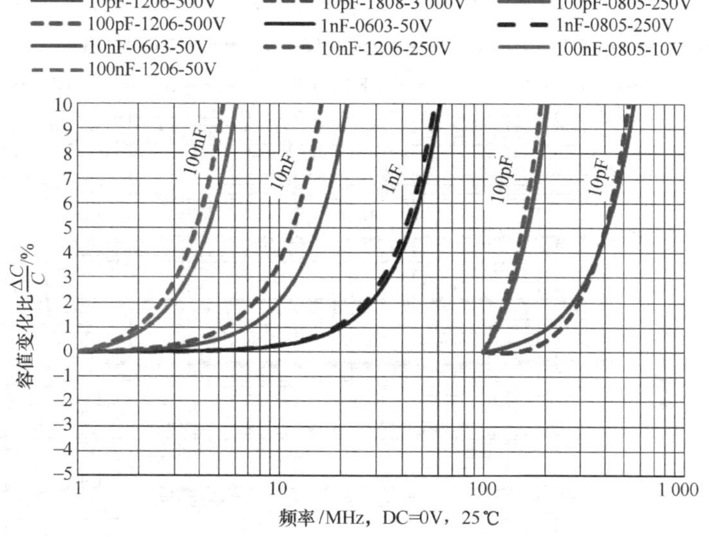

扫码看图

图 6-34　U2J 不同容值和不同尺寸的容值变化比频率曲线

2）U2J Q 值的频率特性

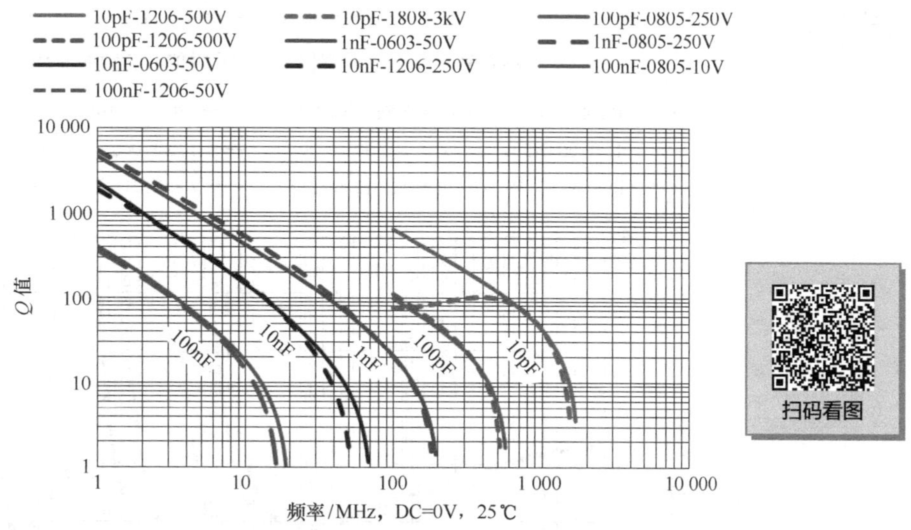

图 6-35　U2J 不同容值和不同尺寸的 Q 值频率曲线

5. X7R 的容值 *CP* 和损耗因数 *DF* 频率特性

1）X7R 的容值 *CP* 频率曲线

为了对比 X7R 同容值不同尺寸之间或者同电压不同容值之间的频率特性，我们选取额定电压均为 50V，容值分别为 100pF、1nF、10nF、100nF、1μF、10μF 这些代表性规格的频率特性曲线进行对比，图 6-36 是某知名厂家的容值频率曲线。

从各个规格的容值频率曲线，我们可以看出两个明显的共同特征：一是都具有一个相对平稳的频率段，在此频率段，容值受频率影响较小，容值变化大约在 ± 15%以内；二是都在某个频率点容值开始陡升。对于这两个特征，不仅不同容值规格之间各有差异，即使同容值规格不同品牌之间也存在差异。另外，同容值不同尺寸之间，在相对平稳频率的曲线几乎重合，但是容值突变频率点有差异。一般情况下，尺寸较大的容值发生突变的频率点要低些，请参考图 6-37 所示的容值变化比频率曲线。容值变化比参照点：$CP \leqslant 1$nF 时以 1MHz 处所测容值，$CP > 1$nF 时以 1kHz 处所测容值。

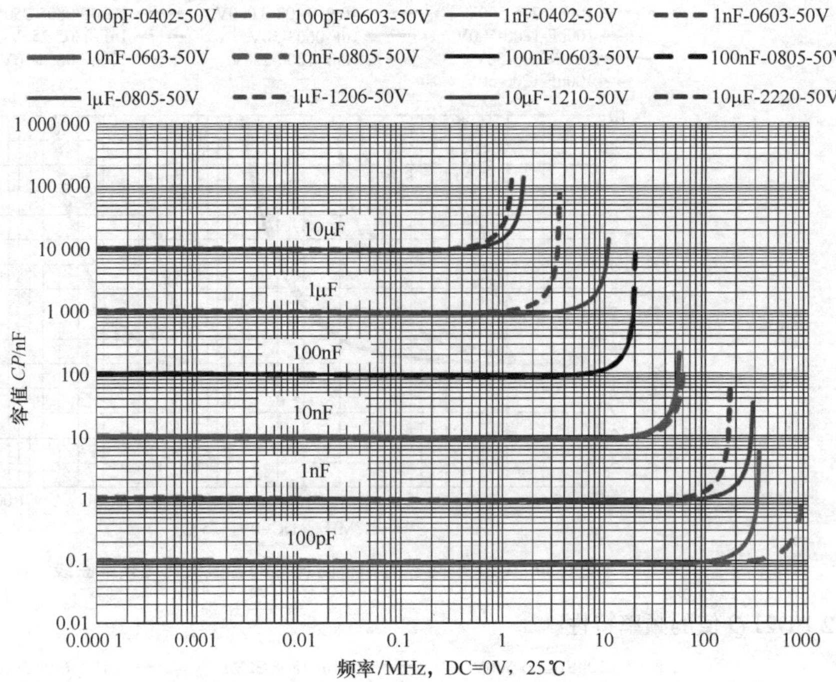

扫码看图

图 6-36　X7R 不同容值和不同尺寸的容值频率曲线

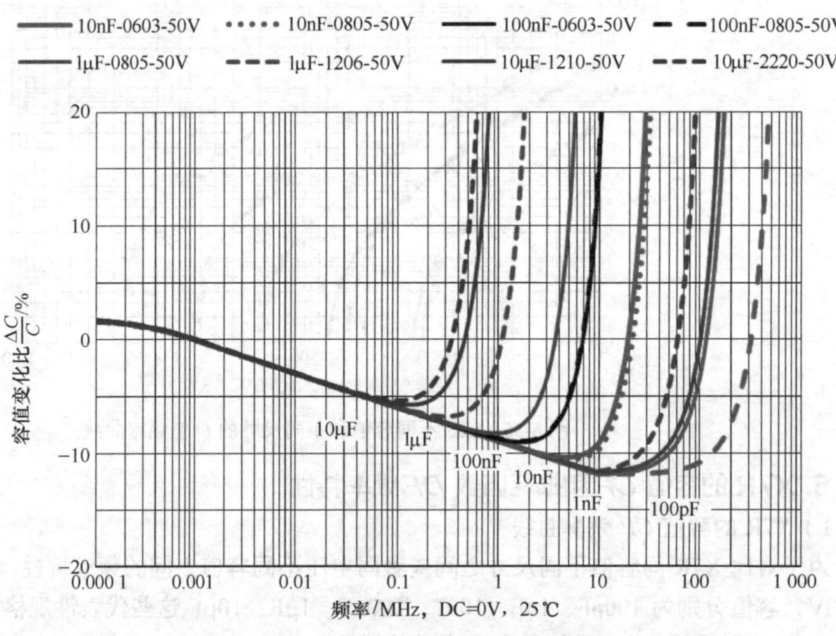

扫码看图

图 6-37　X7R 不同容值和不同尺寸的容值变化比频率曲线

对比各个 MLCC 厂家的容值频率曲线，我们发现同规格容值相对稳定频率段和容值突变的频率点各有差异，所以无法推导出一个精准的规律给用户参考，但是，如果 MLCC 用户有此需求，一家有技术实力的 MLCC 厂家应该能随时提供。表 6-3 是随机挑选的四家知名 MLCC 品牌的参考数据。这里为了避免争议，厂家不列全称。

表 6-3　X7R 容值随频率变化参考数据

频率段 代表规格	容值相对平稳的频率范围（≤±15%）				容值突变的频率点（≥100%）			
	MU	TA	KE	TD	MU	KE	TA	TD
100pF	≤540MHz	≤340MHz	≤160MHz	≤620MHz	800MHz	250MHz	670MHz	900MHz
1nF	≤130MHz	≤130MHz	≤85MHz	≤78MHz	210MHz	130MHz	220MHz	165MHz
10nF	≤30MHz	≤40MHz	≤27MHz	≤25MHz	53MHz	42MHz	65MHz	44MHz
100nF	≤8.6MHz	≤10MHz	≤9.6MHz	≤8.2MHz	15MHz	15MHz	14MHz	14.5MHz
1μF	≤2.1MHz	≤4MHz	≤1.5MHz	≤2.4MHz	3.8MHz	2MHz	6MHz	4.8MHz
10μF	≤620kHz	≤980kHz	≤550kHz	≤590kHz	1 200kHz	900kHz	1.5MHz	1 000kHz

对于不同品牌的 MLCC 厂家来说，容值频率特性曲线因制程控制能力不同、叠层设计不同或陶瓷配方添加剂的差异而有所不同，某些规格接近设计极限的更是如此。表 6-3 所列容值相对稳定的频率范围是当前各品牌通用规格，但实际上某些品牌或者某些特殊应用类型的容值频率特性表现得更优异。具体来说，在容值相对平稳的频率段，容值上下浮动更小，有厂家在 ± 10%以内，甚至有厂家在 ± 5%以内。另外，容值相对稳定的频率范围更宽，比如表 6-3 所列 100pF 容值相对稳定的频率范围，有厂家可以做到在 100Hz～620MHz 频率范围内容值是相对平稳的，而有些厂家可能在 100Hz～160MHz 范围内才是相对稳定的。电子产品设计者如果对此频率特性有要求的话，就需要关注上面所列这些特征。我们也可通过选择产品类型（比如高可靠性型）或者选择品牌达到这个目的。

2）X7R 的 *DF* 频率曲线

从图 6-38 所示 *DF* 值频率曲线可以看出 *DF* 值随频率的升高而增大，10nF 以下同容值不同尺寸的 *DF* 值频率特性曲线几乎重叠，但在 1kHz 以上频率容值大的变化较大。

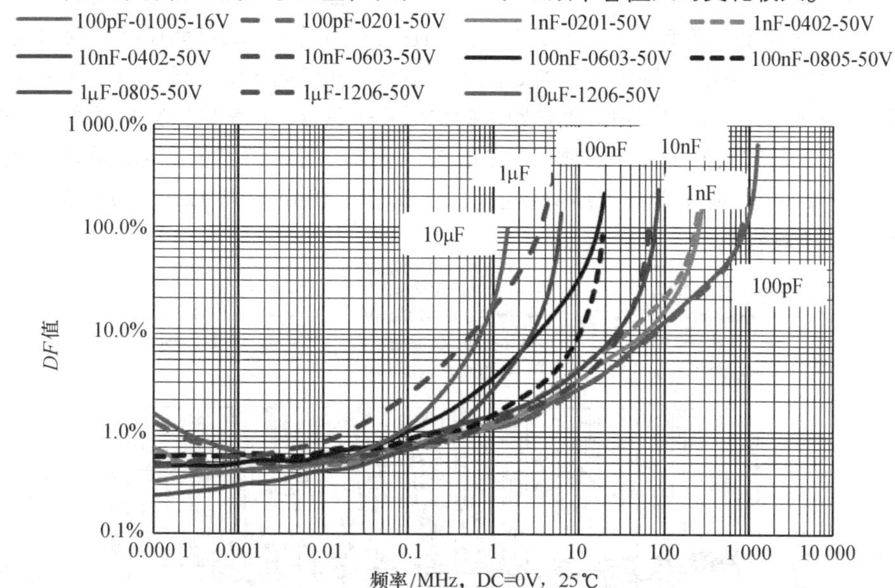

图 6-38　X7R 不同容值和不同尺寸的 *DF* 频率曲线

6. X5R 的容值和损耗因数 *DF* 频率特性

1）X5R 的容值频率曲线

为了对比 X5R 不同容值之间的频率特性，我们选取容值分别为 100pF、1nF、10nF、100nF、1μF、10μF、100μF 这些代表性规格的频率特性曲线进行对比，并且同容值选择不同尺寸，因为 X5R 通常是低压，所以这里忽略不同电压之间的差异。图 6-39 是某知名厂家的容值频率曲线。

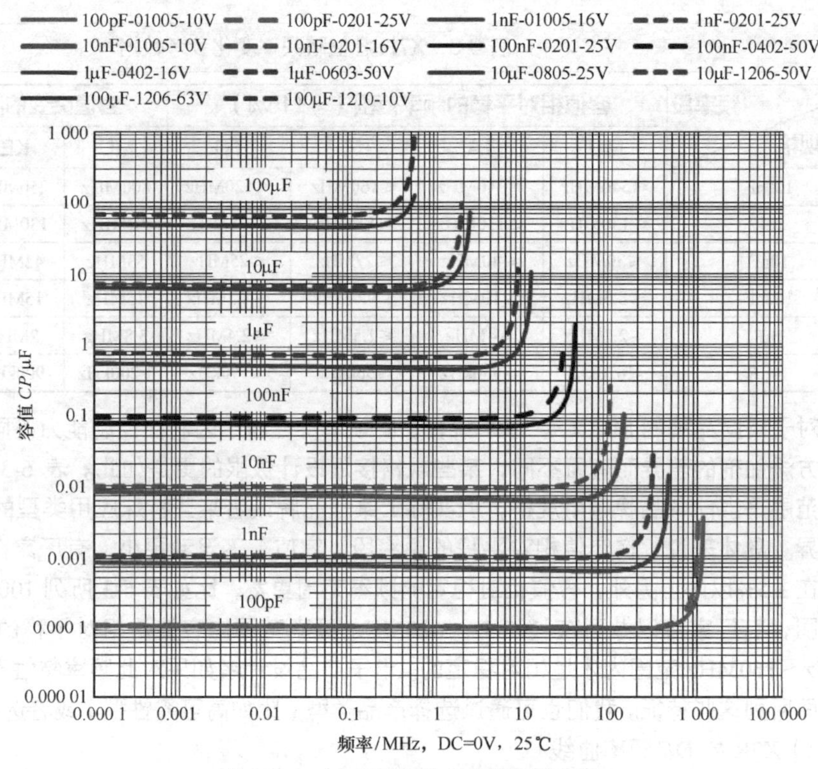

图 6-39　X5R 不同容值的容值频率曲线

从各个规格的容值频率曲线，我们可以看出两个明显的共同特征：一是都具有一个相对平稳的频率段，在此频率段，容值受频率影响较小，容值变化大约在±15%以内；二是都在某个频率点容值开始陡升。对于这两个特征，不仅不同容值规格之间各有差异，即使同容值规格不同品牌之间也存在差异。另外，同容值不同尺寸之间，相对平稳频率的曲线几乎重合，但是容值突变频率点有差异。一般情况下，尺寸较大的容值发生突变的频率点要低些，请参考图 6-40 容值变化比频率曲线。容值变化比参照点：$CP \leqslant 1\text{nF}$ 时以 1MHz 处所测容值，$1\text{nF} < CP \leqslant 10\mu\text{F}$ 时以 1kHz 处所测容值，$CP > 10\mu\text{F}$ 时以 120Hz 处所测容值。

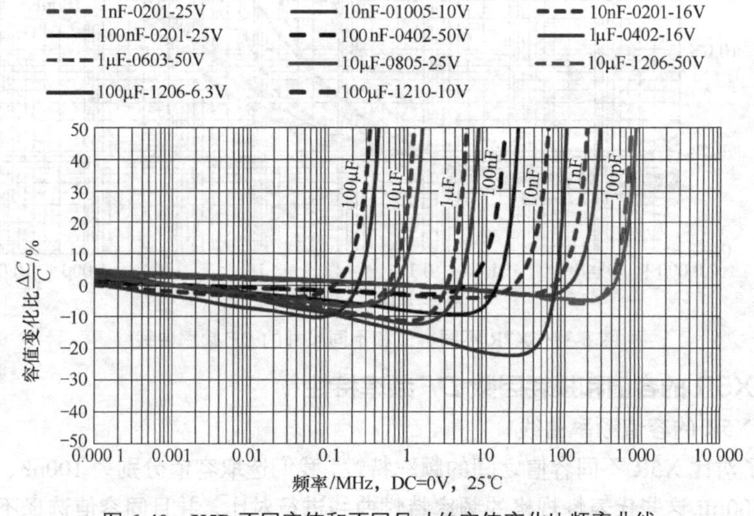

图 6-40　X5R 不同容值和不同尺寸的容值变化比频率曲线

对比各个 MLCC 厂家的容值频率曲线，我们发现同规格容值相对稳定频率段和容值突变的频率点各有差异，所以无法推导出一个精准的规律给用户参考，但是，如果 MLCC 用户有此需求，一家有技术实力的 MLCC 厂家应该能随时提供。下面我们随机挑选三家知名 MLCC 品牌的参考数据，见表 6-4，为了避免争议，厂家不列全称。

表 6-4　X5R 容值随频率变化参考数据

代表规格 \ 频率段	容值相对平稳的频率范围（≤±15%）			容值突变的频率点（≥100%）		
	MA	TO	TK	MA	TO	TK
100pF	≤540MHz	≤340MHz	≤620MHz	800MHz	670MHz	900MHz
1nF	≤130MHz	≤130MHz	≤78MHz	220MHz	230MHz	165MHz
10nF	≤40MHz	≤37MHz	≤30MHz	72MHz	58MHz	55MHz
100nF	≤12MHz	≤13MHz	≤10MHz	21MHz	20MHz	18MHz
1μF	≤4.4MHz	≤4.6MHz	≤2.4MHz	6.5MHz	6.6MHz	4.0MHz
10μF	≤890kHz	≤1.2MHz	≤580kHz	1400kHz	1.7MHz	1000kHz
100μF	≤230kHz	≤300kHz	≤230kHz	400kHz	450kHz	400kHz

从表 6-4 可以看出：三个厂家的容值相对稳定的频率段和容值突变频率点存在较大差异，但是，把同一厂家的 X5R 与 X7R 进行对比发现：同容值规格非常近似。

2）X5R 的 *DF* 频率曲线

从图 6-41 所示曲线可以看出：X5R 的 *DF* 值随频率的增大而增大，且同频率下容值大的变化较大。

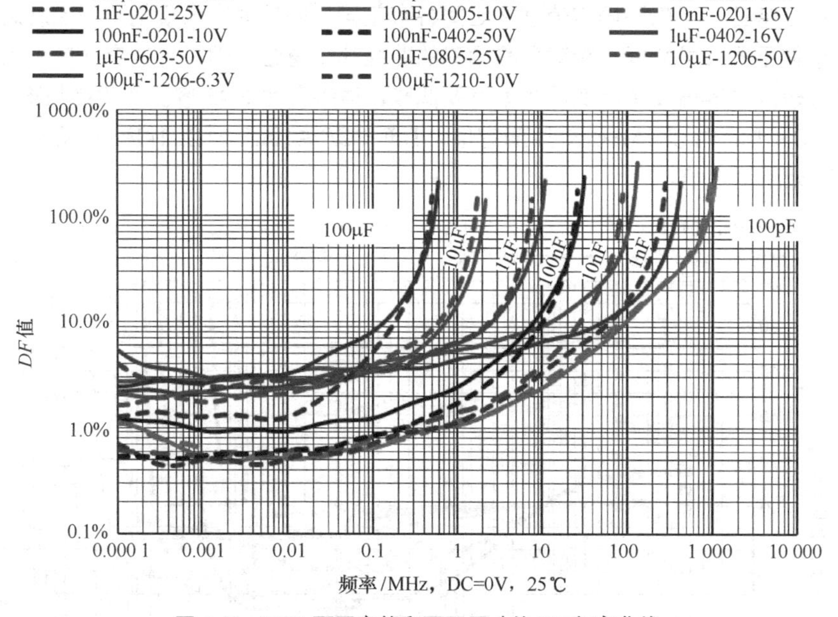

图 6-41　X5R 不同容值和不同尺寸的 *DF* 频率曲线

7. Y5V 的容值 *CP* 和损耗因数 *DF* 频率特性

1）Y5V 的容值 *CP* 频率曲线

为了对比 Y5V 不同容值之间的频率特性，我们选取容值分别为 10nF、100nF、1μF、10μF、47μF 这些代表性规格的频率特性曲线进行对比，并且同容值选择不同尺寸，因为 Y5V 通常是低压，所以这里忽略不同电压之间差异。图 6-42 中是某知名厂家的容值频率曲线。

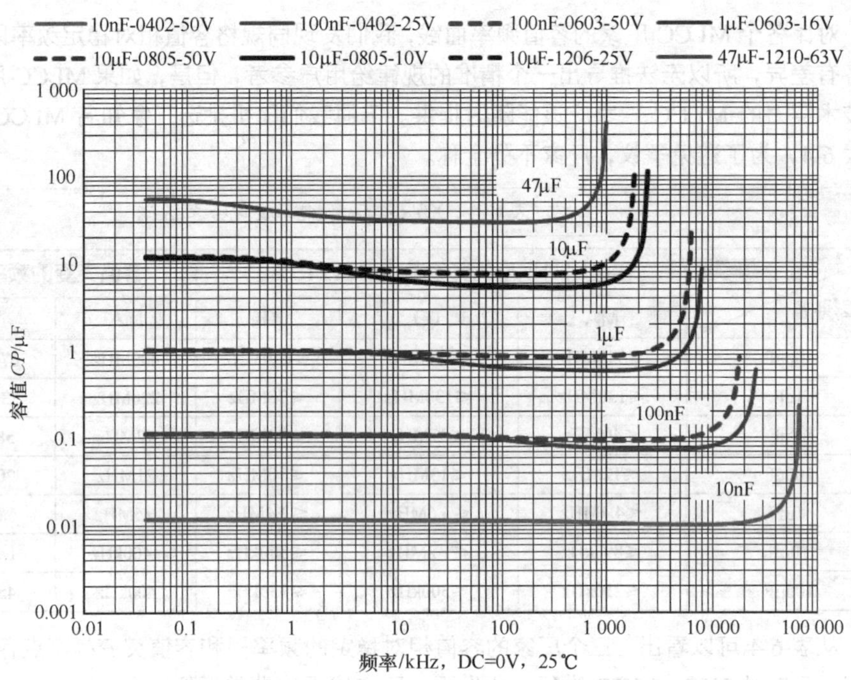

图 6-42　Y5V 不同容值和不同尺寸的容值频率曲线

从各个规格的容值频率曲线，我们可以看出两个明显的共同特征：一是都具有一个相对平稳的频率段，在此频率段，容值受频率影响较小，容值变化大约在 ± 50%以内；二是都在某个频率点容值开始陡升。对于这两个特征，不仅不同容值规格之间各有差异，即使同容值规格不同品牌之间也存在差异。另外，同容值不同尺寸之间，相对平稳频率的曲线几乎重合，但是容值突变频率点有差异。一般情况下，尺寸较大的容值发生突变的频率点要低些，请参考图 6-43 容值变化比频率曲线。容值变化比参照点：$CP \leqslant 1\text{nF}$ 时以 1MHz 处所测容值，$1\text{nF} < CP \leqslant 10\mu\text{F}$ 时以 1kHz 处所测容值，$CP > 10\mu\text{F}$ 时以 120Hz 处所测容值。

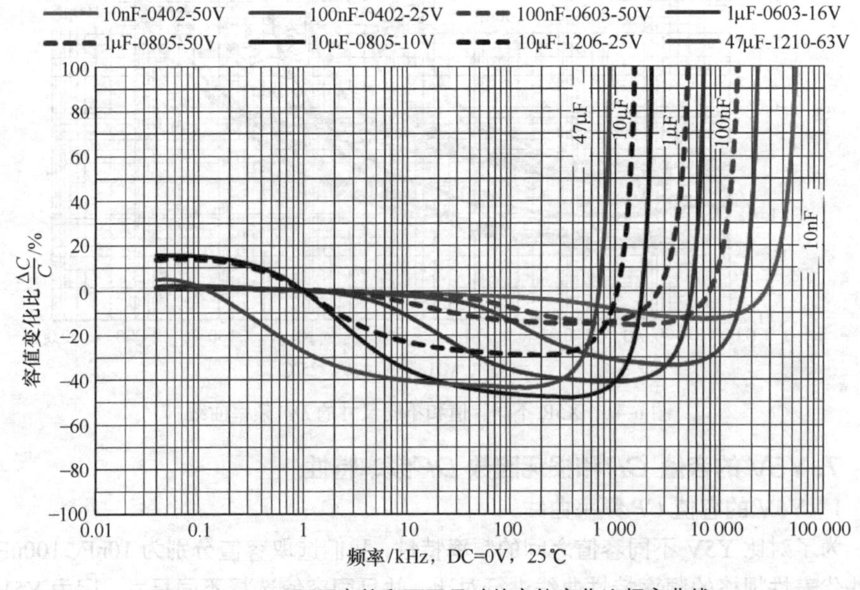

图 6-43　Y5V 不同容值和不同尺寸的容值变化比频率曲线

如果把图 6-43 曲线局部放大，条件为：Y5V 容值区间 10nF～10μF，频率范围 40Hz～1MHz，则得到的局部容值频率曲线，如图 6-44 所示，可以看出容值随频率增大而降低，并且容值较大的比容值较小的降低幅度大。

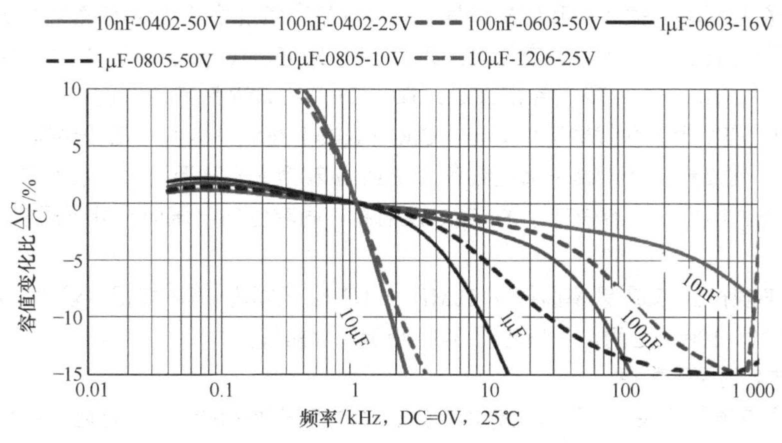

图 6-44 Y5V 不同容值和不同尺寸的容值变化比频率曲线局部放大

2）Y5V 的 *DF* 频率曲线

从图 6-45 曲线可以看出 Y5V 的 *DF* 随频率的增大而增大，容值相同而尺寸不同的曲线几乎重叠，说明尺寸大小对频率影响较小。

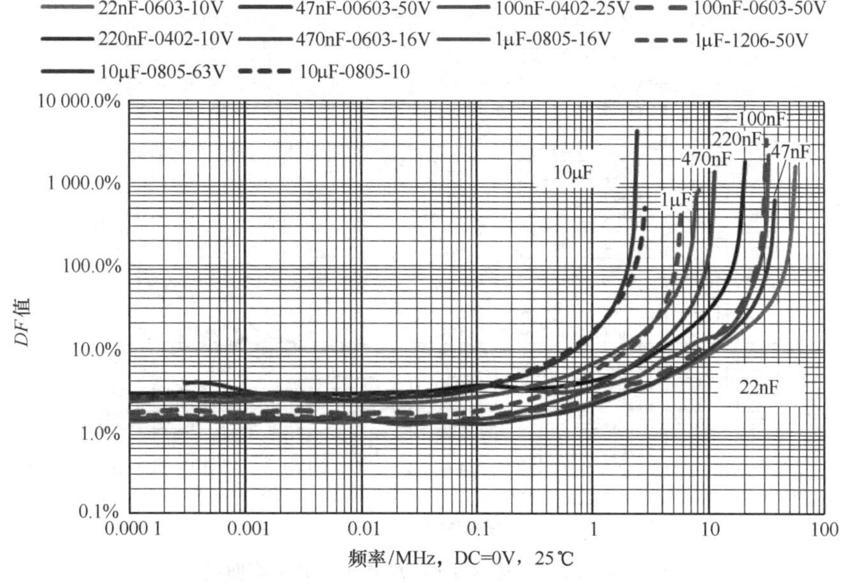

图 6-45 Y5V 不同容值和不同尺寸的 *DF* 频率曲线

6.2.2 陶瓷绝缘介质和阻抗的频率特性

由于贴片陶瓷电容器的设计结构，电容器结构的寄生电感很小，所以这些陶瓷电容器表现出很高的自谐振频率（self-resonant frequency），加之它固有的 *ESR* 比较低，这就使它非常适合用于高频去耦。在谐振频率以上电容器的电抗呈感性，但是因为阻抗大小维持很低，所以仍然适合旁路应用。贴片结构具有较高的自谐振频率。另外请注意，特殊结构可用于进一步优化贴装陶瓷电容器的高频性能。最常见的方法是将贴片的长边作为焊接的端电极（正常情况下是以贴片的宽边作为焊接端电极）。这样可以尽可能地缩短电流路径，降低等效串联电感（*ESL*），同时提高谐振频率。

1. C0G（NP0）*ESR*和阻抗 *Z*的频率特性

1）C0G（NP0）*ESR* 频率特性

为了描述 C0G 的 *ESR* 与频率的关系，我们挑选具有代表性的容值规格的 *ESR* 频率曲线进行对比。这些代表性的容值规格电压选低压 50V，容值分别为：1pF、10pF、100pF、1nF、10nF、100nF，每个容值规格挑选不同尺寸。图 6-46 为某知名 MLCC 厂家（KT）的 *ESR* 频率曲线图。

从图 6-46 C0G（NP0）*ESR* 频率曲线图可以看出：C0G（NP0）在低频区间（低于谐振频率），*ESR* 随着频率升高而降低；在高频区间（高于谐振频率），*ESR* 随着频率升高而增大，且不同容值规格的 ESR 逐渐趋近。另外，同频率下容值较小的 *ESR* 反而高，同容值同电压而尺寸不同的，*ESR* 曲线比较接近。

此外，C0G（NP0）各规格的 *ESR* 频率曲线在 10MHz～1GHz 区间内 *ESR* 均相对较小，1pF～100nF 各规格 *ESR* 值在 0.01～100Ω 之间，可参考图 6-47 所示局部曲线。

2）C0G（NP0）阻抗 *Z* 的频率特性

为了描述 C0G 的阻抗与频率的关系，我们挑选具有代表性的容值规格的频率特性阻抗曲线进行对比。这些代表性的容值规格电压选低压 50V，容值分别为：1pF、10pF、100pF、1nF、10nF、100nF，每个容值规格挑选不同尺寸。图 6-48 为某知名 MLCC 厂家（KT）的阻抗频率曲线图。

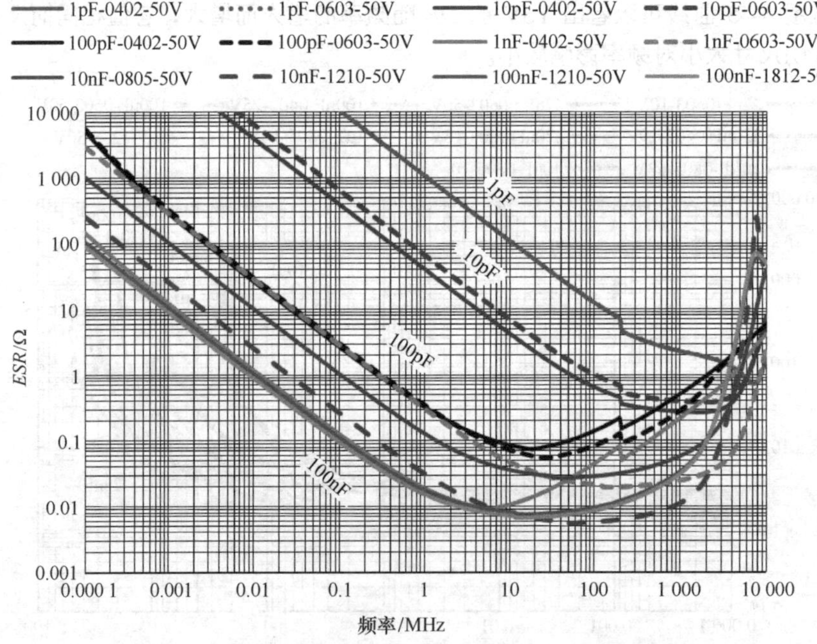

图 6-46　C0G 不同容值不同尺寸的 *ESR* 频率曲线

从 C0G（NP0）阻抗频率曲线图可以看出：不同规格的阻抗频率曲线均呈“V”字形，在 V 字形底部尖端处的频率就是谐振频率 f_0，在谐振频率 f_0 以前阻抗偏容性，在谐振频率 f_0 以后阻抗偏感性，在谐振频率 f_0 处，容抗和感抗相互抵消，阻抗呈现纯电阻性，所以谐振频率处的阻抗等于 *ESR*。在谐振频率以下，阻抗随频率增大而降低；在谐振频率以上，阻抗随频率增大而增大。另外，容值较大的谐振频率以及此处 *ESR* 反而均较低，如图 6-48 所示的阻抗频率曲线，1pF 的谐振频率约为 7.24GHz（*ESR*≈0.728Ω），100nF 的谐振频率约为 15MHz（*ESR*≈0.000 7Ω）。对于同容值同电压但尺寸不同的规格，谐振频率和谐振频率处的 *ESR* 也略有差异。

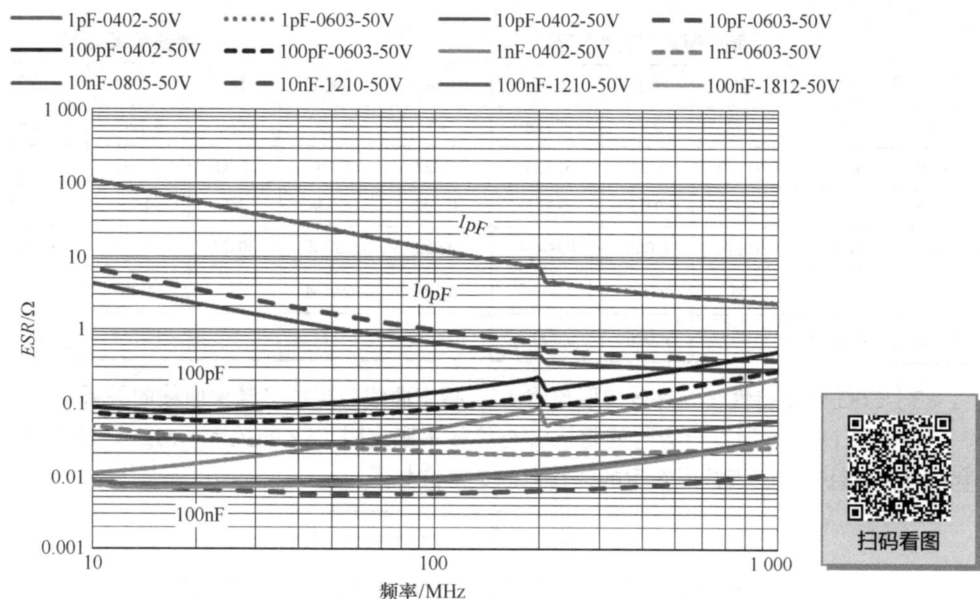

图 6-47　C0G 不同容值不同尺寸的 *ESR* 频率曲线（10MHz～1GHz）

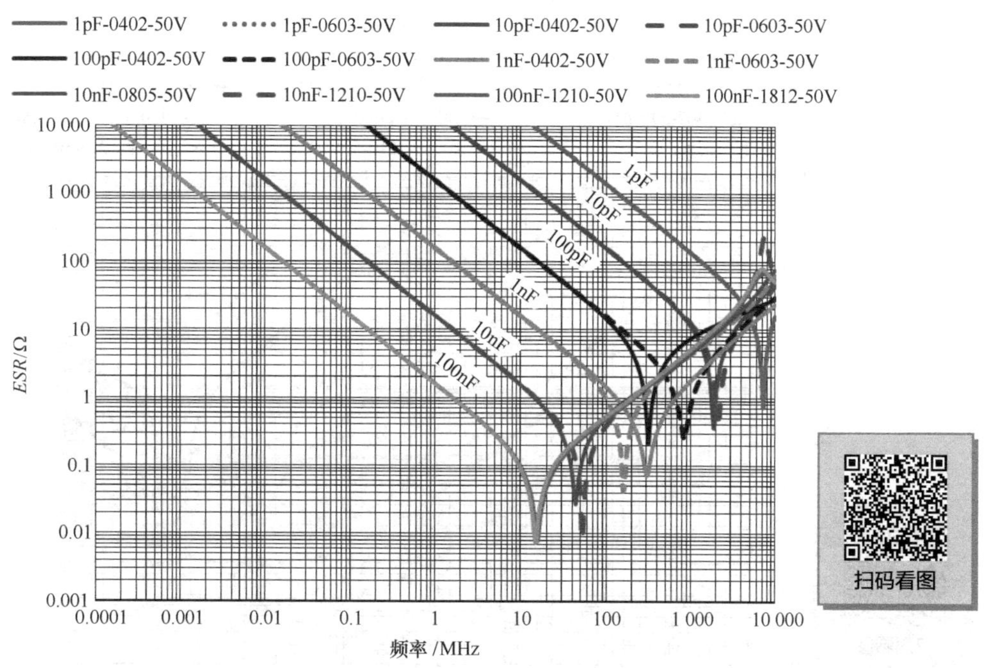

图 6-48　C0G 不同容值不同尺寸的阻抗 *Z* 频率曲线

对比几家知名 MLCC 厂家的阻抗频率曲线发现：即使相同规格，谐振频率和谐振频率处的 *ESR* 各有差异，这些差异与介电材料配方的差异性有关，这里无法归纳出规律，提供几家知名 MLCC 厂家的阻抗频率特性数据仅供参考（如表 6-5 所示），同样为避免争议，厂家名称不列全称。

表 6-5 不同容值规格的谐振频率参考值

容值	谐振频率点的阻抗值/Ω					谐振频率 f_0/Hz				
	MA	TO	AX	KT	TK	MA	TO	AX	KT	TK
1pF	0.283	0.436	0.94	0.728	43	7.71G	6.7G	7.72G	7.24G	3G
10pF	0.407	0.342	0.21	0.364	0.333	2.75G	2.8G	2.76G	1.91G	1.89G
100pF	0.17	0.256	0.07	0.212	0.204	835M	1G	916M	316.3M	572M
1nF	0.065	0.174	0.064	0.004 4	0.055	230M	304M	212M	158.5M	186M
10nF	0.025	※	0.054	0.002 7	0.029	69.5M	※	65.2M	43.7M	50.9M
100nF	0.0 104	※	0.026	0.000 7	0.006 2	18M	※	15.6M	15M	13M

3）C0G 频率特性——等效串联电阻 *ESR* 频率曲线与阻抗 *Z* 频率曲线的关系

在第 2.11 节介绍过电容器的阻抗 *Z* 与等效串联电阻 *ESR* 的关系，MLCC 的阻抗 *Z* 是由 *ESR*、容抗 X_C、感抗 X_L 三者共同决定的，它们的关系式如下：

$$Z=\sqrt{(ESR)^2+\left(X_C-X_L\right)^2}$$

我们这里试着用曲线描述它们之间的关系。我们发现同一规格 MLCC 的 *ESR* 频率曲线和频率特性阻抗曲线均在谐振频率处相交。图 6-49 为某厂家（TO）的频率特性阻抗曲线和 *ESR* 曲线，分别挑选 1pF、10pF、100pF、1nF、10nF、100nF 容值规格。

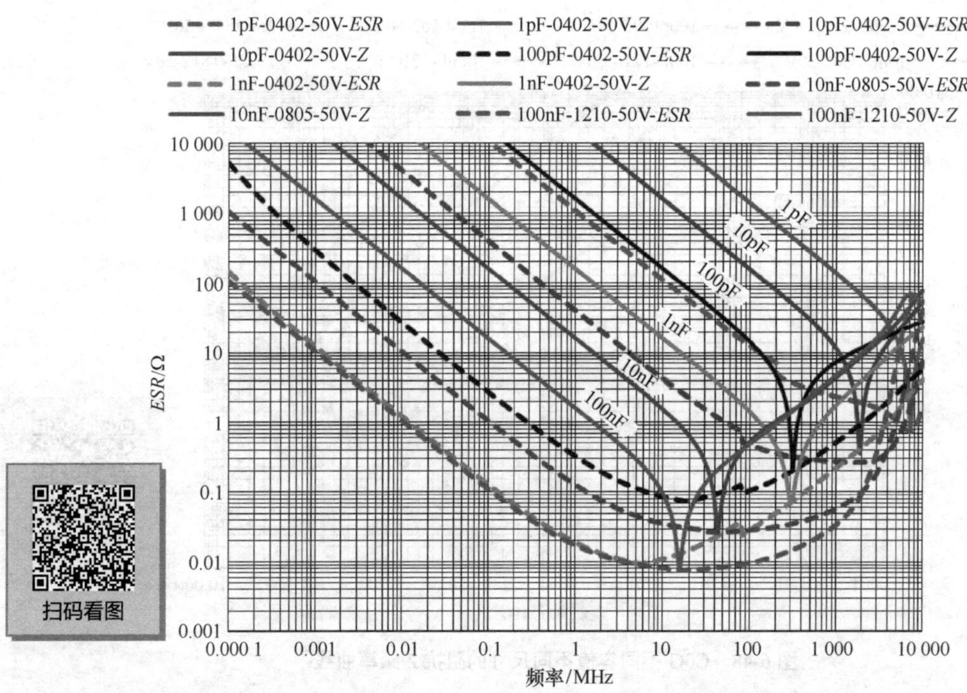

图 6-49 C0G 的 *ESR* 频率曲线与阻抗 *Z* 频率曲线的关系

从 C0G *ESR* 频率曲线和 *Z* 曲线的比较可以看出：同规格的 *ESR* 曲线和 *Z* 曲线在谐振频率处（V 型阻抗曲线顶端尖锐处）相交，图 6-50 为局部放大图。

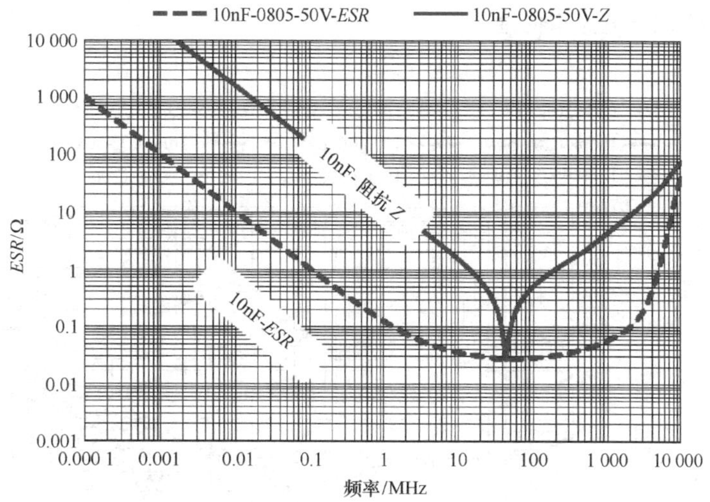

图 6-50　C0G 的 *ESR* 频率曲线与阻抗 *Z* 频率曲线

从 C0G *ESR* 频率曲线和 *Z* 频率曲线的比较可以看出：小于谐振频率，容值大小对 *ESR* 和 *Z* 影响明显；大于谐振频率，容值大小对 *ESR* 和 *Z* 影响减弱，所以不同容值的阻抗曲线在谐振频率之上看起来几乎重叠了。此现象再次验证贴片陶瓷电容器在谐振频率以下偏“容性”，在谐振频率以上偏“感性”。在“容性”频率段，阻抗跟频率成反比；在“感性”频率段，阻抗跟频率成正比，此点与第 2.11 节所提及到容抗和感抗公式（2-20）和公式（2-23）相一致。

$$X_{\mathrm{C}}=\frac{1}{\omega C}=\frac{1}{2\pi fC}\qquad X_{\mathrm{L}}=\omega L=2\pi fL$$

2. C0H（NP0）*ESR* 和阻抗 *Z* 的频率特性

C0H（NP0）*ESR* 和阻抗的频率特性跟 C0G（NP0）相似，*ESR* 与阻抗之间的关系也相似，所以这里只提供代表厂家（MA）代表性规格的频率曲线（见图 6-51 和图 6-52），但是不详细说明。不过有一点需要说明的是，对于 *ESR* 频率曲线，大多数厂家呈“勺”形圆滑弧线，少数厂家呈 “波浪”形曲线，C0H（NP0）*ESR* 频率曲线属于后者。

1）C0H（NP0）*ESR* 的频率特性

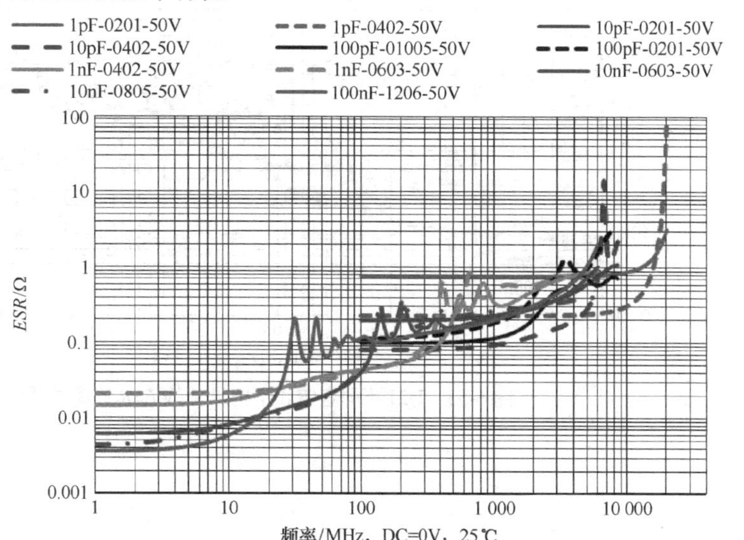

扫码看图

图 6-51　C0H 不同容值不同尺寸的 *ESR* 频率曲线

2）C0H（NP0）阻抗的频率特性

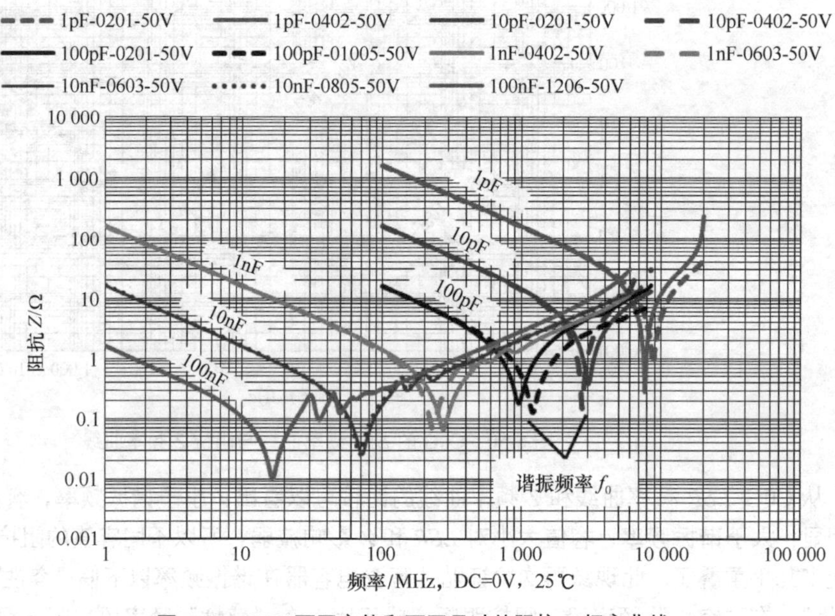

图 6-52　C0H 不同容值和不同尺寸的阻抗 Z 频率曲线

3. U2J *ESR* 和阻抗 *Z* 的频率特性

1）U2J *ESR* 频率特性

U2J 的 *ESR* 和阻抗的频率特性跟 C0G（NP0）相似，所以这里只提供代表厂家（MA）代表性规格的频率曲线（见图 6-53 和图 6-54），但是不再详细说明。

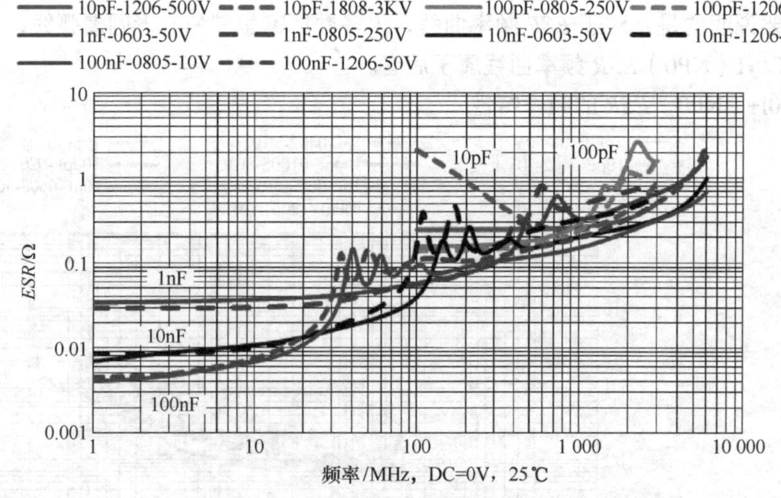

图 6-53　U2J 不同容值和不同尺寸的 *ESR* 频率曲线

2）U2J 阻抗 *Z* 的频率特性

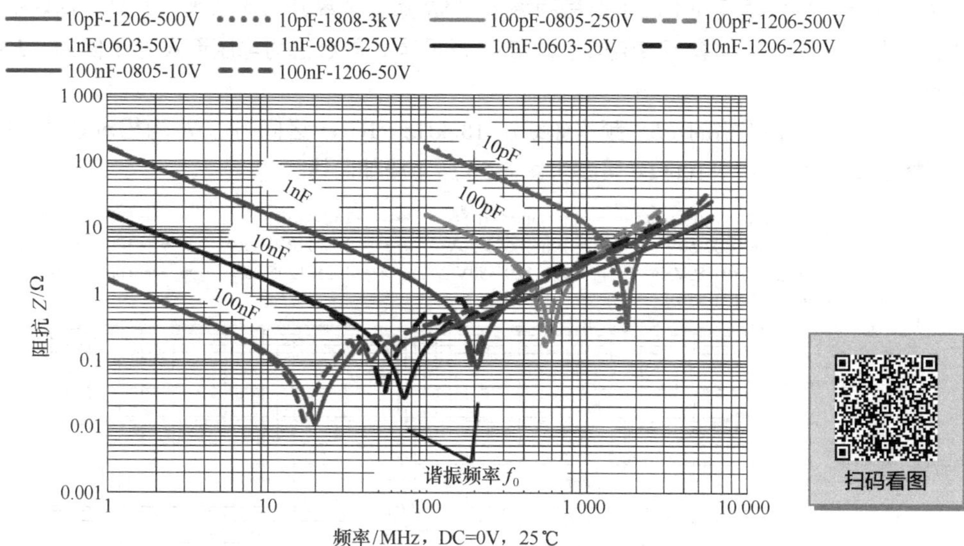

图 6-54　U2J 不同容值和不同尺寸的阻抗 *Z* 频率曲线

4. X7R 的 *ESR* 和阻抗 *Z* 频率特性

1）X7R 的 *ESR* 频率曲线

为了描述 X7R 的 *ESR* 与频率的关系，我们挑选具有代表性的容值规格的 *ESR* 频率曲线进行对比，因为 X7R 通常不用于 50V 以下电压，所以这些代表性的容值规格电压尽可能地选低压 50V，容值分别为：100pF、1nF、10nF、100nF、1μF、10μF、47μF，每个容值规格挑选不同尺寸。图 6-55 为某知名 MLCC 厂家（MA）的 *ESR* 频率曲线图。

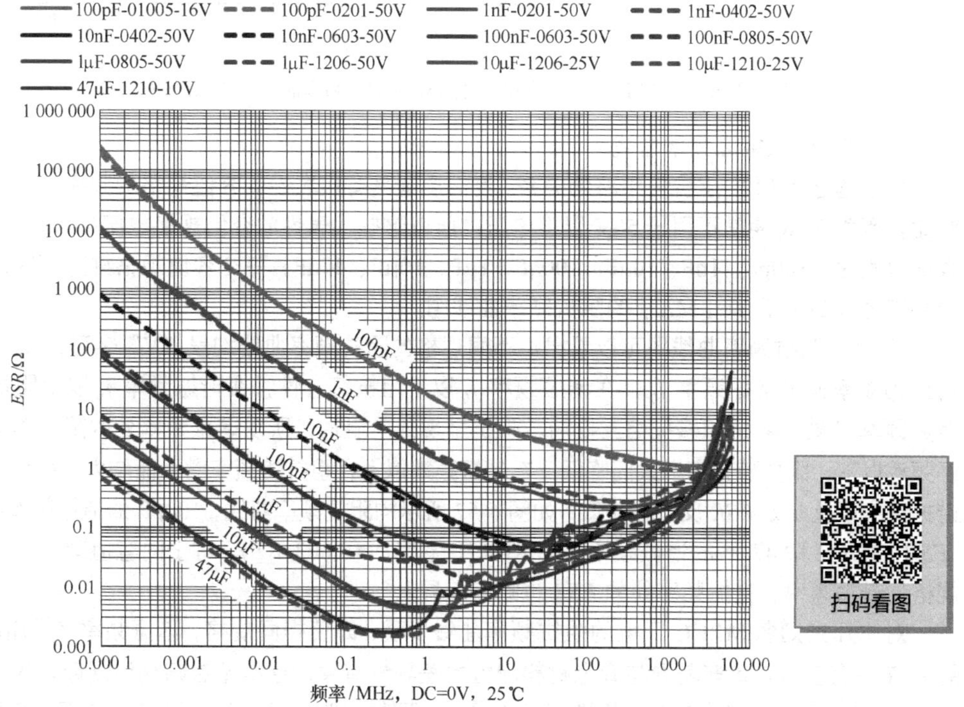

图 6-55　X7R 不同容值和不同尺寸的 *ESR* 频率曲线

从图 6-55 X7R *ESR* 频率曲线图可以看出：X7R 在低频区间（低于谐振频率），*ESR* 随着频率升高而降低；在高频区间（高于谐振频率），*ESR* 随着频率升高而增大，并且不同容值规格的 *ESR* 逐渐趋近。另外，同频率下容值较小的 *ESR* 反而高，同容值同电压而尺寸不同的，*ESR* 曲线比较接近。

此外，X7R 各规格的 *ESR* 频率曲线在 100kHz～1GHz 区间内 *ESR* 均相对较小，100pF～47μF 各规格 *ESR* 值 0.000 1～100Ω。可参考图 6-56 所示局部曲线。

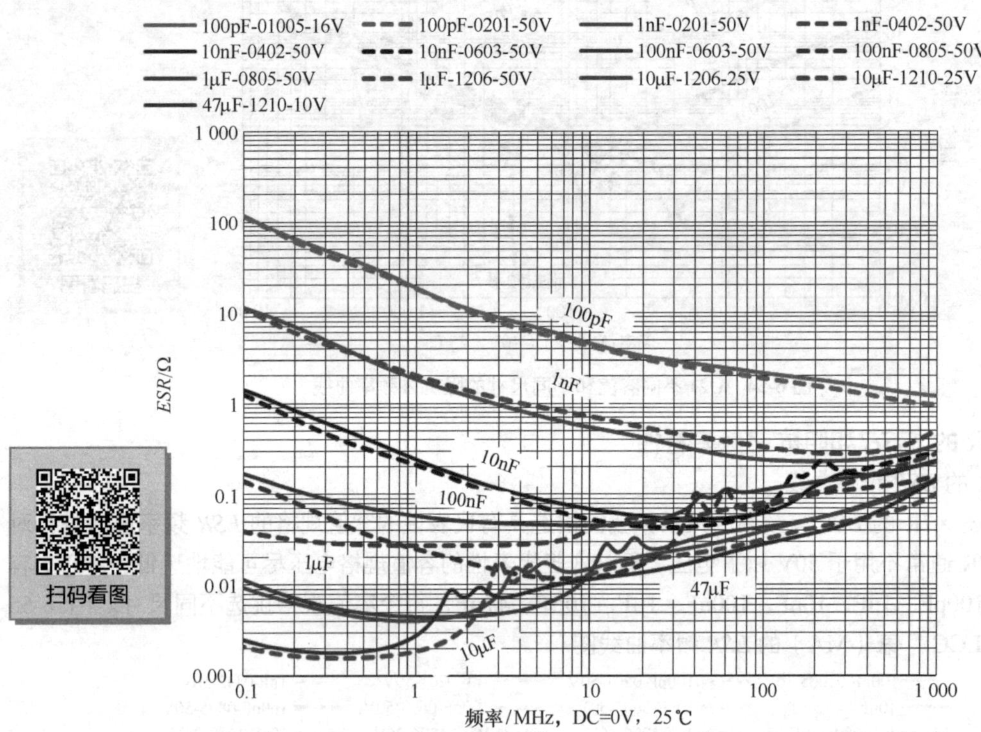

图 6-56　X7R 不同容值和不同尺寸的 *ESR* 频率曲线（100kHz～1GHz）

2）X7R 的阻抗 *Z* 频率曲线

为了描述 X7R 的阻抗与频率的关系，我们挑选具有代表性的容值规格的频率特性阻抗曲线进行对比，因为 X7R 通常不用于 50V 以下电压，所以这些代表性的容值规格电压尽可能地选低压 50V，容值分别为：100pF、1nF、10nF、100nF、1μF、10μF、47μF，每个容值规格挑选不同尺寸。图 6-57 为某知名 MLCC 厂家（MA）的阻抗频率曲线图。

从 X7R 阻抗频率曲线图可以看出：不同规格的阻抗频率曲线均呈“V”字形，在 V 字形底部尖端处的频率就是谐振频率 f_0，在谐振频率 f_0 以下阻抗偏容性，在谐振频率 f_0 以上阻抗偏感性，在谐振频率 f_0 处，容抗和感抗相互抵消，阻抗呈现纯电阻性，所以谐振频率处的阻抗等于 *ESR*。在谐振频率以下，阻抗随频率增大而降低；在谐振频率以上，阻抗随频率增大而增大。另外，容值较大的谐振频率以及此处 *ESR* 反而均较低，如图 6-57 所示的阻抗频率曲线，100pF 的谐振频率约为 1.37GHz（*ESR*≈1.16Ω），47μF 的谐振频率约为 810kHz（*ESR*≈0.002 4Ω）。对于同容值同电压但尺寸不同的规格，谐振频率和谐振频率处的 *ESR* 也略有差异。

对比几家知名 MLCC 厂家的阻抗频率曲线发现：即使相同规格，谐振频率 f_0 和谐振频率 f_0 处的 *ESR* 各有差异，这些差异与介电材料配方的差异性有关，这里无法归纳出规律，表 6-6 提供几家知名 MLCC 厂家的阻抗频率特性数据仅供参考。同样，为避免争议，厂家名称不列全称。

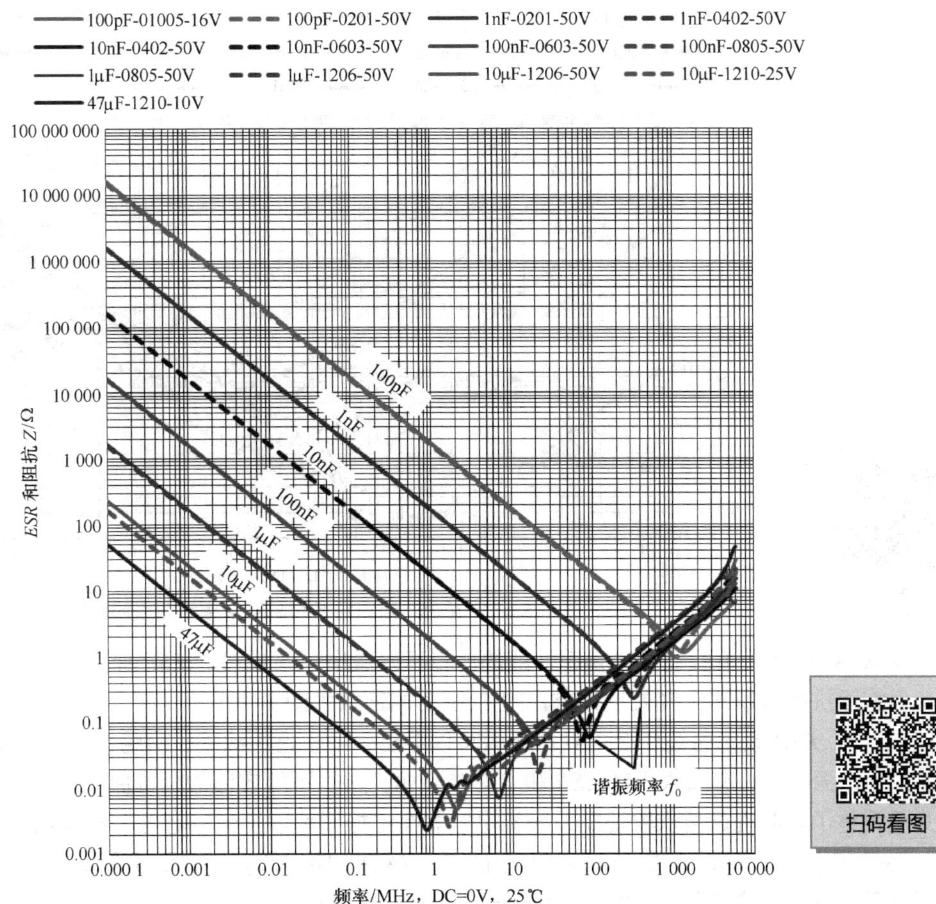

图 6-57　X7R 不同容值和不同尺寸的阻抗 Z 频率曲线

表 6-6　X7R 不同容值规格的谐振频率参考值

容值	谐振频率点的阻抗值/Ω					谐振频率 f_0 /Hz				
	MA	TO	TK	AX	KT	MA	TO	TK	AX	KT
100pF	1.16	0.122 6	0.850 5	1.266	0.223 8	1.05	923M	907M	628M	330M
1nF	0.279 4	0.259 8	0.307 3	0.284	0.819 4	286M	310M	165M	196M	174M
10nF	0.059 5	0.072 1	0.053 9	0.067 5	0.093	71M	83.5M	57.3M	58M	55M
100nF	0.050 9	0.049 3	0.016 9	0.018 9	0.025	20.4M	20.5M	19.9M	17.2M	20M
1μF	0.028 6	0.008 3	0.009 1	0.007 4	0.011 9	5.08M	7.56M	5.74M	4.96M	3.63M
10μF	0.004 9	0.005	0.002 2	0.004 4	0.002 5	1.59M	2.03M	1.46M	1.36M	1.26M
47μF	0.002 4	0.002 3	※	0.002	0.003 1	810k	1.13M	※	688k	690k

3）X7R 的 *ESR* 频率曲线和阻抗 *Z* 频率曲线的比较

在第 2.11 节介绍过电容器的阻抗 *Z* 与等效串联电阻 *ESR* 的关系，MLCC 的阻抗 *Z* 是由 *ESR*、容抗 X_C、感抗 X_L 此三者共同决定的，它们的关系式如下：

$$Z=\sqrt{(ESR)^2+(X_C-X_L)^2}$$

试着用曲线描述它们之间的关系，发现同一规格 MLCC 的 *ESR* 频率曲线和阻抗频率特性曲线均在谐振频率处相交，图 6-58 为某厂家（MA）的阻抗频率特性曲线和 *ESR* 频率特性曲线，分别挑选 100pF、1nF、10nF、100nF、1μF、10μF、47μF 容值规格。

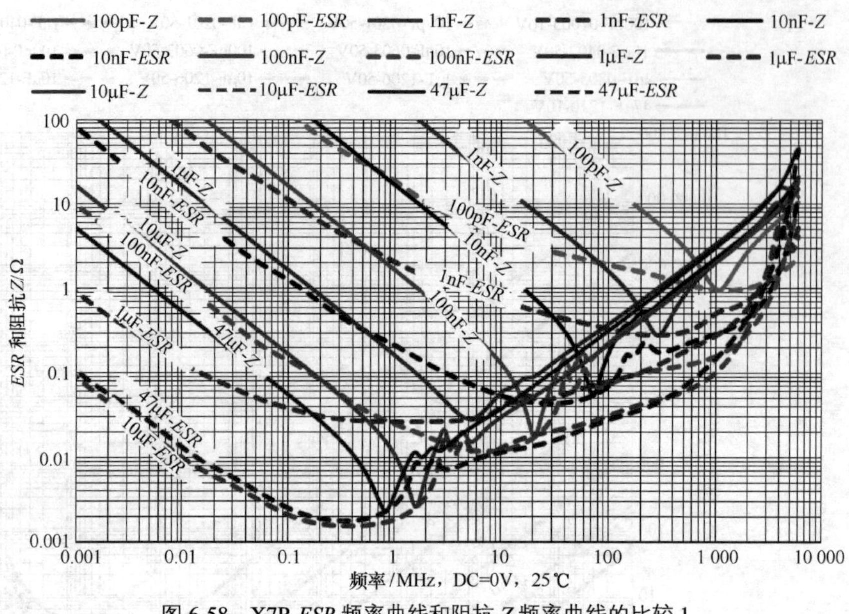

图 6-58　X7R *ESR* 频率曲线和阻抗 *Z* 频率曲线的比较 1

从 X7R *ESR* 频率曲线和 *Z* 频率曲线的比较可以看出：同规格的 *ESR* 曲线和 *Z* 曲线在谐振频率处（V 型阻抗曲线顶端尖锐处）相交，图 6-59 为局部放大图。

从 X7R *ESR* 频率曲线和 *Z* 曲线的比较可以看出：小于谐振频率，容值大小对 *ESR* 和 *Z* 影响明显；大于谐振频率，容值大小对 *ESR* 和 *Z* 影响减弱，所以不同容值的阻抗曲线在谐振频率之上看起来几乎重叠了。此现象再次验证贴片陶瓷电容器在谐振频率以下偏“容性”在谐振频率以上偏“感性”。在“容性”频率段，阻抗跟频率成反比；在“感性”频率段，阻抗跟频率成正比，此点与第 2.11 节所提及容抗和感抗的公式（2-20）和公式（2-23）相一致。

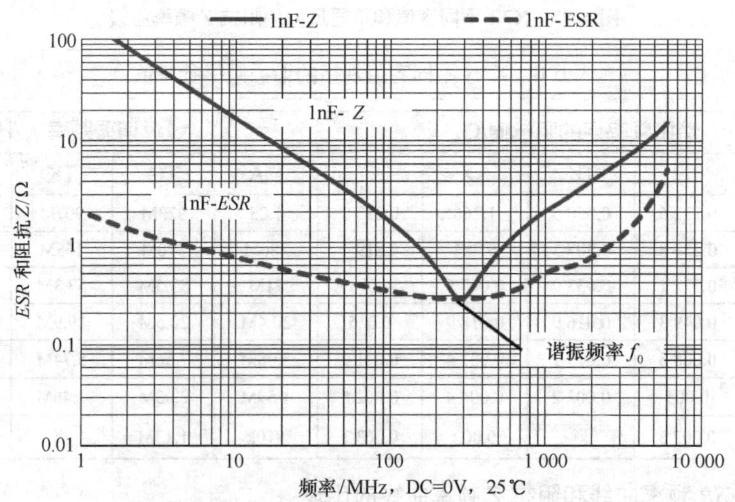

图 6-59　X7R *ESR* 频率曲线和阻抗 *Z* 频率曲线的比较 2

$$X_C = \frac{1}{\omega C} = \frac{1}{2\pi f C} \qquad X_L = \omega L = 2\pi f L$$

5. X5R 的 *ESR* 和阻抗 *Z* 频率特性

1）X5R 的 *ESR* 频率曲线

为了描述 X5R 的 *ESR* 与频率的关系，我们挑选具有代表性的容值规格的 *ESR* 频率曲线进行对比，容值分别为：100pF、1nF、10nF、100nF、1μF、10μF、100μF，每个容值规格挑选不同尺寸且包含此规格的最小尺寸，在容值和尺寸一定的情况下，电压尽可能地选最高。图 6-60 为某知名 MLCC 厂家（MA）的 *ESR* 频率曲线图。

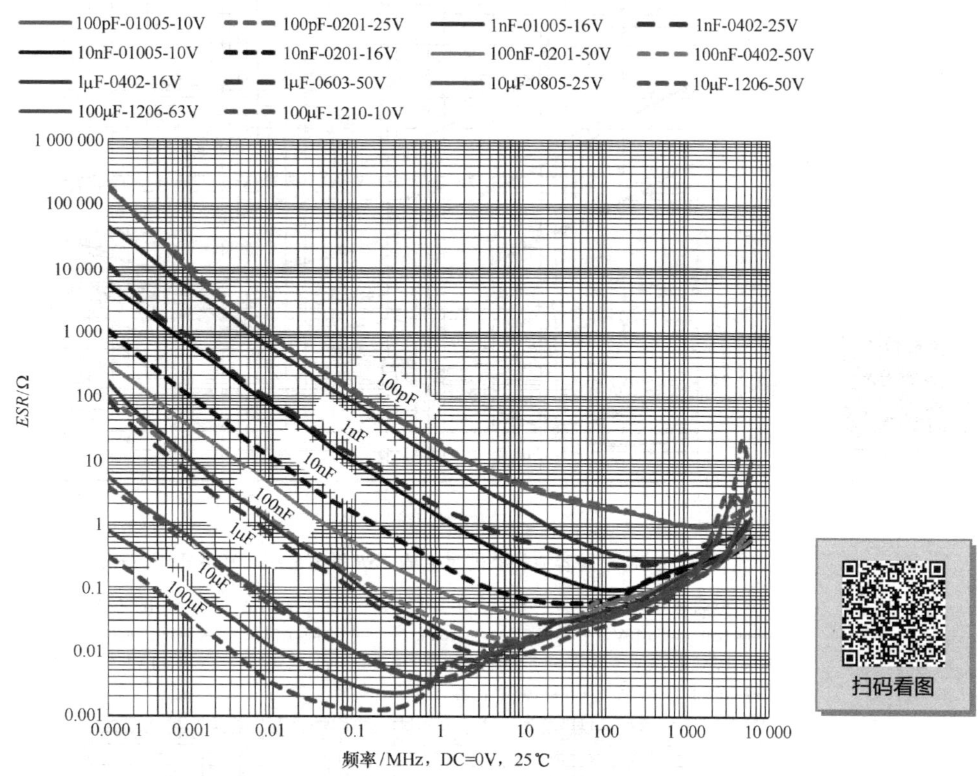

图 6-60　X5R 不同容值和不同尺寸的 *ESR* 频率曲线

从图 6-60 X5R *ESR* 频率曲线图可以看出：X5R 在低频区间（低于谐振频率），*ESR* 随着频率升高而降低；在高频区间（高于谐振频率），*ESR* 随着频率升高而增大并且不同容值规格的 *ESR* 逐渐趋近。另外，同频率下容值较小的 *ESR* 反而高，同容值同电压而尺寸不同的，*ESR* 曲线比较接近。

此外，X5R 各规格的 *ESR* 频率曲线在 100kHz～1GHz 区间内 *ESR* 均相对较小，100pF～100μF 各规格 *ESR* 值为 0.001～100Ω。可参考图 6-61 所示局部放大曲线。

2）X5R 的阻抗 *Z* 频率曲线

为了描述 X5R 的阻抗与频率的关系，我们挑选具有代表性的容值规格的阻抗频率曲线进行对比，容值分别为：100pF、1nF、10nF、100nF、1μF、10μF、100μF，每个容值规格挑选不同尺寸且包含此规格的最小尺寸，在容值和尺寸一定的情况下，电压尽可能地选最高。图 6-62 为某知名 MLCC 厂家（MA）的阻抗频率曲线图。

从图 6-62 X5R 阻抗频率曲线图可以看出：不同规格的阻抗频率曲线均呈“V”字形，在 V 字形底部尖端处的频率就是谐振频率 f_0，在谐振频率 f_0 以下阻抗偏容性，在谐振频率 f_0 以上阻抗偏感性，恰好在谐振频率 f_0 处，容抗和感抗相互抵消，阻抗呈现纯电阻性，所以谐振频率处的阻抗等于 *ESR*。在谐振频率以下，阻抗随频率增大而降低；在谐振频率以上，阻抗随频率增大而增大；另外，容值较大的谐振频率以及此处的 *ESR* 反而均较低，例如：100pF 的谐振频率约为 1.05GHz（*ESR*≈0.958Ω），100μF 的谐振频率约为 540kHz（*ESR*≈0.002 8Ω）。对于同容值同电压但尺寸不同的规格，谐振频率和谐振频率处的 *ESR* 也略有差异。

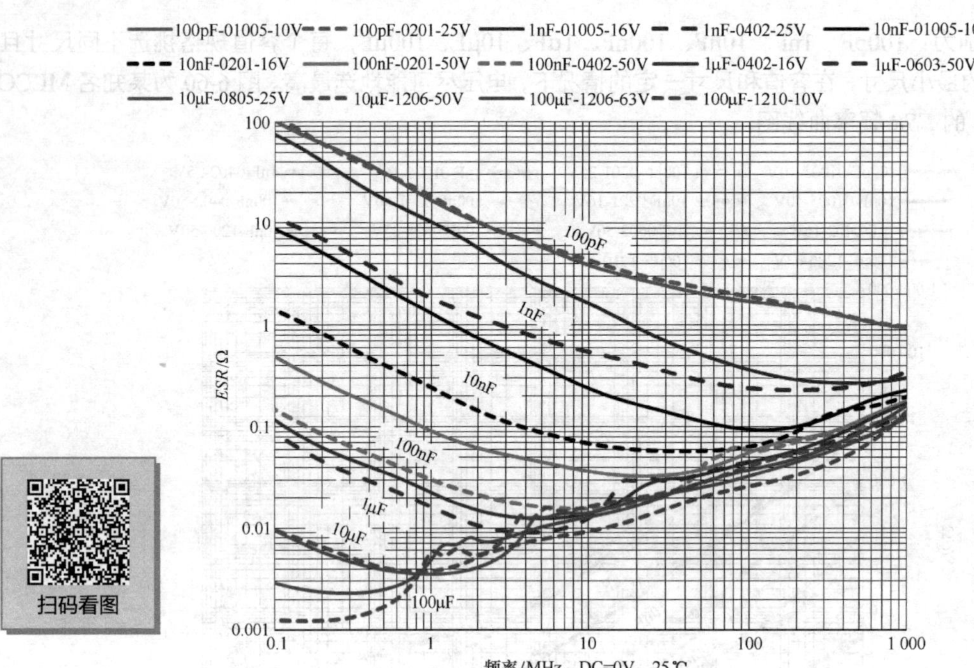

图 6-61　X5R 不同容值和不同尺寸的 *ESR* 频率曲线（100kHz～1GHz）

扫码看图

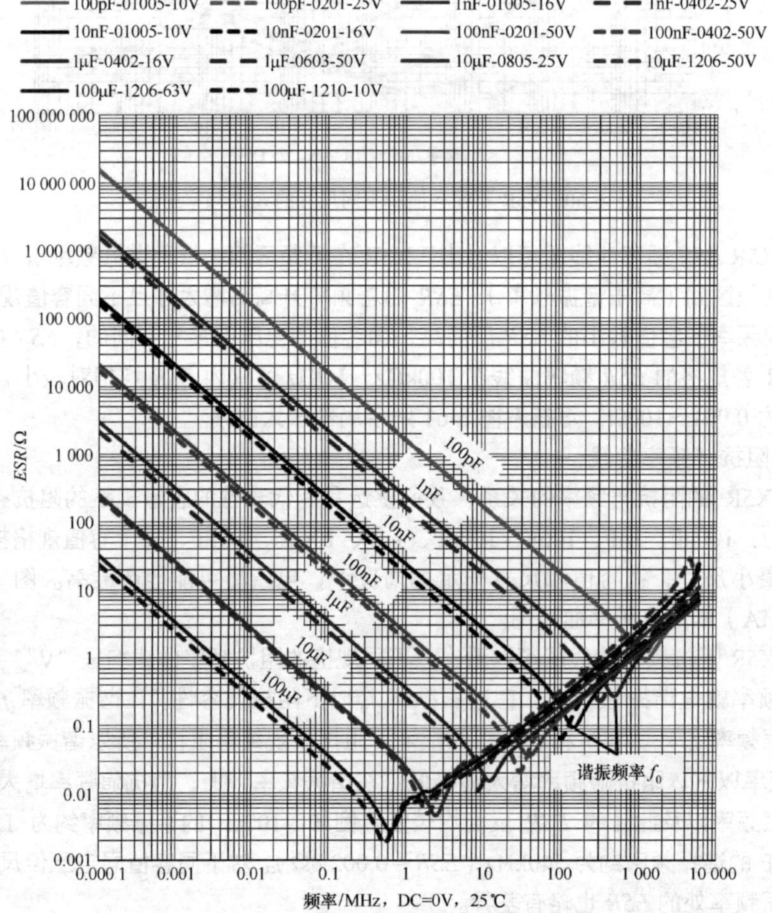

图 6-62　X5R 不同容值和不同尺寸的阻抗 *Z* 频率曲线

扫码看图

对比几家知名 MLCC 厂家的阻抗频率曲线发现：即使相同规格，谐振频率和谐振频率处的 *ESR* 也各有差异，这些差异与介电材料配方的差异性有关，我们这里无法归纳出规律，表 6-7 提供几家知名 MLCC 厂家的阻抗频率特性数据仅供参考，同样为避免争议，不列全称。

表 6-7　X5R 不同容值规格的谐振频率参考值

容值	谐振频率点的阻抗值/Ω				谐振频率/Hz			
	MA	TO	AX	TK	MA	TO	AX	TK
100pF	0.958	0.686 8	※	※	1.05G	923M	※	※
1nF	0.269 1	0.259 8	※	※	312M	310M	※	※
10nF	0.094 1	0.056 1	※	0.081	97.5M	76M	※	65.8M
100nF	0.034 9	0.032 6	0.019 7	0.02	29.1M	24.6M	19.6M	22.8M
1μF	0.015	0.007 3	0.008 1	0.005 7	8.3M	8.7M	6.5M	5.48M
10μF	0.005 2	0.003 5	0.005 4	0.002 57	1.9M	2.2M	1.64M	1.38M
100μF	0.002 8	0.002 2	0.004 7	0.001 73	540k	571k	494k	478k
470μF	※	0.001 1	※	※	※	241k	※	※

3）X5R 的 *ESR* 频率曲线和阻抗 *Z* 频率曲线的比较

X5R 的阻抗 *Z* 与等效串联电阻 *ESR* 的关系同 X7R 相似，MLCC 的阻抗 *Z* 是由 *ESR*、容抗 X_C、感抗 X_L 此三者共同决定的，它们的关系式见公式（2-25）：

$$Z=\sqrt{(ESR)^2+(X_C-X_L)^2}$$

我们这里试着用曲线描述它们之间的关系，我们发现同一规格 MLCC 的 *ESR* 频率曲线和阻抗频率曲线均在谐振频率处相交，如图 6-63 所示为某厂家（MA）的阻抗频率曲线和 *ESR* 频率曲线，分别挑选 100pF、1nF、10nF、100nF、1μF、10μF、100μF 等容值规格。

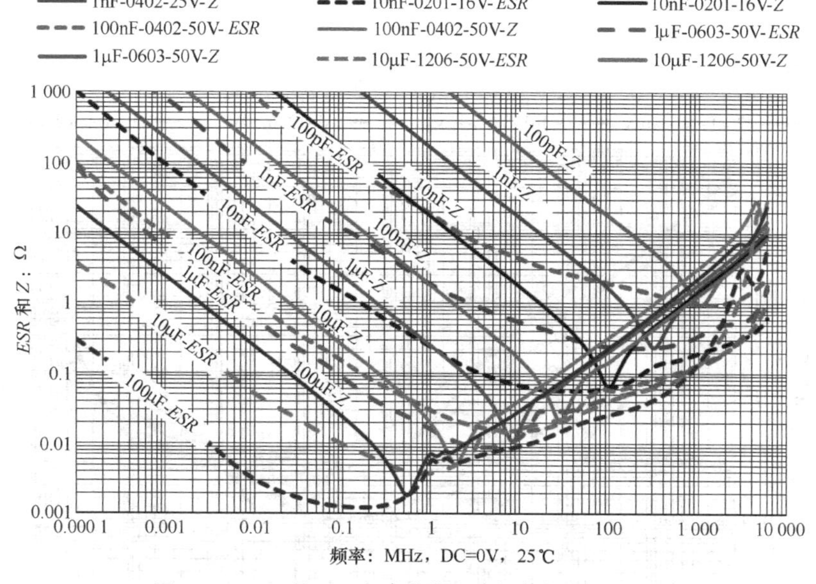

图 6-63　X5R 的 *ESR* 频率曲线和 *Z* 频率曲线的比较 1

从 X5R *ESR* 频率曲线和 *Z* 频率曲线的比较可以看出：同规格的 *ESR* 曲线和阻抗 *Z* 曲线在谐振频率处（V 型阻抗曲线顶端尖锐处）相交，如图 6-64 局部放大图所示。

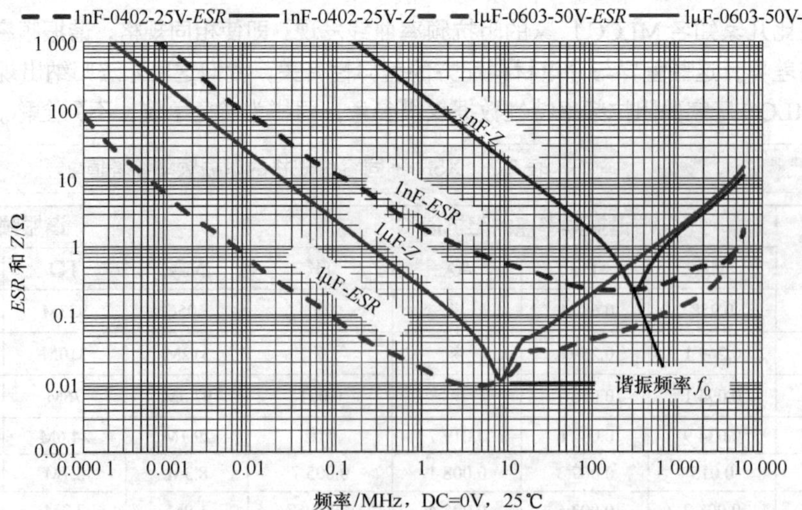

图 6-64　X5R 的 *ESR* 频率曲线和 *Z* 频率曲线的比较 2

从 X5R *ESR* 频率曲线和 *Z* 频率曲线的比较可以看出：小于谐振频率，容值大小对 *ESR* 和 *Z* 影响明显；大于谐振频率，容值大小对 *ESR* 和 *Z* 影响减弱，所以不同容值的阻抗曲线在谐振频率之上看起来几乎重叠了。此现象再次验证贴片陶瓷电容器在谐振频率以下偏"容性"在谐振频率以上偏"感性"。在"容性"频率段，阻抗跟频率成反比；在"感性"频率段，阻抗跟频率成正比，此点与第 2.11 节所提及容抗和感抗的公式（2-20）和公式（2-23）相一致。

$$X_C = \frac{1}{\omega C} = \frac{1}{2\pi fC} \qquad X_L = \omega L = 2\pi fL$$

6. Y5V 的 *ESR* 和 *Z* 频率特性

Y5V 的 *ESR* 频率曲线和阻抗 *Z* 曲线跟 X5R 很近似，这里不再重复分析和说明，只提供代表性规格的频率曲线供大家参考（如图 6-65、图 6-66、图 6-67 所示），可以比照 X7R 和 X5R 的特性说明去观察对比。

1）Y5V 的 *ESR* 频率曲线

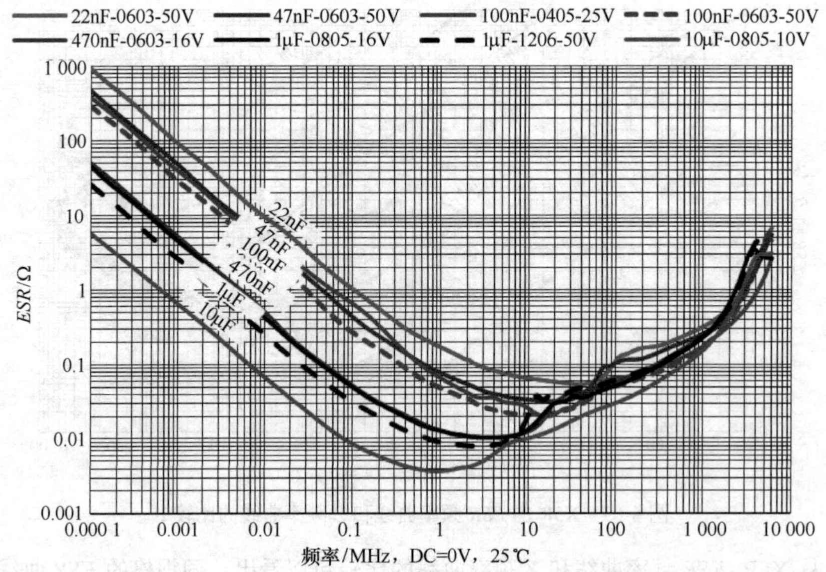

图 6-65　Y5V 不同容值和不同尺寸的 *ESR* 频率曲线

2）Y5V 的阻抗 Z 频率曲线

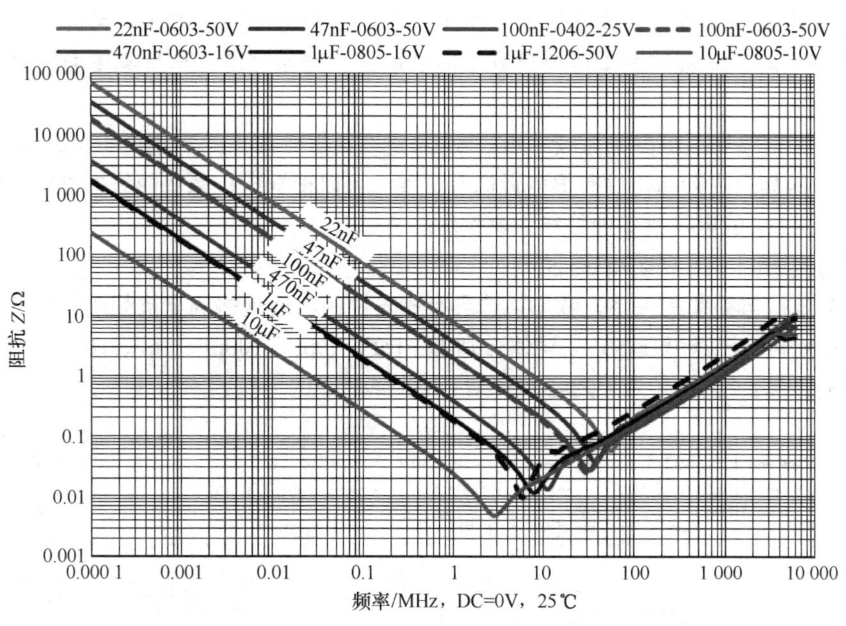

图 6-66　Y5V 不同容值和不同尺寸的阻抗 Z 频率曲线

3）Y5V ESR 频率曲线和阻抗 Z 频率曲线的比较

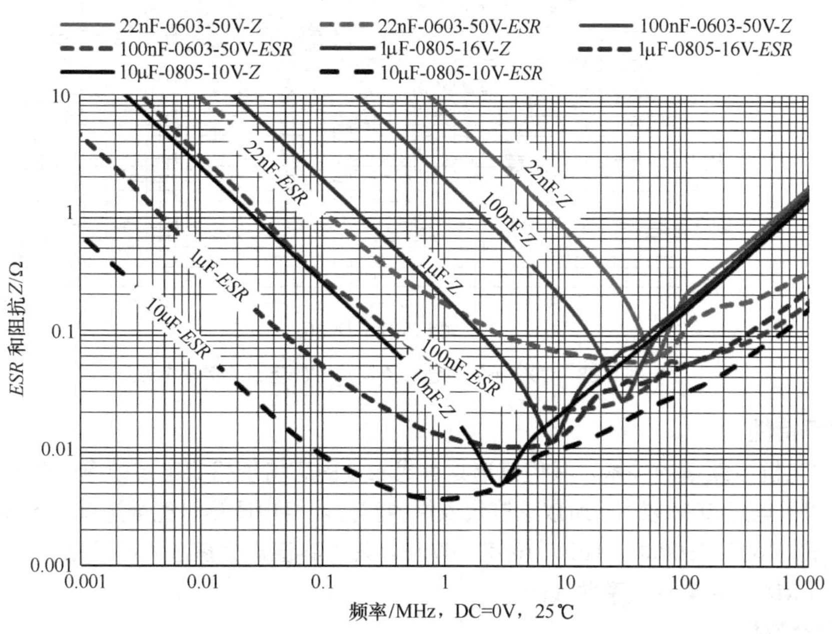

图 6-67　Y5V 的 ESR 频率曲线和阻抗 Z 频率曲线的比较

6.2.3　陶瓷绝缘介质电抗的频率特性

在第 2.11 节介绍过电容器阻抗形成的三要素：ESR、容抗 X_C 和感抗 X_L，其中容抗和感抗一起被称作电抗。MLCC 电抗的频率曲线与它的阻抗频率曲线一样，不同规格的频率特性电抗曲线均呈“V”字形，在 V 字形底部尖端处的频率就是谐振频率 f_0，在谐振频率 f_0 以下阻抗偏容性，在

谐振频率 f_0 以上阻抗偏感性，恰好在谐振频率 f_0 处，容抗和感抗相互抵消，电抗达到最小。在谐振频率以下，电抗随频率增大而降低；在谐振频率以上，电抗随频率增大而增大；另外，容值较大的谐振频率反而较低。对于同容值同电压但尺寸不同的规格，谐振频率和电抗频率曲线也略有差异。

同一规格的电抗谐振频率点跟阻抗谐振频率点一致，只是在谐振频率点处的电抗一般比阻抗小。MLCC 电抗的频率特性跟其阻抗频率特性有很多近似性，我们可以根据电抗频率曲线去进行对比，下面提供代表性厂家（MA）的电抗频率曲线给大家参考。

1. C0G（NP0）电抗 | *X* | 的频率特性

为了描述 C0G 的电抗与频率的关系，我们挑选具有代表性的容值规格的电抗频率曲线进行对比，这些代表性的容值规格电压选低压 50V，容值分别为：1pF、10pF、100pF、1nF、10nF、100nF，每个容值规格挑选不同尺寸。图 6-68 为某知名 MLCC 厂家（MA）的电抗频率曲线图。

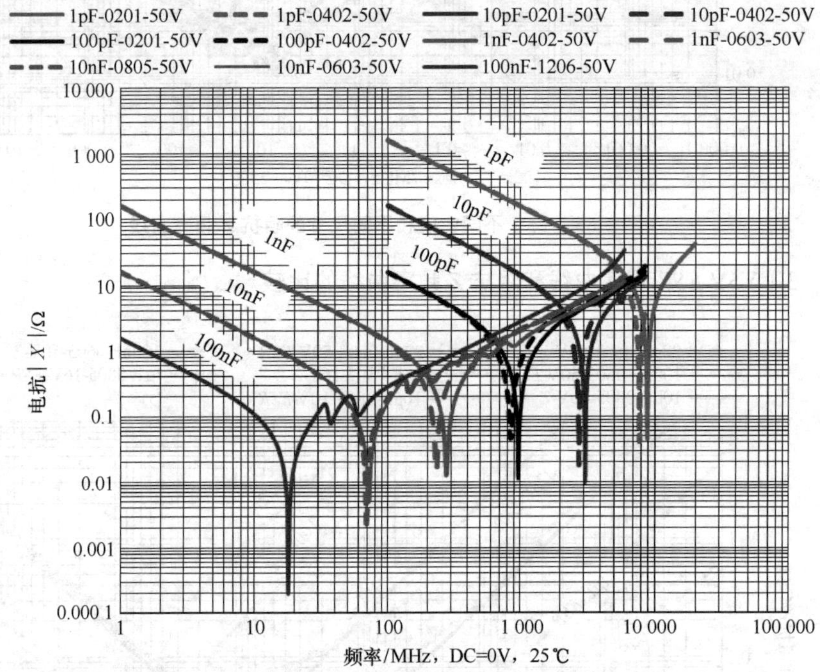

图 6-68 C0G 不同容值和不同尺寸的电抗|*X*|频率曲线

2. X7R 电抗频率特性

为了描述 X7R 的电抗与频率的关系，我们挑选具有代表性的容值规格的电抗频率曲线进行对比，因为 X7R 通常不用于电压 50V 以下，所以这些代表性的容值规格电压尽可能地选低压 50V，容值分别为：100pF、1nF、10nF、100nF、1μF、10μF、47μF，每个容值规格挑选不同尺寸。图 6-69 为某知名 MLCC 厂家（MA）的电抗频率曲线图。

3. X5R 电抗频率特性

为了描述 X5R 的电抗与频率的关系，我们挑选具有代表性的容值规格的电抗频率曲线进行对比，容值分别为：100pF、1nF、10nF、100nF、1μF、10μF、100μF，每个容值规格挑选不同尺寸且包含此规格的最小尺寸，在容值和尺寸一定的情况下，电压尽可能地选最高。图 6-70 为某知名 MLCC 厂家（MA）的电抗频率曲线图。

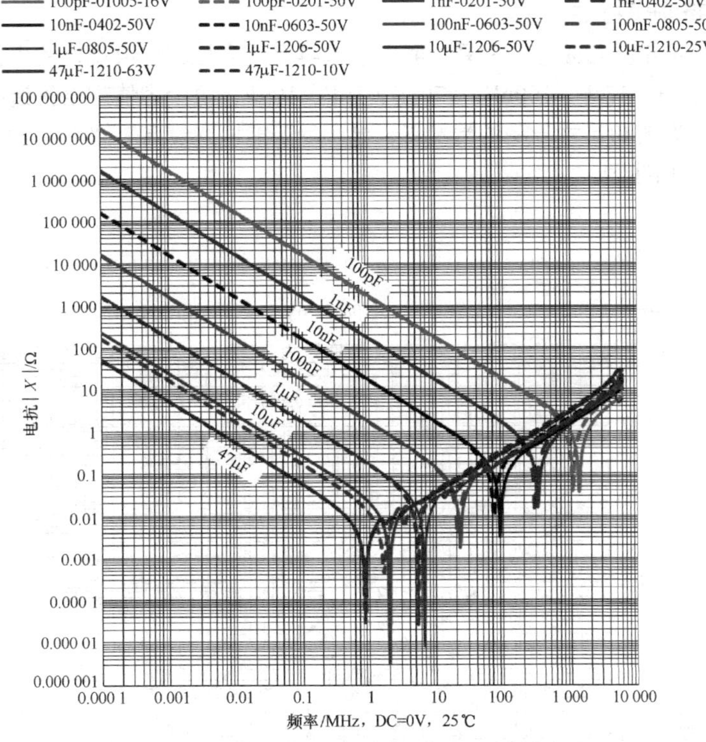

图 6-69　X7R 不同容值和不同尺寸的电抗|X|频率曲线

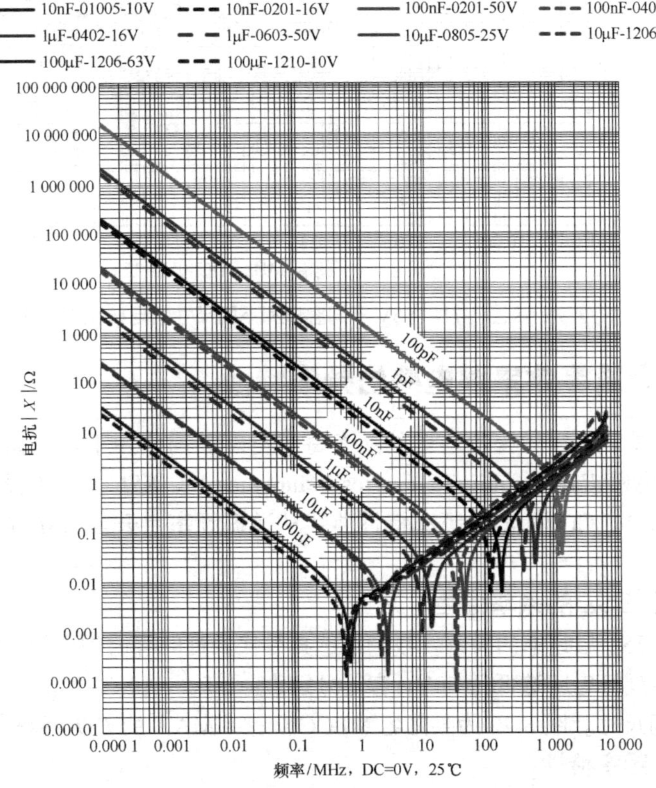

图 6-70　X5R 不同容值和不同尺寸的电抗|X|频率曲线

扫码看图

4. Y5V 的电抗频率特性

为了描述 Y5V 的电抗与频率的关系，我们挑选具有代表性的容值规格的电抗频率曲线进行对比，容值分别为：22nF、47nF、100nF、470nF、1μF、10μF，每个容值规格挑选不同尺寸且包含此规格的最小尺寸，在容值和尺寸一定的情况下，电压尽可能地选最高。图 6-71 为某知名 MLCC 厂家（SG）的阻抗频率曲线图。

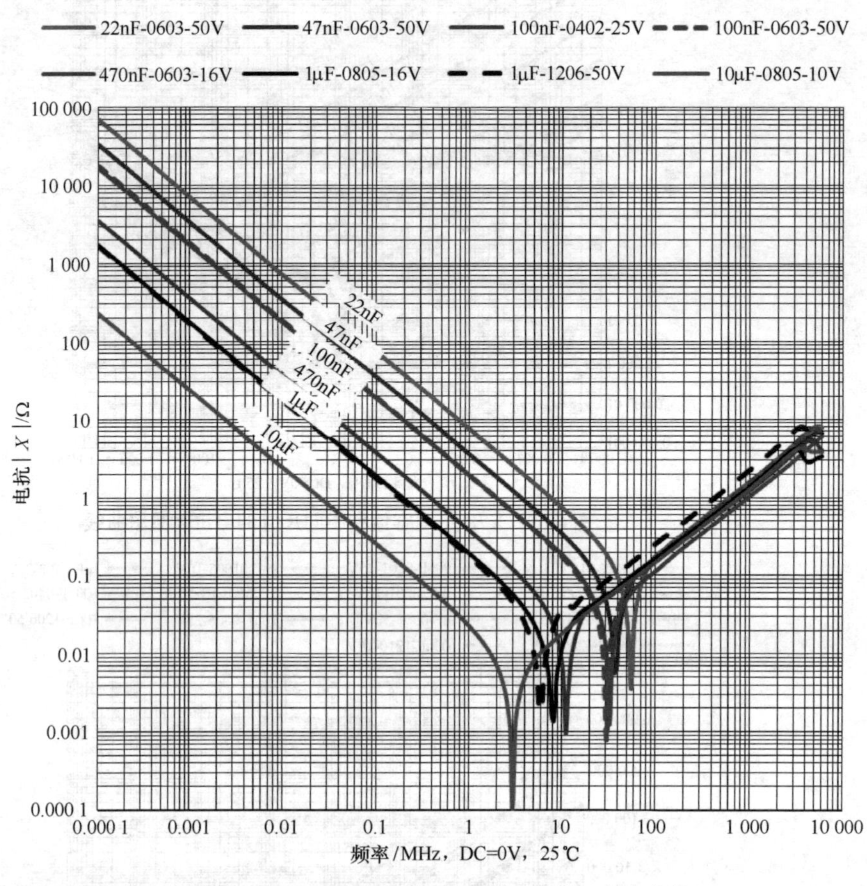

图 6-71　Y5V 不同容值和不同尺寸的电抗|X|频率曲线

6.2.4　陶瓷绝缘介质等效串联电感的频率特性

在第 2.11 节介绍过，贴片陶瓷电容器的所有寄生电感共同作用下产生微小的总感值，这就是所谓的“等效串联电感 *ESL*（equivalent series inductance）”。*ESL* 大小是受频率大小影响的，这便是 *ESL* 频率特性。MLCC 的 *ESL* 频率特性曲线从谐振频率点开始 *ESL* 陡然增大，然后趋于平稳。

1. C0G（NP0）*ESL* 的频率特性

为了描述 C0G 的 *ESL* 与频率的关系，我们挑选具有代表性的容值规格的 *ESL* 频率曲线进行对比，这些代表性的容值规格电压选低压 50V，容值分别为：1pF、10pF、100pF、1nF、10nF、100nF，每个容值规格挑选不同尺寸。图 6-72 为某知名 MLCC 厂家（MA）的 *ESL* 频率曲线图。

2. X7R 的 *ESL* 频率特性

为了描述 X7R 的 *ESL* 与频率的关系，我们挑选具有代表性的容值规格的 *ESL* 频率曲线进行对比，因为 X7R 通常不用于电压 50V 以下，所以这些代表性的容值规格电压尽可能地选低压 50V，容值分别为：100pF、1nF、10nF、100nF、1μF、10μF、47μF，每个容值规格挑选不同尺寸。图 6-73 为某知名 MLCC 厂家（MA）的 *ESL* 频率曲线图。

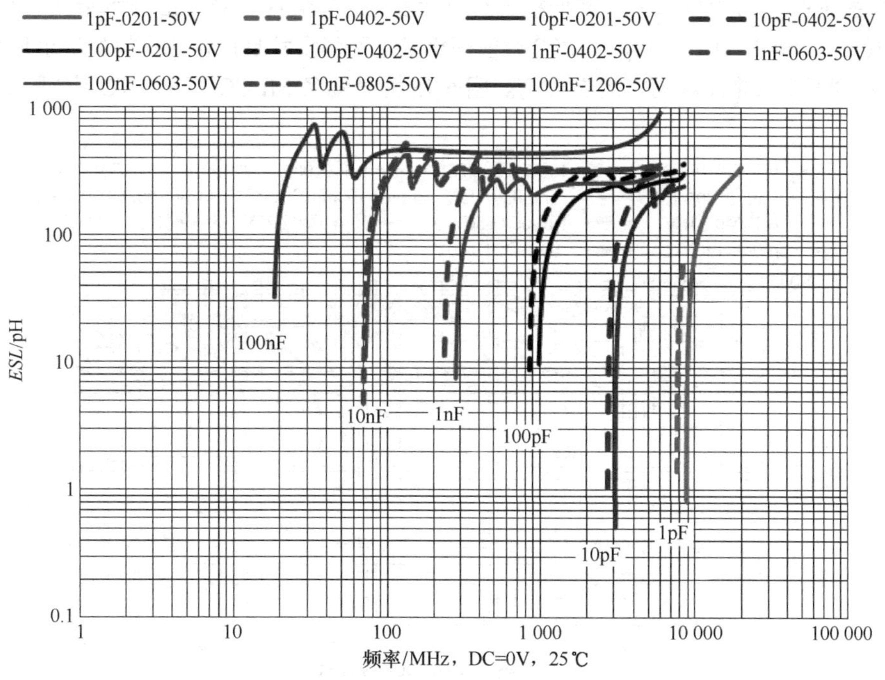

图 6-72　C0G 不同容值和不同尺寸的 *ESL* 频率曲线

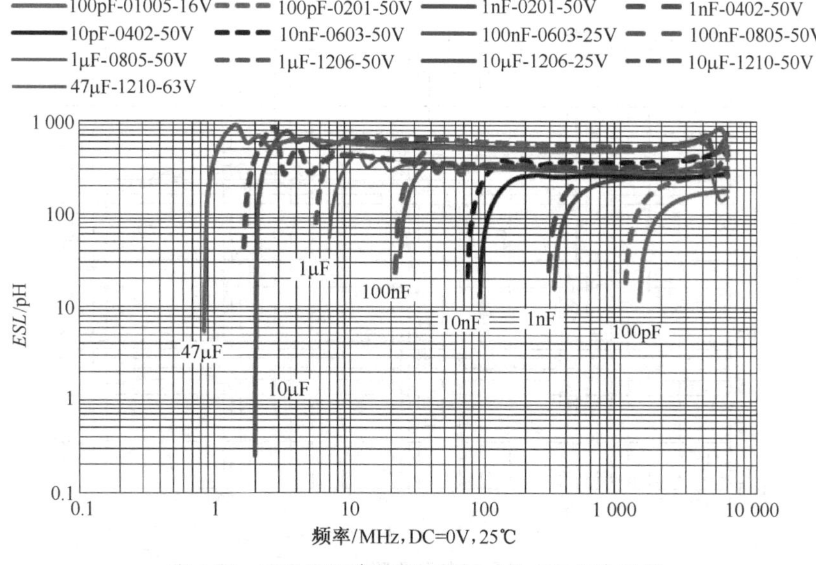

图 6-73　X7R 不同容值和不同尺寸的 *ESL* 频率曲线

3. X5R 的 *ESL* 频率特性

为了描述 X5R 的 *ESL* 与频率的关系，我们挑选具有代表性的容值规格的 *ESL* 频率曲线进行对比，容值分别为：100pF、1nF、10nF、100nF、1μF、10μF、100μF，每个容值规格挑选不同尺寸且包含此规格的最小尺寸，在容值和尺寸一定的情况下，电压尽可能地选最高。图 6-74 为某知名 MLCC 厂家（MA）的 *ESL* 频率曲线图。

4. Y5V 的 *ESL* 频率特性

为了描述 Y5V 的 *ESL* 与频率的关系，我们挑选具有代表性的容值规格的 *ESL* 频率曲线进行对比，容值分别为：10nF、100nF、1μF、10μF，每个容值规格挑选不同尺寸且包含此规格的最小尺寸，在容值和尺寸一定的情况下，电压尽可能地选最高。图 6-75 为某知名 MLCC 厂家（TO）的阻抗频率曲线图。

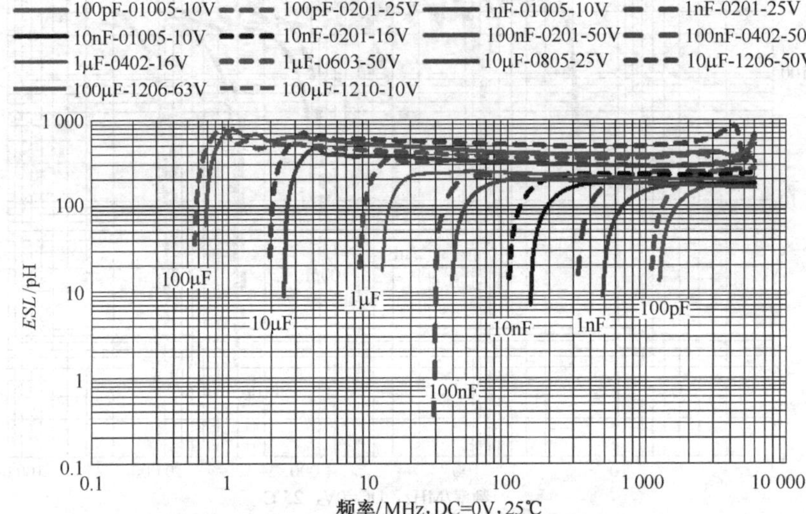

扫码看图

图 6-74　X5R 不同容值和不同尺寸的 *ESL* 频率曲线

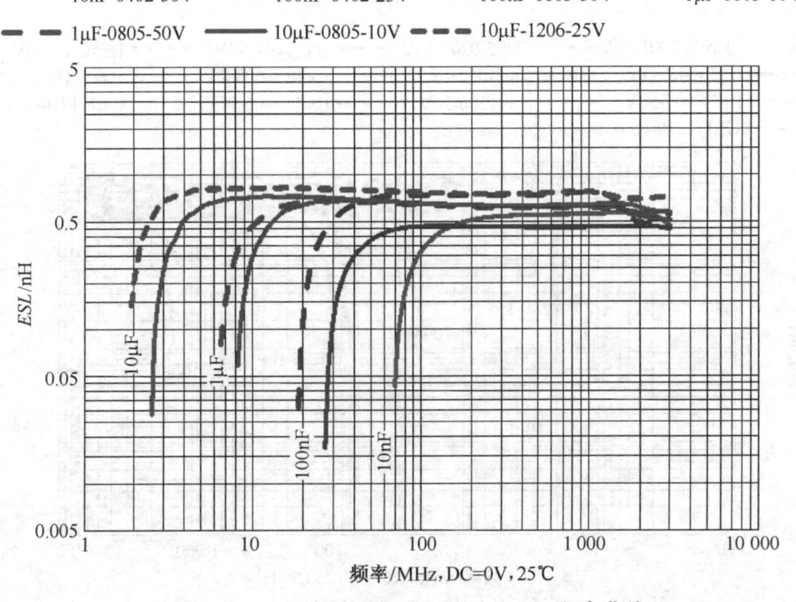

扫码看图

图 6-75　Y5V 不同容值和不同尺寸的 *ESL* 频率曲线

6.3 陶瓷绝缘介质的电压特性

II 类和 III 类陶瓷绝缘介质的容值会因电压起暂时的变化，我们称之为“陶瓷绝缘介质电压特性”，正因为如此，测试顺序应该是这样的：先进行容值测试再进行电压测量，才不至于让容值测量受电压影响。接下来我们选择有代表性的容值和不同材料的电压曲线形象地描述这个特性。

6.3.1 陶瓷绝缘介质的直流偏压特性

I 类和 II 类陶瓷电容器的介电常数（K）随加载的直流偏压的变化而变化。这种变化是由于电压应力（voltage stress）限制了陶瓷介质某些极化机理的自由度造成的。对于给定的直流偏置，介电常数越高，介电常数的变化就越大。对于 I 类陶瓷介质，我们测量不出容值随直流偏压变化，所以我们认为 I 类陶瓷介质的容量几乎不随直流偏压变化。II 类和 III 类陶瓷介质（IEC 标准统称 II 类）因其介电常数（K）一般较大，所以它的容量随直流偏压变化比较明显。

1. MLCC 直流偏压特性的测试方法

1）测试设备

测试设备推荐德科技的 LCR 测试仪 E4980A，配套测试夹具 16034E/G。

2）测试条件

测试频率和测试电压：参考第 8.5.3 节测试条件。

直流偏压：0～U_R（额度电压）。

施加直流偏压时间：60s。

测试温度：（25 ± 3）℃。

下面提供各陶瓷介质直流偏压时的容值变化比曲线，I 类介质的除 U2J 外，NP0 系列容值几乎不随直流偏压变化。

2. I 类陶瓷绝缘介质的直流偏压特性

C0G（NP0）和 C0H（NP0）的容值几乎不随直流电压变化，U2J 容值随直流电压升高而降低（见图 6-76）。

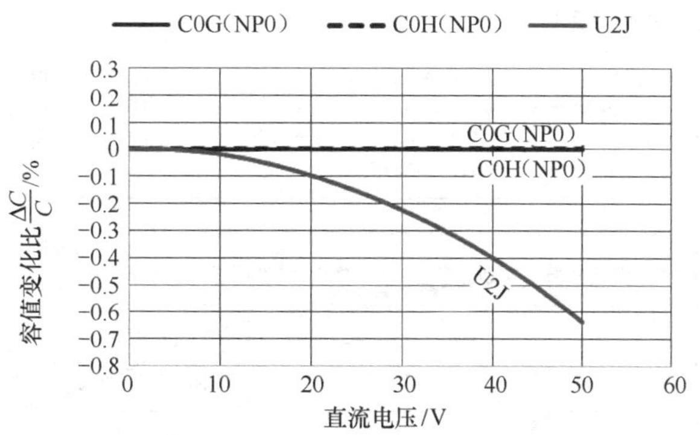

图 6-76 I 类陶瓷绝缘介质直流偏压特性曲线

3. II 类和 III 类陶瓷绝缘介质的直流电压特性（DC voltage dependence）

高介电常数型（II 类和 III 类）电容器的电容值随施加的直流电压而变化。当电容器被选择用于直流电路时，请考虑直流电压特性。陶瓷电容器的电容值会随外加电压的变化而急剧变化。为了确保稳定的容值，请确认以下内容：

a. 判定 MLCC 因加载电压造成的容值变化是否在接受范围内；

b. 在直流电压特性中，容值的变化随着电压的增大而降低，即使加载的电压低于额定电压。

c. 当高介电常数 MLCC 用于容值偏差要求精确的电路（如时间常数电路）时，请仔细考虑电压特性，并在系统实际工作条件下确认各项特性。

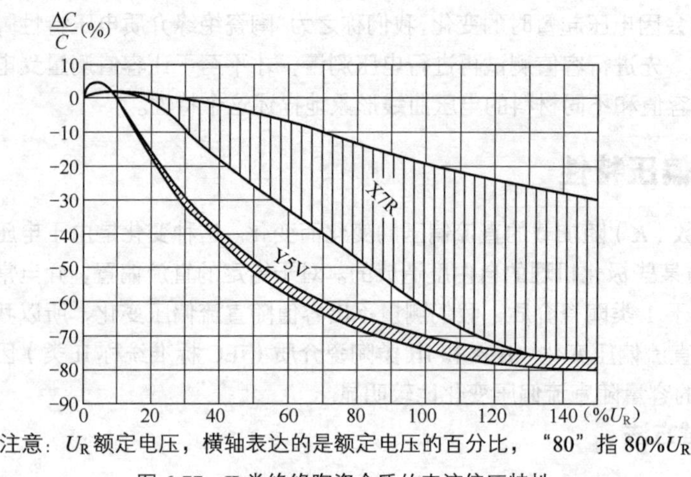

注意：U_R 额定电压，横轴表达的是额定电压的百分比，“80”指 80%U_R

图 6-77 Ⅱ类绝缘陶瓷介质的直流偏压特性

我们通过铁材料的电压特性曲线（见图 6-77）可得出随着直流电压增大容值降低这个规律，证明直流电压对容值有影响。留意在其他方面的同等材料，其电压特性的规格要求的限定有何影响。对于 X7R 来说如果没有限定规格要求，那么它的直流电压特性是很宽泛的，X7R 如果加载直流电压到其额定电压，容值变化比最大到–63%，在陶瓷介电材料类别所定义的温度范围内，直流电压特性随额定电压增加，换句话说介质厚度不随额定电压按比例增长。这样电场强度随着额定电压的增加而增加，这反过来又导致了电压特性增强。

1）X7R 的直流偏压特性

X7R 所加载的直流电压在额定电压范围内容值随着电压的增大而降低，容值变化比基本保持在–90%～+10%之间，一般情况下，容值较大的随频率变化较大，在容值和加载电压都相同的情况下尺寸较小的容值变化较大。

为了描述 X7R 的容值变化与频率的关系，我们挑选具有代表性的容值规格的容值变化比电压曲线进行对比，这些代表性的容值规格电压尽可能地选低压 50V，容值分别为：100pF、1nF、10nF、100nF、1μF、10μF、47μF，每个容值规格挑选不同尺寸。图 6-78～图 6-81 为某知名 MLCC 厂家（MA）的容值变化比-直流偏压特性曲线图。

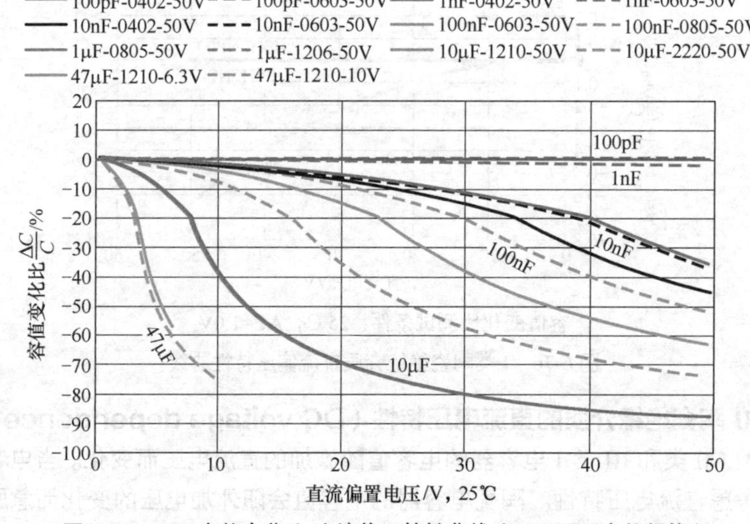

图 6-78 X7R 容值变化比-直流偏压特性曲线（50V 不同容值规格）

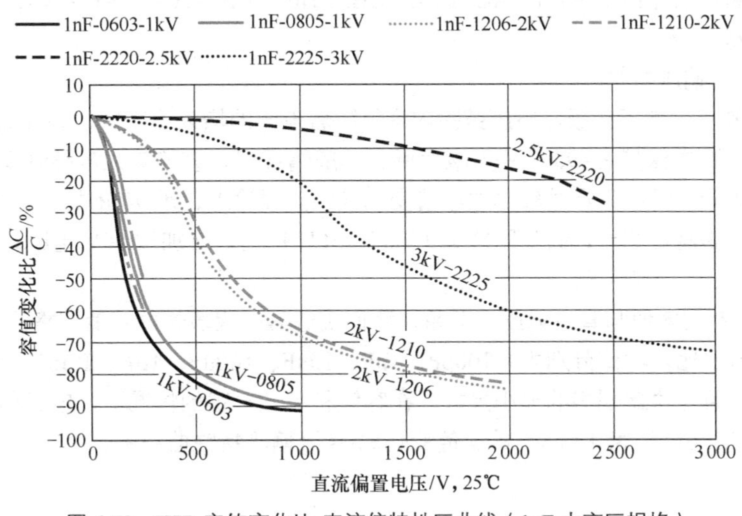

图 6-79　X7R 容值变化比-直流偏特性压曲线（1nF 中高压规格）

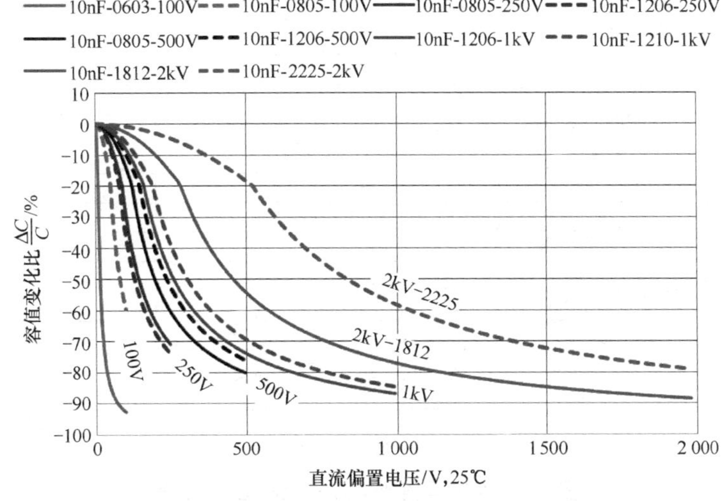

图 6-80　X7R 容值变化比-直流偏压特性曲线（10nF 中高压规格）

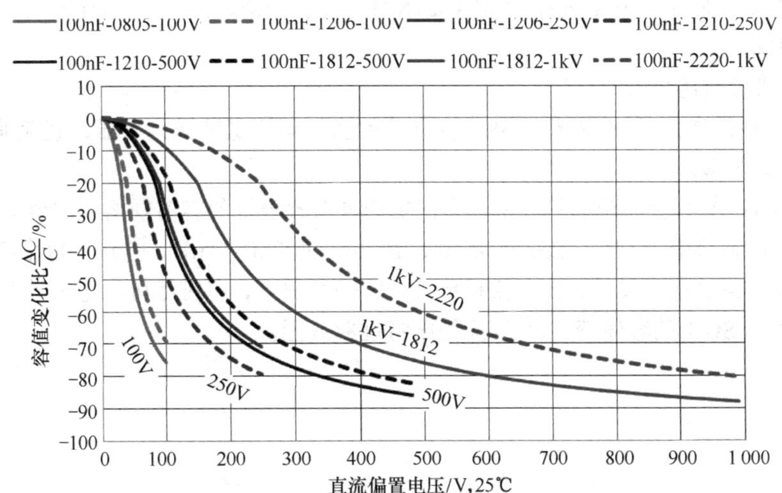

图 6-81　X7R 容值变化比-直流偏压特性曲线（100nF 中高压规格）

容值变化比测试条件：$CP \leqslant 1nF$，AC=1V@1MHz；$1nF < CP \leqslant 10\mu F$，AC=1V@1kHz；$CP > 10\mu F$，AC=0.5V@120Hz。

2）X5R 的直流偏压特性

X5R 所加载的直流电压在额定电压范围内容值随着电压的增大而降低，跟容值大小没有明显规律性，容值变化比基本保持在–90%～+10%之间，一般情况下，容值较大的随频率变化较大，在容值和加载电压都相同的情况下尺寸较小的容值变化较大。理论上，因 X5R 的介电常数比 X7R 大，所以它受直流偏压影响更明显，例如同样是 100nF，50V 规格，在加载 50V 电压时，X5R 的容值下降幅度大于 X7R。

为了描述 X5R 的容值与直流偏压的关系，我们挑选具有代表性的容值规格的容值变化比-直流偏压特性曲线进行对比，容值分别为：100pF、1nF、10nF、100nF、1μF、10μF、100μF，每个容值规格挑选不同尺寸且包含此规格的最小尺寸，在容值和尺寸一定的情况下，电压尽可能地选最高。图 6-82 为某知名 MLCC 厂家（MA）的容值变化比-直流偏压特性曲线图。

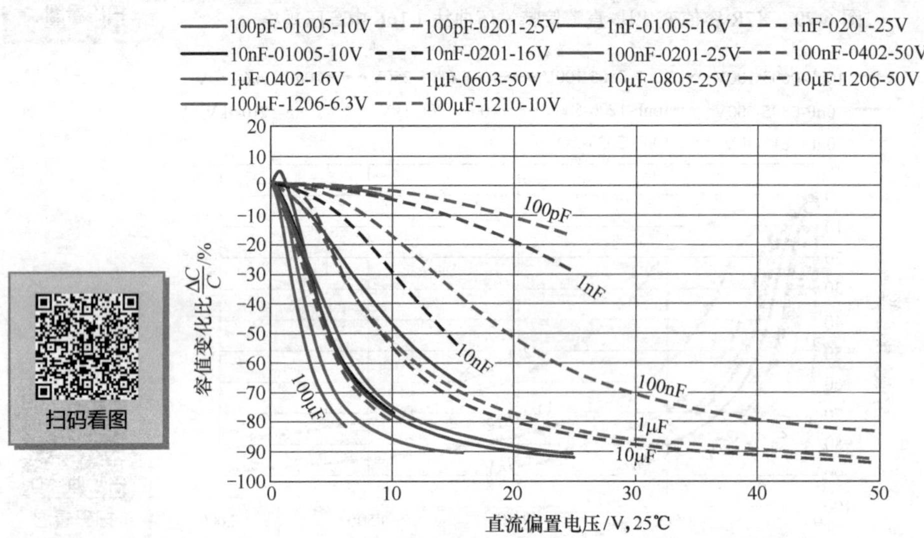

图 6-82　X5R 容值变化比-直流偏压特性曲线

容值变化比测试条件：$CP \leqslant 1nF$，AC=1V@1MHz；$1nF < CP \leqslant 10\mu F$，AC=1V@1kHz；$CP > 10\mu F$，AC=0.5V@120Hz。

3）Y5V 的直流偏压特性

Y5V 因其介电常数大于 X7R 和 X5R，所以它受直流偏压影响更为明显，直流偏压曲线的坡度比 X7R 和 X5R 大很多。

为了描述 Y5V 的容值与频率的关系，我们挑选具有代表性的容值规格的容值变化比-直流偏压特性曲线进行对比，容值分别为：22nF、47nF、100nF、470nF、1μF、10μF，每个容值规格挑选不同尺寸且包含此规格的最小尺寸，在容值和尺寸一定的情况下，电压尽可能地选最高。图 6-83 为某知名 MLCC 厂家（SG）的容值变化比-直流偏压特性曲线图。

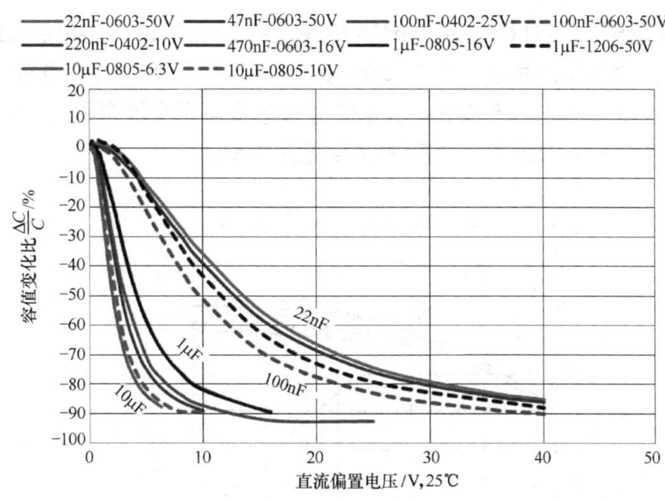

图 6-83　Y5V 容值变化比-直流偏压特性曲线

容值变化比测试条件：$CP \leqslant 1nF$，AC=1V@1MHz；$1nF < CP \leqslant 10\mu F$，AC=1V@1kHz；$CP > 10\mu F$，AC=0.5V@120Hz。

6.3.2　陶瓷绝缘介质的交流电压特性

高介电常数型 MLCC 的容值随施加的交流电压而变化。在选择用于交流电路的电容器时，请考虑交流电压特性。

1. MLCC 交流电压特性的测试方法

1）测试设备

测试设备推荐德科技的 LCR 测试仪 E4980A，配套测试夹具 16034E/G。

2）测试条件

测试频率：$C \leqslant 10\mu F$，1kHz，$C > 10\mu F$，120Hz。

AC 电压：0.01～2.0Vrms

施加 AC 电压时间：30s

测试温度：（25±3）℃

2. I 类陶瓷绝缘介质的交流电压特性

I 类陶瓷绝缘介质典型代表 C0G（NP0）容值几乎不随交流电压变化，U2J 容值随交流电压的增大而降低（如图 6-84 所示）。

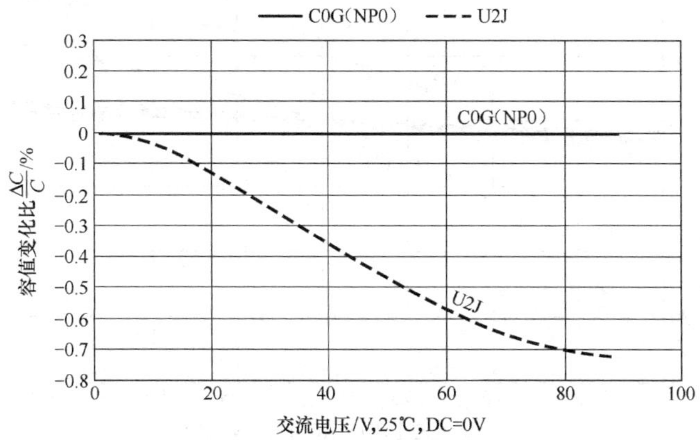

图 6-84　I 类绝缘陶瓷介质容值变化比-交流电压特性曲线

3. II 类和 III 类陶瓷绝缘介质的交流电压特性（AC voltage dependence）

在电容器两端的交流电压产生了一个与直流电压比相反的效果。高介电常数型（II 类和 III 类）电容器的电容值随施加的交流电压而变化。当电容器被选择用于交流电路时，请考虑交流电压特性。陶瓷电容器的电容值变化比与交流电压之间的关系见图 6-85。

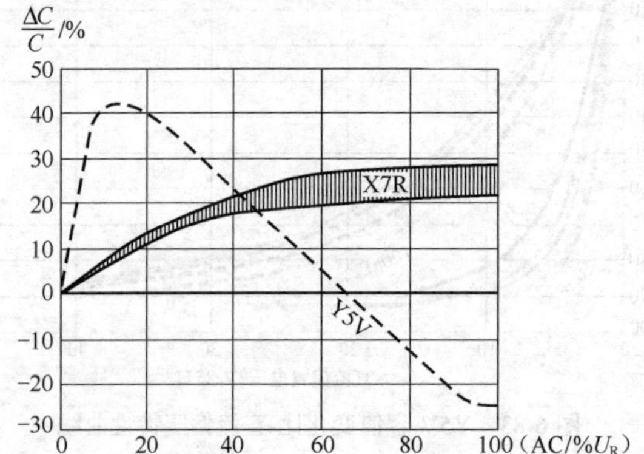

注：横轴坐标表达的是交流电压，“80”指与 80%U_R 等值的交流电压

图 6-85　II 类和 III 类绝缘陶瓷介质容值变化比与交流电压之间的关系

II 类陶瓷绝缘介质 50V 以下规格取 0～2V，AC 交流电压区间的容值变化比曲线图参考图 6-86～图 6-90。X7R 和 X5R 的容值变化比随着交流电压的增大而增大，Y5V 容值变化比随交流电压的增大，先升后降。容值变化比测试条件：$CP \leqslant 1$nF，1MHz；1nF < $CP \leqslant 10\mu$F，1kHz；$CP > 10\mu$F，120Hz。容值变化比参照点：$CP \leqslant 10\mu$F，以 1V AC 为参照点，$CP > 10\mu$F，以 0.5V AC 为参照点（包含 X5R，01005 容值大于等于 680pF）。

1）X7R 容值变化比-交流电压特性曲线

在 100pF～47μF 容值范围内，挑选具有代表性的低压规格，它们在 0～2V AC 范围内的交流电压曲线如下。从图 6-86 曲线可以看出，10μF 以下规格容值变化较小（约在 ± 10%以内），10μF 以上规格容值变化较大（接近 ± 40%）。

X7R 额定 250V DC 中压规格的交流电压曲线见图 6-87，1nF 和 10nF 的容值变化比随交流电压的增大而增大，但是 100nF 和 1μF 的容值变化比随交流电压的增大而降低。所以 X7R 全部规格的交流电压特性并没有一致性规律。

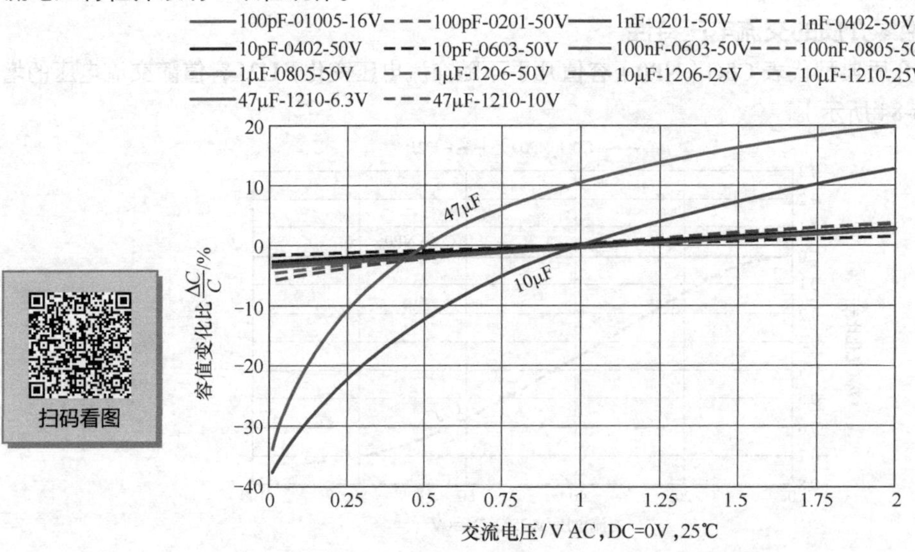

图 6-86　X7R 容值变化比-交流电压特性曲线

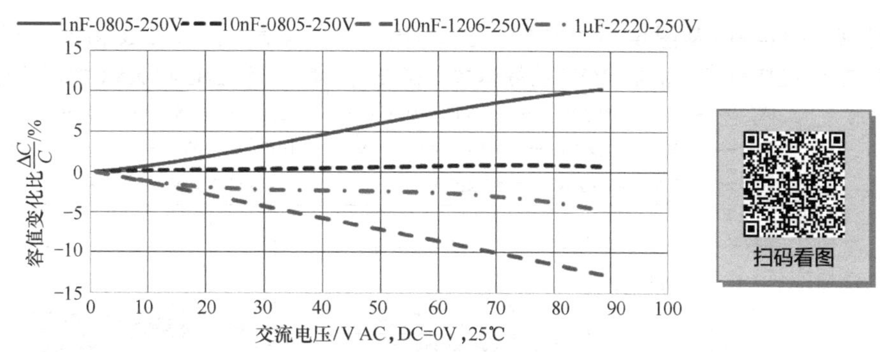

图 6-87　X7R 容值变化比-交流电压特性曲线（250V 额定电压）

X7R 高压 1kV 的容值变化比-交流电压特性曲线见图 6-88，曲线成抛物线状先升后降。峰值大约在交流 100～200V AC 的范围。

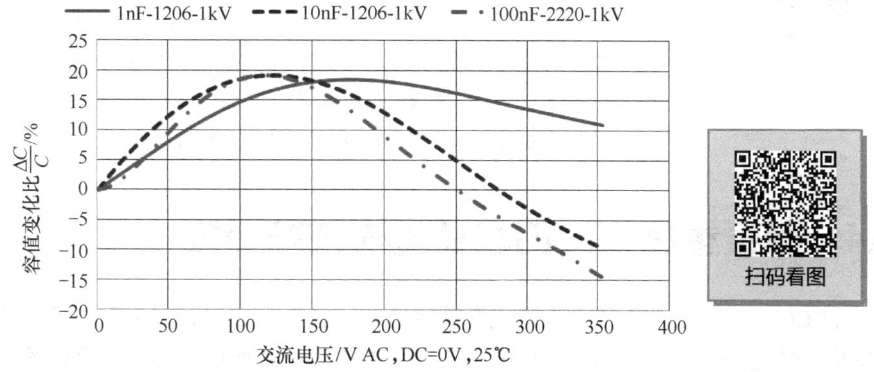

图 6-88　X7R 容值变化比-交流电压特性曲线（1kV 额定电压）

2）X5R 容值变化比-交流电压特性曲线

在 100pF～100μF 容值范围内，挑选具有代表性的低压规格，它们在 0～2V AC 范围内的交流电压曲线如下。从图 6-89 中的曲线可以看出，X5R 容值变化幅度无论容值大小明显大于 X7R。

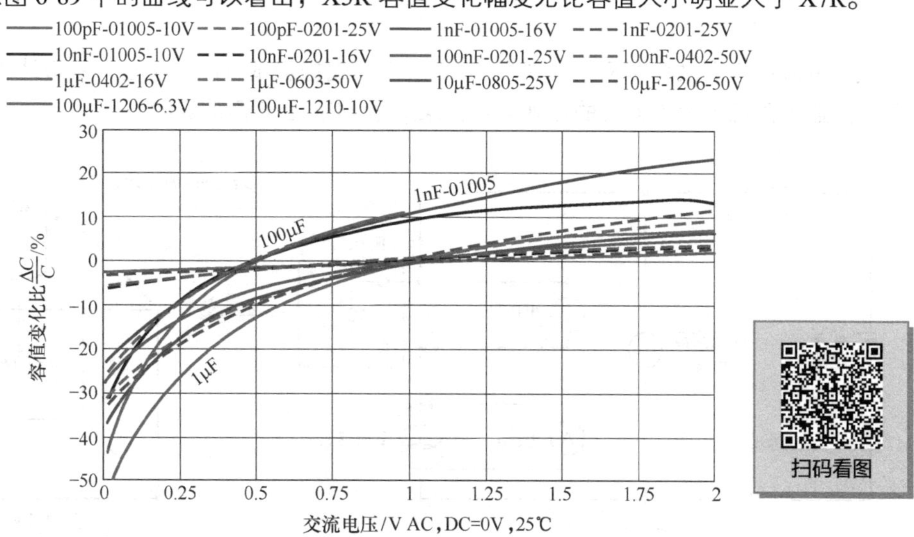

图 6-89　X5R 容值变化比-交流电压特性曲线

3）Y5V 容值变化比-交流电压特性曲线

在 22nF～100μF 容值范围内，挑选具有代表性的低压规格，它们在 0～2V AC 范围内的交流电压曲线见图 6-90。从图 6-90 中的曲线可以看出，Y5V 容值变化与 X7R 和 X5R 相比有所区别，交流电压在 0～2V AC 范围内，Y5V 曲线基本上是先升后降，而 X7R 和 X5R 的容值随着电压逐渐增大。

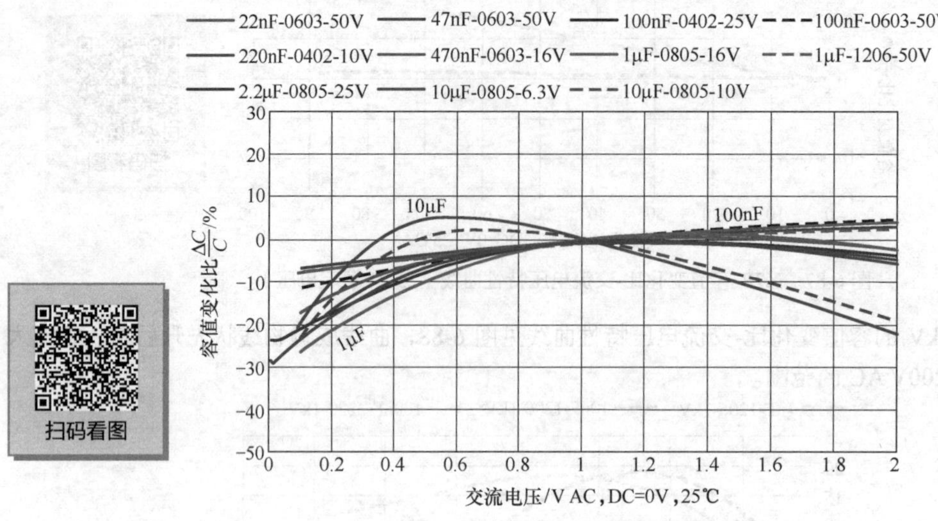

图 6-90　Y5V 容值变化比-交流电压特性曲线

6.4　陶瓷绝缘介质的纹波电流发热特性

MLCC 在电路应用中受纹波电流影响会出现“自热（self-heating）”现象，我们称之为“纹波电流发热特性”。低容量的 MLCC 因通过的纹波电流较小，所以自热几乎可以忽略不计，但是，容量大（通常 1nF 以上）的 MLCC 通过的纹波电流比较大，如果自热速度大于散热速度，就有可能产生局部高温，极端情况下，可能造成元件烧毁或降低介质绝缘性。

6.4.1　纹波电流发热特性测试方法

1）测试装置

纹波电流特性测试装置及原理如图 6-91 所示，先把测试样品焊接在环氧玻璃 PCB 上，然后利用亚克力盒（丙烯）上方安装的红外温度计来测量 MLCC 表面的温度。

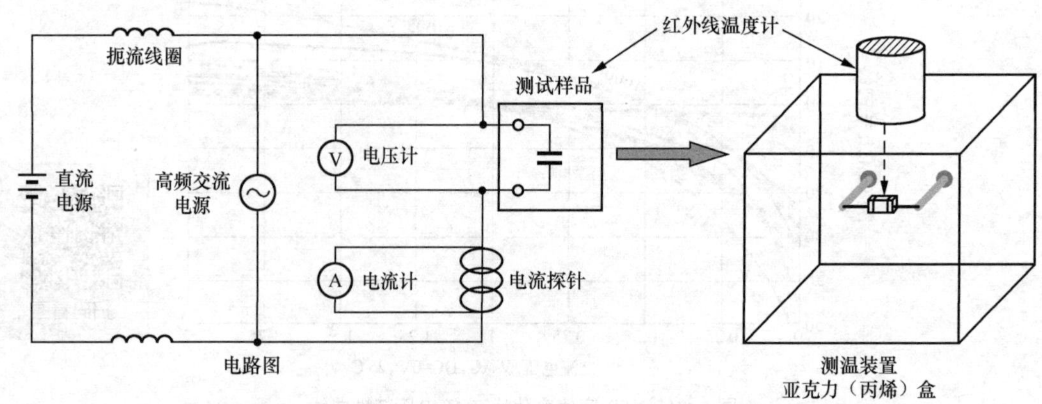

图 6-91　MLCC 纹波发热测量示意图

2）测试条件

纹波频率：20kHz～1MHz，最多 3 个条件（正弦波）

测试参照温度点：（25±3）℃

直流偏压：$0.5U_R$（额定电压）

6.4.2 C0G（NP0）纹波电流发热特性

对于 I 类陶瓷绝缘介质的典型代表 C0G 1nF 以上的规格来说，受纹波电流影响明显，自热会带来温升。参考图 6-92 和图 6-93 所示 C0G 在 1MHz 频率条件下的温升-纹波电流特性曲线。从纹波电流发热特性曲线可以看出，基本上尺寸较大的 MLCC 温升相对平缓，这可能与体积大散热快有一定关系。

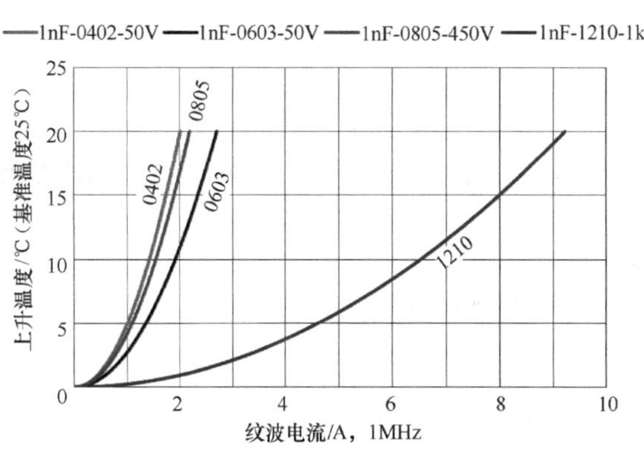

图 6-92　C0G 纹波电流发热特性曲线（1nF）

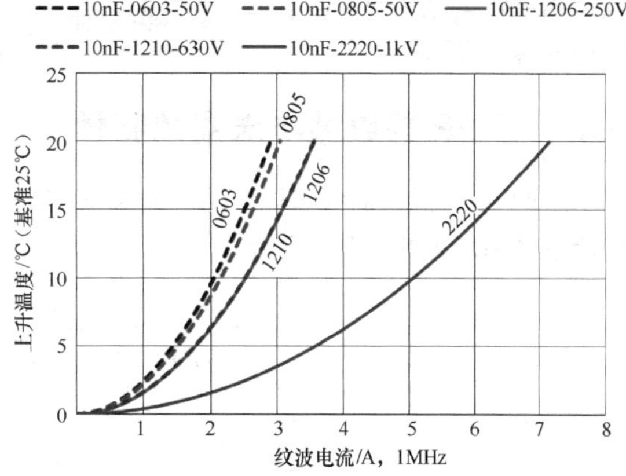

图 6-93　C0G 纹波电流发热特性曲线（10nF）

6.4.3 X7R 的纹波电流发热特性

前面对 I 类陶瓷绝缘介质已介绍过，MLCC 会在纹波电流作用下自热产生温升。对于 II 类陶瓷绝缘介质来说同样会受纹波电流影响，通常容量大的 MLCC 通过的纹波电流比较大。参考图 6-94 和图 6-95 所示 II 类陶瓷绝缘介质在不同条件下的纹波电流发热特性曲线。

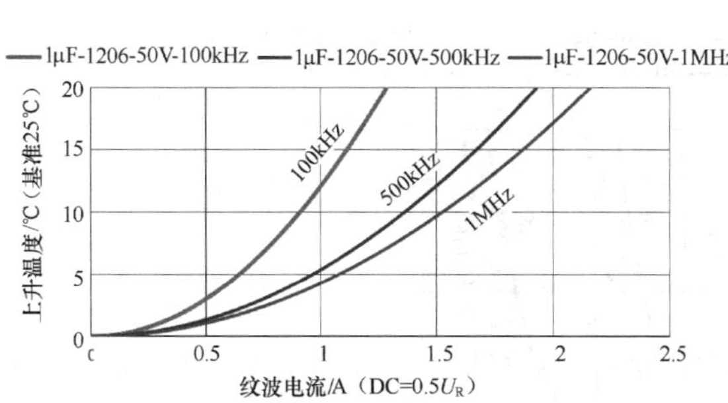

图 6-94　X7R 同规格不同频率的纹波电流发热特性曲线的比较

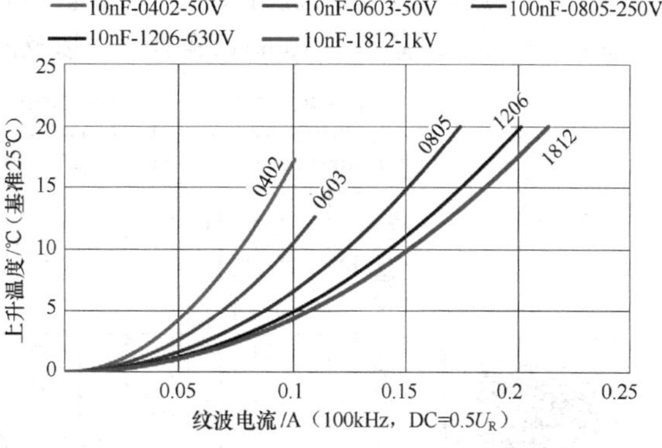

图 6-95　X7R 10nF 不同尺寸纹波电流发热特性曲线

从温升曲线可以看出：同规格 X7R 在不同频率下的温升曲线是不同的，且在相同纹波电流下频率较小的温升反而较大；同容值不考虑额定电压的情况下，尺寸较大的温升较平缓。

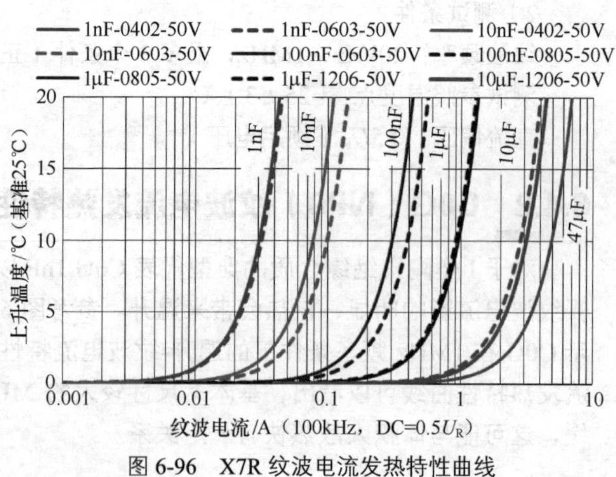

图 6-96　X7R 纹波电流发热特性曲线

因为同规格 X7R 在纹波电流一样的情况下频率较小的温升反而较大，所以下面我们提供 100kHz（X7R）的纹波电流发热特性曲线给大家参考（如图 6-96 所示）。从纹波电流发热特性曲线可以看出，频率在 100kHz 条件下，以及同纹波电流情况下，容值较小的温升反而较快。

6.4.4　X5R 的纹波电流发热特性

从图 6-97 温升曲线可以看出：同规格 X5R 在不同频率下的温升曲线是不同的，且在相同纹波电流下频率较小的温升反而较大。

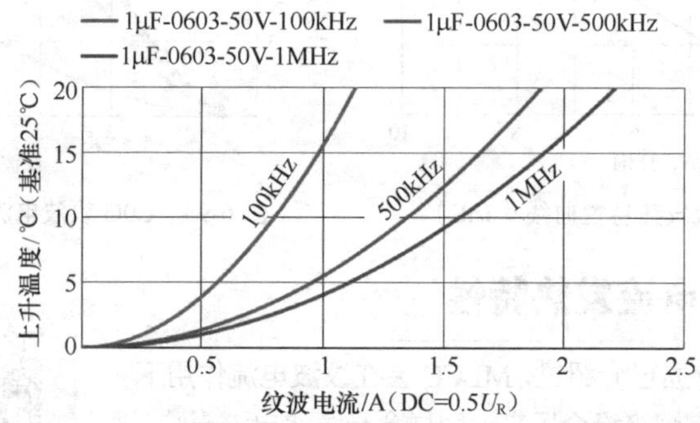

图 6-97　X5R 同规格不同频率纹波电流发热特性曲线的比较

因为同规格 X5R 在纹波电流一样的情况下频率较小的温升反而较大，所以下面我们提供 100kHz（X5R）的纹波电流发热特性曲线给大家参考（如图 6-98 所示）。跟 X7R 一样，从纹波电流发热特性曲线可以看出，频率在 100kHz 条件下，以及同纹波电流情况下，容值较小的温升反而较快。

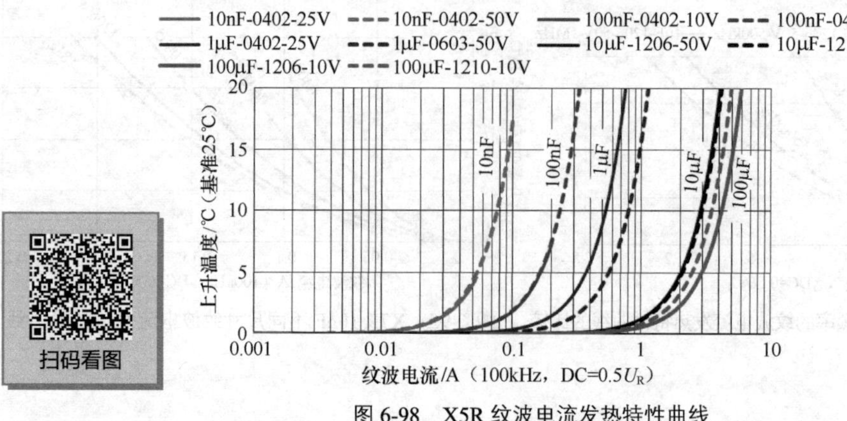

图 6-98　X5R 纹波电流发热特性曲线

6.4.5 Y5V 的纹波电流发热特性

从图 6-99 温升曲线可以看出：同规格 Y5V 在不同频率下的温升曲线是不同的，且在相同纹波电流下频率较小的温升反而较大。

因为同规格 Y5V 在纹波电流一样的情况下频率较小的温升反而较大，所以我们提供 10kHz（Y5V）的纹波电流发热特性曲线给大家参考（如图 6-100 所示）。

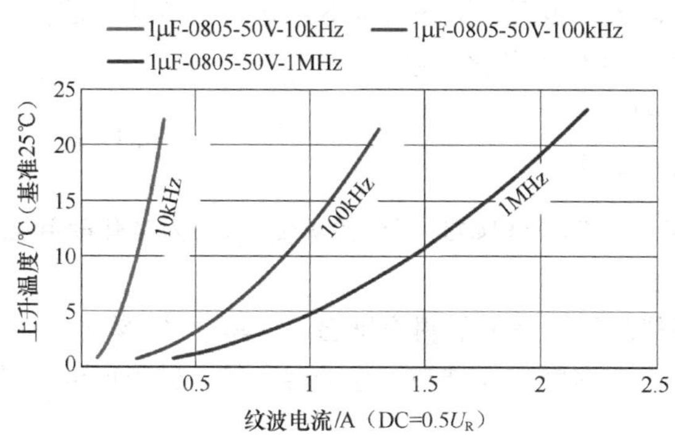

图 6-99 Y5V 同规格不同频率纹波电流发热特性曲线的比较

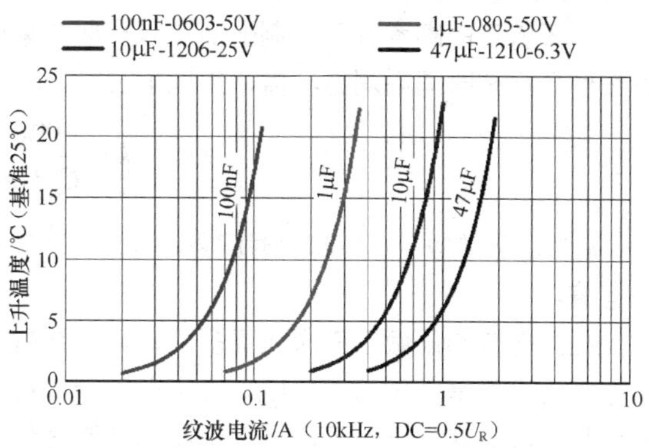

图 6-100 Y5V 纹波电流发热特性曲线

6.5 II 类和 III 类陶瓷绝缘介质的老化特性

6.5.1 老化原理

大多数 II 类和 III 类陶瓷绝缘介质电容器具有铁电性质，当高于居里温度时，介电体具有高度对称的立方晶体结构，而低于居里温度的介电体晶体结构则不那么对称。

虽然在单晶里，这种相变非常明显，但在实际的陶瓷中，这种相变常常扩展到一个有限的温度范围内，但在所有情况下，它都与容值-温度曲线上的一个峰值有关。在热振动的影响下，电介质经过居里温度冷却后，晶格中的离子在很长一段时间内继续向低势能位置移动。这就产生了电容老化现象，即电容器不断地降低其容值。然而，如果将电容器加热到高于居里温度，则发生去老化；即之前经过老化失去的容量得到恢复，并且一旦电容器被冷却就立即开启再次老化。老化是 II 类和 III 类陶瓷绝缘介质在低于居里温度以下时它的晶体结构会发生弛豫的一种自然现象。除非把晶体结构加热到居里温度以上，否则这个过程会一直持续下去。

在陶瓷介质的居里温度点会出现介电常数突增现象，此现象的直接影响是出现容量峰值，晶体结构变化是 $BaTiO_3$ 配方特有的性质，并且出现在居里温度 120℃处。我们注意到一个有趣的现象是：通过修改陶瓷配方，居里温度点可以向高温迁移，也可以压低容值变化峰值，无论哪种配方调配均需要通过添加特定的添加剂。

6.5.2 老化规律

在陶瓷介质经过居里温度以上加热，再冷却后的第一个小时内，容值的损耗没有很好的定义，但在这之后，它遵循对数定律，可用老化常数表示。老化常数 k 被定义为时间每“十进制”小时中由于电介质老化过程而造成的容值损失百分比。即电容器老化时间的递增以十倍计，例如从 1h 增加到 10h，100h，再到 1 000h。由于电容的衰减规律是一个对数函数，所以容值的衰减百分比在 1h 到

10h 是 k，在 1h 到 100h 是 $2k$，在 1h 到 1 000h 是 $3k$，这可以用公式（6-1）表达。

$$C_t = C_1\left(1-\frac{k}{100}\times \lg t\right) \quad \text{公式（6-1）}$$

C_t 为开始老化经历了 t h 的容值。

C_1 老化开始经历了 1h 的容值。

k 是老化常数，用以每 10 进制时间的容值衰减百分比来表示。

t 是老化经历时间单位用小时（h）。

对于特定的陶瓷介质，制造商可以声明其老化常数，也可以通过对电容器进行去老化处理，然后在两个已知时间内测量容值，用以下公式（6-2）来计算该老化常数 k。

$$k = \frac{100\left(C_{t1} - C_{t2}\right)}{C_{t1}\left(\lg t_2 - \lg t_1\right)} \quad \text{公式（6-2）}$$

k 为老化常数，t_1 为起始时间点，t_2 为老化时间点，C_{t1} 为起始时间点的容值，C_{t2} 为老化时间点的容值。

如果电容测量做了三次或更多次，那么就有可能从一个图形的斜率推出 k，其中 C_t 是对应 $\lg t$ 绘图，也可能是 $\log C$ 对应 $\lg t$。在老化测量过程中，电容器应保持在恒定的温度下，避免因温度特性引起的容值变化干扰了因老化引起的容值变化。

I 类陶瓷绝缘介质没有老化现象，容值几乎不随时间的变化，非常稳定。图 6-101 是不同陶瓷介质的老化曲线对比图。

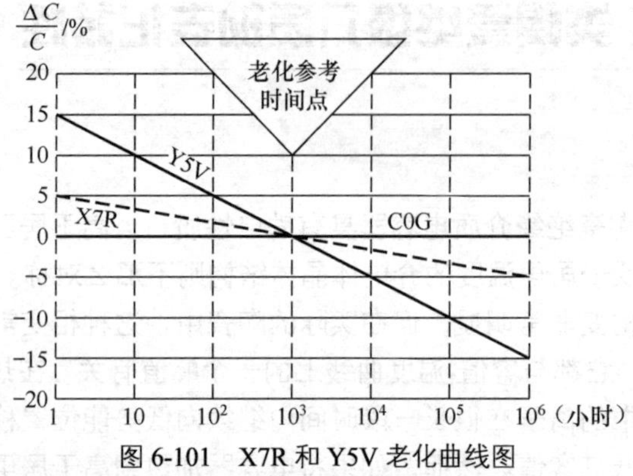

图 6-101　X7R 和 Y5V 老化曲线图

在 Y5V 老化曲线上，每 10 进制小时，容值降低大约 7.0%，X7R 约为 3.0%，各陶瓷介质的参考老化率见表 6-8。

表 6-8　陶瓷绝缘介质老化率

陶瓷绝缘介质	每 10 进制小时的老化率
C0G	0%
U2J	0.1%
X8R	0%
X7R	3.0%
X5R	5.0%
X8L	3.0%
Y5V	5.0%～7.0%
Z5U	4.0%～5.0%

备注：每 10 进制小时是指 10h、100h、1 000h……。

如果加载一个跟额定电压同一量级的临时性的直流电压，在电容降低的形式中会有一个挥之不去的效果，就好像这个元件已经提前老化了 10^{1}～$10^{1.5}$h。

从图 6-102 中我们也可以看出在某些区段上容值如何降低似乎不再受等额直流电压影响。受等额直流电压影响而降低的比例粗略统计如下。

X7R 陶瓷材料：+2.5%；

Y5V 陶瓷材料：+5%。

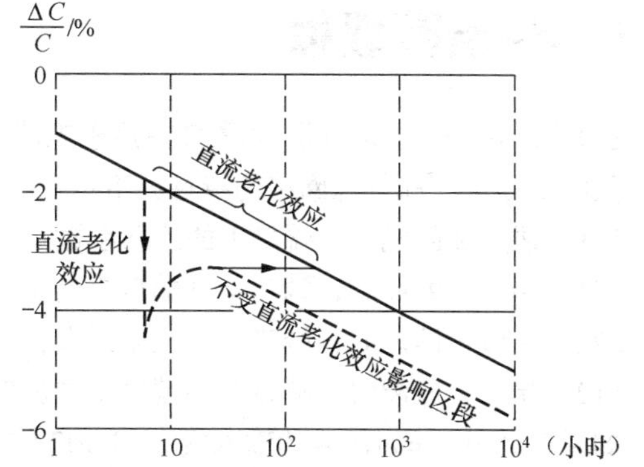

图 6-102 与额定电压同量级的瞬时直流电压的老化效应

6.5.3 容值测量和容值偏差

由于老化的存在，所以有必要规定一个参考老化时间，在此老化时间内确保受老化影响的容值还在规定的公差范围内。这个参考的老化时间是 1 000h，因为实际上经过这 1 000h 老化后，容值老化损耗幅度没有之前那么大了。为了计算 1 000h 老化后的容值 $C_{1\,000}$，在知道老化常数 k 情况下，或者通过上述公式计算出老化常数的情况下，$C_{1\,000}$ 可以用以下公式（6-3）计算。

$$C_{1\,000} = C_{t}\left[1-\frac{k}{100}(3-\lg t)\right] \qquad \text{公式（6-3）}$$

对于工厂测试，测试时相对于 1 000h 的容值老化损耗，这是已知的，可以通过使用不对称的检查公差来补偿修正。例如，如果已知某规格电容老化损耗为 5%，偏差是 ± 20%，我们在容值筛选时并不是按 ± 20%偏差来筛选，而是按–15%～25%的不对称偏差来做筛选检验偏差。容值通常在 20℃（EIA 标准通常采用 25℃）下测量，这就可能需要在这个温度下测量或将测量结果修正到这个温度。错误也可能来自于手的热量传递，因此测试时电容器应该总是用镊子来夹取。

6.5.4 容值测量前的特殊预处理

在本章的许多测试中，测量的容值因给定的条件而发生变化。为了避免老化的干扰作用，在测试前对电容器进行了特殊的预处理，测试样品应置于上限类别温度下加热 1h，并在标准大气条件下静置 24h 再进行测试。对于那些居里温度低于上限类别温度的电容器，这将导致去老化，如果可能的话，还会起到调节作用，使电容器的老化时间不超过 24h，从而使老化影响变成最低。如果介质的居里温度高于上限类别温度，特殊预处理不能完全使电容器去老化，但这仍将把电容器带入一个新的状态，它并不再那么依赖于之前的老化历史，因为去老化效果也许早在居里温度点以下就诱发了。如果加热温度离居里温度点有些距离时可以通过延长时间来补偿，并且可以获得同完全去老化几乎一样的效果。为了使这些电容器真正完全去老化，可能需要达到 160℃的温度，而这个温度可能对封装有害。因此，只有少数情况下，完全去老化才是必需的，并应参阅详细规范，以了解任何必要的预防措施。需要留意的是：每一处贴片陶瓷电容器的焊接过程就是相当于一次去老化。

II 类贴片陶瓷电容器的“去老化”现象说明了“老化”是可逆的，这个跟塑料老化是不同的概念，“老化”是 II 类和 III 类陶瓷材料特性而非不良，库存时间超过 1 000h 的电容器可能出现容值偏低问题，这时候极容易被客户判断为容值不良。标准的测量条件应该是先“去老化”，根据前面的去老化方法把 MLCC 加热到上限类别温度以上 1h，但是不同陶瓷介质的上限类别温度不同，这样区分比较麻烦，所以 MLCC 厂家推荐一个不分介质类别的通用的条件：150℃下烘烤 1h，然后静置 24h 之后再测量容值，并换算到 1 000h 后的容值是否在允差内。

6.6 S-参数数据

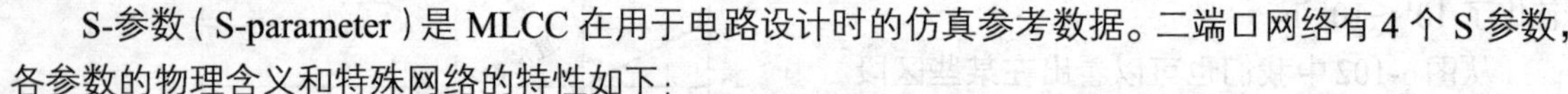

S-参数（S-parameter）是 MLCC 在用于电路设计时的仿真参考数据。二端口网络有 4 个 S 参数，各参数的物理含义和特殊网络的特性如下：

*S*11：端口 2 匹配时，端口 1 的反射系数；

*S*21：端口 2 匹配时，端口 1 到端口 2 的正向传输系数；

*S*22：端口 1 匹配时，端口 2 的反射系数；

*S*12：端口 1 匹配时，端口 2 到端口 1 的反向传输系数。

如果以 Port1 作为信号的输入端口，Port2 作为信号的输出端口，那么 *S*11 表示的就是回波损耗，即有多少能量被反射回源端（Port1），这个值越小越好，一般建议 *S*11<0.1，即–20dB；*S*21 表示插入损耗，也就是有多少能量被传输到目的端（Port2）了，这个值越大越好，理想值是 1，即 0dB，*S*21 越大传输的效率越高，一般建议 *S*21>0.7，即–3dB。

MLCC 厂家应该提供每个 MLCC 规格的 S-参数数据给用户参考。这个参考数据是一个庞大的数据库，在这里无法一一列举，我们只能挑选有代表性的容值规格给大家参考和对比。

6.6.1 S–参数测试方法

S-参数数据测量方法借鉴某知名 MLCC 厂家的测试方法来做介绍。

1. 测量步骤

以下介绍本测量的步骤。此外，主要以图 6-103 所示的方法使用网络分析器和测量夹具在 2 个端口上测量 S-参数。

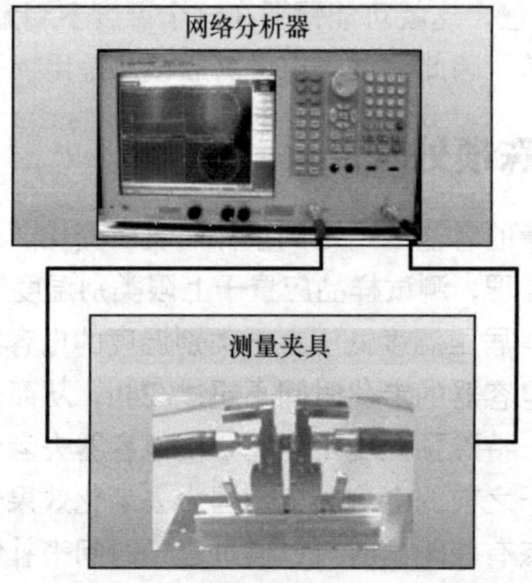

图 6-103　网络分析器与测量夹具连接示意图

1）校正

使用 SOLT（部分 SOL）校正和 TRL 校正 2 种方法进行校正。SOLT 校正使用某知名厂家生产的 Short、Open、Load、Thru 线路板校正低频率侧的领域。与此相反，TRL 校正使用某知名厂家生产的 Thru、Reflect、Line、Match 线路板校正高频率侧的领域。此外，校正基准面是焊盘图案的端面。

2）测量

将样品焊接在线路板上，然后固定在与网络分析器/阻抗分析器相连接的测量夹具上进行测量。

3）抽取样品单品的 S-参数数据

所测量的 S-参数数据虽然已经通过校正和网络分析仪相位补偿修正除去了试验线路板和测量夹

具的特性，但还包含通孔和焊盘图案的特性。因此，从测量结果中除去了通孔和焊盘图案的特性，抽取样品单品的 S-参数数据。

2. 试验线路板

S-参数测试线路板规格要求见表 6-9。

表 6-9　S-参数测试线路板规格要求

项目	最大为 8.5GHz 时	最大为 20GHz 时
线路板材质	玻璃环氧树脂	玻璃氟树脂
层厚度	100μm	160μm
线路板构造	微带	共面
特性阻抗	17Ω	50Ω
图案材质	铜箔+镀金	铜箔+镀金

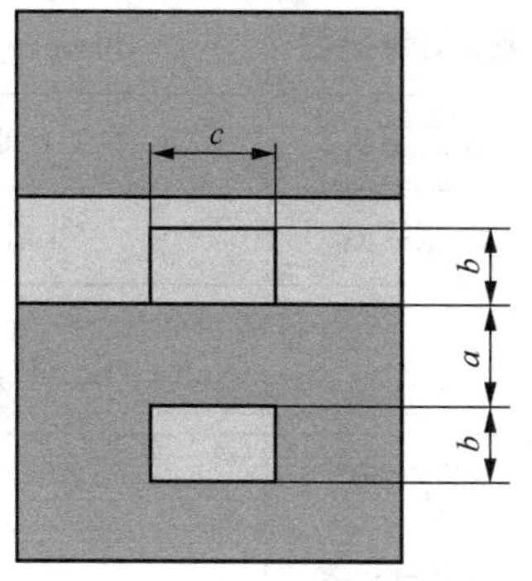

图 6-104　焊盘尺寸

图 6-104 显示了焊盘尺寸，S-参数测试的焊盘尺寸见表 6-10。

表 6-10　S-参数测试的焊盘尺寸

MLCC 尺寸代码		焊盘尺寸/mm			MLCC 尺寸代码		焊盘尺寸/mm		
IEC	EIA	*a*	*b*	*c*	IEC	EIA	*a*	*b*	*c*
0402	01005	0.2	0.18	0.23	4532	1812	3.5	1.4	3.0
0603	0201	0.3	0.35	0.40	4520	1808	3.5	1.4	1.8
1005	0402	0.5	0.45	0.60	5750	2220	4.6	1.6	4.8
1608	0603	0.8	0.7	0.8	0510	0204	0.2	0.3	1.0
2012	0805	1.2	0.7	1.1	0816	0306	0.3	0.4	1.6
2828	1111	2.1	0.9	2.6	1220	0508	0.6	0.5	1.8
3216	1206	2.4	0.9	1.4	1632	0612	0.8	0.7	2.8
3225	1210	2.4	0.9	2.3	2040	0816	0.9	0.8	4.0

3. 测试装置

测试所使用的测试装置如下所示。

I 类 MLCC（$C<1$nF）所使用的测试装置如下。

阻抗分析器：E4991A（Keysight Technologies）

网络分析器：E5071C/N5225A（Keysight Technologies）

测试夹具：PC・SMA/PC・V（YOKOWO）

II 类和 III 类 MLCC 以及 I 类 MLCC（$C\geqslant 1$nF）所使用的测试装置如下。

网络分析器：E501B/E5071C（Keysight Technologies）

测试夹具：PC・SMA（YOKOWO）

4. 测试条件

测试将测试频率范围分为低频率领域和高频率领域两种，分别采用适合各自领域的测试条件。表 6-11、表 6-12 分别表示 I 类 MLCC 及 II 类和 III 类 MLCC 的测试条件。

表 6-11　I 类 MLCC（$C<1nF$）测试条件

频率领域	低频率	高频率 1	高频率 2
网络分析器/阻抗分析器	E4991A Keysight Technologies	E5071C Keysight Technologies	N5225A Keysight Technologies
测量频率范围	100MHz～3GHz	100MHz～8.5GHz	500MHz～20GHz
校正套件	SOLT 校正（+低损耗电容）	TRL 校正	
连接模式	1 端口	2 端口分流模式	

表 6-12　II 类和 III 类 MLCC 以及 I 类 MLCC（$C\geqslant 1nF$）测试条件

频率领域	低频率	高频率
网络分析器	E5061B Keysight Technologies	E5071C Keysight Technologies
测量频率范围	100Hz～100kHz	100kHz～6GHz
校正套件	SOLT 校正	TRL 校正
连接模式	2 端口分流模式	

6.6.2　C0G 的 S-参数曲线

C0G 绝缘介质取不同容值规格的 S-参数曲线进行对比，见图 6-105～图 6-116。C0G 的常规尺寸所涵盖的容值范围目前在 0.1pF～330nF 之间，因容值规格太多，所以选取有代表性的容值规格做对比，例如 0.1pF、1pF、10pF、100pF、1nF、10nF、100nF、22nF。

1. C0G 代表规格的 S11 曲线

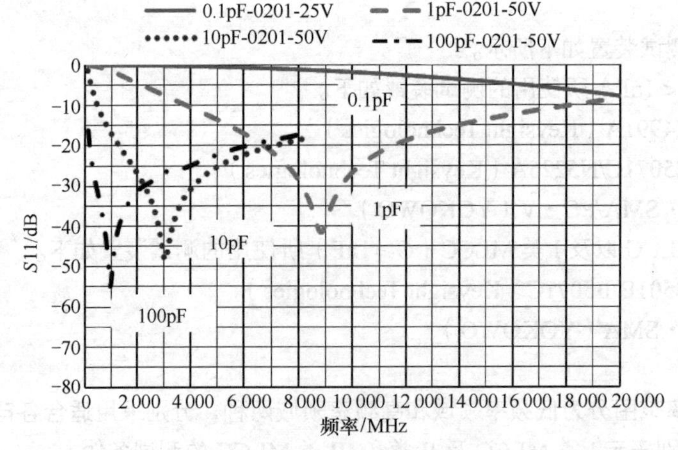

图 6-105　C0G 不同容值 S11 曲线 1

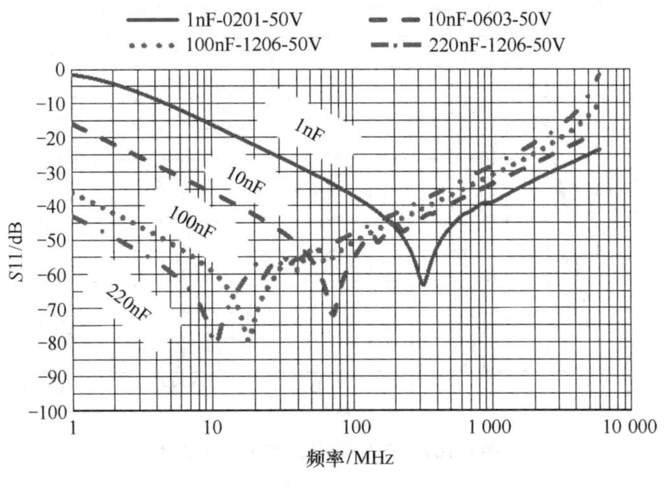

图 6-106　C0G 不同容值 $S11$ 曲线 2

2. C0G 代表规格的 $S21$ 曲线

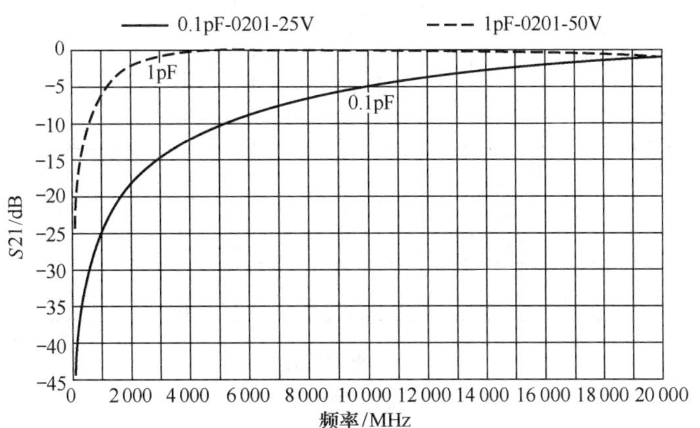

图 6-107　C0G 不同容值 $S21$ 曲线 1

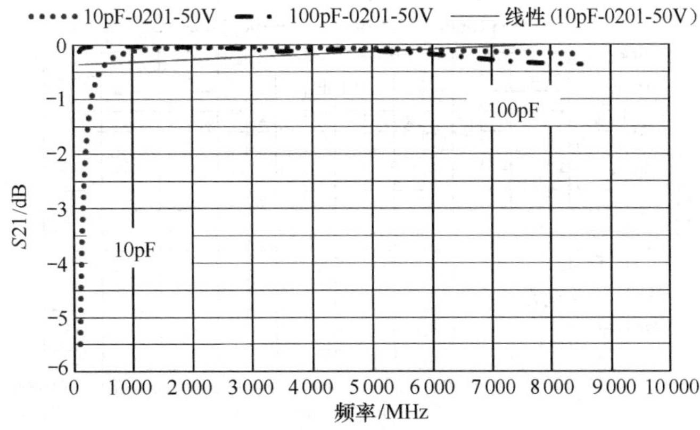

图 6-108　C0G 不同容值 $S21$ 曲线 2

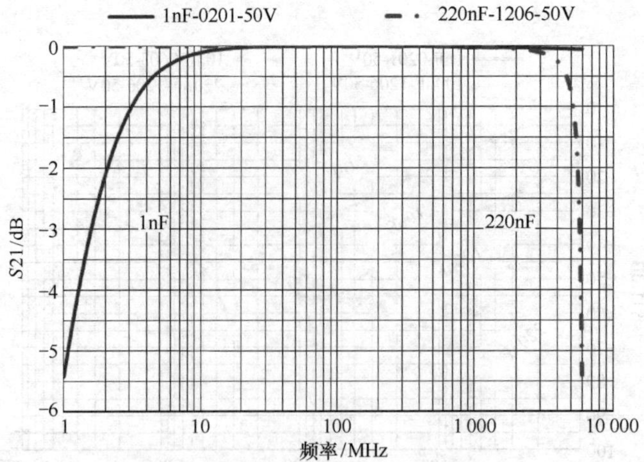

图 6-109　C0G 不同容值 S21 曲线 3

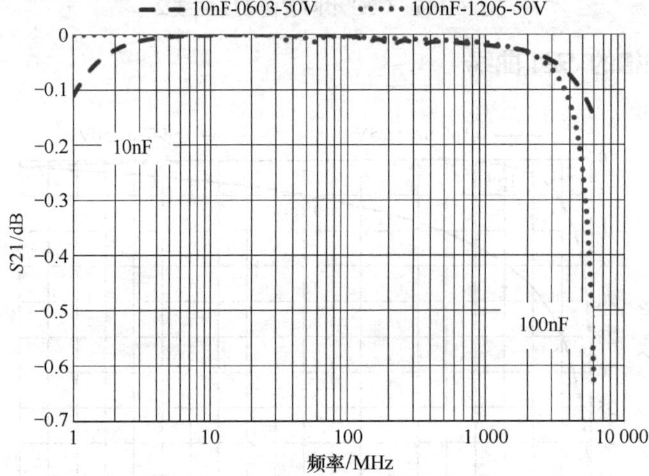

图 6-110　C0G 不同容值 S21 曲线 4

3. C0G 代表规格的 *S*22 曲线

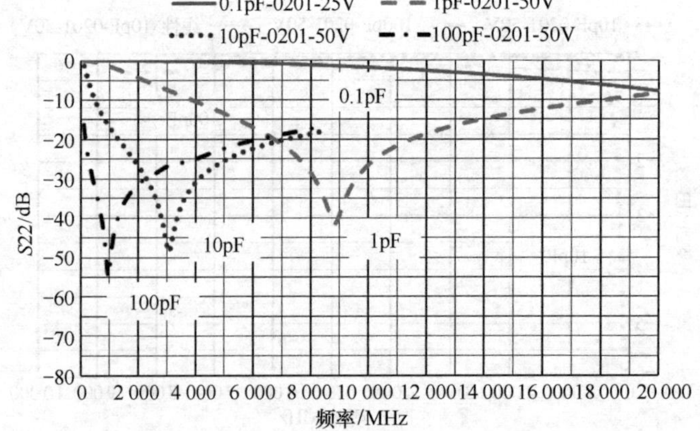

图 6-111　C0G 不同容值 S22 曲线 1

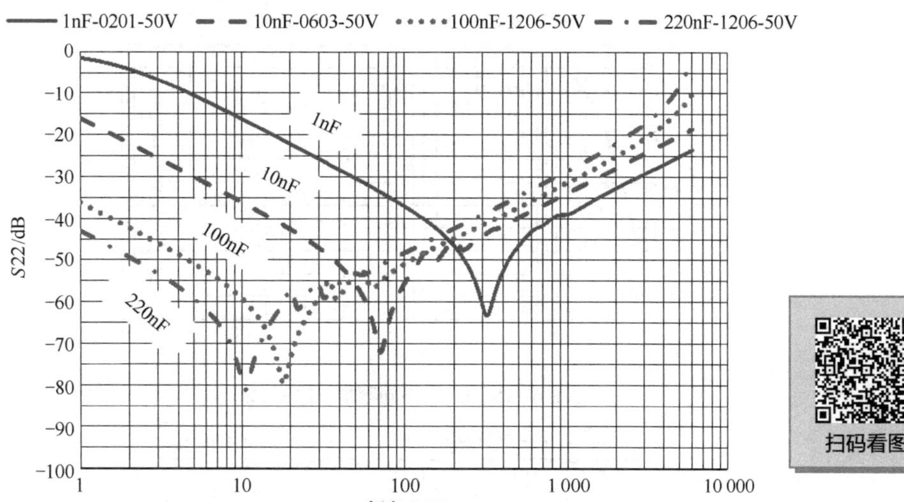

扫码看图

图 6-112　C0G 不同容值 *S*22 曲线 2

4. C0G 代表规格的 *S*12 曲线

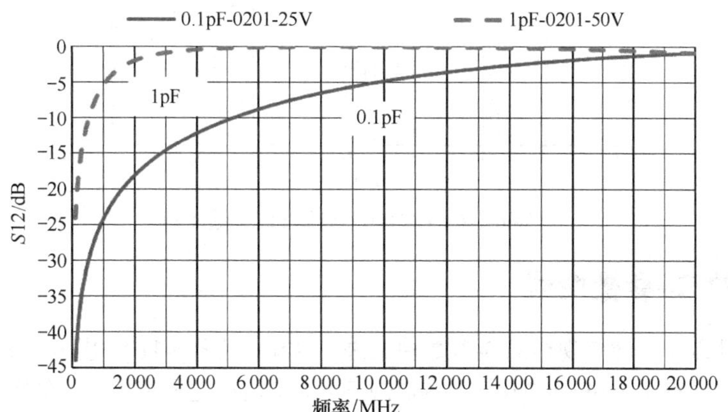

图 6-113　C0G 不同容值 *S*12 曲线 1

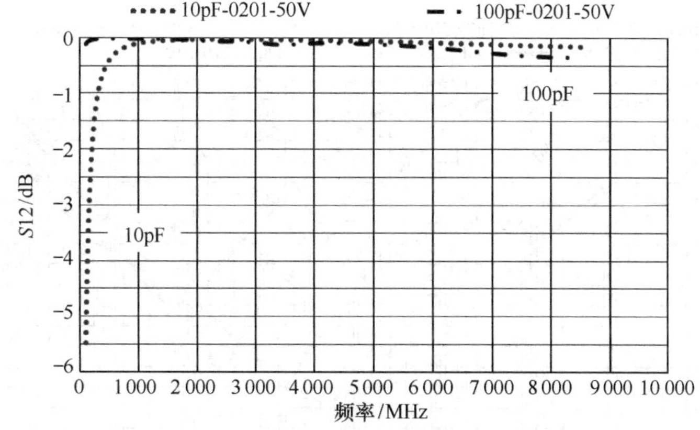

图 6-114　C0G 不同容值 *S*12 曲线 2

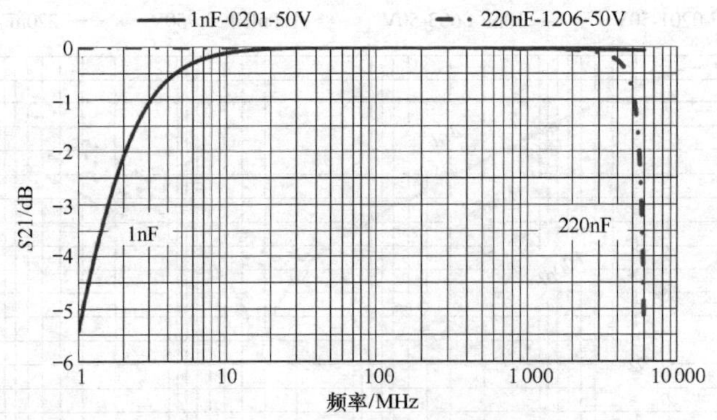

图 6-115　C0G 不同容值 *S*12 曲线 3

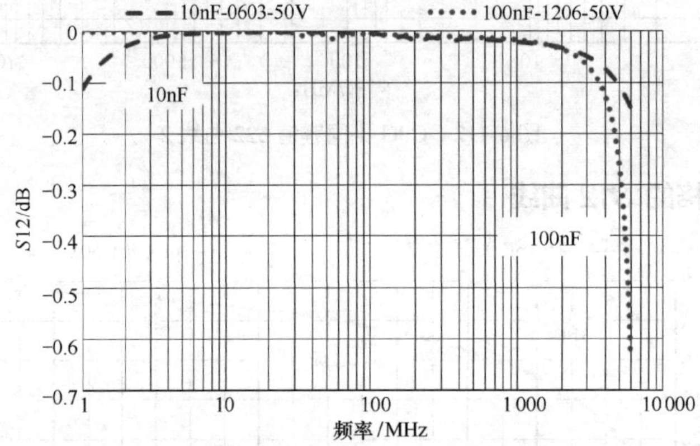

图 6-116　C0G 不同容值 *S*12 曲线 4

6.6.3　X7R 的 S-参数曲线

X7R 绝缘介质取不同容值规格的 S-参数曲线进行对比，见图 6-117～图 6-122。X7R 的常规尺寸所涵盖的容值范围目前在 56pF～47μF，因容值规格太多，所以选取有代表性的容值规格做对比，例如 100pF、1nF、10nF、100nF、1μF、10μF、47μF。

1. X7R 代表规格的 *S*11 曲线

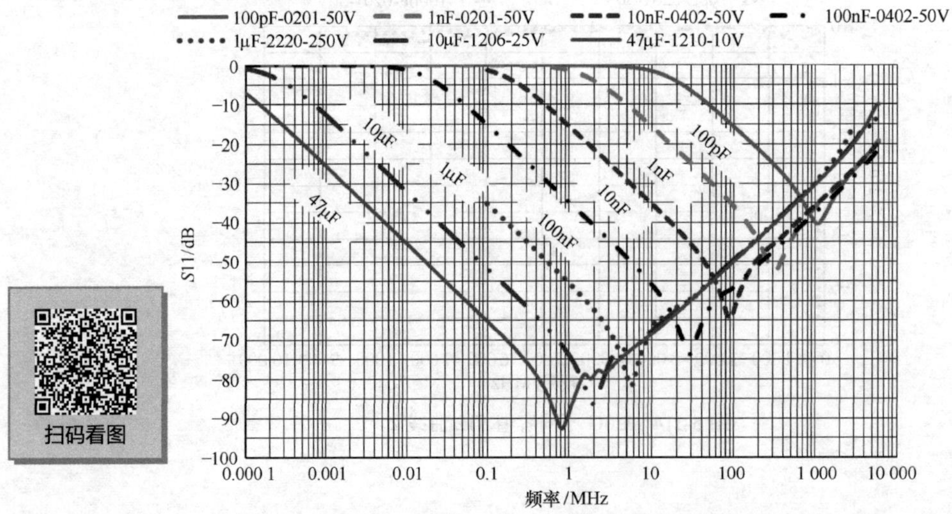

扫码看图

图 6-117　X7R 不同容值-*S*11 曲线

2. X7R 代表规格的 S21 曲线

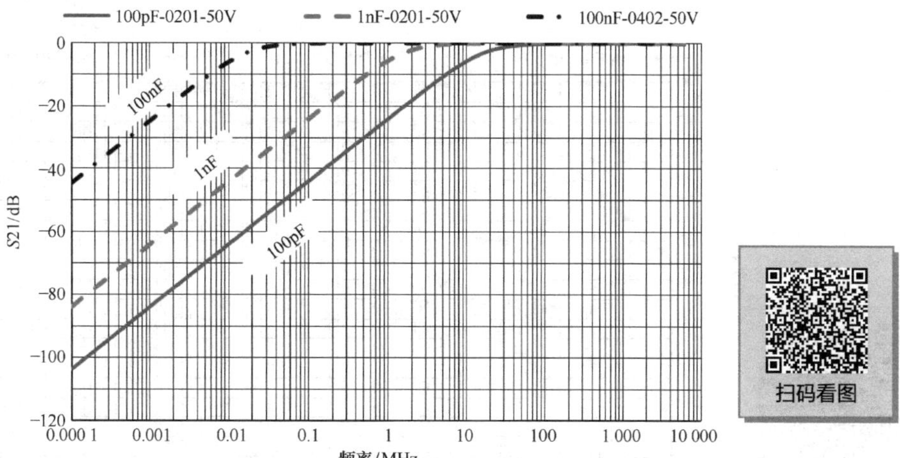

图 6-118　X7R 不同容值-S21 曲线 1

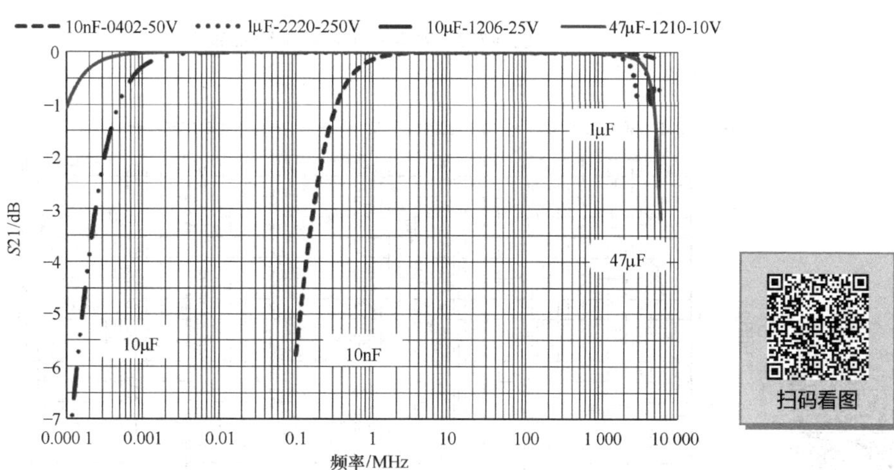

图 6-119　X7R 不同容值-S21 曲线 2

3. X7R 代表规格的 S22 曲线

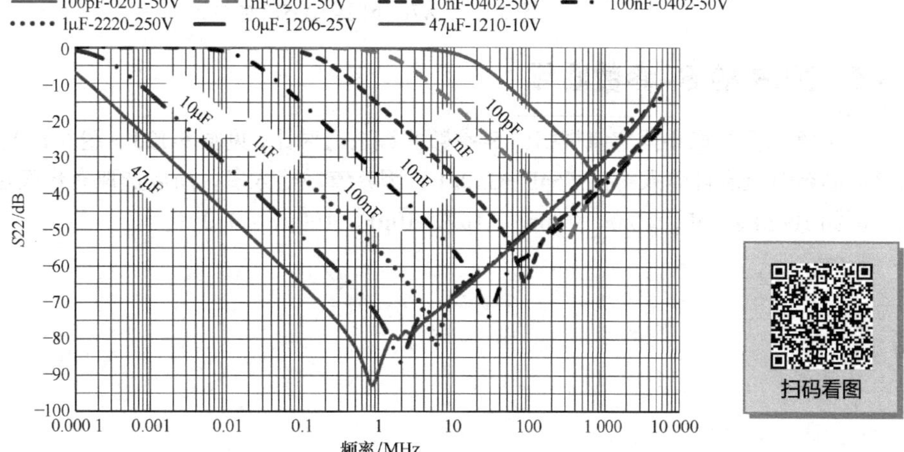

图 6-120　X7R 不同容值-S22 曲线

4. X7R 代表规格的 S12 曲线

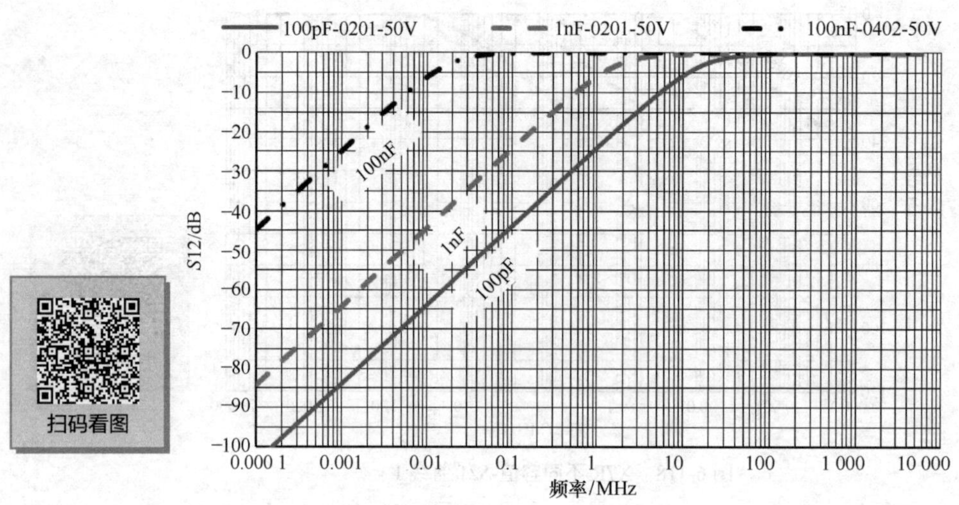

图 6-121　X7R 不同容值-S12 曲线 1

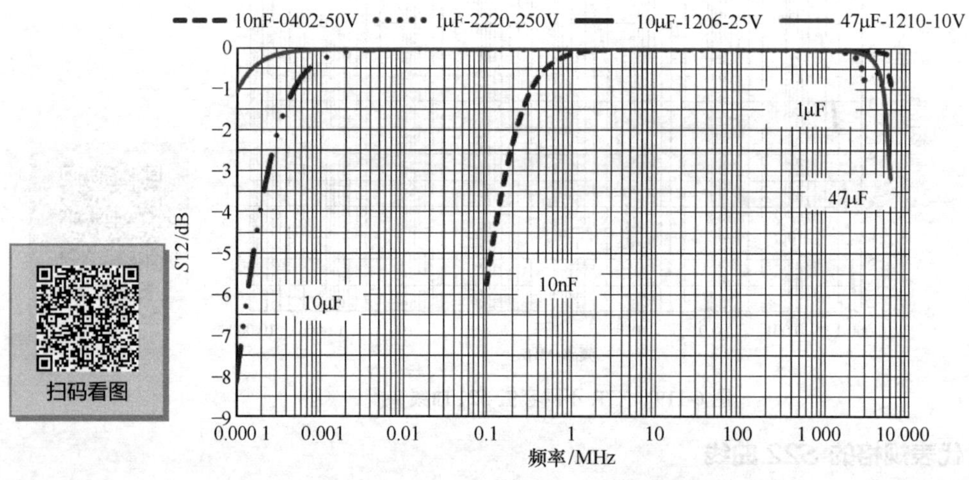

图 6-122　X7R 不同容值-S12 曲线 2

6.6.4　X5R 的 S-参数曲线

X5R 绝缘介质取不同容值规格的 S-参数曲线进行对比，见图 6-123～图 6-130。X5R 的常规尺寸所涵盖的容值范围目前大约在 56pF～330μF，因容值规格太多，所以选取有代表性的容值规格做对比，例如 100pF、1nF、10nF、100nF、1μF、10μF、100μF、330μF。

1. X5R 代表规格的 *S*11 曲线

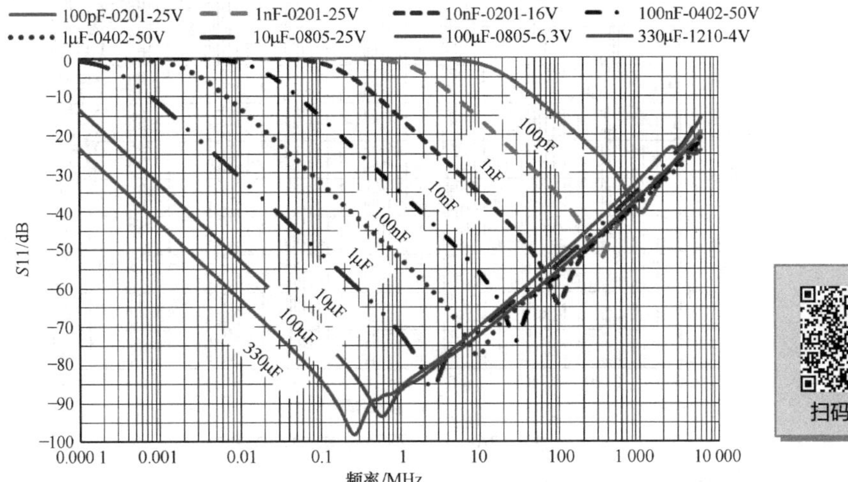

扫码看图

图 6-123　X5R 不同容值-*S*11 曲线

2. X5R 代表规格的 *S*21 曲线

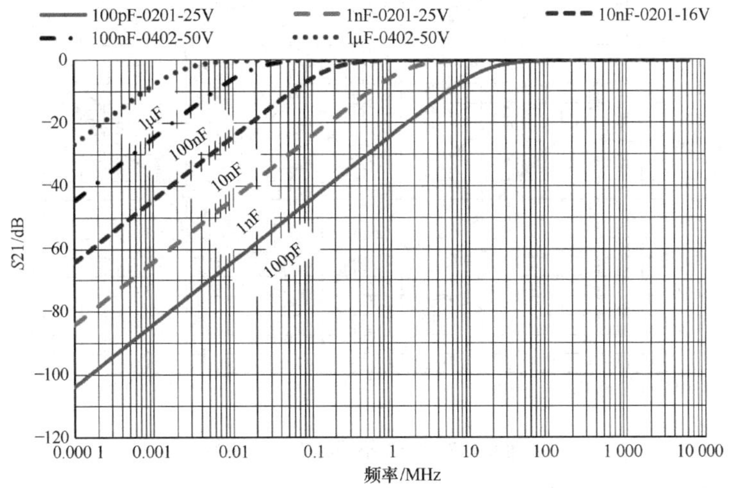

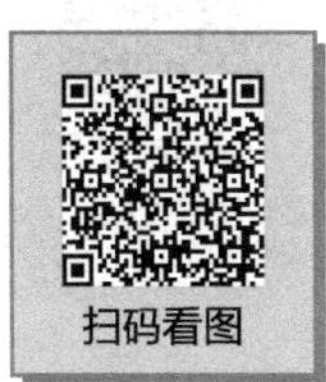

图 6-124　X5R 不同容值-*S*21 曲线 1

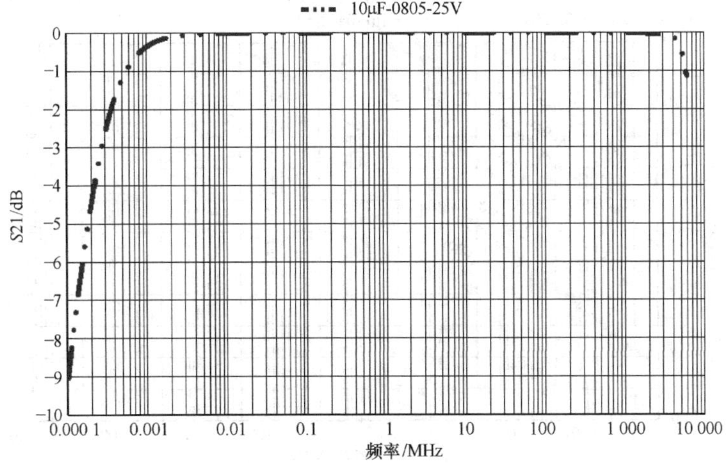

图 6-125　X5R 不同容值-*S*21 曲线 2

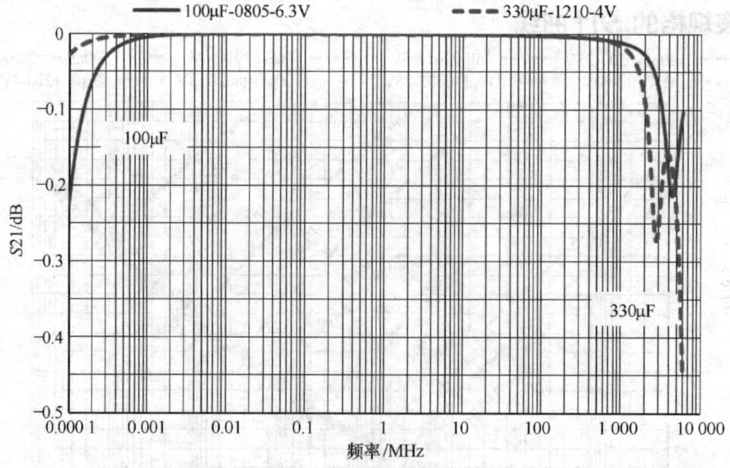

图 6-126 X5R 不同容值-*S*21 曲线 3

3. X5R 代表规格的 *S*22 曲线

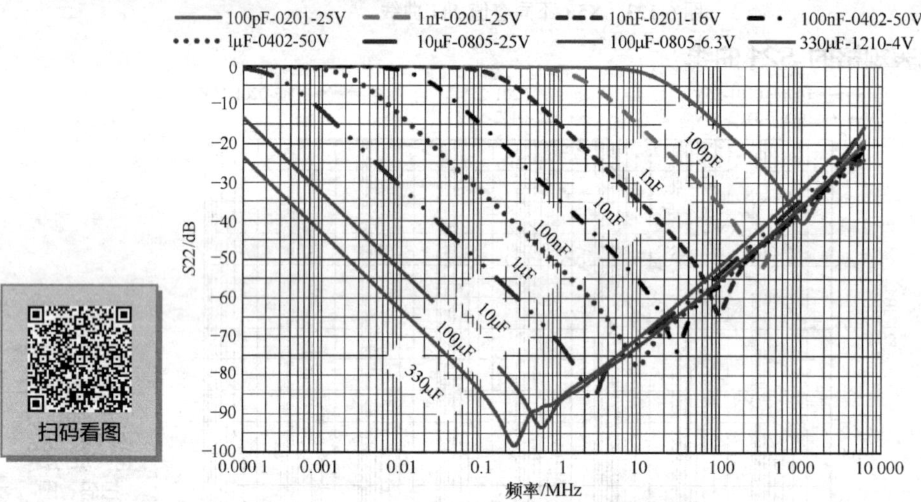

扫码看图

图 6-127 X5R 不同容值-*S*22 曲线

4. X5R 代表规格的 *S*12 曲线

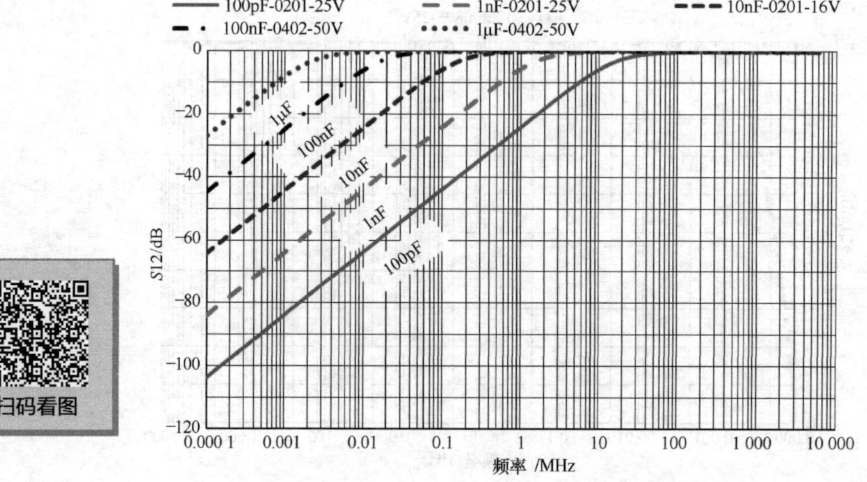

扫码看图

图 6-128 X5R 不同容值-*S*12 曲线 1

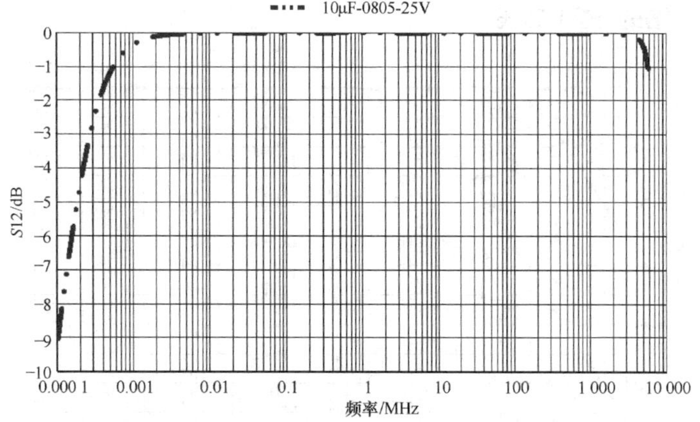

图 6-129　X5R 不同容值-$S12$ 曲线 2

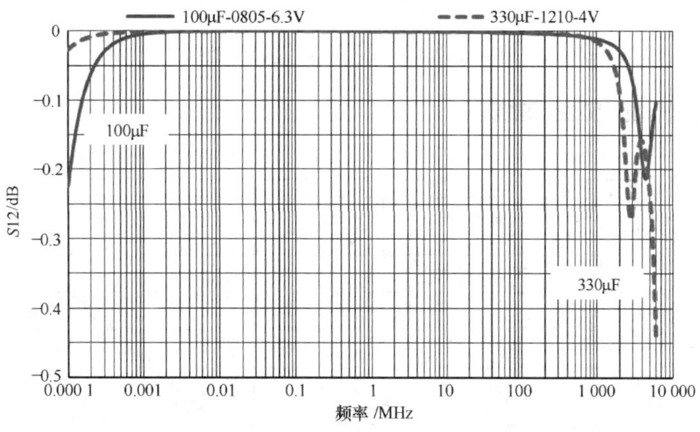

图 6-130　X5R 不同容值-$S12$ 曲线 3

6.6.5　Y5V 的 S-参数曲线

Y5V 绝缘介质取不同容值规格的 S-参数曲线进行对比，见图 6-131～图 6-134。Y5V 的常规尺寸所涵盖的容值范围目前大约在 10nF～10μF，因容值规格太多，所以选取有代表性的容值规格做对比，例如 22nF、100nF、1μF、10μF。

1. Y5V 代表规格的 $S11$ 曲线

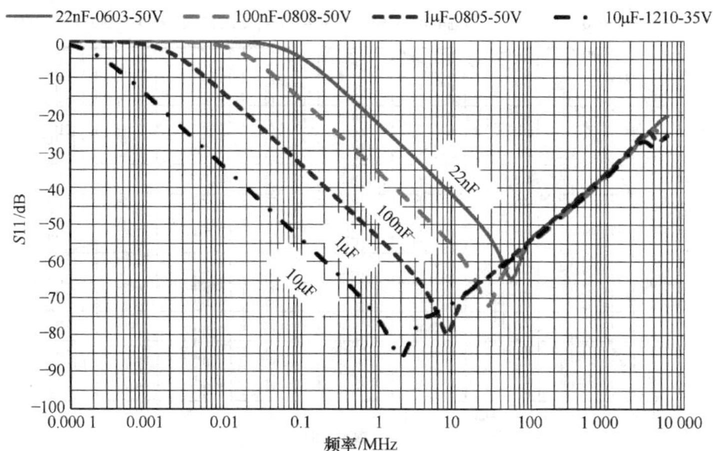

图 6-131　Y5V 不同容值-$S11$ 曲线

2. Y5V 代表规格的 *S*21 曲线

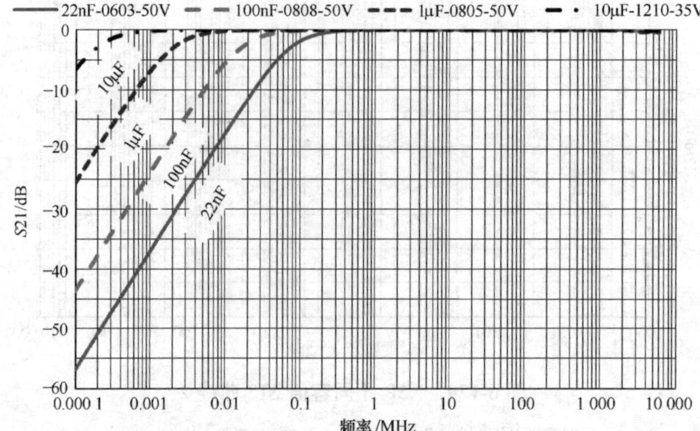

扫码看图

图 6-132　Y5V 不同容值-*S*21 曲线

3. Y5V 代表规格的 *S*22 曲线

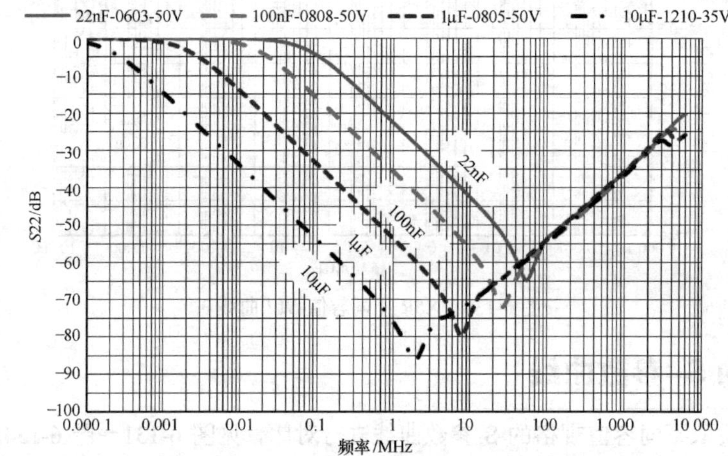

扫码看图

图 6-133　Y5V 不同容值-*S*22 曲线

4. Y5V 代表规格的 *S*12 曲线

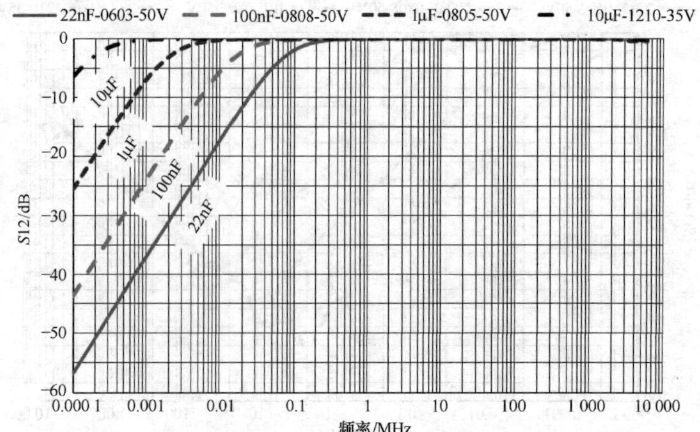

图 6-134　Y5V 不同容值-*S*12 曲线

6.7 II 类和 III 类陶瓷绝缘介质的压电特性

6.7.1 压电特性原理介绍

压电特性（piezoelectric effect）英译中这个“piezo”的希腊语词根是“压”的意思。1880 年，Jacques and Pierre curie 发现对石英晶体施加压力会在晶体上产生电势。同样地，他们还发现，在晶体上施加的电势会导致晶体变形。他们把这种现象称为压电效应。

压电效应可以很容易地定义为由于压电材料的晶格结构被施加压力或产生机械变形而产生电势的一种现象。这种变形使物质中的分子变成带电偶极子，从而导致晶体间的电位差。

压电效应发生在没有对称中心的晶体中。这就导致了净极化。最广为人知的压电材料是石英。其他包括在陶瓷电容器介质配方中经常使用的各种多晶陶瓷。其中一组物质被称为钙钛矿。钙钛矿是地球上储量最丰富的矿物之一，例如钛酸钡、钛酸钙、锆钛酸铅作为多晶陶瓷配方大家庭中的成员被采用（如图 6-135 所示）。这些晶体有一些固有的压电属性，当电容器制造中采用这些材料时需要谨慎处理，以减少压电效应对电容器带来的影响。

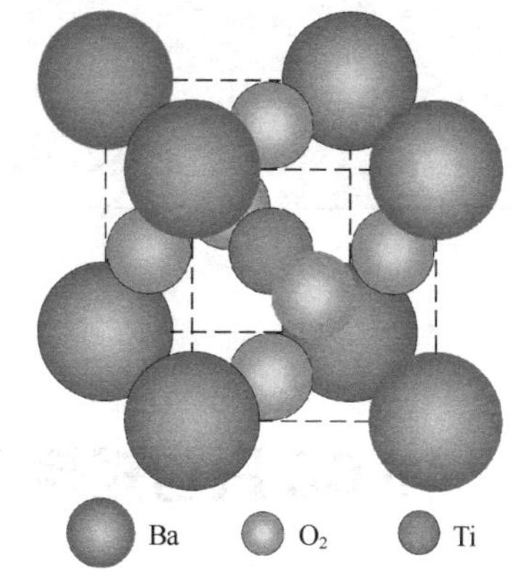

图 6-135　陶瓷中的钛酸钡分子结构示意

6.7.2 压电陶瓷介绍

由于许多陶瓷材料具有各向异性的特性，压电效应依赖于机械激励方向。图 6-136 所示的陶瓷成分说明了这一概念。轴坐标 x、y 和 z 遵循经典的右手正交轴设置。这里所示的正交坐标系通常用于描述压电特性。参考方向通常选择为 z 轴。在这三个方向上任何一个方向上的机械或电子响应都会在相应的正交轴上产生响应。例如，z 方向的电场会引起 x 方向的机械变形，反之，x 方向的机械变形会引起 z 方向的电场。沿任意轴的压电效应取决于正交轴的机械激励。

6.7.3 压电特性对 MLCC 的影响

在机械应力作用下，高介电常数的 MLCC 表现出低级别的压电特性，一般来说陶瓷绝缘介质的介电常数越大则压电效应输出越强。压电特性表现为在机械外力作用下陶瓷介质内部可能产生微弱电流。同样地，在电场作用下，压电特性表现为陶瓷介质可能产生微弱变形。后面第 11 章 11.3.5 节中，介绍了引起电路中 MLCC 啸叫问题的原因是“电致伸缩效应”，其实这就是陶瓷材料的压电特性造成的。

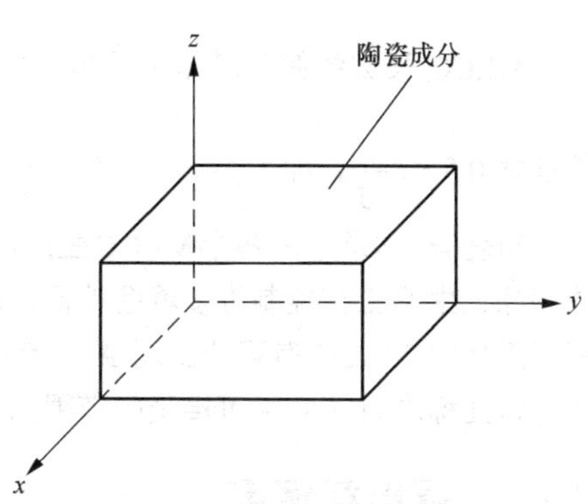

图 6-136　陶瓷成分压电特性示意

第 7 章 贴片陶瓷电容器规格描述

7.1 MLCC 尺寸规格介绍

7.1.1 公制与英制换算关系

MLCC 尺寸对规格取代和贴装焊接非常重要，它的最基本尺寸应包含长、宽、厚及带宽（即端电极宽度）。表 7-2 所列内容为 MLCC 常规尺寸英制公制对照表，包括长、宽、厚的尺寸规格及偏差、端电极宽度，此表没有列入排容和特殊贴片陶瓷电容器。因为 MLCC 是美国率先生产出来的，所以欧美习惯以英寸为单位，日系习惯以公制为单位，韩国、中国基本都参照美国 EIA 标准。例如英制尺寸代码 0402，代表长 L=0.04in，宽 W=0.02in，1in≈25.4mm，换算成公制 L=0.04×25.4mm=1.016mm≈1.00mm，W=0.02×25.4mm=0.508mm≈0.500mm，所以对应的公制代码是 1005。

7.1.2 MLCC 长与宽的偏差

MLCC 长宽的偏差基本上是取其宽的 $\frac{1}{10}$，比如英制规格 0402 的宽基准值是 0.5，长与宽的偏差取宽 0.5 的 $\frac{1}{10}$，即±0.05，其他尺寸规格也几乎符合这个规律，但是从各个厂家的规格书来看，又各有差异。这是因为各个 MLCC 生产厂家为了在相同尺寸规格下生产更大容量和更高耐电压产品，体积略大生产工艺控制难度就会略低，所以有些生产厂家在尺寸上取规格上限值。这也就出现了：相同规格的 MLCC 有可能出现 A 生产厂家的尺寸比 B 生产厂家的尺寸大很多的情况，但是它基本符合行业标准且在应用可接受的范围内。

7.1.3 端电极宽度

对于小尺寸来说，端电极宽度 L_1、L_2（如图 7-1 所示）理论上越宽越有利于焊锡性，但是它们受 L_3 最小值限制不可无限大，举例，目前行业量产的最小尺寸 008004（0.25mm×0.125mm），端电极宽度 L_1，L_2≥0.04mm，L_3≥0.06mm。以此类推 01005 的端电极宽度 L_1、L_2≥0.05mm，0201 和 0402 的端电极宽度 L_1、L_2≥0.1mm，0603 和 0805 的端电极宽度 L_1、L_2≥0.2mm，1206 以上的端电极宽度 L_1、

L_2≥0.3mm。从表 7-1 所列尺寸可以得到一个粗略规律，为了获得较好的焊锡性，1206（公制 3216）以下尺寸其端电极宽度与其长度比尽可能地取大一些，但也不是无限大。对于 1206（3216）以上的尺寸端电极宽度反而不是越宽越好，因为大尺寸规格的 MLCC 吃锡量大，如果端电极太宽有可能造成吃锡不足的问题，所以大多采用不低于 0.3mm 即可。上述所讲目前没有形成规范的标准，以上分析仅供使用者在选型时参考。

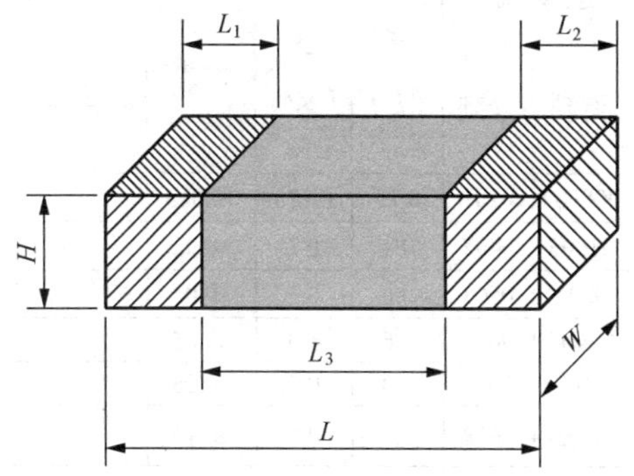

注：*W* 不应超过 *L*，*H* 不应超过 *W*。

图 7-1　MLCC 尺寸标注图（IEC 标准）

7.1.4　MLCC 尺寸的 IEC 标准

因为行业标准像 IEC 对 MLCC 尺寸允差范围定得比较宽松，所以各个厂家的 MLCC 尺寸偏差标准很难统一，特别是 MLCC 厚度分类更是让终端用户感觉无标准可循，所以尺寸标准最好是参照所选品牌的规格书为佳。图 7-1 和表 7-1 所示为 IEC-60384-21&22 标准所列尺寸标准。

表 7-1　IEC-60384-21&22 标准规定的 MLCC 尺寸验收标准

尺寸代码		长 L	宽 W	带宽 L_1，L_2（≥）	带宽间距 L_3（≥）
公制	英制				
0201	008004	0.25±0.013	0.125±0.013	0.04	0.06
0402	01005	0.4±0.02	0.2±0.02	0.05	0.1
0603	0201	0.6±0.03	0.3±0.03	0.1	0.2
1005	0402	1.0±0.05	0.5±0.05	0.1	0.3
1608	0603	1.6±0.1	0.8±0.1	0.2	0.5
2012	0805	2.0±0.1	1.25±0.1	0.2	0.7
3216	1206	3.2±0.2	1.6±0.15	0.3	1.4
3225	1210	3.2±0.2	2.5±0.2	0.3	1.4
4532	1812	4.5±0.3	3.2±0.2	0.3	2.0
5750	2220	5.7±0.4	5.0±0.4	0.3	2.5

注：所有尺寸单位为 mm。

7.1.5　MLCC 尺寸的各大厂家标准

图 7-2 和表 7-2 中提供的 MLCC 尺寸标准是代表大多厂家采用的通行标准，跟 IEC 标准相比增加了厚度标准，MLCC 厂家在制程管控上比 IEC 标准和厂家规格书上的标准要严苛。对于 MLCC 使用者来说，参照 IEC 标准同参照厂家规格书也许差异不大，但是重要的是尺寸的一致性，即 CPK 越大越好，它代表制程的稳定性。

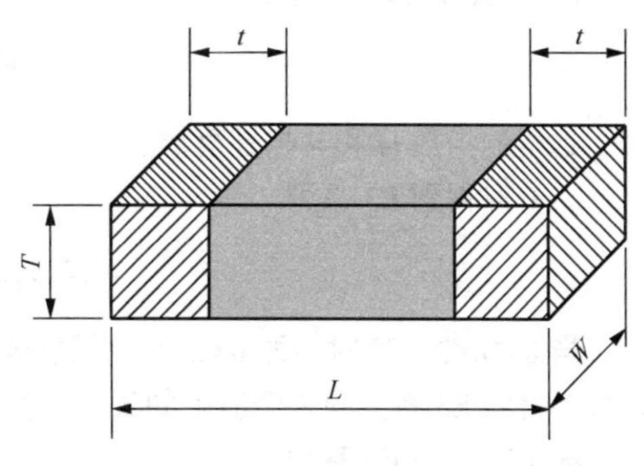

图 7-2　MLCC 尺寸标注（厂家标准）

表 7-2　MLCC 尺寸规格公制英制对照表（单位：mm）

长宽代码		长（*L*）	宽（*W*）	公差	厚（*T*）							带宽（*t*）
英制	公制				可选厚度规格						最厚	
008004	0201	0.25	0.125	±0.013							0.125±0.013	0.05～0.1
01005	0402	0.4	0.2	±0.02							0.20±0.02	0.07～0.14
0201	0603	0.6	0.3	±0.03							0.30±0.03	0.1～0.2
02404	0610	0.6	1.0	±0.05							0.40±0.05	0.18±0.08
0402	1005	1.0	0.5	±0.05						0.30±0.03	0.50±0.05	0.25±0.1
0603	1608	1.6	0.8	±0.10						$0.50^{+0}_{-0.10}$	0.80±0.10	0.35±0.15
0805	2012	2.0	1.25	±0.10				0.60±0.05	0.85±0.10	$1.00^{+0}_{-0.30}$	1.25±0.10	$0.50^{+0.20}_{-0.30}$
1111	2828	2.8	2.8	±0.40							1.15±0.20	0.5±0.2
1206	3216	3.2	1.6	±0.20		0.60±0.10	0.85±0.10	$1.00^{+0}_{-0.30}$	1.15±0.15	1.25±0.15	1.60±0.20	0.60±0.20
1210	3225	3.2	2.5	±0.20	$0.85^{+0.15}_{-0.05}$	0.95±0.10	1.25±0.15	1.60±0.20	2.00±0.20	2.30±0.20	2.50±0.20	0.60±0.20
1808	4520	4.5	2.0	±0.20					1.25 ± 0.10	1.60 ± 0.20	2.00±0.20	0.75±0.25
1812	4532	4.5	3.2	±0.30	1.25±0.10	1.60±0.20	2.00±0.20	2.30±0.20	2.50±0.20	2.80±0.20	3.20±0.30	0.75±0.35
1825	4563	4.5	6.3	±0.30				1.60±0.20	2.00±0.20	2.50±0.30	2.80±0.30	0.75±0.35
2211	5728	5.7	2.8	±0.30						1.60±0.20	1.30±0.20	0.75±0.35
2220	5750	5.7	5.0	±0.40			1.60±0.20	2.00±0.20	2.30±0.20	2.50±0.30	2.8±0.30	0.75±0.35
2225	5763	5.7	6.3	±0.40			1.60±0.20	2.00±0.20	2.50±0.30	2.50±0.30	2.8±0.30	0.75±0.35

7.2 MLCC 容值优先数系和容值代码的引用标准

7.2.1 E 系列优先值数系定义

贴片陶瓷电容器的容值优先数系（Preferred number series）和电压优先数系不是生产厂家随意取舍的，而是参照于一个被公认的 IEC-60063 标准，这个标准定义了容值和电压的优先数系，它就是所谓的“E 系列”标准和“R 系列”标准。容值参照“E 系列”标准，电压参照“R 系列”标准。并且这个标准被大多数工业标准使用。采用优先数系的目的有两方面：一是简化容值规格和电压规格，二是有利于在本行业中实现规格标准化。

E 系列，定义来自于公式（7-1）。

$$\text{E系列}=\left(\sqrt[3\times 2^m]{10}\right)^n \quad \text{公式（7-1）}$$

这里的指数 m 和 n 都是整数。

m=0 时得到 E3 系列：

$$\text{E3系列}=\left(\sqrt[3\times 2^0]{10}\right)^n=\left(\sqrt[3]{10}\right)^n \quad \text{公式（7-2）}$$

当 $0\leqslant n<3\times 2^m$ 时，即 $0\leqslant n<3$，根据公式（7-2），将计算出的数值放大 10 倍后向上保留 2 位有效数字得到 E3 系列的 3 个值（如表 7-3 所示）。

m=1 时得到 E6 系列：

$$\text{E6系列} = \left(\sqrt[3\times2^1]{10}\right)^n = \left(\sqrt[6]{10}\right)^n \qquad \text{公式（7-3）}$$

当 $0 \leqslant n < 3\times2^m$ 时，即 $0 \leqslant n < 6$，根据公式（7-3），将计算出的数值放大 10 倍并向上保留 2 位有效数字得到 E6 系列的 6 个值（如表 7-3 所示）。

m=2 时得到 E12 系列：

$$\text{E12系列} = \left(\sqrt[3\times2^2]{10}\right)^n = \left(\sqrt[12]{10}\right)^n \qquad \text{公式（7-4）}$$

当 $0 \leqslant n < 3\times2^m$ 时，即 $0 \leqslant n < 12$，根据公式（7-4），将计算出的数值放大 10 倍并向上保留 2 位有效数字得到 E12 系列的 12 个值（如表 7-3 所示）。

m=3 时得到 E24 系列：

$$\text{E24系列} = \left(\sqrt[3\times2^3]{10}\right)^n = \left(\sqrt[24]{10}\right)^n \qquad \text{公式（7-5）}$$

当 $0 \leqslant n < 3\times2^m$ 时，即 $0 \leqslant n < 24$，根据公式（7-5），将计算出的数值放大 10 倍并向上保留 2 位有效数字得到 E24 系列的 24 个值（如表 7-3 所示）。

表 7-3　E3 至 E24 2 位有效数字对照

E24 系列	E12 系列	E6 系列	E3 系列
10	10	10	10
11			
12	12		
13			
15	15	15	
16			
18	18		
20			
22	22	22	22
24			
27	27		
30			
33	33	33	
36			
39	39		
43			
47	47	47	47
51			
56	56		
62			
68	68	68	
75			
82	82		
91			

m=4 时得到 E48 系列：

$$\text{E48系列} = \left(\sqrt[3\times2^4]{10}\right)^n = \left(\sqrt[48]{10}\right)^n \qquad \text{公式（7-6）}$$

当 $0 \leqslant n < 3\times2^m$ 时，即 $0 \leqslant n < 48$，根据上述公式（7-6），将计算出的数值放大 100 倍并向上保留

3 位有效数字得到 E48 系列的 48 个值（如表 7-4 所示）。

表 7-4　E48 3 位有效数字对照

E48 系列	100	147	215	316	464	681
	105	154	226	332	487	715
	110	162	237	348	511	750
	115	169	249	365	536	787
	121	178	261	383	562	825
	127	187	274	402	590	866
	133	196	287	422	619	909
	140	205	301	442	649	953

E 系列 2 位有效数字在某些情况下，实际值跟理论值是不同的，当我们到达 E48 系列时，这些值才非常接近，以至于 2 位有效数字不足以将每个邻近值分开。我们必须借助 3 位有效数字，这意味着，E24 系列的数值在更高的 E48 系列中找不到，E24 系列中的 12 在 E48 系列中对应 12.1，以此类推 15 对应 14.7，18 对应 17.8 等，如图 7-3 所示。

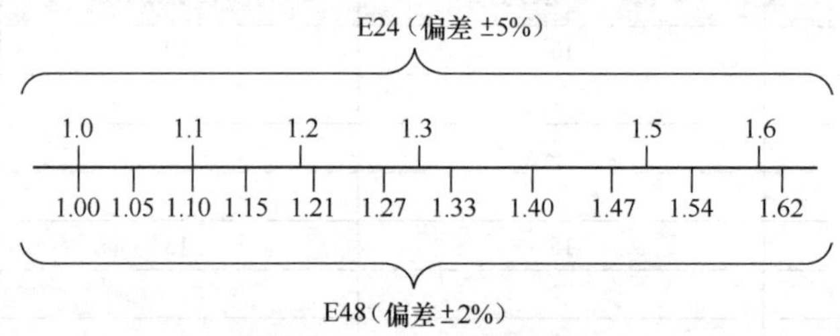

图 7-3　E24 系列与 E48 系列对比差异图解

7.2.2　MLCC 容值偏差与 E 优先数系的对应关系

E 系列数值的偏差（tolerance）按照近似邻近值一半的方式来定义，表 7-5 所示是 IEC-60063 标准推荐的电容和电阻的 E 系列优先数系与偏差的对应关系。

表 7-5　电容和电阻的 E 系列优先数系与偏差的对应关系

E 系列优先数系	E3	E6	E12	E24	E48	E96	E192
偏差（%）	> ±20	±20	±10	±5	±2	±1	< ±1

在实际应用中，MLCC 容值偏差并未完全遵照 IEC-60063 标准，反而考虑了容值大小和陶瓷绝缘介质类别这两个因素，容值较小的偏差做到很精确也是有一定难度的，另外在陶瓷绝缘介质随温度变化较大的情况下，把偏差定得太精确没有意义。因而 MLCC 的容值偏差参考了 IEC-60384-21&22 标准（见表 7-6 和表 7-7）。

表 7-6　I 类陶瓷绝缘介质偏差参考标准

优先数系	偏差标准			
	≥10pF	偏差代码	<10pF	偏差代码
E6	±20%	M	±2pF	G
E12	±10%	K	±1pF	F

续表

优先数系	偏差标准			
	≥10pF	偏差代码	<10pF	偏差代码
E24	± 5%	J	± 0.5pF	D
	± 2%	G	± 0.25pF	C
	± 1%	F	± 0.1pF	B

表 7-7　II 类和 III 类陶瓷绝缘介质偏差参考标准

优先数系	偏差标准	偏差代码
E3&E6	–20%～+80%	Z
	–20%～+50%	S
E6	± 20%	M
E6&E12	± 10%	K

实际中可能会出现差异，例如金属薄膜电阻，其中，1%的公差值在 E24 和 E96 系列中都有生产。

7.2.3　MLCC 容值代码定义

全球 MLCC 制造商对产品料号中容值代码的表达基本都遵循 EIA-198-1-F 标准，此标准用 3 个字符表达容量大小。第 2.1 节介绍过，容量单位法拉“F”是一个很大的单位，在 MLCC 里通常用 pF、nF、μF，它们是千进制关系，即 $1\mu F=10^3\ nF=10^6 pF$，关于“p”“n”“μ”延伸介绍见表 7-8。

表 7-8　公制单位前缀代码意义对照表

公制单位前缀	p	n	μ	m	c	d	D	K	M	G	T
代表数值	10^{-12}	10^{-9}	10^{-6}	10^{-3}	10^{-2}	10^{-1}	10^{1}	10^{3}	10^{6}	10^{9}	10^{12}

① 对于 10pF 以下 MLCC 容值代码表达，MLCC 行业并没有遵循 EIA-198-F 标准而是采用 R 代表小数点，默认单位是 pF（见如下举例），其容值偏差代码见表 7-9。

R50=0.5pF（也有厂家描述成 0R5）

1R5=1.5pF

表 7-9　MLCC 容值偏差代码（10pF 以下）

10pF 以下容值偏差（pF）	±0.05	±0.10	±0.25	±0.50
容值偏差代码	A	B	C	D

② 10p 以上 MLCC 容值代码表达：前 2 位字符代表有效数字，第三位字符表示以 10 为底的指数倍数，默认单位是 pF，见表 7-10，其容值偏差代码见表 7-11。

表 7-10　MLCC 容值代码（10p 以上）

容值代码（3 位数字）				容值代码	
第 1 个有效数字	第 2 个有效数字	倍数		代码举例	实际容值（pF）
		倍数代码	实际倍数		
0	0	0	$10^0=1$	820	82
1	1	1	$10^1=10$	681	680

续表

容值代码（3 位数字）				容值代码	
第 1 个有效数字	第 2 个有效数字	倍数		代码举例	实际容值（pF）
		倍数代码	实际倍数		
2	2	2	10^2=100	562	5 600
3	3	3	10^3=1 000	333	33 000
4	4	4	10^4=10 000	224	220 000
5	5	5	10^5=100 000	475	4 700 000
6	6	6	10^6=1 000 000	226	22 000 000
7	7	7	10^7=10 000 000	107	100 000 000
8	8	8	10^{-2}=0.01	108	0.1
9	9	9	10^{-1}=0.1	109	1

备注：10pF 以下容值代码原本也可以按 EIA 标准表达，但是实际上行业中习惯于另外一种用“R”代表小数点的表达方式。

通常 MLCC 容值代码换算成具体容值时选用不同的容值单位使得容值表达有效数字不超过 3 位，举例如下。

100=10×10^0=10pF

121=12×10^1=120pF

222=22×10^2=2 200pF=2.2nF

104=10×10^4=100 000pF=100nF

476=47×10^6=47 000 000pF=47μF

表 7-11　MLCC 容值偏差代码（10pF 以上）

10pF 以上容值偏差	±0.5%	±1%	±2%	±3%	±5%
容值偏差代码	E	F	G	H	J
10pF 以上容值偏差	±10%	±20%	−0～+100%	−20～+80%	
容值偏差代码	K	M	P	Z	

7.2.4　MLCC 容值优先值定义

理论上，MLCC 在尺寸和电压一定的情况下，它的最大容量是有限的，在这个最大容值以下通过调整内电极层数可以获得成千上万种不同大小的容值规格。无论是对用户还是对生产者来说，容值规格太多并非是好事，所以容值规格越少越好。但是为了保证用户有灵活的选择，就需要约定一个规则，在此规则之下它应该囊括所有常用的或者必需的容值规格。出于此目的 IEC-60063 标准对 MLCC 容值优先数系进行了定义和说明。MLCC 容值优先数系通常是 2 位有效数字，它来自 E 系列优先数系（Preferred number series），因为 E48 系列以上优先数系是 3 位有效数字，所以 MLCC“容值优先数系”取自 E24 系列。但是在实际应用中也出现了 E24 以外的 2 位有效数值，特别是应用于高频的规格，这是结合实际应用而增加的常用容值规格。表 7-12 和表 7-13 列出了 MLCC 容值优先数系（常用容值规格）以及容值代码，表中带“□”标记的容值不属于 E24 优先数系。在下面 5 个容值优先数系与容值代码的对照表中，容值按由小到大的顺序排列并编列了序号，便于查询。

表 7-12　MLCC 容值优先数系与容值代码对照（表 I）

序号	容值优先值	容值单位	容值代码	序号	容值优先值	容值单位	容值代码	序号	容值优先值	容值单位	容值代码	序号	容值优先值	容值单位	容值代码
1	0.10	pF	R10	33	0.91	pF	R91	65	4.0	pF	4R0	97	7.2	pF	7R2
2	0.11	pF	R11	34	0.95	pF	R95	66	4.1	pF	4R1	98	7.3	pF	7R3
3	0.12	pF	R12	35	1.0	pF	1R0	67	4.2	pF	4R2	99	7.4	pF	7R4
4	0.13	pF	R13	36	1.1	pF	1R1	68	4.3	pF	4R3	100	7.5	pF	7R5
5	0.15	pF	R15	37	1.2	pF	1R2	69	4.4	pF	4R4	101	7.6	pF	7R6
6	0.16	pF	R16	38	1.3	pF	1R3	70	4.5	pF	4R5	102	7.7	pF	7R7
7	0.18	pF	R18	39	1.4	pF	1R4	71	4.6	pF	4R6	103	7.8	pF	7R8
8	0.20	pF	R20	40	1.5	pF	1R5	72	4.7	pF	4R7	104	7.9	pF	7R9
9	0.22	pF	R22	41	1.6	pF	1R6	73	4.8	pF	4R8	105	8.0	pF	8R0
10	0.24	pF	R24	42	1.7	pF	1R7	74	4.9	pF	4R9	106	8.1	pF	8R1
11	0.25	pF	R25	43	1.8	pF	1R8	75	5.0	pF	5R0	107	8.2	pF	8R2
12	0.27	pF	R27	44	1.9	pF	1R9	76	5.1	pF	5R1	108	8.3	pF	8R3
13	0.3	pF	R30	45	2.0	pF	2R0	77	5.2	pF	5R2	109	8.4	pF	8R4
14	0.33	pF	R33	46	2.1	pF	2R1	78	5.3	pF	5R3	110	8.5	pF	8R5
15	0.36	pF	R36	47	2.2	pF	2R2	79	5.4	pF	5R4	111	8.6	pF	8R6
16	0.39	pF	R39	48	2.3	pF	2R3	80	5.5	pF	5R5	112	8.7	pF	8R7
17	0.40	pF	R40	49	2.4	pF	2R4	81	5.6	pF	5R6	113	8.8	pF	8R8
18	0.43	pF	R43	50	2.5	pF	2R5	82	5.7	pF	5R7	114	8.9	pF	8R9
19	0.45	pF	R45	51	2.6	pF	2R6	83	5.8	pF	5R8	115	9.0	pF	9R0
20	0.47	pF	R47	52	2.7	pF	2R7	84	5.9	pF	5R9	116	9.1	pF	9R1
21	0.50	pF	R50	53	2.8	pF	2R8	85	6.0	pF	6R0	117	9.2	pF	9R2
22	0.51	pF	R51	54	2.9	pF	2R9	86	6.1	pF	6R1	118	9.3	pF	9R3
23	0.56	pF	R56	55	3.0	pF	3R0	87	6.2	pF	6R2	119	9.4	pF	9R4
24	0.60	pF	R60	56	3.1	pF	3R1	88	6.3	pF	6R3	120	9.5	pF	9R5
25	0.62	pF	R62	57	3.2	pF	3R2	89	6.4	pF	6R4	121	9.6	pF	9R6
26	0.68	pF	R68	58	3.3	pF	3R3	90	6.5	pF	6R5	122	9.7	pF	9R7
27	0.70	pF	R70	59	3.4	pF	3R4	91	6.6	pF	6R6	123	9.8	pF	9R8
28	0.75	pF	R75	60	3.5	pF	3R5	92	6.7	pF	6R7	124	9.9	pF	9R9
29	0.80	pF	R80	61	3.6	pF	3R6	93	6.8	pF	6R8	125	10	pF	100
30	0.82	pF	R82	62	3.7	pF	3R7	94	6.9	pF	6R9	126	11	pF	110
31	0.85	pF	R85	63	3.8	pF	3R8	95	7.0	pF	7R0	127	12	pF	120
32	0.90	pF	R90	64	3.9	pF	3R9	96	7.1	pF	7R1	128	13	pF	130

注：表中带□标记的容值不属于 E24 优先数系。

表 7-13　MLCC 容值优先数系与容值代码对照（表 II）

序号	容值优先值	容值单位	容值代码	序号	容值优先值	容值单位	容值代码	序号	容值优先值	容值单位	容值代码	序号	容值优先值	容值单位	容值代码
129	14	pF	140	161	150	pF	151	193	3.3	nF	332	225	68	nF	683
130	15	pF	150	162	160	pF	161	194	3.6	nF	362	226	75	nF	753
131	16	pF	160	163	180	pF	181	195	3.9	nF	392	227	82	nF	823
132	17	pF	170	164	200	pF	201	196	4.3	nF	432	228	91	nF	913
133	18	pF	180	165	220	pF	221	197	4.7	nF	472	229	100	nF	104
134	19	pF	190	166	240	pF	241	198	5.1	nF	512	230	120	nF	124
135	20	pF	200	167	270	pF	271	199	5.6	nF	562	231	150	nF	154
136	21	pF	210	168	300	pF	301	200	6.2	nF	622	232	180	nF	184
137	22	pF	220	169	330	pF	331	201	6.8	nF	682	233	220	nF	224
138	23	pF	230	170	360	pF	361	202	7.5	nF	752	234	270	nF	274
139	24	pF	240	171	390	pF	391	203	8.2	nF	822	235	330	nF	334
140	25	pF	250	172	430	pF	431	204	9.1	nF	912	236	390	nF	394
141	27	pF	270	173	470	pF	471	205	10	nF	103	237	470	nF	474
142	28	pF	280	174	510	pF	511	206	11	nF	113	238	560	nF	564
143	30	pF	300	175	560	pF	561	207	12	nF	123	239	680	nF	684
144	33	pF	330	176	620	pF	621	208	13	nF	133	240	820	nF	824
145	34	pF	340	177	680	pF	681	209	15	nF	153	241	1.0	μF	105
146	36	pF	360	178	750	pF	751	210	16	nF	163	242	1.2	μF	125
147	39	pF	390	179	820	pF	821	211	18	nF	183	243	1.5	μF	155
148	43	pF	430	180	910	pF	911	212	20	nF	203	244	2.2	μF	225
149	47	pF	470	181	1.0	nF	102	213	22	nF	223	245	3.3	μF	335
150	51	pF	510	182	1.1	nF	112	214	24	nF	243	246	3.9	μF	395
151	56	pF	560	183	1.2	nF	122	215	27	nF	273	247	4.7	μF	475
152	62	pF	620	184	1.3	nF	132	216	30	nF	303	248	6.8	μF	685
153	68	pF	680	185	1.5	nF	152	217	33	nF	333	249	10	μF	106
154	75	pF	750	186	1.6	nF	162	218	36	nF	363	250	15	μF	156
155	82	pF	820	187	1.8	nF	182	219	39	nF	393	251	20	μF	206
156	91	pF	910	188	2.0	nF	202	220	43	nF	433	252	22	μF	226
157	100	pF	101	189	2.2	nF	222	221	47	nF	473	253	43	μF	436
158	110	pF	111	190	2.4	nF	242	222	51	nF	513	254	47	μF	476
159	120	pF	121	191	2.7	nF	272	223	56	nF	563	255	100	μF	107
160	130	pF	131	192	3.0	nF	302	224	62	nF	623	256	220	μF	227
												257	330	μF	337

注：表中带□标记的容值不属于 E24 优先数系。

7.3 MLCC 额定电压优先数系和额定电压代码的引用标准

7.3.1 R 系列优先数系定义

额定电压（Rated voltages）优先数系参考 ISO 标准 R10 系列，R 系列优先数系定义如下：

$$\text{R系列} = \left(\sqrt[5\times 2^m]{10}\right)^n \qquad \text{公式（7-7）}$$

m=1 时得到 R10 系列：

$$\text{R10系列} = \left(\sqrt[10]{10}\right)^n \qquad \text{公式（7-8）}$$

当 n=0、1、2、3……10 时，R10 系列优先数系见表 7-14。

表 7-14 R10 系列优先数系对照表

1.0	1.25	1.6	2.0	2.5	3.15	4.0	5.0	6.3	8.0

7.3.2 额定电压优先数系

参照 R10 系列优先数系贴片陶瓷电容器常用的额定电压优先数系见表 7-15。

表 7-15 MLCC 常用额定电压规格

序号	额定电压值（直流 DC）		序号	额定电压值（直流 DC）		序号	额定电压值（直流 DC）	
1	2.5V	低压	11	100V	中压	18	1kV	高压
2	4V		12	200V		19	□1.5kV	
3	6.3V		13	250V		20	2kV	
4	10V		14	□350V		21	2.5kV	
5	16V		15	□450V		22	□3kV	
6	25V		16	500V		23	4kV	
7	□35V		17	630V		24	5kV	
8	50V					25	6kV	
9	63V					26	8kV	
10	80V							

注：上表中带“□”额定电压值并未参考 R10 优先数系，而是参照行业通用值。低压、中压以及高压分类，MLCC 行业目前没有统一标准，也有厂家分为两类，100V 规格以下称为低压产品，100V 以上（含）的规格统称高压产品。

7.3.3 额定电压代码

MLCC 额定电压代码跟容值代码的表达方法近似，也是用 3 位有效数字表达，但是并非所有 MLCC 生产厂家遵照了 EIA-198-1-F 标准，有些 MLCC 生产厂家为了简化产品料号，有采用 1 个字符代表的，也有采用 3 个字符代表的。终端用户只能从 MLCC 制造商提供的规格书上查询。在 MLCC 尺寸规格和容值确定的情况下，并非上述额定电压均可供选择，实际上是：当尺寸规格和陶瓷介质类别一定的情况下，最大容量通常对应最低额定电压。换句话说，当贴片陶瓷电容器的陶瓷介质类别和尺寸一旦确定，容量和耐电压是相互牵制的，只能是此消彼长，鱼和熊掌不可兼得。正是这个原因，对设计者选用 MLCC 增添了很多烦恼。MLCC 规格繁杂且过于专业，以至于有人抱怨 MLCC 规格的复杂超过了 IC。

EIA 标准对 MLCC 额定电压代码的表达是比较直观的，跟容值代码表达方式近似，前 2 位字符代表有效数字，第 3 位字符表示以 10 为底的指数倍数，默认单位是 V，见表 7-16。

表 7-16　MLCC 额定电压代码表达方法（EIA 标准）

电压代码（3 位数字）				额定代码	
第 1 个有效数字	第 2 个有效数字	倍数：倍数代码	倍数：实际倍数	代码举例	实际额定电压/V
0 1 2 3 4 5 6 7 8 9	0 1 2 3 4 5 6 7 8 9	0	$10^0=1$	100	10
		1	$10^1=10$	160	16
		2	$10^2=100$	250	25
		3	$10^3=1000$	350	35
		4	$10^4=10\ 000$	500	50
		5	$10^5=100\ 000$	101	100
		6	$10^6=1\ 000\ 000$	251	250
		7	$10^7=10\ 000\ 000$	501	500
		8	$10^{-2}=0.01$	102	1 000
		9	$10^{-1}=0.1$	302	3 000

注：10V 以下电压代码原本也可以按 EIA 标准表达但是实际上行业中习惯于另外一种用“R”代表小数点的表达方式，例如 6.3V 表达成“6R3”

7.4 类别概念

类别温度范围（category temperature range）是指电容器设计成能连续工作的温度范围，分别为下限类别温度 T_{LC}（lower category temperature）和上限类别温度 T_{UC}（upper category temperature）。

额定温度 T_R（rated temperature）是指额定电压下连续工作的最高温度。根据 IEC-60384-21&22 标准，如果上限类别温度不超过 125℃时额定温度等于上限类别温度，即 $T_R=T_{UC}$。

额定电压 U_R（rated d.c. voltage）是指在下限类别温度和额定温度之间的任一温度下可连续加载的最大电压。根据 IEC-60384-21&22 标准，加载到电容器上的直流电压与交流峰值电压之和或直流电压与交流峰对峰电压之和，以两者中较大的为准，不得超过额定电压。

类别电压 U_C（category voltage）是指上限类别温度下可持续加载的最大电压。根据 IEC-60384-21&22 标准，当电容器的上限类别温度 T_{UC} 不超过 125℃时，$T_R=T_{UC}$，它的类别电压等于额定电压，即 $U_C=U_R$。对于上限类别温度超过 125℃的电容器或额定电压超过 500V 的高压电容器，类别电压与额定电压均不同，应按详细规范予以规定。

对于 II 类和 III 类介质，额定电压为 16V 以下、额定温度为 85℃的高容积比电容器在上限类别温度为 125℃时的类别电压优选值如表 7-17 所示。

表 7-17　类别电压优先值

U_R / V	2.5	4	6.3	10	16
U_C / V	1.6	2.5	4	6.3	10

注：U_C=0.63 × U_R

为直流电压设计的电容器不会产生内热。因此，它们通常可以被用来降压，直到将至所谓类别电压，该电压受到了材料的温度特性的限制。这里的类别电压也称降额电压（voltage derating），是指电容器在上限类别温度条件下可以连续施加在电容器上的最高电压。上限类别温度称作 T_{UC}，在其他术语中叫做最大使用温度。相互关系如图 7-4 所示。

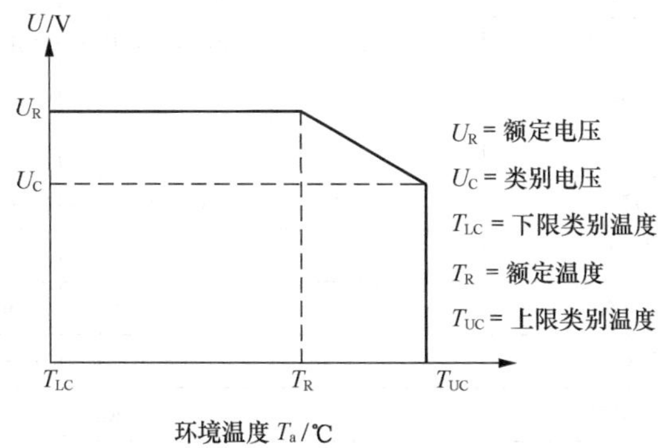

图 7-4　上限类别温度下典型电压降额定值

7.5 MLCC 各尺寸规格的容值和电压设计范围查询表

第 2.3 节讲到“容量/体积”这个概念，就是指当 MLCC 体积一定时最高容量能做到多大，这代表了 MLCC 厂家的设计能力和制造水平。但是，“容量/体积”缺少一个先决条件那就是额定电压。当体积一定时 50V 额定电压能做到的最大容量肯定比 6.3V 小。比如 MLCC 厂家向外宣称 0402,X5R 最高容量做到 226（即 22μF），其实额定电压只有 4V，而 50V 最大容量只能做到 105（即 1μF）。为了方便销售人员和设计工程师查询，综合当前各大 MLCC 厂家量产能力，制作成容值和电压规格范围查询表（表 7-18～表 7-35）。此表可查询，当陶瓷绝缘介质类别尺寸和额定电压一定的情况下最大容量和最小容量分别能做到多少。这里的最大容量是受限于设计极限，而最小容量则受限于经济效益，即这么小的容量值不值得采用这么大的尺寸。某尺寸规格容值取最大时，它的厚度也是该规格允许的最大值（可参照表 7-2 MLCC 尺寸对照表）。

表 7-18　MLCC 各尺寸规格的容值和电压设计范围-低压（008004&01005）

尺寸		绝缘介质类别		容值		额定电压/V										
英制	公制	类别	温度特性代码	可选范围		2.5	4	6.3	10	16	25	35	50	63	75	80
008004	0201	I类介质	C0G（NP0）	容值（pF）	最低				680	0R2	0R2					
					最高				101	101	101					
				可选品牌					TAIYO	MURATA	MURATA					
		II类介质	X5R	容值（pF）	最低		332	102	101	221						
					最高		223	103	681	102						
				可选品牌			TAIYO	MURATA	MURATA	TAIYO						
01005	0402	I类介质	C0G（NP0）	容值（pF）	最低			510	510	0R2	0R2	101	0R2			
					最高			221	221	331	221	101	101			
				可选品牌				MURATA	MURATA	TAIYO	MURATA	MURATA	MURATA			
			C0H（NP0）	容值（pF）	最低			510	510	4R0	4R0		4R0			
					最高			221	221	221	221		101			
				可选品牌				MURATA	MURATA	MURATA	MURATA		MURATA			
			C0J（NP0）	容值（pF）	最低					2R1	2R1		2R1			
					最高					3R9	3R9		3R9			
				可选品牌						MURATA	MURATA		MURATA			
			C0K（NP0）	容值（pF）	最低					0R2	0R2		0R2			
					最高					2R0	2R0		2R0			
				可选品牌						MURATA	MURATA		MURATA			
		II类介质	X7R	容值（pF）	最低				560	560						
					最高				102	102						
				可选品牌					MURATA	MURATA						
			X5R	容值（pF）	最低		153	681	560	681						
					最高		474	474	104	103						
				可选品牌			MURATA	MURATA	MURATA	MURATA						
			JB（JIS）	容值（pF）	最低			681	560							
					最高			103	103							
				可选品牌				MURATA	MURATA							
		III类介质	X6T	容值（pF）	最低	104	104									
					最高	474	474									
				可选品牌		MURATA	MURATA									
			X7T	容值（pF）	最低	104										
					最高	474										
				可选品牌		MURATA										

表 7-19 MLCC 各尺寸规格的容值和电压设计范围-低压（0201）

尺寸		绝缘介质类别		容值可选范围		额定电压/V										
英制	公制	类别	温度特性代码			2.5	4	6.3	10	16	25	35	50	63	75	80
0201	0603	I 类介质	C0G（NP0）	容值（pF）	最低			220			R10		R10			
					最高			330			102		221			
				可选代表品牌				MURATA			MURATA		MURATA			
			C0H（NP0）	容值（pF）	最低			220			4R0		4R0			
					最高			330			102		221			
				可选代表品牌				MURATA			MURATA		MURATA			
			C0J（NP0）	容值（pF）	最低						2R1		2R1			
					最高						3R9		3R9			
				可选代表品牌							MURATA		MURATA			
			C0K（NP0）	容值（pF）	最低						R10		R10			
					最高						2R0		2R0			
				可选代表品牌							MURATA		MURATA			
		II 类介质	X7R	容值（pF）	最低			122	122	101	101		101			
					最高			103	104	104	103		152			
				可选代表品牌				MURATA	MURATA	MURATA	MURATA		MURATA			
			X5R	容值（pF）	最低	475	104	222	122	152	101	104	101			
					最高	475	475	475	225	225	334	104	103			
				可选代表品牌		MURATA	MURATA	MURATA	MURATA	MURATA	S	TAIYO	TAIYO			
			JB（JIS）	容值（pF）	最低		224	122	102	101	101		101			
					最高		224	224	104	104	103		152			
				可选代表品牌			MURATA	MURATA	MURATA	MURATA	MURATA		MURATA			
			X7S	容值（pF）	最低			104	104	104						
					最高			104	104	104						
				可选代表品牌				MURATA	MURATA	MURATA						
			X6S	容值（pF）	最低	224	123	222	473	104	151					
					最高	475	225	105	105	104	104					
				可选代表品牌		MURATA	MURATA	MURATA	MURATA	MURATA	MURATA					
		III 类介质	X7T	容值（pF）	最低	105	105	105								
					最高	105	105	105								
				可选代表品牌		MURATA	MURATA	MURATA								
			X6T	容值（pF）	最低	225	105									
					最高	225	105									
				可选代表品牌		MURATA	MURATA									
			Y5V	容值（pF）	最低			103	102							
					最高			473	103							
				可选代表品牌				AVX	AVX							

表 7-20 MLCC 各尺寸规格的容值和电压设计范围-低压（0402）

尺寸		绝缘介质类别		容值可选范围		额定电压/V										
英制	公制	类别	温度特性代码			2.5	4	6.3	10	16	25	35	50	63	75	80
0402	1005	I类介质	C0G（NP0）	容值（pF）	最低					0R3	100	103	R10			
					最高					102	103	103	822			
				可选代表品牌						SAMSUNG	MURATA	MURATA	MURATA			
			C0H（NP0）	容值（pF）	最低								R10			
					最高								102			
				可选代表品牌									MURATA			
			C0J（NP0）	容值（pF）	最低								2R1			
					最高								3R9			
				可选代表品牌									MURATA			
			C0K（NP0）	容值（pF）	最低								R10			
					最高								2R0			
				可选代表品牌									MURATA			
			U2J	容值（pF）	最低				242							
					最高				472							
				可选代表品牌					MURATA							
		II类介质	X8R	容值（pF）	最低					153	682		102			
					最高					104	104		473			
				可选代表品牌						MURATA	MURATA		MURATA			
			X7R	容值（pF）	最低		105	223	102	102	102	103	221			
					最高		105	105	225	224	224	224	104			
				可选代表品牌			MURATA	MURATA	MURATA	MURATA	TDK	TDK	MURATA			
			X5R	容值（pF）	最低	475	474	104	124	103	472	103	471			
					最高	106	226	156	226	225	225	225	105			
				可选代表品牌		MURATA	TAIYO	MURATA	MURATA	MURATA	MURATA	MURATA	MURATA			
			JB（JIS）	容值（pF）	最低		105	105	124	563	562	155	221			
					最高		475	475	475	225	225	225	104			
				可选代表品牌			MURATA	MURATA	TDK	TDK	TDK	TDK	MURATA			
			X7S	容值（pF）	最低		474	105	334	334						
					最高		225	225	225	474						
				可选代表品牌			MURATA	MURATA	MURATA	TDK						
			X6S	容值（pF）	最低	225	224	224	474	474	224	224				
					最高	226	226	475	225	225	225	105				
				可选代表品牌		MURATA	MURATA	MURATA	MURATA	MURATA	MURATA	TAIYO				
			X5S	容值（pF）	最低	106										
					最高	106										
				可选代表品牌		MURATA										
			X8L	容值（pF）	最低					153	562		221			
					最高					473	104		104			
				可选代表品牌						MURATA	MURATA		MURATA			

续表

尺寸		绝缘介质类别		容值可选范围		额定电压/V										
英制	公制	类别	温度特性代码			2.5	4	6.3	10	16	25	35	50	63	75	80
0402	1005	III类介质	X7T	容值（pF）	最低			225	225	225						
					最高			225	225	225						
				可选代表品牌				MURATA	MURATA	MURATA						
			X6T	容值（pF）	最低	225	105	105		225	225					
					最高	475	225	225		225	225					
				可选代表品牌		MURATA	MURATA	MURATA		MURATA	MURATA					
			Y5V	容值（pF）	最低			224	104	473	103		103			
					最高			105	225	474	104		333			
				可选代表品牌				WALSIN	AVX	AVX	WALSIN		WALSIN			

表 7-21 MLCC 各尺寸规格的容值和电压设计范围-低压（0603）

尺寸		绝缘介质类别		容值可选范围		额定电压/V										
英制	公制	类别	温度特性代码			2.5	4	6.3	10	16	25	35	50	63	75	80
0603	1608	I类介质	C0G（NP0）	容值（pF）	最低						122	153	102	162		162
					最高						103	183	103	692		392
				可选代表品牌							MURATA	TDK	MURATA	MURATA		MURATA
			C0H（NP0）	容值（pF）	最低							153	102			
					最高							183	103			
				可选代表品牌								TDK	MURATA			
			U2J	容值（pF）	最低			243	562				102			
					最高			333	333				103			
				可选代表品牌				MURATA	MURATA				MURATA			
			SL（JIS）	容值（pF）	最低			243	562				222			
					最高			333	333				472			
				可选代表品牌				MURATA	MURATA				MURATA			
		II类介质	X8R	容值（pF）	最低					334	683		102			
					最高					474	474		224			
				可选代表品牌						TDK	MURATA		MURATA			
			X7R	容值（pF）	最低			105	223	223	102	473	102			
					最高			475	106	475	225	105	105			
				可选代表品牌				TAIYO	MURATA	MURATA	MURATA	TDK	TAIYO			
			X5R	容值（pF）	最低	226	106	105	474	104	223	223	104			
					最高	476	476	476	226	106	106	106	225			
				可选代表品牌		MURATA	MURATA	MURATA	MURATA	MURATA	TAIYO	MURATA	MURATA			
			JB（JIS）	容值（pF）	最低		106	475	225	105	474	155				
					最高		226	226	226	106	106	475				
				可选代表品牌			MURATA	TDK	TDK	TDK	TDK	TDK				

续表

尺寸		绝缘介质类别		容值可选范围		额定电压/V										
英制	公制	类别	温度特性代码			2.5	4	6.3	10	16	25	35	50	63	75	80
0603	1608	II类介质	X7S	容值（pF）	最低		104	225	155	684	225					
					最高		106	106	475	475	225					
				可选代表品牌			TDK	TDK	MURATA	MURATA	MURATA					
			X6S	容值（pF）	最低	106	105	475	105	105	225	105				
					最高	476	226	226	106	106	475	225				
				可选代表品牌		MURATA	MURATA	MURATA	MURATA	MURATA	MURATA	MURATA				
			X8L	容值（pF）	最低			155		124	333	333	562			
					最高			335		105	224	683	224			
				可选代表品牌				MURATA		MURATA	MURATA	MURATA	MURATA			
		III类介质	X7T	容值（pF）	最低		106	475	475							
					最高		106	106	106							
				可选代表品牌			MURATA	MURATA	MURATA							
			Y5V	容值（pF）	最低			224	103	103	104		103			
					最高			225	225	105	105		224			
				可选代表品牌				WALSIN	AVX	AVX	AVX		WALSIN			

表 7-22　MLCC 各尺寸规格的容值和电压设计范围-低压（0805）

尺寸		绝缘介质类别		容值可选范围		额定电压/V										
英制	公制	类别	温度特性代码			2.5	4	6.3	10	16	25	35	50	63	75	80
0805	2012	I类介质	C0G（NP0）	容值（pF）	最低						103	183	122			432
					最高						333	303	333			223
				可选代表品牌							TDK	TDK	MURATA			MURATA
			C0H（NP0）	容值（pF）	最低							183	122			
					最高							303	333			
				可选代表品牌								TDK	TDK			
			U2J	容值（pF）	最低				333				393			
					最高				104				473			
				可选代表品牌					MURATA				MURATA			
			SL（JIS）	容值（pF）	最低				333				393			
					最高				104				473			
				可选代表品牌					MURATA				MURATA			
		II类介质	X8R	容值（pF）	最低					684	154		103			
					最高					105	105		224			
				可选代表品牌						TDK	MURATA		TDK			
			X7R	容值（pF）	最低		223	224	473	473	103	224	103			
					最高		105	226	226	106	106	475	475			
				可选代表品牌			MURATA	MURATA	MURATA	MURATA	MURATA	MURATA	MURATA			
			X5R	容值（pF）	最低	107	226	105	105	105	104	104	104			
					最高	107	107	107	476	226	226	226	106			
				可选代表品牌		MURATA	MURATA	MURATA	TDK	TAIYO	TAIYO	TDK	MURATA			

续表

尺寸		绝缘介质类别		容值可选范围		额定电压/V										
英制	公制	类别	温度特性代码			2.5	4	6.3	10	16	25	35	50	63	75	80
0805	2012	II类介质	JB（JIS）	容值（pF）	最低		476	336	225	225	105	155	155			
					最高		476	476	476	156	156	156	475			
				可选代表品牌			MURATA	MURATA	TDK	TDK	TDK	TDK	TDK			
			X7S	容值（pF）	最低		105	106	475	474	225	225	475			
					最高		475	226	226	106	106	475	475			
				可选代表品牌			MURATA	TDK	TDK	MURATA	MURATA	MURATA	MURATA			
			X6S	容值（pF）	最低	107	226	226	225	225	104	335	335			
					最高	107	107	476	226	226	106	106	475			
				可选代表品牌		MURATA	MURATA	TAIYO	MURATA	MURATA	MURATA	MURATA	TDK			
			X8L	容值（pF）	最低			685	106	274	124	124	823			
					最高			106	106	475	475	475	105			
				可选代表品牌				MURATA	TDK	TDK	MURATA	MURATA	MURATA			
		III类介质	X7T	容值（pF）	最低			226	226							
					最高			226	226							
				可选代表品牌				MURATA	MURATA							
			X6T	容值（pF）	最低	476	476									
					最高	476	476									
				可选代表品牌		MURATA	MURATA									
			X7U	容值（pF）	最低		226									
					最高		226									
				可选代表品牌			MURATA									
			Y5V	容值（pF）	最低			106	103	105	105		103			
					最高			106	106	106	475		105			
				可选代表品牌				SAMSUNG	WALSIN	AVX	AVX		WALSIN			

表 7-23　MLCC 各尺寸规格的容值和电压设计范围-低压（1206）

尺寸		绝缘介质类别		容值可选范围		额定电压/V										
英制	公制	类别	温度特性代码			2.5	4	6.3	10	16	25	35	50	63	75	80
1206	3216	I类介质	C0G（NP0）	容值（pF）	最低					124	104		113			273
					最高					124	224		224			333
				可选代表品牌						MURATA	MURATA		MURATA			MURATA
			C0H（NP0）	容值（pF）	最低								113			
					最高								104			
				可选代表品牌									MURATA			
			U2J	容值（pF）	最低								683			
					最高								104			
				可选代表品牌									MURATA			
			SL（JIS）	容值（pF）	最低								683			
					最高								104			
				可选代表品牌									MURATA			

续表

尺寸		绝缘介质类别		容值可选范围		额定电压/V										
英制	公制	类别	温度特性代码			2.5	4	6.3	10	16	25	35	50	63	75	80
1206	3216	Ⅱ类介质	X8R	容值（pF）	最低					684	334		154			
					最高					475	475		105			
				可选代表品牌						TDK	TDK		TDK			
			X7R	容值（pF）	最低			106	224	224	104	474	102		225	
					最高			226	226	226	106	106	106		225	
				可选代表品牌				MURATA	TAIYO	TAIYO	TAIYO	TAIYO	TDK		TDK	
			X5R	容值（pF）	最低	227	107	106	475	155	105	105	474			
					最高	227	227	227	107	476	476	226	106			
				可选代表品牌		MURATA	MURATA	MURATA	MURATA	TAIYO	TDK	TDK	TAIYO			
			X7S	容值（pF）	最低		336	156	156	226	106		475			
					最高		476	476	226	226	106		475			
				可选代表品牌			TDK	TDK	TDK	MURATA	MURATA		MURATA			
			X6S	容值（pF）	最低	227	476	476	156	155	474	685	105			
					最高	227	227	476	476	226	226	106	225			
				可选代表品牌		MURATA	MURATA	TAIYO	MURATA	MURATA	MURATA	TDK	MURATA			
			JB（JIS）	容值（pF）	最低			686	336	106	106	475	475			
					最高			107	107	336	336	226	106			
				可选代表品牌				TDK	TDK	TDK	TDK	TDK	TDK			
			X8L	容值（pF）	最低		156		226	105	105	474	394			
					最高		226		226	106	106	105	335			
				可选代表品牌			TDK		MURATA	TDK	MURATA	MURATA	TDK			
		Ⅲ类介质	X6T	容值（pF）	最低		476	107								
					最高		107	107								
				可选代表品牌			MURATA	MURATA								
			X7U	容值（pF）	最低		476	476								
					最高		107	476								
				可选代表品牌			MURATA	MURATA								
			Y5V	容值（pF）	最低				103	103	105		105			
					最高				226	106	106		225			
				可选代表品牌					WALSIN	WALSIN	AVX		AVX			

表 7-24 MLCC 各尺寸规格的容值和电压设计范围-低压（1210）

尺寸		绝缘介质类别		容值可选范围		额定电压/V										
英制	公制	类别	温度特性代码			2.5	4	6.3	10	16	25	35	50	63	75	80
1210	3225	I 类介质	C0G（NP0）	容值（pF）	最低								333			
					最高								104			
				可选代表品牌									TDK			
			C0H（NP0）	容值（pF）	最低								333			
					最高								104			
				可选代表品牌									TDK			
		II 类介质	X8R	容值（pF）	最低					685	155					
					最高					106	106					
				可选代表品牌						MURATA	TDK					
			X7R	容值（pF）	最低			226	224	224	224		223		106	
					最高			476	476	226	226		106		106	
				可选代表品牌				TAIYO	TAIYO	TAIYO	TAIYO		TAIYO		TDK	
			X5R	容值（pF）	最低	337	107	226	335	475	335	225	105			
					最高	337	337	337	227	107	476	226	106			
				可选代表品牌		MURATA	MURATA	TAIYO	TAIYO	TAIYO	TAIYO	TAIYO	TAIYO			
			JB（JIS）	容值（pF）	最低					156	106		106			
					最高					226	106		106			
				可选代表品牌						TDK	TDK		TDK			
			X7S	容值（pF）	最低		107	336	476		226	106	475			
					最高		107	107	476		226	106	106			
				可选代表品牌			MURATA	MURATA	MURATA		MURATA	MURATA	MURATA			
			X6S	容值（pF）	最低	227	157	107	107	476	226	106	335			
					最高	337	337	227	107	476	226	106	106			
				可选代表品牌		MURATA	TAIYO	TAIYO	TAIYO	MURATA	MURATA	TDK	TDK			
			X8L	容值（pF）	最低				106	156	475	106	335			
					最高				106	226	226	106	106			
				可选代表品牌					MURATA	TDK	MURATA	MURATA	MURATA			
		III 类介质	X7T	容值（pF）	最低	107			476							
					最高	107			476							
				可选代表品牌		MURATA			MURATA							
			X7U	容值（pF）	最低		107	107								
					最高		107	107								
				可选代表品牌			MURATA	MURATA								
			Y5V	容值（pF）	最低			476	104	104	104		105			
					最高			107	476	226	106		106			
				可选代表品牌				WALSIN	WALSIN	WALSIN	WALSIN		AVX			

表 7-25 MLCC 各尺寸规格的容值和电压设计范围-低压（1812～3025）

尺寸		绝缘介质类别		容值可选范围		额定电压/V										
英制	公制	类别	温度特性代码			2.5	4	6.3	10	16	25	35	50	63	75	80
1812	4532	I类介质	C0G（NP0）	容值（pF）	最低								104			
					最高								224			
				可选代表品牌									TDK			
			C0H（NP0）	容值（pF）	最低								104			
					最高								224			
				可选代表品牌									TDK			
		II类介质	X7R	容值（pF）	最低					106	475		155			
					最高					336	226		685			
				可选代表品牌						TDK	TDK		TDK			
			X5R	容值（pF）	最低		477	107	226	226	106		106			
					最高		477	107	107	476	226		106			
				可选代表品牌			TAIYO	TDK	TDK	TDK	TDK		TDK			
			JB（JIS）	容值（pF）	最低					226	106					
					最高					336	226					
				可选代表品牌						TDK	TDK					
			X7S	容值（pF）	最低					226			475			
					最高					476			106			
				可选代表品牌						TDK			TDK			
			X6S	容值（pF）	最低	477		107								
					最高	477		107								
				可选代表品牌		TAIYO		TDK								
		III类介质	Y5V	容值（pF）	最低				104	104	104		104			
					最高				106	106	106		685			
				可选代表品牌					WALSIN	WALSIN	WALSIN		WALSIN			
2220	5750	II类介质	X7R	容值（pF）	最低					156	106		475			
					最高					476	107		226			
				可选代表品牌						TDK	TDK		TDK			
			X5R	容值（pF）	最低			107	686	336	226		106			
					最高			107	107	107	476		226			
				可选代表品牌				TDK	TDK	TDK	TDK		TDK			
			JB（JIS）	容值（pF）	最低						226					
					最高						226					
				可选代表品牌							TDK					
			X7S	容值（pF）	最低					476	476		106			
					最高					107	476		226			
				可选代表品牌						TDK	TDK		TDK			
3025	7563	II类介质	X7R	容值（pF）	最低						476					
					最高						476					
				可选代表品牌							TDK					
			X7S	容值（pF）	最低					107			226			
					最高					107			226			
				可选代表品牌						TDK			TDK			

表 7-26　MLCC 各尺寸规格的容值和电压设计范围-中压（0201&0402）

尺寸		绝缘介质类别		容值可选范围		额定电压						
英制	公制	类别	温度特性代码			100V	200V	250V	350V	450V	500V	630V
0201	0603	I类介质	C0G（NP0）	容值（pF）	最低	R10						
					最高	101						
				可选代表品牌		MURATA						
			C0H（NP0）	容值（pF）	最低	4R0						
					最高	101						
				可选代表品牌		MURATA						
			C0J（NP0）	容值（pF）	最低	2R1						
					最高	3R9						
				可选代表品牌		MURATA						
			C0K（NP0）	容值（pF）	最低	R10						
					最高	2R0						
				可选代表品牌		MURATA						
			X8G	容值（pF）	最低	R20						
					最高	150						
				可选代表品牌		MURATA						
0402	1005	I类介质	C0G（NP0）	容值（pF）	最低	1R0	R10	R50				
					最高	102	101	560				
				可选代表品牌		MURATA	PDC	PDC				
			C0H（NP0）	容值（pF）	最低	101						
					最高	102						
				可选代表品牌		TDK						
		II类介质	X8R	容值（pF）	最低	221						
					最高	103						
				可选代表品牌		MURATA						
			X7R	容值（pF）	最低	101						
					最高	472						
				可选代表品牌		PDC						
			X7S	容值（pF）	最低	102						
					最高	103						
				可选代表品牌		TDK						

表 7-27　MLCC 各尺寸规格的容值和电压设计范围-中压（0603）

尺寸		绝缘介质类别		容值可选范围		额定电压						
英制	公制	类别	温度特性代码			100V	200V	250V	350V	450V	500V	630V
0603	1608	I类介质	C0G（NP0）	容值（pF）	最低	R47	101	R10				
					最高	103	821	222				
				可选代表品牌		TDK	PDC	TDK				
			C0H（NP0）	容值（pF）	最低	1R0		110				
					最高	103		222				
				可选代表品牌		TDK		TDK				
			U2J	容值（pF）	最低	102						
					最高	103						
				可选代表品牌		MURATA						
		II类介质	X8R	容值（pF）	最低	102						
					最高	104						
				可选代表品牌		MURATA						
			X7R	容值（pF）	最低	101	101	101				
					最高	104	153	224				
				可选代表品牌		PDC	PDC	HEC				
			X5R	容值（pF）	最低	102						
					最高	224						
				可选代表品牌		TAIYO						
			JB（JIS）	容值（pF）	最低	102						
					最高	223						
				可选代表品牌		TDK						
			X7S	容值（pF）	最低	473						
					最高	104						
				可选代表品牌		TDK						
			X8L	容值（pF）	最低	104						
					最高	104						
				可选代表品牌		MURATA						

表 7-28　MLCC 各尺寸规格的容值和电压设计范围-中压（0805）

尺寸		绝缘介质类别		容值可选范围		额定电压						
英制	公制	类别	温度特性代码			100V	200V	250V	350V	450V	500V	630V
0805	2012	I类介质	C0G（NP0）	容值（pF）	最低	101	2R0	R20		101	100	100
					最高	333	392	103		562	222	222
				可选代表品牌		TDK	HEC	MURATA		TDK	PDC	MURATA
			C0H（NP0）	容值（pF）	最低	161		102		101		
					最高	333		103		562		
				可选代表品牌		TDK		TDK		TDK		
			U2J	容值（pF）	最低		101	101				
					最高		562	562				
				可选代表品牌			MURATA	MURATA				
		II类介质	X8R	容值（pF）	最低	103						
					最高	683						
				可选代表品牌		TDK						
			X7R	容值（pF）	最低	101	101	101			101	101
					最高	105	104	683			223	223
				可选代表品牌		HEC	PDC	PDC			PDC	PDC
			X5R	容值（pF）	最低	103		102				
					最高	105		223				
				可选代表品牌		TAIYO		TAIYO				
			JB（JIS）	容值（pF）	最低	473		102				
					最高	104		223				
				可选代表品牌		TDK		TDK				
			X7S	容值（pF）	最低	154						
					最高	105						
				可选代表品牌		TDK						
		III类介质	X7T	容值（pF）	最低		473	103		103		
					最高		104	104		473		
				可选代表品牌			TDK	TDK		TDK		
			Y5V	容值（pF）	最低	103	103	103				
					最高	104	683	683				
				可选代表品牌		PDC	PDC	PDC				

表 7-29　MLCC 各尺寸规格的容值和电压设计范围-中压（1206）

尺寸		绝缘介质类别		容值可选范围		额定电压						
英制	公制	类别	温度特性代码			100V	200V	250V	350V	450V	500V	630V
1206	3216	I类介质	C0G（NP0）	容值（pF）	最低	362	1R5	332		682	100	100
					最高	104	103	223		153	103	103
				可选代表品牌		MURATA	PDC	TDK		TDK	TDK	TDK
			C0H（NP0）	容值（pF）	最低	392		332		682		101
					最高	104		223		153		103
				可选代表品牌		MURATA		TDK		TDK		TDK
			U2J	容值（pF）	最低		682	682			100	100
					最高		103	103			472	472
				可选代表品牌			MURATA	MURATA			MURATA	MURATA
		II类介质	X8R	容值（pF）	最低	473						
					最高	334						
				可选代表品牌		TDK						
			X7R	容值（pF）	最低	221	121	121		104	101	101
					最高	475	224	224		104	683	563
				可选代表品牌		MURATA	HEC	HEC		HEC	HEC	PDC
			X5R	容值（pF）	最低	473		333				102
					最高	225		104				223
				可选代表品牌		TAIYO		TAIYO				Taiyo
			X7S	容值（pF）	最低	155						
					最高	475						
				可选代表品牌		MURATA						
			X6S	容值（pF）	最低	104						
					最高	104						
				可选代表品牌		MURATA						
			JB（JIS）	容值（pF）	最低	473		473				102
					最高	105		104				333
				可选代表品牌		TDK		TDK				TDK
			X8L	容值（pF）	最低	105						
					最高	225						
				可选代表品牌		MURATA						
		III类介质	X7T	容值（pF）	最低		154	333		103	223	103
					最高		224	224		104	473	473
				可选代表品牌			TDK	TDK		TDK	TDK	TDK
			Y5V	容值（pF）	最低	103	103	103				
					最高	224	154	154				
				可选代表品牌		PDC	PDC	PDC				

表 7-30　MLCC 各尺寸规格的容值和电压设计范围-中压（1210&1808）

尺寸		绝缘介质类别		容值可选范围		额定电压						
英制	公制	类别	温度特性代码			100V	200V	250V	350V	450V	500V	630V
1210	3225	I类介质	C0G（NP0）	容值（pF）	最低	100	100	103		223	100	392
					最高	683	333	473		333	183	333
				可选代表品牌		TDK	PDC	TDK		TDK	PDC	TDK
			C0H（NP0）	容值（pF）	最低	153		103		223		392
					最高	683		473		333		333
				可选代表品牌		TDK		TDK		TDK		TDK
			U2J	容值（pF）	最低						122	122
					最高						103	153
				可选代表品牌							MURATA	MURATA
		II类介质	X8R	容值（pF）	最低	474						
					最高	684						
				可选代表品牌		TDK						
			X7R	容值（pF）	最低	221	221	221		224	221	221
					最高	475	684	684		224	154	154
				可选代表品牌		TDK	PDC	PDC		HEC	PDC	PDC
			X5R	容值（pF）	最低	104		473				223
					最高	475		224				473
				可选代表品牌		TAIYO		TAIYO				TAIYO
			JB（JIS）	容值（pF）	最低	105		154				473
					最高	225		224				683
				可选代表品牌		TDK		TDK				TDK
			X7S	容值（pF）	最低	335						
					最高	106						
				可选代表品牌		MURATA						
			X8L	容值（pF）	最低	225						
					最高	475						
				可选代表品牌		MURATA						
		III类介质	X7T	容值（pF）	最低		334	104		683	104	223
					最高		334	334		104	154	154
				可选代表品牌			TDK	TDK		TDK	TDK	TDK
			Y5V	容值（pF）	最低	103	103	103				
					最高	334	154	154				
				可选代表品牌		PDC	PDC	PDC				
1808	4520	I类介质	C0G（NP0）	容值（pF）	最低	2R2	2R2	2R2			2R2	2R2
					最高	273	183	183			123	103
				可选代表品牌		PDC	PDC	PDC			PDC	PDC
			SL（JIS）	容值（pF）	最低			100				
					最高			820				
				可选代表品牌				MURATA				
		II类介质	X7R	容值（pF）	最低			101			151	151
					最高			152			104	823
				可选代表品牌				MURATA			JHS	PDC

表 7-31　MLCC 各尺寸规格的容值和电压设计范围-中压（1812～2211）

尺寸		绝缘介质类别		容值可选范围		额定电压						
英制	公制	类别	温度特性代码			100V	200V	250V	350V	450V	500V	630V
1812	4532	I类介质	C0G（NP0）	容值（pF）	最低	100	100	100		473	100	100
					最高	104	563	104		683	393	473
				可选代表品牌		PDC	PDC	TDK		TDK	PDC	TDK
			C0H（NP0）	容值（pF）	最低	473		223		473		822
					最高	104		104		683		473
				可选代表品牌		TDK		TDK		TDK		TDK
			U2J	容值（pF）	最低						123	123
					最高						223	223
				可选代表品牌							MURATA	MURATA
		II类介质	X7R	容值（pF）	最低	103	271	221		334	271	271
					最高	475	155	105		474	474	224
				可选代表品牌		TDK	HEC	HEC		HEC	PDC	PDC
			X5R	容值（pF）	最低	474		104				473
					最高	225		474				104
				可选代表品牌		TAIYO		TAIYO				TAIYO
			JB（JIS）	容值（pF）	最低	155		334				104
					最高	225		474				104
				可选代表品牌		TDK		TDK				TDK
			X7S	容值（pF）	最低	335						
					最高	106						
				可选代表品牌		TDK						
		III类介质	X7T	容值（pF）	最低			224		154		154
					最高			225		105		474
				可选代表品牌				TDK		TDK		TDK
			Y5V	容值（pF）	最低	103	103	103				
					最高	684	684	684				
				可选代表品牌		PDC	PDC	PDC				
1825	4563	I类介质	C0G（NP0）	容值（pF）	最低	100	100	100			100	100
					最高	184	124	124			104	683
				可选代表品牌		PDC	PDC	PDC			HEC	PDC
		II类介质	X7R	容值（pF）	最低	102	102	102			102	102
					最高	105	824	824			824	824
				可选代表品牌		HEC	PDC	PDC			PDC	PDC
2211	5728	II类介质	X7R	容值（pF）	最低	101						
					最高	152						
				可选代表品牌		MURATA						

表 7-32　MLCC 各尺寸规格的容值和电压设计范围-中压（2220&2225）

尺寸		绝缘介质类别		容值可选范围		额定电压						
英制	公制	类别	温度特性代码			100V	200V	250V	350V	450V	500V	630V
2220	5750	I 类介质	C0G（NP0）	容值（pF）	最低	100	100	100		104	100	102
					最高	184	104	154		104	683	104
				可选代表品牌		PDC	PDC	TDK		TDK	PDC	TDK
			C0H（NP0）	容值（pF）	最低	154		154		104		683
					最高	154		154		104		104
				可选代表品牌		TDK		TDK		TDK		TDK
			U2J	容值（pF）	最低						273	273
					最高						473	473
				可选代表品牌							MURATA	MURATA
		II 类介质	X7R	容值（pF）	最低	102	103	102		684	102	102
					最高	106	225	225		105	105	824
				可选代表品牌		HEC	HEC	TDK		HEC	HEC	PDC
			JB（JIS）	容值（pF）	最低	335		684				154
					最高	475		105				224
				可选代表品牌		TDK		TDK				TDK
			X7S	容值（pF）	最低	685						
					最高	226						
				可选代表品牌		TDK						
			X6S	容值（pF）	最低					225		
					最高					225		
				可选代表品牌						TDK		
		III 类介质	X7T	容值（pF）	最低			474		224		104
					最高			335		225		105
				可选代表品牌				TDK		TDK		TDK
2225	5763	I 类介质	C0G（NP0）	容值（pF）	最低	100	100	100			100	100
					最高	224	154	154			104	333
				可选代表品牌		PDC	PDC	PDC			PDC	HEC
		II 类介质	X7R	容值（pF）	最低	102	102	102			102	102
					最高	475	225	105			824	824
				可选代表品牌		HEC	HEC	HEC			PDC	PDC

表 7-33 MLCC 各尺寸规格的容值和电压设计范围-高压（0805～1210）

尺寸		绝缘介质类别		容值可选范围		额定电压								
英制	公制	类别	温度特性代码			1kV	1.5kV	2kV	2.5kV	3kV	4kV	5kV	6kV	8kV
0805	2012	I类介质	C0G（NP0）	容值（pF）	最低	1R0								
					最高	391								
				可选代表品牌		WALSIN								
		II类介质	X7R	容值（pF）	最低	101		221						
					最高	103		821						
				可选代表品牌		WALSIN		HEC						
1206	3216	I类介质	C0G（NP0）	容值（pF）	最低	1R5	1R5	1R5	470	100				
					最高	122	471	471	470	820				
				可选代表品牌		PDC	PDC	PDC	HEC	PDC				
			U2J	容值（pF）	最低	100		100						
					最高	102		680						
				可选代表品牌		MURATA		MURATA						
		II类介质	X7R	容值（pF）	最低	101	101	101	221	101				
					最高	223	103	682	562	122				
				可选代表品牌		PDC	HEC	HEC	HEC	HEC				
1210	3225	I类介质	C0G（NP0）	容值（pF）	最低	100	100	100		100				
					最高	223	182	182		271				
				可选代表品牌		TDK	PDC	PDC		PDC				
			U2J	容值（pF）	最低	122		820						
					最高	222		221						
				可选代表品牌		MURATA		MURATA						
		II类介质	X7R	容值（pF）	最低	101	221	101		101				
					最高	683	822	103		102				
				可选代表品牌		PDC	PDC	HEC		JHS				

表 7-34　MLCC 各尺寸规格的容值和电压设计范围-高压（1808～1825）

尺寸		绝缘介质类别		容值可选范围		额定电压								
英制	公制	类别	温度特性代码			1kV	1.5kV	2kV	2.5kV	3kV	4kV	5kV	6kV	8kV
1808	4520	I类介质	C0G（NP0）	容值（pF）	最低	1R0	1R0	1R0		1R0	1R0	1R0	1R0	
					最高	332	182	182		122	181	151	750	
				可选代表品牌		PDC	PDC	PDC		HEC	JHS	HEC	JHS	
			C0H（NP0）	容值（pF）	最低					100				
					最高					101				
				可选代表品牌						TDK				
			U2J	容值（pF）	最低					100				
					最高					101				
				可选代表品牌						MURATA				
		II类介质	X7R	容值（pF）	最低	101	151	101		101	101	360	470	
					最高	563	682	103		562	182	102	151	
				可选代表品牌		PDC	PDC	JHS		HEC	JHS	HEC	JHS	
			JB（JIS）	容值（pF）	最低	471		471						
					最高	102		102						
				可选代表品牌		TDK		TDK						
1812	4532	I类介质	C0G（NP0）	容值（pF）	最低	100	100	100		100	100	100	100	
					最高	682	332	332		122	391	151	151	
				可选代表品牌		HEC	PDC	PDC		HEC	JHS	JHS	JHS	
			C0H（NP0）	容值（pF）	最低					101				
					最高					331				
				可选代表品牌						TDK				
			U2J	容值（pF）	最低	272								
					最高	472								
				可选代表品牌		murata								
		II类介质	X7R	容值（pF）	最低	221	271	101		101	101	360	100	
					最高	154	103	333		103	182	122	331	
				可选代表品牌		HEC	PDC	HEC		HEC	PDC	HEC	JHS	
			JB（JIS）	容值（pF）	最低	472		222						
					最高	103		222						
				可选代表品牌		TDK		TDK						
1825	4563	I类介质	C0G（NP0）	容值（pF）	最低	100	100	100		100	100	100	100	
					最高	123	822	822		272	122	391	391	
				可选代表品牌		JHS	PDC	PDC		PDC	JHS	JHS	JHS	
		II类介质	X7R	容值（pF）	最低	101	102	101		101	101	101	101	
					最高	334	563	563		183	222	152	821	
				可选代表品牌		PDC	PDC	PDC		PDC	JHS	JHS	JHS	

表 7-35　MLCC 各尺寸规格的容值和电压设计范围-高压（2211～2225）

尺寸		绝缘介质类别		容值可选范围		额定电压								
英制	公制	类别	温度特性代码			1kV	1.5kV	2kV	2.5kV	3kV	4kV	5kV	6kV	8kV
2211	5728	I类介质	C0G（NP0）	容值（pF）	最低			222				2R0		
					最高			222				680		
				可选代表品牌				HEC				HEC		
		II类介质	X7R	容值（pF）	最低					271	271	680		221
					最高					332	182	272		821
				可选代表品牌						PDC	PDC	HEC		HEC
2220	5750	I类介质	C0G（NP0）	容值（pF）	最低	100	100	100		100	100	100	100	
					最高	333	822	822		272	152	471	471	
				可选代表品牌		TDK	PDC	PDC		JHS	JHS	JHS	JHS	
			U2J	容值（pF）	最低	562								
					最高	103								
				可选代表品牌		MURATA								
		II类介质	X7R	容值（pF）	最低	102	102	102		101	101	101	101	
					最高	394	563	563		183	272	472	821	
				可选代表品牌		PDC	PDC	PDC		PDC	JHS	HEC	JHS	
2225	5763	I类介质	C0G（NP0）	容值（pF）	最低	100	100	100		100	100	100	100	
					最高	183	103	103		332	182	471	471	
				可选代表品牌		JHS	PDC	PDC		JHS	JHS	JHS	JHS	
		II类介质	X7R	容值（pF）	最低	102	102	102		101	101	101	101	
					最高	394	104	104		333	123	272	122	
				可选代表品牌		PDC	PDC	HEC		HEC	HEC	JHS	JHS	

7.6 MLCC 储存条件

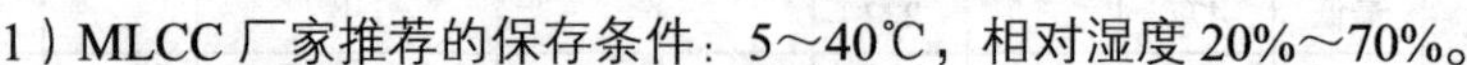

1）MLCC 厂家推荐的保存条件：5～40℃，相对湿度 20%～70%。

2）建议库存期限：自交货起 6 个月内使用完。

3）储存环境要求：储存空气不可含有腐蚀性气体（硫化氢、二氧化硫、氯气、氨气），不要储存在含盐的、高湿和阳光直射的环境下。

第 8 章 MLCC 的测试和测量标准

8.1 通用规范

无论是在 MLCC 制造环节还是在应用中，对 MLCC 进行测试测量，是判定 MLCC 品质优劣的重要手段。例如，通过性能测试剔除不良品，通过可靠性测试评估产品使用寿命，通过系列测试完成质量资格承认等，因而本章将专门介绍 MLCC 的测试测量。

有关 MLCC 性能和可靠性方面的测试主要包括这几大类：电性测试、机械性测试、与焊接有关的测试以及环境气候测试，总共介绍了 30 项测试。本章对每项测试介绍了测试方法、测试条件以及判定标准，同时也介绍了每项测试的标准来自何处，以供 MLCC 用户参考。

细分的详细规范应指明要进行的测试顺序，需要确认测量是在每个单项测试或批量测试之前还是之后进行，这些测量的顺序需要确定下来。每项测试的步骤应按书面顺序进行。初始和最终的测量条件应相同。任何质量评价体系中的国家规范若包括该规范规定以外的方法，应予以充分说明。所有规范中给出的限制都是绝对限制。测量的不确定原则应被引用。MLCC 常用的或选用的电性测试及可靠性测试项目如表 8-1 所示。

表 8-1　MLCC 性能和可靠性测试项目

序号	测试项目	对应章节
电性测试和测量		
1	容值测试标准 *CP*	8.5
2	损耗因数 tanδ（*DF*）	8.6
3	绝缘电阻 *IR*	8.7
4	耐电压	8.8
5	击穿电压测试	8.9
6	阻抗	8.10
7	自谐振频率和等效串联电感	8.11
8	等效串联电阻	8.12
9	容值温度特性	8.13
10	寿命测试	8.14
11	介质吸收	8.15

续表

序号	测试项目	对应章节
12	寿命测试及加速寿命测试	8.16
机械性的测试和测量		
13	外观检查	8.17
14	抗弯曲测试	8.18
13	端电极附着力测试	8.19
14	断裂强度测试（如需选用）	8.20
15	抗震测试	8.21
16	机械冲击测试	8.29
17	破坏性物理分析	8.30
与元件焊接有关的测试		
18	焊锡性测试	8.22
19	抗焊热冲击测试	8.23
20	锡爆测试	8.24
21	沾锡天平测试	8.25
环境气候测试		
22	耐温度急剧变化测试	8.26
23	气候变化连续性测试	8.27
24	稳态湿热测试	8.28

8.2 通用标准大气压条件

8.2.1 测试和测量大气条件

除非另有规定，所有测试和测量的标准大气条件（measuring conditions）应该参照 IEC-60068-1：2013 的标准进行。

标准大气条件：温度 15～35℃，相对湿度 25%～75%，大气压 86～106kPa。

在测量进行前，电容器应完全置于标准测量温度下充分放置一段时间直至达到这个温度，测试结束后规定的恢复时间要充分足够。当在规定温度以外的温度进行测量时，如有必要，应将结果校正到规定温度。测量时的环境温度应在测试报告中说明。在发生争议时，重测的温度条件应采用推荐温度（见 8.2.3 节）和本标准规定的其他温度中的其中一个。当按顺序进行测试时，可以将一个测试的最终测量值作为后续测试的初始测量值。在测量过程中，电容器不应暴露在通风、阳光直射或其他可能导致误差的环境下。

8.2.2 测试样品恢复条件

除非另有规定外，测试样品的恢复条件跟测试测量条件一样的标准大气条件。如果需要在严密受控条件下恢复，可采用 IEC-60068-1 条款 4.4.2 的受控恢复条件，标准如下。

温度：在实际实验室温度的基础上偏差在 ±1℃，实验室温度限定在 15～35℃范围内。

相对湿度：73%～77%。

大气压：86kPa～106kPa。

恢复时间：1～2h。

当恢复时间一旦确定下来（例如 1h 到 2h），这意味着对一批电容器的测量（或其他后续动作）可以在 1h 后开始，并应在恢复周期开始后的 2h 前完成。

8.2.3 推荐条件

出于推荐目的，一个可供选择的测试推荐用标准大气条件见表 8-2。

表 8-2 针对测试所推荐的大气条件

温度/℃	相对湿度/%	大气压/kPa
20±1	63～67	86～106
23±1	48～52	86～106
25±1	48～52	86～106
27±1	63～67	86～106

8.2.4 参考条件

出于参考目的，IEC-60068-1 标准给出的参考大气条件如下。

温度：20℃（IEC 标准测试参照温度通常为 20℃，EIA 标准通常为 25℃）。

大气压：101.3kPa。

8.3 通用预处理

8.3.1 测试样品的预干燥（适用于 I 类陶瓷电容器）

I 类陶瓷绝缘介质电容器因为没有容值老化顾虑，所以通常预处理（preconditioning）只需预干燥即可。具体预干燥方法参照 IEC-60384-1 标准，待测 MLCC 应在（55±2）℃、相对湿度不超过 20%RH 的热循环烘箱中加热（96±4）h，然后用合适的干燥剂在干燥器中冷却，如活性氧化铝或硅胶，并应存放在干燥剂中，存放时长为从烘箱中取出到指定的测试开始时间。

8.3.2 测试样品的预处理

II 类和 III 类 MLCC 参照 IEC-60384-22 标准，单项测试或系列测试前的预处理应按下列条件进行。在上限类别温度或规格书中规定的最高工作温度烘烤 1h（推荐烘烤温度 150℃），然后在标准大气条件下静置（24±1）h，再进行测试。电容器的容值随时间的变化呈对数律递减（这称为老化）。然而，如果将电容器加热到高于其电介质居里点温度，则会发生“去老化”，即电容因“老化”而损失的容量会重新恢复，而“老化”重新开始。特殊预处理的目的是使电容器达到规定的状态，而不考虑它以前的存放时间。

8.4 通用贴装焊接

8.4.1 测试基板

MLCC 测试测量若需要先做贴装作业的请参照 IEC-60384-1：2016 标准第 4.33 节，贴片陶瓷电容器应安装在合适的基板上，贴装方法取决于电容器的结构。基板材料一般应该是厚度为（1.6 ± 0.20）mm 或（0.8 ± 0.10）mm 的环氧玻璃布层压覆铜 PCB，铜箔厚度应为（0.035 ± 0.01）mm，具体应用哪种厚度根据相关标准选择。另外还有一种测试基板，厚度在（0.635 ± 0.05）mm 以上，纯度为 90%～98% 之间的氧化铝基板。无论采用哪种基板，它们均不得影响任何测试或测量的结果。通常环氧玻璃布层压敷铜 PCB 测试基板适合机械性测量，氧化铝测试基板适合电气性测试。基板应具有适当间距的镀金面，以适合贴片陶瓷电容器的贴装，并应提供与贴片陶瓷电容器端电极的电气连接。用于机械和电气测试的测试基板样板分别如图 8-1 和图 8-2 所示，如果采用别的安装方法，则应在详细规范中清楚地说明该方法。

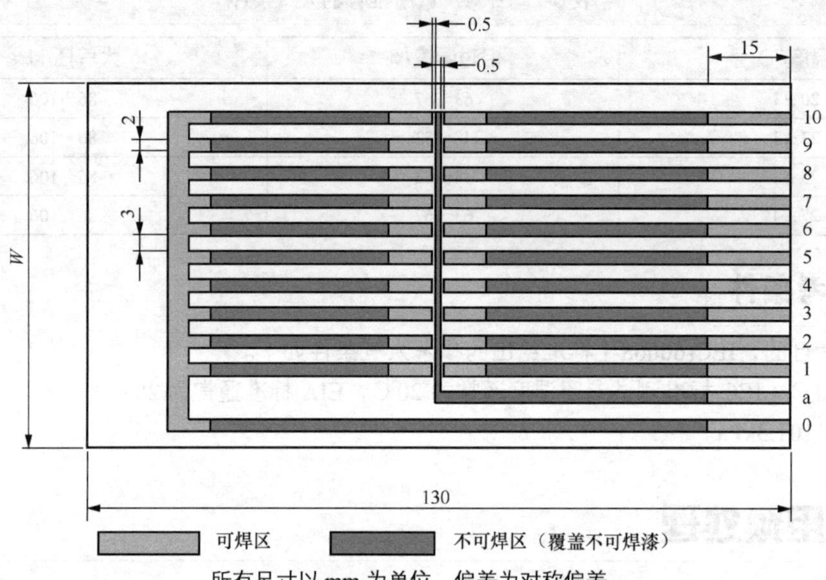

所有尺寸以 mm 为单位，偏差为对称偏差

材料：环氧玻璃

厚度：（1.6 ± 0.2）mm，（0.8 ± 0.1）mm

未标尺寸应根据测试样品尺寸和设计要求来选定

W 尺寸取决于设计的测试设备

a 闲置或者用于屏蔽电极

图 8-1　适用于机械性测试的测试基板

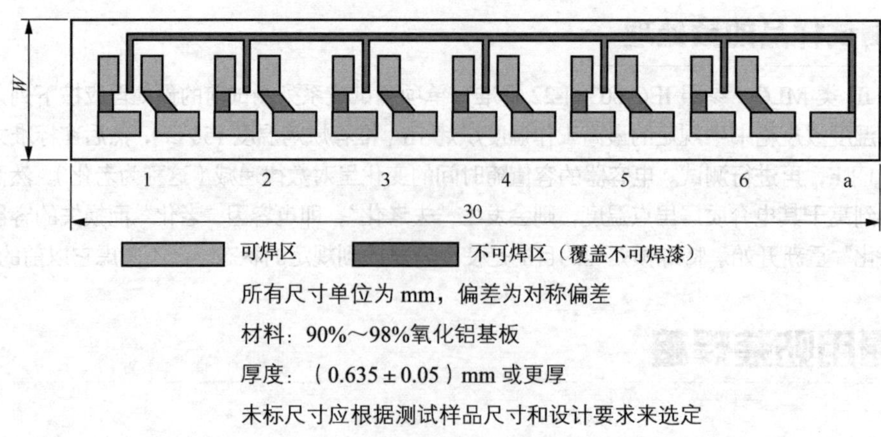

所有尺寸单位为 mm，偏差为对称偏差

材料：90%～98%氧化铝基板

厚度：（0.635 ± 0.05）mm 或更厚

未标尺寸应根据测试样品尺寸和设计要求来选定

W 尺寸取决于设计的测试设备

a 闲置或者用于屏蔽电极

图 8-2　适用于电性测试的测试基板

8.4.2 波峰焊

当详细规范指定波峰焊时，合适的胶水可能需要在详细规范中指定，在焊接执行前，胶水的作用是将贴片电容器黏附在基板上，依靠可重复操作的合适装置在基板上的焊盘之间涂上小点胶水。贴片电容器用镊子夹取放置在点胶上。为确保焊盘不被涂胶，贴片电容器不得晃动。贴有贴片电容器的基板应在 100℃的烤箱中热处理 15min。基板应在波峰焊接设备中焊接。设备的预热温度为 80～100℃，焊锡槽温度为（260±5）℃，焊接时间为（5±0.5）s。基板应在合适的溶剂中清洗 3min（参考 IEC-60068-2-45：1980）。

8.4.3 回流焊

当详细规范规定使用回流焊时，采用下面的贴装流程。

a）采用的胚状或膏体有铅焊锡，应为含银（至少 2%）的 Sn/Pb 合金共晶焊锡，同时使用符合 IEC-60068-2-20 标准规定的助焊剂。可选用的类似 Sn60Pb40 或 Sn63Pb37 有铅焊锡用于贴片结构，包括防焊锡浸出的隔层。采用的胚状和膏体无铅焊锡合金组成应是 Sn96.5Ag3.0Cu0.5 或派生焊锡，使用符合 IEC-60068-2-58 标准或相关标准定义的助焊剂。

b）MLCC 应跨测试基板焊盘放置，以便使贴装面与测试基板焊盘接触。

c）测试基板应放置在适当的加热系统中（熔化焊锡、加热板、隧道炉等）。设备的温度应保持在 215～260℃之间，直至焊锡熔化并回流形成均匀的焊锡焊点，但不超过 10 s。

应使用合适的溶剂清除助焊剂（参考 IEC-60068-2-45：1980 标准）。所有后续处理应避免污染。应注意保持测试室内清洁，测试期间和测试后的清洁也同样重要，详细规范可能要求更严格的温度范围。如果采用气相焊接，也可以通过调整温度而采用相同的方法。

8.5 容值测试

8.5.1 通用描述

MLCC 厂家通常把容值取英文简称“*CP*”，位于电容器四大电性（容值 *CP*/损耗因素 *DF*/绝缘电阻 *IR*/耐压 *FL*）之首，在终端用户处的测量通常未按标准测试条件进行测试，如果测试的目的是作为规格确认也许无须如此严谨，但是在进行规格承认或发生争议时，就必须遵照标准来进行确认，否则无法达成互认意见。

8.5.2 测试样品的预处理

I 类 MLCC 因没有老化问题，只需按 8.3.1 节的预处理条件对测试样品进行干燥处理，II&III 类按第 8.3.2 节的通用预处理标准，对测试样品进行 MLCC 预处理，在 150℃下烘烤 1h，然后静置（24±1）h。

8.5.3 测试条件

容值测量的三大测试条件：测试温度、测试频率和测试电压。

1. 环境条件

测试温度：25℃（IEC 标准测试参照温度通常为 20℃，EIA 标准通常为 25℃）。大气压：101.3kPa。

2. 测试电压和频率

MLCC 根据 IEC-60384-21&22 标准按表 8-3 和表 8-4 测试条件进行测试。

表 8-3　I 类陶瓷绝缘介质（NP0）测试条件

标称容值	额定电压 U_R	测试频率	测试电压/V
C_N≤1 000pF	所有	1±10%MHz	1.0±0.02（0.5～5）
C_N>1 000pF	所有	1±10%kHz	1.0±0.02（0.5～5）

注：MLCC 厂家测试条件跟 IEC 标准一致。

表 8-4　II 类和 III 类陶瓷绝缘介质（X7R/X5R/Y5V）测试条件

标称容值	额定电压 U_R	测试频率	测试电压/V
C_N<100pF	所有	1MHz（MLCC 厂家推荐 1kHz）	1.0±0.02
100pF≤C_N≤10μF	U_R≤6.3V	1kHz	0.5±0.01
	U_R>6.3V	1kHz	1.0±0.02
C_N>10μF	所有	120Hz（或 100Hz）	0.5±0.01

注：以上所有测试频率误差在±10%内，MLCC 厂家测试条件跟 IEC 标准一致，电压为有效值电压。

3. 测试仪器要求

测量设备的精度应不超过以下误差。

a）对于绝对容值的测量：电容容值偏差的 10%或绝对容值的 2%，两者取其小。

b）对于变化容值的测量：规定的最大容值变化的 10%。

在 a）和 b）两种情况下，精度都不需要优于相关规范中规定的最小绝对测量误差（例如 0.5 pF）。

c）目前测量 MLCC 较为权威的设备为是德科技的 LCR 测试仪，最新型号为 E4980A（替代安捷伦 HP4284A 和 HP4278A），其配套测试夹具型号为 16034E/G。无论是使用 HP4284A 还是使用 E4980A，在测量高容时都要注意是否开启测试电压补偿功能，因为在测量的一瞬间有压降，所以造成实际测试电压达不到标准，这样就造成容值偏低的误判。

8.5.4　容值测试判定标准

在未贴装状态下所测量的容值，应落在测试样品额定容值所规定的偏差内。例如某 MLCC 的容值规格是 104K，104 是容值代码代表容值是 100nF，就是该规格的标称容值 C_N，K 代表容值偏差±10%，那么容值的范围为 90～110nF，所测容值应该落在此范围内，在贴装状态下测量的电容仅供进一步测试时参考。

I 类陶瓷电容器没有容值老化问题，所以可以不考虑放置时间对容值的影响。但是对于 II 类和 III 类陶瓷电容器的容值测量判定值必须考虑老化影响，电容值应为推算到老化时间为 1 000h 的值。换一个说法就是生产厂家只能确保 MLCC 在经过 1 000h 老化时容值刚好落在规定的误差范围内。如果使用的时效时间不超过 1 000h，容值有可能偏高，老化时间超过 1 000h，时间过长，容值可能会偏低。所以对于 II 类和 III 类陶瓷电容器的容值测量，最严谨的方法是在 150℃下烘烤 1h 然后静置 24h 再测。老化时间小于 1 000h 和大于 1 000h，可用第 6 章第 5 节的方法推算出相应的容值误差范围。

8.6　损耗因数

损耗因数 *DF*（Dissipation factor）也称 tanδ（Tangent of loss angle），第 2.11.3 节介绍过，它表达的是一个电容器有多少百分比的视在功率（apparent power）被转化成热量。因电容器的电流相位角落后于电压相位角 90° ，所以 *DF* 其实就是δ的正切值 $\tan\delta$。

8.6.1 通用描述

因为容值测试仪一般都是既能测量容值 *CP* 也可测量 $\tan\delta$(*DF*), 所以通常此两者同时测量。且测试条件也一样。

8.6.2 测试样品的预处理

按第 8.5.2 节条款的容值测试预处理标准，对测试样品进行 MLCC 预处理。

8.6.3 $\tan\delta$（*DF*）的测试条件

1. 测试电压和频率

根据 IEC-60384-1 标准，$\tan\delta$（*DF*）测试条件跟其容值的测试条件一样，通常 LCR 测试仪可以同时测量容值(*CP*)和损耗因数(*DF*)。$\tan\delta$(*DF*)具体测试条件请参照表 8-3I 类陶瓷绝缘介质(NP0)测试条件和表 8-4II 类和 III 类陶瓷绝缘介质（X7R/X5R/Y5V）测试条件。

2. 测量仪器要求

针对 I 类陶瓷绝缘介质(NP0), 测量设备误差不超过 3×10^{-4}，针对 II 类和 III 类陶瓷绝缘介质，测量设备误差不超过 1×10^{-3}。目前测量 MLCC 较为权威的设备是德科技的 LCR 测试仪，型号为 E4980A（替代安捷伦 HP4284A 和 HP4287A）, 其配套测试夹具型号为 16034E/G。

8.6.4 $\tan\delta$（*DF*）测试的判定标准

1. 国际标准 IEC 的 *DF* 判定标准

1）I 类陶瓷绝缘介质（NP0 系列）的 $\tan\delta$测量判定标准

按照 IEC-60384-21 标准，*DF* 判定标准是按温度系数范围来定义的，这里就列举常用的温度系数范围，I 类陶瓷绝缘介质中温度系数在–750ppm/℃≤α≤+100ppm/℃之间是常用介质，二级分类别包括 1B 子类（C0G、C0H、C0J、C0K、U2J、U2K）, 1F 子类和 1C 子类（SL）, 后两者不常用所以这里不做说明。1B 子类（C0G、C0H、C0J、C0K、U2J）在未贴装状态下的 $\tan\delta$（*DF*）测量判定标准见表 8-5。

表 8-5 I 类陶瓷绝缘介质 *DF* 判定标准（IEC 标准）

标称容值 C_N/pF	$\tan\delta$（*DF*）
$C_N\geqslant50$	$DF\leqslant15\times10^{-4}$（0.15%）
$5\leqslant C_N<50$	$DF\leqslant1.5\left(\frac{150}{C_N}+7\right)\times10^{-4}$
$C_N<5$	参考规格书中详细说明

标称容值区间为 $5\leqslant C_N<50$ 时，不同标称判定容值的 *DF* 标准不同，需要根据标称容值换算，举例：10pF 的 *DF* 判定标准计算如下。

$$DF\leqslant1.5\left(\frac{150}{10}+7\right)\times10^{-4}=0.33\%$$

由计算结果可知 NP0 10pF 的 *DF* 判定标准是小于 0.33%。

2）II 类陶瓷绝缘介质（X7R/X5R/Y5V）的 $\tan\delta$测量判定标准

按照 IEC-60384-22 标准，II 类和 III 类陶瓷绝缘介质未贴装状态下的 $\tan\delta$（*DF*）测量判定标准见表 8-6。

表 8-6 II 类陶瓷绝缘介质（X7R/X5R/Y5V）*DF* 判定标准（IEC 标准）

额定电压 U_R	II 类瓷绝缘介质细分类别（IEC）	介质类别举例（EIA）	tanδ（*DF*）
$U_R \geqslant 10V$	所有	所有	≤3.5%或规格书指定
$U_R<10V$	2B，2C，2R	X8R，X7R，X5R，X5S，X6S，X7S	≤10%
	2D，2E	X6T，X7T，X7U	≤15%
	2F	Y5V	≤20%

2. MLCC 厂家的 *DF* 判定标准

前面介绍的是 IEC 标准中的 *DF* 判定标准，因 *DF* 不仅与尺寸和额定电压有关还与容值大小有关，所以 IEC 标准并没有把 *DF* 判定标准定义得非常详尽，而是推荐参考 MLCC 厂家规格书提供的判定标准。所以这里提供前 5 大 MLCC 厂家的最严 *DF*（或 *Q* 值）判定标准给用户参考。通常接近设计极限的规格或降额规格，其 *DF* 判定标准比较宽松一些，而电压较高规格或成熟规格，其 *DF* 判定标准相对严苛一些。

1）I 类陶瓷绝缘介质（NP0 系列）的 tanδ测量判定标准

MLCC 厂家针对 I 类陶瓷绝缘介质（C0G、C0H、C0J、C0K、U2J）的 *DF* 判定标准与 IEC 标准有所不同，它是用 *Q* 值（*Q*=1/*DF*）来表达的，I 类 MLCC 的 *Q* 值判定标准见表 8-7。

表 8-7 I 类陶瓷绝缘介质（NP0 系列）的 tanδ测试厂家判定标准

产品类别	额定电压 U_R/V	标称容值 C_N/pF	Q 值判定标准
通用类	$U_R \leqslant 100$	$C_N \geqslant 30$	$Q \geqslant 1\,000$
		$C_N<30$	$Q \geqslant 400+20 \times C_N$
	$U_R>100$	所有	$Q \geqslant 1\,000$
高 *Q* 高功率类	所有	$C_N \geqslant 30$	$Q \geqslant 1\,400$
		$C_N<30$	$Q \geqslant 800+20 \times C_N$
C_N 为标称容值，单位：pF			

举例：10pF 的 *Q* 判定标准计算如下。

$Q \geqslant 400+20 \times C_N=400+20 \times 10=600$

$Q \geqslant 600$

2）II 类瓷绝缘介质（X7R/X5R/Y5V）的 tanδ（*DF*）测量判定标准

II 类瓷绝缘介质（X7R/X5R/Y5V）的 tanδ（*DF*）测试厂家判定标准见表 8-8、表 8-9、表 8-10。

表 8-8 X7R/X8R/X7S/X7T/X7U 的 *DF* 判定标准

尺寸（英制）	额定电压 U_R	容值	*DF* 判定标准
01005	2.5～6.3V	所有容值	≤10%
	10V	$C_N \leqslant 1nF$	≤3.5%
		$C_N>1nF$	≤10%
	16V	$56pF \leqslant C_N \leqslant 1nF$	≤10%

续表

尺寸（英制）	额定电压 U_R	容值	DF 判定标准
0201	2.5～6.3V	$C_N \leqslant 10nF$	≤5%
		$C_N > 10nF$	≤10%
	10V	$C_N \leqslant 10nF$	≤3.5%
		$C_N > 10nF$	≤10%
	16V	$C_N \leqslant 3.3nF$	≤3.5%
		$3.3nF < C_N < 100nF$	≤5%
		$C_N \geqslant 100nF$	≤10%
	25V	$C_N \leqslant 3.3nF$	≤2.5%
		$3.3nF < C_N < 100nF$	≤5%
		$C_N \geqslant 100nF$	≤10%
	50V	$C_N \leqslant 10nF$	≤2.5%
		$C_N > 10nF$	≤5%
0402	2.5～6.3V	$C_N \leqslant 100nF$	≤5%
		$100nF < C_N < 1\mu F$	≤10%
		$C_N \geqslant 1\mu F$	≤15%
	10V	$C_N \leqslant 100nF$	≤3.5%
		$100nF < C_N < 1\mu F$	≤10%
		$C_N \geqslant 1\mu F$	≤15%
	16V	$C_N \leqslant 22nF$	≤3.5%
		$22nF < C_N < 220nF$	≤5%
		$C_N \geqslant 220nF$	≤10%
	25V	$C_N < 56nF$	≤2.5%
		$56nF \leqslant C_N < 100nF$	≤3.5%
		$C_N \geqslant 100nF$	≤10%
	50V	$C_N \leqslant 22nF$	≤2.5%
		$22nF < C_N \leqslant 47nF$	≤3.5%
		$C_N > 47nF$	≤10%
	≥100V	所有容值	≤2.5%
0603	4～6.3V	$C_N \leqslant 1\mu F$	≤5%
		$1\mu F < C_N < 10\mu F$	≤10%
		$C_N \geqslant 10\mu F$	≤15%
	10V	$C_N \leqslant 1\mu F$	≤5%
		$1\mu F < C_N \leqslant 4.7\mu F$	≤10%
		$C_N > 4.7\mu F$	≤15%
	16V	$C_N \leqslant 470nF$	≤3.5%
		$470nF < C_N \leqslant 2.2\mu F$	≤5%
		$C_N > 2.2\mu F$	≤10%

续表

尺寸（英制）	额定电压 U_R	容值	*DF* 判定标准
0603	25V	$C_N < 330nF$	≤2.5%
		$C_N \geq 330nF$	≤10%
	35V	$C_N < 1\mu F$	≤3.5%
		$C_N \geq 1\mu F$	≤10%
	50V	$C_N \leq 220nF$	≤2.5%
		$220nF < C_N < 470nF$	≤5%
		$C_N \geq 470nF$	≤10%
	≥100V	$C_N < 68nF$	≤2.5%
		$C_N \geq 68nF$	≤5%
0805	4～6.3V	$C_N < 4.7\mu F$	≤5%
		$C_N \geq 4.7\mu F$	≤10%
	10V	$C_N \leq 2.2\mu F$	≤3.5%
		$C_N > 2.2\mu F$	≤10%
	16V	$C_N \leq 2.2\mu F$	≤3.5%
		$C_N > 2.2\mu F$	≤10%
	25V	$C_N \leq 1.5\mu F$	≤2.5%
		$C_N > 1.5\mu F$	≤10%
	35V	$C_N < 2.2\mu F$	≤3.5%
		$C_N \geq 2.2\mu F$	≤10%
	50V	$C_N \leq 1\mu F$	≤2.5%
		$C_N > 1\mu F$	≤10%
	≥100V	$C_N < 100nF$	≤2.5%
		$100nF \leq C_N \leq 470nF$	≤5%
		$C_N > 470nF$	≤10%
1206	4～6.3V	$C_N \leq 47\mu F$	≤10%
		$C_N > 47\mu F$	≤15%
	10V	$C_N \leq 2.2\mu F$	≤3.5%
		$2.2\mu F < C_N \leq 6.8\mu F$	≤5%
		$C_N > 6.8\mu F$	≤10%
	16～25V	$C_N \leq 4.7F$	≤3.5%
		$C_N > 4.7\mu F$	≤10%
	35V	$C_N < 2.2F$	≤3.5%
		$C_N \geq 2.2\mu F$	≤10%
	50V	$C_N < 470nF$	≤2.5%
		$470nF \leq C_N < 2.2\mu F$	≤3.5%
		$C_N \geq 2.2\mu F$	≤10%

续表

尺寸（英制）	额定电压 U_R	容值	*DF* 判定标准
1206	≥100V	C_N<470nF	≤2.5%
		470nF≤C_N≤1μF	≤3.5%
		C_N>1μF	≤5%
1210	2.5～6.3V	C_N<22F	≤5%
		C_N≥22μF	≤10%
	10V	C_N<22F	≤3.5%
		C_N≥22μF	≤10%
	16～25V	C_N<22F	≤3.5%
		C_N≥22μF	≤10%
	35V	C_N≤10F	≤3.5%
		C_N>10μF	≤10%
	50V	C_N≤4.7μF	≤2.5%
		4.7μF<C_N<10μF	≤3.5%
		C_N≥10μF	≤10%
	>50V	C_N<470nF	≤2.5%
		470nF≤C_N<3.3μF	≤5%
		C_N≥3.3μF	≤10%
1808～2225	<16V	所有容值	≤5%
	16～25V	所有容值	3.5%
	>25V	所有容值	2.5%

备注：

① C_N 代表标称容量。

② X7S 若不能满足上表判定标准，请参照 IEC 标准 *DF*≤10%。

③ X7T、X7U 若不能满足上表判定标准，请参考 IEC 标准 *DF*≤15%。

④ 上表所列为通用规格的 *DF* 判定标准，医疗汽车等特殊用途的判定标准有可能严于此标准。

表 8-9　X5R/X5S/X6S/X6T 的 *DF* 判定标准

尺寸（英制）	额定电压 U_R	标称容值 C_N	*DF* 判定标准
008004	4～10V	所有	≤10%
01005	4～6.3V	所有	≤10%
	10V	C_N≤560pF	≤3.5%
		C_N>560pF	≤10%
	16V	680pF≤C_N≤10nF	≤10%
0201	2.5～6.3V	C_N≤10nF	≤5%
		C_N>10nF	≤10%

续表

尺寸（英制）	额定电压 U_R	标称容值 C_N	DF 判定标准
0201	10～16V	$C_N \leqslant 10nF$	≤3.5%
		$C_N > 10nF$	≤10%
	25V	$C_N \leqslant 1nF$	≤2.5%
		$1nF < C_N \leqslant 10nF$	≤3.5%
		$10nF < C_N < 100nF$	≤5%
		$C_N \geqslant 100nF$	≤10%
	35V	$C_N < 100nF$	≤5%
		$C_N \geqslant 100nF$	≤10%
	50V	$C_N < 10nF$	≤2.5%
		$C_N \geqslant 10nF$	≤10%
0402	2.5～6.3V	$C_N < 100nF$	≤5%
		$C_N \geqslant 100nF$	≤10%
	10～16V	$C_N \leqslant 100nF$	≤3.5%
		$100nF < C_N \leqslant 220nF$	≤7%
		$C_N > 220nF$	≤10%
	25V	$C_N \leqslant 100nF$	≤2.5%
		$100nF < C_N \leqslant 220nF$	≤7%
		$C_N > 220nF$	≤10%
	35V	$C_N \leqslant 100nF$	≤3.5%
		$C_N > 100nF$	≤10%
	50V	$C_N \leqslant 10nF$	≤2.5%
		$10nF < C_N \leqslant 120nF$	≤5%
		$C_N > 120nF$	≤10%
0603	2.5～6.3V	$C_N \leqslant 1\mu F$	≤5%
		$C_N > 1\mu F$	≤10%
	10V	$C_N \leqslant 1\mu F$	≤3.5%
		$C_N > 1\mu F$	≤10%
	16V	$C_N \leqslant 2.2\mu F$	≤3.5%
		$C_N > 2.2\mu F$	≤10%
	25V	$C_N \leqslant 1\mu F$	≤2.5%
		$C_N > 1\mu F$	≤10%
	35V	$C_N < 1\mu F$	≤3.5%
		$C_N \geqslant 1\mu F$	≤10%
	50V	$C_N \leqslant 220nF$	≤2.5%
		$C_N > 220nF$	≤10%
0805	4～6.3V	$C_N < 3.3\mu F$	≤5%
		$C_N \geqslant 3.3\mu F$	≤10%
	10V	$C_N < 2.2\mu F$	≤5%
		$C_N \geqslant 2.2\mu F$	≤10%

续表

尺寸（英制）	额定电压 U_R	标称容值 C_N	*DF* 判定标准
0805	16V	$C_N < 680nF$	≤3.5%
		$680nF \leq C_N < 2.2\mu F$	≤5%
		$C_N \geq 2.2\mu F$	≤10%
	25V	$C_N < 2.2\mu F$	≤3.5%
		$2.2\mu F \leq C_N < 4.7\mu F$	≤5%
		$C_N \geq 4.7\mu F$	≤10%
	35V	$C_N < 2.2\mu F$	≤3.5%
		$C_N \geq 2.2\mu F$	≤10%
	50V	$C_N \leq 470nF$	≤2.5%
		$470nF < C_N < 1\mu F$	≤5%
		$C_N \geq 1\mu F$	≤10%
1206	4～6.3V	$C_N \leq 10\mu F$	≤5%
		$10\mu F < C_N \leq 47\mu F$	≤10%
		$C_N > 47\mu F$	≤15%
	10V	$C_N \leq 2.2\mu F$	≤3.5%
		$2.2\mu F < C_N \leq 4.7\mu F$	≤5%
		$C_N > 4.7\mu F$	≤10%
	16V	$C_N < 2.2\mu F$	≤3.5%
		$2.2\mu F \leq C_N < 4.7\mu F$	≤5%
		$C_N \geq 4.7\mu F$	≤10%
	25V	$C_N \leq 3.3\mu F$	≤2.5%
		$3.3\mu F < C_N \leq 4.7\mu F$	≤5%
		$C_N > 4.7\mu F$	≤10%
	35V	$C_N < 2.2\mu F$	≤3.5%
		$C_N \geq 2.2\mu F$	≤10%
	50V	$C_N \geq 4.7\mu F$	≤2.5%
		$C_N > 4.7\mu F$	≤10%
	> 50V	$C_N < 470nF$	≤2.5%
		$470nF \leq C_N \leq 1\mu F$	≤3.5%
		$C_N > 1\mu F$	≤5%
1210	2.5～6.3V	$C_N < 22\mu F$	≤5%
		$C_N = 22\mu F$	≤7%
		$C_N > 22\mu F$	≤10%
	10V	$C_N < 22\mu F$	≤3.5%
		$C_N \geq 22\mu F$	≤10%
	16V	$C_N \leq 4.7\mu F$	≤3.5%

续表

尺寸（英制）	额定电压 U_R	标称容值 C_N	*DF* 判定标准
1210	16V	$4.7\mu F < C_N < 22\mu F$	≤5%
		$C_N \geqslant 22\mu F$	≤10%
	25V	$C_N \leqslant 4.7\mu F$	≤2.5%
		$4.7\mu F < C_N \leqslant 10\mu F$	≤3.5%
		$10\mu F < C_N < 22\mu F$	≤5%
		$C_N \geqslant 22\mu F$	≤10%
	35V	$C_N \leqslant 10\mu F$	≤2.5%
		$C_N > 10\mu F$	≤10%
	50V	$C_N \leqslant 10\mu F$	≤2.5%
		$C_N > 10\mu F$	≤10%
1808～2225	<16V	所有容值	≤5%
	16～25V	所有容值	3.5%

备注：

① C_N 代表标称容量。

② X5S 和 X6S 若不能满足上表判定标准，请参照 IEC 标准 *DF*≤10%。

③ X6T 若不能满足上表判定标准，请参考 IEC 标准 *DF*≤15%。

④ 上表所列为通用规格的 *DF* 判定标准，医疗汽车等特殊用途的判定标准有可能严于此标准。

表 8-10 Y5V 的 *DF* 判定标准

尺寸（英制）	额定电压 U_R	标称容值 C_N	*DF* 判定标准
0201	6.3V	所有容值	≤15%
	10V	所有容值	≤12.5%
	16V	所有容值	≤12.5%
	≥25V	$C_N < 10nF$	≤9%
		$C_N \geqslant 10nF$	≤12.5%
0402	6.3V	所有容值	≤15%
	10V	$C_N < 680nF$	≤12.5%
		$C_N \geqslant 680nF$	≤15%
	16V	$C_N < 68nF$	≤7%
		$68nF \leqslant C_N < 220nF$	≤9%
		$C_N \geqslant 220nF$	≤12.5%
	25V	$C_N < 68nF$	≤5%
		$47nF \leqslant C_N < 68nF$	≤7%
		$C_N \geqslant 68nF$	≤9%
	35V	所有容值	≤7%
0603	6.3V	所有容值	≤20%
	10V	$C_N < 2.2\mu F$	≤12.5%
		$C_N \geqslant 2.2\mu F$	≤15%
	16V	$C_N < 680nF$	≤7%

续表

尺寸（英制）	额定电压 U_R	标称容值 C_N	*DF* 判定标准
0603	16V	680nF≤C_N<220nF	≤9%
		2.2μF≤C_N<4.7μF	≤12.5%
		C_N≥4.7μF	≤15%
	25V	C_N<100nF	≤5%
		100nF≤C_N<470nF	≤7%
		C_N≥470nF	≤9%
	35V	所有容值	≤7%
	≥50V	C_N<100nF	≤5%
		C_N≥100nF	≤7%
0805	6.3V	C_N<22uF	≤15%
		C_N≥22uF	≤20%
	10V	C_N<10μF	≤12.5%
		C_N≥10μF	≤20%
	16V	C_N<1μF	≤7%
		1μF≤C_N<3.3μF	≤9%
		C_N≥3.3μF	≤12.5%
	25V	C_N<330nF	≤5%
		C_N≥330nF	≤7%
	35V	所有容值	≤7%
	50V	C_N<470nF	≤5%
		C_N≥470nF	≤7%
1206	6.3V	所有容值	≤15%
	10V	C_N<10μF	≤12.5%
		C_N≥10μF	≤20%
	16V	C_N<1μF	≤7%
		1μF≤C_N<10μF	≤9%
		C_N≥10μF	≤12.5%
	25V	C_N<1μF	≤5%
		1μF≤C_N<4.7μF	≤7%
		C_N≥4.7μF	≤9%
	35V	所有容值	≤7%
	≥50V	C_N<4.7μF	≤5%
		4.7μF≤C_N<6.8μF	≤7%
		C_N≥6.8μF	≤12.5%
1210	6.3V	所有容值	≤15%
	10V	所有容值	≤12.5%
	16V	C_N≤1μF	≤7%
		1μF<C_N<22μF	≤9%
		C_N≥22μF	≤12.5%

续表

尺寸（英制）	额定电压 U_R	标称容值 C_N	DF 判定标准
1210	25V	$C_N<4.7\mu F$	≤5%
		$4.7\mu F \leq C_N<22\mu F$	≤7%
		$C_N \geq 22\mu F$	≤9%
	35V	所有容值	≤7%
	≥50V	$C_N<6.8\mu F$	≤5%
		$C_N>6.8\mu F$	≤12.5%
1808～2225	6.3V	所有容值	≤15%
	10V	所有容值	≤12.5%
	16V	$C_N \leq 1\mu F$	≤7%
		$C_N \geq 1\mu F$	≤9%
	25V	$C_N<1\mu F$	≤5%
		$C_N \geq 1\mu F$	≤9%
	35V	所有容值	≤7%
	≥50V	$C_N<4.7\mu F$	≤5%
		$C_N \geq 4.7\mu F$	≤7%

备注：C_N 代表标称容量。

8.7 绝缘电阻

8.7.1 通用描述

绝缘电阻 *IR* 是电容器 4 大电性之一，因贴片陶瓷电容器不通直流，所以 *IR* 是直流电阻。绝缘电阻 *IR* 越大说明 MLCC 抗漏电能力越强。MLCC 通常不采用漏电流这个测量参数是因为其漏电流太小，所以采用另一个等效参数绝缘直流电阻 *IR*。在测出了绝缘电阻 *IR* 后，再根据安培定律可以换算出近似漏电流参考值，见公式（8-1）。

$$I_{LC}=\frac{U_R}{R_{IR}} \qquad \text{公式（8-1）}$$

I_{LC} 为漏电流，U_R 为额定电压（也是测试电压），$R_{IR}=IR$。

8.7.2 测试前预处理

MLCC 测试前应该做仔细清洗，以清除任何脏污。在测试测量的过程中，应注意实验室清洁。测试前应对 MLCC 做充分放电处理。绝缘电阻通过 MLCC 两个端电极来测量。

8.7.3 绝缘电阻的测试条件

测试电压和测试时间

根据 IEC-60384-21&22 标准，MLCC 各类陶瓷绝缘介质的 *IR* 测试条件相同，如表 8-11 所示。

表 8-11　MLCC 绝缘电阻 *IR* 测试条件（IEC 标准）

额定电压 U_R	推荐测试电压	测试时间
$U_R \leqslant 1kV$	U_R	（60 ± 5）s
$U_R > 1kV$	1kV	（60 ± 5）s
充电电流不得超过 50mA。对于额定电压为 1kV 及以上的电容器，也许要在详细规范中给出一个充电电流下限值		

对比各个 MLCC 厂家所采用的 *IR* 测试条件，最严测试条件见表 8-12。

表 8-12　MLCC 绝缘电阻 *IR* 测试条件（厂家标准）

额定电压 U_R	推荐测试电压	测试时间
$U_R < 500V$	U_R	（120 ± 5）s
$U_R \geqslant 500V$	（500 ± 50）V	（120 ± 5）s
充电电流不得超过 50mA。对于额定电压为 1kV 及以上的电容器，也许要在详细规范中给出一个充电电流下限值		

如果只需要获得 *IR* 接近值，那么在逐批测试中，测试时间可以缩很短。除非详细规范中另有规定，电压电源的内阻 R_1 和电容器的标称容值的乘积不应超过 1s。

$$R_1 \times C_N \leqslant 1s\text{（}R_1\text{ 为电压电源内阻，}C_N\text{ 为标称容值，s=M}\Omega\cdot\mu\text{F）}$$

在 *IR* 测试和电压测试中指定了最大充放电电流限制为 50mA（注：这个限制是有疑问的，这些限定也许是基于长期的制造技术经验）。例如当容量超过 1nF 时限定最大充放电电流为 50mA，则根据下面公式换算相应电压上升时间将会是不切实际的低。

根据公式 $I = C \times \dfrac{\Delta U}{\Delta t}$ 推导出电压上升时间（假定额定电压为 50V）为：

$$\Delta t = \frac{C \times \Delta U}{I} = \frac{50\text{V} \times 10^{-9}\text{F}}{50\text{V} \times 10^{-3}\text{A}} = 1\mu\text{s}$$

这样电容器根据所实施的测试条件来控制至少 100 到 1 000 倍高的浪涌电流，甚至在 kHz 范围内的重复频率。

有些厂家已经从规格书里删除这些要求，有些厂家甚至指定升电压时间（1 000V/μs）的同时容值大于 1nF，根据公式：

$$I = C \times \frac{\Delta U}{\Delta t} = 1 \times 10^{-9}\text{F} \times \frac{1\,000\text{V}}{10^{-6}\text{s}} = 1\text{A}$$

这意味着浪涌电流（surge current）大于等于 1A。如果你的应用需要相当大的充放电电流，请跟生产厂家确认或者自己测试电容器是否能承受，同时限制应用为单向脉冲。II 类陶瓷电容器不能承受周期性脉冲负载。

测试仪器要求

针对 *IR* 测试目前比较权威的测量仪是德科技的 B2985A（替代安捷伦的 HP4339B）。

8.7.4　测试点的选择

根据 IEC-60384-1 标准，电容器的测试点选用要求如表 8-13 所示，分 A、B、C 三类。对于 MLCC 来说，主要测的是陶瓷介质的绝缘性，测试点选择电容器的两个端电极，通常选择 A 组测试点要求即可（见表 8-13）。

表 8-13　电容器测量点

测量点连接方式	适用范围	1. 单支电容器	2. 有公共电极的多分支电容器	3. 没有公共电极的多分支电容器
A.端电极之间[a]	所有电容器	1a：两端电极之间（1-2）	2a：每个端电极与公共端电极之间（1-4，2-4，3-4）	3a：每个分支电容器端电极之间（1-2，3-4，5-6）
B.内部绝缘性	已隔离的单体电容器或用非绝缘的金属外壳隔离的多分支电容器（1b，2b，3b）	1b：两端电极与外壳之间 [（1～2）-外壳]	2b：所有端电极与外壳之间 [（1～4）-外壳]	3b：所有端电极与外壳之间 [（1～6）-外壳]
	已隔离和未隔离的多分支电容器（2c，3c）		2c：每个分支电容器的非公共电极与其他所有电极之间 例：[2-（1，3，4）]	3c：每个分支电容器的两个电极与其他分支电容器所有电极之间 例：[（1～2）-（3～6）]
C.外部绝缘性	用非金属外壳或绝缘隔离金属外壳做隔离的电容器	1c：两端电极与金属箔、金属板或 V 型块之间 [（1～2）-金属治具]	2d：[（1～4）-金属治具]	3d：[（1～6）-金属治具]
			所有端电极与金属箔、金属板或 V 型块之间	

当一个电容器有两个以上的端电极时，测量点是两个端电极，这两个端电极之间通过电容器的绝缘介质来绝缘。例如，贴片陶瓷电容器（MLCC）两端电极之间的绝缘性，其实就是内电极之间的陶瓷的绝缘性

测试点连接方式 A，电容器两端电极间绝缘，适用于所有的电容器，测量两电极间绝缘介质的绝缘性，无论外壳是否绝缘。

测试点连接方式 B，电容器内部绝缘性测量（internal insulation），适用于用非金属外壳隔离的电容器，同时适用于多分支组成的已隔离和未隔离电容器。

测试点连接方式 C，外部绝缘（external insulation），电容器外部绝缘性测量，适用于非金属外壳或绝缘金属外壳隔离的电容器。本测试的测试电压应采用下面相关规范中规定的 3 种方法之一。

8.7.5　外部绝缘测试方法

下面是 IEC-60384-1 标准中对电容器的外部绝缘性的测试方法，适用于其他电容器，不适用于 MLCC。MLCC 厂家通常不测量 MLCC 的外部绝缘，因为整个 MLCC 的绝缘性取决于陶瓷介质，而整个 MLCC 绝缘性最薄弱的地方是两个临近内电极之间的厚度为μm 级的陶瓷介质。所以 MLCC 不做下面的三个外部绝缘测量方法，所以这里介绍这 3 种外部绝缘测量方法仅供参考。

1. 金属箔法

用金属箔紧紧包裹住电容器本体。对于有轴向电极的电容器，此金属箔应向两端延伸不少于 5mm，但金属箔与电极之间应保持至少 1mm 的距离。如果不能保持这一最小距离，则应尽量减少箔片的延伸，以确定 1mm 的距离。对于有单向电极的电容器，金属箔的边缘与每个电极之间应保持至少 1mm 的距离。

2. 贴片电容器法

电容器应以其正常方式贴装在金属板上，沿着在电容器贴装面以外的所有方向至少延伸 12.7mm。

3. V 形块法

电容器应夹在 90℃金属 V 形块的槽中，其尺寸应使电容器本体不超出块的末端。夹紧力应保证电容器与块之间有充分的接触。电容器的定位应符合以下要求。

a）圆柱形电容器：电容器应置于块体中，使离电容器轴线最远的电极离其中的一个槽面最接近。

b）对于矩形电容器：电容器应放置在块内，使最靠近电容器边缘的电极最接近块体的一个面。对于有轴向电极的圆柱形和矩形电容器，任何脱离电容器本体并偏离中心位置的电极都应忽略。

8.7.6 绝缘电阻 *IR* 测试判定标准

国际标准 IEC 的 *IR* 判定标准见表 8-14。

表 8-14 MLCC 绝缘电阻 *IR* 判定标准（IEC 标准）

介质类别	标称容值 C_N	*IR* 判定标准
I 类陶瓷介质（NP0）	$C_N \leqslant 10nF$	$IR \geqslant 10G\Omega$
	$C_N > 10nF$	$IR \times C_N \geqslant 100s$（$s=M\Omega \cdot \mu F$）
II 类和 III 类陶瓷介质（X7R/X5R/Y5V）	$C_N \leqslant 25nF$	$IR \geqslant 4G\Omega$
	$C_N > 25nF$	$IR \times C_N \geqslant 100s$（$s=M\Omega \cdot \mu F$）

备注：C_N 为标称容量，s 为时间常数单位秒，$s=M\Omega \cdot \mu F=\Omega \cdot F$。

表 8-14 标准 *IR* 测试判定标准表达成 $IR \times C_N \geqslant 100s$，这是根据所测容量大小进行换算得来的，这意味着不同容值的绝缘电阻判定标准不同。$IR \times C_N \geqslant 100s$ 可以推演出如下公式。

$$IR \geqslant \frac{100s}{C_N} = \frac{100M\Omega \cdot \mu F}{C_N} \quad \text{即 } IR \geqslant \frac{100M\Omega \cdot \mu F}{C_N}$$

例如 X7R 104（0.1μF）的绝缘电阻 *IR* 判定标准的计算如下。

$$IR \geqslant \frac{100M\Omega \cdot \mu F}{0.1\mu F} = 1\,000M\Omega = 1G\Omega$$

所以 X7R 104（0.1μF）的绝缘电阻判定标准是 $IR \geqslant 1G\Omega$。以次类推 X7R 105（1μF）$IR \geqslant 100M\Omega$。

MLCC 厂家的 *IR* 判定标准

前 5 大 MLCC 厂家的 *IR* 判定标准，跟国际 IEC 标准比不只是考虑容值大小还考虑了尺寸规格和电压高低，所以显得更详尽具体。因 *IR* 大小跟介质厚度有很大关系，且各大 MLCC 厂家的叠层介质厚度各有差异，所以各大 MLCC 厂家的 *IR* 判定标准会略有差异，但是均能满足 IEC 标准。我们发现美系标准稍严，这里搜集 *IR* 最严标准给大家参照。如碰到达不到此要求的规格，请参考厂家标准（见表 8-15～表 8-20）。

1）I 类介质 *IR* 判定标准

表 8-15 NP0（C0G/C0H/C0J/C0K）、U2J 的绝缘电阻（*IR*）判定标准

介质类别		厂商类别	*IR* 判定标准
I 类 NP0（C0G/C0H/C0J/C0K）	$U_R < 250V$	美系	$IR \geqslant 100G\Omega$ 或 $IR \times C_N \geqslant 1\,000M\Omega \cdot \mu F$，两者取其小
		日系	$IR \geqslant 1\,000M\Omega$
	$U_R \geqslant 250V$	美系	$IR \geqslant 100G\Omega$ 或 $IR \times C_N \geqslant 1\,000M\Omega \cdot \mu F$，两者取其小
		日系	$IR \geqslant 1\,000M\Omega$ 或 $IR \times C_N \geqslant 100M\Omega \cdot \mu F$，两者取其小

备注：

① 从表中可以看出，美系厂商的 *IR* 判定标准要比日系严苛，前 5 大 MLCC 厂家中也有厂家的 *IR* 判定标准介于两者之间的，一般为：$IR \geqslant 10G\Omega$，或 $IR \times C_N \geqslant 500M\Omega \cdot \mu F$，两者取其小，也许在追求小型化和高容量的过程中，在保证可靠性的前提下，适当降低了 *IR* 要求。

② 测试条件：当额定电压在 $2.5V \leqslant U_R < 500V$ 范围内时，测试电压为额定电压，当额定电压 $500V \leqslant U_R \leqslant 3kV$，测试电压为（500±50）V，测试时间为（120±5）s

2）Ⅱ类介质 *IR* 判定标准

表 8-16 X7R（4V～3kV）绝缘电阻（*IR*）判定标准

尺寸（英制）	额定电压 U_R	标称容值 C_N	*IR* 判定标准
01005	10V	所有容值	>10GΩ
	16V	所有容值	>2GΩ
0201	6.3～50V	$C_N \leqslant 3.3$nF	>10GΩ
		$C_N > 3.3$nF	>2GΩ
0402	4～50V	$C_N < 12$nF	$IR \geqslant 100$GΩ或$IR \times C_N \geqslant 1\ 000$MΩ·μF，两者取其小
		12nF$\leqslant C_N \leqslant$100nF	$IR \geqslant 10$GΩ或$IR \times C_N \geqslant 500$MΩ·μF，两者取其小
		$C_N > 100$nF	$IR \times C_N \geqslant 50$MΩ·μF
0603	4～200V	$C_N < 47$nF	$IR \geqslant 100$GΩ或$IR \times C_N \geqslant 1\ 000$MΩ·μF，两者取其小
		47nF$\leqslant C_N <$470nF	$IR \geqslant 10$GΩ或$IR \times C_N \geqslant 500$MΩ·μF，两者取其小
		$C_N \geqslant 470$nF	$IR \geqslant 10$GΩ或$IR \times C_N \geqslant 100$MΩ·μF，两者取其小
	250V	所有容值	$IR \geqslant 10$GΩ或$IR \times C_N \geqslant 100$MΩ·μF，两者取其小
	500V～1kV	所有容值	$IR \geqslant 10$GΩ或$IR \times C_N \geqslant 100$MΩ·μF，两者取其小
0805	6.3～200V	$C_N < 150$nF	$IR \geqslant 100$GΩ或$IR \times C_N \geqslant 1\ 000$MΩ·μF，两者取其小
		150nF$\leqslant C_N <$2.2μF	$IR \geqslant 10$GΩ或$IR \times C_N \geqslant 500$MΩ·μF，两者取其小
		$C_N \geqslant 2.2$F	$IR \geqslant 10$GΩ或$IR \times C_N \geqslant 100$MΩ·μF，两者取其小
	250V	$C_N < 27$nF	$IR \geqslant 100$GΩ或$IR \times C_N \geqslant 1\ 000$MΩ·μF，两者取其小
		$C_N \geqslant 27$nF	$IR \geqslant 10$GΩ或$IR \times C_N \geqslant 100$MΩ·μF，两者取其小
	500V～1kV	$C_N < 3.9$nF	$IR \geqslant 100$GΩ或$IR \times C_N \geqslant 1\ 000$MΩ·μF，两者取其小
		$C_N \geqslant 3.9$nF	$IR \geqslant 10$GΩ或$IR \times C_N \geqslant 100$MΩ·μF，两者取其小
1206	6.3～200V	$C_N < 470$nF	$IR \geqslant 100$GΩ或$IR \times C_N \geqslant 1\ 000$MΩ·μF，两者取其小
		470nF$\leqslant C_N \leqslant$4.7μF	$IR \geqslant 10$GΩ或$IR \times C_N \geqslant 500$MΩ·μF，两者取其小
		$C_N > 4.7$μF	$IR \geqslant 10$GΩ或$IR \times C_N \geqslant 100$MΩ·μF，两者取其小
	250V	$C_N < 120$nF	$IR \geqslant 100$GΩ或$IR \times C_N \geqslant 1\ 000$MΩ·μF，两者取其小
		$C_N \geqslant 120$nF	$IR \geqslant 10$GΩ或$IR \times C_N \geqslant 100$MΩ·μF，两者取其小
	500V～2kV	$C_N < 12$nF	$IR \geqslant 100$GΩ或$IR \times C_N \geqslant 1\ 000$MΩ·μF，两者取其小
		$C_N \geqslant 12$nF	$IR \geqslant 10$GΩ或$IR \times C_N \geqslant 100$MΩ·μF，两者取其小
1210	6.3～200V	$C_N < 390$nF	$IR \geqslant 100$GΩ或$IR \times C_N \geqslant 1\ 000$MΩ·μF，两者取其小
		390nF$\leqslant C_N <$10μF	$IR \geqslant 10$GΩ或$IR \times C_N \geqslant 500$MΩ·μF，两者取其小
		$C_N \geqslant 10$μF	$IR \geqslant 10$GΩ或$IR \times C_N \geqslant 100$MΩ·μF，两者取其小
	250V	$C_N < 270$nF	$IR \geqslant 100$GΩ或$IR \times C_N \geqslant 1\ 000$MΩ·μF，两者取其小
		$C_N \geqslant 270$nF	$IR \geqslant 10$GΩ或$IR \times C_N \geqslant 100$MΩ·μF，两者取其小
	500V～2kV	$C_N < 33$nF	$IR \geqslant 100$GΩ或$IR \times C_N \geqslant 1\ 000$MΩ·μF，两者取其小
		$C_N \geqslant 33$nF	$IR \geqslant 10$GΩ或$IR \times C_N \geqslant 100$MΩ·μF，两者取其小
1808	50～250V	所有容值	$IR \geqslant 100$GΩ或$IR \times C_N \geqslant 1\ 000$MΩ·μF，两者取其小
	500V～3kV	$C_N < 18$nF	$IR \geqslant 100$GΩ或$IR \times C_N \geqslant 1\ 000$MΩ·μF，两者取其小
		$C_N \geqslant 18$nF	$IR \geqslant 10$GΩ或$IR \times C_N \geqslant 100$MΩ·μF，两者取其小

续表

尺寸（英制）	额定电压 U_R	标称容值 C_N	IR 判定标准
1812	25～250V	$C_N<2.2uF$	$IR\geqslant 100G\Omega$或 $IR\times C_N\geqslant 1\ 000M\Omega\cdot\mu F$，两者取其小
		$C_N\geqslant 2.2uF$	$IR\geqslant 10G\Omega$或 $IR\times C_N\geqslant 500M\Omega\cdot\mu F$，两者取其小
	500V～3kV	$C_N<27nF$	$IR\geqslant 100G\Omega$或 $IR\times C_N\geqslant 1\ 000M\Omega\cdot\mu F$，两者取其小
		$C_N\geqslant 27nF$	$IR\geqslant 10G\Omega$或 $IR\times C_N\geqslant 100M\Omega\cdot\mu F$，两者取其小
1825	50～250V	所有容值	$IR\geqslant 100G\Omega$或 $IR\times C_N\geqslant 1\ 000M\Omega\cdot\mu F$，两者取其小
	500V～3kV	$C_N<120nF$	$IR\geqslant 100G\Omega$或 $IR\times C_N\geqslant 1\ 000M\Omega\cdot\mu F$，两者取其小
		$C_N\geqslant 120nF$	$IR\geqslant 10G\Omega$或 $IR\times C_N\geqslant 100M\Omega\cdot\mu F$，两者取其小
2220	25～250V	$C_N<10\mu F$	$IR\geqslant 100G\Omega$或 $IR\times C_N\geqslant 1\ 000M\Omega\cdot\mu F$，两者取其小
		$C_N\geqslant 10\mu F$	$IR\geqslant 10G\Omega$或 $IR\times C_N\geqslant 500M\Omega\cdot\mu F$，两者取其小
	500V～3kV	$C_N<150nF$	$IR\geqslant 100G\Omega$或 $IR\times C_N\geqslant 1\ 000M\Omega\cdot\mu F$，两者取其小
		$C_N\geqslant 150nF$	$IR\geqslant 10G\Omega$或 $IR\times C_N\geqslant 100M\Omega\cdot\mu F$，两者取其小
2225	50～250V	所有容值	$IR\geqslant 100G\Omega$或 $IR\times C_N\geqslant 1\ 000M\Omega\cdot\mu F$，两者取其小
	500V～3kV	$C_N<180nF$	$IR\geqslant 100G\Omega$或 $IR\times C_N\geqslant 1\ 000M\Omega\cdot\mu F$，两者取其小
		$C_N\geqslant 180nF$	$IR\geqslant 10G\Omega$或 $IR\times C_N\geqslant 100M\Omega\cdot\mu F$，两者取其小

备注：参照 MLCC 厂家最严标准。

表 8-17　X5R（4～50V）绝缘电阻（IR）判定标准对照表

尺寸（英制）	额定电压 U_R	容值	IR 判定标准
008004	4～10V	$C_N\leqslant 22nF$	$>2G\Omega$
		$C_N>22nF$	$IR\times C_N\geqslant 50M\Omega\cdot\mu F$
01005	4～16V	$C_N<680pF$	$>10G\Omega$
		$680pF\leqslant C_N\leqslant 22nF$	$>2G\Omega$
		$C_N>22nF$	$IR\times C_N\geqslant 50M\Omega\cdot\mu F$
0201	2.5～50V	$C_N\leqslant 10nF$	$>10G\Omega$
		$10nF<C_N\leqslant 22nF$	$>2G\Omega$
		$C_N>22nF$	$IR\times C_N\geqslant 50M\Omega\cdot\mu F$
0402	2.5～50V	$C_N<12nF$	$IR\geqslant 100G\Omega$或 $IR\times C_N\geqslant 1\ 000M\Omega\cdot\mu F$，两者取其小
		$12nF\leqslant C_N<1\mu F$	$IR\geqslant 10G\Omega$或 $IR\times C_N\geqslant 500M\Omega\cdot\mu F$，两者取其小
		$C_N\geqslant 1\mu F$	$IR\times C_N\geqslant 100M\Omega\cdot\mu F$
0603	2.5～50V	$C_N<47nF$	$IR\geqslant 100G\Omega$或 $IR\times C_N\geqslant 1\ 000M\Omega\cdot\mu F$，两者取其小
		$47nF\leqslant C_N<1\mu F$	$IR\geqslant 10G\Omega$或 $IR\times C_N\geqslant 500M\Omega\cdot\mu F$，两者取其小
		$C_N\geqslant 1\mu F$	$IR\times C_N\geqslant 100M\Omega\cdot\mu F$
0805	2.5～50V	$C_N<150nF$	$IR\geqslant 100G\Omega$或 $IR\times C_N\geqslant 1\ 000M\Omega\cdot\mu F$，两者取其小
		$150nF\leqslant C_N<1\mu F$	$IR\geqslant 10G\Omega$或 $IR\times C_N\geqslant 500M\Omega\cdot\mu F$，两者取其小
		$C_N\geqslant 1\mu F$	$IR\times C_N\geqslant 100M\Omega\cdot\mu F$
1206	2.5～50V	$C_N<470nF$	$IR\geqslant 100G\Omega$或 $IR\times C_N\geqslant 1\ 000M\Omega\cdot\mu F$，两者取其小
		$470nF\leqslant C_N<1\mu F$	$IR\geqslant 10G\Omega$或 $IR\times C_N\geqslant 500M\Omega\cdot\mu F$，两者取其小
		$C_N\geqslant 1\mu F$	$IR\times C_N\geqslant 100M\Omega\cdot\mu F$

续表

尺寸（英制）	额定电压 U_R	容值	*IR* 判定标准
1210	2.5～50V	$C_N<390nF$	$IR \geqslant 100G\Omega$或$IR \times C_N \geqslant 1\,000M\Omega \cdot \mu F$，两者取其小
		$390nF \leqslant C_N<1\mu F$	$IR \geqslant 10G\Omega$或$IR \times C_N \geqslant 500M\Omega \cdot \mu F$，两者取其小
		$C_N \geqslant 1\mu F$	$IR \times C_N \geqslant 100M\Omega \cdot \mu F$
1812	2.5～50V	$C_N<2.2\mu F$	$IR \geqslant 100G\Omega$或$IR \times C_N \geqslant 1\,000M\Omega \cdot \mu F$，两者取其小
		$C_N \geqslant 2.2\mu F$	$IR \geqslant 10G\Omega$或$IR \times C_N \geqslant 500M\Omega \cdot \mu F$，两者取其小

备注：参照 MLCC 厂家最严标准。

表 8-18　II 类介质 X8R/X8L（10～100V）绝缘电阻（*IR*）判定标准

尺寸（英制）	额定电压 U_R	容值	*IR* 判定标准
所有尺寸	10～100V	所有容值	$IR \geqslant 100G\Omega$或$IR \times C_N \geqslant 1000M\Omega \cdot \mu F$，两者取其小

备注：参照 MLCC 厂家最严标准。

表 8-19　II 类介质 X5S/X6S/X7S/X7T/X7U 绝缘电阻（*IR*）判定标准

尺寸（英制）	额定电压 U_R	容值	*IR* 判定标准
所有尺寸	所有电压	所有容值	$IR \geqslant 10G\Omega$或$IR \times C_N \geqslant 50M\Omega \cdot \mu F$，两者取其小

备注：参照 MLCC 厂家最严标准。

表 8-20　III 类介质 Y5V（6.3～50V）绝缘电阻（*IR*）判定标准

尺寸（英制）	额定电压 U_R	容值	*IR* 判定标准
所有尺寸	$U_R \geqslant 16V$	所有容值	$IR \geqslant 10G\Omega$或$IR \times C_N \geqslant 100M\Omega \cdot \mu F$，两者取其小
	$U_R \leqslant 10V$	所有容值	$IR \geqslant 10G\Omega$或$IR \times C_N \geqslant 50M\Omega \cdot \mu F$，两者取其小

备注：参照 MLCC 厂家最严标准。

8.8 耐电压

8.8.1 通用描述

绝缘介质的耐压（Voltage proof）测试有时也称高压测试（high potential test）、过压测试（overpotential test）、绝缘强度测试（dielectric strength test）。耐电压测试是指在元件的相互绝缘的组成结构之间或绝缘结构与地线之间，在特定时间内施加高于额定电压的电压对元件进行测试，例如 MLCC 两端电极之间或两端电极与包封外壳之间。这是用来证明：元件可以在额定电压下安全运行，并承受由开关、浪涌和其他类似现象引起的瞬时过电压。尽管这个测试通常被称为击穿电压测试或绝缘介质强度测试，但这并非刻意通过测试让绝缘介质击穿或用于检测电晕。相反，它用于确定元件组成结构的绝缘材料和间距是否足够。当一个元件组成结构在这些方面有缺陷时，施加测试电压会导致击穿放电或绝缘性退化。击穿放电表现为：表面放电（surface discharge）、空气电离放电（air discharge）或孔隙放电（puncture discharge）。过大漏电流引起的绝缘介质老化可能会改变电气性能或物理特性。

击穿电压测试的注意事项

绝缘介质击穿电压测试应谨慎采用，特别是工厂内的质量一致性测试，因为即使过电压小于击穿电压，也可能损坏绝缘性，从而降低其安全系数。因此，不建议在同一测试样品上重复施加测试电压。如果在后续常规测试中有加载测试电压的规定，则建议在降低电压的情况下进行后续测试。当使用交流（AC）或直流（DC）测试电压时，应注意确保测试电压没有重复出现的瞬变现象或高峰值。直流电压被认为比交流电压损伤小，直流和交流电压在检测设计和结构缺陷方面的能力是相当的。然而，后者通常被指定，因为高交替电压比较容易获得。由于使用了高电压，必须采取适当的预防措施来保护测试人员和仪器。

击穿电压测试的影响因素

气体、油和固体的绝缘特性在不同程度上受到许多因素的影响，例如：

1）大气温度、湿度和气压；

2）电极的形状和所处环境；

3）频率、波形、加压速度、测试电压持续时间；

4）测试样品的几何形状；

5）测试样品的位置（特别是浸油元件）；

6）机械应力；

7）先前的测试记录。

除非按照绝缘介质类型的要求适当地选择这些因素，或者采用适当的校正因素，否则比较单个绝缘介质耐压测试的结果可能会极为困难。

耐压是 MLCC 四大电性之一，耐压测试规定是直流测试，当有交流耐压测试要求时，应在相应标准里规范。“Voltage proof”有时也翻译成“Dielectric Withstanding Voltage（DWV）”。

8.8.2 测试电路（两个端电极之间）

测试电路元件的选择应遵循这样一种方式：确保与充放电电流有关的条件和相关规范规定的充电时间常数保持不变。符合要求的测试电路如图 8-3 所示，电压表的电阻应不小于 10 000Ω/V，充电电阻 R_1 包含直流电源内阻，电阻 R_1 和 R_2 的阻值应足以限制充放电电流在规定值内。C_1 的容值不能小于 10 倍的待测电容器的容值。如果可以，$R_1 \times (C_1+C_x)$ 的乘积为时间常数，应小于或等于特定值，也可以换算成 $R_1 \times C_x$ 小于或等于特定值。C_1 电容器可能在某些特定电容器的测试中忽略掉，这个要在相关细分规范中做规定。

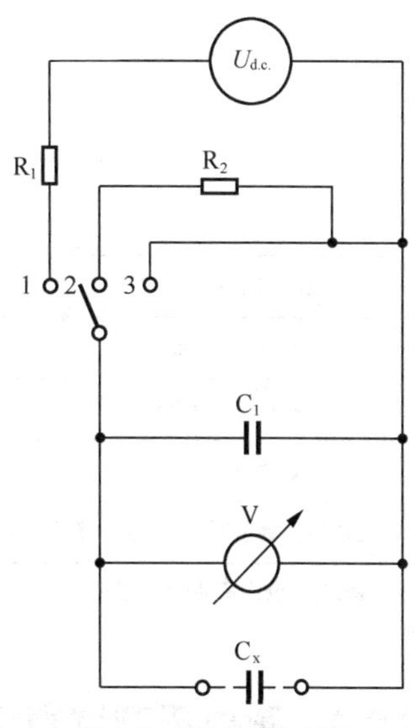

图 8-3 耐压测试电路

8.8.3 测试方法

根据 IEC-60384-1 标准，MLCC 测量点通常为两个端电极，实际上是测量绝缘介质的绝缘性。反复进行耐压试验可能对电容器造成永久性损伤，应尽量避免。

根据 IEC-60384-21&22 标准，如图 8-3 所示 $R_1 \times C_x \leq 1s$（R_1 是包含电压源内阻的充电电阻阻值，C_x 是待测电容器的标称容值），充电电流不应超过 50mA，对于额定电压为 1kV 及以上的电容器，可在详细规范中给出充电电流下限值。为了保护电容器不跳火，可以将其置于合适的绝缘介质中进行测试。耐电压的测试电压标准见表 8-21、表 8-22，资格承认测试的测试时间需要 1min，逐批合格测试的测试时间需要 1s。测试步骤如下：

把开关切换到位置 1，通过 R_1 给 C_1 和 C_x 充电。在测试电压达到表中所列标准测试电压后，开关保持此位置 1min。把开关切换到位置 2，通过 R_2 给电容 C_1 和 C_x 放电。一旦电压计的读数降到 0，就立即把开关切换到位置 3 把电容短接，然后再断开 C_x。

1）IEC 标准测试条件

表 8-21 MLCC 耐压测试条件（IEC 标准）

额定电压/V	测试电压/V
$U_R \leqslant 100$	$2.5U_R$
$100<U_R \leqslant 200$	$1.5U_R+100$
$200<U_R \leqslant 500$	$1.3U_R+100$
$500<U_R<1\,000$	$1.3U_R$
$U_R \geqslant 1\,000$	$1.2U_R$

备注：表中为 IEC 测试标准，充电电流不应超过 50mA，测试时间：资格承认测试的测试时间需要 60s，逐批合格测试的测试时间需要 1s。

2）MLCC 厂家测试条件

表 8-22 MLCC 耐压测试条件（厂家标准）

额定电压（V）	介质类别			测试电压/V
	EIA	IEC	介质类别代码	
$U_R \leqslant 100$	I 类	1B	NP0（C0G/C0H/C0J/C0K）	$3U_R$
		1B	U2J	
		1C	SL	
	II 类	2R	X8R/X7R/X5R	$2.5U_R$
		2C	X7S/X6S/X5S	
		2D	X8L	
	III 类	2D	X7T/X6T	
		2E	X7U	
		2F	Y5V	
$100<U_R<500$	所有			$2U_R$
$500 \leqslant U_R<1\,000$	所有			$1.5U_R$
$1\,000 \leqslant U_R \leqslant 2\,000$	所有			$1.3U_R$
$U_R \geqslant 3\,000$	所有			$1.2U_R$
测试条件：测试时间 1～5s，充放电流≤50mA				

备注：表中参照各 MLCC 厂家耐压标准，取最严标准。

8.8.4 耐电压测试判定标准

在测试的过程中被测电容器没有被击穿（breakdown）或者发生跳火（flashover）。

8.9 击穿电压测试

8.9.1 通用描述

测量 MLCC 所能承受的最大瞬间破坏电压，以此评估其在电路中所能承受的最大瞬间电压，简称 BDV 测试。此测试在 IEC 标准里没有提及到，所以大多数 MLCC 厂家在其规格书中也规避了此测试方法，终端用户可以用此测试方法对比不同品牌间的差异性，然后对厂家提出具体要求。

8.9.2 BDV 测试条件

在 MLCC 两端电极间以 300V/s 的加压速度施加直流电压，直至测试样品被击穿。额定电压在 200V 以上的 MLCC 需要在绝缘油或空气中测试。测试条件参考表 8-23。

表 8-23 MLCC 击穿电压（BDV）测试条件

测试条件	设置标准	
	$U_R<500V$	$U_R \geqslant 500V$
测试电压类型	直流电压 DCV	直流电压 DCV
最大升压	6kV	6kV
漏电流上限	7.5mA	7.5mA
漏电流下限	OFF	OFF
电弧放电检测（ARC）	OFF	0.04mA
测试时间	3s	3s
测试电压斜升时间（RAMP）	20s	20s

在测试前把测试夹具短接以验证耐压测试仪的击穿测试功能是否正常，然后再开始测试。待测样品表面及测试夹具均需清洁。

8.9.3 BDV 测试判定标准

因击穿测试是破坏性测试，所以 MLCC 厂家是做抽测，通常抽测数量在 15 颗以上。

1）额定电压 $U_R<200V$ 的 MLCC，击穿电压要大于 8 倍额定电压 U_R（击穿电压判定值）;

2）额定电压 U_R=200V 的 MLCC，击穿电压要大于 5 倍额定电压 U_R（击穿电压判定值）;

3）额定电压 U_R=500V 的 MLCC，击穿电压要大于 2.5 倍额定电压 U_R（击穿电压判定值）;

4）额定电压 U_R=1kV 的 MLCC，击穿电压要大于 2 倍额定电压 U_R（击穿电压判定值）;

5）额定电压 U_R=2kV 的 MLCC，击穿电压要大于 1.5 倍额定电压 U_R（击穿电压判定值）;

6）额定电压 $U_R>2kV$ 的 MLCC，击穿电压要大于 1.2 倍额定电压 U_R（击穿电压判定值）。

另外即使所测样品的击穿电压都大于击穿电压判定值（见表 8-24），也不能说明达到要求了，还要要求各个击穿电压与其平均值的偏差不能太大，这就要引用标准差概念，所以最终判定用下面公式:

击穿电压测试平均值−击穿电压标准差×额定电压倍数＞击穿电容判定值

表 8-24 MLCC 击穿电压（BDV）判断标准

额定电压 U_R	击穿电压对应于额定电压倍数 T	击穿电压判定值 U_{BDV}
6.3V	8 倍	50.4V
10V	8 倍	80V
16V	8 倍	128V
25V	8 倍	200V
50V	8 倍	400V
100V	8 倍	800V
200V	5 倍	1 000V
500V	2.5 倍	750V
1 000V	2 倍	1 200V
2 000V	1.5 倍	2 000V
3 000V	1.2 倍	3 000V

8.10 阻抗

8.10.1 通用描述

第 2.11.1 节曾介绍过 MLCC 因内部结构关系，除有容量外，还存在寄生电感和内阻，所以 MLCC 的阻抗是由容抗、感抗和内阻共同作用的结果，频率对测量结果影响很大。

8.10.2 阻抗测试方法

阻抗应根据图 8-4 推荐的电路或等效电路用伏安法进行测量。

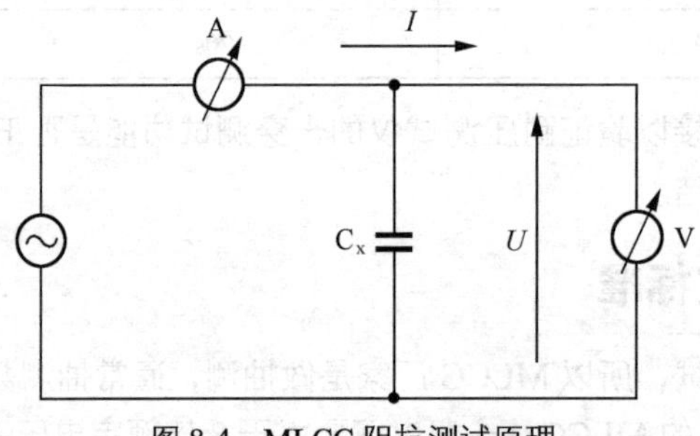

图 8-4 MLCC 阻抗测试原理

图中 C_x 为测试样品的容值，U 为测试电压，I 为测试电流，A 为电流表，V 为电压计。

$Z_X = \dfrac{U}{I}$（Z_X 为被测样品阻抗，U 为测试电压，I 为测试电流）

8.10.3 阻抗测试条件

测试频率：（100 ± 10）kHz，测试频率在 120Hz 以上，为避免因杂散电流引起的误差，防范措施是必要的。流经 MLCC 的电流需要限定，以便不让电容器的温升明显影响测试结果。测试仪精度不应超过规定允许误差的 10%。

8.10.4 阻抗测试判定标准

IEC 标准没有明确规定，使用者可以根据厂家实际工艺能力制定。

8.11 自谐振频率和等效串联电感

8.11.1 通用描述

根据 IEC-60384-1 标准介绍两个测量 MLCC 自谐振频率的方法：方法一适用于普通测量，方法二适用于低容测量。

1. 测试方法一

采用上面阻抗测试电路和一个变频源，当通过的阻抗为最小值时，此时测量到的最小频率即为自谐振频率。当阻抗在最小值的频率精度测量困难时，可借助相位计，把通过电容器的电压相位与跟电容器串联的低感电阻通过的电压相位进行比较。没有相位差的频率即为自谐振频率。

2. 测试方法二

此测试方法适用于低容的自谐振频率测试，且所测自谐振频率在 Q 测试仪测量范围内。电路如图 8-5 所示。

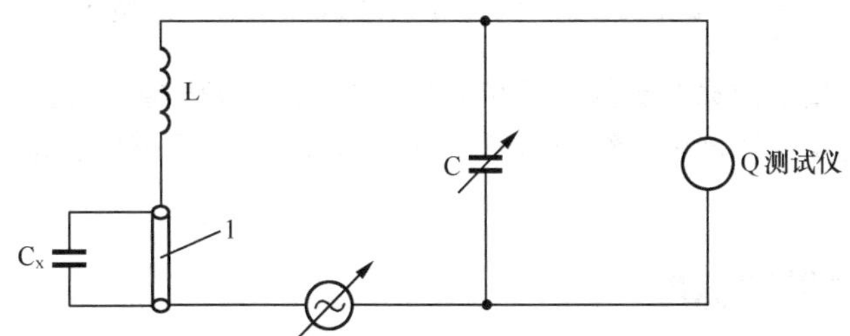

1 为短路金属带，C_x 为待测电容器，C 为可变电容器，L 为电感

图 8-5　自谐振频率测试原理电路图

8.11.2 等效串联电感

根据上面所测得的容值 C_x 和自谐振频率 f_r，等效串联电感可以通过公式（8-2）来计算。

$$L_X = \frac{1}{4\pi^2 f_r^2 C_x} \quad \text{公式（8-2）}$$

8.11.3 测试判定标准

自谐振频率和等效串联电感 ESL 的判定标准根据相关 IEC 标准没有明确规定，使用者可以根据厂家实际工艺能力制定。

8.12 等效串联电阻

8.12.1 通用描述

等效串联电阻 *ESR* 既可以直接量测，也可以间接量测，后者是通过测量容值和 *DF* 值后借助 *ESR*

公式计算出来的。所以相关测试条件和方法可参照容值和 *DF* 测量标准。

8.12.2 测试样品的预处理

测试样品的预处理参照第 8.3 章的通用预处理标准。

8.12.3 测试条件

测试频率：(100±10) kHz（参考 IEC-60384-22 标准）。

测试电压：参考容值测试电压。

8.12.4 测试仪器要求

测试设备的误差不应超过规范要求偏差的 10%，业内比较权威的测量设备是德科技的 LCR 测试仪，最新型号为 E4980A（替代安捷伦 HP4284A 和 HP4278A）。可以通过在一定测试频率下测得容值 *C* 和损耗因数 $\tan\delta$后再计算 *ESR*。

8.12.5 测试方法

根据 *ESR* 计算公式：

$$ESR = \frac{\tan\delta}{2\pi fC}$$（$\tan\delta$为损耗因数，f 为测试频率，C 为测试的容量）

所以 *ESR* 的测量只需按照第 8 章第 5 节和第 6 节的容值和 *DF* 值测试标准，测量出 $\tan\delta$（*DF*）和容值 *C* 即可，只是这里的测试频率统一选择（100±10）kHz，测试电压按照 *DF* 和容值测试标准选择一致即可。

8.12.6 ESR 测试判定标准

IEC 标准没有明确规定，使用者可以根据厂家实际工艺能力制定。表 8-25 提供了 X7R 和 X5R 的 *ESR* 参考判定标准。

表 8-25　MLCC *ESR* 测试判定标准

容值范围	*ESR* 判定标准
$CP < 1\,000$pF	$ESR \leqslant 1.5\Omega$
2 000pF $\leqslant CP <$ 2 200pF	$ESR \leqslant 500$mΩ
2 200pF $\leqslant CP <$ 10nF	$ESR \leqslant 350$mΩ
10nF $\leqslant CP <$ 100nF	$ESR \leqslant 200$mΩ
$CP \geqslant$ 100nF	$ESR \leqslant 150$mΩ

8.13 容值温度特性

此测试属于 AEC-Q200 测试项目之一，用于汽车电子的 MLCC 需要进行此测试。

8.13.1 测试样品的预处理

测试样品应按第 8.3 节介绍的通用预处理标准进行预处理。测试样品在 150℃下烘烤 1h，然后室温下静置 24h。

8.13.2 初始测量

测试样品应按第 8.5 节介绍的容值测试标准进行，以便后续容值变化时作为计算参照值。

8.13.3 测试步骤

IEC 标准测试温度系数参照温度点是 20℃，但是 MLCC 行业已习惯参照 EIA 标准 25℃参照温度点，所以我们这里选择 25℃参照温度点。温度特性测试可以采用动态测试和静态测试，也可以加载直流电压，这里采用的不加载直流电压的方式是静态测试，对于进行逐批次的质量一致性测试，其测试条件见表 8-26。

表 8-26 MLCC 温度特性（*TCC*）测试条件

测试步骤	静态测试温度点	测试温度/℃
1	测试参照温度	25±2
2	下限类别温度（即最低工作温度）	T_A^a ±3
3	测试参照温度	25±2
4	上限类别温度（即最高工作温度）	T_B^b ±2
5	测试参照温度	25±2
测试的温度要求跟各陶瓷绝缘介质的工作温度范围相一致		
注：选步骤 3 的容值作为容值变化的参照值		
a. T_A=下限类别温度 b. T_B=上限类别温度		

8.13.4 测试方法

为了避免热冲击对 MLCC 的影响，温度上升梯度不大于 3℃/s。容值测量应在规定的温度之上并达到稳定状态再进行测试。热稳定性条件达到要求的判定标准为：当间隔不小于 5min 内的两次电容读数之间的差异不大于测量仪器误差。实际温度的测量应以符合详细规范要求的精度进行。测量时应注意避免电容器表面结露或结霜。测试不需要将 MLCC 贴装焊接。

8.13.5 温度系数α和温度循环下容值变化比的计算方法

温度系数α计量单位是 ppm/℃，表达的意义是以参照温度点（T_0）处所测容值 C_0 为基准容值，在该温度点下的平均每摄氏度的容值变化百分比是多少个百万分之一。温度循环下容值变化比是计算两个温度点之间的容值变化百分比，无需计算到平均每摄氏度下的变化百分比，II 和 III 陶瓷绝缘介质的温度特性采用此种表达方式。两者均能表达陶瓷绝缘介质的温度特性，是相同计量目的下的两种计量方式。

温度系数计算公式见公式（8-3）。

$$\alpha_i = \frac{C_i - C_0}{C_0\left(T_i - T_0\right)} \qquad \text{公式（8-3）}$$

T_0：温度系数测试的参照温度。

C_0：参照温度点下的参照容值。

T_i：选择测试温度。

C_i：测试温度点下的容值。

α_i：计算出的温度系数，单位为 ppm/℃。

温度循环下容值变化比计算公式见公式（8-4）。

$$\delta = \frac{\Delta C}{C_0} = \frac{C_i - C_0}{C_0} \qquad \text{公式（8-4）}$$

C_0：参照温度点下的参照容值。

C_i：测试温度点下的容值。

δ：容值变化比，单位为百分比。

8.13.6 温度系数测试的判定标准

在选择参照温度为 25℃的条件下，上限类别温度和下限类别温度的容值偏差不应超过表 8-27 给出的限定值。例如 C0G 的工作温度范围是–55～125℃，那么下限类别温度是–55℃，上限类别温度是 125℃。我们既要界定–55～25℃之间的最大允许容值变化比，同时也要界定 25～125℃之间的最大允许容值变化比。

表 8-27 I 类陶瓷绝缘介质温度特性测试判定标准

二级分类		温度特性代码		温度系数/（ppm/℃）		最大容值变化允许偏差/（ppm/℃）			
						–55～25℃		25～125℃	
IEC	EIA	IEC	EIA	标称值	偏差	最大负偏差	最小正偏差	最大负偏差	最小正偏差
1B	I 类	CG	C0G	0	±30	–72	+30	–30	+30
1B	I 类	CH	C0H	0	±60	–109	+60	–60	+60
1B	I 类	CJ	C0J	0	±120	–182	+120	–120	+120
1F	I 类	CK	C0K	0	±250	–341	+250	–250	+250
1B	I 类	UJ	U2J	–750	±120	–1097	–630	–870	–630

表 8-27 中 I 类陶瓷绝缘介质温度特性测试用温度系数来测量，举例：以 25℃为测试参照点 C0G 在–55～25℃，最大允许容值变化比为–72～30ppm/℃，若换算成百分比为–0.0072～0.003%/℃。

表 8-28 中 II 类和 III 类陶瓷绝缘介质温度特性测试用温度循环下容值变化比来测量。举例：以 25℃为参照温度点，X7R 在–55～25℃之间和在 25～125℃之间的容值变化比均在±15%之内。

表 8-28 II 类和 III 类陶瓷绝缘介质温度特性测试判定标准

二级分类		温度特性代码		容值最大允许变化范围	工作温度范围
IEC	EIA	IEC	EIA		
2R	II 类	2R1	X7R	±15%	–55～125℃
2R	II 类	2R2	X5R	±15%	–55～85℃
2R	II 类	2R0	X8R	±15%	–55～150℃
2C	II 类	2C2	X6S	±22%	–55～105℃
2C	II 类	2C1	X7S	±22%	–55～125℃
2F	III 类	2F3	Y5V	–82%～+22%	–30～85℃

8.14 寿命测试

8.14.1 一般描述

寿命测试（life test）在 IEC-60384-21&22 标准里又称耐久性测试（endurance），也有 MLCC 厂家将此测试称作高温负载测试（high temperature loading）、耐高温测试（high temperature resistance）、耐久性测试（durability），无论哪种称谓，其测试条件相似，它们均参考 IEC-60068-2-2 标准，要求如下。

直流测试参照 Bb，交流测试参照 Bb 或 Bd，脉冲测试参照 Bb 和 Bd。MLCC 采用直流测试，所以参照 Bb 测试方法。测试样品可以从实验室温度到上限类别温度之间的任意温度放置于测试室。但是在测试室温度未达到规定值之前，电压不应加载到电容器上。

寿命测试有两个重要条件是加载 2 倍的额定电压（高压产品可能是 1.5 倍或 1.2 倍）和加载最高工作温度，测试时间一般都是 1 000h。如果寿命测试的其他测试条件不变，不加载测试电压，这在 AEC-Q200 标准里称作“高温储存测试 high temperature exposure（storage）”，加载 2 倍额定电压，则在 AEC-Q200 标准里称作“寿命测试 Operational Life”。

8.14.2 测试样品的预处理

寿命测试前，II 类和 III 类介质需要对测试样品做加载电压的预处理，其预处理条件是在最高工作温度下加载测试电压保持 1h，并参考第 8.4 节要求把测试样品贴装焊接到测试基板上。

8.14.3 初始测试

MLCC 测试样品应在加载电压预处理后在室温下静置 24h 再进行容值、*DF* 和 *IR* 测试。

8.14.4 测试条件

1. IEC 标准测试条件

根据 IEC-60384-21&22 标准，如果类别电压等于额定电压，MLCC 应按表 8-29 测试。

表 8-29　寿命测试条件（$U_C=U_R$）

U_R	$U_R \leq 200V$	$200V < U_R \leq 500V$	$U_R > 500V$
测试温度	上限类别温度（最高工作温度）		
测试电压（直流）	$1.5U_R$	$1.3U_R$	$1.2U_R$
测试周期	1 000h	1 500h	2 000h

C0G、X7R 的上限类别温度是 125℃，X5R 和 Y5V 的上限类别温度是 85℃。

如果类别电压不等于额定电压（针对类别温度大于 125℃规格），MLCC 应按表 8-30 测试。

表 8-30　寿命测试条件（$U_C \neq U_R$）

U_R	$U_R \leq 200V$		$200V < U_R \leq 500V$		$U_R > 500V$	
测试温度	T_R	T_B	T_R	T_B	T_R	T_B
测试电压（直流）	$1.5U_R$	$1.5U_C$	$1.3U_R$	$1.3U_C$	$1.2U_R$	$1.2U_C$

续表

U_R	$U_R \leqslant 200V$	$200V < U_R \leqslant 500V$	$U_R > 500V$
测试周期	1 000h	1 500h	2 000h
测试样品	分为两组	分为两组	分为两组

T_R=额定温度，T_B=上限类别温度（于 85℃，例如 100℃、125℃、150℃），U_C 为类别电压

2. MLCC 厂家测试条件（见表 8-31）

表 8-31　MLCC 厂家寿命测试条件

测试条件	I 类介质		II 类和 III 类介质		
	1B（C0G/C0H/C0J/C0K）（U2J/U2K）	1C（SL）	2C（X7S/X6S/X5S）	2R（X8R/X7R/X5R）2D（X8L/X7T/X6T）	2E（X7U）2F（Y5V）
测试温度	最高工作温度 ± 2℃（125 ± 2）℃		最高工作温度 ± 2℃ X8R/X8L：（150 ± 2）℃ X7R/X7S/X7T/X7U：（125 ± 2）℃ X6S/X6T：（105 ± 2）℃ X5R/X5S/Y5V：（85 ± 2）℃		
测试时间	1000^{+48}_{-0} h		1000^{+48}_{-0} h		
测试电压	$U_R < 100V$	$2U_R$	$U_R < 100V$		$2U_R$
	$100V \leqslant U_R < 500V$	$1.5U_R$	$100V \leqslant U_R < 500V$		$1.5U_R$
	$U_R \geqslant 500V$	$1.2U_R$	$U_R \geqslant 500V$		$1.2U_R$
充放电流	≤50mA		≤50mA		

备注：

1）表中 MLCC 寿命测试条件参考前 5 大 MLCC 厂家最严标准，所以会出现有些 MLCC 厂家的规格书标准比此略低的情况。

2）上述测试条件若用于高温储存测试，则不需要加载测试电压和充放电流。

8.14.5　测试样品的放置

MLCC 测试样品之间的距离不应小于 5mm。

8.14.6　测试样品的恢复

MLCC 按前面章节的恢复条件静置（24 ± 2）h。

8.14.7　寿命测试最终判定标准

1. 外观检验

根据 IEC-60384-21&22 标准，MLCC 应进行外观检验和电性测量。参照前面章节的外观检验标准和电性检验标准进行检验，外观判定为无明显外观损伤。

2. 容值变化判定标准（见表 8-32）

表 8-32　寿命测试后容值变化判定标准

陶瓷介质类别			容值变化判定标准	
EIA 类别	IEC 类别	介质代码	IEC 标准	MLCC 厂家标准
I 类	1B	NP0 （C0G/C0H/C0J/C0K）	±2%或±1pF 两者取其大	±3%或±0.3pF 两者取其大
	1B	U2J		
	1C	SL	±3%或±1pF 两者取其大	±3%或±0.3pF 两者取其大
II 类	2C	X7S/X6S/X5S	±10%	±12.5%
	2R	X8R/X7R/X5R	±15%	±12.5%
	2D	X8L	±15%	±12.5%
III 类	2D	X7T/X6T	±15%	±12.5%
	2E	X7U	±20%	±12.5%
	2F	Y5V	±30%	±30%

备注：

1）表中判定标准参照前 5 大 MLCC 厂家最严标准，MLCC 为通用规格，特殊应用比如汽车、医疗器械以及航空等可能比此标准更严。

2）容值测试条件参考第 8.5 节。

3. tanδ（DF）或 Q 判定标准（见表 8-33）

表 8-33　寿命测试后 tanδ（DF）或 Q 判定标准

陶瓷介质类别			tanδ（DF）或 Q 判定标准	
EIA 类别	IEC 类别	介质代码	IEC 标准	MLCC 厂家标准
I 类	1B	NP0（C0G/C0H/C0J/C0K）	小于等于 2 倍的 DF 初始标准判定值，参考第 8.6.4 节	$C_N<10pF$：$Q\geqslant 200+10C_N$； $10pF\leqslant C_N<30pF$：$Q\geqslant 275+2.5C_N$； $C_N\geqslant 30pF$：$Q\geqslant 350$； C_N 为标称容值，单位为 pF
	1B	U2J		
	1F	U2K		
	1C	SL		
II 类	2R	X8R/X7R/X5R	小于等于 2 倍的 DF 初始标准判定值，参考第 8.6.4 节	小于等于 2 倍的 DF 初始标准判定值，参考第 8 章 8.6.4 节
	2C	X7S/X6S/X5S		
	2D	X8L		
III 类	2D	X7T/X6T		
	2E	X7U		
	2F	Y5V		

备注：表中判定标准参照前 5 大 MLCC 厂家最严标准，MLCC 为通用规格，特殊应用比如汽车、医疗器械以及航空等可能比此标准更严。

绝缘电阻 *IR* 判定标准（见表 8-34）

表 8-34 寿命测试后绝缘电阻 *IR* 判定标准

陶瓷介质类别			绝缘电阻 *IR* 判定标准	
EIA 类别	IEC 类别	介质代码	IEC 标准	MLCC 厂家标准
I 类	1B	NP0（C0G/C0H/C0J/C0K）	$IR \geqslant 4G\Omega$ 或 $IR \times C_N \geqslant 40M\Omega \cdot \mu F$ 两者取其小	$IR \geqslant 1G\Omega$ 或 $IR \times C_N \geqslant 100M\Omega \cdot \mu F$ 两者取其小
	1B	U2J		
	1F	U2K		
	1C	SL		
II 类	2R	X8R/X7R/X5R	$IR \geqslant 2G\Omega$ 或 $IR \times C_N \geqslant 50M\Omega \cdot \mu F$ 两者取其小	$IR \geqslant 1G\Omega$ 或 $IR \times C_N \geqslant 50M\Omega \cdot \mu F$ 两者取其小
	2C	X7S/X6S/X5S		
	2D	X8L		
III 类	2D	X7T/X6T		
	2E	X7U		
	2F	Y5V		

备注：表中判定标准参照前 5 大 MLCC 厂家最严标准，MLCC 为通用规格，特殊应用比如汽车、医疗器械以及航空等可能比此标准更严。

8.15 介质吸收

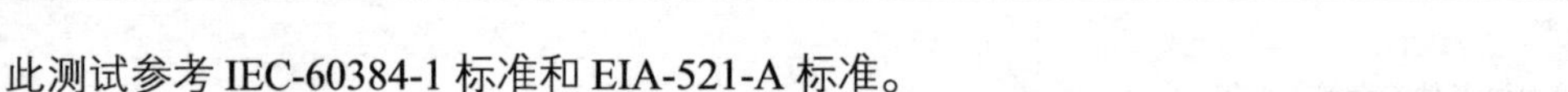

此测试参考 IEC-60384-1 标准和 EIA-521-A 标准。

8.15.1 测试步骤

被测电容器应置于屏蔽罩内，以减少电场的影响。对于电压测试，应使用输入电阻为 10GΩ 的电位计或其他适当的仪器。所使用的任何夹具、开关等的电阻不应影响测量系统的输入电阻。电容器应在直流额定电压下充电，IEC 标准推荐为（60+1）min，EIA 标准推荐为 45s。初始浪涌电流不应超过 50mA。在测试周期结束时，电容器应与电源断开，并通过一个（5±5%）Ω的电阻放电（10±1）s，除非另有规定 $\Delta U/\Delta t$ 超出值。放电电阻应在 10s 放电周期结束时与电容器断开。应测量电容器上残留或恢复的电压（恢复电压）（注：恢复电压是 15min 周期内电容器两电极端产生的最大电压）。介电吸收计算公式见公式（8-5）。

$$DA = \frac{U_1}{U_2} \times 100 \times \frac{C_x + C_0}{C_x} \qquad 公式（8-5）$$

DA 为介质吸收百分比，U_1 为恢复电压，U_2 为充电电压，C_x 为待测电容器容值，C_0 为测试系统里的输入容值。

如果 $C_0 < 10\% C_x$，上面公式可以简化成：

$$DA = \frac{U_1}{U_2} \times 100 \qquad 公式（8-6）$$

8.15.2 判定标准

IEC 标准没有明确规定，各 MLCC 厂家也还没有形成统一标准，表 8-35 提供了参考值给使用者。

表 8-35　MLCC 各类陶瓷绝缘介质的介质吸收参考值

介质类别	介质吸收参考值/%
陶瓷绝缘介质 C0G	0.50～0.75
陶瓷绝缘介质 X7R	2.5～4.5
陶瓷绝缘介质 Y5V	4.5～8.5

8.16　加速寿命测试

8.16.1　一般描述

虽然加速寿命测试 HALT（highly Accelerated Life Test）不仅在相关标准里未提及到，就连在 MLCC 厂家规格书里也从未提及到，但是它确实是一个很重要的测试，被大多数 MLCC 厂家采用。它的理论基础是来自一个针对 MLCC 陶瓷介质发生失效的平均间隔时间（MTBF）跟所加载的电压和所处的温度关系的研究。关于加速寿命测试理论请参照本书第 10.2 节。

针对 MLCC 来说，寿命测试是指测试温度为该规格的上限类别温度，测试电压为该规格的 2 倍的额定电压（视具体规格而定，有些规格是 1.5 倍或 1.2 倍），测试时间为 1 000h。1 000h 也就是 40 多天，这么长的测试周期对规格承认及样品测试都是极大的挑战，因而就有国外的专家提出了加速寿命测试，测试效果跟普通 1 000h 寿命测试效果一样，但测试时间可以缩短到 3 天以内，其主要方法是把测试温度和测试电压加严，从而减少了测试时间。

根据应用经验，判定某规格 MLCC 的额定电压是否正确的方法采用加速寿命测试结果来反推比较准确，比做耐压测试和击穿电压测试更可靠。

8.16.2　寿命测试和加速寿命测试条件

MLCC 寿命测试和加速寿命测试条件见表 8-36。

表 8-36　MLCC 寿命测试和加速寿命测试条件

测试条件	普通寿命测试		加速寿命测试 HALT	
	NP0（C0G），X7R	X5R，Y5V	NP0（C0G），X7R	X5R，Y5V
测试温度（℃）	125	85	140	100
测试电压（V）	2 倍额定电压	2 倍额定电压	8 倍额定电压	8 倍额定电压
测试时间（h）	1 000	1 000	48	48
抽样数（颗）	100	100	55	55

备注：表中测试条件针对 U_R≤50V 的低压 MLCC，不适用于中高压。

8.16.3　寿命测试和加速寿命测试判定标准

1 000h 的普通寿命测试判定标准：在最初的 1h 内不能有失效，100 颗样品经过 1000h 测试后，失效数不大于 1。

加速寿命测试判定标准：在最初的 1h 内不能有失效，55 颗样品经过 48h 测试后，失效数不大于 6。

8.17 外观检查

8.17.1 外观检查条件

目视检查应借助放大倍数为 10 倍的放大设备来进行，并采用与被测样品和要求的品质标准相适应的照明（照度 2 000lx）。操作人员应拥有可用的防护设施，防止光的直射或者反射对肉眼造成可能的伤害。MLCC 生产厂家一般不会在规格书给出外观检查详细标准，但是制程检验中有列详细检查标准。

MLCC 外观检查在 AEC-Q200 标准里称作“外观检查 External Visual examination”，关于 MLCC 外观检验标准参考的是 IEC-60384-21&22 标准，但是此标准比较简要，更详细的判定标准请参考第 11.1.2 节（参考 EIA-595-A-2009 标准）。

8.17.2 外观检验标准

陶瓷本体的外观检查要求

1）除断裂和裂纹外，陶瓷本体表面的细小的局部破损不会对电容器的性能造成损害，见图 8-6 和图 8-7。

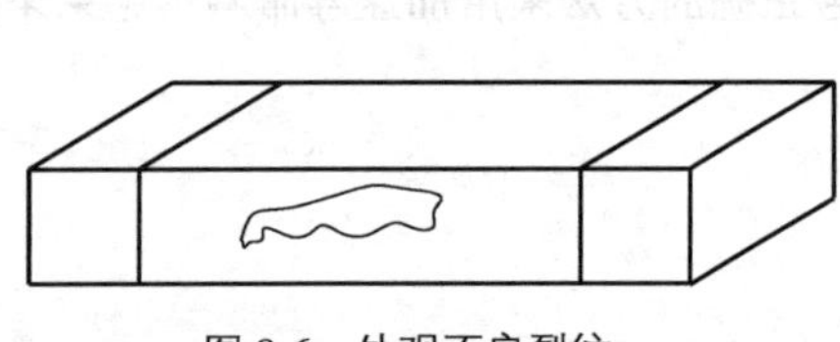

图 8-6 外观不良裂纹

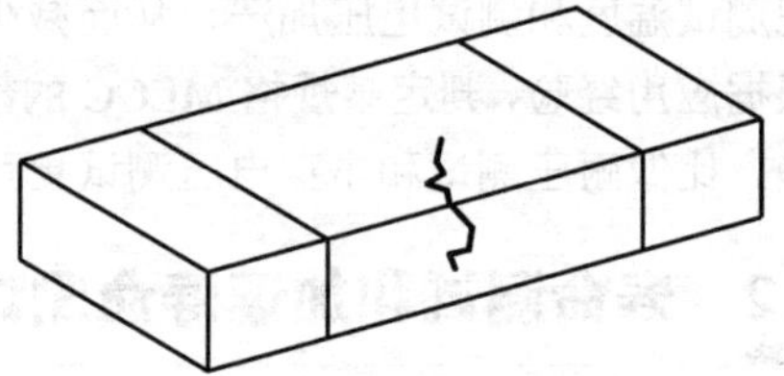

图 8-7 外观不良裂纹

2）拒收肉眼可见的叠层分层和裂层不良，见图 8-8。

3）禁止两端电极之间存在内电极外露，见图 8-9。

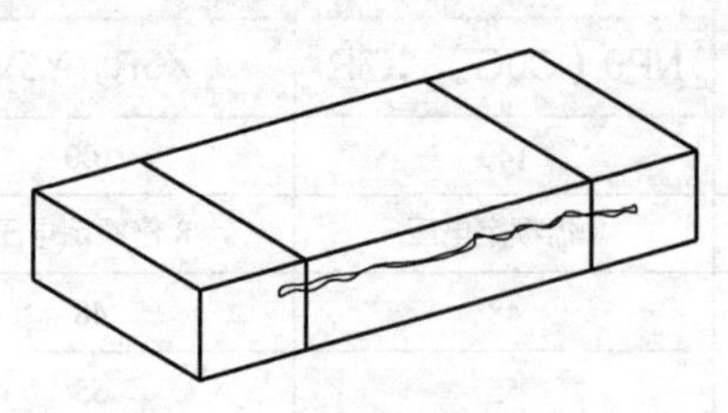

图 8-8 外观不良-叠层分层

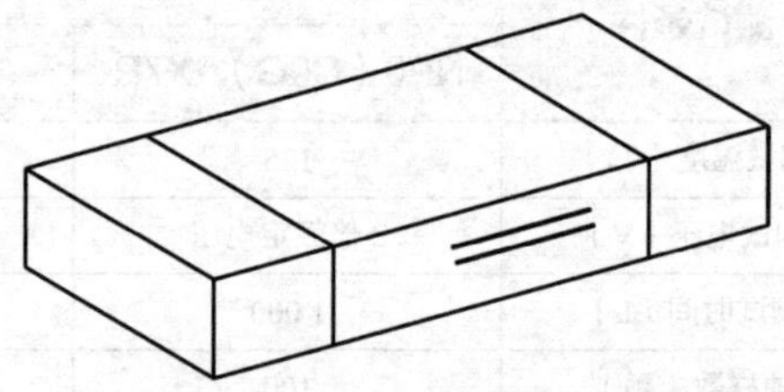

图 8-9 外观不良-内电极外露

4）禁止在两端电极中心的陶瓷体粘附可导电的污物（金属或者焊锡等），导电污物的存在如同缩短了两端电极之间的距离。如果是高压产品有可能导致发生跳火不良（ARC）。此要求等同于 MLCC 两端电极之间的最小距离要求，见第 7.1.4 节所描述的 L_3 的允许最小值。

端电极的外观检查标准

1）禁止任何原因的金属电极脱落，以及禁止任何内电极外露。

2）如图 8-10 所示，主端面 A、B、C，以及横截面 D 和 E 要检验。每个端面的最大镀锡层空白面积不得大于该表面面积的 15%，并且这些镀锡层空白不应集中在同一区域。镀锡层空白面积不应影响长方体任意两主边（也包括电容器截面的边）。端面镀层的溶解（浸析）不应超过对应边长度的 25%。

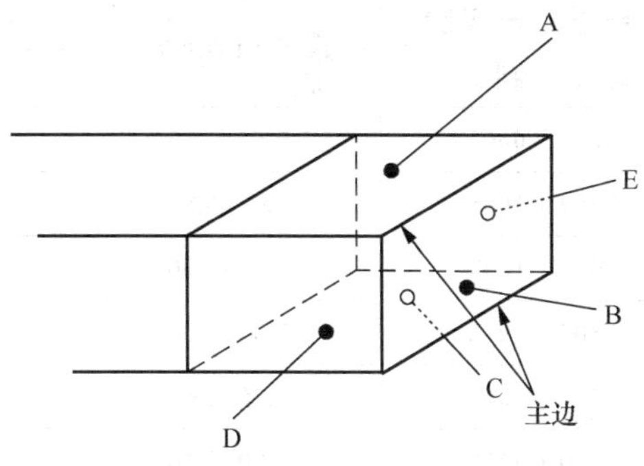

图 8-10　端电极外观示意图

8.18 抗弯曲测试

8.18.1 测试目的和一般描述

本测试的目的是判定已焊接到测试基板上的贴片元件端电极的机械牢固度。对于 MLCC 的端电极，就是判定电镀在陶瓷本体两端的镀层牢固度。遵照 IEC-60068-2-21 标准中的 U_{e_1} 测试方法。端电极由元件非导电部分和包覆于其外的金属镀层构成。抗弯曲测试的目的是验证端电极以及其附属物与陶瓷本体之间的柔韧度，使其能承受在正常装配或搬运操作期间加载的弯曲负载。此测试属于 AEC-Q200 测试项目之一，用于汽车电子的 MLCC 需要进行此测试。

8.18.2 测试基板

MLCC 做抗弯曲测试前需要贴装在测试基板上，贴装方法依赖于 MLCC 的结构。测试基板要求请参考第 8.4.1 节的内容，基板材料一般是厚度为（1.6 ± 0.20）mm 或（0.8 ± 0.10）mm 的环氧玻璃布层压敷铜 PCB，铜箔厚度应为（0.035 ± 0.01）mm，包含 0402（英制）及以下尺寸规格选用的测试基板，厚度为 0.8mm，包含 0603（英制）以上尺寸规格选用的测试基板，厚度为 1.6mm。MLCC 厂家用于抗弯曲测试的测试基板设计样式如图 8-11 和表 8-37 所示。

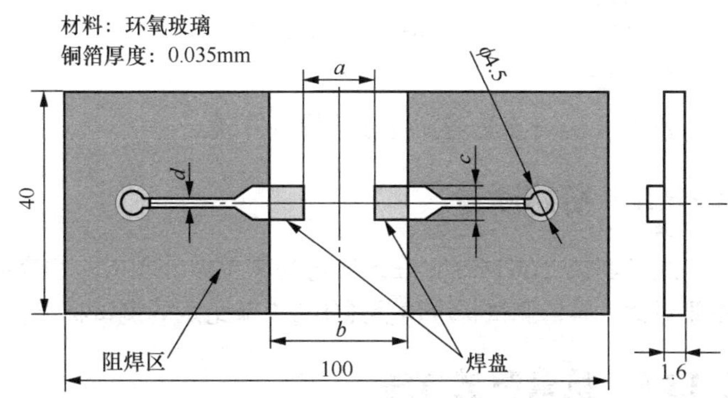

图 8-11　抗弯曲测试基板设计图样

表 8-37　抗弯曲测试基板焊盘尺寸

尺寸代码英制（公制）	尺寸/mm×mm	测试基板尺寸规范/mm			
		a	*b*	*c*	*d*
008004（0201）	0.25×0.125	0.10	0.35	0.14	1.00
01005（0402）	0.40×0.20	0.20	0.56	0.23	1.00

续表

尺寸代码英制（公制）	尺寸/mm×mm	测试基板尺寸规范/mm			
		a	*b*	*c*	*d*
0201（0603）	0.60×0.30	0.30	0.90	0.30	1.00
0402（1005）	1.00×0.50	0.40	1.5	0.50	1.00
0603（1608）	1.60×0.80	1.00	3.00	1.20	1.00
0805（2012）	2.00×1.25	1.20	4.00	1.65	1.00
1206（3216）	3.20×1.60	2.20	5.00	2.00	1.00
1210（3225）	3.20×2.50	2.20	5.00	2.90	1.00
1808（4520）	4.50×2.00	3.50	7.00	2.40	1.00
1812（4532）	4.50×3.20	3.50	7.00	3.70	1.00
2211（5728）	4.50×2.80	4.50	8.00	3.20	1.00
2220（5750）	4.50×3.20	4.50	8.00	5.60	1.00

8.18.3 预处理

MLCC 在做贴装焊接前待测样品表面外观应符合检验标准，被测样品要求无明显的外观损伤（应该在 10 倍以上放大镜和足够的 2 000lx 照度光线下做外观检查）。待测样品不得用手指接触或有其他污染，试验前不得对试件进行清洗。如果相关规范要求，样品才可以在室温下浸泡在有机溶剂中进行预处理。

8.18.4 贴装焊接

波峰焊

参考第 8.4.2 节内容所描述的焊接方式。

回流焊

参考第 8.4.3 节内容所描述的焊接方式。

8.18.5 初始测量

测试基板上的 MLCC 在未压弯前需要做外观检验和容值测试，为抗弯测试完成后的最终检验做参照对比。容值测试标准请参照第 8.5 节给定的测试标准。抗弯测试在静置（24 ± 6）h 后进行。

8.18.6 抗弯测试方法

贴有测试样品的测试基板放置于图 8-12 所示的弯曲测试夹具上，测试基板可以从弯曲位置恢复并能从测试夹具移开。缓慢压弯测试基板，按 IEC-60068-2-21 标准，压弯深度 *D* 应该从 1mm、2mm、3mm、4mm 中依次进行（如图 8-13 所示），压弯速度为（1.0 ± 0.5）mm/s。在没有特别规定的情况下，压弯持续时间（20 ± 1）s，不同弯曲深度在 1 次性压弯动作中完成，压弯治具的半径为 5mm（当压弯深度小于 2mm 时，压弯治具半径可以是 230mm）。MLCC 依据 IEC-60384-21&22 标准，压弯深度 *D* 从 1mm、2mm、3mm 中选择（MLCC 厂家通常把通用品的压弯深度标准定为 1mm，汽车用品、医疗器械、航空用品等特殊用途的压弯深度最大要到 3mm），压弯持续时间 5s，针对 0402（1005）以下尺寸，测试基板厚度规格选 0.8mm。

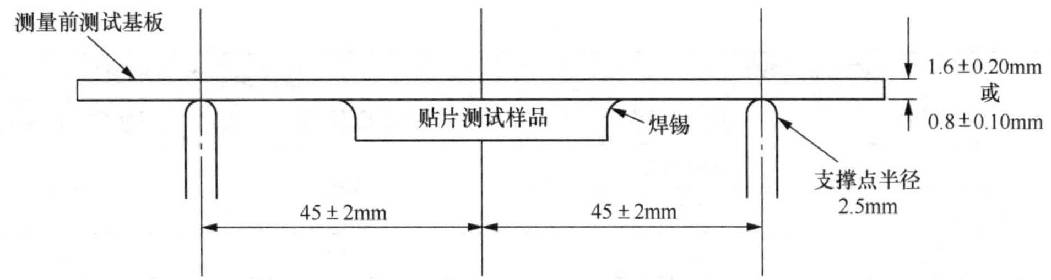

图 8-12　抗弯曲测试基板状态示意图（测试前）

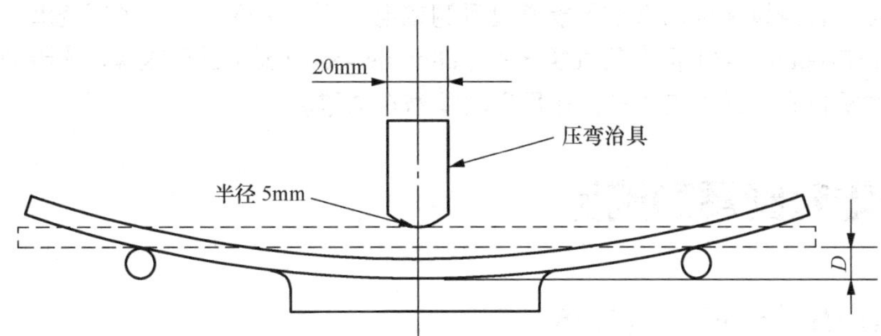

图 8-13　抗弯曲测试基板状态示意图（测试中）

如果测试基板的长为 L，宽为 W，则需要满足如下要求：

$$L = 2\times\left(W + 5_{\text{最小}}\right)$$

这里 L=90mm，W≤45mm，因而 MLCC 的测试基板尺寸通常是 90mm×40mm。

8.18.7　测试样品恢复

测试基板 PCB 需要从弯曲状态下恢复并从测试夹具上取下。

8.18.8　抗弯测试判定标准

MLCC 在做抗弯测试完成后应该在 10 倍以上放大镜和足够的光线（照度 2 000lx）下做外观检查，被测样品要求无明显的外观损伤，特别是 MLCC 端电极与陶瓷本体接合处应做外观检查。另外还需要在未弯曲状态下做容值测量，便于计算不同压弯深度下的容值变化比。

在弯曲状态下所测容值变化比判定标准参考表 8-38。

表 8-38　抗弯曲测试判定标准

陶瓷介质类别			容值变化判定标准	
EIA 类别	IEC 类别	介质代码	IEC 标准	MLCC 厂家标准
I 类	1B	NP0 （C0G/C0H/C0J/C0K）	±5%	±5%或±0.5pF 两者取其大
	1B	U2J		
	1C	SL		
II 类	2C	X7S/X6S/X5S	±10%	±10%
	2R	X8R/X7R/X5R		
	2D	X8L		

续表

陶瓷介质类别			容值变化判定标准	
EIA 类别	IEC 类别	介质代码	IEC 标准	MLCC 厂家标准
III 类	2D	X7T/X6T	±10%	±10%
	2E	X7U		
	2F	Y5V	±10%	±30%

以上是通用品的判定标准，像汽车用品、医疗器械以及航空等特殊用途的产品除检查外观和测试容值变化外，还要测试损耗因数 tanδ（*DF*）、绝缘电阻 *IR*。

在许多情况下，测试造成的损害不能通过目测或电气测量来评估。为了探究潜在缺陷，建议测试后立即按照 IEC-60068-2-61 标准的气候序列（climatic sequence）进行跟踪，或者通过相关规范规定的其他适当的机械和（或）电气条件作用来暴露潜在缺陷。

8.19 端电极附着力测试

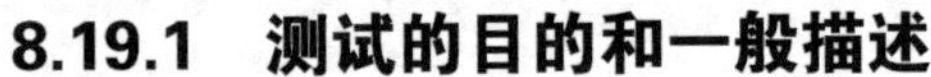

8.19.1 测试的目的和一般描述

本测试的目的是判定已焊接到测试基板上的贴片元件端电极的机械牢固度，也称端电极牢固度测试（Robustness of Terminations）、端电极剪切力测试（shear test）。对于 MLCC 的端电极，就是判定电镀在陶瓷本体两端的镀层牢固度。遵照 IEC-60068-2-21 标准中的 U_{e_3} 测试方法。端电极附着力测试是为了评估 MLCC 的两个端电极与陶瓷本体界面的抗剪切强度，此测试适合的测试方式是贴片元件贴在刚性测试基板上的。此测试属于 AEC-Q200 测试项目之一，用于汽车电子的 MLCC 需要进行此测试。

8.19.2 测试基板

测试基板为氧化铝陶瓷基板，纯度为 90%～98%，厚度为（0.635 ± 0.05）mm 或大于此厚度的氧化铝陶瓷基板，氧化铝陶瓷基板上烧制的金属化焊盘使用难于剥落的材料（如铜、银钯）。也可以跟抗弯测试一样选用环氧玻璃印制电路板做测试基板。

8.19.3 预处理

MLCC 在做贴装焊接前待测样品表面外观应符合检验标准，被测样品要求无明显的外观损伤。待测样品不得用手指接触或有其他污染，如有需要样品可以在室温下浸泡在有机溶剂中进行预处理。

8.19.4 贴装焊接

锡膏选用

锡膏型号可以参照第 8.22 节焊锡性测试中所用锡膏。

测试样品的贴装

MLCC 测试样品按其两端电极对称地摆放到测试基板的焊盘上。

预热

贴有测试样品的测试基板应在（150 ± 10）℃下预热 60～120s。

焊接

焊接应在预热后立即进行，只要焊接条件不会导致热应力超过贴片元件的规定，任何类型的回流炉或气相焊接炉都可以使用。参照 IEC-60068-2-58 标准，焊接温度为 235～250℃，峰值温度维持时间不要超过 10s，在 185℃温度以上的总时间应在 45s 以上。注意确保完全上锡，测试基板的焊盘应使用 2-丙醇（异丙醇）或水来清除多余的助焊剂。另外，焊接方式可以参考抗弯测试中的焊接方法。

8.19.5　初始测量

测试在标准大气压下进行，因为测试样品需要焊接，所以测试是破坏性测试，并且测试样品不能重复使用。测试样品应该在 10 倍以上放大镜和足够的 2 000lx 照度光线下做外观检查。因为焊接的强度随着时间的推移而减弱，这将影响测试结果，所以在焊接完成并静置（24 ± 6）h 后就应立即做端电极附着力测试。

8.19.6　端电极附着力测试方法

该方法适用于较大高度的贴片元件。当试样的类型和几何形状允许时，应使用适当的推力治具施加力，使用的推力治具经过半径为 0.5mm 倒角处理（当测试样品的长度小于等于 2mm 时推力治具的倒角半径应为 0.2mm）。推力治具的厚度 *H* 应大于待测试样的相关接触面的高度，但是，没有指定推力治具的宽度 *W*（如图 8-14 所示）。所施加的推力应平行于测试基板且垂直于测试样品的侧面。测试样品与推力治具的接触点为测试样品的侧面几何中心。推力治具应在无冲击的情况下与测试样品的侧面接触。对测试样品逐渐地施加 5N 的推力，应在 5s 内达到最大推力，并保持 10 ± 1s。MLCC 端电极附着力测试依据 IEC-60384-21&22 标准，推力大小应该从 1N、2N、5N 或 10N 中选择，通常 MLCC 厂家再根据尺寸规格大小具体选择规则，见表 8-39。另外如有相关规范规定，则应在施加推力时全程监测关键临界参数。

表 8-39　端电极附着力测试所施加推力标准

MLCC 尺寸（英制）	端电极附着力测试推力标准/N	推力保持时间/s
008004～01005	1	10 ± 1
0201	2	10 ± 1
0402～0603	5	10 ± 1
0805～2225	10	10 ± 1

备注：AEC-Q200 标准的推力为 18N（除 0201 和 0402 为 2N 外），推力保持时间为 60s。

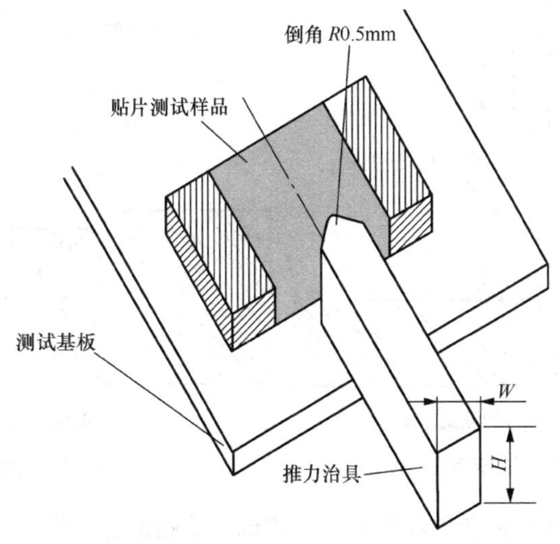

图 8-14　端电极附着力测试示意

8.19.7 端电极附着力测试判定标准

被测 MLCC 需在贴装状态下做外观检验，外观检验应借助 10 倍以上放大镜和足够的光线（照度 2 000lx）来进行。

外观检验标准

被测 MLCC 不得有肉眼可见损伤痕迹，外观检查还应特别留意 MLCC 端电极与陶瓷本体之间接缝处，不得有明显的破裂或开裂迹象。

如有需要，端电极应作为样品保留，在评估样品时不应考虑焊点和基板的缺陷。在许多情况下，测试造成的损害不能通过目测或电气测量来评估。为了探究潜在缺陷，建议测试后立即按照 IEC-60068-2-61 标准的气候序列（climatic sequence）进行跟踪，或者通过相关规范规定的其他适当的机械和（或）电气条件作用来暴露潜在缺陷。

8.20 断裂强度测试

8.20.1 通用描述

MLCC 断裂强度测试（break strength test）属于应力强度评估测试，评估贴片电容器所能承受的瞬间最大外力，属于破坏性测试。也有 MLCC 厂家将断裂强度测试称作本体强度测试（body strength）、横梁负荷测试（beam load test）。应用于汽车电子产品的 MLCC 要求做此项测试，MLCC 的断裂强度测试方法参考了 AEC-Q200-003 测试标准。

8.20.2 测试方法

将待测样品水平放置于如图 8-15 和图 8-16 所示的断裂强度测试治具上，然后断裂强度测试头以 0.5 ± 0.1mm/s 速度下压，0201（英制）含以下尺寸的下压速度为 0.1mm/s，直至测试样品断裂，测试仪记录下断裂瞬间所需的千克力。MLCC 尺寸在 0402～2220（英寸）时，测试头倒角半径为 0.5mm，0402 以下尺寸倒角半径应为 0.2mm。

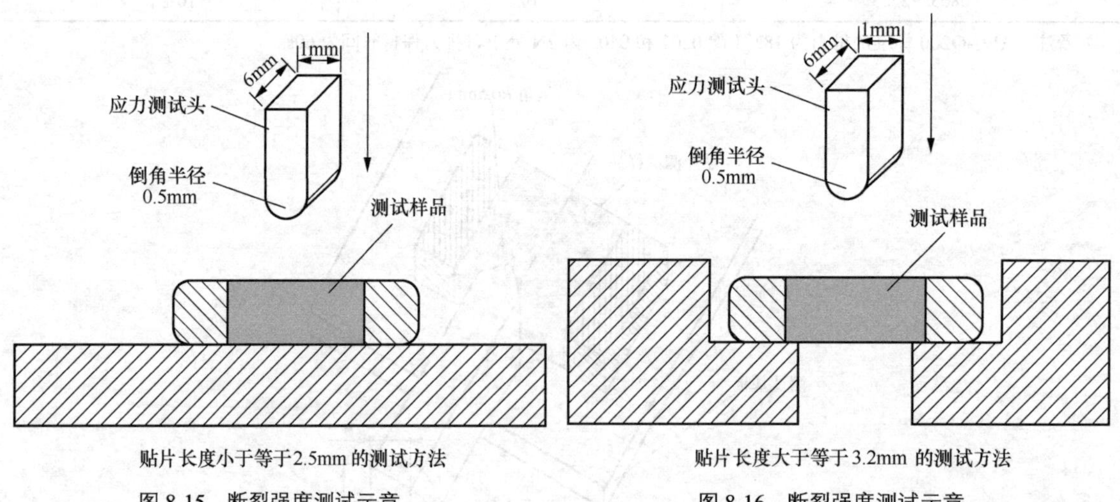

图 8-15 断裂强度测试示意　　图 8-16 断裂强度测试示意

断裂强度测试也有另外一种非破坏性测试，测试方法跟前者一样，只是测试条件不同，MLCC 需要能承受 5N 的力 10s，不至于出现损伤。

8.20.3 断裂强度测试判定标准

每批次 MLCC 抽测 15 颗，每颗断裂强度测试值不仅大于表 8-40 所列标准值，还得满足每颗断裂强度测试值与平均值的偏差不能太大，所以引入标准差概念，使测试结果需满足如下条件：

断裂强度测试平均值–3 倍的断裂强度测试标准差>断裂强度测试标准值

表 8-40　断裂强度测试判定标准

尺寸（英制）	厚度/mm				
	<0.3	0.3	0.5	$0.5<T<1.25$	$T \geq 1.25$
008004	2.5N				
01005	2.5N				
0201		5N			
0402		5N	8N		
0603			8N	20N	
0805				20N	20N
1206				15N	54.5N
1210				15N	54.5N
1812					54.5N
2220					54.5N

8.21 抗震测试

8.21.1 通用描述

抗震测试（vibration test）是用来评估元器件抗规定的正弦震动的能力，测试目的是暴露出元器件在经受简谐振动后的任何机械性缺点或特定功能的退化，以此判断元器件的可接受度。有时候此测试方法也用于确定元器件结构稳定性及动态性研究。此测试属于 AEC-Q200 测试项目之一，用于汽车电子的 MLCC 需要进行此测试。

8.21.2 贴装焊接

震动测试前需要将 MLCC 贴装焊接到测试基板上，具体方法参照第 8.4 节。焊接完成后静置 24h 再测量容值 *CP* 和损耗 *DF*，测试方法参照第 8.5 节和第 8.6 节容值和损耗测量标准。

8.21.3 测试方法

测试设备为三轴震动测试机，将焊有测试样品的测试基板固定在震动测试机上，按 *X*、*Y* 及 *Z* 轴依次进行正弦波震动测试，震动测试条件如下。

测试样品数量：30 颗。

振动类型：简谐振运动。

测试频率范围：10～55Hz。

振幅：1.5（1±15%）mm。

频率变化率：

A. 对于 MLCC 通用品，1min 内频率从 10Hz 变化至 55Hz）1min 内频率从 55Hz 变化至 10Hz；

B. 对于需要符合 AEC-Q200 标准的汽车电子用 MLCC，要求频率在 20min 内由 10Hz 升至 2kHz，再从 2kHz 回归到 10Hz。

测试时间：

A. *X*、*Y*、*Z* 每个方向震动 2h（总共 6h）；

B. *X*、*Y*、*Z* 每个方向震动 12 次（总共 36 次）。

8.21.4 中期测试

X、*Y*、*Z* 每个方向上的振动测试的最后 30min，应进行接触不良、开路和短路测试。测试时间周期就是从一个最大频率到下一个最大频率之间所用的时间。

8.21.5 抗震测试判定标准

1）外观检查

无明显机械外观损伤。

2）电性检查

容值 *CP* 和损耗 *DF* 参考第 8.5 节和 8.6 节的判定标准，测量值在该规格规定的偏差范围内。

按照 AEC-Q200 测试标准，除检验上述项目之外还需检验绝缘电阻 *IR*，其判定标准参考第 8.7 节 25℃条件的 *IR* 测试标准。

8.22 焊锡性测试

8.22.1 通用描述

焊锡性测试（solderability test）提供了两种不同的测试方法来判定镀锡层端电极和金属端电极的可焊性，这两种参照 IEC-61760-1 标准的焊锡性测试方法满足 IEC-61191-2 中适用的焊点要求。针对贴片元件的焊锡性测试方法有两种，一种叫焊锡槽测试法，另一种叫回流焊测试法。焊锡槽测试法是一种模拟贴近波峰焊工艺流程的检验方法，此焊接工艺热量通过熔锡直接传导。回流焊测试法是一种模拟贴近回流焊工艺流程中的红外热对流和气相环境的检验方法，热量通过强对流传导和汽凝传导。该测试属于 AEC-Q200 测试项目之一，用于汽车电子的 MLCC 需要进行此项测试。

8.22.2 测试样品的预处理

测试样品的表面应经过检验，并且要避免任何污染，操作中手指不应接触到测试样品。在进行可焊性试验之前，不得对测试样品进行清洗，否则可能影响焊锡性测试结果。若相关标准中有要求，测试样品可在室温下浸入中性有机溶剂中去污。

8.22.3 加速老化

如果相关规范要求在焊锡性测试前加速老化，则应采用下列加速老化方式之一。在加速老化之后，测试样品应置于标准大气压下 2～24h。如果老化温度高于元件的最高工作温度或储存温度，或者在蒸汽中 100℃时元件可能会严重退化，从而影响可焊性，而这种情况在自然老化中通常不会发生，那么就需要把元件端电极脱离下来。

1）加速老化方式 1（蒸汽老化焊锡性寿命测试）

相关规范应说明是使用 1h 蒸汽老化还是 4h 蒸汽老化。在这些操作步骤中，测试样品被悬挂，最好是与端电极垂直悬挂。待测面位于沸腾的蒸馏水表面 25～30mm，蒸馏水装在适当大小的硼硅酸盐玻璃或不锈钢容器中（如 2L 烧杯）。端电极距离容器壁不得少于 10mm。容器应该有一个类似材料的盖子，由一个或多个板组成，这些板大约可以覆盖开口的 7/8。应设计一种合适的悬挂测试样品的方法：允许在盖上穿孔或开槽。测试样品夹具应为非金属材料。保持水位时应加入少量热蒸馏水，使水继续沸腾；如果需要，也可以提供回流冷凝器。

2）加速老化方式 2（恒温恒湿老化焊锡性寿命测试）

按 IEC-60068-2-78 标准，测试样品经受 10 天稳态湿热测试（damp-heat, steady state）。可选的温度与时间组合见表 8-41。

表 8-41　恒温恒湿老化条件

温度/℃	相对湿度/%
30 ± 2	93 ± 3
30 ± 2	85 ± 3
40 ± 2	93 ± 3
40 ± 2	85 ± 3

参考第 8.28 节的稳态湿热测试条件，建议 MLCC 从表 8-41 中选择（40 ± 2）℃和（93% ± 3%）RH 的老化条件，测试时间：通用品为 500h（约 21 天），工业品为 1 000h（接近 56 天）。

3）加速老化方式 3（干热老化焊锡性寿命测试）

根据 IEC-60068-2-2 标准，测试样品在 155℃下经受 4h 或 16h 干热老化测试。

4）加速老化方式 4（加速恒温恒湿焊锡性寿命测试）

根据 IEC-60068-2-66 标准，测试样品在 120℃下放置 4h，相对湿度为 85%，恒定温湿测试（非饱和加压蒸汽）。

8.22.4　初始检查

测试样品需要做外观检查，如果相关标准中有要求，测试前电性能和机械性能也需要确认。另外 MLCC 在焊锡性测试前需要依据外观检验标准做外观检查，为后面最终外观检查做参照。

8.22.5　焊锡槽测试法（适合于 0603/0805/1206）

参考 IEC-60068-2-58 标准中的测试方式 Td1，根据 IEC-60384-21&22 标准，大于或等于 0603（英制）尺寸的，既可采用焊锡槽测试法又可采用回流焊测试法，而小于 0603（英制）尺寸的，只能采用回流焊测试法。

因为焊锡槽测试法相对比较简单，所以 MLCC 厂家通常采用此方法，只有对尺寸过小的规格才采用回流焊测试法，选择规则如下。

大于或等于 01005（英制）的尺寸规格采用焊锡槽测试法，小于 01005（英制）的尺寸规格采用回流焊测试法。

1. 焊锡槽要求

焊锡槽深度大于等于 40mm，容积大于等于 300mL（高热容量元件另有规定除外）。焊锡槽的材料应能抵抗液态焊锡高温。

2. 焊锡和助焊剂要求

1）锡膏类型

除相关标准另有规定外，锡膏型号应从表 8-42 中选择。

表 8-42　焊锡槽测试法可选锡膏类型

焊接工艺组别	锡膏类型[a]和助焊剂
1	Sn42Bi58[b]
2	Sn60Pb40A 或 Sn63Pb37A
3	Sn96.5Ag3Cu0.5
4	Sn99.3Cu0.7

a. 锡膏成分的名称和组成比例根据 IEC-61190-1-3：2007 标准。

b. 用 0.2%的氯化物活性化

2）助焊剂

按照 IEC-60068-2-20：2008 附件 B 规定，助焊剂由 25%的松香和 75%的异丙醇或乙醇组成，最好的活性助焊剂符合"low（<0.01）" L_0 标准，相应的卤化物（Cl、Br、F）重量百分比小于 0.01%（具体请参考 IEC-61190-1-1 标准）。非活性助焊剂不适宜使用时，相关规范可规定在使用上述助焊剂时应加入二乙基氯化铵（分析试剂等级），使卤化物含量为 0.2 %或 0.5 %（以松香中的游离氯表示），参考表 8-42。

3. 测试程序和条件

1）测试样品

一个测试样品只能测试一次。

2）测试夹具

除非相关标准另有规定，测试样品应置于如图 8-17 所示的不锈钢夹具上，测试夹具的横截面积不得超过测试样品的最小横截面积。夹具的任何部分不得与被测面接触。当测试样品浸入焊锡中和使用助焊剂时应保持在夹具内（注：当夹具的浸液部分的热容量明显超过测试样品的热容量时，可能会导致测试样品旁边的局部浴温降低，从而大大降低本试验的有效性）。

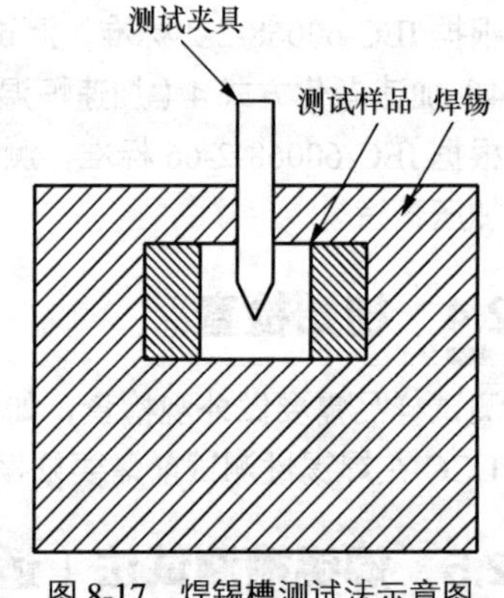

图 8-17　焊锡槽测试法示意图

3）助焊剂

除有关规范另有规定外，测试样品应完全浸没于焊剂中，并缓慢抽出。任何过量的助焊剂应通过与吸水纸接触来清除。

4）焊锡浸入

如果相关规范规定了预热，则应在测试样品浸入焊锡槽之前立即按规定的温度和规定的时间预热。液态熔锡表面的氧化膜应在浸入前立即撇去。浸入和抽退速度应在 20～25mm/s。

两种浸入焊锡方式已形成标准化。

方式 A：对于大多数测试样品，需要测试的面应浸没在焊锡弯月面以下不少于 2mm 处（但浸没深度不得超过所需深度），并与底座平面垂直。

方式 B：对于某些测试样品，测试样品可能会浮在焊锡上，如果相关规范没有给出浸入方式，就应采用方式 A 的做法。

5）焊锡槽测试法的测试条件

除相关标准另有规定外，浸入持续时间和温度应按表 8-43 选用。

表 8-43　关于焊锡性测试用的焊锡槽测试法的测试条件和测试严苛度

组别	焊锡成分	测试条件和测试严苛程度[a]	
		焊锡温度/℃	浸入保持时间/s
1	Sn42Bi58（活性助焊剂中 0.2%卤化物）	175 ± 3	3 ± 0.5
2	Sn60Pb40A 或 Sn63Pb37A	215 ± 3	3 ± 0.2
		235 ± 3	2 ± 0.2
3	Sn96.5Ag3Cu0.5	245 ± 3	3 ± 0.3
4	Sn99.3Cu0.7	250 ± 3	3 ± 0.3

a. 针对有高热容量的元件，相关规范可能规定把浸入时间延长到 10 ± 1s

表 8-43 所示是根据 IEC-60068-2-58 标准制定的，再结合 IEC-60384-21&22 标准，推荐 MLCC 的焊锡性测试条件见表 8-44。

表 8-44　焊锡槽测试法测试条件（MLCC 厂家标准）

焊锡类型	Sn-Pb	Sn-Ag-Cu
锡炉温度/℃	235 ± 5	245 ± 5
浸入时间/s	2 ± 0.2	3 ± 0.3
浸入深度/mm	10	10
浸入次数	1	1

测试前测试样品需要在 80～140℃中预热 30～60s。

8.22.6　回流焊测试法

根据 IEC-60384-21&22 标准，大于或等于 0603（英制）尺寸的，既可采用焊锡槽测试法又可采用回流焊测试法，而小于 0603（英制）尺寸的，只能采用回流焊测试法。

因为焊锡槽测试法相对比较简单，所以 MLCC 厂家通常尽可能采用此方法，只有对尺寸过小的规格采用回流焊测试法，选择规则如下：

大于或等于 01005（英制）的尺寸规格采用焊锡槽测试法，小于 01005（英制）的尺寸规格采用回流焊测试法。

1. 回流焊设备介绍

只要满足测试条件，任何回流焊设备都可以使用，下面两个方法被优先推荐：一是强对流法（包含红外辅助装置），二是汽相法（针对每个测试温度，需要一个产生液态的特定蒸汽）。

2. 焊锡膏

除非相关标准另有规定外，锡膏按表 8-45 选用。

表 8-45　回流焊测试法所用锡膏类型

组别	焊锡成分[a]	助焊剂等级[b]		粉末粒度类型径[c]	标称金属含量/%
		IEC	ISO		
1	Sn42Bi58	ROL0	1.1.1	3	90
2	Sn60Pb40A 或 Sn63Pb37A	ROL0	1.1.1	3	90

续表

组别	焊锡成分[a]	助焊剂等级[b]		粉末粒度类型径[c]	标称金属含量/%
		IEC	ISO		
3	Sn96.5Ag3Cu0.5	ROL0	1.1.1	3	90

a. 根据 IEC-61190-1-3：2007，规定焊锡合金成分及名称。

b. 参考 IEC-61190-1-1 或 ISO-9454-2。

c. 参考 IEC-61190-1-2：2014。

3. 测试基板

如果需要，按 IEC-61249-2-22 或 IEC 61249-2-35 标准中规定，测试基板应由一块非金属化且不可润湿（无痕迹或凹陷）的陶瓷（氧化铝含量为 90%～98%）或环氧玻璃布层压电路板组成。对于焊锡性测试，测试基板不应该有焊盘，元件端电极（电极）底面做外观检查。尺寸细节和待测样品数量应在相关规范中给出。

4. 测试流程和测试条件

1）测试样品

测试样品只能做一次性测试，不可重复测试。

2）锡膏应用

如果需要，按照相关规范规定，锡膏应通过丝网印刷、模板印刷、点胶或针脚倒换的方式涂布到测试基板上。在这种情况下，需要印刷的面积（尺寸）和锡膏堆积的厚度应在相关规范中指定。当焊锡膏通过点胶或针脚倒换涂布时，应调整锡膏的体积，使其达到所要求的焊锡体积。锡膏堆积厚度在 60～250μm。

3）样品放置

如适用，印刷后，测试样品的端电极应置于锡膏上。放置程序（例如浸入锡膏深度）应在相关规范中规定。

4）回流焊温度曲线

关于焊锡性测试的回流焊温度曲线，如图 8-18 所示，显示的相关参数应做规定。

除相关标准另有规定外，应该测量测试样品端电极的温度。

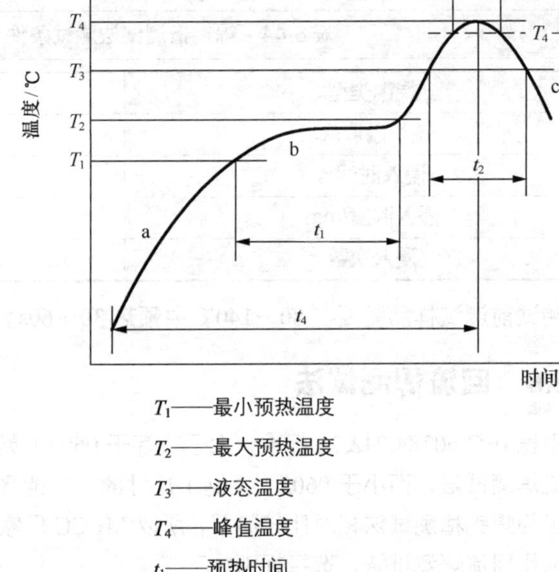

T_1——最小预热温度

T_2——最大预热温度

T_3——液态温度

T_4——峰值温度

t_1——预热时间

t_2——液态温度下时间

t_3——比峰值温度低 5℃的区间时间

t_4——从常温到峰值温度的持续时间

a——温度爬升梯度不应大于 3℃/s

b——预热区间

c——温度下降梯度不应大于 6℃/s

图 8-18　焊锡性测试回流焊温度曲线

5）回流焊测试条件

除非相关标准另有规定外，回流焊温度曲线标准见表 8-46。

表 8-46　关于焊锡性测试的回流焊测试法条件

组别	焊锡合金类别	T_1/℃	T_2/℃	t_1/s	T_3/℃	t_2/s	T_4/℃[a]	t_3/s[b]
1	Sn42Bi58	100±5	130±5	60～120	138	40±5	170	10
2	Sn60Pb40A Sn63Pb37A	100	150	60～120	183	40±5	215	10

续表

组别	焊锡合金类别	T_1/℃	T_2/℃	t_1/s	T_3/℃	t_2/s	T_4/℃[a]	t_3/s[b]
3	Sn96.5Ag3Cu0.5	150	180	60～120	217	40±5	235	10

a. 峰值温度 T_4 定义为验收检验最小值和资格测试最大值，这与抗焊热冲击测试相反。
b. 在（$T_{4\text{-}5}$）℃温度点的时间被定义为验收测试最小值和资格测试最大值

表 8-46 所示是根据 IEC-60068-2-58 标准制定的，再结合 IEC-60384-21&22 标准，推荐 MLCC 的测试条件如下。

A. 焊锡膏涂布到测试基板上。

B. 锡膏堆积厚度过高会导致焊点圆角厚度过大，这使 MLCC 更容易受 PCB 的机械应力和热应力影响，并导致 MLCC 发生断裂问题。

C. 测试样品的端电极需置于锡膏上。

D. 除详细规范另有规定外，Sn-Pb 组成的锡膏，测试样品和测试基板需要在红外线强对流焊接设备里加热到（150±10）℃并保持 60～120s，回流焊温度应该迅速提高，直到测试样品温度达到（215±5）℃并保持（10±1）s。每次测试次数为 1。

E. 除详细规范另有规定外，针对 Sn-Ag-Cu 组成的锡膏，测试样品和测试基板应置于红外强对流焊接装置里预热，在（150±5）℃到（180±5）℃温度下预热 60～120s。回流焊温度应该快速提升，直至测试样品温度达到（235±3）℃，温度在 225℃之上的时间应为（20±5）s。

8.22.7 MLCC 厂家采用的焊锡性测试方法和条件

前面章节（8.22.5 和 8.22.6）分别介绍了 IEC 标准里的两种焊锡性测试方法，即焊锡槽测试法和回流焊测试法，并且 IEC 标准推荐焊锡槽测试法适用于 0603（1608）～1206（3216）尺寸，但 MLCC 厂家的焊锡性测试一般把包含 01005（0402）以上的尺寸规格均采用焊锡槽测试法，包含 008004（0201）以下的尺寸规格采用回流焊测试法。另外 MLCC 目前均为无铅产品，但是它兼容无铅焊接和有铅焊接，所以在做焊锡性测试时 MLCC 厂家只采用无铅焊锡性测试即可。以下为 MLCC 厂家的焊锡槽测试法条件。

焊锡性测试方法：焊锡槽测试法；

助焊剂：松香含量为 25%的松香乙醇溶液；

预热温度及时间：80～120℃，10～30s；

锡膏类型：Sn96.5Ag3Cu0.5（无铅焊锡）；

测试温度：（245±5）℃；

测试时间：（2±0.5）s；

浸入速度：（25±2.5）mm/s；

浸入深度：整个端电极的可焊端头。

8.22.8 焊锡性测试后测试样品的恢复

焊锡性测试完成后需要用合适的溶剂清洁测试样品表面残留的助焊剂。

8.22.9 焊锡性测试完成后最终判定标准

根据 IEC-60384-21&22 标准，MLCC 测试样品恢复完成后，进行外观检验，外观检验在正常光线下和 10～100 倍放大镜下进行，外观不良的判定标准是：测试样品表面不可有损伤痕迹。MLCC 的两个端面和接触面应包覆光滑明亮的锡层。锡层仅仅只允许有少量分散的类似针孔状未吃锡或脱锡的缺陷点。这些缺陷点不应集中在同一区域内。MLCC 整个端头的连续均匀爬锡面积需大于总面积 95%（参考 EIA-198-2-E 标准）。针对采用回流焊测试法（例如 008004），其焊锡性判定标准为：爬锡高度大于1/2 MLCC 厚度。

8.23 抗焊热冲击测试

8.23.1 通用描述

MLCC 抗焊热冲击测试简称 RSH（Resistance to soldering heat）测试，它的测试标准参考 IEC-60068-2-58 中的 RSH 测试标准。在焊接 MLCC 的过程中，焊接的温度是起伏变化的，它包含峰值温度和整个焊接过程中维持的温度，RSH 测试用来检测 MLCC 能承受焊接过程中热应力的能力。针对贴片元件的 RSH 测试方法有两种，一种叫焊锡槽测试法（并非仅适用于波峰焊），另一种叫回流焊测试法。焊锡槽测试法是一种模拟贴近波峰焊工艺流程的检验方法，此焊接工艺热量通过熔锡直接传导。回流焊测试法是一种模拟贴近回流焊工艺流程中的红外热对流和气相环境的检验方法，热量通过强对流传导和汽凝传导。该测试属于 AEC-Q200 测试项目之一，用于汽车电子的 MLCC 需要进行此项测试。

8.23.2 测试样品的预处理

测试样品的表面应经过检验，并且要避免任何污染，操作中手指不应接触到测试样品。若相关标准中有要求，测试样品可在室温下浸入中性有机溶剂中去污。因为 II 类和 III 类 MLCC 存在容值老化现象，这个老化会影响后续测量容值变化率，所以 IEC-60384-22 标准要求在测试前测试样品应在上限类别温度以上进行烘烤然后再静置 24h。MLCC 常用陶瓷介质的上限类别温度有 150℃（X8R）、125℃（例如 NP0/X7R）、85℃（X5R、Y5V），I 类介质（例如 C0G）虽然没有老化问题，但是有除湿干燥要求（参照本章第 8.3.1 节），II 类介质（例如 X7R/X5R/Y5V）推荐去老化统一条件为在 150℃下烘烤 1h，然后静置 24h，具体内容请参照第 8.3 节。

8.23.3 初始检查

测试样品需要做外观检查，如果相关标准中有要求，测试前电性能和机械性能也需要确认。另外 MLCC 在 RSH 测试前需要依据外观检验标准做外观检查，依据容值测试标准做容值测试，为后面最终外观检查和容值变化检验做参照。

8.23.4 焊锡槽测试法（适合于 0603/0805/1206）

根据 IEC-60384-21&22 标准，大于或等于 0603（英制）尺寸的，既可采用焊锡槽测试法又可采用回流焊测试法，而小于 0603（英制）尺寸的，只能采用回流焊测试法。

因为焊锡槽测试法相对比较简单，所以 MLCC 厂家通常采用此方法，只有对尺寸过小的规格采用回流焊测试法，选择规则如下。

大于或等于 0201（英制）的尺寸规格采用焊锡槽测试法，小于 0201（英制）的尺寸规格采用回流焊测试法。

1. 焊锡槽要求

焊锡槽深度大于等于 40mm，容积大于等于 300mL（高热容量元件另有规定除外）。焊锡槽的材料应能抵抗液态焊锡高温。

2. 焊锡和助焊剂要求

抗焊热冲击测试可以使用任何焊锡合金，只要它们可以提供所需要的完整液态温度。助焊剂由 25%的松香和 75%的 2-丙醇（异丙醇）或乙醇组成，按照 IEC-60068-2-20：2008 规定，助焊剂需用

0.5%的二乙胺盐酸盐添加物激活。

3. 测试程序和条件

1）测试样品

一个测试样品只能测试一次。

2）测试夹具

除非相关标准另有规定，测试样品应置于不锈钢夹具（如图 8-17 所示），测试夹具的横截面积不得超过测试样品的最小横截面积。夹具的任何部分不得与被测面接触。当测试样品浸入焊锡中和使用助焊剂时应保持在夹具内。（注：当夹具的浸液部分的热容量明显超过测试样品的热容量时，可能会导致测试样品旁边的局部浴温降低，从而大大降低本试验的有效性。）

3）助焊剂

除有关规范另有规定外，测试样品应完全浸没于焊剂中，并缓慢抽出。任何过量的助焊剂应通过与吸水纸接触来清除。

4）焊锡浸入

如果相关规范规定了预热，则应在测试样品浸入焊锡槽之前立即按规定的温度和规定的时间预热。液态熔锡表面的氧化膜应在浸入前立即撇去。浸入和抽退速度应在 20～25mm/s。

两种浸入焊锡方式已形成标准化。

方式 A：对于大多数测试样品，需要测试的面应浸没在焊锡弯月面以下不少于 2mm 处（但浸没深度不得超过所需深度），并与底座平面垂直。

方式 B：对于某些测试样品，测试样品可能会浮在焊锡上，如果相关规范没有给出浸入方式，就应采用方式 A 的做法。

5）焊锡槽测试法的测试条件

除相关标准另有规定外，浸入持续时间和温度应按表 8-47 选用。

表 8-47 抗焊热冲击焊锡槽测试法测试条件（IEC 标准）

组别	焊锡成分[a]	焊锡温度/℃	浸入保持时间/s
1	Sn42Bi58	230 ± 3	10 ± 1
2	Sn60Pb40A 或 Sn63Pb37A	260 ± 5	5 ± 1
			10 ± 1
3	Sn96.5Ag3Cu0.5	260 ± 5[b]	5 ± 1
			10 ± 1
4	Sn99.3Cu0.7	260 ± 5[b]	10 ± 1

a. 此表提供的焊锡成分仅仅是参考信息，并没有对用于测试的特定焊锡组成配方做规定。

b. 某些焊锡槽试验法可能需要更严条件，（270 ± 3）℃维持（5 ± 0.5）s，或（270 ± 3）℃维持（10 ± 1）s。类似测试条件应在详细标准中或供应商承认中规定

表 8-47 所示是根据 IEC-60068-2-58 标准制定的，再结合 IEC-60384-21&22 标准，MLCC 厂家一般采用的测试方法是焊锡槽测试法。测试温度（包括预热）大多数厂家跟 IEC 标准一致，但较严苛厂家的测试条件比 IEC 标准高 10℃，推荐 MLCC 的测试条件见表 8-48。

表 8-48 抗焊热冲击焊锡槽测试法测试条件（厂家标准）

抗焊热冲击测试条件	IEC 标准	MLCC 厂家标准
焊锡成分	Sn-Pb 或 Sn-Ag-Cu	Sn96.5Ag3Cu0.5（无铅）
预热温度/℃	110～140	120～150

续表

抗焊热冲击测试条件	IEC 标准	MLCC 厂家标准
预热时间/s	30～60	60
焊锡温度/℃	260 ± 5	270 ± 5
浸入时间/s	10 ± 1	10 ± 1
浸入深度/mm	10	10
浸入次数	1	1

8.23.5 回流焊测试法

根据 IEC-60384-21&22 标准，大于或等于 0603（英制）尺寸的，既可采用焊锡槽测试法又可采用回流焊测试法，而小于 0603（英制）尺寸的，只能采用回流焊测试法。

因为焊锡槽测试法相对比较简单，所以 MLCC 厂家通常尽可能采用此方法，只有对尺寸过小的规格采用回流焊测试法，选择规则如下：

大于或等于 0201（英制）的尺寸规格采用焊锡槽测试法，小于 0201（英制）的尺寸规格采用回流焊测试法。

1. 回流焊设备介绍

只要满足测试条件，任何回流焊设备都可以使用，下面两个方法被优先推荐：一是强对流法（包含红外辅助装置），二是汽相法（针对每个测试温度，需要一个产生液态的特定蒸汽）。

2. 焊锡膏

RSH 测试通常不需要锡膏。

3. 测试基板

如果需要，按 IEC-61249-2-22 或 IEC 61249-2-35 标准中的规定，测试基板应由一块非金属化且不可润湿（无痕迹或凹陷）的陶瓷（氧化铝含量为 90%～98%）或环氧玻璃布层压电路板组成。对于耐焊热测试，测试基板不应该有焊点，元件端电极（电极）底面做外观检查。尺寸细节和待测样品数量应在相关规范中给出。测试中不可通过电路板把附加应力传递给测试样品。测试基板测试前的贴装应按相关规范进行说明。

4. 测试流程和测试条件

1）测试样品：测试样品只能做一次性测试，不可重复测试。测试样品可以使用焊锡膏或者不用，这需要在相关标准中规定。

2）锡膏应用：如果需要，按照相关规范规定，锡膏应通过丝网印刷、模板印刷、点胶或针脚倒换的方式涂布到测试基板上。在这种情况下，需要印刷的面积（尺寸）和锡膏堆积的厚度应在相关规范中指定。当焊锡膏通过点胶或针脚倒换涂布时，应调整锡膏的体积，使其达到所要求的焊锡体积。

3）样品放置：如适用，印刷后，测试样品的端电极应置于锡膏或测试基板上。放置程序（例如浸入锡膏深度）应在相关规范中规定。

4）回流焊温度曲线

关于抗焊热冲击测试的回流焊温度曲线，见图 8-18，因为焊锡性测试同抗焊热冲击测试的回流焊曲线一样，所以这里不做重复展示。

除相关标准另有规定外，测试样品本体上表面温度（体表峰值温度）应做测量。为了确保回流焊曲线的再现，我们推荐使用强对流烤炉。除相关规范另有规定，循环测试次数最少为 1 次，最多为 3 次。在两个连续的循环测试之间的恢复时间，应该是直到测试样品温度降到 50℃以下所需的时间。抗焊热冲击测试的回流焊温度曲线标准见表 8-49。

表 8-49　抗焊热冲击测试回流焊实验法测试条件

<table>
<tr><th>组别</th><th>焊锡合金类别</th><th>T_1(℃)</th><th>T_2(℃)</th><th>t_1(s)[f]</th><th>T_3(℃)</th><th>t_2(s)[g]</th><th>T_4(℃)[a]</th><th>t_3(s)[b,a]</th><th>t_4(s)</th></tr>
<tr><td>1</td><td>Sn42Bi58</td><td></td><td></td><td></td><td>138</td><td></td><td></td><td></td><td></td></tr>
<tr><td rowspan="4">2</td><td rowspan="4">Sn63Pb37A
Sn60Pb40A</td><td rowspan="4">100</td><td rowspan="4">150</td><td rowspan="8">60
～
120</td><td rowspan="4">183</td><td rowspan="8">30～60[e]
60～150</td><td rowspan="4">215
235</td><td>10 ± 1</td><td rowspan="4">≤
360</td></tr>
<tr><td>20 ± 1</td></tr>
<tr><td>30 ± 1</td></tr>
<tr><td>40 ± 1</td></tr>
<tr><td rowspan="4">3</td><td rowspan="4">Sn96.5Ag3
Cu0.5</td><td rowspan="4">150</td><td rowspan="4">200</td><td rowspan="4">217</td><td>220～235[c]</td><td>20～40[c]</td><td rowspan="4">≤
480</td></tr>
<tr><td rowspan="2">230～260[e]</td><td>≤5[c]</td></tr>
<tr><td>≤10[c]</td></tr>
<tr><td>245
250
260</td><td>20 ± 1
30 ± 1[d]</td></tr>
</table>

a. 温度和时间的组合由元件的热容量决定，并在相关标准中作规定。如何选用合适的详尽测试条件信息请参考 IEC-60068-3-12 标准。测试样品上表面的峰值温度 T_4 被定义为验收测试的最大值和资格测试的最小值。

b. 测试样品上表面的 T_4–5℃下的时长大小是由验收测试的最大值和资格测试的最小值决定的。

c. 高热容量的元件可能需要在相关标准中作严格规定。

d. 一个更严的 t_3[（40 ± 1）s]标准也适合应用于像高密封和高热容量的 PCB 这样的特定应用场合。

e. 适合于高热敏性应用。

f. 根据元件的热容量，t_1 的时间可以延长。

g. t_2 时间取决于元件热容量

表 8-49 是根据 IEC-60068-2-58 标准制定的，再结合 IEC-60384-21&22 标准，推荐 MLCC 的测试条件如下。

焊锡膏涂布到测试基板上，锡膏堆积厚度需在规范中规定清楚。测试样品的端电极需置于锡膏上。

除详细规范另有规定外，Sn-Pb 组成的锡膏、测试样品和测试基板需要在红外线强对流焊接设备里加热到（150 ± 10）℃并保持 60～120s，回流焊温度应该迅速提高，直到测试样品温度达到（235 ± 5）℃并保持（10 ± 1）s。每次测试次数为 1。

Sn-Ag-Cu 组成的锡膏，除详细规范另有规定外，回流焊曲线见表 8-50。

表 8-50　Sn-Ag-Cu 锡膏的回流焊曲线

<table>
<tr><th colspan="2">锡膏成分</th><th>T_1/℃</th><th>T_2/℃</th><th>t_1/s</th><th>T_3/℃</th><th>t_2/s</th><th>T_4/℃</th><th>t_3/s</th></tr>
<tr><td rowspan="4">Sn96.5Ag3Cu0.5</td><td rowspan="2">测试 1</td><td rowspan="2">150 ± 5</td><td rowspan="2">180 ± 5</td><td rowspan="2">120 ± 5</td><td rowspan="2">220</td><td rowspan="2">60～90</td><td rowspan="2">250</td><td>在 T_4–5℃</td></tr>
<tr><td>20～40</td></tr>
<tr><td rowspan="2">测试 2</td><td rowspan="2">150 ± 5</td><td rowspan="2">180 ± 5</td><td rowspan="2">120 ± 5</td><td rowspan="2">220</td><td rowspan="2">≤60</td><td rowspan="2">255</td><td>在 T_4–5℃</td></tr>
<tr><td>≤20</td></tr>
</table>

MLCC 厂家对于小于或等于 01005 尺寸的采用回流焊测试法，其条件严于 IEC 标准。

预热温度：120～150℃；

预热时间：60s；

回流焊峰值温度 T_4：（270 ± 5）℃；

峰值温度维持时间：（10 ± 0.5）s。

8.23.6 抗焊热冲击测试后测试样品的恢复

焊锡热浸入测试完成后需要用合适的溶剂清洁测试样品表面残留的助焊剂，I 类 MLCC 需恢复静置 6～24h，II 类和 III 类 MLCC 需恢复静置（24±2）h。

8.23.7 抗焊热冲击测试完成后最终判定标准

根据 IEC-60384-21&22 标准，MLCC 测试样品恢复完成后，进行外观检验和电性量测，外观检验在充足光线和 10 倍放大镜下进行。

1. 外观不良判定标准

测试样品表面不可有类似裂纹损伤痕迹，镀层端面浸析（leaching）面积不能超过临近边边长的 25%。

2. 容值变化判定标准（见表 8-51）

表 8-51 抗焊热冲击测试后容值变化判定标准

陶瓷介质类别			容值变化判定标准	
EIA 类别	IEC 类别	介质代码	IEC 标准	MLCC 厂家标准
I 类	1B	NP0（C0G/C0H/C0J/C0K）	±0.5%或±0.5pF（两者取其大）	±2.5%或±0.25pF（两者取其大）
	1B	U2J/U2K		
	1C	SL	±1%或±1pF（两者取其大）	±2.5%或±0.25pF（两者取其大）
II 类	2R	X8R/X7R/X5R	±15%	±7.5%
	2C	X7S/X6S/X5S	±10%	±7.5%
	2D	X8L	±15%	±7.5%
III 类	2D	X7T/X6T	±15%	±7.5%
	2E	X7U	±20%	±7.5%
	2F	Y5V	±20%	±20%

3. DF/IR/耐压判定标准（参照 MLCC 厂家测试标准）

关于电性测试判定标准，MLCC 厂家实际判定条件通常比 IEC 标准要严，不仅测试容值变化还要测试损耗因数 *DF*、绝缘电阻 *IR* 以及耐压，其判定标准见表 8-52。

表 8-52 抗焊热冲击测试后电性测试判定标准（MLCC 厂家测试标准）

陶瓷介质类别	损耗因数 *DF* 或 *Q*	绝缘电阻 *IR*	耐压
I 类 NP0（C0G/C0H/C0J/C0K）（U2J/U2K/SL）	在初始规格值范围内（参考第 8.6.4 节）	在初始规格值范围内（参考第 8.7.4 节）	无任何绝缘击穿和损伤缺陷（参考第 8.8.4 节）
II 类（X8R/X7R/X5R/X7S）（X6S/X8L）			
III 类（Y5V/ X7T/X6T/X7U）			

8.24 锡爆测试

8.24.1 通用描述

测试的目的是为了检验 MLCC 端电极的致密性，以防因不致密导致端电极内部含有水汽，在焊接过程中发生竖件或喷锡等不良反应。

8.24.2 测试条件

测试工具为圆槽形锡槽，测试使用的焊锡含铅或不含铅都不影响，此非焊锡性测试，只要能提供稳定焊接工艺中的最高温度即可，通常是 230℃。当锡炉温度达到稳定的测试温度后，锡槽里的焊锡呈现液态状，上表面与空气接触的部分会被氧化呈现雾状，测试前需刮去氧化膜（见图 8-19）。

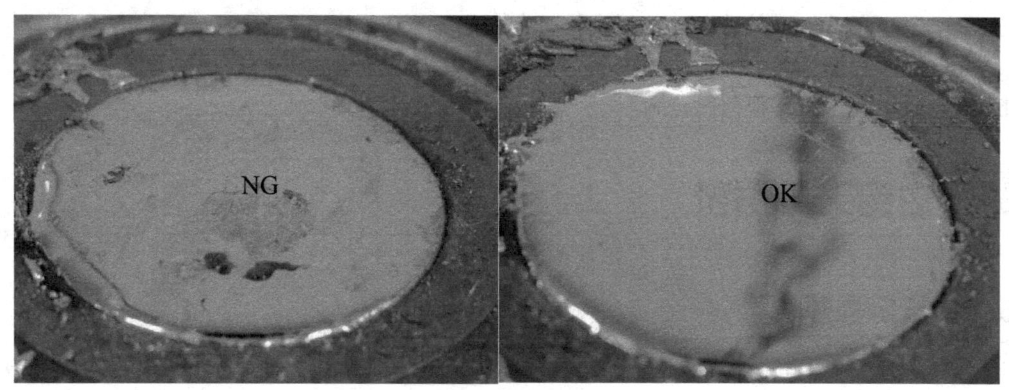

图 8-19　锡爆测试锡槽

以镊子逐颗夹取 MLCC，将 MLCC 投入锡槽中，观察 MLCC 端电极的端头有无喷出水汽使锡面雾化、发出响声或跳动等现象。有端头喷出气泡、发出响声、电容器移动或跳动、端头附近雾化范围大于 MLCC 长度，符合以上任一项即为不良。若 MLCC 无前述不良项现象，无移动或跳动而侧边附近有雾化，此为表面油污非锡爆，不算不良。具体测试条件如下。

液态焊锡温度：（230 ± 5）℃；

浸泡时间：（5 ± 1）s；

抽样数：100 颗每批次（推荐）。

8.24.3 锡爆测试判定标准

MLCC 端电极的端头无水汽喷出使锡面雾化、发出声音或跳动等现象。

不良现象：

a. 端头喷出气泡；

b. 端头发出声响；

c. 电容器移动或跳动；

d. 端头附件雾化范围大于 MLCC 长度。

无以上情形的为正常（举例如图 8-20 所示）。

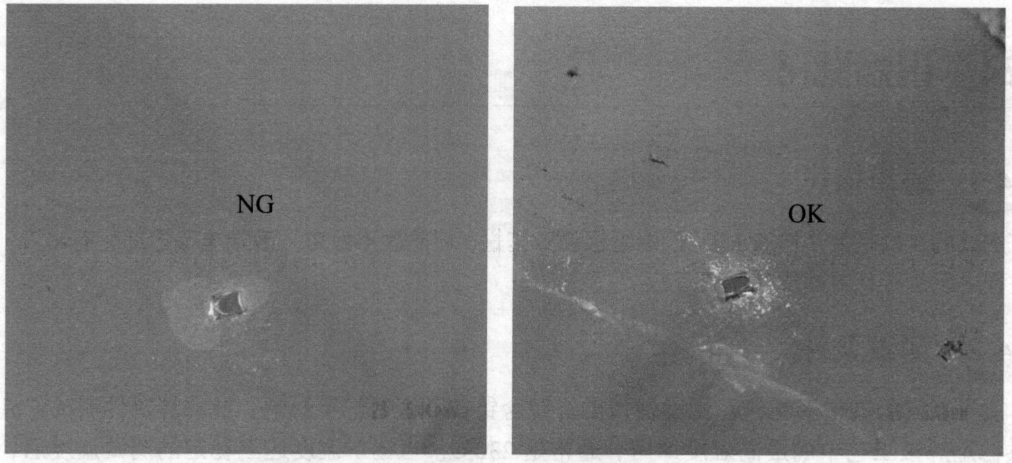

图 8-20 锡爆测试结果判定图示

锡爆不良品需做进一步分析，以此确认内部不良原因，具体方法就是参照第 8.30 节进行剖面分析（DPA），然后放大 100 倍或 500 倍观察是否存在如下不良现象：

a. 端电极铜、镍、锡各镀层厚度是否正常；

b. 端电极致密性：是否存在孔洞。

8.25 沾锡天平测试

8.25.1 通用描述

沾锡天平测试（Wetting Balance test）参考 IEC-60068-2-54 标准，此测试可适用于任何形状的元件端电极焊锡性测试，它特别适用于使用其他焊锡性测试方法无法量化的测试。此测试标准包含有铅和无铅焊锡。样品从灵敏天平（通常是弹簧系统）上悬吊下来，然后按照设定的深度浸入受控温度下的熔融焊料槽中。通过传感器检测浸没在溶液中的测试样品上的垂直浮力和表面张力的合力，并将其转换成一个信号，该信号作为时间的函数不断地记录在高速图表记录器上。该痕迹可与取自性质和尺寸相同的完全浸润测试样品的痕迹相比较。它有两种测试模式：一种是固定模式，用来研究测试样品上特定位置的可焊性，本标准所规范的正是这种模式，另一种是扫描模式，旨在研究测试样品表面扩展区域的可焊性均匀性。这种模式的标准化仍在考虑之中。

8.25.2 测试装置说明

适合沾锡天平测试的配置见图 8-21。

任何其他能够测量测试样品上的垂直力的装置都是允许的，只要该装置具有下面所列的特性。为规范起见，完整的设备，包括图表记录器，应视为具有以下特性的单个设备。

1）图表记录器的写入装置的响应时间应使其在消除最大负载后在 0.3s 内返回中心零，超调量不超过相应最大读数的 1%。

2）仪器系统应有若干个灵敏度设置。在最敏感的范围内，通过将不超过 200mg 的质量悬置在测试样品夹具中，可以得到中心的最大挠度。

3）图形记录仪速度不小于 10mm/s。

4）在轨迹里所记录的电气和机械噪音不得超过 0.04mN 的当量。

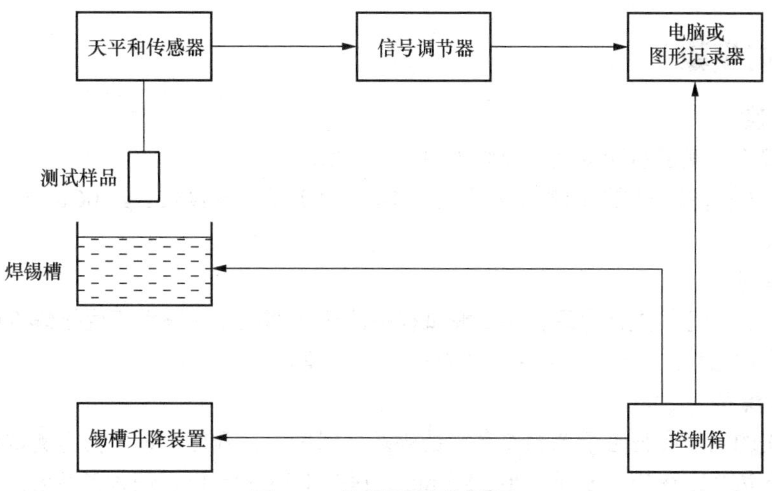

图 8-21　沾锡天平测试配置

5）书写装置的挠度应与被测力成正比，其精度应在 95%以上。

6）机械平衡的弹簧系统的刚度应确保 10mN 的载荷使测试样品悬挂的垂直位移不超过 0.1mm。

7）焊锡槽的尺寸应保证测试样品的任何部分与四周槽墙之间的距离不得小于 15mm，且槽的深度不得小于 15mm。

8）锡槽最高可维持温度为（250 ± 3）℃。

9）测试样品上最低点的浸泡深度可调至 2～5mm 之间的任意指定位置，最大误差为 ± 0.2mm。

10）固定模式浸入速度应在（5 ± 1）～（20 ± 1）mm/s 之间。

11）最大浸入深度的停留时间应在 0～10s 之间可调。

8.25.3　测试样品的预处理

除非相关规范另有规定，样品应在“可接收”的条件下进行测试。应注意不要通过接触手指或其他方式造成污染，样品可在室温下用中性有机溶剂浸泡清洗。但必须符合相关规范的要求，不允许进行其他清洁。如有老化要求请参照本章焊锡性测试里的老化要求。焊锡性测试里已经做老化处理了，在沾锡天平测试中可以不考虑老化要求。

8.25.4　测试材料

1. 焊锡

含铅焊锡成分：Sn60Pb40A，Sn63Pb37A。

无铅焊锡成分：Sn96.5Ag3.0Cu0.5 或 Sn99.3Cu0.7。

注意：焊锡合金中 3.0%～4.0%Ag，0.5%～1.0%Cu，其余由锡组成，这样组成成分的焊锡合金可用 Sn96.5Ag3.0Cu0.5。焊锡合金中 0.45%～0.09%Cu，其余由锡组成这样组成成分的焊锡合成可用 Sn99.3Cu0.7 替代。

2. 助焊剂

助焊剂应是以下两种，基于非活性的松香助焊剂或基于活性的松香助焊剂。

a. 松香基非活性助焊剂成分：25%松香，75% 2-丙醇（异丙醇）或乙醇。

b. 松香基活性助焊剂成分：高于助焊剂的活性助焊剂添加入二乙基氯化铵（分析试剂级），最高可达 0.2%或 0.5%的氯（根据树脂含量以游离氯表示）。有关使用的焊剂类型的信息应在相关规范中给出。

8.25.5 测试步骤

1. 测试温度

含铅焊锡温度在测试前和测试中应为（235±3）℃。

无铅焊锡温度在测试前和测试中应为（245±3）℃（Sn96.5Ag3.0Cu0.5），（250±3）℃（Sn99.3Cu0.7）。

2. 加助焊剂

将测试安装在合适的支架上后，指定测试样品的表面部位应在室温下浸于焊剂中。将测试样品垂直放置在干净的滤纸上 1～5s，多余的助焊剂立即吸掉。

3. 干燥助焊剂

测试前焊锡的温度应符合第 8.24.5 节中的规定。然后，在开始测试之前，测试样品垂直悬挂，让测试样品最低边缘距锡槽上表面（20±5）mm，保持（30±15）s，使大多数溶剂挥发。在此干燥期间，应将悬浮液和图表记录器轨迹调整到所需的零位，并在立即开始测试之前，用合适材料的刮刀刮除焊锡槽表面的氧化物。

4. 开始测试

测试样品以（5±1）～（20±1）mm/s 的速度浸入规定深度的熔融焊锡中，并在此位置保持指定时间，然后取出。当测试样品静止在浸没位置时，记录力随时间变化的相关轨迹曲线（注：测试样品须在 2s 内浸入规定深度）。受力轨迹记录应在测试样品浸入熔锡前立即开始，并贯穿整个测试过程，沾锡天平测试时间顺序见表 8-53。

表 8-53 沾锡天平测试步骤

测试步骤	时间/s	周期/s
1）浸入助焊剂	0	≈5
2）排除过量助焊剂	≈10	1～5
3）悬挂测试样品到夹具上	≈15	—
4）预热	≈20	30±5
5）刮除焊锡溶液表面氧化物	≈60	
6）开始测试	≈65	1～5
7）浸入焊锡	≤70	5

注：时间是指从浸入助焊剂开始经历的时间，周期是指测试步骤所需要的时间

8.25.6 沾锡天平测试判定标准

沾锡天平测试判定标准见表 8-54。

表 8-54 沾锡天平测试判定标准

尺寸	T_b/s	F_1/mN	F_2/mN	T_t02/3
0402	0.6	≥0.20	≥0.16	<1.0s
0603	0.6	≥0.27	≥0.21	<1.0s
0805	0.6	≥0.3	≥0.24	<1.0s
1206	0.6	≥0.4	≥0.32	<1.0s

续表

尺寸	T_b/s	F_1/mN	F_2/mN	T_t02/3
1210	0.6	≥0.45	≥0.34	＜1.0s
1812	0.6	≥0.6	≥0.48	＜1.0s

表 8-54 所示为某品牌测试设备测试判定标准，仅供参考。实际应用中可能要根据 IEC-60068-2-54 标准，再结合测试设备精度制定判定标准。

8.26 耐温度急剧变化测试

8.26.1 一般描述

耐温度急剧变化测试（rapid change of temperature）用来判定元件承受环境温度急剧变化的能力，有 MLCC 厂家称其为热冲击测试（thermal shock）。应用于汽车电子产品的 MLCC 要求做的温度循环测试（temperature cycle）跟此测试也有雷同的测试条件，它是 AEC-Q200 测试标准中的测试项目之一。

MLCC 的耐温度急剧变化测试标准参考 IEC-60068-2-14 标准中的 Na 测试程序，该测试程序产生严重的热冲击，适用于玻璃金属密封的测试样品，测试样品应该是散装未使用品。测试样品应该暴露于温度急剧变化的空气或者惰性气体中，经受低温和高温的交替变化，充分达到所需的暴露时间，如何确定暴露时间的长短要依赖测试样品的性质。测试运行条件是从实验室环境温度开始到第一个温度条件，然后第二个温度条件，然后回归到实验室环境温度，这样为一个测试周期。主要测试参数有：实验室环境、高温、低温、暴露时间、转换时间和变化率、测试次数。

8.26.2 预处理

预处理方式参考本章第 8.3.2 节通用预处理。因为 II 类和 III 类 MLCC 存在容值老化现象，这个老化会影响后续测量容值变化率，所以 IEC-60384-22 标准要求在测试前测试样品应在上限类别温度以上进行烘烤然后再静置 24h。MLCC 常用陶瓷介质的上限类别温度有 150℃（X8R）、125℃（例如 NP0/X7R）、85℃（X5R、Y5V），I 类介质（例如 C0G）虽然没有老化问题，但是有除湿干燥要求（参照本章第 8.3.1 节），II 类介质（例如 X7R/X5R/Y5V）推荐去老化统一条件为在 150℃下烘烤 1h，然后静置 24h，具体内容请参照本章第 8.3.2 节。

8.26.3 初始测量

因最终检验需要判定容值变化是否在标准规范内，所以在进行耐温度急剧变化测试前需要做容值测试以便后续计算容值变化。容值测试方法参照第 8.6 节介绍的容值测试标准。

8.26.4 测试方法

1. 测试室的选择

可以使用两个独立的腔室或一个快速温度变化率腔室。如果使用两个腔体，一个用于低温，一个用于高温，其放置位置应使测试样品能在规定的时间内从一个腔室转移到另一个腔室。可采用手动或自动转移方式。在放置测试样品的任何区域，测试室应能够保持适当的气体温度。当测试样品放入测试室后，空气温度达到规定公差范围内所花费的时间应不超过 10%的暴露时间。

2. 贴装焊接和支架的选用

待测试样品在测试前需要做贴装焊接，具体参照前面的贴装焊接标准。测试样品贴装焊接和支架应选低热传导材料。为了实际应用，测试样品做热隔绝。当同时测试几个样品时，测试样品放置时应确保样品之间、样品与测试室表面之间的气流可自由流通。

3. 测试严苛程度

测试的严格程度是由这样几个组合条件决定的：高低两个温度、转换时间、测试样品的曝光时间和测试次数。

参照 IEC-60384-21&22 标准，此测试仅用于上限类别温度大于 110℃的 MLCC，所以符合这个要求的介质是所有 I 类和 II 类的 X8R/X7R，因而按此标准，X5R 和 Y5V 其上限类别温度为 85℃，不适用此测试，但是 MLCC 厂家的耐温度急剧变化测试适用于所有介质材料。

测试低温 T_a 与测试高温 T_b：测试低温 T_a 是指下限类别温度（最低工作温度），测试高温 T_b 是指上限类别温度（最高工作温度），不同介质类别的高温和低温标准请参照表 8-55。

表 8-55　MLCC 不同介质类别耐温度急剧变化测试的高低温标准

陶瓷介质类别		最低温 T_{A-3}^{0}	最高温 $T_{B_0}^{+3}$
I 类	NP0（C0G/C0H/C0J/C0K）	−55℃	125℃
	U2J/U2K/SL	−55℃	125℃
II 类	X8R/X8L	−55℃	150℃
	X7R/X7S	−55℃	125℃
	X5R/X5S	−55℃	85℃
	X6S	−55℃	105℃
III 类	X7T/X7U	−55℃	125℃
	X6T	−55℃	105℃
	Y5V	−30℃	85℃

低温和高温下的暴露时间 t_1：取决于测试样品的热容量，t_1=30min。

高低温之间的转换时间 t_2：t_2≤3min。

测试循环次数：通用品 5 次，工业品 1 000 次（AEC-Q200 测试标准为 1000 次）。

4. 测试条件

测试样品和测试室的起始温度应与实验室环境温度相同（25±5）℃。一个周期温度循环见表 8-56。

表 8-56　耐温度急剧变化测试条件

测试步骤	测试温度	测试时间
1	最低工作温度	30min
2	参照温度（实验室温度）	≤3min
3	最高工作温度	30min
4	参照温度（实验室温度）	≤3min

5. 测试周期

测试样品暴露于低温 T_A 下，保持规定的时长 t_1，t_1 包含初始时间，从初始时间到测试室气温达到稳定状态的时间不长于 $0.1t_1$。暴露时间从测试样品放入测试室时刻计算。然后测试样品暴露于高温 T_B 温度下，维持时长 t_2（t_2≤3min）。t_2 应包括从一个测试室移出和放入到第二个测试室所需的时间，以及实验室环境温度下的任何停留时间。对于下一个测试周期，测试样品应暴露于低温 T_A

下，转换时间 t_2 不大于 3min。第一个测试周期包含两个暴露时间 t_1 和两个转换时间 t_2，见图 8-22。

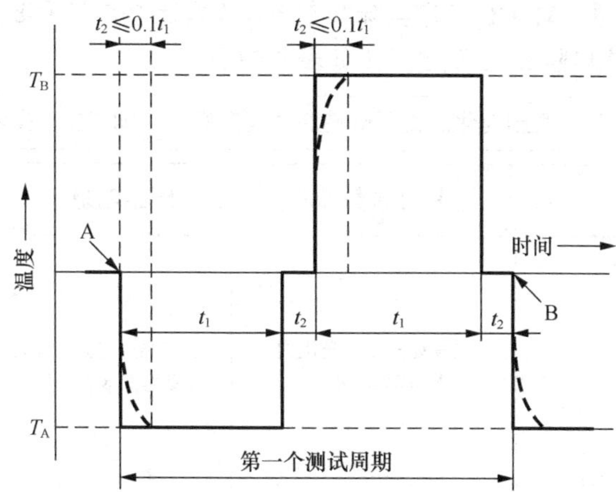

A：第一个测试周期的开始，B：第一测试周期的结束和第二个周期的开始

图 8-22　耐温度急剧变化测试周期

6. 测试样品恢复

关于 MLCC 测试样品的恢复时间，I 类陶瓷绝缘介质（例如 C0G）为 6～24h，II 类和 III 类陶瓷绝缘介质（例如 X7R、X5R、Y5V）为（24 ± 2）h。

8.26.5　最终测试判定标准

根据 IEC-60384-21&22 标准，MLCC 测试样品恢复完成后，进行外观检验和电性量测，外观检验在充足光线和 10 倍放大镜条件下进行。

1. 外观不良判定标准

MLCC 测试样品经过外观检验无任何裂纹、损伤等外观不良。

2. 容值变化测试判定标准

容值测量按照第 8.5.4 节容值测试标准进行，容值变化不可超过表 8-57 所列。

表 8-57　耐温度急剧变化测试判定标准（容值变化）

陶瓷介质类别			容值变化判定标准	
EIA 类别	IEC 类别	介质代码	IEC 标准	MLCC 厂家标准
I 类	1B	NP0（C0G/C0H/C0J/C0K）	± 1%或 ± 1pF 两者取其大	± 2.5%或 ± 0.25pF 两者取其大
		U2J/U2K		
	1C	SL	± 2%或 ± 1pF 两者取其大	± 2.5%或 ± 0.25pF 两者取其大
II 类	2R	X8R/X7R/X5R	± 15%	± 7.5%
	2C	X7S/X6S/X5S	± 10%	± 7.5%
	2D	X8L	± 15%	± 7.5%
III 类	2D	X7T/X6T	± 15%	± 7.5%
	2E	X7U	± 20%	± 30%
	2F	Y5V	± 20%	± 20%

3. DF/IR/耐压判定标准

关于电性测试判定标准，MLCC 厂家实际判定条件通常比 IEC 标准要严，不仅测试容值变化还要测试损耗因数 *DF*、绝缘电阻 *IR* 以及耐压（如表 8-58 所列）。

表 8-58　耐温度急剧变化测试后电性测试判定标准（MLCC 厂家测试标准）

陶瓷介质类别	损耗因数 *DF*	绝缘电阻 *IR*	耐压
I 类 NP0（C0G/C0H/C0J/C0K）（U2J/U2K/SL）	在初始规格值范围内（参考第 8.6.4 节）	在初始规格值范围内（参考第 8.7.4 节）	无任何绝缘击穿和损伤缺陷（参考第 8.8.4 节）
II 类（X8R/X7R/X5R/X7S）（X6S/X8L）			
III 类（Y5V/X7T/X6T/X7U）			

8.27　气候变化连续性测试

8.27.1　一般描述

在气候变化连续性测试（climatic sequence）中，除了在第 1 次湿热循环测试恢复期完成后立即进行耐低温测试外，在任何测试之间最多间隔 3 天。

8.27.2　测试样品的预处理

因为 II 类和 III 类 MLCC 存在老化现象，所以需要根据前面章节通用预处理标准做预处理。

8.27.3　初始测量

根据前面章节的外观检验标准和容值测试标准分别进行外观检验和容值测试。

8.27.4　干热测试

1. 通用要求

MLCC 干热测试（dry heat）参照 IEC-60068-2-2 中的 Bb 测试标准，此标准适合于非散热待测样品，待测样品通常需要足够长时间才能达到稳定温度。与待测样品的尺寸和散热量相比，测试室应足够大，如此测试样品能完全置于测试室内。样品通过热辐射传递热量的能力应最小化。这会起到尽量降低来自样品的任何加热或冷却影响，以确保测试室表面的元件温度与调节气温没有明显差异。

2. 贴装焊接

测试样品的贴装和焊接的热传导和其他相关特性应在相关规范中规定。当测试样品用于特定的安装设备时，这些设备应用于测试。

3. 测试条件

1）测试温度

根据 IEC-60384-1 标准，MLCC 干热测试温度是将测试样品从实验室温度加热到上限类别温度，如表 8-59 所列。

表 8-59　MLCC 干热测试条件

陶瓷介质类别	干热测试温度（上限类别温度）
I 类 NP0（C0G/C0H/C0J/C0K）	（125 ± 5）℃
II 类（X7R）	（125 ± 5）℃
II 类（X5R）	（85 ± 3）℃
III 类（Y5V）	（85 ± 3）℃

2）测试时间

根据 IEC-60068-2-2 标准和 IEC-60384-1 标准，MLCC 干热测试时间为 16h。

3）恒温条件

样品将在高温条件下暴露，在个别情况下，当测试样品不能达到温度稳定时，测试的持续时间会在测试样品获得热量时开始。这种情况通常是由具有长工作周期的测试样品引起的。

4）绝对湿度

绝对湿度不超过每立方米空气含水蒸气 20g（近似于 35℃下相对湿度为 50%），相对湿度不超过 50%。

4. 测试样品恢复

测试样品从测试室移出，置于标准大气压下不少于 4h 再进入下一个测试。

8.27.5　第一次湿热循环测试

1. 一般描述

该测试标准参考 IEC-60068-2-30 中 Db 测试标准，Db 测试方法包含了一个或多个周期循环测试，在此温度循环中相对湿度保持在较高水平。Db 测试方法给出了循环的两个变量（变量 1 和变量 2），除了温度下降周期变量不同外，其余周期这两个变量是相同的。在这个周期局部，变量 2 允许相对湿度和温度下降速率有更大的公差。循环的最高温度和循环的次数决定了测试的严苛程度。后文中的图 8-23～图 8-26 中显示了该程序的测试曲线图。MLCC 第一次湿热循环测试参考 IEC-60384-1 标准，选用变量 2（见图 8-25）测试方法，55℃测试温度和一个 24h 循环周期。

2. 测试室的构造要求

1）温度可以在（25 ± 3）℃和规定的上限测试温度之间循环变化，允差和变化率见图 8-24 或图 8-25。± 3℃的总温度误差是有考虑测量中缓慢温度变化和工作场所温度变化所带来的绝对误差。但是为了保持相对湿度在要求的公差范围内，有必要随时将工作空间内任意两点之间的温度差保持在较窄的范围内。如果温度差超过 1℃，则无法达到所需的湿度条件。也可能需要保持短期波动在 ± 0.5℃内，以维持所需的湿度。

2）应小心确保工作空间内任何点的条件是一致的，并尽可能与相应位置的温湿度感应装置附近的温湿度条件高度相似。测试室应符合 IEC-60068-3-6 中详细规定的性能标准。

3）被测试样品不应受到测试室调节过程的辐射热。

4）用于保持室内湿度的水，其电阻不小于 500mΩ。冷凝水应不断地从测试室排出，排除的冷凝水不可重复使用，除非得到再次净化。应采取预防措施，以确保冷凝水不落在测试样品上。

5）被测试样品的尺寸、性能和/电负荷不应明显影响测试室的条件。

3. 测试条件严苛度

测试上限温度和测试循环次数这两个组合决定了湿热循环测试的严苛程度。

上限测试温度：55℃。

测试循环次数：1、2、6（MLCC 推荐 6 次）。

4. 初始测量

外观检查无明显损伤痕迹，电性测试根据本章节的容值和 *DF* 测试标准进行容值测试，判定测试值是否在规格允收范围内。

5. 测试条件

测试样品需要无封装和未使用状态置于测试室。如果没有规定特定的贴装焊接，则贴装焊接的热传导应很低，以便在实际应用中对测试样品有热隔离效果。

1）温度偏差

±2℃和±3℃的总温度误差是有考虑测量中缓慢温度变化和工作场所温度变化所带来的绝对误差。但是为了保持相对湿度在要求的公差范围内，有必要随时将工作空间内任意两点之间的温度差保持在较窄的范围内。如果温度差超过 1℃，则无法达到所需的湿度条件。也可能需要保持短期波动在±0.5℃内，以维持所需的湿度。

2）湿热循环测试前稳定期

测试样品在做第一次湿热循环测试前应稳定在温度（25±3）℃和相对湿度 95%的稳态下，温度的稳定要通过以下两种方式中任意一种达到：一是在测试样品放入测试室之前，把测试样品置于独立室；二是在放入测试样品后把测试室温度调至（25±3）℃，保持这个水准直到测试样品达到稳定状态。当采用此两者方式之一并处在温度稳态下时，在测试标准大气压条件下，相对湿度应在规定的限制范围内 60%（1±15%）。随着测试室内测试样品达到稳定状态，相对湿度应在环境温度（25±3）℃下增加到不小于 95%。如图 8-23 所示为第一次湿热循环测试前的稳态曲线。

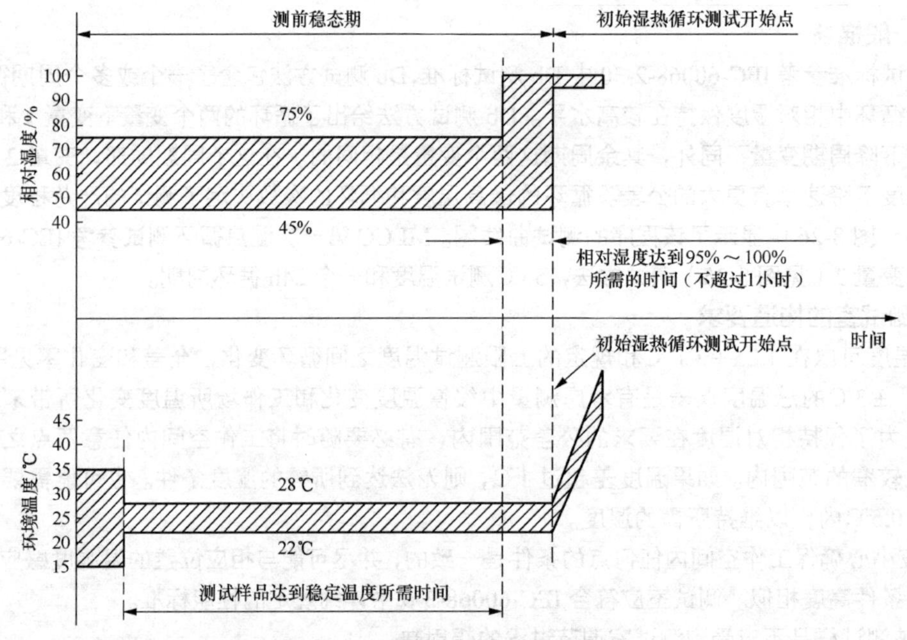

图 8-23　湿热循环测试前稳态期曲线

3）关于 24h 循环周期的说明

a. 测试室的温度应达到规定的正确上限测试温度，上限测试温度应在（3±0.5）h 内达到，并且加温斜率在图 8-24 和图 8-25 所示阴影区所定义的限定范围内。在此期间，相对湿度不低于 95%RH，在测试周期的最后 15min，相对湿度不低于 90%。在升温期间测试样品表面可能有水汽凝结，凝结发生意味着测试样品表面温度低于测试室内气体珠滴温度。

b. 从测试周期开始的（12±0.5）h 内，温度应一直维持上限测试温度（±2℃）。在此期间，相对湿度保持在 93% ± 3%，在最初和最后的 15min 内，维持相对湿度在 90%～100%。

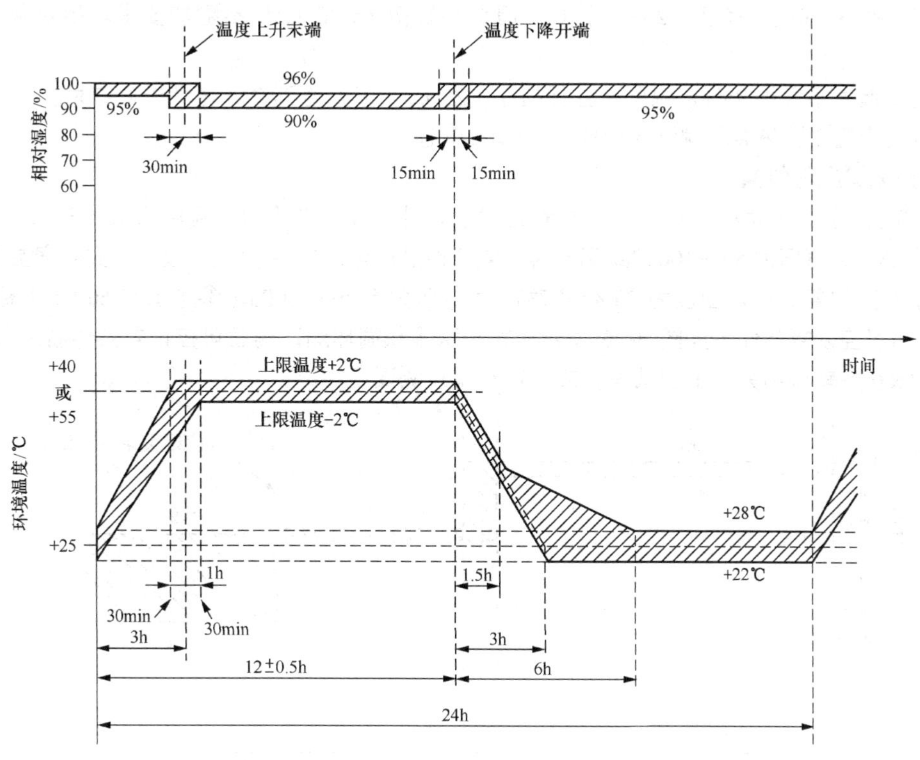

图 8-24　湿热循环测试变量 1 曲线

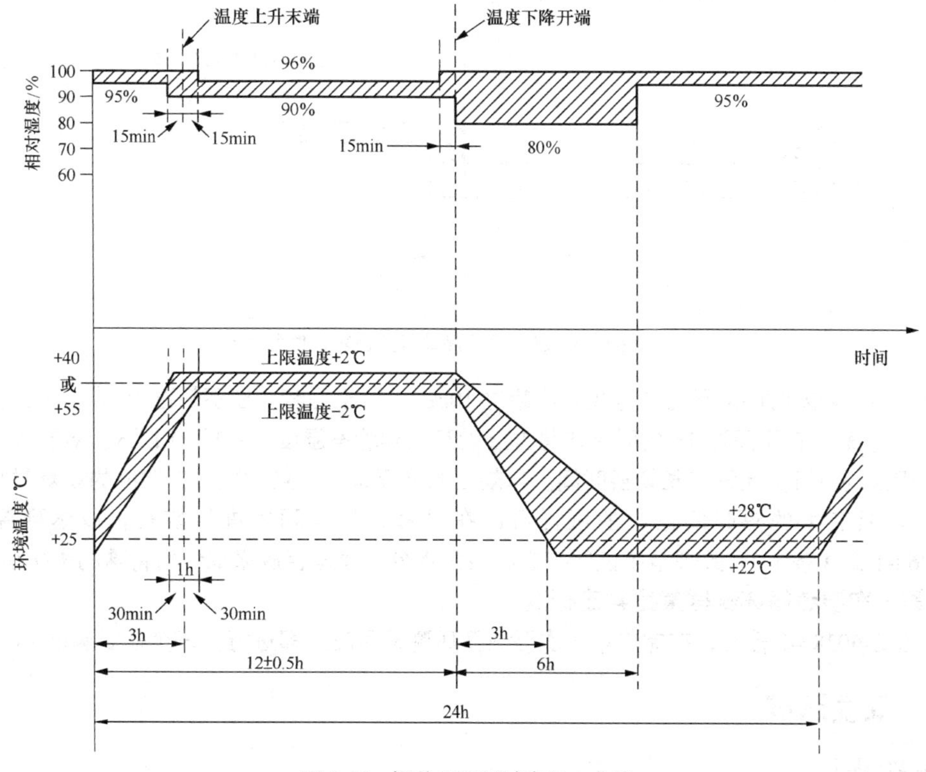

图 8-25　湿热循环测试变量 2 曲线

c. 根据 IEC-60384-1 标准，电容器的湿热循环测试采用变量 2，然后降低温度。

温度应在 3～6h 内降至（25±3）℃，但是在最初 1h 和 1.5h 不附加要求。相对湿度不低于 80%。

d. 相对湿度不低于 95%，温度一直保持在（25±3）℃，直到 24h 循环周期结束。

e. 重复变量 2 湿热循环测试 6 个周期（6×24h）。

6. 测试样品的恢复

测试样品的恢复有两种方式，一种在标准大气压下恢复，恢复条件：温度为 15～35℃，相对湿度为 25%～75%，大气压为 86～106kPa。另一种恢复条件是在可控条件下恢复，条件：实验室温度在 15～35℃之间偏差±1℃，相对湿度为 73%～77%，大气压为 86～106kPa（参考 IEC-60068-1 标准）。如果要求采用可控恢复条件（如图 8-26 所示为第一次湿热循环测试测后可控恢复条件曲线），测试样品可以在恢复期转移到另一个测试室，或保留在湿热测试室。

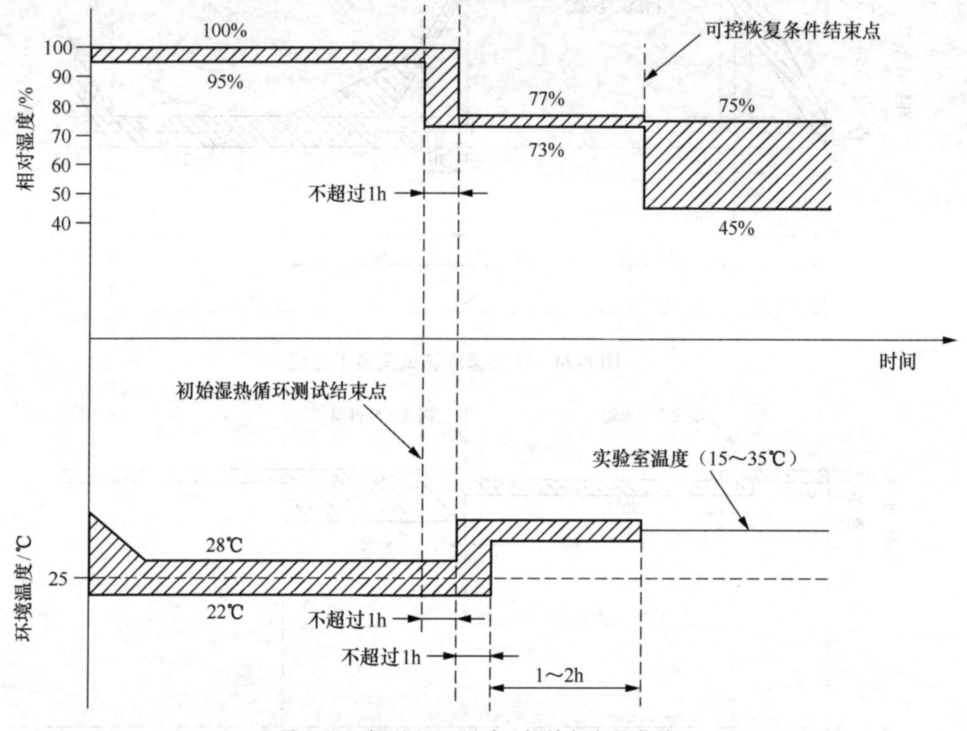

图 8-26　湿热循环测试可控恢复条件曲线

对于前者，切换时间应尽可能地短，不超过 10min。对于后者，在不超过 1h 内相对湿度应降低至 75%±2%。然后在不超过 1h 的时间内将温度调整到实验室温度（±1℃）以内。对于大尺寸的测试样品，相关规范可能允许较长切换时间。当规定的恢复条件一旦达到，1～2h 的恢复时间从此刻开始计算。具有大的热时间常数的试样可以在足够长的时间内进行恢复，以达到温度稳定（EIC-60068-1 第 4 条）。有关规范应说明在去除表面水分方面是否应采取任何特殊的预防措施。

7. 第一次湿热循环测试最终判定标准

根据 IEC-60384-1 标准，在完成第一次湿热循环测试后应立即进行下一个低温测试（cold test）。

8.27.6　低温测试

1. 一般描述

本测试适用于非散热测试样品，这些测试样品被置于较低温度下足够长的时间以使测试样品达到温度稳定性。测试室内温度变化率不得超过 1℃/min（在不超过 5min 的时间内取平均值）。测试样品被放入与实验室温度相同的室内。然后根据相关规范的规定，将温度调整到与严苛程度相适应的温度。在测试样品达到测试温度稳定之后，测试样品持续在规定的时间内暴露于这些条件下。对于需要工作的试样（即使它们不满足散热要求），应给测试样品提供电源，并根据需要进行功能测试。如果需要更长一段时间的稳定性，就应该按相关规范规定把测试样品暴露在低温条件下持续一段时间。测试样品通常在非工作状态下进行测试，该测试通常采用高流通气流速度。

2. 测试室性能确认

IEC-60068-3-5 为温度测试室性能的确认提供指导。IEC-60068-3-1 提供了测试 A 和测试 B 两种性能测试的通用指南。测试室需要足够大，可与测试样品的尺寸和散热总量相匹配。

3. 工作空间

测试样品应能完全置于测试室的工作空间内。稳态条件下，传递到测试样品的入射气体温度应在测试严苛要求的温度范围内（±2℃）。测试室空间的温度应通过距测试样品一定距离的温度感应器来测量，此时的散热影响可以达到忽略不计的程度。应采用适当的防范措施避免辐射影响测试效果。如果由于测试室尺寸的大小，不可能确保温度在这些误差范围内，可以将偏差放宽到（−25±3）℃和到（−65±5）℃。当这样做时，使用的公差应在测试报告中备注说明。

4. 热辐射

测试样品通过热辐射传热的能力应尽量减小。这通常会阻隔掉来自测试样品的任何加热和降温因素带来的影响，并确保测试室表面的局部温度与调节气体的温度没有显著差异。

5. 人工冷却测试样品

相关规范应定义提供给测试样品的冷却剂的特性。当冷却剂是空气时，应注意空气不被油污染，并充分干燥以避免水分问题。

6. 贴装焊接

测试样品的贴装和焊接的热传导以及其他相关特性应在相关规范中规定。当测试样品用于特定的安装设备时，这些设备应用于测试。

7. 测试条件严苛程度

根据 IEC-60068-2-1 标准，测试温度和暴露时间定义了低温测试的严苛程度，见表 8-60 和表 8-61。

表 8-60　低温测试严苛程度选项

−65℃	−40℃	−20℃	+5℃
−55℃	−33℃	−10℃	
−50℃	−25℃	−5℃	

表 8-61　低温测试暴露时间选项

2h	72h
16h	96h

再根据 IEC-60384-1 标准，MLCC 暴露时间选择 2h，测试温度采用 MLCC 的下限类别温度，见表 8-62。

表 8-62　MLCC 各陶瓷绝缘介质低温测试温度

陶瓷介质类别	低温测试温度（下限类别温度）
I 类 NP0（C0G/C0H/C0J/C0K）	−55℃（−55℃）

续表

陶瓷介质类别	低温测试温度（下限类别温度）
II 类（X7R、X5R）	−55℃（−55℃）
III 类（Y5V）	−33℃（−30℃）

8. 测试样品的预处理

根据第 8.3 节通用预处理标准做预处理，因为最终检验只有外观检验没有电性测试，所以无须做烘烤去老化。

9. 初始测量

外观检查无明显损伤痕迹。

10. 测试条件

测试样品可以放入测试室，温度从任意实验室温度调至被测品的下限类别温度，并应按要求在低温条件下持续暴露一个测试周期（如表 8-63 所列）。

表 8-63　MLCC 低温测试条件

陶瓷介质类别	低温测试温度	测试周期
I 类 NP0（C0G/C0H/C0J/C0K）	−55℃	2h
II 类（X7R、X5R）	−55℃	2h
III 类（Y5V）	−33℃	2h

11. 测试样品的恢复

测试样品应在适当的地方进行恢复流程。MLCC 从测试室移出，放置标准大气压下不小于 4h。

12. 测试的最终判定标准

根据 IEC-60384-21&22 标准，MLCC 应做外观检查，不应有任何外观损伤。外观检查完成后可以进入下一个测试。

8.27.7　第二次湿热循环测试

1. 一般描述

第二次湿热循环测试（damp heat，cyclic，Test Db，remaining cycle）如同第一次湿热循环测试一样，它们均参考 IEC-60068-2-30 中 Db 测试标准。

2. 测试室的构造要求

该测试的测试室构造要求同第一次湿热循环测试一样，具体要求参照第一次湿热循环测试标准。

3. 测试条件严苛度

第二次湿热循环测试的测试温度和循环次数见表 8-64。

表 8-64　第二次湿热循环测试严苛程度选项

气候类别/℃	循环次数
56	5
21	1
10	1

4. 初始测量

外观检查无明显损伤痕迹，电性测试根据前面章节的容值测试标准进行容值测试。

5. 测试条件

该项测试条件同第一次湿热循环测试条件，参照第 8.27.5 节中的图 8-23～图 8-26 所示的该程序的测试曲线图。

8.27.8 气候变化连续性测试的恢复

测试样品的恢复在标准大气压下恢复，恢复条件：温度为 15～35℃，相对湿度为 25%～75%，大气压为 86～106kPa，I 类（C0G）恢复时间为 6～24h，II 类和 III 类（X7R、X5R、Y5V）恢复时间为（24±2）h。

8.27.9 气候变化连续性测试最终检验判定标准

根据 IEC-60384-21&22 标准，MLCC 应进行外观检验和电性测量。

1. 外观检验标准

外观判定标准为：无明显外观损伤。

2. 电性检验标准

电性检测见表 8-65。

表 8-65　气候变化连续性测试电性判定标准

陶瓷介质类别			容值判定标准	tanδ（*DF*）判定标准	绝缘电阻 *IR* 判定标准
EIA 类别	IEC 类别	介质代码			
I 类	1B	NP0（C0G/C0H/C0J/C0K）	±2%或±1pF 两者取其大	小于等于 2 倍标准 *DF* 判定值（见备注）	$IR \geqslant 2.5\text{G}\Omega$或$IR \times C_N \geqslant 25\text{M}\Omega \cdot \mu\text{F}$ 两者取其小
	1B	U2J/U2K			
	1C	SL	±3%或±1pF 两者取其大		
II 类	2R	X8R/X7R/X5R	±15%	小于等于 2 倍标准 *DF* 判定值（见备注）	$IR \geqslant 1\text{G}\Omega$或$IR \times C_N \geqslant 25\text{M}\Omega \cdot \mu\text{F}$ 两者取其小
	2C	X7S/X6S/X5S	±10%		
	2D	X8L	±15%		
III 类	2D	X7T/X6T	±15%		
	2E	X7U	±20%		
	2F	Y5V	±30%		

备注：标准 *DF* 判定值请参照第 8.6.4 节。

8.28 稳态湿热测试

8.28.1 一般描述

稳态湿热测试（Damp heat steady state）是判定 MLCC 在运输、储存和使用过程中承受高湿的能力，此测试标准的目的是为了评估测试样品在规定测试周期内和在无凝结情况下恒温高湿的影响结果。

稳态湿热测试是属于耐湿热测试的一个分类，其测试条件是恒温恒湿并且不加载测试电压。类似此类的耐湿热测试因测试条件的不同而细分不同测试类别，例如在稳态湿热测试条件的基础上加载测试电压的称作稳态湿热负荷测试（Damp Heat Load），测试温度有循环的称作温度循环恒湿测试（Moisture Resistance），测试温度较高的称作高温稳态湿热负荷测试（Biased Humidity）。

有关耐湿热测试，MLCC 厂家在其规格书中的称谓似乎很多且不统一，即便是专业的人员有时候会感觉到云里雾里，例如英文翻译通常有“Damp heat(steady state)、moisture resistance(steady state)、high temperature high humidity（steady）、moisture resistance、humidity loading、Biased Humidity”，这么多的称谓通常让大家难以分辨。其实，如果我们从测试条件上去对比，会发现理解起来简单很多，测试温度无非分高中低（40℃、60℃、85℃）、温度变化分为恒定的还是循环的，加载了测试电压的叫负荷测试，具体请参照表 8-66（MLCC 湿热测试类别对照）。

表 8-66　MLCC 湿热测试类别对照

测试条件	耐湿测试类别			
	稳态湿热测试	稳态湿热负荷测试	温度循环恒湿测试	高温稳态湿热负荷测试
测试温度（℃）	40 ± 2	40 ± 2	65 ± 2	85 ± 2
测试湿度（%RH）	93 ± 3	93 ± 3	93 ± 3	85 ± 3
测试时间（h）	500^{+12}_{-0}	500^{+12}_{-0}	24 × 10	$1\,000^{+12}_{-0}$
测试电压（V_{DC}）	不加载电压	额定电压 U_R	不加载电压	额定电压 U_R
充放电流（mA）		≤50		≤50
备注	A	B	C	D

当有加载电压测试要求时，批次的一半加载额定电压 U_R，另一半则不加载电压。为了安全考虑，加载的额定电压大于 1kV 以上的应做详细说明。± 2℃的温度总偏差是考虑测量的绝对误差、温度缓慢变化和测试空间的温度变化。为了将相对湿度保持在要求的公差范围内，有必要将测试空间内任意时刻任意两点之间的温度差维持在较窄的范围内。如果温度差超过 1℃，则无法达到所需的湿度条件。也可能需要保持短期波动在 ± 0.5℃内，以保持所需的湿度。

1）稳态湿热测试

测试条件见表 8-66 中备注 A，不需要加载测试电压，MLCC 厂家对此称谓并不统一，TDK 称作“稳态耐湿测试 Moisture Resistance(Steady State)”，WASHIN 称作“稳态耐湿测试 Humidity(Steady State)”。

2）稳态湿热负荷测试

测试条件见表 8-66 中备注 B，需要加载测试电压，MURATA 称作“稳态高温高湿测试 high temperature high humidity（steady）”，TDK 和称作“Moisture Resistance”。

3）温度循环恒湿测试

测试条件见表 8-66 中备注 C，属于 AEC-Q200 标准测试项目之一，它不需要加载测试电压，温度也不是稳态的，每个测试周期为 24h，温度从 25℃升至 65℃的温湿度曲线见图 8-27，总共需循环 10 次。

4）高温稳态湿热负荷测试

测试条件见表 8-66 中备注 D，属于 AEC-Q200 标准测试项目之一，加载的测试电压为（额定电压 $1.3U_R$～$1.5U_R$），并且添加 100kΩ 电阻，此测试通常称作 85/85 测试。

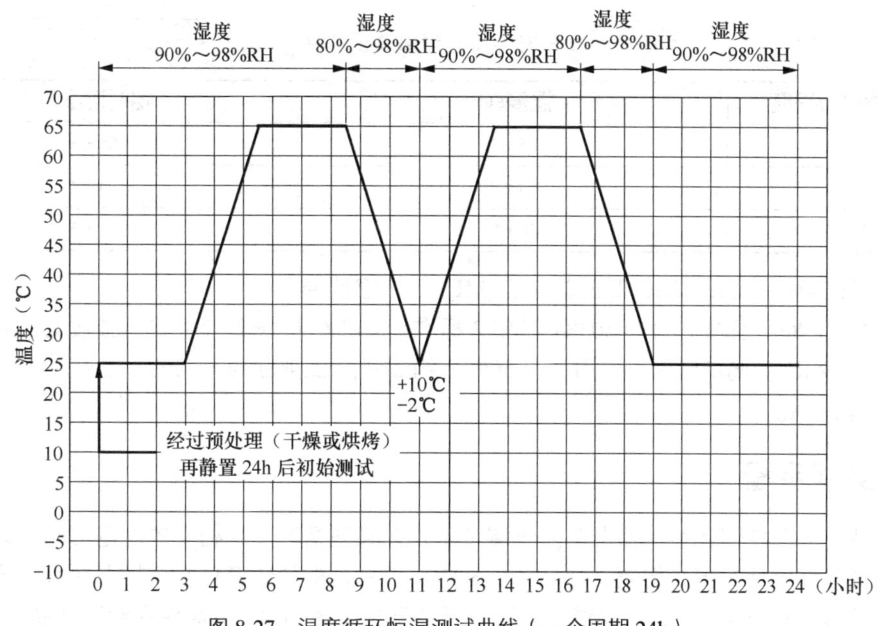

图 8-27　温度循环恒湿测试曲线（一个周期 24h）

8.28.2　测试室和测试系统介绍

温湿测试室根据 IEC-60068-3-6 标准建造，测试室和测试系统要求如下。

为了侦测温湿度，感应装置应安放在测试空间内的合适位置。凝结水应从测试室排出并不可重复使用，除非有做净化处理。凝结水不可从测试室顶部和侧壁滴落到测试样品上。用于维持湿度标准的水，其导电率不超过 20μm/cm，待测品不应受到来自测试室调整装置的辐射热影响。如果条件允许的话，注入的湿气，是从测试样品远端注入，而不是直接注入在样品上。测试室的体积至少是待测品总体积的 5 倍。如果有贴装焊接要求，则应确保测试样品与环境之间的湿热交换影响达到最小。

8.28.3　测试样品的预处理

根据 IEC-60384-21&22 标准，测试样品在进行测试前需要按通用贴装焊接标准进行焊接，测试样品焊接后，确保测试样品之间受潮程度均衡。因为测试前需要做初始测试，所以还应采用干燥和烘烤处理，具体标准参考第 8.3 节的通用预处理标准。

I 类陶瓷绝缘介质电容器因为没有容值老化顾虑，所以通常预处理只需预干燥即可，在（55 ± 2）℃、相对湿度不超过 20%的热循环烘箱中加热（96 ± 4）h，然后静置 24h。II 类和 III 类 MLCC 测试前的预处理应在温度 150℃下烘烤 1h，然后在标准大气条件下静置（24 ± 1）h，再进行测试。

8.28.4　测试样品的初始测量

根据 IEC-60384-21&22 标准，并根据前面章节容值测试标准进行容值测量。

8.28.5　测试条件严苛程度

测试条件严苛程度由温度、相对湿度和总测试周期这三个组合条件确定的。根据 IEC-60384-21&22 标准，不加载电压的情况下，温湿度条件可从表 8-67 中选择。

表 8-67 稳态湿热测试条件

测试条件严苛程度	温度/℃	相对湿度/%
1	85±2	85±3
2	60±2	93±3
3	40±2	93±3

推荐的测试周期：4d、10d、21d 或 56d（MLCC 厂家选择）。

根据 IEC-60384-1 标准和 IEC-60384-21&22 标准，MLCC 从表 8-67 中选择温度为（40±2）℃，湿度为 93%±3%RH，测试时间：通用品为 500h（约 21d），工业品为 1 000h（接近 56d），测试条件见表 8-66 中备注 A。

8.28.6 测试步骤

测试样品应在无任何包装的情况下置于测试室，在某些情况下，相关的规范可能允许在已经达到规定的测试条件的情况下，将测试样品置于室内，但是，应始终避免在试样上冷凝。这可以通过将测试样品预热到室温来实现。把测试室内温度调节到规定的温度，以避免在测试样品上水汽凝结。控制测试样品温度或让测试样品温度先达到规定的温度然后将测试室内的湿度调节到规定的条件。在不超过 2h 的时间周期内将湿度调整到规定的条件。将测试样品暴露于规定的测试条件，测试时间周期是从达到指定条件的时刻起计算的。相关标准应规定操作条件和执行周期。测试条件达成之后和最终测量开始之前，测试样品应做恢复处理。

8.28.7 测试样品的中期测试

测试样品从测试室移出 15min 内根据耐压测试标准用额定电压进行耐压测试。

8.28.8 测试样品的恢复

测试样品应按前面章节的通用恢复标准：I 类（C0G）恢复时间为 6～24h，II 类和 III 类（X7R、X5R、Y5V）恢复时间为（24±2）h。

8.28.9 最终测量判定标准

根据 IEC-60384-21&22 标准，MLCC 应进行外观检验和电性测量。参照电性检验标准进行检验，判定标准参考表 8-68～表 8-70。

1. 稳态湿热测试后外观判定标准

参照按前面章节的外观检验标准进行检验，外观判定为无明显外观损伤。

2. 稳态湿热测试后容值变化判定标准（见表 8-68）

表 8-68 稳态湿热测试后容值变化判定标准

陶瓷介质类别			容值变化判定标准	
EIA 类别	IEC 类别	介质代码	IEC 标准	MLCC 厂家标准
I 类	1B	NP0（C0G/C0H/C0J/C0K）	±2%或±1pF 两者取其大	±5%或±0.5pF 两者取其大
	1B	U2J/U2K		

续表

陶瓷介质类别			容值变化判定标准	
EIA 类别	IEC 类别	介质代码	IEC 标准	MLCC 厂家标准
I 类	1C	SL	±3%或±1pF 两者取其大	±7.5%或±0.75pF 两者取其大
II 类	2R	X8R/X7R/X5R	±15%	±12.5%
	2C	X7S/X6S/X5S	±10%	±12.5%
	2D	X8L	±15%	±12.5%
III 类	2D	X7T/X6T	±15%	±12.5%
	2E	X7U	±20%	±12.5%
	2F	Y5V	±30%	±30%

3. 稳态湿热测试后 *DF*&*Q* 判定标准（见表 8-69）

表 8-69　稳态湿热测试后 *DF*&Q 判定标准

陶瓷介质类别			tanδ（*DF*）或 Q 判定标准	
EIA 类别	IEC 类别	介质代码	IEC 标准	MLCC 厂家标准
I 类	1B	NP0 （C0G/C0H/C0J/C0K）	小于等于 2 倍的标准 *DF* 判定标准值，参考第 8.6.4 节	$C_N < 10pF$：$Q \geqslant 200+10C_N$； $10pF \leqslant C_N < 30pF$：$Q \geqslant 275+2.5C_N$； $C_N \geqslant 30pF$：$Q \geqslant 350$； C_N 为标称容值单位 pF
	1B	U2J		
	1F	U2K		
	1C	SL		
II 类	2R	X8R/X7R/X5R	小于等于 2 倍的 *DF* 初始标准判定值，参考第 8.6.4 节	小于等于 2 倍的 *DF* 初始标准判定值，参考第 8.6.4 节
	2C	X7S/X6S/X5S		
	2D	X8L		
III 类	2D	X7T/X6T		
	2E	X7U		
	2F	Y5V		

4. 稳态湿热测试后 *IR* 判定标准（见表 8-70）

表 8-70　稳态湿热测试后 *IR* 判定标准

陶瓷介质类别			绝缘电阻 *IR* 判定标准	
EIA 类别	IEC 类别	介质代码	IEC 标准	MLCC 厂家标准
I 类	1B	NP0（C0G/C0H/C0J/C0K）	$IR \geqslant 2.5G\Omega$ 或 $IR \times C_N \geqslant 25M\Omega \cdot \mu F$ 两者取其小	$IR \geqslant 500M\Omega$ 或 $IR \times C_N \geqslant 25M\Omega \cdot \mu F$ 两者取其小
	1B	U2J		
	1F	U2K		
	1C	SL		

续表

陶瓷介质类别			绝缘电阻 *IR* 判定标准	
EIA 类别	IEC 类别	介质代码	IEC 标准	MLCC 厂家标准
II 类	2R	X8R/X7R/X5R	$IR \geqslant 1\mathrm{G\Omega}$ 或 $IR \times C_N \geqslant 25\mathrm{M\Omega \cdot \mu F}$ 两者取其小	$IR \geqslant 500\mathrm{M\Omega}$ 或 $IR \times C_N \geqslant 25\mathrm{M\Omega \cdot \mu F}$ 两者取其小
	2C	X7S/X6S/X5S		
	2D	X8L		
III 类	2D	X7T/X6T		
	2E	X7U		
	2F	Y5V		

8.29 机械冲击测试

8.29.1 通用描述

机械冲击测试（mechanical shock）的目的是确定 MLCC 在遭受冲击时（如由于野蛮装卸、运输可能造成的冲击）的零部件适用性。该测试对冲击机的设计没有规定，但对半正弦冲击脉冲波形有公差规定。测量系统的频率响应也有公差规定。此测试属于 AEC-Q200 测试项目之一，用于汽车电子的 MLCC 需要进行此测试。

8.29.2 测试设备

适用于机械冲击测试的设备是冲击机，它需要满足的要求请参照 MIL-STD-202 标准，所使用的冲击机应能够产生指定半正弦冲击脉冲。冲击机器可能是自由落体、有弹性的反弹、非弹性，液压，压缩气体，或其他激活类型。冲击机需要校准使其符合规定的波形。

为了满足测试程序的公差要求，用于测量输入冲击的测量仪器应具有下列各项规定的特性。

1）频率响应：它包括整个测量仪器的测量频率响应和辅助设备的测量频率响应。

2）传感器：加速装置配有冲击感应器时，加速度计的基本共振频率应高于 30 000Hz。

3）传感器校准：校正的精度应在 2～5 000Hz 的频率范围内误差在±5%范围内。在 4～5 000Hz 频率范围，被校准的传感器的振幅误差也应±5%范围内。

4）线性要求：系统信号电平的选择应使加速脉冲运行在系统的线性区段。

5）传感器的固定：监测传感器应尽可能靠近测试样品但不能固定在测试样品上。

使用冲击测量仪器时要确定正确的输入冲击脉冲被应用到测试样品上。这在进行多样品测试时尤为重要。一般来说，只要试验装置发生变化，如不同的试验夹具、不同的部件（物理特性的变化）、不同的重量、不同的冲击脉冲（脉冲形状、强度或持续时间的变化）或不同的冲击机特性，就应该监测冲击脉冲。

8.29.3 贴装焊接

测试样品应按照第 8.4 节要求进行贴装焊接。在可能的情况下，测试负载应均匀地分布在测试平台上，以尽量减小不平衡负载带来的影响。

8.29.4 测试样品的预处理

因为 II 类和 III 类 MLCC 存在容值老化现象，这个老化会影响后续测量容值变化率，所以在测试前测试样品应在 150℃下烘烤 1h，然后静置 24h，I 类介质虽然没有老化问题但是有干燥要求，所以也可以比照前面条件进行烘烤静置，具体内容请参照本章第 8.3.2 节。

8.29.5 测试方法

基本设计测试，应沿测试样品的三个相互垂直的轴，在每个方向施加 3 次冲击（共 18 次冲击）。如果测试样品通常安装在隔振器上，则隔振器在测试期间应正常工作。参照 MIL-STD-202 标准，采用半正弦脉冲、0.5ms 的持续时间、半正弦峰值 1 500g、速度变化为 4.7m/s。

8.29.6 机械冲击测试判定标准

外观检查：无明显机械外观损伤。

电性检查：容值 *CP*、损耗因数 *DF*（*Q*）和绝缘电阻 *IR* 分别参考第 8 章第 5、6 及 7 节判定标准，测量值符合该规格规定的初始偏差标准。

8.30 破坏性物理分析

此测试是 ACE-Q200 测试项目之一，应用于汽车电子产品的元器件均需依据 ACE-Q200 测试标准进行相关测试，同时本测试标准也参考了 EIA-469-D 标准，如果需借助于权威性，可参考原件。

8.30.1 破坏性物理分析（DPA，Destructive Physical Analysis）的适用范围和目的

1）适用范围

本节提供了有关描述陶瓷电容器内部结构特性的术语、方法和标准。它的主要目的是准确评价贴片陶瓷电容器的内部物理质量，因为它关系到成品电容器的功能可靠性。标准还提供了与破坏性物理分析（DPA）相关的、必要的和有用的信息，如剖开前外观检查和 DPA 报告。此外，标准还提供了 DPA 样品分析中固有问题的指南帮助。

2）DPA 分析的目的

为了充分评价某个产品批次的适用性、设计一致性和性能规范，我们需要随机选取贴片陶瓷电容器样品，以确保 DPA 分析结果的代表性。DPA 应被认为是贴片陶瓷电容器评估的几种方法之一，包括初始电性测试和其他可能施加的电性和环境测试。

3）DPA 抽样代表性

一个样品的 DPA 不能代表多个 MLCC 批次，因为 MLCC 内部结构异常的概率通常与一个 MLCC 批次有关，由于一些能解释或者不能解释清楚的制程异常或材料异常，这些异常可能只影响了问题批次。DPA 样品应是根据采购文件从大量批次中随机抽取的准备接受测试的一组元件。

4）抽样计划

标准中有意省略了抽样计划，DPA 抽样标准应由采购方在品质合同里制订。

8.30.2 MLCC 破坏性物理分析（DPA）的术语

本节中的术语和定义旨在帮助用户全面理解标准和 DPA 应用。这些内容在陶瓷电容器行业中被广泛接受和使用。

有效面积（active area）：是指在 MLCC 内部所有的左右内电极交错重叠的总面积，并且在两个交错重叠的内电极之间填充有效的陶瓷介质（如图 8-28 所示）。

有效陶瓷介质（active dielectric）：MLCC 陶瓷本体内部所有交错重叠内电极之间的陶瓷绝缘介质。

人为现象（artifact）：由 DPA 分析过程引起的，在 DPA 加工前的样品中不存在的任何异常。例如，在抛光过程中可能出现的应力释放裂缝、表面破裂和电极位移等。

带宽（band width）：MLCC 两个端电极镀层宽度尺寸，从贴片端电极最末端到覆盖陶瓷本体的宽度（见图 8-29）。

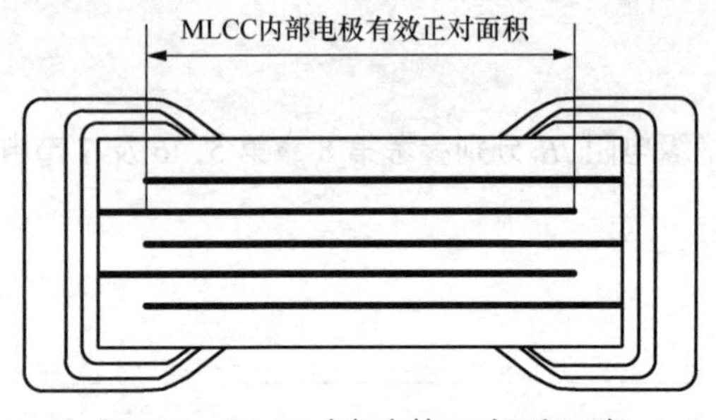

图 8-28　MLCC 内部有效正对面积示意

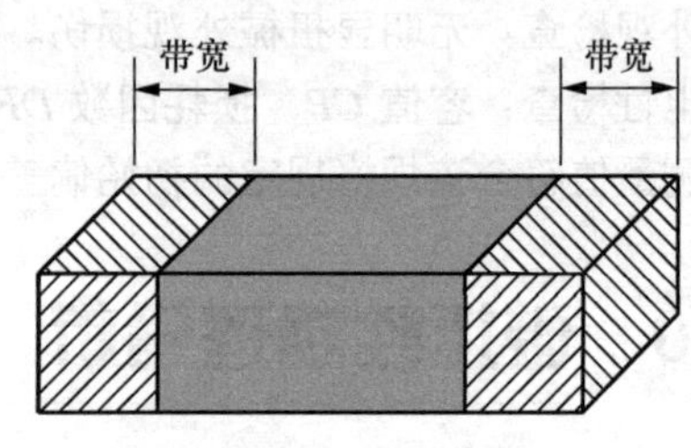

图 8-29　MLCC 带宽示意

阻隔层（Barrier layer）：MLCC 端电极最外层是镀锡，往内第二镀层就是镍阻隔层，在焊接时熔锡状态下起到保护内部电极作用。请参考第 4.3 节 NME 和 BME 制程示意图。

冷焊（cold solder）：在焊接过程中因不完全的回流焊、弱导流或零星浸润造成的不良焊点从表面看，它以无光泽、颗粒状和表面多孔为特征，从内部看，冷焊的特征是过多针孔和可能残留的助焊剂。

陶瓷电容器构件（Capacitor element）：带端电极镀层的陶瓷贴片体。

陶瓷本体（Chip element）：为了进行 DPA 分析，陶瓷本体去掉端电极镀层仅含内电极。

裂纹（crack）：MLCC 内部出现的裂纹或分离。裂纹可能是不适当的制造工艺或材料引起的，也可能是 DPA 加工或环境应力诱发的。

分层（Delamination）：两层陶瓷介质之间分离，或陶瓷叠层与内电极界面之间分离，或者较为少见的一种情况是在单一层陶瓷内部大致平行于内电极平面的分离。

破坏性物理分析（DPA）：为检查一个物体或装置的内部特征而进行的剖面分析，它会导致被分析的物体局部或整体被破坏。对于贴片陶瓷电容器，这可能包括腐蚀、研磨、抛光和显微镜检查。在某些情况下，它还可能包括抗焊热冲击测试（RSH）、DPA 进行前的外观检查和电性测试。

绝缘介质（Dielectric）：介于交错重叠内电极之间的介电陶瓷。

介质空隙：在一层介质内部出现真空孔洞或聚集数个孔洞，甚至在某些情况下孔洞穿过一层。

浸析（Leaching）：由于熔融焊料的作用而使贴片电容器的端部金属受到侵蚀，其中端部镀层被熔解到锡熔液中。

微裂（Microcrack）：陶瓷上的一种非常细小的裂纹，只有在相对较高的放大倍数（一般在 150 倍以上）下，借助间接、暗场或偏光才可见。实际微裂的出现是由于陶瓷本体内部的应力或这种应力的释放造成的。

纵向叠层剖视图（Overlap view）：贴片电容器的纵向剖面图显示交错重叠的内电极边线、端部边线、端电极镀层，以及陶瓷本体与焊点，该剖面垂直于内电极层和陶瓷层（见图 8-30 和图 8-31）。

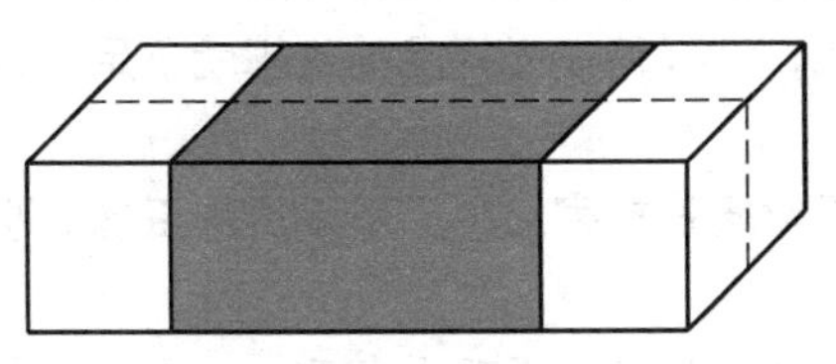

图 8-30　MLCC 纵剖虚线

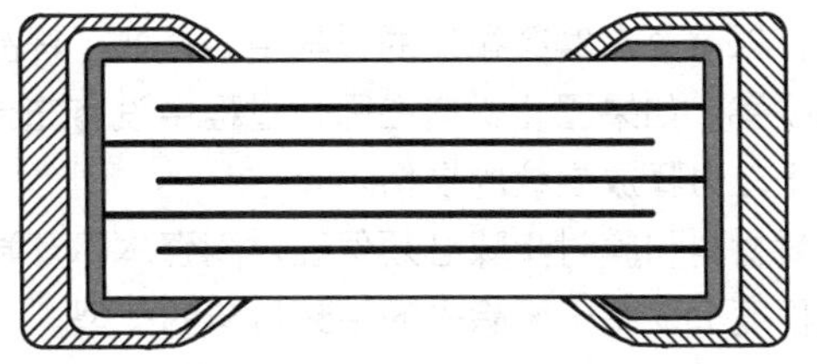

图 8-31　MLCC 纵向剖面示意

侧边（Side margin）：是指 MLCC 陶瓷本体的侧面，包括沿长平面与厚度平行的陶瓷包层，内电极的一边由内延伸到陶瓷本体外表面。

横向侧边剖视图（Side margin view）：是指 MLCC 横向剖面图，显示侧面边线、陶瓷包层截面和内电极边线。剖面垂直于叠层视图和内电极平面（见图 8-32 和图 8-33）。

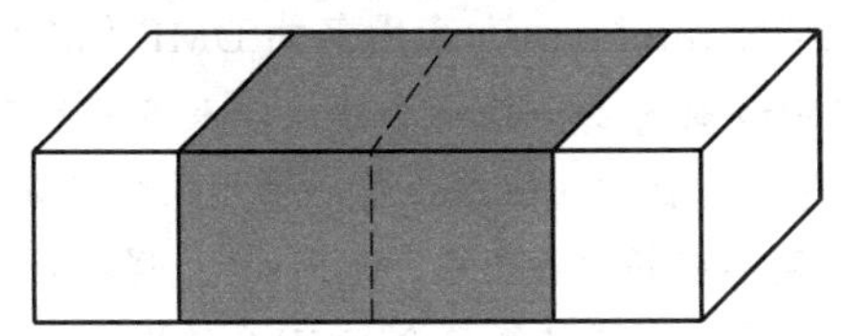

图 8-32　MLCC 横剖虚线

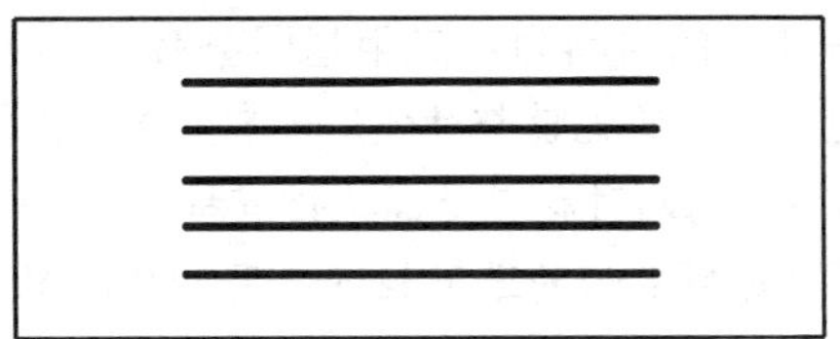

图 8-33　MLCC 横向剖面示意

焊锡浸润（Solder wetting）：熔融的合金焊锡与加热的基板表面融合，形成原子界面的情况（通常在有助焊剂如松香存在的情况下）。液态焊料与基板表面形成一个二面角，通常小于 75°，为了焊点与基板之间的充分结合，金属基板与焊锡之间的焊固面积理想上最好为 100%。

应力释放裂纹（Stress relief cracking）：通常在纵向叠层剖视图上能看到的裂纹，也会在横向侧边剖视图上看到，通常与陶瓷盖层和最外边两到三个内电极有关。这些都是剖面分析过程中的人为现象，是由于样品在固定到抛光模底板前未经脱膜造成样品边缘支撑不足。它们不是缺陷，也不应该被这样判定。

热冲击裂纹（Thermal shock crack）：由于突然的热量变化或穿过陶瓷本体的不均匀热传导而产生的陶瓷裂纹。

厚度（Thickness）：垂直于陶瓷本体的长、宽和内电极平面的高度尺寸。

8.30.3　DPA 分析的步骤和方法

当采用 DPA 对陶瓷电容器进行分析时，以下步骤和方法是必不可少的。这些是按逻辑顺序呈现的。当一个分析可以接受多个方法时，首选的分析方法应该是 DPA。

1. DPA 样品单元的外观

既然 DPA 的主要目的是判定 MLCC 内部物理质量，那么根据外观验收标准不能接受的样品不应用于 DPA。如果这些缺陷包含在 DPA 样品单元里，那么必须记录外观缺陷的类型和数量，以避免与 DPA 分析期间进行的内部检查相混淆。

MLCC 外部外观检查应包括陶瓷本体和端电极。陶瓷本体不应进行检查，因为在这些部件中很可能出现应力释放裂纹，而且这些特征是打磨或抛光过程中的人为造成，它们不是缺陷，不应被视为缺陷。MLCC 外观缺陷判定标准参照第 8.17 节的 MLCC 外观检查标准。

2. DPA 样品制备方法

1）DPA 样品制备介绍

本标准要求膜封（模封）电容器在为抛光而做的固定铸模前要对电容器进行脱膜封处理。必须这样做，以避免在磨料抛光的过程中，镶嵌了样品的抛光模在不均等的压力释放下，使陶瓷本体诱发人为损害。如果固化材料在固化过程中没有充分硬化，这样待抛光样品的支撑就不足，也可能导致类似于应力释放裂纹的损伤。

膜封材料和膜封步骤必须保证对陶瓷本体及端电极附属物损害最小。所采用的正确的脱膜方法在一定程度上取决于要除去的膜封材料的类型。

注意：所有用于腐蚀的化学物质都会在一定程度上腐蚀材料的界面和表面。对于标准中推荐的不同类型的膜封材料，需要一定的机械力来移除膜封材料，同时努力保持端电极及其附属焊接物的完整性。这里的膜封（模封）电容器应该指有引线的独石电容器，元件整体有做密封处理，而 MLCC 没有密封膜所以不需要做脱膜处理。

2）脱膜

脱膜当然是去掉引线陶瓷本体上的密封膜，针对去掉成品电容器上常用的玻璃填充的环氧树脂，推荐使用的材料为：二甲基甲酰胺（N-Methyl-2-Pyrrolidone），通用名为 DMF（M-Pyrol）。

注意：所有的脱膜都对使用者有危害。严格遵守制造商的安全指示和建议以及良好的实验室规范。上面推荐的两种材料是高极性有机溶剂。两者都是可易燃的，但在推荐的使用条件下不会爆炸。两者必须在通风良好的通风柜下使用。DMF 的加热温度不应超过 170℃，M-Pyrol 应保持在 220℃以下，这样的温度将使推荐的程序能够安全执行。这些材料的处置必须符合 OSHA 的规定。安全和危险信息可从制造商处获得。DMF 的制造商是杜邦公司，M-Pyrol 的制造商是 GAF 公司。

如果被膜封的产品对规范中推荐的溶剂没有反应，那么应该联系该产品的制造商以获得有关其脱膜的信息，包括化学和工艺方面的信息。当使用上述推荐的脱膜方法时，以下是正确的脱膜步骤。

a. 在保留约 1mm 处剪断引线。

b. 将要脱膜的装置放入一个硼硅玻璃烧杯（例如 PyrexTM）中，并用大约 13mm 的脱膜剂（DMF 或 M-Pyrol）覆盖其上。用合适的透明玻璃盖住烧杯。可使用回流瓶系统来控制和冷凝蒸汽。

c. 将烧杯设置为 250℃的可控热源，盖上盖子，使其达到沸点，根据膜封电容器的大小和配置，调整温度，使其在 30min 到 90min 的时间内缓慢沸腾。DMF 的沸点略高于 150℃，而 M-Pyrol 的沸点略高于 200℃。在较大的装置上切割膜封电容器的光滑表面或打磨掉膜封电容器的较大表面积，可能利用溶剂的快速渗透。然而，这样的研磨总是存在损坏陶瓷本体或引线的风险，在使用这种技术时必须非常小心。“小心”是实施化学机械脱膜的格言。

d. 在沸腾后，关掉热源让溶剂冷却到 50℃以下。倒出用过的溶剂并以可接受的方式处理。

e. 用流动的温水彻底清洗样品 2min 到 3min，大约用三分之一的时间让它们停留在水中，漫散一些被捕获的溶剂。然后用自来水冲洗完毕。

f. 将零件铺在纸巾或吸墨纸上。用一把短而硬的小刀，“梳理”掉松散开裂的膜封。如果不容易脱落，则需要对热源进行更多的溶剂处理。在处理膜封时，不要使用过度的力，因为这将导致电容器损坏，并可能导致操作人员的人身伤害。针对小的元件，沸水持续煮沸应该在 15min 到 30min，而对于大的元件，保持煮沸时间则更长。

g. 在引线电容器去掉膜封后，应再次用自来水冲洗，然后干燥并进行目测检查。

3）DPA 样品固定到抛光模底板前应清洗

将已脱膜或未膜封的样品组放入一个小烧杯，添加足够的异丙醇以进行清洗。浸泡 2min，间歇旋转烧杯中的溶剂，轻轻搅动。将酒精倒出，并将样品放在干净的、有吸收性的纸巾上，如漂白的纸巾或实验室纸巾，静置至干燥（约 5min），使用烘箱或热风强迫酒精蒸发。要逐渐加热以防止 DPA 样品可能发生的热冲击。在安装之前，让样品冷却到环境温度。

4）样品固定和铸模

适合样品固定和铸造抛光模所需的材料包括：

a. 消耗性酚醛套圈，最好是直径为 25mm 的套圈，在许多金相供应室都有供应。

b. 一种用来固定样品和酚醛环套的合适的黏膜。一种极好的材料是 0.05 mm 厚且一面有黏性的醋酸纤维黏膜。任何其他类似的材料都可以接受。

c. 冷凝胶（环氧树脂）和硬化剂：为了把样品镶嵌到一个硬的塑胶抛光模里，以便在研磨和抛光的过程中让样品得到充分的支撑和固定，冷凝胶和硬化剂的混合比重参照表 8-71。

表 8-71　冷凝胶和硬化剂

材料	混合比例
冷凝胶（环氧树脂）	7
硬化剂（三亚乙基四胺）	1

其他类似的两种组成的环氧铸模系统也可从金相供应室获得。推荐这种黏度低，便于混合、排气和浇注。三亚乙基四胺是一种通用化学品，可从各种化学品供应商处获得。

样品组应固定在圆形粘板上，此粘板可以与消耗性套圈组合固定。

第二种胶粘剂是双面胶粘剂。有几种类型可供选择。这种方法需要使用一个圆板来安装环（例如，玻璃显微镜载玻片）。在铸成抛光模后，胶粘剂必须去掉。因此，该方法只适用于少量样本，大量样本需处理的时候还是第一种材料最好。样品标本的一半应固定好，以便进行剖面，以获得纵向叠层剖视图（参考第 8.30.2 节术语配图）；另一半也应固定好，以便进行剖面，以显示横向侧边剖视图（参考第 8.30.2 节术语配图）。MLCC 样品的电极面垂直于剖面，角度误差在 ±5° 范围内。

如图 8-34 所示，在每个酚类套圈内放置样品时，内环的周边与最近的待剖样品边缘之间应至少有 3.0mm 的空间，单个样品之间应至少有 0.5mm 的空间。这个间隔将确保样品周围具备足够的边缘支撑力。如油脂或脱膜剂等材料不得用于固定试样或用于把样品从套圈上取下。酚醛套圈是消耗性的，环氧树脂应该与套圈结合，这样套圈的一部分会随着剖面被研磨掉。当使用环氧树脂铸造样品时，陶瓷电容器 DPA 分析不推荐使用可重复使用的铸造模具。

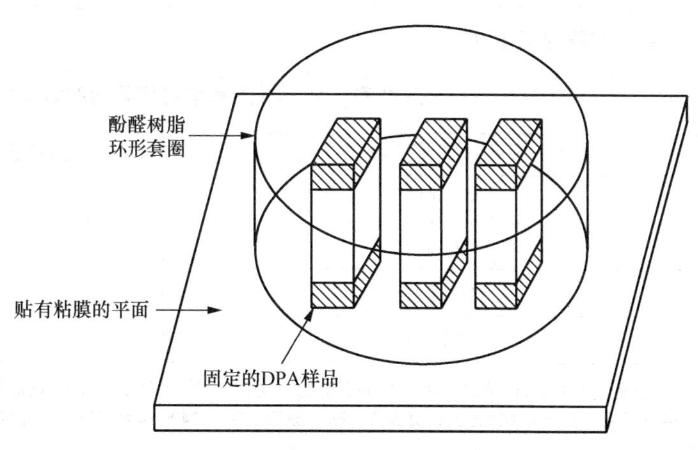

图 8-34　铸模前 DPA 样品固定侧视图

将环氧树脂和固化剂彻底混合。小的金属或塑料桨，其轴为圆形，与液体表面相交的地方不大于 3～4mm，可以制成合适的搅拌器，然后让混合物排气 5min。慢慢地、小心地在样品周围和上面倒混合物，确保它覆盖了样品之间的底座底部（优先考虑到填充样品之间的空隙），这种技术消除了在研磨或抛光过程中可能导致盖板破裂的气泡。

浇注的抛光模在室温（25±5）℃下固化至少 16h，不得加热。浇注和固化应在 4.3～8.65m^3/min 的排气罩下进行。当按照规定混合和固化时，这种环氧混合物不应引起任何明显的释热反应。

当按照这些规格使用时，这种灌注材料的肖氏硬度 *D* 达到 82～85，才能为 MLCC 待研磨样品提供足够的支撑。如果采用手工研磨或手工抛光则样品需要更好的保护以防止表面凹凸不平，也可以使用各种填料，包括中性和软性金属氧化物粉末和直径为 0.4～0.6mm 的非常细小的玻璃珠。然而，随着工艺的改进，特别是振动抛光技术的使用，填料不是必要的，可能对 DPA 处理起了反作用。

5）抛光模研磨抛光

对于数量较多的 DPA 样品，可利用水的表面张力在研磨盘上贴一张平整底纸，以便更换。压敏胶（PSA pressure-sensitive adhesive）是很好的底纸，但是当它被磨损时比较难以更换。当使用研磨粉时，手动研磨样品的压力不超过 35kPa，稍微施加一点压力即可。对于更精细的研磨粉，使用的压力只需要让样品接触研磨粉即可。合适的研磨粉规格、研磨盘转速以及施加压力推荐见表 8-72。

表 8-72　推荐的 DPA 研磨条件

研磨粉规格选择		研磨盘转速范围/rpm	施加压力范围/kPa
研磨粉型号	粗糙度/μm		
240	63	300～400	21～35
320	32	200～300	21～35
400	23	100～200	10.5～21
600	14	50～150	1.4～3.5

注：240 研磨粉型号只用于尺寸大于 4.5mm×3.0mm 以上的贴片，并且每研磨 0.6mm 需要停下来检查剖面。

样品打磨过程中需要时不时停下来检查剖面，根据选用研磨粉型号，每研磨一定深度需要停下做检查，推荐见表 8-73。

表 8-73　不同研磨粉型号推荐的剖面观察间隔距离

研磨粉型号/μm	停止研磨做剖面观察的间隔距离/mm
240（63）	0.6
320（32）	0.5
400（23）	0.2
600（14）	0.01～0.05

1）在精磨阶段用 1200#研磨粉替代 600#研磨粉是允许且明智的做法，1200#研磨粉和 600#研磨粉一样快但是研磨更流畅。为了尽可能减少抛光量和剖面的研磨痕迹，研磨最后步骤用 2400 型号研磨粉，完成最后 0.02mm 的研磨，使用自动研磨机只需 2 步。

2）如果在最后研磨阶段使用更精密的研磨粉，那么 600#研磨粉至少要研磨 0.05mm 才能停止研磨

在研磨过程中，一股直径为 3～6mm 的水流将被施加在研磨盘的近似中心位置，用于冷却和清除研磨物。在整个研磨过程中，必须保持这种水流。人工研磨时应该避免使用研磨盘中心部分（半径约为 25mm）做研磨，因为这比较容易导致较多的偏离和其他不必要的影响。

在每一步研磨后，样品环必须在自来水中彻底清洗，以去除可能附着在样品环上的大粒度研磨颗粒，因为在更换更细研磨粉继续研磨前，也许有大粒径研磨物黏附其上。出于同样的原因，研磨盘也应该用水冲洗。在最后研磨步骤中，用 600#（14μm）或更细的研磨粉完成研磨后，样品应在温和地在洗涤液（1%～5%）中清洗，并在抛光前在自来水中彻底冲洗。必须冲洗手和样品夹具，

以去除任何附着的研磨颗粒。

可以使用经过验证的半自动研磨装置代替手动研磨。它必须能研磨出高质量的样品以供观察分析，其效果必须等同或优于那些由熟练和有经验的手工操作员研磨出来的。

6）样品抛光

样品抛光的目的是去掉用 600#（14μm）或更细的研磨粉进行精细磨削后留下的划痕，为提供光滑、无扭曲的剖面，此剖面上出现的金属污点和凸起要尽可能地小。在最后研磨步骤完成后，抛光将再抛掉 0.01mm。

A. 自动抛光

自动抛光机的抛光压力可以精确控制，也可任意调整。自动抛光的效果超过任何熟练的工人。因此，自动抛光方法是推荐的方法。

自动抛光机一般使用相对坚硬的多孔抛光布，抛光布上含有抛光磨料。抛光布通过压敏黏合底布黏附在抛光盘上。研磨盘周围有一个凸起的边缘，用于围堵抛光液。完成研磨和清洗的样品套圈固定到样品夹具上，质量为 280～340g，并将其放置到抛光盘上，大约 2.0mm 深的 0.3μmα-氧化铝研磨液均匀地铺满于整个抛光盘表面。自动抛光机的抛光盘推荐的直径为 30.5cm，小于此型号的有可能无法满足理想的旋转振动效果。

当振动频率调整适当时，样品夹具会绕自身轴缓慢旋转，并在抛光盘边缘内侧缓慢地做圆周运动。当样品套圈支座被精确地打磨，所打磨后的表面是平整的，且打磨面几乎与套圈的圆周侧面垂直，一个完全符合要求的抛光面应该需要 45～60min 才能抛成。未研磨好的样品不要放在自动抛光机上抛光。自动抛光机的抛光步骤见表 8-74。

表 8-74　自动抛光步骤

抛光步骤	最低抛光时间	抛光材料
1	45～60min	0.3μm α-氧化铝抛光液
2	15min	0.05μm γ-氧化铝抛光液

1）抛光时间是假定最后的研磨是采用 600#（14μm）研磨粉，如果采用精细研磨粉，则所需时间更短。

2）抛光的两个步骤不是必需的，可以视抛光效果而省略，不推荐在自动抛光后进行手工抛光

自动抛光步骤结束后，必须从样品夹具上取下样品套圈，用温和的洗涤剂清洗，然后用自来水彻底冲洗，理想情况下再用去离子水冲洗。最后，在观察前可立即使用异丙醇清除任何污迹或异物。为此，配备一个小滴管瓶是比较方便的，另外为了便于观察，采用棉签来清洁和擦拭抛光面是比较理想的。

如果需要，自动抛光可以使用 0.05μm γ-氧化铝抛光泥浆作为最后 15min 抛光步骤，但这一步不是强制性的。如果执行，最后的 15min 精磨抛光将需要一个独立的抛光装置，这是因为使用了更细的研磨材料。

注意：使用同一抛光机同时抛光 0.3μm 和 0.05μm 是不实际的。另外，两种规格的研磨粉之间需要进行样品清洗。

如果其他经过验证的自动抛光方法产生的抛光样品与本文推荐的方法处理结果相当，则是可接受的。

B. 手动抛光

带有套圈样品的手工抛光相当依赖操作人员，表面出现凹凸纹是常态而不是例外。与自动抛光相比，手动抛光样品更容易受到剥落和表面裂纹等损伤。然而，熟练的操作员可以用手工技巧打造出非常高质量的抛光样品。手工抛光尽可能地减少凹凸纹和细节失真。

使用 1.0μm 或 0.3μm 的α-氧化铝抛光研磨液，在短毛布上进行 1～2min 的粗抛光。在此阶段的最

后 30s 内，使用较小的压力，施加的压力不应超过 14.0 kPa。抛光研磨盘的速度应该在 150～250rpm 之间。利用比 600#更精细的研磨粉（例如 1200#或 2400#）或类似的研磨膜片，可以省略粗抛光和减少精抛光。

精细抛光应使用 0.3μm 或 0.05μm 氧化铝浆在水中完成。精抛光工序需要 0.5～1min 的时间，在 80～125rpm 的研磨盘转速下，手压在 3.5～10.5kPa 之间，在最后 30s 施加的压力较小。手工抛光步骤如表 8-75 所示。

在粗抛和精抛之间或精抛之后，用温和的清洁剂对样品进行彻底冲洗。

表 8-75　手工抛光步骤

抛光步骤	抛光时间/min	抛光材料	研磨盘转速/rpm	最大压力/kPa
粗抛	1～2	1.0μm 或 0.3μm 氧化铝研磨液	150～250	14.0
精抛	0.5～1	0.3μm 或 0.05μm 氧化铝研磨液	80～125	10.5

注：表中抛光时间为假定最后的研磨采用 600#研磨粉，当采用更精细研磨时，较短的抛光时间也许就足够了。

8.30.4　抛光后样品的微观判定

经过研磨和抛光后的 DPA 样品应进行外观目视检查，此目视检查需要借助复合显微镜装备，此外，该复合显微镜具备亮场和暗场的垂直照明。这架显微镜至少能放大 300 倍。通常应该使用的放大率范围是 50～500 倍。然而，由于目镜、物镜和中间透镜的不同组合，个别显微镜的可用放大倍数会有很大差异。对于大多数 DPA 样品的判定，100～300 倍的放大倍数是足够的和实用的。如果初步检查的目的只是对异常和缺陷进行定位和识别，应使用较低放大倍数。然而，对于空洞或隔层测量这样的任务，必须使用更高的放大倍数（在 500～700 倍范围内）。为了进行精确的光学测量，必须使用校准过的光学测量装置，例如有刻度目镜或目镜比例尺。

显微检查的目的是准确地定位、识别和描述 DPA 样品的内部结构特征，以便根据规范的标准判断缺陷。

1. 缺陷判定标准

在对经过研磨和抛光的样品组进行显微检查时，应将下列结构特征视为缺陷。在批次检验允收或拒收时，无论缺陷的数量或类型如何，只要发现一个缺陷就判批次拒收（即 0 收 1 退）。

1）分层“delamination”

a. 叠层材料层间界面上的任何单一结构分层超过该层间界面 20%的缺陷（沿着整个陶瓷本体长度方向或宽度方向），以及分层长度超过 0.127mm 的缺陷，均为拒收，参考如图 8-35 所示的分层拒收标准示意图。

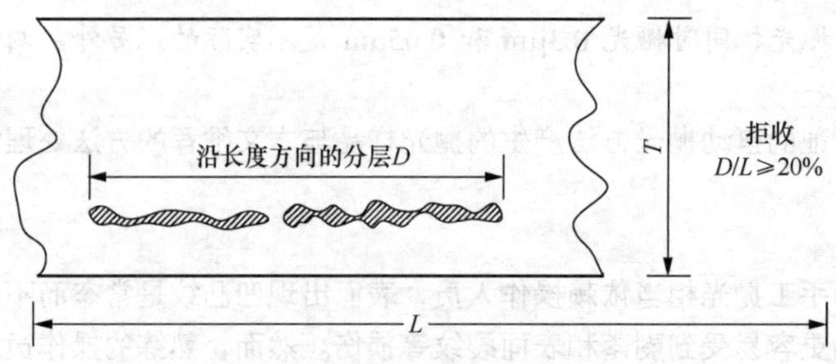

图 8-35　在单层陶瓷介质上的分层拒收标准

b. 在内部电极有效正对面积区，叠层材料层间界面上任何单一结构分层超过 0.13mm，以及偏移相邻的介质层超过平均正常介质厚度的 50%，均为拒收。

c. 超过端边距长度 20%的任何叠层结合线处分层，或使端边距小于下表端边距判定标准，均为拒收，请参考表 8-76 和图 8-36 所示的 MLCC 内部分层不良示意。

表 8-76　端边距判定标准

额度工作电压 U_R（VDC）	端边距判定标准/mm
$U_R \leqslant 25V$	0.040
$25 < U_R \leqslant 50V$	0.050
$50 < U_R \leqslant 200V$	0.075

d. 在侧边距上，任一层间界面的任何分层致使侧边距小于表 8-77 所列最低要求的均为拒收，请参照表 8-77 所示的侧边距判定标准和图 8-40 所示的 MLCC 内部边距示意。

表 8-77　侧边距判定标准

额度工作电压 U_R（VDC）	侧边距判定标准/mm
$U_R \leqslant 25V$	0.025
$25 < U_R \leqslant 50V$	0.040
$50 < U_R \leqslant 200V$	0.050

注：介质材料层内部的分层或纵向裂开的孔隙可视为叠层材料界面的分层；或者，它们可被视为介质孔隙，在这种情况下，需留意的区域必须包括所有的断断续续的孔隙（如图 8-36 和图 8-37 所示）。

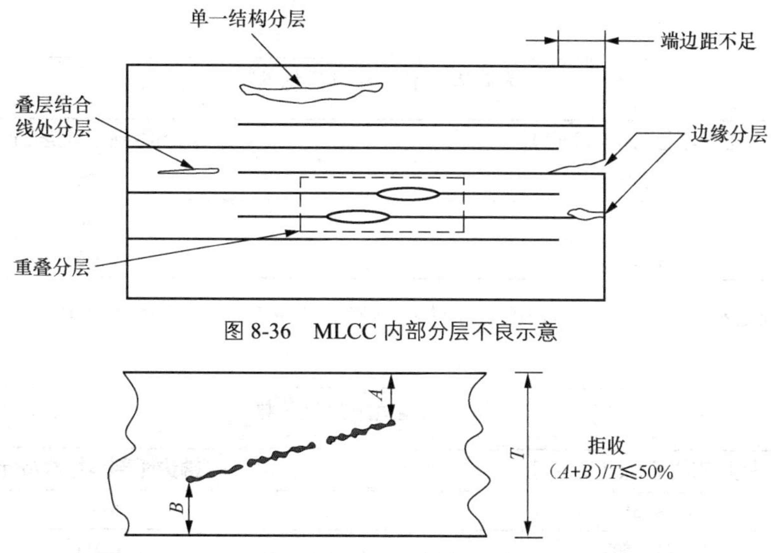

图 8-36　MLCC 内部分层不良示意

图 8-37　在单层陶瓷介质上连续分层拒收判定标准

2）陶瓷绝缘介质孔洞（dielectric voids）

a. 在交错重叠相邻的两内电极之间，任何单一孔洞或连续的孔洞均不能使介质厚度降低到平均介质厚度的 50%以下（如图 8-38 和图 8-39 所示）。

b. 陶瓷盖板或侧边距里的任何孔洞不可使盖板厚度或者边距的减少超过第 3）条中的限定。

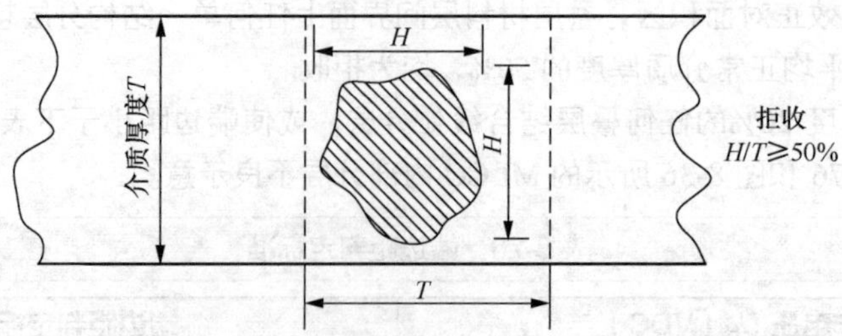

图 8-38　MLCC 陶瓷本体上单一孔洞拒收标准

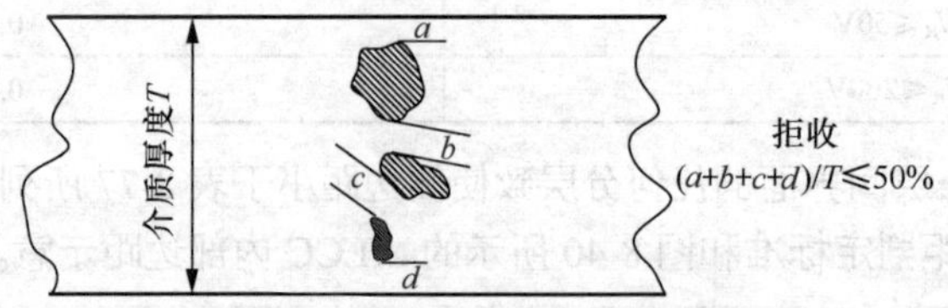

图 8-39　MLCC 陶瓷本体上连续孔洞拒收标准

备注：

对于直流额度电压小于 25V 或者电介质厚度小于 0.02mm 的工业级电容器，请咨询制造商或应用专家，了解合适的最低电介质厚度标准。如果碰到实际的孔洞尺寸的问题，可以使用其他分析技术来判别是内在缺陷还是人为缺陷，并评估可能的风险因素。

3）边距缺陷（margin defects）

a. 侧边距判定标准：任何侧边距的最小边距标准见表 8-78，并参考图 8-40 所示的 MLCC 内部边距示意。

表 8-78　侧边距判定标准

额度工作电压 U_R（VDC）	侧边距判定标准/mm
$U_R \leqslant 25V$	0.025
$25 < U_R \leqslant 50V$	0.040
$50 < U_R \leqslant 200V$	0.050

b. 端边距判定标准：任何端边距的最小边距标准见表 8-79，并参考图 8-40 所示的 MLCC 内部边距示意。

表 8-79　端边距判定标准

额度工作电压 U_R（VDC）	端边距判定标准/mm
$U_R \leqslant 25V$	0.040
$25 < U_R \leqslant 50V$	0.050
$50 < U_R \leqslant 200V$	0.075

c. 盖板厚度判定标准：任何端边距的最小边距标准见表 8-80，并参考图 8-41 所示的 MLCC 内部盖板示意。

表 8-80　盖板厚度判定标准

额度工作电压 U_R（VDC）	盖板厚度判定标准/mm
$U_R \leqslant 25V$	0.040

续表

额度工作电压 U_R（VDC）	盖板厚度判定标准/mm
$25 < U_R \leqslant 50V$	0.050
$50 < U_R \leqslant 200V$	0.075

备注：关于上述所有边距，如果工作电压大于 200V，请咨询应用专家或 MLCC 供应商以获得可靠的边距标准。

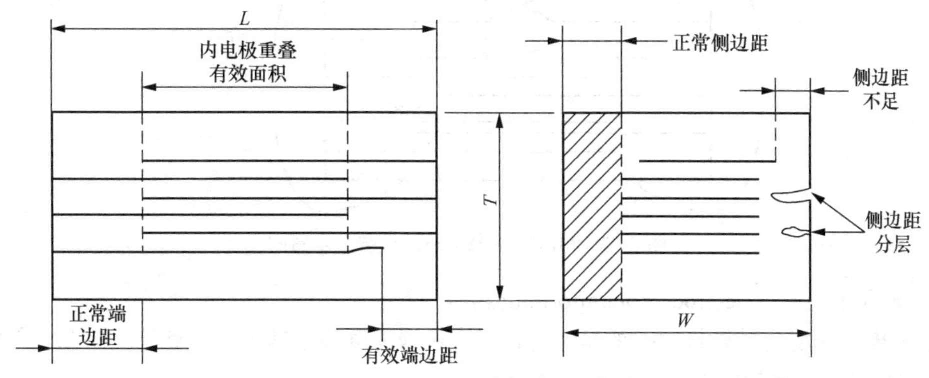

图 8-40　MLCC 内部边距示意

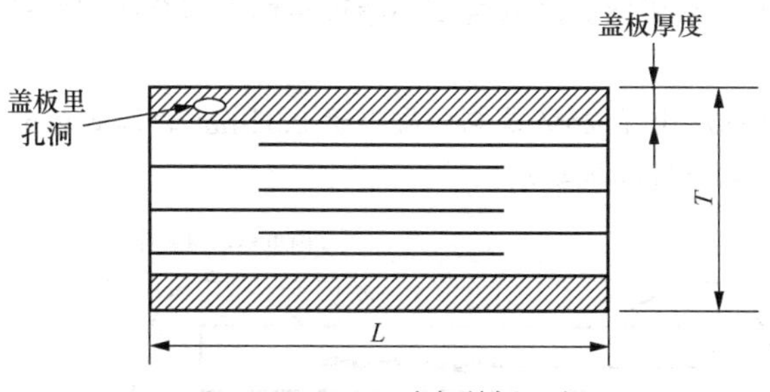

图 8-41　MLCC 内部盖板示意

4）陶瓷体裂纹（crack in the ceramic）

有效正对面积间的任何介质裂纹或陶瓷包覆边缘中的任何裂纹（如图 8-42 所示）延伸或存在潜在的蔓延，并有可能降低有效边距的情况，则边距的降低不能超出第 3）条款所列的边距判定标准。至于临近的两个交错内电极之间的裂纹应该是拒收的缺陷。特别说明，在研磨抛光过程中的人为造成的裂纹要排除，避免造成误判。

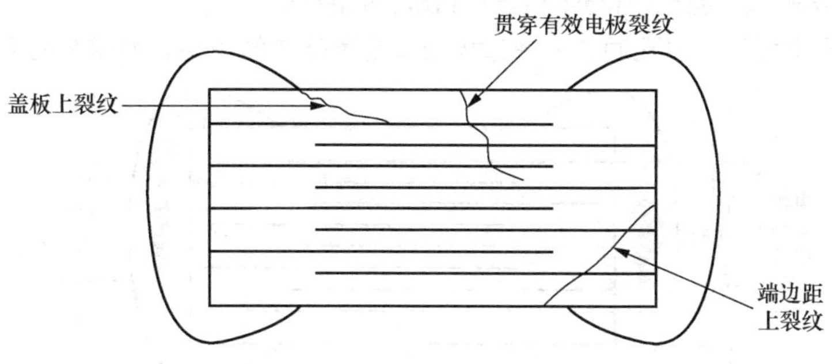

图 8-42　MLCC 内部裂纹示意

5）陶瓷介质不均匀（dielectric nonuniformities）

在 MLCC 内电极有效正对面积内，超出 30%正常单层平均介质厚度的任何介质层变形都是拒收的（见图 8-43）。特别说明，低容的调容设计不适用于此标准。

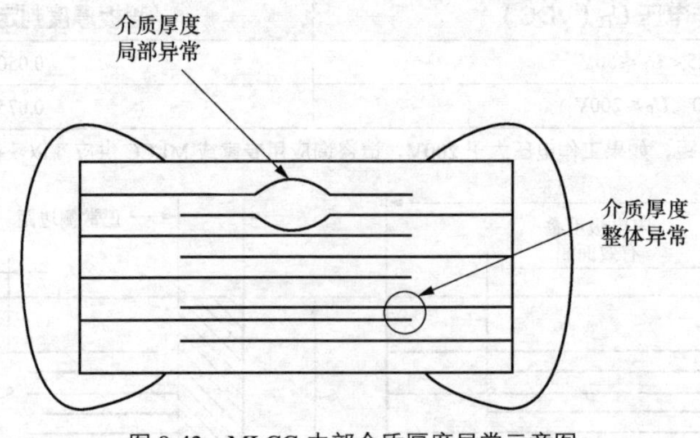

图 8-43　MLCC 内部介质厚度异常示意图

6）内电极不均匀（electrode nonuniformities）

a. 在内电极长度超过总长 50%的范围内，其内电极厚度超过其平均设计厚度的 2.5 倍的，属于不均匀内电极缺陷，是拒收的（如图 8-44 所示）。

b. 内电极厚度的突增导致相邻介质厚度减小超过平均正常介质厚度的 30%，这种缺陷是拒收的（如图 8-44 所示）。

注意：对于直流工作电压小于 25V 或电介质小于 0.02mm 的工业级电容器，请咨询制造商或应用专家，了解适当的最低电介质厚度要求。

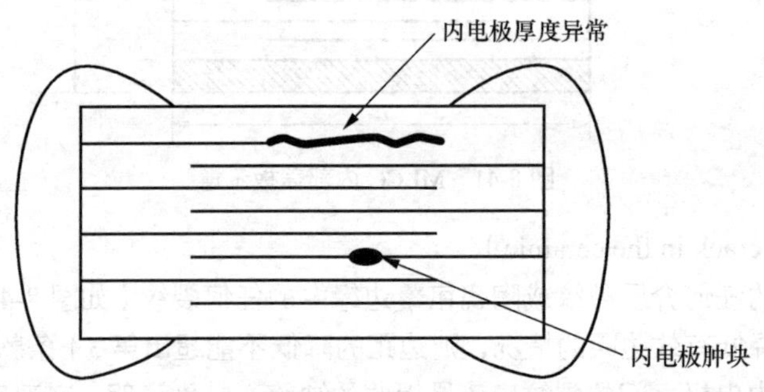

图 8-44　MLCC 内电极异常示意图

7）端电极镀层缺陷（end termination metallization defects）

a. 端电极镀层上任何主要孔洞长 V 超过电极堆叠厚度 T 的 35%，如图 8-45 所示，都是拒收的。

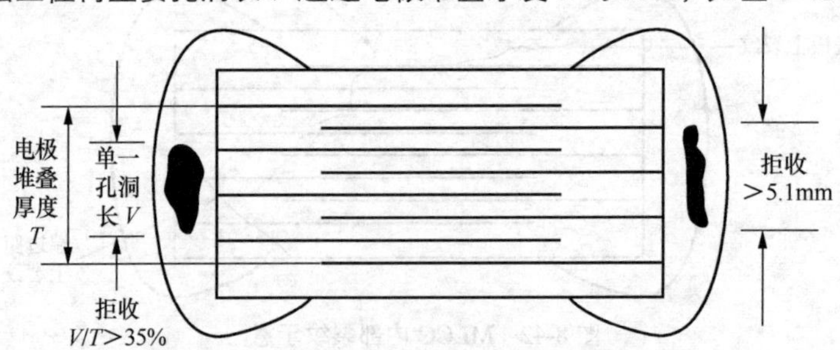

图 8-45　MLCC 端电极镀层基体上孔洞拒收标准

b. 端电极镀层基体上任何连续孔洞总长超过电极堆叠厚度 T 的 50%，如图 8-46 所示，都是拒收的。

c. 端电极镀层脱离陶瓷体界面的长度超过电极堆叠厚度 T 的 50%，如图 8-46 所示，都是拒收的。

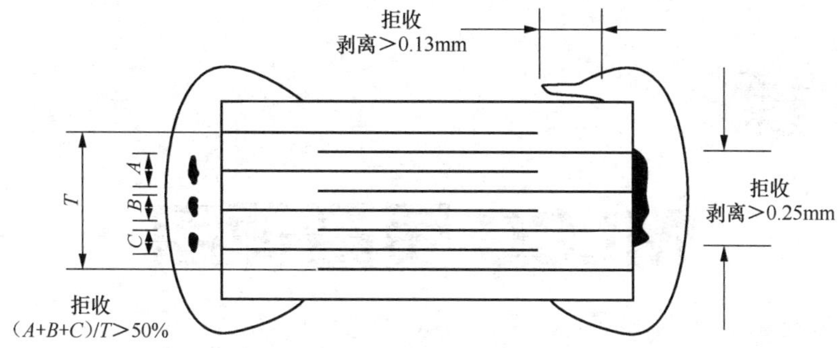

图 8-46　MLCC 端电极镀层连续孔洞及局部剥离拒收标准

d. 单一端电极镀层偏薄或脱离，如图 8-47 所示，都是拒收的。

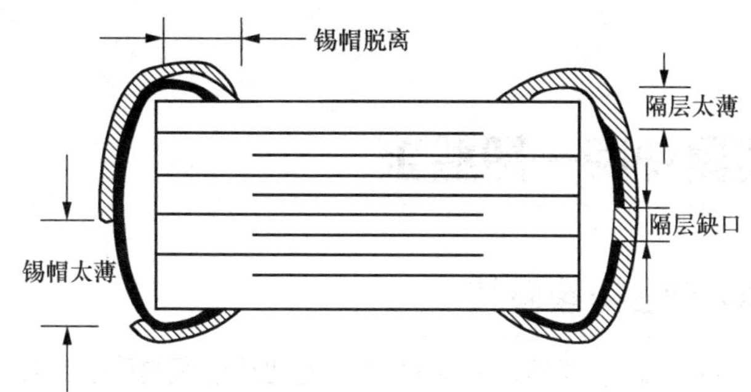

图 8-47　MLCC 锡帽和隔层不良拒收标准

8）隔层缺陷（barrier layer defects）

a. 在需要的情况下，不能在光显微镜下使用暗场照明验证是否存在和是否均匀涂布的任何隔层都是拒收的（必须保证镀层基体与镀锡之间有最低要求的隔层界面，才能被接受）。

b. 在需要的情况下，不连续覆盖的隔层也是不能接受的。

c. 隔层厚度的量测应该在放大倍数 500 倍的显微镜下进行。

d. 无论何时，在通过微观检查时，如果严重怀疑存在隔层不足，那么就应该与供应商协商提供一个独立的样品组（5 颗或更多），在熔锡状态下做端电极镀层抗浸析测试。这个测试结果可用于辅助 DPA 分析判定或仅代替隔层判定标准。

9）可焊镀层缺陷（defects in solderable coating）

a. 超过锡层有效面积 20%的镀锡层，其厚度小于 0.0025mm 则拒收。

b. 任何明显可见的锡层与隔层脱离的痕迹都是拒收的。

2. DPA 分析报告

执行 DPA 分析有责任适当地记录和报告 DPA 的分析结果。该报告至少应包括以下内容。

a. MLCC 批次、制造商、客户、采购订单等的相关识别数据；

b. 内部显微检验结果；

c. DPA 样品应被适当和充分地识别。此标识应包括批次日期代码和直接在样品套圈上的排序标识。DPA 样品的容器和所有照片应充分标明以下可用和适当的信息：客户名称、客户料号、客户采购订单、批次日期代码和制造商。照片还应具有放大率、照明类型和所拍摄样品的序列号。个别采购规范可从这些样品识别要求中或增或减，在这种情况下，应以采购文件为准。如果不要求 DPA 样品发给客户，执行过程应适当地保存和存档 DPA 分析样品和报告。

第 9 章

MLCC 质量评审

9.1 MLCC 质量评审一般要求

9.1.1 确认 MLCC 制造初级阶段

质量认证要从制造的初级阶段开始，MLCC 制造的初级阶段是陶瓷绝缘介质与内电极组成结构的共烧，共烧工艺对 MLCC 的品质具有决定性影响。

9.1.2 MLCC 属于结构近似性元件

尽管 MLCC 有不同的外形尺寸和不同容值规格，但是它们都有近似的制造工艺和材料，所以这些不同规格的 MLCC 被视为是结构近似性元件。

9.1.3 发布批次的记录证明

当相关标准有规定和用户有要求时，发布批次的信息应确保可以获得。寿命测试后，变量信息需要的参数包括：容值 *CP* 变化、损耗因数 *DF* 变化、绝缘电阻 *IR* 变化。

发布批次测试记录证明，当测试记录证明被相关规范规定和被客户要求时，如下信息应给定限定值：

a）分组测试的属性信息（测试元件数量和不合格品数量）通过定期测试来覆盖，不参考被拒参数。

b）定期测试的变量信息（容值变化平均值和范围以及测试元件数量）在相关规范中做规定。

9.2 资格承认

9.2.1 资格承认的一般要求

MLCC 用户在对生产厂家做质量评审时，只需做资格承认（QA，Qualification approval）即可，无须做制程能力认证（CA）和工艺认证（TA）。评审标准规定了测试计划的严苛程度、在每个测试组里抽样计划和允许的不良数。评审标准 EZ 和 DZ 符合追求接近零缺陷要求，并且与当下行业惯例的评审程序和标准相一致。评审标准 EZ 和 DZ 中的抽样计划和检验标准应从 IEC-61193-2 标准中选择，除了固定抽样大小，不考虑在测批次量大小。

基于逐批测试和定期测试所采用的资格承认测试计划将在 9.3 节作说明，采用固定样本量计划的资格承认流程请参考本章第 9.2.2 节和第 9.2.3 节。

9.2.2 基于固定样本量的资格承认流程

初始产品资质承认（QA）测试基于固定样本量资格承认流程，把允收的不合格品数量设置到零（例如评审标准 EZ）。一个检验批次的测试样品应在检验周期短时间内随机抽取，不包含任何制造工艺的重大变化。

产品质量合格检验程序基于变量抽样大小，采用的是逐批测试。定期产品合格检验测试的抽样计划基于固定样本量程序，把允收的不合格品数量设置到零（例如评审标准 EZ）。

在 C 组测试程序中为了减少检验而采用的转换规则在所有分组测试程序中除耐久性测试外都是允许的。

针对每个温度特性的陶瓷绝缘介质，抽样应包含 MLCC 的最大尺寸和最小尺寸以及这些尺寸规格在可查电压范围内最高额定电压和最低额定电压下的最大容值，还包含可查额定电压范围内的最小额定电压。当超过 4 个额定电压时，中间的额定电压也应测试。因此对于每个温度特性的陶瓷绝缘介质，资格承认一个系列需要的抽样数不是 4 组就是 6 组（容值/额定电压组合）。这里额定电压范围通常低于 4 个，所以测试样品规格通常也是 4 组，举例：X5R 低压系列，可以根据第 7.5 节的 MLCC 各尺寸规格的容值和电压设计范围查询表确定资格承认的抽样规格，步骤如下。

第一步，确认 X5R 常用的最小尺寸和最大尺寸分别为 008004 和 2220。

第二步，确认最小和最大尺寸的额定电压范围。

最小尺寸 008004（公制 025012）额定电压范围：4V、6.3V、10V、16V。

最大尺寸 2220（公制 5750）额定电压范围：6.3V、10V、16V、25V、50V。

第三步，确认每个尺寸的最低和最高额定电压。

① 008004 X5R 4V 223（最低额定电压）

② 008004 X5R 16V 102（最高额定电压）

③ 2220 X5R 6.3V 107（最低额定电压）

④ 2220 X5R 50V 107（最高额定电压）

第四步，确认最高容值。

① 008004 X5R 4V 223 22nF（最高容值）

② 008004 X5R 16V 102 1nF（最高容值）

③ 2220 X5R 6.3V 107 100μF（最高容值）

④ 2220 X5R 50V 107 22μF（最高容值）

以上举例是以当前全球该温度特性材料的制程能力来定尺寸范围和额定电压范围的，实际应用中建议可以以某个厂家的制程能力或者用户可能使用的范围来定。

如果评审标准 EZ 被使用，如下情况将允许使用备用品：

可采用待测样品 2 组取代 6 组，或 3 组取代 4 组，来替代因厂家原因造成的测试样品有不合格。

EZ 评审标准表中的测试组 0 的数量适用于其他测试组，如果不是可以相应地减少。

当附加测试组引入到资格承认测试计划中时，测试组 0 的样品增加的数量与附加测试组所要求的数量一样。

表 9-1 给出了资格承认测试每个测试组或分测试组一起的抽样数量以及与之对应的允收不合格数量。

表 9-1　关于资格承认中固定样本量测试计划-评审标准 EZ

测试组编号	测试项目	测试方法介绍章节	测试样品数量 n[e]	允许不合格品数量[c]
测试组 0	外观检查/尺寸	8.17	132+24[f]	0
	容值 CP	8.5		
	tanδ（DF）	8.6		
	绝缘电阻 IR	8.7		
	耐电压	8.8		
	备用样品数		12	
测试组 1A	端电极附着力测试[g]	8.19	12	0
	抗焊热冲击测试 RSH	8.23		
	元件耐溶剂测试[b]			
测试组 1B	阻抗[b]	8.10	12	0
	ESR[b]	8.12		
	焊锡性	8.22		
测试组 2	抗弯测试[d]	8.18	12	0
测试组 3[a]	贴装焊接	8.4	84+24[f]	0[c]
	外观	8.17		
	容值 CP	8.5		
	tanδ（DF）	8.6		
	绝缘电阻 IR	8.7		
	耐压	8.8		
测试组 3.1	端电极附着力测试[h]	8.19	24	0
	耐温度急剧变化测试	8.26		
	气候变化连续性测试	8.27		
测试组 3.2	稳态湿热测试	8.28	24	0
测试组 3.3	寿命测试	8.14	36	0
测试组 3.4	加速稳态湿热测试[b]	8.28	24[f]	0
测试组 4	容值温度特性测试	8.13	12	0

a. 这些测量值作为整个测试组 3 的初始测量值；

b. 如果需要在相关标准中规定；

c. 当统计下面测试的允许不合格数时，贴装焊接后的不合格数不应计入总数，它们应该用备用品替换；

d. 不适用于电容器，根据相关规格应焊接到铝测基板上；

e. 容值电压组合；

f. 如果测试组 3.4 进行测试，附加的电容器；

g. 适用于带状端电极的电容器；

h. 不适用于带状端电极的电容器

9.2.3　关于资格承认的系列完整测试

表 9-1 中所规定的完整系列测试覆盖了一个详细的 MLCC 资格评审规范。具体每个测试项目的测试方法、测试条件以及判定标准在第 8 章有详细说明，请参照第 8 章相关内容。每个测试组的测试项目应按给定的顺序进行。

整个样品数 132 颗（有加速稳态湿热测试时是 156 颗），属于测试组 0，然后再分配到其他测试组，即：

测试组 0=测试组 1A+测试组 1B+测试组 2+测试组 3+测试组 4。

在测试组 0 中发现的不合格品不应用到其他测试组。当一个电容器不满足整个测试组要求或一个测试组的部分要求，都记为“一个不符合项”。当做资格承认，同时测试一个以上温度系数时，最小温度系数的测试计划和样本大小是测试组 1、2、3 的总需求。对于每个附加的温度系数，按照测试组 3.3 和测试组 4 的规定限定测试和取样大小。当不合格品数量为零时，资格承认予以同意。表 9-1 评审标准 EZ 和第 8 章测试测量标准一起构成了固定样本量测试计划。固定样本量的测试计划的测试条件和执行要求与质量合格检验要求一样。

9.3 质量合格检验

9.3.1 检验批次的形成

1）测试组 A 和测试组 B 检验

这两种测试应基于逐批测试进行的原则。一家厂商为了服从于如下保障措施，可能需要集中当前所有生产能力到检验批次。检验批次应该由结构近似的 MLCC 组成。

a）抽样测试应代表了检验批次的数值代表性和尺寸代表性，涉及检验批次的总数量和任意取值不得少于 5 个。

b）如果在抽样中任意取值个数少于 5 个，生产厂家和认证机构之间应基于抽样达成一致意见。

2）测试组 C 检验

测试组 C 是基于定期测试来执行的，其抽样代表了规定周期内当下的生产能力，并且抽样被划分为小量、中量、大量。为了覆盖任意周期的资格承认范围，每个尺寸组需要测试一种电压，为了覆盖整个范围，生产中的其他尺寸和额定电压也应测试。

9.3.2 测试抽样计划

关于质量合格检验的逐批和定期测试计划规定如下，针对产品质量合格检验计划应基于变量抽样大小，用于逐批测试，抽样计划和检验标准参考 IEC-61193-2 标准（见表 9-2）。定期的产品质量合格检验测试抽样计划基于固定抽取样本量程序。两个测试程序的每个测试组的不合格品数量均设为零（参考表 9-3 和表 9-4 的评审标准 EZ）。

表 9-2　正常检验抽样计划（IEC-61193-2）

批次大小（Lot size）	特殊检验标准（Special inspection levels）				一般检验标准（General inspection levels）		
	S-1	S-2	S-3	S-4	I	II	III
2～8	2	2	2	2	2	2	3
9～15	2	2	2	2	2	3	5
16～25	2	2	3	3	3	5	8
26～50	2	3	3	5	5	8	13
51～90	3	3	5	5	5	13	20
91～150	3	3	5	8	8	20	32
151～280	3	5	8	13	13	32	50
281～500	3	5	8	13	20	50	80
501～1 200	5	5	13	20	32	80	125

续表

批次大小（Lot size）	特殊检验标准（Special inspection levels）				一般检验标准（General inspection levels）		
	S-1	S-2	S-3	S-4	I	II	III
1 201～3 200	5	8	13	32	50	125	200
3 201～10 000	5	8	20	32	80	200	315
1 001～35 000	5	8	20	50	125	315	500
35 001～150 000	8	13	32	80	200	500	800
150 001～500 000	8	13	32	80	315	800	1 250
≥500 001	8	13	50	125	500	1 250	2 000

9.3.3 评审标准

表 9-3 逐批测试和定期的评审标准（EZ）

检验分组 [d]	EZ		
	检验标准 IL[a]	样本大小 n[a]	允许不合格数 c[a]
A0	100%[b]		
A1	S-4	c	0
A2	S-3	c	0
B1	S-3	c	0
B2	S-2	c	0

a. IL=检验标准，n=样本大小，c=允许不合格数。

b. 在生产过程中剔除不合格品后进行 100%检验，这里批次接收或被拒收，所有的抽样样品检验应该按出厂标准检查，以“不合格品数/10^6”统计。抽样标准应由厂家建立，最好是根据 IEC-61193-2 标准附件 A。在抽样里发生一个或多个不良项的情况下，此批次应拒收，但是所有不良项应计算到质量标准值统计里。根据 IEC-61193-2 标准 6.2 给定的方法，用“每 10^6 不合格项数量”来表达的出厂品质标准值将通过检验数据的累计来计算。

c. 待测品数量：应根据 IEC-61193-2 标准 4.3.2，决定抽样大小。

d. 检验组内容描述在 IEC-60384-1 的附件 Q 里

表 9-4 定期测试

检验分组 [b]	EZ		
	p[a]	n[a]	c[a]
C1	3	12	0
C2	3	12	0
C3.1	6	27	0
C3.2	6	15	0
C3.3	3	15	0
C3.4	6	15	0
C4	6	9	0

a. p=用月表达的周期，n=样本大小，c=允许不合格数。

b. 检验组内容描述在 IEC-60384-1 的附件 Q 里。

c. 按需使用

第 10 章 元件寿命和可靠性的相关理论

10.1 设计选型时对元件使用寿命的评估

设计者在选择元件时必须考虑元件在什么环境下工作。如果这些元件必须承受户外的气候条件，例如山野、绿地沙漠或热带雨林等，此时必须小心选择并购买一些样品以最坏的条件做相关环境测试。这并非意味着设计者必须去绿地，我们应该要有冰箱，还要有用来做测试的潮湿环境，一个合适的湿度室等。但是通常我们非常容易忽视这些不同环境类型的标准化测试和它的严苛等级。最广为人知的测试和环境条件都能在 IEC-60068 标准里找到。工厂依靠这些标准检验元件品质，此选择被划分不同类型并归属于"典型测试（type tests）"，通过参考测试标准，这些信息已经在规格书上提供了，并且其他工厂个别元件能承受什么样的条件也备注在规格书上了。

如果我们需要更客观的判断，就只有两个办法：一是用户自己按相关测试标准做资格承认，此法通常受限于测试条件、承认时间太长以及成本问题；二是从被第三方权威机构认可的"合格产品清单 QPL（qualified products list）"中挑选，省去自己做规格承认。在美国有像 US MIL、CECC、ECQAC 和 IECQ 这种第三方品质监督机关，它们提供了"合格产品清单 QPL"，以及由公正的检验机关提供的校验、测试、结论。在这些基础清单上列出了已经通过某些指定测试的元件，然后，这些通过了测试的元件被称为合格品，一个覆盖了所有承认的元件的清单被称作"QPL（Qualified Products List）"，即一个合格品清单。然后用户可以从 QPL 里选型，既省时又权威可靠。

所有类型测试都是以元件使用环境极限和应力极限为特征的测试，寿命测试可能在最高温度和最大功率条件下并在额定电压的基础上增加一定百分比（与降额电压相反）的方式下进行，某些测试在温湿循环的条件下进行。振动测试通过扫描给定的频率范围来进行，在这个频率范围内，应包含有可能引起共振现象的频率段。这个频率极限有可能引起共振现象等。这些被称作"加速测试（accelerated testing）"。用这种方式在极短时间内催生一个结果，这意味着：在这些条件下，寿命规律可以转化为正常条件下和相应条件下的不同寿命。

10.2 加速寿命测试理论及应用

10.2.1 加速寿命测试的由来

1986 年 7 月，企业质量部门资助了 NAD 的元件工程师，用以开发一种新的关于陶瓷电容器资格认证的快速测试方法，将资格认证从 3 个月缩短到 3 天左右，并定义了一个供公司和部门使用的测试系统。

新方法称为 HALT（highly Accelerated Life Test），其有效性与传统的 1 000h 寿命试验有很好的相关性。用两种方法对 6 种不同的供应商产品进行了寿命测试，结果表明相关性很好。这些评估包括 X7R 和 C0G 类型的材料。在 NPS 里有描述，结果表明，在常规的加速寿命试验中，所采用的电压和温度加速度因子同样对 HALT 有效。

新方法设计了一个 HALT 测试系统。漏电流和失效时间都可以通过使用数据记录仪的连续扫描记录来测量。这个项目的目标已经完全实现，并已经确定了进一步工作的范围。

10.2.2 加速寿命测试（HALT）介绍

陶瓷电容器，包括插件电容器和片式电容器，在工业上广泛使用已有相当长的一段时间了。随着表面贴装技术的出现，元件密度从每块印制电路板不到 100 个零件增加到数千个。随着这种增长，对可靠性的要求也提高了。陶瓷片状电容器的可接受的失效率（failure rate）现在是用元件每百万失效率等级。

陶瓷电容器的缺陷机理可以归结为内在缺陷和制造过程中产生的外在缺陷。典型的外部缺陷有内裂、孔洞、分层、孔隙、油墨结块等。内在缺陷包括晶格缺陷、电子缺陷和典型的多晶体 $BaTiO_3$ 陶瓷材料的晶界。内在缺陷不像外在缺陷那么普遍。陶瓷电容器的认证时间较长，约为 9 周。大部分时间花在寿命和偏湿寿命测试上。

电压和温度可以加速上述失效机制。为了确定定量的加速因子，加速寿命测试可以有效地代替传统的较长时间的寿命测试，这一领域的研究人员已经做了大量的工作。这个加速寿命测试 HALT 项目由 N.T.Aylmer 接手，他定义了一套合适的加速寿命测试方法，使该加速寿命试验与常规寿命试验有充分的关联性。使用加速寿命测试的好处是将认证时间从约 9 周减少到 3 天，为陶瓷电容器的快速认证提供了坚实的理论依据。

该项目于 1986 年 12 月如期完成，所有计划交付的成果都已交付使用，已经定义了测试过程。描述了测试设备的配置，并在 6 种供应商产品的寿命测试和 HALT 之间取得了合理的相关性。

10.2.3 加速寿命测试（HALT）理论

元件的测试可能需要通过加速的方式来完成，比如提高测试温度和增加负载电压，施加交流偏置还是直流偏置，设置纹波电流，增加频率，设置启停时冲击程度。这样便很快得出关于元件在正常工作条件下的老化率和衰减率。我们将给出两个常用公式来说明热应力和电压应力是如何影响元件寿命的。元件寿命 L 属于其自身的一个温度函数，如果我们提高温度，这些化学的、物理的变化就会加速，从而导致元件材料的老化和衰减。此变化遵从的规律是诺贝尔奖得主阿伦尼乌斯发现的。阿伦尼乌斯定律（Arrhenius law）的一般表达式是一个指数函数，它包含了用电子伏特（electron volt 单位：eV）和玻尔兹曼常数表达的材料活化能，以及测试转化值（inverted value）与工作温度之间的差异，因此给出了一个加速度因数，这一因数告诉我们，在特定的温度升高条件下，老化过程进行的速度要快多少倍（普通元件材料的活化能一般为 0.5～1.5 eV/K）。相反地，对于相应的温度下降，加速度因数告诉我们预期的寿命要长多少倍。

加速寿命测试技术是基于 Prokopowicz 和 Vaskas 建立的经验公式，根据该公式，平均失效时间（Mean Time Between Failure）t 与直流测试电压 U 和测试温度 T 相关，具体公式如下：

$$\frac{t_1}{t_2}=\left(\frac{U_2}{U_1}\right)^n\times \mathrm{e}^{\frac{E_S}{K}\left(\frac{1}{T_1}-\frac{1}{T_2}\right)}$$

这里的 E_S 指表观活化能，K 为波尔兹曼常数，t_1、t_2 是指不同测试条件下的平均失效间隔时间，U 指测试电压，T 指测试温度，n 为测试电压加速指数，常数 e=2.718281828。

根据试验条件和陶瓷材料配方的不同，测试电压加速度指数 n 在 2～4。正如业界所接受的，我们取 n 值为 3，发现这个值对于两个测试条件都是一个很好的近似值，即这个指数也适用于加速寿命（HALT）和标准寿命测试（标准寿命测试条件：125℃、2 倍额定电压）。

由表观活化能 E_S 表示的温度加速度已经由现场的不同工作人员进行了实验测定，发现其值在 0.9～1.19eV。热激活失效机理不是一个单一的过程，而是多种现象的组合。一般来说，一个好的近似方法是考虑温度每变化 20℃，加速度就增加一个数量级。上述等式可简化为：

$$\frac{t_1}{t_2}=\left(\frac{U_2}{U_1}\right)^3\times 10\times e^{\frac{T_2-T_1}{20}}$$

上述这个简化后的公式中的 t_1 和 t_2 是两次不同测试条件下的平均间隔失效时间（mean time between failure），通常简写成 $MTBF$。两者的比值被称作加速因子 Fa（acceleration factor）则：

$$Fa=\frac{t_1}{t_2}=\left(\frac{U_2}{U_1}\right)^3\times 10\times e^{\frac{T_2-T_1}{20}} \qquad \text{公式（10-1）}$$

公式（10-1）中我们也可以把 U_1 和 T_1 看作工作条件，把 T_2 和 U_2 看作测试条件，则 t_1 是工作条件下的 $MTBF_1$，用“T”表示，t_2 是测试条件下的 $MTBF_2$，则寿命测试加速因子的经验公式（10-2）如下：

$$Fa=\frac{t_1}{t_2}=\frac{MTBF_1}{MTBF_2}=\left(\frac{U_2}{U_1}\right)^3\times 10\times e^{\frac{T_2-T_1}{20}} \qquad \text{公式（10-2）}$$

$$MTBF_1=Fa\times MTBF_2 \qquad \text{公式（10-3）}$$

公式（10-3）中的 $MTBF_2$ 是寿命测试条件下的平均失效间隔时间，$MTBF_1$ 可以看作是工作条件下的平均失效间隔时间，这个可以形象地理解为从元件开始工作到第一次发生失效的时间，我们称它为元件工作等效小时数（equivalent device hours），暂且用“T”来表达，如公式（10-4）：

$$T=Fa\times N\times t \qquad \text{公式（10-4）}$$

T 为元件工作等效小时数（equivalent device hours）；

N 为进行测试的元件数量（No. of devices under test）；

t 为测试持续时间（test duration in hrs）；

Fa 为加速因子（acceleration factor）；

$$Fa=\left(\frac{U_{测试}}{U_{工作}}\right)^3\times 10\times e^{\frac{T_{测试}-T_{工作}}{20}} \qquad \text{公式（10-5）}$$

公式（10-5）中的 $U_{测试}$ 为测试电压。$U_{工作}$ 为工作电压，$T_{测试}$ 为测试温度，$T_{工作}$ 为工作温度，e 为常数。

计算加速因子 Fa 时参照的基本工作条件为 15V 和 40℃。这个工作条件是由 BNR 设计的用以计算 $MTBF$ 的电路板上贴片陶瓷电容器的工作条件。为了使不同试验之间的试验结果相互关联，我们选择了这个基准条件。而 MLCC 规格书中所定义的固定陶瓷电容器的工作条件为额定电压和额定温度（X5R 和 Y5V 为 85℃，X7R 和 C0G 为 125℃）。如果我们想计算出额定电压为 50V 的 MLCC 的标准寿命测试和加速寿命的加速因子 Fa，会发现选择不同的参照工作条件就有不同的加速因子，这个参照工作条件可以是基准工作条件 15V@40℃，也可以是 X5R 和 Y5V 的额定工作条件 50V@85℃，还可以是 X7R 和 C0G 额定工作条件 50V@125℃，表 10-1 给出了 50V 额定电压的陶瓷电容在上述基本条件下的加速度因子。

失效率（failure rate）是根据在测试完成后观察到的累积失效数和元件测试中耗费的总小时数来计算的。加速因子 Fa 的数值是基于测试条件和工作条件而获得的，见表 10-1。这样计算出的失效率用"FIT（Failure unit）"，或者"失效率每 10^9h"来表达。FIT 表示的意义为：每 10^9h 失效数量，$1FIT=1\times10^{-9}$/h。标准寿命测试和加速寿命测试的元件工作等效小时数 T 提供如下。

表 10-1　额定电压为 50V 的陶瓷电容器加速因子

寿命测试类型	15V 40℃	50V 85℃	50V 125℃
加速寿命测试 HALT（400V 140℃）	28.14×10^6	0.08×10^6	0.011×10^6
标准寿命测试（100V 125℃）	0.207×10^6	591.1	80

加速寿命测试 HALT（测试条件：400V，140℃，样品数 55，测试时间 48h）

元件工作等效小时数 T（工作条件：15V，40℃）：

$$T=Fa\times n\times t=28.14\times10^6\times55\times48=74.3\times10^9$$

标准寿命测试 STD（测试条件：100V，125℃，样品数 100，测试时间 1 000h）

元件工作等效小时数 T（工作条件：15V，40℃）

$$T=Fa\times n\times t=0.207\times10^6\times100\times1000=20.7\times10^9$$

失效率（FR）的公式（10-6）如下：

$$FR=\frac{n\times K}{T}=\frac{n}{T}\times K\times10^9\times FIT \qquad \text{公式（10-6）}$$

n 为测试中失效累计数，T 为累计的元件工作等效小时数（accumulated device-hours），K 为置信水平系数（coefficient of confidence level），当 $n=0$ 时，$n\times K=0.917$。$1FIT=1\times10^{-9}$/h。

在 60%置信水平时的系数 K 见表 10-2。

表 10-2　在 60%可靠度时的系数 K

失效数量（n）	K	失效数量（n）	K
1	2.02	7	1.19
2	1.56	8	1.18
3	1.39	9	1.178
4	1.31	10	1.17
5	1.26	11	1.1675
6	1.22	12	1.16

根据加速寿命测试（48h）和标准寿命测试（1 000h）的失效总数，表 10-3 提供了在工作条件为 15V，40℃下的预测失效率（失效率每 10^9h）。

表 10-3　在工作条件为 15V，40℃下的预测失效率

失效总数	加速寿命测试 FR（FIT）	标准寿命测试 FR（FIT）
0	0.0123	0.0443
1	0.0272	0.0976
2	0.0420	0.1507
3	0.0561	0.2014

续表

失效总数	加速寿命测试 *FR*（FIT）	标准寿命测试 *FR*（FIT）
4	0.0705	0.2531
5	0.0848	0.3043
6	0.0985	0.3536
7	0.1121	0.4024
8	0.1270	0.4560
9	0.1423	0.5109
10	0.1575	0.5652

10.2.4 HALT 实验结果

来自 6 个不同供应商的贴片陶瓷电容器进行了在上限类别温度下 2 倍额定测试电压的普通 1 000h 寿命测试和在 8 倍额定电压和 140℃温度下加速寿命测试（HALT）。HALT 测试中的失效数量被记录下来，并且用电压的三次定律和 20℃温差定律来计算失效率（*FR*）。标准 1 000h 的寿命测试也是如此。经观察，两种寿命测试之间存在合理的关联性。寿命测试通过对每个批次的测试样品 DPA 分析（破坏性物理分析）进行了跟踪分析。6 个批次中有 4 个批次显示出明显的物理缺陷。这些外部缺陷是导致这些批次的高失效率的原因。

在比较 FIT 失效率的计算值时，要记住，48h 的 HALT 比 1 000h 标准寿命测试的 *T*（元件工作等效小时数）更大。此外，FIT 失效率并不是 *T* 的线性函数。

失效判定标准：漏电流 > 100μA。

10.2.5 HALT 测试流程

1）从同一批次取 55 颗样品并将它们焊接在测试基板上，测试基板是带有插槽的陶瓷基板或者测试用 PCB。

2）待测样品置于热处理室，每个测试样品经过电流监测器连接到数据记录装置，加载到每个测试样品的电源连接一个 0.25A 慢熔断保险丝。

3）测试室设定测试温度为 140±0.5℃，并待达到此温度时再加载电压到测试样品，直到测试电压达到 400V（额定 50V 的 8 倍），加压速度不要超过 50V/s。

4）数据记录装置打开并把程序设置成：每隔 15min 扫描每个通道，记录每个测试样品每 15min 漏电流数据。

5）任何一个测试样品的失效都是通过数据记录装置的过电流（ > 100μA）数据来判定的，同时记录下失效发生时间。

6）失效判定标准跟 NPS00009 标准一样，绝缘电阻 *IR* 低于最初要求的 30%。

7）测试连续进行 48h 后停止。

10.2.6 HALT 测试结果说明

按照 NPS 要求，加速寿命测试 48h 内可接受的最大失效数是 6，这相当于在 60%置信水平下的失效率为 0.098FITS，它等效于传统寿命测试中 100 颗样品经过 1 000h 测试后有 1 颗失效（参考 NPS00009 标准）。在寿命测试的最初 4h，若出现高失效率表明雪崩击穿式失效机理是因陶瓷体的外部缺陷引起的。那样的话，测试应该停止，该批次应该拒收。

10.2.7 HALT 测试结论

HALT 加速寿命试验与 6 个供应商所选择的传统长寿命试验有很好的相关性。因此，从实用的角度来看，HALT 是快速预判 MLCC 质量和可靠性的一个很好的替代寿命试验的方法。电压和温度的加速因子随着材料类型、陶瓷加工、测试电压和温度的变化而变化。实验结果表明，行业普遍接受的用电压和温度计算出加速因子的平均值对两种测试条件都是合理有效的。

此测试被 NPS 纳入推荐，并用于供应商认证和资格审查。对更多供应商产品的关联性测试工作正在进行中，结果令人信服。

值得注意的是，HALT 测试或许替代了低电压偏湿测试的需要，因为几乎所有的低压失效机理都与利用 HALT 可以检测到的陶瓷内部的各种内在缺陷有关。

10.2.8 加速寿命测试理论的应用

加速寿命测试理论对于生产厂家和用户来说在实际中有两方面应用，第一个应用，将正常 1 000h 标准寿命测试通过升温和加压的方式把测试时间缩短到 48h 以下。此法目前已应用于 MLCC 生产检验中或用户的规格承认中。第二个应用，利用加速因子公式评估同一元件在不同工种温度下或不同工作电压下的寿命差异。由前面的加速因子公式（10-2）可以推导出简化的关系式：

$$Fa=\frac{t_1}{t_2}=\frac{MTBF_1}{MTBF_2}=\left(\frac{U_2}{U_1}\right)^3\times 10\times \mathrm{e}^{\frac{T_2-T_1}{20}}$$

公式（10-2）中的 *MTBF* 为平均失效间隔时间，可以理解为两种不同工作条件下的使用寿命（L_1 和 L_2），则公式（10-2）可推导为：

$$\frac{L_1}{L_2}=\left(\frac{U_2}{U_1}\right)^3\times 10\times \mathrm{e}^{\frac{T_2-T_1}{20}} \qquad \text{公式（10-7）}$$

L_1 和 L_2 代表不同条件下使用寿命。

假设电压不变化的情况下，寿命跟温度变化的关系可近似如下公式：

$$L_1\approx L_2\times \mathrm{e}^{\frac{T_2-T_1}{20}} \qquad \text{公式（10-8）}$$

假设温度不变化的情况下，寿命与电压的变化关系可以近似如下公式：

$$L_1\approx L_2\times\left(\frac{U_2}{U_1}\right)^n \qquad \text{公式（10-9）}$$

指数 n 随着绝缘材料和应激因子变化，提供参考值如下：

n=5　U_1=1.0～1.4 × U_R

n=3　U_1=1.0～0.5 × U_R

n=2　U_1=0.5～0.25 × U_R

应用举例一：

例如一个元件被规定能承受 2 000h@85℃的测试，我们如何预估它在 25℃条件下的寿命？根据公式（10-8）我们可以计算如下。

$$L_1\approx L_2\times \mathrm{e}^{\frac{T_2-T_1}{20}}$$

$$L_1\approx 2\,000\times \mathrm{e}^{\frac{85-25}{20}}=2\,000\times \mathrm{e}^3\approx 2\,000\times 20=40\,000\mathrm{h}\approx 4.6\text{年}$$

应用举例二：

一个元件在满额定电压运行时的寿命是 5 年，我们可以预估出在 $U_1=0.7U_R$ 时的元件寿命 L_1。利用公式（10-9）计算如下。

$$L_1 \approx L_2 \times \left(\frac{U_2}{U_1}\right)^n$$

$$L_2=5\text{年},\ n=3,\ U_2=U_R,$$

$$L_1 \approx 5\times\left(\frac{U_R}{U_1}\right)^3 = 5\times\left(\frac{1}{0.7}\right)^3 \approx 5\times 2.915 \approx 14.5\text{年}$$

应用举例三：

一个元件已经通过 $140\%U_R$ 额定电压持续 1 000h 测试没有失效发生问题，它在 $0.7U_R$ 电压下工作的寿命是多少？因为指数受电压应力的影响，所以我们必须分两步来计算依据寿命。

$$L_R = 1\,000\times\left(\frac{1.4\times U_R}{U_R}\right)^5 \approx 5\,380\text{h}$$

$$5\,380\text{h} = L_2\times\left(\frac{0.7\times U_R}{U_R}\right)^3 \approx L_2\times 0.343$$

$$L_2 \approx 16\,000\text{h}$$

这些例子是某种情况下的典型应用，我们称为降额（derating），把额定的或者标准的因数降低到一个较低的值来增加预期寿命和可靠性。

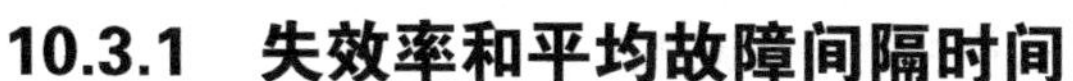

10.3 失效率和既设可靠性

10.3.1 失效率和平均故障间隔时间

可靠性可以描述为在一定时间内预计失效的次数。比如失效率（failure rate），用 *FR* 表示（失效次数每 10^6h 或者失效次数每 10^9h），但是也有许多通过电子设备来描述失效率的统计分布。一种流行做法是用指数函数，它类似统计一些特定元件类型的寿命磨损期，不考虑早期失效，并且在工作环境中有一个恒定的失效率 *FR*。如果我们把失效率 *FR* 反推，得到另外一个表达意义：每次预计发生失效的平均间隔时间，缩写成 *MTBF*（mean time between failure）。

关于失效率 *FR* 的概念、*MTBF*、元件寿命，这里也许存在误解，特别是当 1/*FR* 为 *MTBF* 极大值时。如果我们表示概率函数为 $R(t)$，当 $FR=1/MTBF$ 时，我们可以写成如下等式：

$$R(t) = e^{FR\times t} = e^{\frac{t}{MTBF}} \qquad \text{公式（10-10）}$$

如果公式里的时间等于 *MTBF*，我们得到一个概率函数是：$R(t)=1/e(\approx 0.37)$，在 *MTBF* 期间只有 37%的概率功能是完美无缺的。

10.3.2 测试中出现的失效率

电子产品越是先进，那么在产品中元件的数量就越多，同时在使用元件的过程中对不同类型元件的预计失效率的了解显得越加重要。只有这样我们才能预估我们产品的可靠性，同时把它跟保证承诺联系起来。

系统或者设备的失效率 *FR*（failure rate）是产品中各个不同元件失效率的总和，即 $\sum N_i \times \lambda_i$，*N* 指数量，*i* 指特定类型。

元件失效率可以通过寿命测试检测，但是结果要承担昂贵的测试成本，这些检测只有厂家自己才可以执行。这些通过厂家自己针对元件建立测试项目及其条件的可靠性，被称作既设可靠性 ER（established reliability）。

这个基础是由数百个元件的寿命测试数据组成，这些测试花费的时间超过数万小时。在测试的过程中产品的数量乘以小时数累计达数百万小时。如果失效率的数字维持在允许的限制内，那么元件将依次满足越来越高的可靠性水平，它有 60%或者 90%的置信系数。

可靠性用每 1 000h 失效率百分比来表达，代码为 λ。各种各样的失效率标准列举如下：

M（λ=1%/1 000h）；

P（λ=0.1%/1 000h）；

R（λ=0.01%/1 000h）；

S（λ=0.001%/1 000h）。

上面的失效率用%/1 000h 表达，也用另外一个表达方式"FIT"（Failure unit），它表示意义为：每 10^9h 失效数量，1FIT=1×10^{-9}/h，转换成 MIL 标准是 1FIT=1×10^{-7}%/h= 1×10^{-4}%/1 000h= 0.000 1%/1 000h。

表示失效率 *FR* 的符号 M、P、R、S 相当于用来作为扩展寿命测试的判定标准。

10.3.3 元件失效率概念

失效率标准其实反映的是每个组件在特定的测试条件下的失效率，但实际上这些失效率必须加以修正，对不同类型组件用元件失效率（part failure rates）λ_p 表示，并用工作条件的范围来做判定。

组件在它们应用中的失效率在这里是通过这些条件来判定的：

1）元件类型、温度等级、电应力（如何选择降额），你可以基于现场经验从表单上选取一个基础失效率λ_p。

2）品质（它有什么样的测试文件）按品质因数π_Q优先顺序来设置。

3）环境（固定设备，移动或者掌上设备，暴露在潮湿环境中，高温或者高低温变化，加速度条件的振动等）按环境因子π_E优先顺序来设置。

4）容值（容值与外形尺寸和阻抗的关系）按品质因数π_{CV}或者π_R优先顺序来设置。

然后获得具体设备的部件失效率如下：

$$\lambda_p = \lambda_b \times \pi_x \times \pi_y \times \pi_z$$

1. 环境因子π_E

失效率会随着环境的严重程度改变，参照 MIL-HDBK-217 标准选择一些典型的环境标准，见表 10-4。系统中的比较基准 G_B 我们称之为"正常室内条件"。它的 E 因素设置为 1，括号里我们描述了最严重的实际环境。

表 10-4 US MIL 环境标准

符号	环境描述
G_B	正常室内条件
G_F	固定装置，在没有暖气的房屋内有充分的制冷效果
G_M	移动装置（轮式或者履带式运输工具，非越野），掌上设备（中等的冲击、气温、振动）
N_U	没有防护的海运设备（振动、潮湿、盐雾、低温）

续表

符号	环境描述
A_{MF}	无人居住的空间（强震动、急剧变化的温度、冷凝）
M_L	导弹发射（强振动、加速度、冲击）
C_L	炮轰 155mm（极端的冲击和加速度）

瑞典建立的环境标准 FSD 和 IEC/CECC 标准里都增设另外一个环境条件就是恒湿状态(humidity steady state）和撞击测试（bump test），它在航空飞行器和海运环境中凸显其重要性。但是它们缺少针对越野车辆的撞击测试环境标准。在表 10-5 中我们将列出这些漏掉的环境标准，它们是整个环境测试的一部分，并根据不同严重程度搜集在名称 M1、M3 和 M4 里。括号里我们给出了一些实际环境例子以及它们处在何处。

表 10-5　瑞典 FSD 环境标准

名称	环境描述
M1	湿度稳定状态针对 IEC68-2-3，21d；加速温湿针对 IEC68-2-30，2d；撞击测试针对 IEC68-2-29，在 250m/s 的速度下撞击 6×1 000 次（户外的个人装备，轿车，在没有保温条件工厂内的非连续运行环境）
M3	湿度稳定状态，56d；加速度温湿，6d；撞击测试在 400m/s 条件下 6×1 000 次；温度范围–40～+85℃；振动 1/500Hz/100m/s^2（比如 N_U+越野车辆；汽车电子；严重的工业环境；手持军事装备；载重汽车和铁道运输；无包装无防护的货物搬运；周期性丛林气候）
M4	同 M3，附加温度范围–55～+125℃；振动 10/2 000Hz。（同 M3+A_{MF}+严重工业环境）

表 10-5 的 M 环境标准在后面的表单也有部分展示，它们参考于欧洲在通用的专业应用和军用方面的环境标准。

如果我们从不同的组件的图表中去比较环境因子π_E，我们会发现相似性，可变的一类略高一点，比较严重的环境标准 N_U 和 A_{MF} 将π_E 因子推向 15～25 数量级。通过图表比较我们可以评估出一个适当的关于环境标准 M1、M3 及 M4 的π_E 因子，见表 10-6。

表 10-6　环境质量因子π_{QM}

合格环境	π_{QM}	相匹配的π_E 因子
M4	0.01～1	20
M3	M4×3	10
M1	M4×10	3
最低	15[1]	1

“15[1]” 指 FR 标准不可应用。

2. 品质因子π_Q

我们引入了失效率 λ，它是被用来连接相关失效标准的，我们也可以指定一个品质因子 π_Q，修改基础失效率 λ_b，其值对应合格品失效率标准。

失效率标准（M，P，R，S）对应的 π_Q 通过 10 指数区分，步骤接近 $\sqrt{10}$ 大约为 3 分别为 1、0.3、0.1、0.03。

MIL-HDBK-217 标准描述了庞大的总量信息，但是手册下划线数据仅仅表示元件的 MIL 描述和采集条件。因此其他类型应用必须小心取用，并且需要大量元件标准知识。

例如，在一个元件类型被验证失效率级别为 S 之前，时间已经过去多年了。这种元件类型现在是否有与选择测试样品时相同的质量？此外，MIL HDBK-217 的信息是基于长时间积累的数据。因此，元件更新换代时间小于 5 年的在统计上的结果就失去了意义。MIL 系统拥有一个与现代元件发展脱离的内置屏蔽，在 MIL-HDBK-217 中，需要很长时间才能将新规格纳入规范，甚至需要更长的时间才能将其作为基准。尽管有缺陷，MIL-HDBK-217 仍然是不可或缺的。但对于专业的非美国零部件来说，它的信息库只有在我们能够做到的情况下才会相当真实。

1）用最近相关的 MIL 标准进行识别；

2）将它们与正确的环境因素联系起来；

3）为它们分配一个适当的环境因子 π_Q。

这个过程可能需要公司的元件专家的帮助。以下建议可能对评估元件有所帮助。

3. 环境品质因子 π_{QM}

我们已经提到过，环境品质因子 π_Q 是根据失效率的标准来分级的。同样地，我们将根据制造商在寿命测试基础上的可靠性为非美国专业元件指定一个质量因子。但为了弥补缺乏中立的检查，我们还将评估包括元件承受 M 环境的能力，或者是否符合 IEC/CECC 同等的标准。为了不弄错质量因子，因此在介绍元件的环境标准（US MIL ER）时我们称它为 π_{QM}。因此环境因子 π_{QM} 是建立在厂家的可靠性基础和它承受环境能力这两者之上的。这里的环境标准依据的是瑞典 FSD（或者其他相关的欧洲标准或者日本标准）。这两个元件评估标准一起构成了环境品质因子 π_{QM}。它是元件 “non-MIL-ER” 可靠性估算的基础，见表 10-6。

表 10-6 中，对应环境标准 M4，π_{QM} 包含范围值为 0.01～1，这取决于讨论过的失效率，基于已获得的失效率和符合环境标准 M4 的资格。π_{QM} 分级见表 10-7。

表 10-7 环境品质因子分级

FR≤1 FIT（0.000 1%/1 000h）	π_{QM}=0.01
FR≤10 FIT（0.001%/1 000h）	π_{QM}=0.03
FR≤100 FIT（0.01%/1 000h）	π_{QM}=0.1
FR≤1000 FIT（0.1%/1 000h）	π_{QM}=0.3
FR≤10000 FIT（1%/1 000h）	π_{QM}=1

为了使公司的可靠性信息和测试结果有效，应客户要求，公司的可靠性信息和测试结果应可供检验，且其置信系数至少为 60%。

本质上，一个给定条件的品质因子 π_{QM} 的判定也是资格认证的基础。π_{QM} 应乘以当前的环境因子 π_E。在最简单的计算中我们得到：

$$\lambda_p = \lambda_b \times \pi_E \times \pi_{QM}$$

当元件类型链接到最近的相关 MIL 标准时，λ_b 可以从 MIL-HDBK-217 中获得。当然，表 10-6 中 π_E 因子也可以应用于已被证明能够承受所列环境的元件。如果我们不使用 λ_b，而是使用 MIL-HDBK-217 中的通用故障率 λ_G，并从上表中获得留存的因子，则 M 环境的公式（10-11）如下：

$$M \cdot \lambda_p = \lambda_{GB} \times \pi_E \times \pi_{QM} \quad \text{公式（10-11）}$$

对于指定的 π_{QM} 因子并受环境标准 MIL-HDBK-217 约束的元件，我们得到了公式（10-12）：

$$\lambda_P = \lambda_{GX} \times \pi_{QM} \quad \text{公式（10-12）}$$

通用失效率 λ_G 是基于应力水平为 0.5 获得的。

10.3.4 电容器元件的失效模式

电容器元件中出现的影响可靠性（通常是低 *IR*）并导致 MLCC 早期失效的较为突出的缺陷有：

1）因个别内电极层上的较大应力所致的叠层间分层或延伸到贴片边缘的叠层间分层，一条或多条内电极外露缺陷（参见第 11.1.2 节所描述的外观不良）。

2）在陶瓷体内，延伸到内电极有效正对面积内的热冲击裂纹和机械应力裂纹。

3）在内电极有效正对面积内的细小斑点或针孔。在单层元件中，裂纹和孔隙是主要的失效模式。

失效率曲线如同一个浴缸形状，如图 10-1 所示。此曲线有三个部分，包括：早期失效率（早期失效期）、恒定失效率（使用寿命）和递增失效率（损耗模式）。早期失效模式一般发生在电容器额定电压和最高额定温度下的前 200h 内，或在最高额定温度下的两倍额定电压下的 100h 内。损耗时间将接近无穷大，所以，只要 MLCC 内部没有损伤，工作的条件也没有超过其额定电压和额定最大温度，MLCC 的损耗概念就不存在。

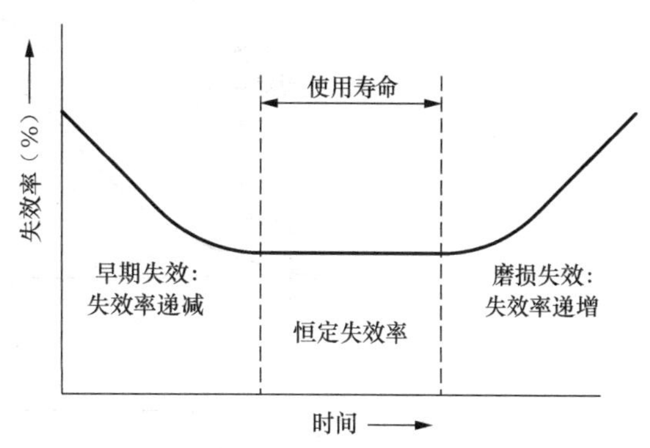

图 10-1 MLCC 失效率曲线

早期 MLCC 失效率一般相当低，不被认为是商业应用的问题。然而，军事用途的 MLCC 专注于早期失效率的减少。消除早期失效模式的最有效方法是：采用增压和升温的加速条件对产品批次进行测试，通常称为“老化测试”“考机测试（burn-in）”或“调压测试（voltage conditioning）”。选择合适的电压和温度条件可以减少测试时间。通常要求从 12h 到 48h 不等，关于加速寿命测试原理在 10.2 节介绍过了，可以利用加速寿命测试的公式缩短测试时间。

10.3.5 第二货源

在谈到可靠性时，应该提到一个密切相关的概念：实用性（availability）和交付保证（delivery assurance）。无论元件质量如何好，都可能会停止生产，或者可靠性和质量会恶化。于是重要的是要有替代供应商，或者“第二货源”。这样的替代供应商必须在新项目设计阶段得到备选保证。不幸的是，当不可避免的灾难发生时，有相当多的元件无法正常供应，对于“超级”元件没有其他合适的选择，或有选择但是要花很多钱，所以，我们应该尽量提前预防，避免这种情况发生。

10.4 标准值、最大值、最小值、标准偏差

无论是在厂家的目录和规格书中，还是在本手册中，有时会声明标准值，有时会声明最大值（max）或最小值（min）。通常它们都是通过标准方法获得的。在本手册中被提出的这些值或值的范围来自一些领先的制造商和标准的综合信息。因此，我们所讲述的最大值和最小值可能不同于某些特定的标准。厂家规格书上的“标准”值代表着平均值。标准值和各自的极限值之间可能相差很多倍。有时这是由于制造商的产品符合一定的规格，其极限值设置是跟相对丰厚的利润有关的。这些

极限设定是离正常产品的值较为远的，不一定是按制程能力来设定的。如果真正想提高电子产品的可靠性，就不得不把供应商管理做到更细，这就要求清楚了解元件生产的关键性能参数。

除了最大/最小限制之外，可能偶尔还会看到满足规定要求的生产百分比信息，以及满足另一组更宽极限值的生产百分比信息。如果这些信息对我们的生产结构至关重要，我们应该要求制造商对他的产品进行分布统计。制造批次的所有参数值统计通常可以近似看作是其标准值两边的正态分布，如图 10-2 所示。这里的 x 轴是按标准差（standard deviation）σ来分级的，在这个轴上规格极限值的某个点就会被确定位置。因为严谨的厂家都知道标准偏差σ与规格极限值之间的关系可以被转化成单位允收/拒收概率。图 10-2 中举例，全部产品正态分布的百分之几位于“标准”值的 $\pm 1\sigma$，$\pm 2\sigma$，$\pm 3\sigma$。

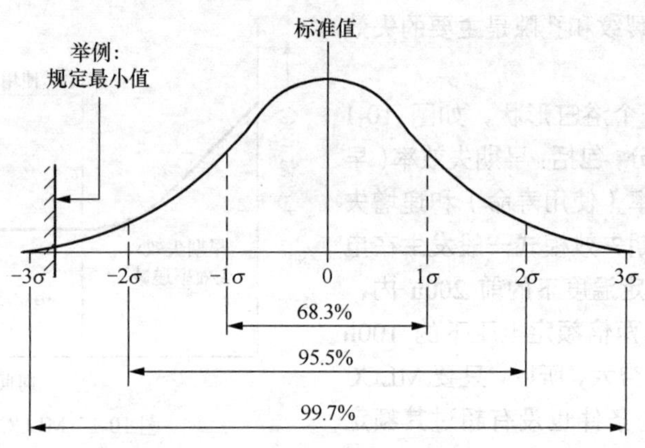

图 10-2　正态分布产品的极限值

当下一个目的是确保生产的产品在 $\pm 6\sigma$极限值范围内。即使是不同批次的“典型”值也可根据图 10-2 找到对应位置，例如 $\pm 1.5\sigma$。并且各自标准偏差宽度实际保持在 $\pm 3\sigma$合理范围内，所有批次的应在 $\pm 4.5\sigma$范围内。低于这些极限值，最大失效率仅有 3.4ppm（$ppm=10^{-6}$）。当然，关于 ppm 失效率的讨论是已经验证过的。表 10-8 显示了以正态分布标准偏差σ来表达的偏规极限值（Max 或 Min）概率。

表 10-8　在不同标准偏差下的主体和尾巴百分比

标准偏差σ		
1σ	84.13%	15.87%
1.5σ	93.32%	6.68%
2σ	97.73%	2.27%
2.5σ	99.38%	0.62%
3σ	99.87%	0.13%
4σ	99.9968%	0.0032%

第11章 MLCC常见客户投诉及失效模式分析

尽管MLCC在静电电容器里号称可靠性是最高的，它具有小尺寸、低阻抗、无极性等特性，但是另一方面它也存在容量随温度和电压变化的缺点。因而在实际使用过程中也会时不时发生一些让使用者摸不着头脑的问题。MLCC的供方和需方之间总是发生这样或那样的“误解”。技术性的“误解”会在本章节一一解答，还有观念上的“误解”，需要双方相互知晓对方的专业知识。这里需要采用换位思考的方式，需方需要主动了解MLCC相关特性，供方需要了解品质管理相关概念。避免供方抱怨需方不懂MLCC，需方抱怨供方只会换货，没有防止问题再发的品质观念。我们大家可能会碰到这样一种情形，只要是有品质管控系统的正规公司，当发生投诉时，MLCC供方往往总是困惑，不良原因也找到了，货也更换了，分析改善报告也给了，对方的工程师为啥还是纠缠不休呢？其实对方不是在故意找错，而是要确保如何防止同类问题再次发生，没有满意的回复，造成品质管理中的异常改善无法结案。所以MLCC供方的客诉处理人员要具备一定的ISO知识、品质管理知识、生产管理的知识，不一定精通但至少略知一二。根据作者二十多年的MLCC投诉处理经验，最能有力说服客户的还是利用标准和实测结果来说话，否则一切解释皆枉然。正因为如此，本书不只是经验的总结，更是标准的融合。

下面从四个方面介绍常见的客诉投诉，它们包括：机械性能方面投诉、贴片焊接方面投诉、电气性能方面投诉、有害物质管控方面投诉。每项常见品质投诉分别从制造角度和使用角度去分析和解答原因，以期有利于MLCC供需双方快速找到问题原因并彻底解决这些问题。

11.1 机械性能方面投诉

11.1.1 尺寸不良

对于终端用户来说，不会特意去检验尺寸，只有在SMT贴片作业时发现MLCC被卡在载带里或者发现MLCC的端电极与PCB的焊盘不吻合的时候，才有可能确认尺寸规格是否在标准范围内。无论是IEC标准还是MLCC厂家对MLCC尺寸验收标准的制定，都比当前制程能力宽松，IEC标准也许是为了兼顾到尺寸标准能覆盖各大厂家，而MLCC厂家把标准定得尽可能宽松当然是利己主义。因而通常情况下终端用户几乎找不出MLCC厂家有尺寸问题，况且即使有尺寸问题，如果贴片焊接没有问题和电气性能没有问题，此“问题”也许不是问题。但是用户需要留意的是那些接近设计极限的尺寸，MLCC 厂家为了设计某一确定额定电压下的最高容量，有可能尽量让尺寸偏上限，以便获得高容量。例如 0402（1005）X5R 16V 当前最高容量只能做到 225（2.2μF），有的 MLCC 厂家也许按正常尺寸标准就可以做到，但有些厂家要尺寸偏上限才可以做到。因而对于终端用户来说有时候对尺寸标准的精准和稳定的管控，也可以间接监测 MLCC 厂家制程稳定性，但这只能在做规格承认时在采购合同或品质合约里约定，否则大家只能遵守行业标准（比如 IEC 标准）。

当 MLCC 用户确实碰到需要确认 MLCC 尺寸的情况时，本书提供了两个参考标准给大家参考。一是参考本书第 7.1.5 节的 MLCC 尺寸规格公制英制对照表，此标准综合了 MLCC 前三大品牌的尺寸标准。二是参考本书第 7.1.4 节中的 IEC 标准对 MLCC 所作的规范，参考表 7-1 的 IEC-60384-21&22 标准规定的 MLCC 尺寸验收标准。

11.1.2 外观不良

通常 MLCC 用户在投诉外观不良时，并非从美观上对 MLCC 提出要求，而是担心外观不良对功能和可靠性的影响。到底哪些外观不良一旦发生就会对电气性能或可靠性产生影响，以及外观不良严重到何种程度才产生影响，这其实是非常专业的问题，常常困扰着 MLCC 用户。即使是 MLCC 供方或者厂家有时候也未必能提供有力的证据或标准来支持自己的解释。因而外观不良判定标准就非常依赖于权威的第三方标准。因为外观不良判定在 IEC 标准里着墨不多（参考第 8.17 节），所以推荐参考 EIA-595-A-2009 标准，此标准专门针对贴片陶瓷电容器的外观给出了判定标准。在 EIA 标准里的 MLCC 外观检验条件：检验工具 10～20 倍显微镜，光照条件 2 000lx 照度。MLCC 厂家在制程检验中通常采用 40 倍放大镜做检验，另外 0201 以下的尺寸也许要借助 40 倍以上的显微镜才合适。实际上更高检查条件并非不可达成，而是需要用户与供应商之间约定好。下面列举 MLCC 各种外观不良的 EIA 判定标准。

1. 陶瓷本体外观不良——裂纹

MLCC 陶瓷本体一旦出现裂纹一律拒收，因为只要陶瓷本体出现裂纹，其裂纹深度往往无法判定，其内部结构存在的风险无法评估，所以一旦有肉眼可见的裂纹一律做拒收处理。不良示意图和实物图见图 11-1 和图 11-2。

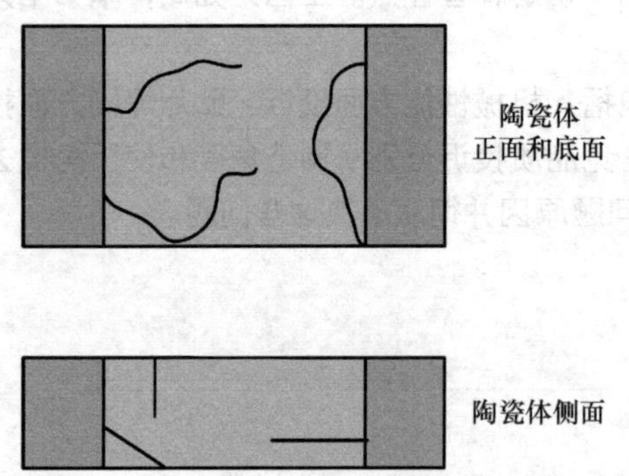

图 11-1 陶瓷本体外观不良——裂纹

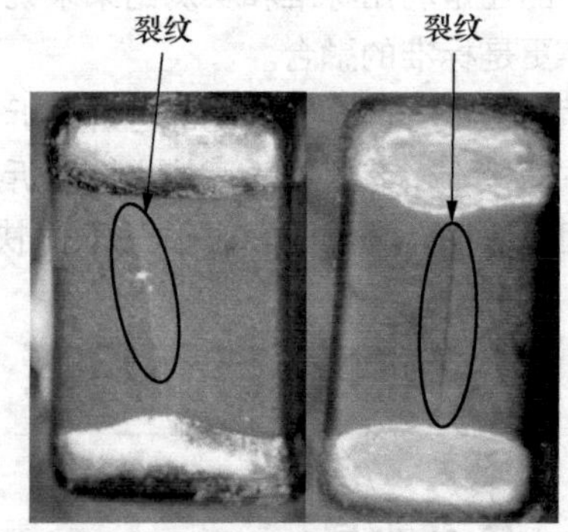

图 11-2 裂纹实物（拒收）

2. 陶瓷本体外观不良——破损

破损（或凹洞）是发生在陶瓷本体局部的损伤或局部边损，不像裂纹不良损伤延伸到内部电极层，所以判定标准是采用有条件允收。允收条件：任何一个破损（或凹洞）点的延伸长度不大于它所临近边长的 20%，或者不超过正面和底面绝缘陶瓷体临近边的 20%，才可允收（如图 11-3 所示）。另外，沿着任一绝缘陶瓷体边缘的累计破损长度不应超过绝缘陶瓷体长或宽的 20%。任何导致内电极外露的破损都是拒收的，类似这种破损通常是因断裂产生，并且出现在边缘（如图 11-4 和图 11-5 所示），MLCC 破损（或凹洞）不良实物图如图 11-6 所示。

允收
无内电极外露，破损未超过边长的 20%

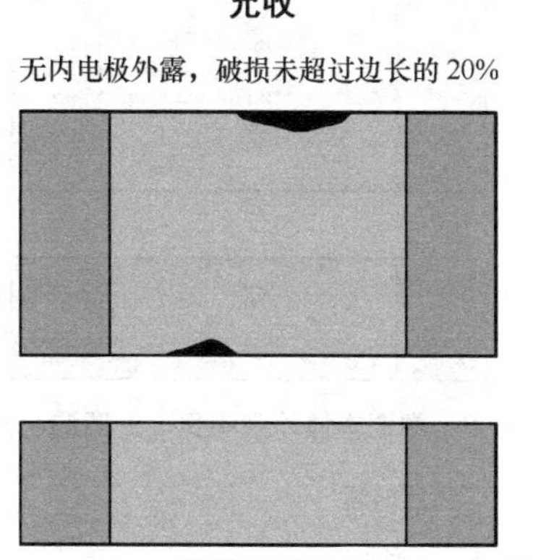

图 11-3　陶瓷本体外观不良——破损（允收）

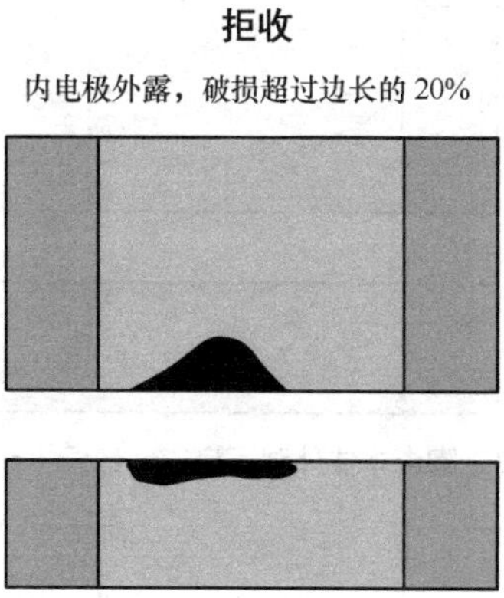

拒收
内电极外露，破损超过边长的 20%

图 11-4　陶瓷本体外观不良——破损（拒收）

拒收
破损累计长度超过长或宽的 20%

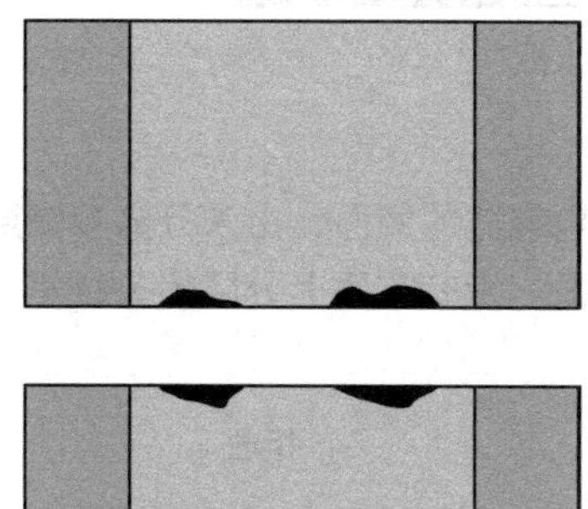

图 11-5　陶瓷本体外观不良——破损（拒收）

破损
破损

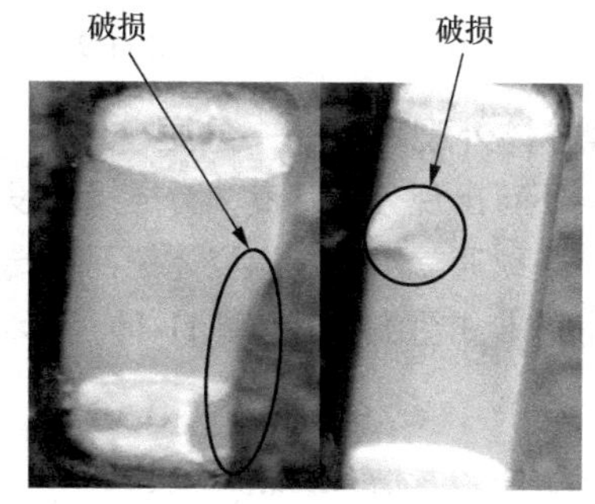

图 11-6　破损不良实物（拒收）

另外，如图 11-6 所示，破损影响到陶瓷体的侧边距和盖板厚度，就可参考第 8.30.4 节的表 8-78“侧边距判定标准”和表 8-80“盖板厚度判定标准”，利用此两项标准来判定，如果破损造成侧边距和盖板厚度超标则拒收。

3. 陶瓷本体外观不良——孔洞

任何内电极外露的孔洞是拒收的。孔洞不良中面积小的我们可能习惯称作气孔或孔眼，面积大的我们可能习惯称作凹洞。有些局部破损跟凹洞很像，如何区分凹洞和破损呢？破损一般是在烧结后形成的，所以通常损伤痕迹非常明显，而凹洞是烧结前或烧结中形成的，没有机械性损伤。

没有暴露内电极的浅表凹洞一般不影响 MLCC 性能，这种轻微的外观瑕疵通常是可以被用户接受的（如图 11-7 所示）。暴露了内电极的凹洞对 MLCC 的陶瓷介质的绝缘性和耐压能力均会产生影响，所以此类外观不良在应用中一律不能允许存在（如图 11-8 所示）。

如图 11-9 所示的凹洞，虽然凹洞没有造成内电极外露，但是凹洞的深度很深，又如何判定它是否符合允收标准呢？这要看凹洞是否影响到陶瓷体的侧边距和盖板厚度，可参考第 8.30.4 节的表 8-78“侧边距判定标准”和表 8-80“盖板厚度判定标准”，如果凹洞造成侧边距和盖板厚度超标则拒收。

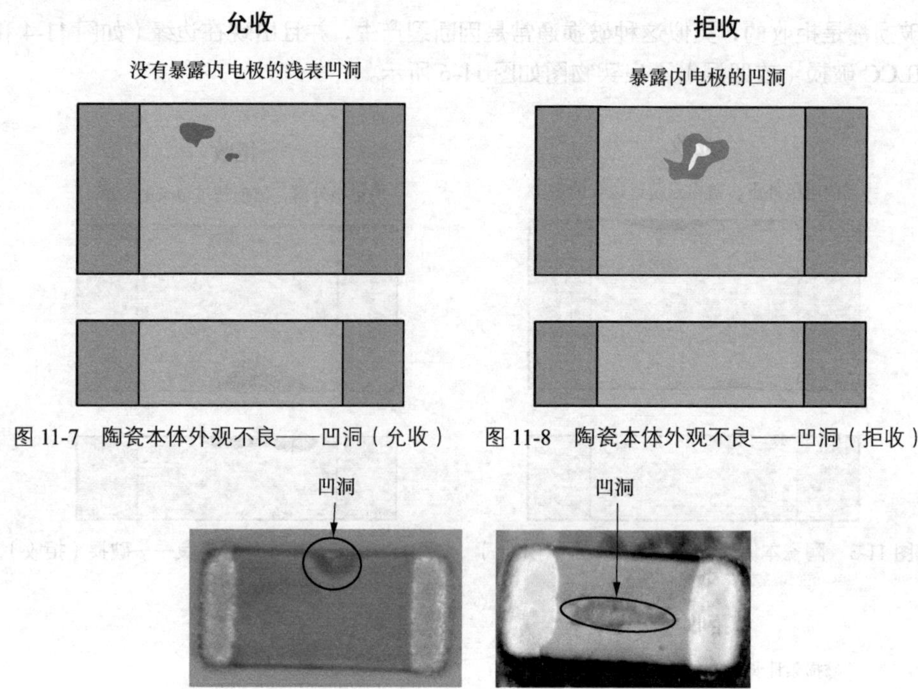

图 11-7　陶瓷本体外观不良——凹洞（允收）　图 11-8　陶瓷本体外观不良——凹洞（拒收）

图 11-9　凹洞不良实物（拒收）

4．陶瓷本体外观不良——分层

陶瓷叠层不可出现分层不良，分层通常发生在贴片电容器的侧面，由未分离陶瓷层形成的图案是条纹状的。条纹通常出现在陶瓷体侧面或端电极的端面。没有实质上分层的条纹是可以接受的。分层不良判定标准如图 11-10 和图 11-11 所示。

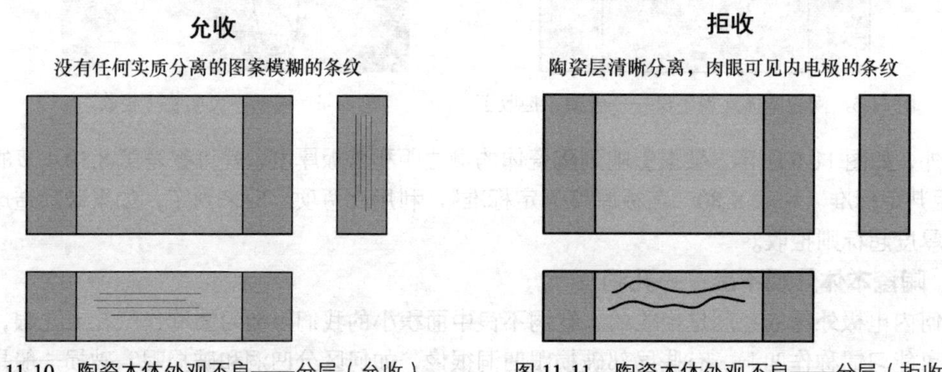

图 11-10　陶瓷本体外观不良——分层（允收）　图 11-11　陶瓷本体外观不良——分层（拒收）

5．陶瓷本体外观不良——气泡和肿块

气泡通常出现在贴片电容器的正面和底面，此不良一律应拒收。妨碍贴片焊接或者会造成短路的异物肿块是拒收的。如果黏附在表面的陶瓷肿块妨碍焊接贴片焊接或者造成翘曲，也是不能接收的。气泡和肿块不良判定标准如图 11-12 和图 11-13 所示。

6．陶瓷本体外观不良——翘曲和凸起

当贴片电容器置于平面，从贴片中心测得的翘曲应小于贴片整个长度的 1%（如图 11-14 所示）。贴片长度每 2.54mm 的最大翘曲是 0.025mm。任何表面不规则凸起都不可超过平面 0.08mm，凸起常出现在正面或底面。另外，不管翘曲偏差大小，翘曲厚度（贴片放置平面到贴片上表面的距离）绝不可超过贴片允许的最大厚度。

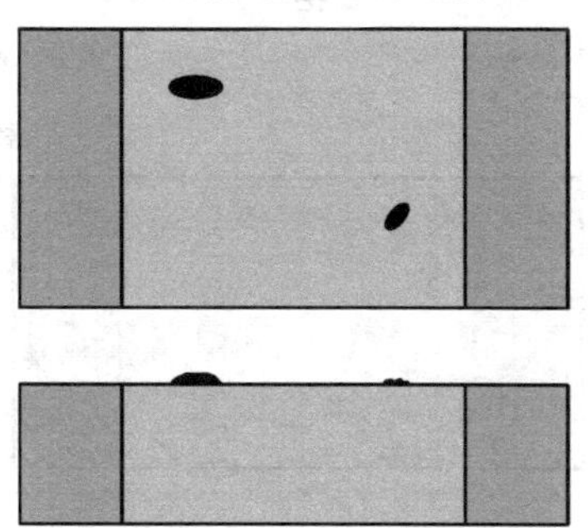

图 11-12　陶瓷本体外观不良——起鼓和肿块（允收）

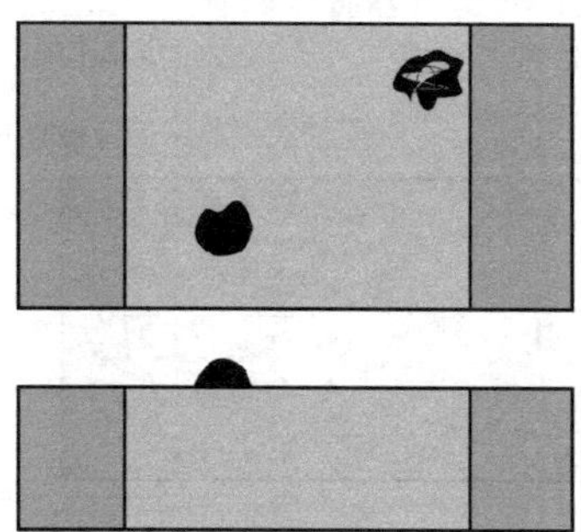

拒收
所有气泡和妨碍贴片焊接的异物肿块

图 11-13　陶瓷本体外观不良——起鼓和肿块（拒收）

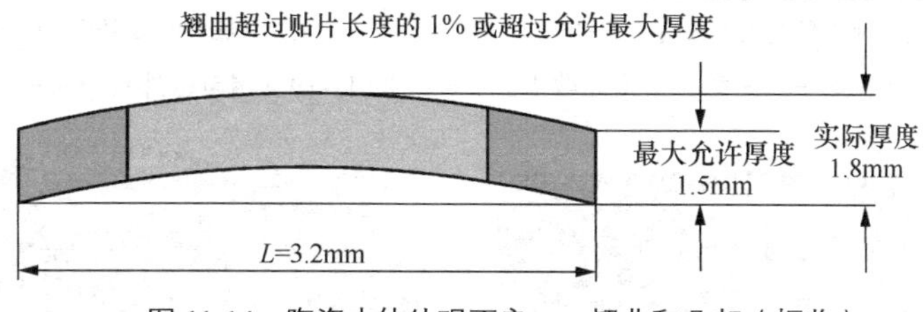

图 11-14　陶瓷本体外观不良——翘曲和凸起（拒收）

7. 端电极外观不良——气孔和孔洞

贴片电容器的两端电极的端面应被镀层完全包覆，其他 4 个镀层侧面上的气孔和孔洞的面积应不大于该侧面的 5%。气孔和孔洞有内电极外露是不允许的。端电极上气孔和孔洞不良判定标准如图 11-15 和图 11-16 所示，其不良实物图见图 11-17。

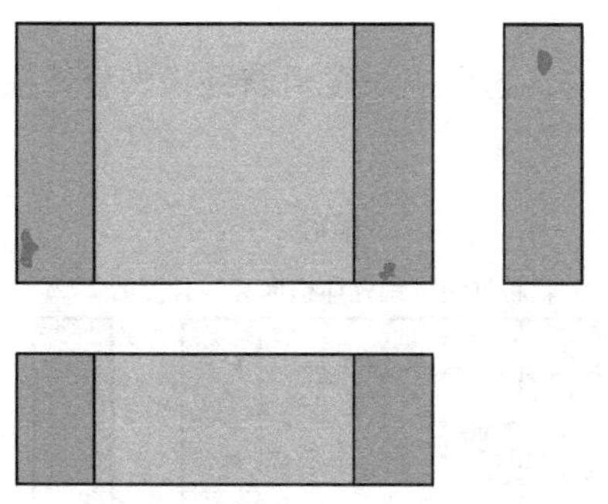

内电极未露出以及任一端面未超过镀层面积5%的小孔洞

图 11-15　端电极外观不良——气孔和孔洞（允收）

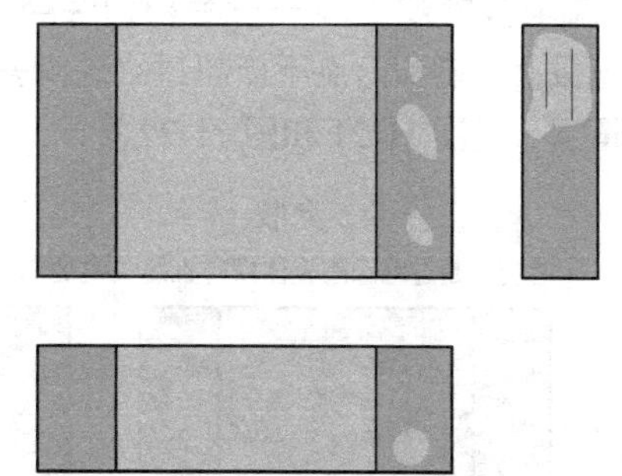

拒收
气孔露出内电极以及任一端面的孔洞超过该镀层面积 5%

图 11-16　端电极外观不良——气孔和孔洞（拒收）

8. 端电极外观不良——带宽异常

端电极上镀层的缺损不能使带宽宽度低于标准规定的下限值（关于带宽判定标准参考第 8.17 节的 IEC 标准，或第 7.1.5 节的 MLCC 厂家标准）。此外，贴片正面和底面的带宽长度的 90% 必须在带宽管制上下限内，而端电极侧面带宽没有要求满足最小限制（如图 11-18～图 11-20 所示）。

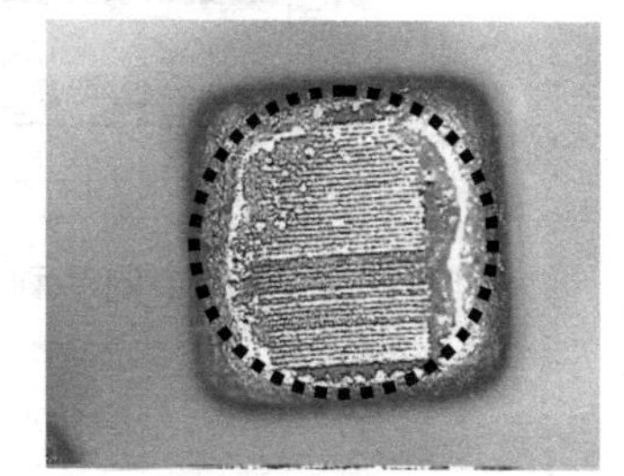

图 11-17　端电极孔洞不良实物（拒收）

允收

带宽　带宽上限　带宽下限

带宽长度

正面和底面的带宽长度在管制上下限内大于 90%

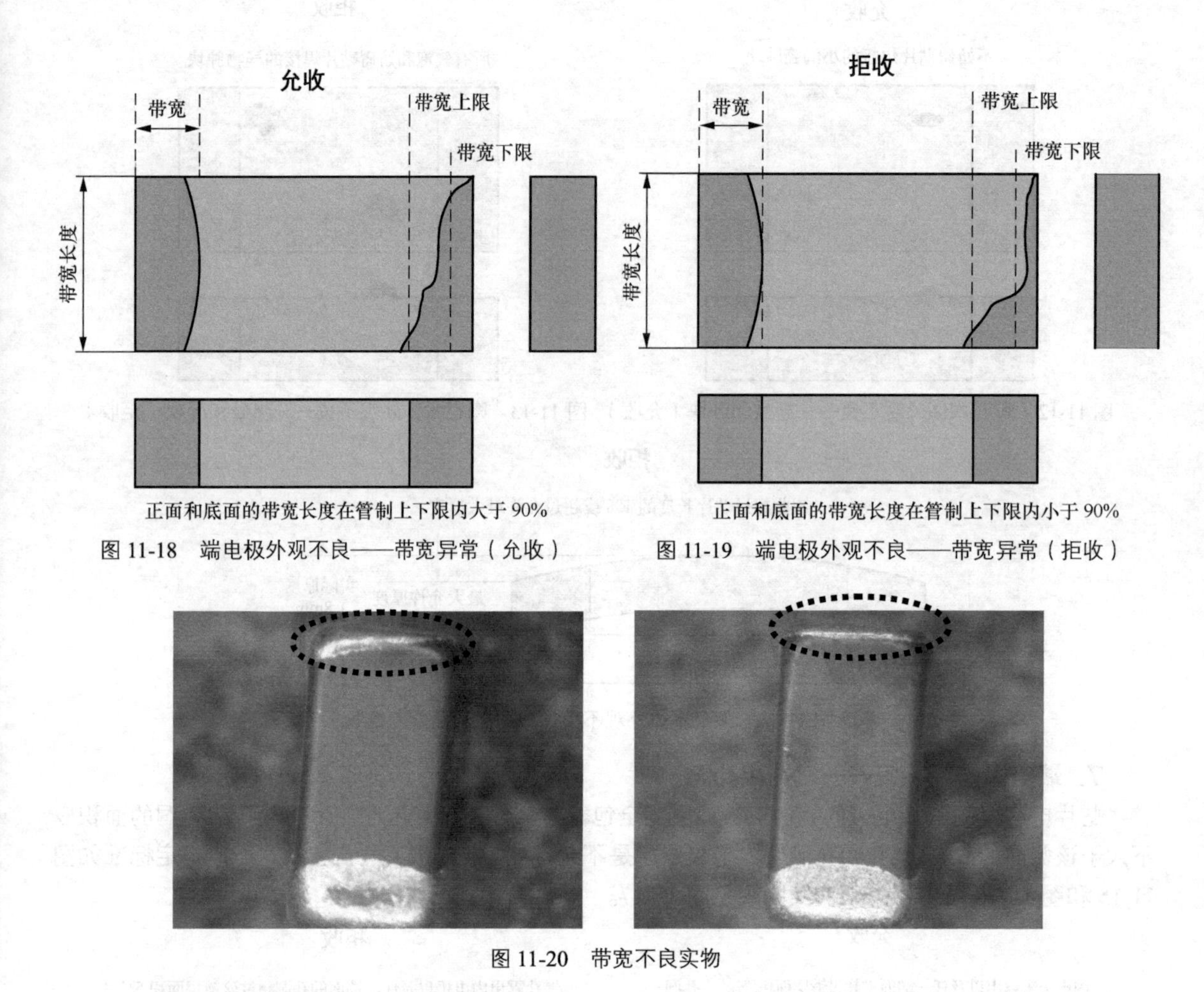

图 11-18　端电极外观不良——带宽异常（允收）

拒收

带宽　带宽上限　带宽下限

带宽长度

正面和底面的带宽长度在管制上下限内小于 90%

图 11-19　端电极外观不良——带宽异常（拒收）

图 11-20　带宽不良实物

9. 端电极外观不良——毛刺和污点

端电极上毛刺和污点不能超过绝缘陶瓷体长度的 20%，这里的长度沿着绝缘陶瓷体横向边缘直线方向量测（见图 11-21 和图 11-22）。

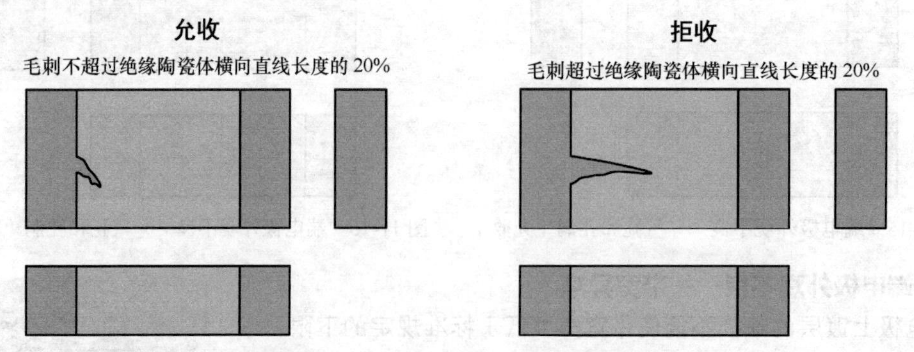

图 11-21　端电极外观不良——毛刺和污点（允收）　图 11-22　端电极外观不良——毛刺和污点（拒收）

端电极外观不良中的毛刺不良最夸张的情形见图 11-23。

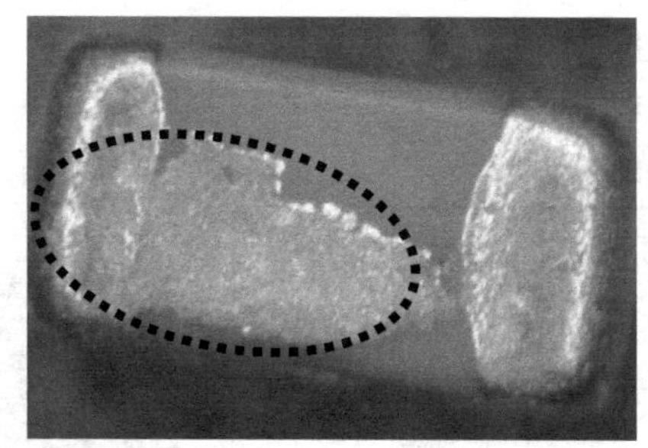

图 11-23　毛刺不良实物

10. 端电极外观不良——镀层剥落

端电极可焊边缘不可超过 10%的锡层剥落（如图 11-24 和图 11-25 所示）。注意：为了镀层黏着力而进行的正常倒圆角是被允许的。

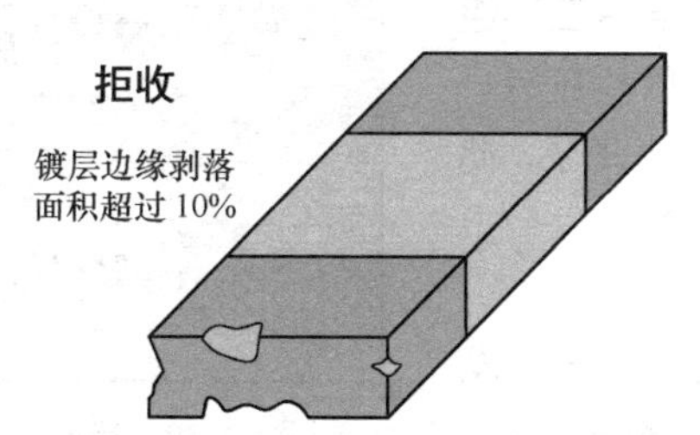

图 11-24　端电极外观不良——镀层剥落（拒收）

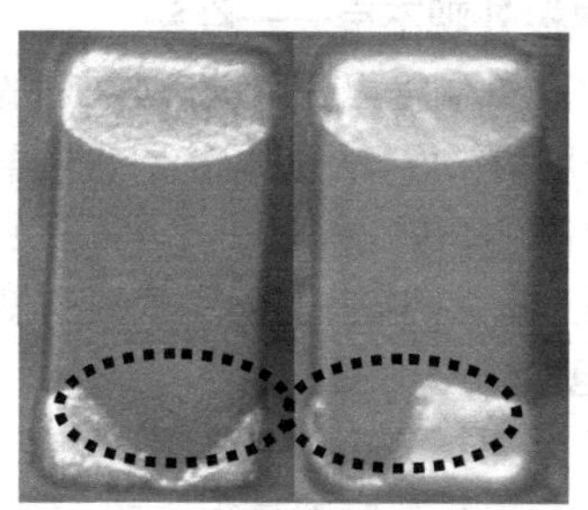

图 11-25　镀层剥落不良实物

11. 端电极外观不良——镀锡翘曲

MLCC 表面的镀层要求没有翘曲痕迹（如图 11-26 所示）。在贴片已电镀的情况下，可能存在轻微的可接受的远离隔离层的边缘翘翻。

12. 端电极外观不良——黏附异物

在端电极表面粘附的可能影响焊接的异物（包括油脂油污）都是拒收的（如图 11-27 所示）。

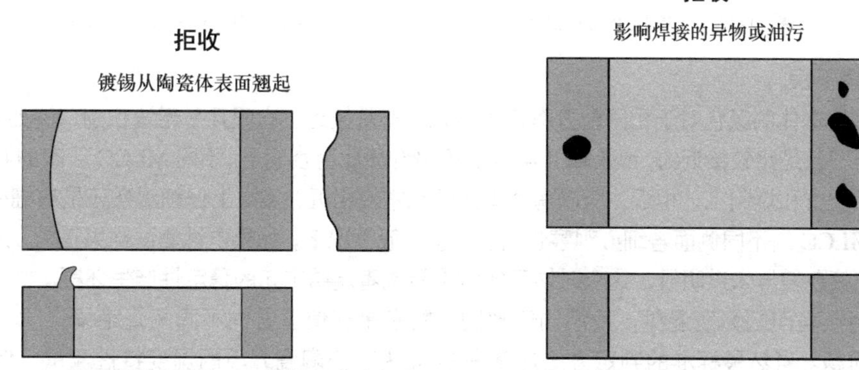

图 11-26　端电极外观不良——镀锡翘曲（拒收）　　图 11-27　端电极外观不良——黏附异物（拒收）

13. 端电极外观不良——凹凸不良

任何不规则凹凸物均不可超出翘曲要求（前面陶瓷本体不良提到过），也不能超出贴片长宽厚的限制（如图 11-28 所示），不能妨碍焊接。

14. 端电极外观不良——端头氧化

MLCC 的端电极的端头可能会因封装材料或保存环境原因导致氧化，跟正常端头比颜色暗淡不明亮。此不良会直接影响焊锡性。不良实物图片见图 11-29。

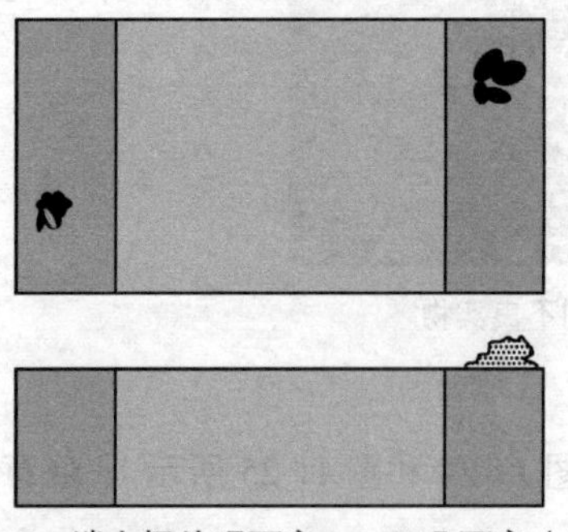

图 11-28　端电极外观不良——凹凸不良（拒收）

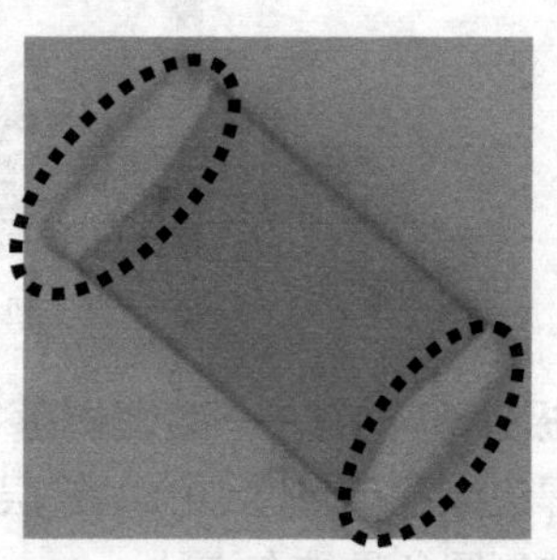

图 11-29　端头氧化不良

15. 端电极外观不良——红头

在前面 MLCC 制程里介绍过，MLCC 的端头镀层有三层组成，最外面一层为锡层，中间为镍层，最里面为铜层。还有一种外观不良称作“红头”，其实是端电极的铜层裸露出来了，此外观不良也是直接影响焊锡性。不良实物见图 11-30。

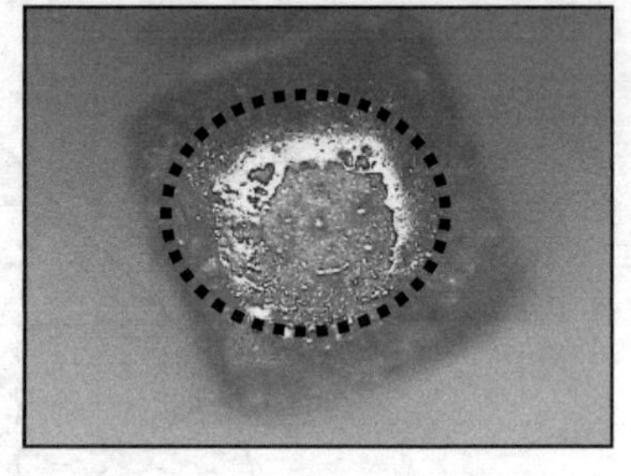

图 11-30　端电极红头不良

16. 内电极外露不良

因内电极外露不良在过波峰焊时有连焊的风险，一旦发现肉眼可见的内电极外露都是拒收的（如图 11-31 和图 11-32 所示）。

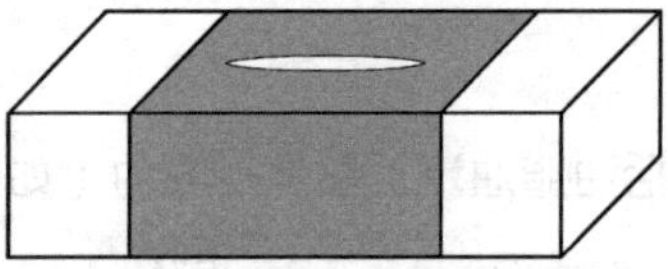

拒收

焊接后存在连焊风险

图 11-31　内电极外露不良（拒收）

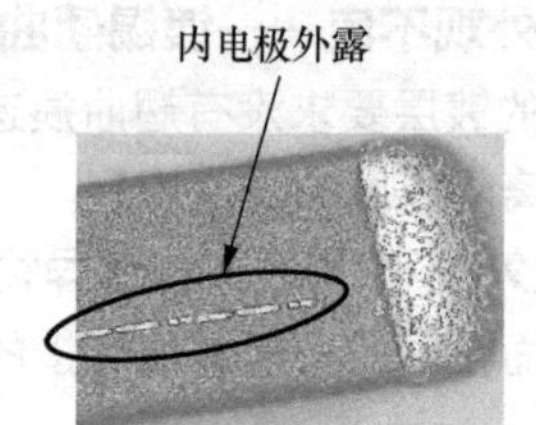

图 11-32　内电极外露不良实物

17. 色差不良

MLCC 陶瓷本体的颜色对于相同配方陶瓷材料来说非常接近，肉眼几乎无法识别，例如整个 I 类陶瓷绝缘介质的颜色是比较接近的，但是跟 II 类陶瓷绝缘介质比差别明显。不同 MLCC 厂家的 C0G、X7R、X5R、Y5V 因配方和烧制工艺相近，所以陶瓷本体颜色本应相近，实际上仔细观察还是有细微差异，即便是同一颗 MLCC 的不同侧面若细心观察也有色差。一般情况下，如果电性测试结果正常，无需担心色差问题，除非颜色差异太过明显，这个时候可能对混料或者烧结工艺的稳定性产生怀疑。

一旦碰到色差问题怀疑混料，我们如何辨别，特别是容值重叠的不同陶瓷绝缘介质，好像不是那么简单的问题。当然最标准的判定方法是参考第 8.13 节的陶瓷介质的温度特性测试，但是通常终端用户不是都具备这样的测试条件，推荐一个可行的替代方法是：参考第 8.23 节的耐锡热测试中的焊锡槽测试法，条件如下。

预热：测试前测试样品需要在 110～140℃中预热 30～60s；

焊锡成分：Sn-Pb 或 Sn-Ag-Cu；

焊锡温度：（260±5）℃；

浸入时间：10±1s；

浸入深度：10mm；

浸入次数：1。

其判定标准根据耐锡热测试容值变化判定标准见表 11-1。

表 11-1 耐锡热测试容值变化判定标准

陶瓷介质类别	容值变化判定标准
I 类 NP0（C0G/C0H/C0J/C0K）	±0.5%或±0.5pF（两者取其大）
II 类（X7R、X5R）	±15%
III 类（Y5V）	±20%

不同陶瓷绝缘介质的 MLCC 在经过焊接过程中温度变化后，容值会发生变化，但是变化范围有明显区别，正是利用这一特性来做区分，可以让 MLCC 经过回流炉但是不做焊接。

11.2 贴片焊接方面投诉

11.2.1 抛料不良

抛料不良是指终端用户在贴片作业时 SMT 吸取贴片失败，抛料一般产生浪费和效率低下问题，但是对客户产品品质无影响。MLCC 封装的载带分纸质载带和塑胶载带，纸质载带由上带、本位带和下带组成，塑胶载带是凹凸结构所以没有下带，它由本位带和上带组成。纸质载带示意图见图 11-33 和图 11-34。编带封装时通过热压将上下带粘在本位带上，早期的自动封装编带机，其上带电烫斗的横截面是 U 型的，压痕是平行的两条线，而下带电烫斗的底面是平整的，压痕是一个面；最新的自动封装编带机，下带电熨斗的横截面跟上带电熨斗一样也是 U 形的，这样是为了避免热压到有载孔的位置。

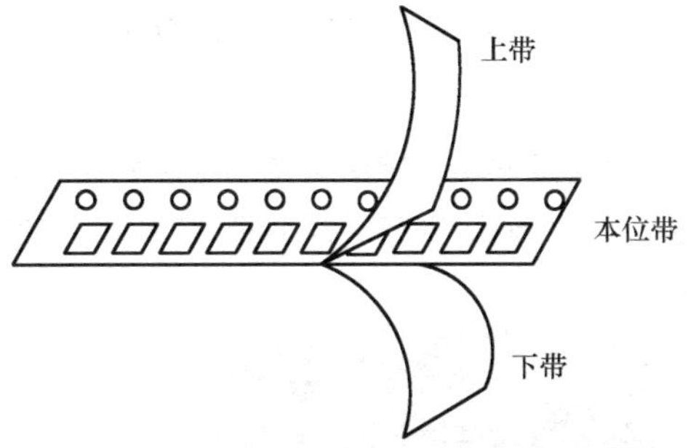

图 11-33 MLCC 载带构成示意

上带为透明薄膜

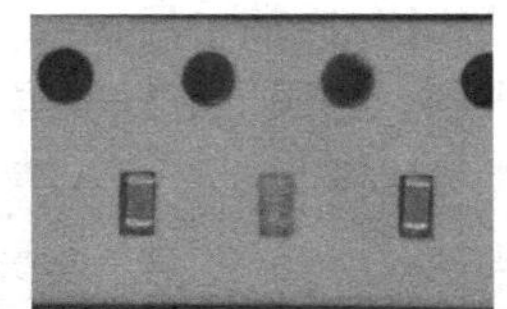

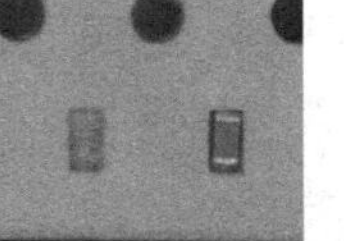

下带为织状薄膜

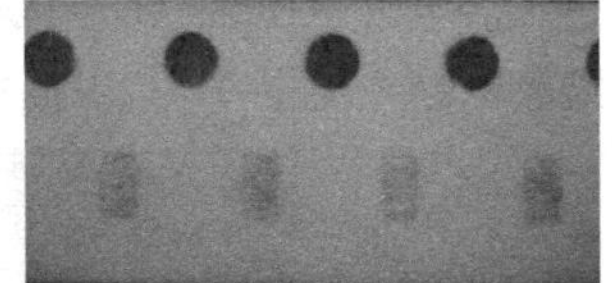

图 11-34 载带中上下带对比

编带封装（taping）是把散装贴片电容器封装到载带里，而 SMT 是编带封装逆过程，是把要把封装在载带里的贴片电容器吸取出来置于 PCB 上。因而造成抛料原因大多出自这两个环节。MLCC 编带封装的品质和终端用户的贴片作业都有可能造成抛料问题。影响抛料的原因有如下几种情况。

1. 下带过黏、断裂或不黏造成的抛料不良

下带过黏造成抛料不良，主要发生在纸质载带，塑胶载带（1206 以上尺寸用）没有此类问题。纸质载带的编带封装顺序是：本位带先热压黏合下带，再装载贴片，最后封上带。通常在装载贴片前下带可能有余热，下带上的胶黏物质还存在黏性，如果下带出现品质问题，比如黏性成分过多就容易黏住贴片电容器。或者有另外一种情况，下带没有品质问题，在编带封装的过程中载带行走的轨道上有凸起异物，当贴片电容器放入载带后，受挤压产生黏性，这种情况通常下带有刮痕，我们可以通过外观做辨别。无刮痕的贴片电容器我们可以做“倾倒”测试，撕开上带，然后载带由正面朝上轻轻翻转使正面垂直向下，无需抖动，看贴片电容器是否能够全部自由落下。贴片电容器被下带黏住的，通常取走电容器后，借助显微镜观察下带，可以观察到下带上黏有银色的焊锡斑点。对于终端用户，如果做倾倒测试有发现贴片电容器不能自由落下的，建议找 MLCC 工厂分析原因。

如果下带发生断裂或不黏而造成贴片电容器缺失，那么 SMT 也会把所有吸取失败归为抛料不良。这种问题肉眼可清楚辨别，抛料原因容易查找到。下带不黏或断裂细究原因一般是编带的包装机故障。

2. 载带孔毛屑造成的抛料不良

纸质载带的载孔是打孔机冲压出来的，打孔针组会磨损，所以有寿命管制。如果打孔针组品质异常，就有可能导致冲出来的载孔残留毛屑（见图 11-35）。针对毛屑问题，0402（1005）以下载带有些厂家有采用燎烧工艺去毛屑，所以从下带一侧看，有淡黄色燎烧痕迹，此为正常现象，有些终端客户误以为污染或氧化不良。载孔里的小的毛屑也许不会造成抛料问题，但如果毛屑过大，就有可能卡住贴片陶瓷电容器，造成抛料问题。

3. 贴片电容器侧立造成的抛料不良

正常情况下，贴片陶瓷电容器是平放于载孔里，有一种异常现象是贴片电容器的棱角朝上，见图 11-36，称为“侧立”，当侧立发生时，SMT 的吸嘴（nozzle）在吸取贴片时会因漏气而失败。侧立多发生于横截面为近正方形的 MLCC。

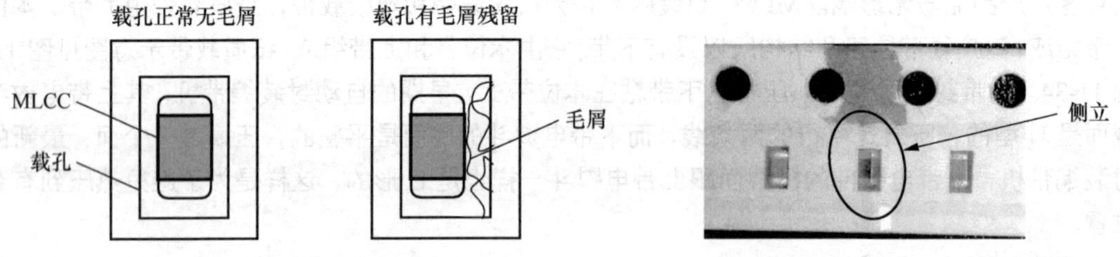

图 11-35　载孔存在毛屑示意　　　　图 11-36　MLCC 在载孔里侧立

4. 上带分层易断造成的抛料

上带是透明的 PE 薄膜，它由两层构成，表面是亮面，里层是雾面，雾面可在热压后黏在本位带上。当上带出现品质问题时，MLCC 终端用户 SMT 设备飞达（feeder）在撕开上带时容易发生撕裂和断裂（见图 11-37）而影响取料，结果造成抛料异常。

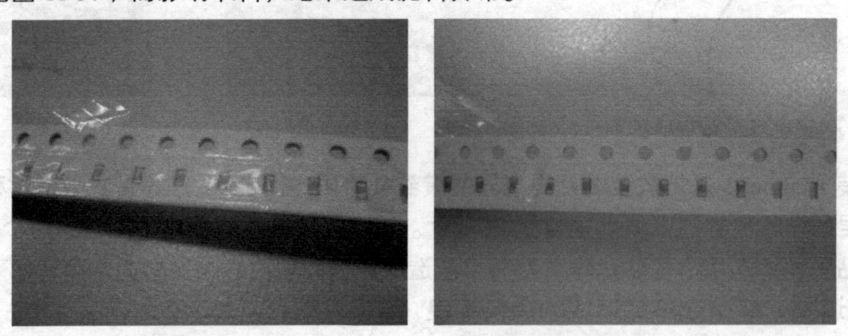

图 11-37　上带分层不良

5. 上带过黏造成的抛料

前面描述过，上带是利用横截面为 U 形的电熨斗来压合的，如果上带电熨斗的 U 形槽有堆积异物，那么就会使压合印迹从两条平行的压痕，变成一条带状压痕，见图 11-38。

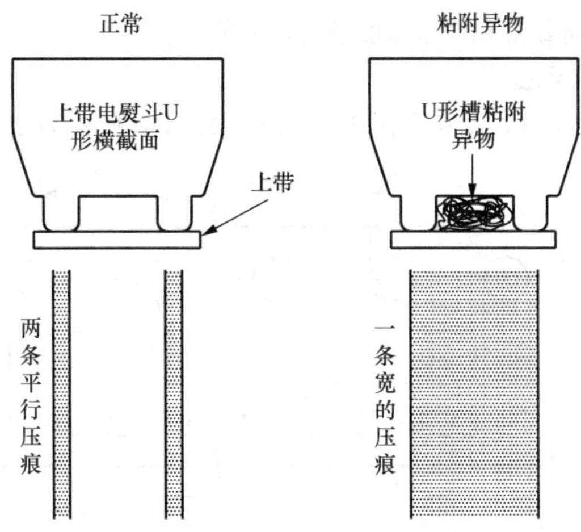

图 11-38 U 形槽里异物造成的带状压痕

上带电熨斗横 U 形槽设计是为了在压合的过程中避免 MLCC 上表面受热黏住上带，当上带电熨斗的 U 形槽有异物未及时清理，那么电熨斗的热量就会传递到整个上带表面，就有可能黏住 MLCC，从而造成抛料异常，如图 11-39 为黏有贴片的不良品。

MLCC 厂家对上带拉力测试有定出厂标准：在剥离速度 300mm/min 的条件下，拉力 10gf≤F≤60gf。见图 11-40。

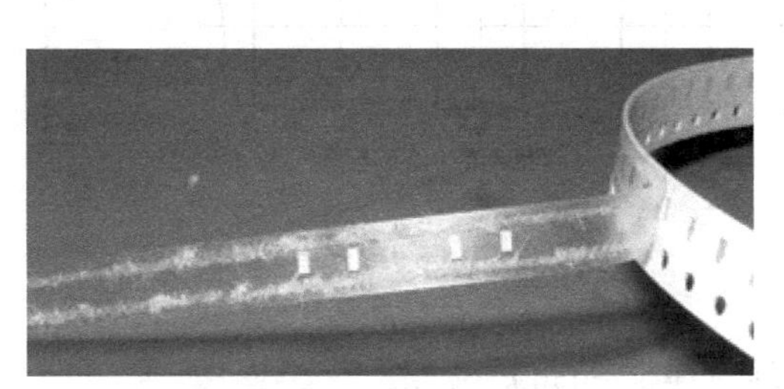

图 11-39 上带粘贴片不良

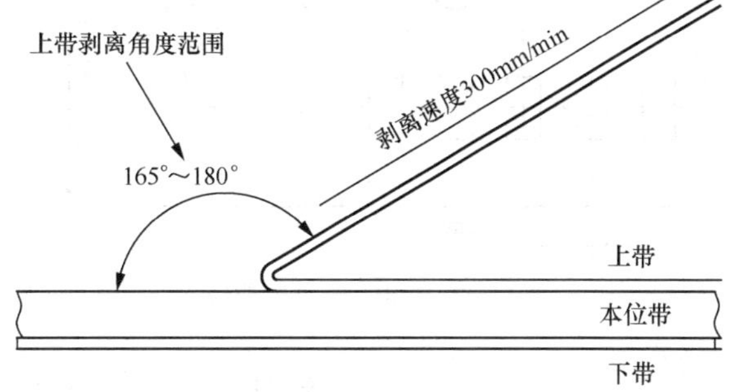

图 11-40 上带拉力示意

6. 载孔和 MLCC 尺寸异常造成的抛料

关于载孔尺寸异常和 MLCC 尺寸异常造成的抛料问题，我们可以分三步来确认问题之所在，即确认 MLCC 尺寸、载带尺寸以及两者之间的配合是否均符合要求。

第一步是确认 MLCC 尺寸是否在标准范围内，因为前面已经介绍过因 IEC 标准对 MLCC 尺寸允差定得比较宽松，所以各个 MLCC 厂家在其规格书上提供的尺寸标准是略有差异的，但是都是符合 IEC 要求的。对于终端用户，我们需要确认的是，MLCC 厂家所定的尺寸标准是否符合第 8.17 节的 IEC 尺寸标准，另外还需确认在符合 IEC 标准的基础上是否偏差范围较窄，如果同一个批次的贴片电容器的尺寸既有偏上限又有尺寸偏下限的，这是不能接受的异常。

第二步，我们需要确认载孔的尺寸是否符合标准，在判定任何问题时我们首先要有标准可循，关于载带我们可参考 IEC-60286-3 标准。

MLCC 所用载带主要有两大类，冲孔纸质载带（paper carrier tape）和模压塑胶载带（embossed carrier tape），前者借助冲孔机使用纸带冲制而成，属于 IEC 标准中的 1a 类载带，后者借助塑胶模压成型并多用于 0805（2012）以上尺寸及厚度大于 1.25mm 尺寸规格，属于 IEC 标准中的 2a 类载带。目前有 MLCC 厂家针对 0402（1005）和 0201（0603）最新推出挤压式纸质载带，属于 IEC 标准中的 1b 类载带。关于冲孔纸质载带和模压塑胶载带尺寸标准提供如下：

7. 冲孔纸质载带尺寸标准

关于冲孔纸质载带尺寸标准，请参考图 11-41 以及表 11-2 和表 11-3。

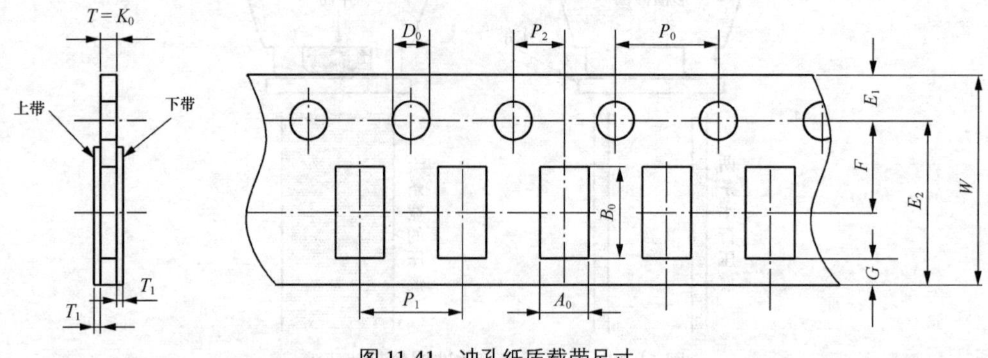

图 11-41　冲孔纸质载带尺寸

冲孔纸质载带按载带宽度（W）和载孔距离（P_1）可分为 2 种常见类型（如图 11-42 和图 11-43 所示）。

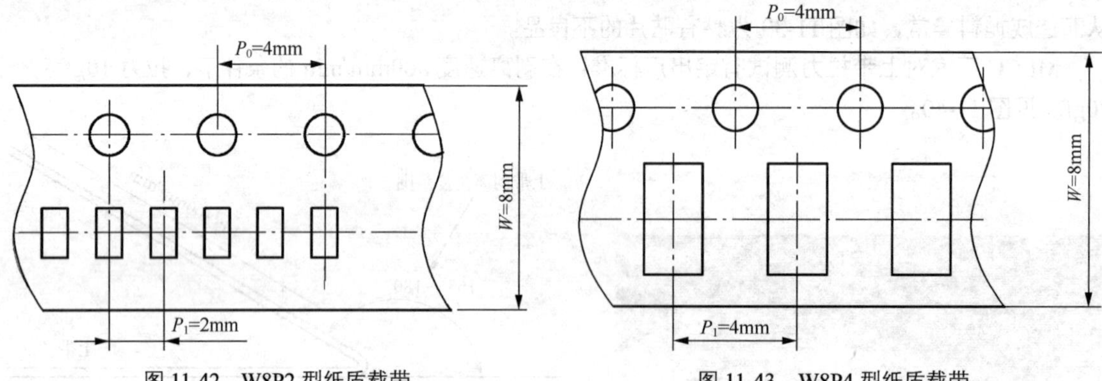

图 11-42　W8P2 型纸质载带

图 11-43　W8P4 型纸质载带

表 11-2　相对固定的尺寸标准（单位：mm）

载带型号	D_0	E_1	G 最小值	P_0	P_2	T 最大值	T_1 最大值
W8P4	$1.50^{+0.10}_{-0.01}$	1.75±0.10	0.75	4.0±0.10	2.0±0.05	1.1	0.1
W8P2	$1.50^{+0.10}_{-0.01}$	1.75±0.10	0.75	4.0±0.05	2.0±0.05	1.1	0.1

注：10 个定位孔距 P_0 累计误差在±0.2mm 范围内

表 11-3　随载孔孔距和 MLCC 尺寸变化的尺寸标准（单位：mm）

载带型号	E_2 最小值	F	P_1	T_2 最大值	W
W8P4	6.25	3.50±0.05	4.0±0.10	3.50	$8.0^{+0.3}_{-0.1}$
W8P2	6.25	3.50±0.05	2.0±0.05	3.50	$8.0^{+0.3}_{-0.1}$
W12P4	10.25	5.50±0.05	4.0±0.10	6.50	$12.0^{+0.3}_{-0.1}$
W12P8	10.25	5.50±0.05	8.0±0.10	6.50	$12.0^{+0.3}_{-0.1}$

前面已经阐述过，有关编带尺寸可能引起的抛料，需要确认 3 个方面因素：MLCC 尺寸是否符合标准、载带尺寸是否符合标准、MLCC 与载孔之间的配合误差是否符合要求。特别是，载带孔的

A_0、B_0、K_0 这 3 个尺寸需要根据 MLCC 尺寸来确定，并满足如下配合误差要求。

1）K_0 根据 MLCC 尺寸需满足仰角小于 10°（如图 11-44 所示），此角度不是量测出来的，而是根据载孔尺寸和 MLCC 尺寸计算出来的，然后判定是否在合理范围内。

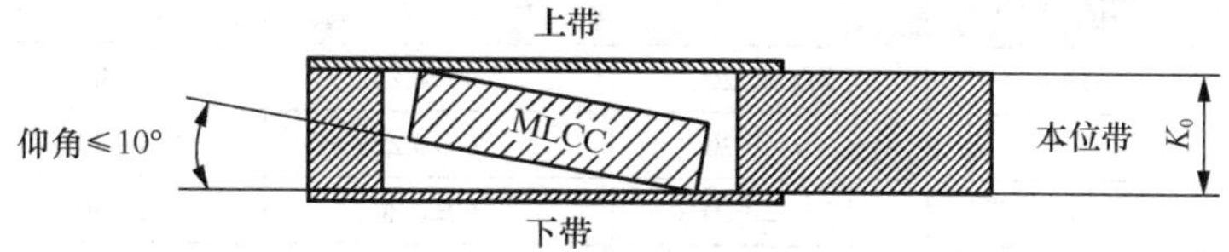

图 11-44　贴片在纸质冲压载孔里翘起横截面示意

2）A_0 和 B_0 的尺寸根据 MLCC 和载孔尺寸来确定并满足如图 11-45、图 11-46 所示的两个条件：一是 MLCC 在水平方向最大允许旋转角度不超过 20°，但是当 MLCC 的长或宽小于 1.2mm 时，最大允许旋转角不超过 10°（如图 11-45 所示），此角度同上不是量测出来的，而是根据载孔尺寸和 MLCC 尺寸计算出来的，然后判定是否在合理范围内；二是 MLCC 最大允许侧向移动间距不超过 0.5mm，但是当 MLCC 的长或宽小于 1.2mm 时，最大允许侧向移动间距不超过 0.2mm（如图 11-46 所示）。

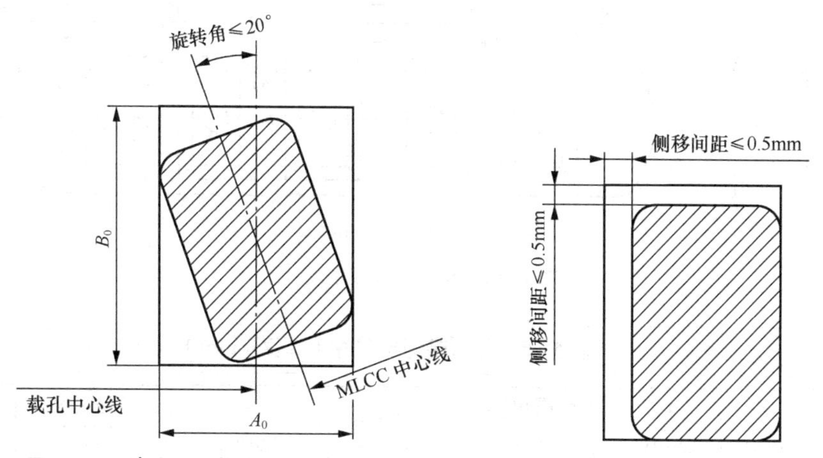

图 11-45　贴片置于载孔后水平旋转俯视图　　图 11-46　贴片置于载孔后侧移俯视图

表 11-4 中搜集了各大 MLCC 厂家对冲孔纸质载孔长宽深的标准。

表 11-4　MLCC 尺寸与纸质载带载孔尺寸对照

MLCC 尺寸 \ 载孔尺寸		A_0/mm	B_0/mm	K_0/mm	载带型号
英制（公制）	厚度/mm				
0201（0603）	0.30	0.37±0.03	0.67±0.03	0.37±0.03	W8P2
0402（1005）	0.30	0.65±0.05	1.15±0.05	0.37±0.03	W8P2
	0.50	0.65±0.05	1.15±0.05	0.60±0.05	W8P2
0603（1608）	0.50	1.05±0.10	1.85±0.10	0.8max	W8P4
	0.80	1.05±0.10	1.85±0.10	1.15max	W8P4
0805（2012）	0.60	1.55±0.15	2.30±0.15	0.8max	W8P4
	0.85	1.55±0.15	2.30±0.15	1.15max	W8P4
	1.00	1.55±0.15	2.30±0.15	1.15max	W8P4

续表

MLCC 尺寸 英制（公制）	厚度/mm	载孔尺寸 A_0/mm	B_0/mm	K_0/mm	载带型号
1206（3216）	0.60	2.00±0.20	3.60±0.20	0.8Max	W8P4
	0.85	2.00±0.20	3.60±0.20	1.15Max	W8P4
	1.00	2.00±0.20	3.60±0.20	1.15Max	W8P4
1210（3225）	1.00	2.90±0.20	3.60±0.20	1.15Max	W8P4

注：MLCC 尺寸偏差参考第 7.1 节。

8. 模压塑胶载带尺寸标准

关于冲孔纸质载带尺寸标准，请参考图 11-47 以及表 11-5 和表 11-6。

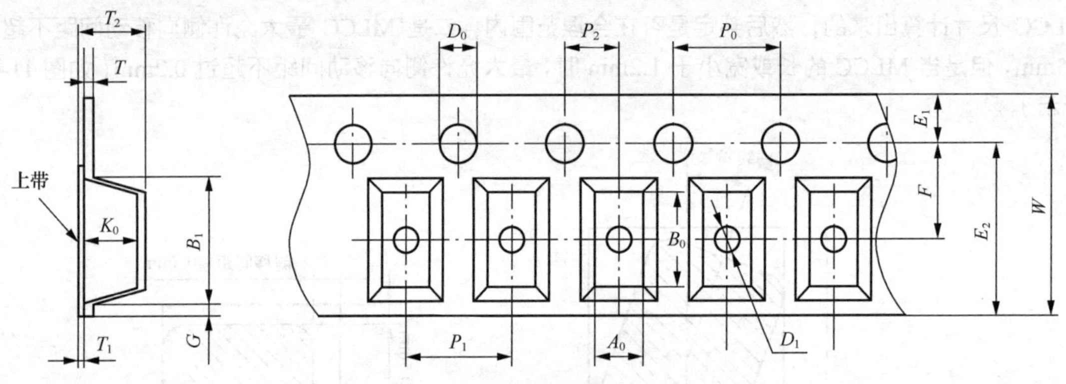

图 11-47　模压塑胶载带尺寸图

表 11-5　相对带固定尺寸（单位：mm）

载带型号	D_0	E_1	G 最小值	P_0	P_2	T 最大值	T_1 最大值
W4P1	0.8±0.04	0.9±0.05	0.50	2.0±0.04	1.0±0.02	0.4	0.08
W8P4	$1.50^{+0.10}_{-0.0}$	1.75±0.10	0.75	4.0±0.10	2.0±0.05	0.6	0.1
W8P2	$1.50^{+0.10}_{-0.0}$	1.75±0.10	0.75	4.0±0.10	2.0±0.05	0.6	0.1
W12P4	$1.50^{+0.10}_{-0.0}$	1.75±0.10	0.75	4.0±0.10	2.0±0.05	0.6	0.1
W12P8	$1.50^{+0.10}_{-0.0}$	1.75±0.10	0.75	4.0±0.10	2.0±0.05	0.6	0.1

注：针对 W8P2、W8P4、W12P4 及 W12P8，10 个定位孔距 P_0 累计误差在±0.2mm 范围内，而 W4P1 则要求 20 个定位孔距 P_0 累计误差在±0.1mm 范围内

表 11-6　模压塑胶载带变化尺寸（单位：mm）

载带型号	B_1 最大值	D_1 最小值	E_2 最小值	F	P_1	T_2 最大值	W
W4P1	1.48	—	3.07	1.80±0.03	1.0±0.03	1.10	4.0±0.08
W8P4	4.35	0.3	6.25	3.50±0.05	4.0±0.10	3.50	$8.0^{+0.3}_{-0.1}$
W8P2	4.35	0.3	6.25	3.50±0.05	2.0±0.05	3.50	$8.0^{+0.3}_{-0.1}$
W12P4	8.20	1.50	10.25	5.50±0.05	4.0±0.10	6.50	$12.0^{+0.3}_{-0.1}$
W12P8	8.20	1.50	10.25	5.50±0.05	8.0±0.10	6.50	$12.0^{+0.3}_{-0.1}$

D_1 为载孔底部中心的一个孔，为了方便 MLCC 移动置放、检查或其他应用。

模压塑胶载带按载带宽度 W 和载孔距离 P_1 可分为 5 种常见类型（见图 11-48～图 11-52），模压塑胶载带多用于大尺寸的 MLCC。

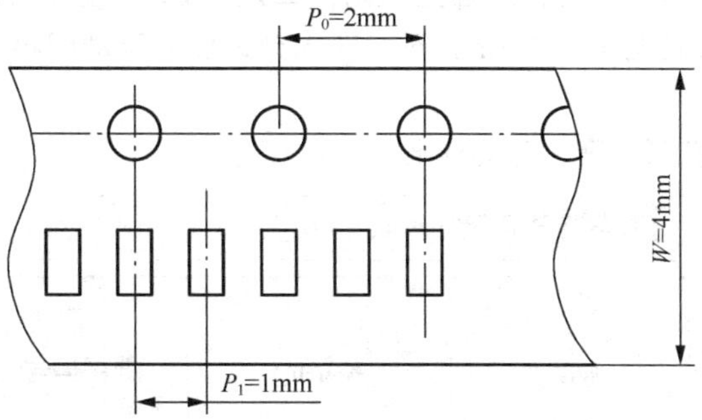

图 11-48　W4P1 型-模压塑胶载带

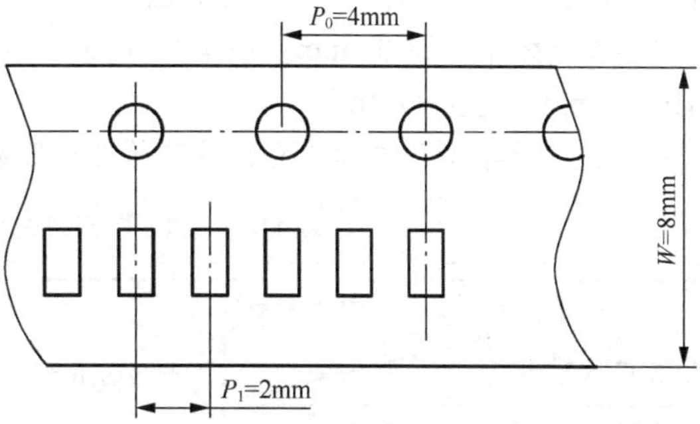

图 11-49　W8P2 型-模压塑胶载带

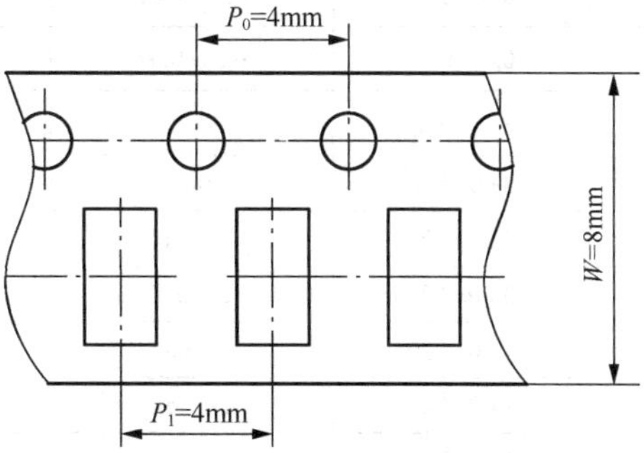

图 11-50　W8P4 型-模压塑胶载带

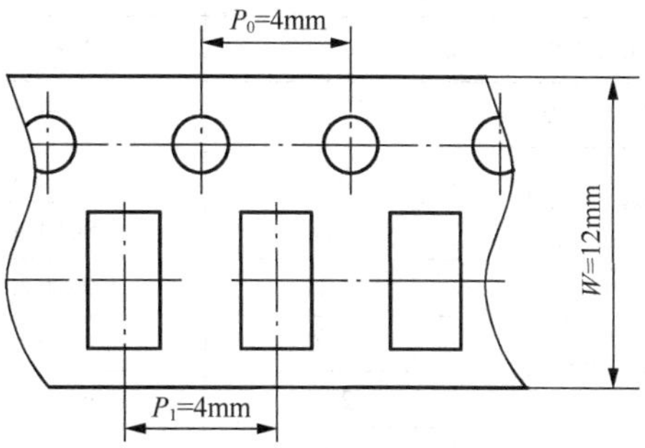

图 11-51　W12P4 型-模压塑胶载带

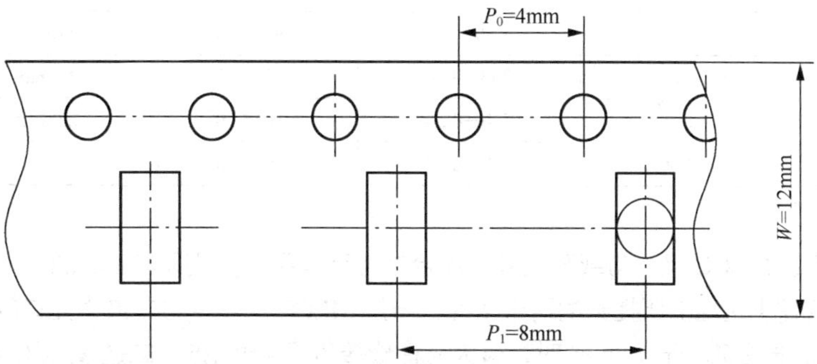

图 11-52　W12P8 型-模压塑胶载带

跟纸质载带一样，模压塑胶载带的应用也需要确认 3 个方面因素：MLCC 尺寸是否符合标准、载带尺寸是否符合标准、MLCC 与载孔之间的配合误差是否符合要求。特别是，载带孔的 A_0、B_0、K_0 这 3 个尺寸需要根据 MLCC 尺寸来确定，并满足如下配合，误差要求如下。

1）K_0 根据 MLCC 尺寸需满足仰角小于 10°（如图 11-53 所示），此角度不是量测出来的，而是根据载孔尺寸和 MLCC 尺寸可计算出来的，然后判定是否在合理范围内。

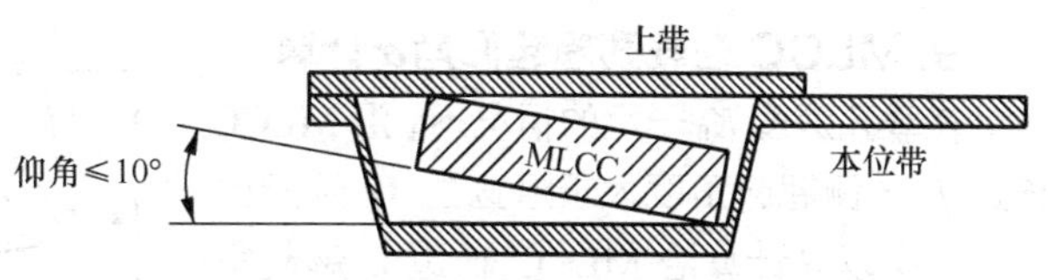

图 11-53　贴片在模压载孔里翘起横截面示意

2）A_0 和 B_0 的尺寸根据 MLCC 和载孔尺寸来确定并满足如图 11-45、图 11-46

所示的两个条件，一是 MLCC 在水平方向最大允许旋转角度不超过 20°，但是当 MLCC 的长或宽小于 1.2mm 时，最大允许旋转角不超过 10°（如图 11-45 所示），此角度同上不是量测出来的，而是根据载孔尺寸和 MLCC 尺寸计算出来的，然后判定是否在合理范围内；二是 MLCC 最大允许侧向移动间距不超过 0.5mm，但是当 MLCC 的长或宽小于 1.2mm 时，最大允许侧向移动间距不超过 0.2mm（见图 11-46）。

表 11-7 搜集了各大 MLCC 厂家对模压塑胶载孔长、宽、深的标准。

表 11-7　MLCC 尺寸与模压塑胶载带载孔尺寸对照

MLCC 尺寸 \ 载孔尺寸		A_0/mm	B_0/mm	K_0/mm	载带型号
英制（公制）	厚度/mm				
008004（0201）	0.125	0.145±0.02	0.27±0.02	0.25±0.02	W4P1
01005（0402）	0.20	0.25±0.02	0.45±0.02	0.25±0.02	W4P1
0805（2012）	1.25	1.55±0.20	2.25±0.20	2.0max	W8P4
1206（3216）	1.25	2.00±0.20	3.60±0.20	2.0max	W8P4
	1.60	1.90±0.20	3.50±0.20	2.5max	W8P4
1210（3225）	1.25	2.90±0.20	3.60±0.20	2.0max	W8P4
	1.50	2.90±0.20	3.60±0.20	2.0max	W8P4
	2.00	2.90±0.20	3.60±0.20	2.5max	W8P4
	2.50	2.90±0.20	3.60±0.20	3.4max	W8P4
1808（4520）	1.25	2.30±0.20	4.90±0.20	3.4max	W12P4
1812（4532）	1.50	3.60±0.20	4.90±0.20	2.0max	W12P8
	2.00	3.60±0.20	4.90±0.20	2.5max	W12P8
2220（5750）	1.50	5.40±0.20	6.10±0.20	2.0max	W12P8
	2.00	5.40±0.20	6.10±0.20	2.5max	W12P8

注：MLCC 尺寸偏差参考第 7.1 节。

第三步，确认 MLCC 尺寸与载孔尺寸的配合是否符合要求。根据 IEC-60286-3 标准：MLCC 尺寸与载孔尺寸的配合需满足如上所提到的两个条件：一是 MLCC 在水平方向最大允许旋转角度不超过 20°，但是当 MLCC 的长或宽小于 1.2mm 时，最大允许旋转角不超过 10°；二是 MLCC 最大允许侧向移动间距不超过 0.5mm，但是当 MLCC 的长或宽小于 1.2mm 时，最大允许侧向移动间距不超过 0.2mm。

当 MLCC 尺寸接近允差下限而载孔尺寸接近允差上限时，MLCC 在载孔里可以旋转的角度达到最大。MLCC 尺寸可以借助游标卡尺测量，一般载带尺寸的测量工具是游标卡尺和影像测量仪。载孔和 MLCC 的尺寸测量出来后，我们可以计算最大侧移间距和最大可能的旋转角度和翘起角度。下面就举例如何计算这些角度和间距，纸质和塑胶载带的计算方法一样。

9. MLCC 在载孔翘起仰角α计算

在载孔深度 K_0 一定的情况下，沿 MLCC 长边 L 一侧翘起角度大于沿宽边 W 翘起的角度，所以只计算沿 MLCC 长边 L 翘起角度即可。

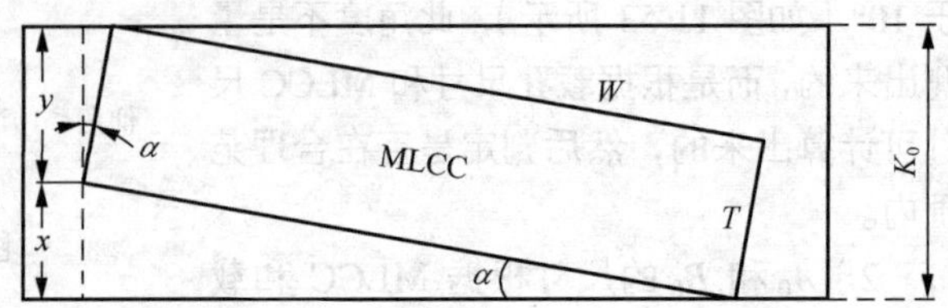

图 11-54　MLCC 在载孔里翘起仰角示意

如图 11-54 所示，W 为 MLCC 的宽度，T 为 MLCC 厚度，K_0 为载孔深度，α为 MLCC

沿长边 L 的仰角。

$$x+y=K_0$$

$$x=W\times\sin\alpha\text{，}\quad y=T\times\cos\alpha$$

$$W\times\sin\alpha+T\times\cos\alpha=K_0$$

$$\sin^2\alpha+\cos^2\alpha=1$$

由此可推导出：

$$\left(W^2+T^2\right)\sin^2\alpha-2W\times K_0\times\sin\alpha+\left(K_0^2-T^2\right)=0$$

由一元二次方程求根公式：

$$\mathrm{a}x^2+\mathrm{b}x+\mathrm{c}=0\text{（a}\neq 0\text{，a、b、c 为常数）}$$

$$x=\frac{-\mathrm{b}\pm\sqrt{\mathrm{b}^2-4\mathrm{ac}}}{2\mathrm{a}}$$

这里的“±”计算出来两个角的和等于 90°，我们取较小的角，所以采用求根公式为：

$$x=\frac{-\mathrm{b}-\sqrt{\mathrm{b}^2-4\mathrm{ac}}}{2\mathrm{a}}$$

由此可推导出：

$$\sin\alpha=\frac{WK_0-\sqrt{W^2T^2-T^2K_0^2+T^4}}{W^2+T^2}$$

通过反三角函数求出仰角 α：

$$\alpha=\sin^{-1}\left(\frac{WK_0-\sqrt{W^2T^2-T^2K_0^2+T^4}}{W^2+T^2}\right)$$

可利用 Excel 公式计算，需要将最后的弧度值转换成角度，使这里的 W、T、K_0 尺寸必须满足 $W^2+T^2>K_0^2$。

10. 举例：0603（1608）仰角计算

查询 0603 MLCC 尺寸允差标准：L=1.60±0.10mm，W=0.8±0.10mm，T=0.8±0.10mm。如果考虑到当 MLCC 尺寸偏下限时仰角最大，则 W=0.7mm，T=0.7mm。

载孔深度 K_0 查询表《MLCC 尺寸与纸质载带载孔尺寸对照》可知 $K_0 \leqslant 1.15$mm。

当 W=0.7，T=0.7 时要满足 $W^2+T^2>K_0^2$，则计算出 $K_0<0.98$mm，此时仰角大约 37°，因此大多数 MLCC 厂家在其规格书上给出的 K_0 允差是非常粗糙的，虽然实际应用中不一定出现什么问题。所以最终还是应参考 IEC-60289-3 标准中的翘起仰角要求，仰角小于 10°，利用上述公式如果使仰角小于 10°，$K_0<$ 0.82mm，但是当 MLCC 的宽 W 和厚度 T 偏上限时（W=0.9，T=0.9），$K_0<1.05$mm，这个计算结果意味着：让尺寸处于下限的 MLCC 仰角不大于 10°时，尺寸偏上限的 MLCC 就不能完全放置到载孔内。归根结底是尺寸偏差“±0.10”太大，实际上 MLCC 厂家能把尺寸精度提升到它的规格书上所描述的精度的一倍以上，即“±0.10”也许实际精度是“±0.05”。另外也说明 IEC 把仰角标准定在小于 10°也是相当严苛的，20°是比较合理的建议值。

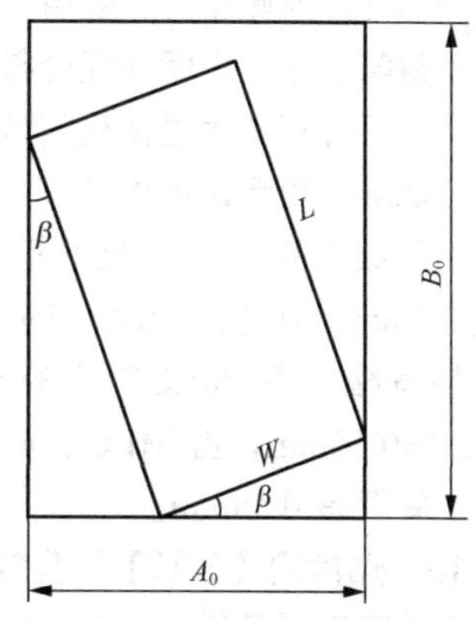

图 11-55　MLCC 在载孔里水平旋转角示意

11. MLCC 在载孔里水平旋转角 β 计算

MLCC 旋转角计算方法同仰角计算方法类似（见图 11-55），

如下。

$$L \times \sin\alpha + W \times \cos\alpha = A_0$$

$$\sin^2\beta + \cos^2\beta = 1$$

可推导出：

$$\left(L^2 + W^2\right)\sin^2\beta - 2L \times A_0 \times \sin\beta + \left(A_0^2 - W^2\right) = 0$$

由一元二次方程求根公式：

$$ax^2 + bx + c = 0\ (a \neq 0，a、b、c\ 为常数)$$

$$x = \frac{-b \pm \sqrt{b^2 - 4ac}}{2a}$$

这里的“±”计算出来两个角的和等于90°，我们取较小的角，所以采用求根公式为：

$$x = \frac{-b - \sqrt{b^2 - 4ac}}{2a}$$

由此可推导出：

$$\sin\beta = \frac{LA_0 - \sqrt{L^2W^2 - W^2A_0^2 + W^4}}{L^2 + W^2}$$

通过反三角函数求出仰角β：

$$\beta = \sin^{-1}\left(\frac{LA_0 - \sqrt{L^2W^2 - W^2A_0^2 + W^4}}{L^2 + W^2}\right)$$

可利用 Excel 公式计算，需要将最后的弧度值转换成角度，使这里的 L、W、A_0 尺寸必须满足 $L^2 + W^2 > A_0^2$。

12. 举例：0603（1608）水平旋转角β计算

查询 0603 MLCC 尺寸允差标准：L=1.60±0.10mm，W=0.8±0.10mm。载孔宽度 A_0 查询表《MLCC 尺寸与纸质载带载孔尺寸对照》可知 A_0=1.05±0.10mm。如果考虑到当 MLCC 的长与宽尺寸偏下限而载孔宽 A_0 取偏上限值时旋转角最大，则 L=1.50mm，W=0.7mm，A_0=1.15。将此 3 个值代入上面公式，可得$\beta \approx 19^{\circ}$。

根据 IEC-60286-3 标准要求 MLCC 在水平方向最大允许旋转角度不超过 20°，但是当 MLCC 的长或宽小于 1.2mm 时，最大允许旋转角不超过 10°，0603（1608）的宽是小于 1.2mm 的，所以并未达到 IEC 标准。而《MLCC 尺寸与纸质载带载孔尺寸对照》是搜集的 MLCC 厂家在其规格书中给出的最严标准。因此在实际应用中，如果确认 MLCC 尺寸符合标准，确认载孔尺寸也符合标准，但是这并不意味着它们之间的配合符合标准。回到前面提到的问题，这是由于各个 MLCC 厂家在其规格书上给的尺寸标准太过宽松所致。终端用户若碰到抛料问题总是找不出原因，有时候也不能掉进所谓的“标准”里而跳不出来。

关于载孔的长度 B_0 尺寸标准，根据 IEC-60286-3 标准要求：MLCC 最大允许侧向移动间距不超过 0.5mm，但是当 MLCC 的长或宽小于 1.2mm 时，最大允许侧向移动间距不超过 0.2mm，此标准比较宽松，各 MLCC 厂家很容易达到标准，比如 0603（1608）对应的纸质载带载孔长度 B_0=1.85±0.10mm，当 MLCC 长度 L 取下限值 1.50mm，载孔长度 B_0 取上限值 1.95mm，则长度方向上的间距是 0.45mm。

13. 贴片机（SMT）造成的抛料

终端用户利用贴片机（SMT）将 MLCC 贴装到 PCB 上的这个过程可以看作 MLCC 厂家编带包装（Taping）的逆过程。SMT 的吸嘴（suction nozzle）利用真空吸力把贴片陶瓷电容器从载孔中吸取出来并置放到 PCB 上的指定位置，在 MLCC 放置到指定位置之前，需确保 MLCC 从吸取、快速移动到置放这整个过程中，SMT 的吸嘴需要紧紧吸住 MLCC,其真空吸力确保吸嘴下的 MLCC 不能有任何偏移错动。吸取力中心应与 MLCC 的重力和几何中心相吻合。

MLCC 包装应符合 IEC61760-1 标准，如图 11-56 所示，吸嘴的开口内径 Y，贴片的尺寸 L，以及贴片沿包装载孔长 A_0 和宽 B_0 方向上的间隙偏差，这些尺寸条件都应满足顺利吸取 MLCC 所需的真空条件，使得在吸取贴片利用真空时，无须考虑贴片在间隙中的随机位置变化。

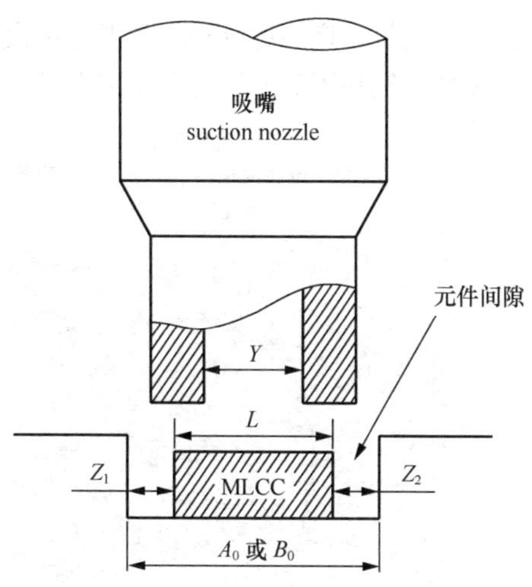

图 11-56　SMT 吸嘴吸取贴片示意

图 11-56 中 SMT 吸嘴内径、MLCC 长宽和载孔尺寸需满足：$L-Y>Z$，$Z=Z_1+Z_2$，尺寸 L 可能是 MLCC 的长或者宽。此尺寸要求的目的是防止 SMT 吸嘴真空漏气。

关于 SMT 可能引起的抛料不良可以从这几个方面去排除。

1）确认 SMT 的飞达（feeder）是否存在磨损严重造成对位精度达不到要求，或送料不稳定等情况。

2）根据上述尺寸要求确认 SMT 吸嘴的规格是否匹配；

3）具有光学定位系统的 SMT，因 MLCC 是无极性产品，没有正负极之分，所以，陶瓷本体上无任何定位标识符号，光学定位影像原理是以 MLCC 长方形轮廓两对角线为对位基准，特别是采用黑白影像定位的，通过摄像头捕捉反光点数，由于其非常依赖 MLCC 两端头反光的一致性，一旦 MLCC 某一端的对角上的镀锡有被摩擦过，这些有摩擦痕迹的和没有摩擦痕迹的用肉眼观察也许无任何异常和差别，但是影像定位系统在抓取 MLCC 对角特征点时，影像系统会自行寻找跟基准反光点数接近的对角线两点，从而偏离 MLCC 真实的对角点，最终造成吸取失败或置放错位。

4）另外 SMT 操作员根据自己经验在使用前有可能把 MLCC 料盘烘烤一下或者在平台上使劲摔一下，这些举措在某些时候或许因下带轻微黏住粘片，能起一定的改善效果，但是大多数情况下有可能加重抛料不良，比如烘烤也许刚刚开始借助余温起了一定效果，但是如果余料放置一段时间再取用时，可能会更加糟糕。

11.2.2　焊锡性不良

通常 MLCC 焊锡性不良投诉，应包括 MLCC 的两端头无法爬锡、爬锡量偏低、虚焊、爬锡层出现大面积网状沙眼等。碰到焊锡不良的投诉，我们应该从两个方面去分析原因，一是 MLCC 厂家品质异常造成的焊锡性不良，二是终端用户的焊接工艺异常造成的焊锡性不良。

1. MLCC 厂家品质问题造成焊锡性不良

MLCC 供应商或者厂家在接到焊锡不良投诉时，首先应该先针对自己专业的项目进行确认，那就是 MLCC 本身的焊锡性品质是否符合行业标准（例如 IEC 标准），而跟用户焊接工艺有关的因素当然是放在第二步。确认 MLCC 焊锡性是否符合要求，具体确认步骤如下。

1）确认不良信息

在确认 MLCC 本身的焊锡性是否符合要求之前，需要请终端用户提供如下不良信息：不良现象、发现的生产流程环节、不良率、不良品及不良批号等。MLCC 端电极经过焊接后可能出现的不良现象有：局部不爬锡或完全不爬锡、爬锡量偏低、爬锡面出现残缺网状沙眼、裸露红色铜电极（镀锡层溶解）、竖件（立碑）等，后面会专门介绍“竖件不良（也称立碑不良）”，其中就有一种情况属于焊锡性问题，因 MLCC 其中一个端电极完全不上锡而另外一个端电极上锡正常而产生不良现象。这里要留意的是并非爬锡量越多越好，MLCC 厂家推荐的爬锡高度为贴片电容器高度的 1/2 ～ 3/4。关于焊锡性不良的另外一个重要的不良信息是不良率、MLCC 存放时间、是否经过烘烤等加热措施。常见的焊锡性不良实物见图 11-57～图 11-62。

允收标准
镀锡层单一溶解面积小于整个可焊面积的 5%，总溶解面积小于 10%。

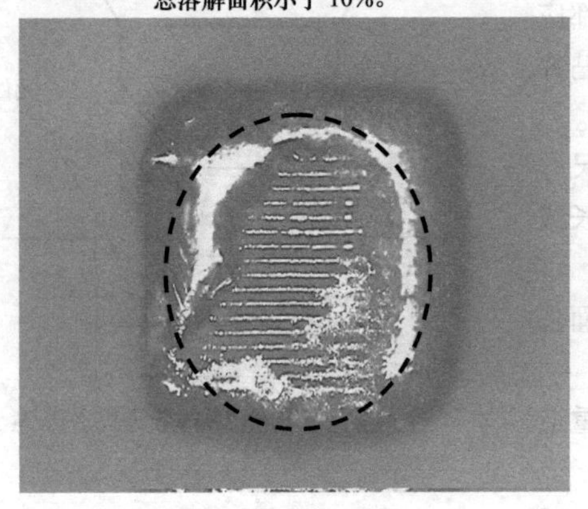

图 11-57　端电极裸露不良

一律拒收

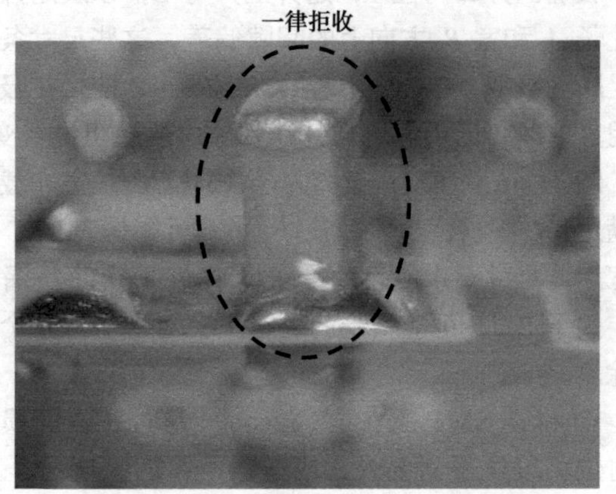

图 11-58　竖件（立碑）不良

允收标准
爬锡高度在 MLCC 厚度的 1/2～3/4 之间

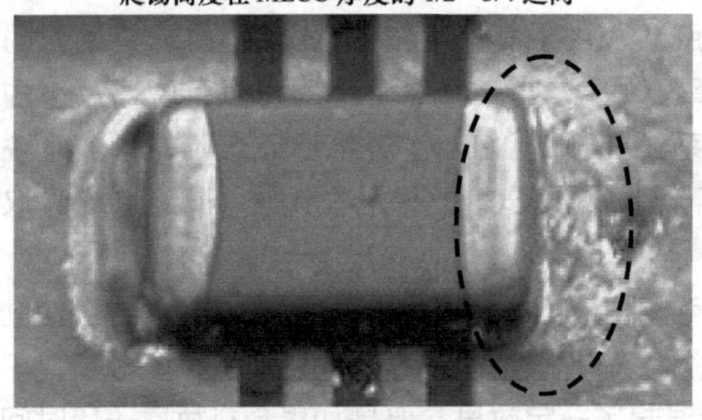

图 11-59　爬锡量偏低

一律拒收

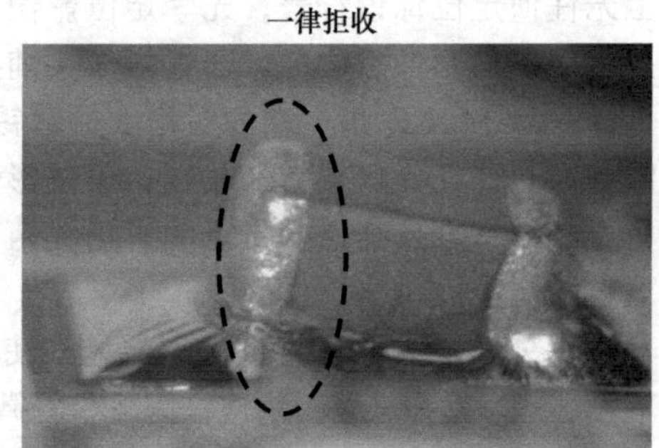

图 11-60　端电极完全不爬锡

允收标准
单一孔洞面积小于整个可焊面积的 5%，孔洞总面积小于 10%

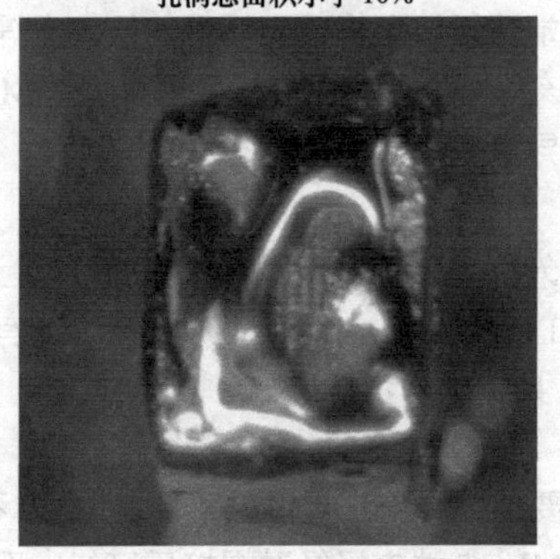

图 11-61　孔洞不良

允收标准
连续的网状沙眼面积小于整个可焊面积的 5%

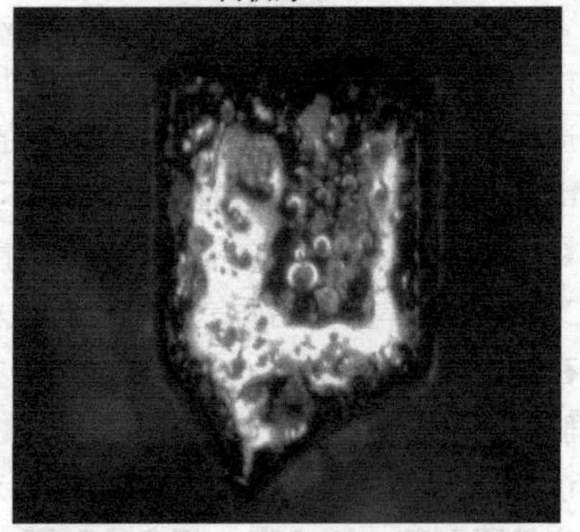

图 11-62　网状沙眼不良

2）确认焊锡性测试抽样数量

上述所列举的焊锡性不良中除端电极裸露基本可以确定是 MLCC 本身品质不良外，其余均不能确定一定是制造方品质问题，使用者的焊接工艺异常也有可能发生同样不良。所以，MLCC 厂家不能仅凭终端用户提供的焊锡不良品就能确定是 MLCC 品质问题。MLCC 厂家通常需要用户提供不良批号，然后取同批次的未使用品或留样做焊锡性测试，抽样数量参考不良率，例如不良率是 1%，至少要抽 150 个，不良率 2%，需抽样 100 个，不良率 5%，需抽样 50 个，不良率 1‰可能需要抽样 1 000 以上，因 MLCC 有两个端电极，所以抽样数实际上是翻倍的。抽样原则是能抽到不良即可，属于定性测试（是否存在不良）而非定量测试（检测不良率高低），没有统一的抽样标准，目的是验证客户反馈的不良是否存在。

3）测试未使用品或留样的焊锡性

焊锡性测试方法参考第 8.22 节的焊锡槽测试法，测试前不需要加速老化，因加速老化是为了评定 MLCC 存放时间对焊锡性的影响，这里的测试目的是为了确认不良是否存在，所以老化条件可不予考虑。以下为 MLCC 厂家的焊锡性测试方法和条件。

焊锡性测试方法：焊锡槽测试法。

助焊剂：松香含量为 25%的松香乙醇溶液。

预热温度及时间：80～120℃，10～30s。

锡膏类型：Sn96.5Ag3Cu0.5（无铅焊锡）。

测试温度：（245±5）℃。

测试时间：（2±0.5）s。

浸入深度：整个端电极的可焊端头。

焊锡性判定标准：

外观检验在正常光线下和 10 倍以上放大镜下进行，测试样品表面不可有损伤痕迹。MLCC 的两个端面和接触面应包覆光滑明亮的锡层。锡层仅仅允许有少量分散的类似针孔状未吃锡或脱锡的缺陷点。这些缺陷点不应集中在同一区域内。MLCC 整个端头的连续均匀爬锡面积需大于 95%。

4）确认 MLCC 是否兼容有铅焊接和无铅焊接

考虑到 MLCC 的焊锡性兼容有铅焊接和无铅焊接，所以只需做无铅测试即可。如果焊锡性测试结果确认了不良确实存在，那么就需要进一步分析 MLCC 焊锡性不良原因；如果焊锡性测试结果没有发现不良，则需要请终端用户仔细检查焊接工艺是否存在异常。

5）确认是否需要进一步分析焊锡性不良原因

如果 MLCC 厂家确认焊锡性不良结果为 MLCC 本身品质问题引起，那么就需要进一步分析是制造过程中哪一个环节的异常造成的。可能的制造工艺环节可参考第 4.4.2 节，它包括端电极、烧银或烧铜、电镀、电性筛选、编带包装等环节，这些工艺环节均有可能造成焊锡不良。分析具体不良原因有时候可能要用排除法，先从容易确认的项目开始，以下是推荐的分析步骤。

6）确认是否因端头污染引起的焊锡性不良

根据用户提供的不良批号和不良率，取未使用品或留样进行抽样，在做焊锡性测试前可以先做外观检查，借助放大镜观察端电极的 5 个端面是否存在污染，如果发现被污染的 MLCC 在做焊锡性测试时确实发生不良，但是经酒精清洁后则不会，那么焊锡性性不良原因可以锁定是污染引起。这种异常可能是电镀后清洗不彻底、端电极表面残留镀液成分造成的，也有可能是后续制程中的污物黏附（例如手指触摸后残留的汗渍）等造成的。

7）确认是否因镀锡氧化硫化引起的焊锡性不良

在上述外观检查时还有另外一种情况，端电极颜色看起来较暗不明亮，用酒精清洗后依然没有改观，焊锡性测试结果也确实不良。那么这种情况可能是镀锡层因清洗不彻底而残留镀液成分，或因烘烤温度异常等原因，产生了氧化或硫化反应，从而影响焊锡性。通常纯锡暴露在空气中是不容易氧化或硫化的，另外 MLCC 厂家有可控的保存条件，一般不会因储存条件发生氧化硫化等问题。如果为了验证 MLCC 的端电极是否能承受正常的储存条件，可以参考第 8.22 节的焊锡性测试前增加 4h 蒸汽老化，然后再做焊锡性测试。

8）确认是否因镀层厚度太薄引起的焊锡性不良

在排除端电极被污染、被氧化硫化或被腐蚀气体腐蚀等外观可见的因素之后，接下来应该确认的应该是镍膜厚度和锡膜厚度是否正常。在第 4.3 节介绍过端电极组成结构，它分为 3 层，最里面一层是铜电极，中间是起阻隔作用的镍镀层，最外面一层是锡镀层。MLCC 厂家通常用 X-RAY 膜厚仪来测量镍膜厚度和锡膜厚度，可参考的镍膜厚度约为 3.0～4.5μm（EIA-595 标准为 1.27～6.25μm），可参考的锡膜厚度为 4.3～7.8μm（EIA-595 标准大于等于 2.54μm）。关于镍膜厚度和锡膜厚度的检查也可以借助抛光分析（DPA）把焊锡性不良品进行抛光，查看内部结构是否存在异常，镍膜厚度太薄的情况的抛光结果见图 11-63。

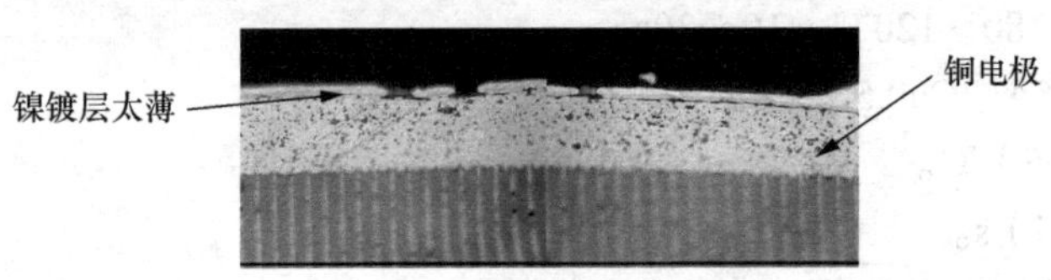

图 11-63　镍膜厚度异常

诱发镍膜厚度偏薄的原因：

铜电极烧制后致密性达不到要求，有玻璃体析出铜电极表面造成镀镍不良，电镀工艺异常（电镀液、电镀电流）等。

诱发锡膜厚度异常的原因：

在保证镍膜厚度正常的情况下，一般都是电镀工艺异常造成的。

9）结论

如果终端用户并不关心焊锡性不良原因，它只是想界定责任方到底是供应方还是使用方，那么上面提到的用焊锡槽测试法来做焊锡性测试就是判定法宝。这样也就无须做复杂的深层分析。但是当我们确认 MLCC 本身焊锡性是符合标准的时候，那么就需要终端用户自己从焊接工艺中找原因了。

2. 终端用户焊接工艺异常引起的焊锡性不良

由终端用户焊接工艺造成的焊锡性不良原因并不比 MLCC 厂家制造环节少，所以通常也是从简单到复杂进行排查。

1）确认是否因储存条件引起的焊锡性不良

首先根据第 7.6 节所列的 MLCC 厂家推荐的储存条件，判定 MLCC 是否因储存条件异常造成焊锡性变差。

MLCC 厂家建议的保存条件：5～40℃，相对湿度 20%～70%，建议自交货起 6 个月内使用完。高温高湿的储存环境或储存过久有可能导致编带包装材料的变质。从交货起超过 6 个月的在使用前需要确认编带包装和贴片取料是否正常。从交货起超过 1 年的，端电极有可能发生氧化，在使用前需要确认焊锡性。

储存环境如果存在腐蚀性气体（硫化氢、二氧化硫、氯气、氨气）有可能与端电极产生反应，从而影响焊锡性。

在端电极上，因湿度急剧变化所凝结的水分和阳光直射产生的光化变化，也可能使焊锡性变差，所以 MLCC 不要储存在高盐、高湿和阳光直射的环境下。

2）焊接流程简介

其次要从终端用户的焊接工艺中查找原因。包括锡膏的成分是否达到要求、锡膏的储存条件、回流焊或波峰焊的温度曲线。作为 MLCC 供方通常我们只需要证明产品本身焊锡性正常即可，但是若问题未解决，自己越专业的地方正是对方的不擅长的地方，因而焊锡性测试结果未必能轻松让客户信服。在此情况下对 MLCC 终端用户的焊接工艺有所了解是非常必要的。MLCC 的焊接流程一般如图 11-64 所示。

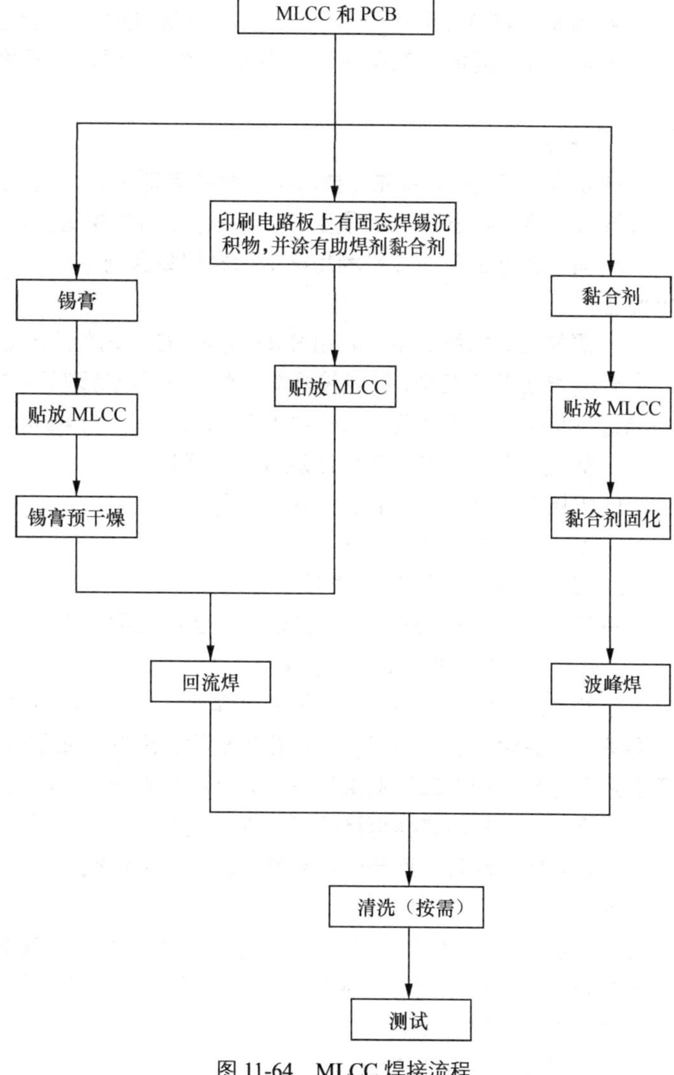

图 11-64　MLCC 焊接流程

a. MLCC 主流的焊接方式是回流焊（reflow soldering）和波峰焊（wave soldering）。其中回流焊又分为气相回流焊（vapour phase reflow soldering）、强对流回流焊（forced air convection reflow soldering）、电炉回流焊（hotplate reflow soldering）、激光回流焊（laser soldering）、热棒回流焊（hot bar soldering）。

① 气相回流焊

这涉及饱和蒸汽中焊接，也称为凝热焊接。此焊接工艺既可使用批处理工艺（使用两个蒸汽区），也可使用连续生产工艺（使用一个单一的蒸汽区）。这两种工艺均可能需要对元件进行预热，以防止热冲击和其他不良副作用。

② 红外强对流回流焊

这是主要的回流焊方法，其中加热焊接的大部分能量来自气体（空气或惰性气体或两者的混合物），一小部分能量可能来自于直接红外辐射。加热过程中没有与焊接接触。以下参数会影贴片元件的温度，导致 PCB 上不同贴片元件之间以及贴片元件的不同部位之间（如贴片元件的端电极与上表面之间）产生温差。

- 输入时间和热功率；
- 封装密度和阴影；
- 贴片的质量；
- 辐射源的波长谱；

➢ 贴片的尺寸规格；　　　　　　➢ 表面吸收系数；

➢ 基板（PCB）尺寸；　　　　　➢ 辐射与对流的能量之比。

警告：在相同的工艺条件下，小部件的升温倾向大于大部件，这可能导致超出 MLCC 抗锡热能力。

③ 波峰焊

在波峰焊工艺中，首先需要涂布一层助焊剂并进行预干燥，然后 PCB 沿着跨越两个连续滚动的熔锡波波峰的方向拖动，此焊接工艺可在惰性气体里进行。

b. 焊接工艺的第一步是利用网版印刷把黏合剂（针对波峰焊）或者锡膏（针对回流焊）印刷到 PCB 上。

c. 焊接工艺的第二步，利用 SMT 把 MLCC 安放到 PCB 指定位置。

d. 焊接工艺第三步，针对波峰焊，通常采用热处理的方式来固化黏合剂（例如批处理工艺条件：120℃，30min，连续处理工艺条件 150℃，120s）。针对回流焊，对涂布好的锡膏进行预干燥。

e. 焊接工艺第四步，实施回流焊或波峰焊。

f. 焊接工艺第五步，清洗作业（按需）。

g. 焊接工艺第六步，测试。

3）助焊剂要求（针对波峰焊）

按照 IEC-60068-2-58 规定，助焊剂由 25%松香和 75%的异丙醇或乙醇组成，最好的活性助焊剂满足：卤化物（Cl、Br、F）的含量小于 0.01%。

虽然高活化的助焊剂具有更好的可焊性，但活性增加的物质也可能会降低 MLCC 的绝缘性，为了避免这种退化，建议采用轻度活化的松香助焊剂。如果轻度活化的助焊剂不适宜使用时，可在使用上述助焊剂时加入二乙基氯化铵（分析试剂等级），确保卤化物含量小于 0.2%。

助焊剂用于提高波峰焊接的可焊性。然而，如果应用了太多的焊剂，可能会释放出大量的助焊剂气体，可能会对可焊性产生不利影响。为了尽量减少所应用的助焊剂量，建议使用助焊剂泡沫制备装置。

由于水溶性助焊剂的残留物易溶于空气中的水分，在高湿度条件下，MLCC 表面的残留物会导致电容器的绝缘电阻和可靠性降低。因此，在使用水溶性助焊剂时，还应仔细考虑所使用清洗机器的清洗方法和性能。

4）焊锡要求（针对波峰焊）

根据 IEC 标准可选的焊锡类型见表 11-8。

表 11-8　波峰焊可选焊锡类型

焊接工艺组别	锡膏类型[a]和助焊剂
1	Sn42Bi58[b]
2	Sn60Pb40A 或 Sn63Pb37A
3	Sn96.5Ag3Cu0.5
4	Sn99.3Cu0.7

注：a. 焊锡成分的名称和组成比例根据 IEC-61190-1-3：2007 标准。

b. 用 0.2%的氯化物活性化

推荐的无铅焊锡一般为 Sn96.5Ag3Cu0.5，推荐的含铅焊锡一般为 Sn63Pb37A。若有选用锡锌合金焊锡，需留意其对 MLCC 可靠性是否有损害。

5）锡膏要求（针对回流焊）

根据 IEC 标准可选的焊锡类型见表 11-9。

表 11-9　回流焊可选的锡膏类型

组别	焊锡成分[a]	助焊剂等级[b]		粉末粒度类型径[c]	标称金属含量/%
		IEC	ISO		
1	Sn42Bi58	ROL0	1.1.1	3	90
2	Sn60Pb40A 或 Sn63Pb37A	ROL0	1.1.1	3	90
3	Sn96.5Ag3Cu0.5	ROL0	1.1.1	3	90

a. 根据 IEC-61190-1-3：2007，规定焊锡合金成分及名称。

b. 参考 IEC-61190-1-1 或 ISO-9454-2。

c. 参考 IEC-61190-1-2：2014

推荐的无铅锡膏一般为 Sn96.5Ag3Cu0.5，推荐的含铅锡膏一般为 Sn63Pb37A。若有选用锡锌合金焊锡，需留意其对 MLCC 可靠性是否有损害。

平时焊膏保存在冰箱中，冰箱温度 0～10℃，使用前要求置于室温 6h 以上，使用前搅拌 7min。超出 72h 未使用，须放回冰箱。1～5℃下锡膏保存期限 4 个月。

6）MLCC 尺寸对焊接方式选择的限定

只有 0603（1608）、0805（2012）和 1206（3216）这些尺寸既可选择波峰焊又可选择回流焊。小于或等于 0402（1005）以下尺寸以及大于或等于 1210（3225）以上尺寸只适合于回流焊。

7）红外强对流回流焊曲线

根据 IEC 标准和 EIA 标准，再结合各 MLCC 厂家规格书推荐的焊接条件，推荐 MLCC 回流焊曲线如图 11-65 所示，回流焊曲线参数见表 11-10。

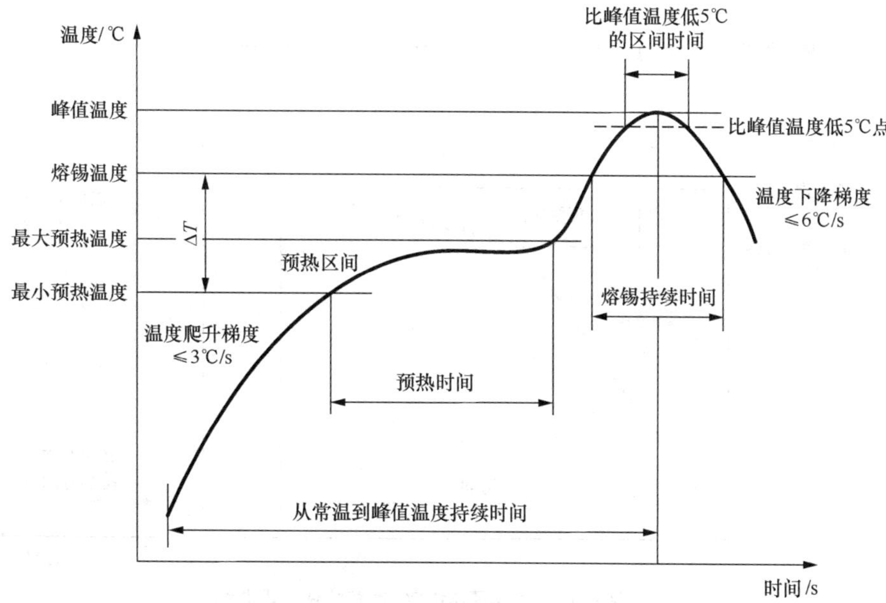

图 11-65　适用于 MLCC 推荐的回流焊曲线

表 11-10　适用于 MLCC 推荐的回流焊曲线参数

回流焊重要条件			焊锡类型	
			无铅	有铅
预热	最小预热温度 T_1		150℃	100℃
	最大预热温度 T_2		200℃	150℃
	预热时间 t_1		60～120s	60～120s
温度爬升梯度			≤3℃/s	≤3℃/s
熔锡状态	熔锡温度 T_3		217℃	183℃
	熔锡持续时间 t_2		60～150s	60～150s
峰值温度 T_4			260℃	235℃
比峰值温度低 5℃点的区间时间 t_3			10s	20s
温度下降梯度			≤6℃/s	≤6℃/s
最小预热温度到峰值温度的温差ΔT		1206（3216）及以下	≤190℃	≤190℃
		1210（3225）及以上	≤130℃	≤130℃
常温到峰值温度时间 t_4			≤8min	≤6min

8）波峰焊曲线

MLCC 适用于波峰焊的只有 0603（1608）、0805（2012）和 1206（3216）这些尺寸，根据 IEC 标准和 EIA 标准，再结合各 MLCC 厂家规格书推荐的焊接条件，推荐 MLCC 波峰焊曲线如图 11-66 所示，波峰焊曲线参数见表 11-11。

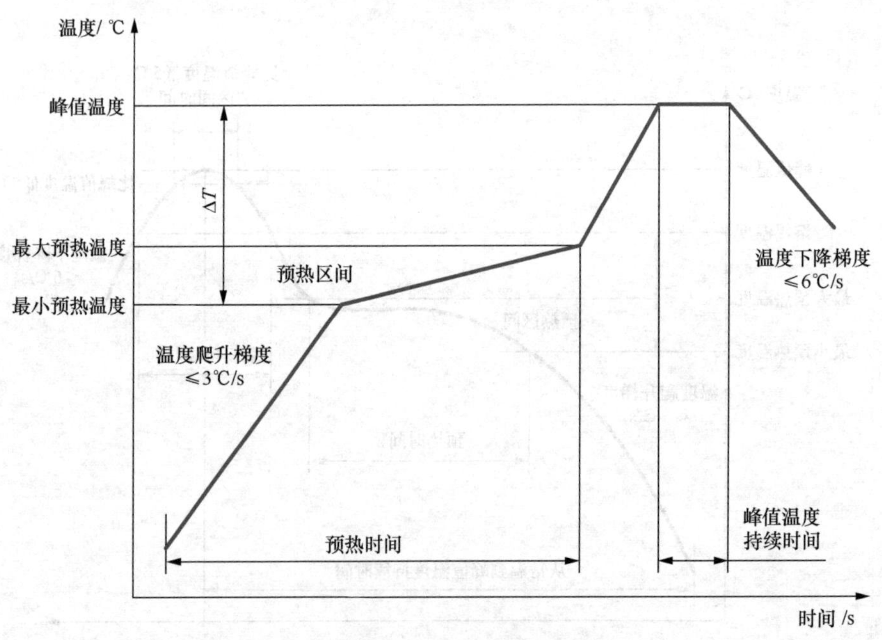

图 11-66　适用于 MLCC 推荐的波峰焊曲线

表 11-11　适用于 MLCC 推荐的波峰焊曲线参数

波峰焊重要条件		焊锡类型	
		无铅	有铅
预热	最小预热温度 T_1	100℃	100℃
	最大预热温度 T_2	120℃	120℃
	预热时间 t_1	30～90s	30～90s
温度爬升梯度		≤3℃/s	≤3℃/s
峰值温度 T_4		260℃	250℃
峰值温度持续时间 t_3		≤5s	≤3s
温度下降梯度		≤6℃/s	≤6℃/s
最小预热温度到峰值温度的温差ΔT	仅限于 0603（1608）、0805（2012）、1206（3216）	≤150℃	≤150℃

9）手工焊电烙铁使用条件

手工焊比较难控制热冲击和爬锡量，会导致 MLCC 产生内裂，所以 MLCC 本质上不适合手工焊，如果因维修必须使用手工焊时，推荐使用Φ3mm 以下电烙铁，焊锡丝在Φ0.5mm 以下，并确保电烙铁不要直接接触 MLCC，预热温度及电烙铁温度请参考表 11-12 中的使用条件。

表 11-12　手工焊电烙铁使用条件

MLCC 尺寸	电烙铁温度	预热温度	预热与烙铁温度差
0201、0402、0603、0805、1206（英制）	≤350℃	≥150℃	≤190℃
1210、1812、2220（英制）	≤280℃	≥150℃	≤130℃

10）总结

碰到终端用户反馈焊锡性不良，如果供方经确认 MLCC 本身焊锡性是正常后，需从上述所列的焊接流程以及推荐的焊接条件去找不良原因。

11.2.3　焊接后端头脱落（附着力不良）

端头脱落也称“脱帽”，是镀层完全跟陶瓷体分离，其本质是铜（或银钯）跟内电极连接强度不够。在第 8.19 节介绍过端电极附着力测试（shear test），此测试的目的就是判定电镀在陶瓷本体两端的镀层牢固度。一般认为产生机理为端电极镀层里玻璃体渗透到陶瓷体里，削弱了结合点的强度。此测试在 MLCC 厂家是抽测，因 MLCC 的结构近似性，所以，一般情况下，如果端电极镀层牢固度不够是批量性的。一旦发生脱帽不良，标准的判定方法是做端电极附着力测试，但是这个测试需要一定的测试治具，如果不具备测试条件有一个简单且有效的判断方法，就是脱帽测试，用刀片或镊子横向去刮端头，此是破坏测试，直到刮掉为止。如果端头镀层跟陶瓷体完全分离，就证明端电极牢固度存在问题，如果连同陶瓷体一起断裂，证明端电极机械强度没有问题。图 11-67 为端电极强度有问题的实例。

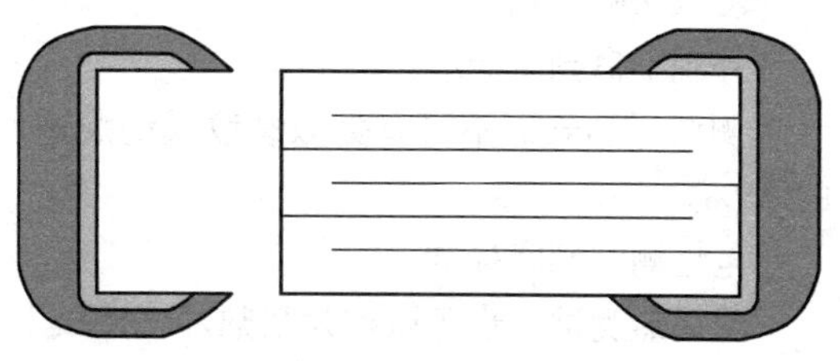
图 11-67　端头脱落不良示意

脱帽测试是粗糙的判定方法，当然在条件允许的情况下采用标准的端电极附着力测试，如果端电极附着力测试是通过的，依然发生端头脱落异常，则终端用户应从这几方面查找原因：手工操作及治具夹具有无异常外力导致脱落发生，爬锡高度应在贴片高度的 50%～75%，如果爬锡高度超过贴片高度的 75%就有脱落风险。端头受到向外的拉扯的破坏力大小跟爬锡高度成正比，跟贴片尺寸大小成正比。

11.2.4 焊接后断裂

如果 MLCC 焊接后发生断裂或出现肉眼可见的裂痕，那么此时 MLCC 肯定发生电性不良（例如容值偏低、阻抗偏低、完全开路），所以我们在分析问题时就没有必要去做电性测试了，而应直接去查找断裂原因。对于肉眼不可见的断裂，通常在 MLCC 内部，我们称为“内裂”或“微裂”，这类不良通常需要做先做电性分析，再做剖面分析（DPA），观察裂痕特征及内部结构，关于内裂和微裂不良将在第 11.3 节的漏电不良中做分析。

焊接后导致 MLCC 断裂的原因通常不外乎两种：一是因遭受机械应力导致的断裂，二是因遭受热冲击热应力导致的断裂。制造者的品质异常和使用者的工艺异常均有可能诱发这两种不良。这里我们经常有一种误解，只要 MLCC 发生断裂了，我们总是习惯于从异常机械外力上查找原因，往往忽略了热冲击的诱因，实际上从作者实践经验上来看，反而是热冲击造成的断裂多于机械外力。

1. 热冲击造成的断裂

MLCC 焊接到 PCB 上后，PCB 及 MLCC 未受任何撞击、压弯等机械外力的情况下，发现断裂，受热冲击损伤的可能性极高，应从热应力破坏方面查找原因。前面提到过，制造者的品质异常和使用者的工艺异常均有可能诱发这两种不良，所以我们只能用排除法查找问题之所在。

1）制造者品质异常诱发的热冲击断裂

为了确认热冲击断裂是否由 MLCC 厂家品质问题引起，通常是要确认 MLCC 是否能承受正常的热冲击，确认方法就是参考第 8.23 节的耐锡热测试标准（又称 RSH 测试标准）进行相关测试。因为 MLCC 厂家测试条件和判定标准比 IEC 标准要严，所以建议采用 MLCC 厂家最严标准，具体要求如下：

测试方法：焊锡槽测试法；

焊锡成分：Sn96.5Ag3Cu0.5；

预热温度：120～150℃；

预热时间：60s；

焊锡温度：（270±5）℃；

浸入时间：（10±0.5）s；

浸入深度：10mm；

浸入次数：1。

外观不良判定标准：

测试样品表面不可有类似裂纹损伤痕迹，镀层端面浸析（leaching）面积不能超过临近边边长的 25%。

电性测试判定标准：

耐锡热测试（也可以称为耐热冲击测试）完成后需要进行 4 大电性测试（*CP*/*DF*/*IR*/*DWV*），其测试判定标准请参考第 8.23.7 节。

2）使用者造成的热冲击断裂

为了弄明白 MLCC 用户在焊接过程中如何造成 MLCC 热冲击型断裂，我们就必须了解一个关于“热应力”的概念。温度变化引起的应力（stress due to temperature），简称热应力。PCB 和 MLCC 本体通常有差异非常大的热膨胀系数（coefficient of thermal expansion），在温度变化期间，焊点与 MLCC 本体之间产生机械应力，重复的温度循环迟早在焊点处造成疲劳损伤和疲劳断裂，因为焊锡有点柔性所以它及时地削弱了外力，因此我们认为缓慢的温度循环比快速的温度循环的破坏程度要低些。然而，测试表明，结果可能是恰恰相反的。这意味着，如果只考虑循环次数，标准化的循环可能产生误导。我们必须评估每个具体应用领域。例如，在隆冬停车整晚然后发动引擎，就会碰到周期性的因温差产生的热应力。如果焊接过程中的温度变化产生了断裂，那么裂纹通常出现在靠近 MLCC 本体的地方。有时候 MLCC 是内裂，应力的大小级别有很多因素决定，比如 PCB 与元件之间的热膨胀系数差异，焊锡和焊锡类型，焊点的形状，焊盘超过 PCB 的高度、尺寸、形状和铺设方式，端电极设计，尤其是 MLCC 的尺寸、材料及形状。必须预防镀层金属溶解到焊点里，将影响焊点的特性，特别是银和金可以使焊点变脆易碎。

一般来说，小元件与 PCB 和 MLCC 之间最小的膨胀系数可以在一定程度上减少对焊点的损坏。此外，较短和较宽的元件本体比较长和较窄的元件本体更不容易受到损坏，部分是由于强度，部分是由于电感，并且因此而降低了频率特性。

为了避免用户在焊接过程中的热应力破坏，MLCC 厂家均在其规格书中推荐了焊接条件，无论是波峰焊还是回流焊，焊接温度曲线都设计了预热工艺。关于波峰焊和回流焊曲线，可以参考第 11.2.2 节波峰焊和回流焊曲线，这些温度曲线设计都充分考虑了热应力可能存在的破坏性。MLCC 在焊接工艺中，一般不推荐手工焊，另外用户也很少采用手工焊，只有在修复 PCB 时才不得已采用手工焊。在两大主要的焊接工艺中，波峰焊比回流焊诱发热冲击的风险更高，所以这里拿波峰焊来举例说明。波峰焊 3 个风险比较大的温度点都做了量化要求：

预热阶段要求温度爬升梯度不应大于 3℃/s；

峰值温度的持续时间最长为（10±1）s（无铅），（20±5）s（有铅）；

冷却阶段，温度下降梯度不大于 6℃/s。

波峰焊的预热阶段和冷却阶段跟回流焊条件一样，峰值温度持续时间不大于 5s（无铅）。另外，当我们采用波峰焊的时候，波峰焊的流动焊锡迅速把热量传输到元件表面，特别是快速润湿的镍隔层。早在陶瓷本体变暖之前镍隔层的热膨胀已经发生效应了。当晶片尺寸大于 1210 且如果镍隔层相当厚的时候，陶瓷本体就会带来内裂的风险。因此很多主流厂家在生产大尺寸贴片电容器时不用镍隔层，或者在规格书中注明 1210 以上尺寸只能采用回流焊。

2. 机械应力造成的断裂

关于机械应力造成的断裂，制造者的品质异常和使用者的工艺异常均有可能诱发这种不良。所以确认异常原因，我们还是用排除法，先确认 MLCC 本身抗机械应力能力是否正常，然后再确认终端用户在使用过程中是否存在异常的机械外力。

1）如何确认机械应力断裂是否因 MLCC 本身品质异常引起

尽管 MLCC 有不同的外形尺寸和不同容值规格，但是它们都有近似的制造工艺和材料，所以这些不同规格的 MLCC 被视为具有结构近似性。因而，当 MLCC 发生断裂时，我们只要抽测同批次留样的抗弯曲测试即可。根据抗弯曲测试结果来判定，如果抗弯曲测试结果不符合标准，说明断裂是因 MLCC 本身抗弯曲能力不足造成，如果测试结果符合要求，说明断裂原因来自用户使用过程中的异常机械外力。关于抗弯曲测试方法请参考第 8.18 节，这里不再重复介绍。

正常情况下，MLCC 普通品做抗弯曲测试的压弯深度按厂家标准是 1mm，汽车级用品压弯深度才是 3mm。本书推荐：在发生断裂异常时，普通品也要按 3mm 压弯深度做加严测试。这方面只有使用者越专业，才能提出相应要求，并且这些要求是可以达到的。

2）如何确认机械应力断裂是否因使用过程中的异常机械应力引起

当发生断裂时，如果 MLCC 厂家通过耐锡热测试（RSH）证明了 MLCC 抗热应力能力达标，并且通过抗弯曲测试证明了 MLCC 抗机械应力能力达标，同时用户自己也排除了焊接过程中没有热冲击破坏，那么通过排除法排除了前 3 个原因，这样就只剩下最后一种可能原因了，这就是用户在使用过程中存在异常外力。这就要提到老生常谈的几个问题。

a）在 STM 贴装过程中，吸嘴是否撞击到 MLCC；

在 SMT 贴装焊接工艺中，如果调整吸料头（nozzle）置放高度过低，有可能对 MLCC 产生过大的压力，从而导致断裂。为了预防这个问题，有以下几点需要留意：第一点，将吸料头的下止点调整到刚好接触到 PCB 上表面，并且无任何压力产生；第二点，调整吸料头静态压力为 1～3N；第三点，为了减少吸料头的冲击力，在 PCB 的背面设计支撑点也是非常重要的。请参考图 11-68 和图 11-69 的例子，在 PCB 贴片的背面，如果无支撑杆设计的，PCB 有可能在吸嘴的压力下变形，致使 MLCC 发生断裂；如果设计了支撑杆，就可以避免此风险。不仅单面贴 PCB 需要设计支撑点，双面贴 PCB 也需要设计支撑点。

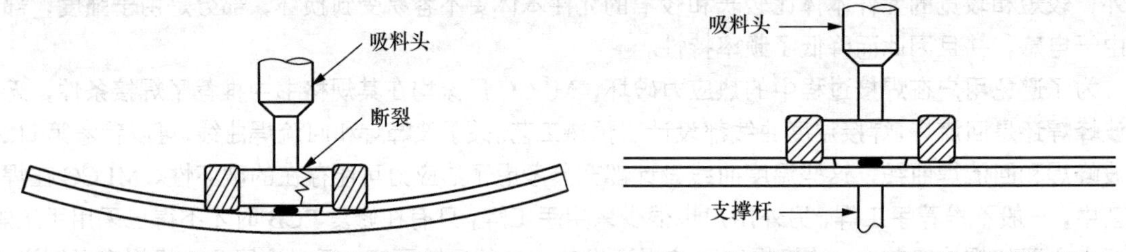

图 11-68　贴片时 PCB 背面无支撑杆示意　　图 11-69　贴片时 PCB 背面有支撑杆示意

当吸料头的吸嘴被异物黏附或磨损了，MLCC 就有可能受到不均匀的机械冲击而产生裂纹。请管控好吸料头吸嘴的闭合尺寸，并对吸嘴进行充分的预防性维护和定期更换。

b）PCBA 功能测试是否存在被测试夹具碰撞；

c）PCBA 安装过程中是否存在被安装工具的碰撞；

d）MLCC 焊点之间、与其他贴片元件焊点之间、与其他插件元件焊点之间均不能连焊；

e）有分板线设计时 MLCC 布设是否合理，并尽量避免人工分板；

当有分板要求时，在分板缝隙附近不同位置的布设和不同方向的布设，预防弯曲机械应力的能力高低比较见图 11-70，受机械应力由大到小顺序为：A＞B=C＞D＞E。

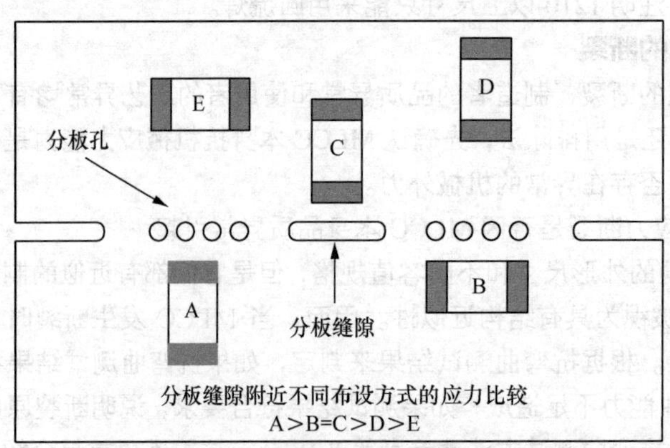

图 11-70　分板缝隙附近不同布设方式示意

f）MLCC 在 PCB 上的布设方向是否合理，以预防可能发生的 PCB 弯曲机械应力；

如果我们可预知 PCB 在某一方向发生弯折的可能性很高，那么尽量使 MLCC 长度方向与 PCB

可能发生弯曲的折弯轴向平行，推荐 MLCC 在 PCB 上布设方式如图 11-71 所示，应尽量避免如图 11-72 所示的布设方式。

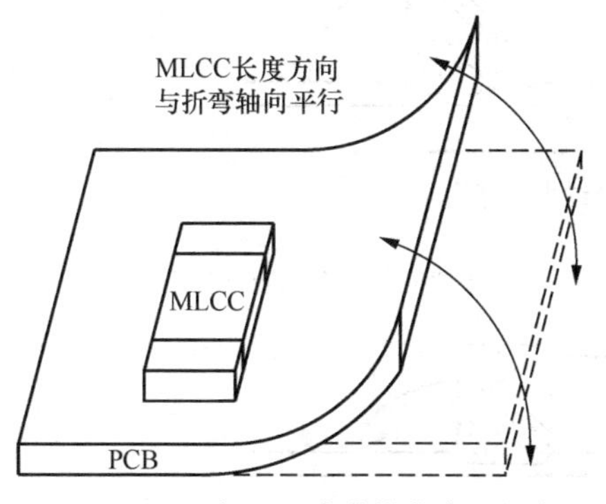

图 11-71　预防 PCB 弯曲推荐布设方式

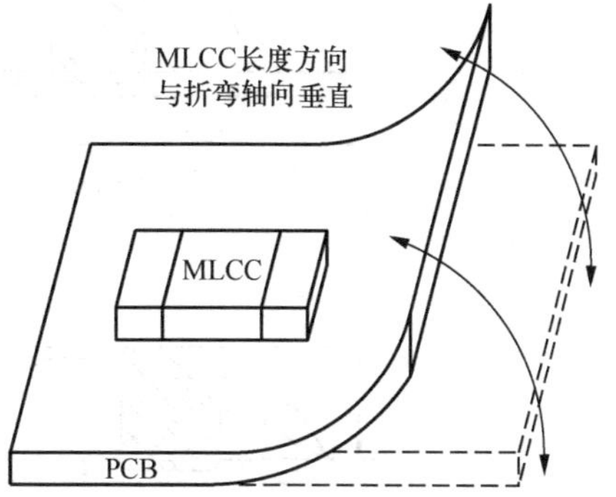

图 11-72　预防 PCB 弯曲避免布设方式

g）MLCC 在 PCB 上的布设面是否合理，以预防 PCB 分板产生的机械应力；

如果有分板需要时，那么 MLCC 布设在 PCB 哪一面比较合适，推荐布设方式如图 11-73 所示，应尽量避免的布设方式如图 11-74 所示。

h）采用波峰焊工艺，在焊接前需点胶的，若点胶量过多，也有可能诱发破坏力；

当 MLCC 用户采用波峰焊焊接工艺时，在过波峰熔锡前，需用黏合剂把 MLCC 陶瓷体暂时黏附在 PCB 上，并对黏合剂进行固化，这就是所谓的点胶。点胶量是指涂布的黏合剂多少，点胶量越大越利于保障 MLCC 过波峰焊前的牢固度，但是点胶量太大有造成 MLCC 断裂的隐患。如图 11-75 所示，在 MLCC 贴装到 PCB 之前，点胶与焊盘的间隙 $a \geqslant 0.2$mm（例如 0805 和 1206），点胶超出焊盘的高度 b 在 70～100μm 之间（例如 0805 和 1206）；在 MLCC 贴装到 PCB 表面后，被压扁平的点胶不能接触到焊盘，即 c 的尺寸不能为 0。

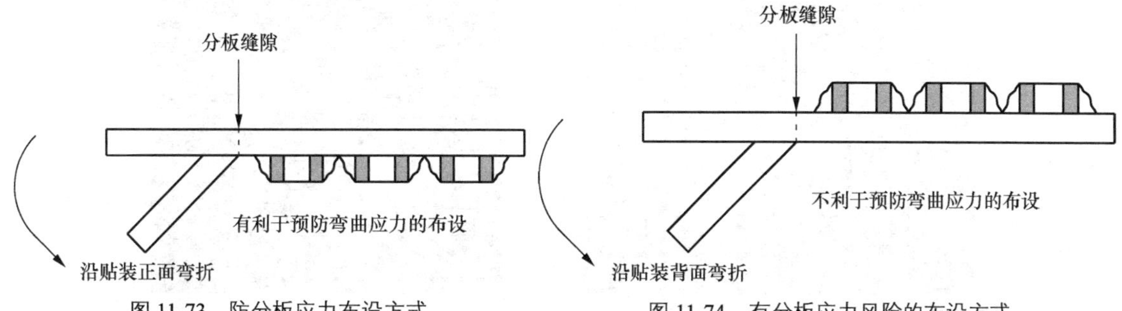

图 11-73　防分板应力布设方式　　图 11-74　有分板应力风险的布设方式

i）爬锡量过大造成 MLCC 断裂。

当温度变化时，过大的爬锡量可能诱发较大的张力，它可能导致贴片断裂。如图 11-76 所示，爬锡量过大以致包覆住整个 MLCC 端头，在焊接的过程中，大量的熔锡增加了 MLCC 遭受热冲击的风险，同时在熔锡的固化过程中，如果两端熔锡固化不同步并存在时差，在类似于杠杆力的作用下，放大了熔锡固化拉力，从而使 MLCC 遭受较大的破坏张力。比较理想的爬锡高度如图 11-77 所示，爬锡高度在 MLCC 高度 h 的 1/2～3/4。

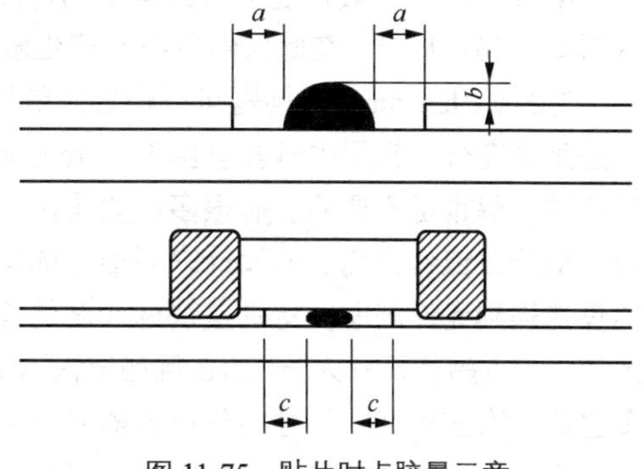

图 11-75　贴片时点胶量示意

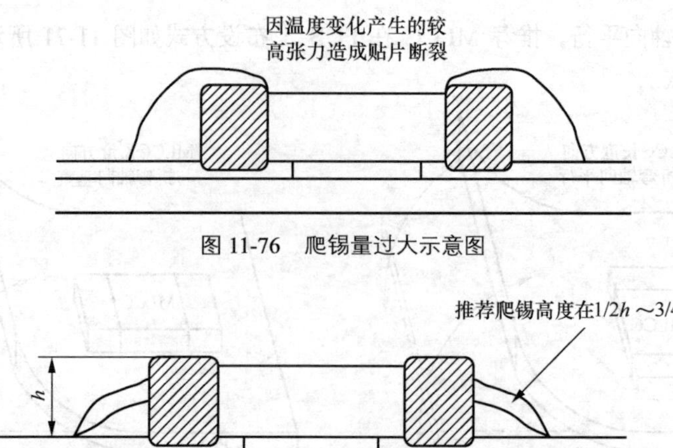

图 11-76 爬锡量过大示意图

图 11-77 爬锡高度推荐标准

11.2.5 镀层浸析不良

本章在介绍焊锡性不良时，有提到端电极裸露不良和可见端电极的焊接孔洞不良，这两种不良不仅锡层消失，起阻隔保护作用的镍层也消失，甚至烧铜层也脱落（可见内电极）。前面在分析不良原因时主要从 MLCC 品质本身去分析，但是还有另外一种情形是在焊接的过程中，过高的焊锡温度或过长的焊接时间造成的镀锡层、镀镍层以及铜电极层被熔解的不良，这就是所谓的镀层浸析（leaching）。图 11-78 所示的浸析不良连内电极都可见，是一种比较夸张的情形，通常隔层镍缺失后，可见的是红色铜电极层。

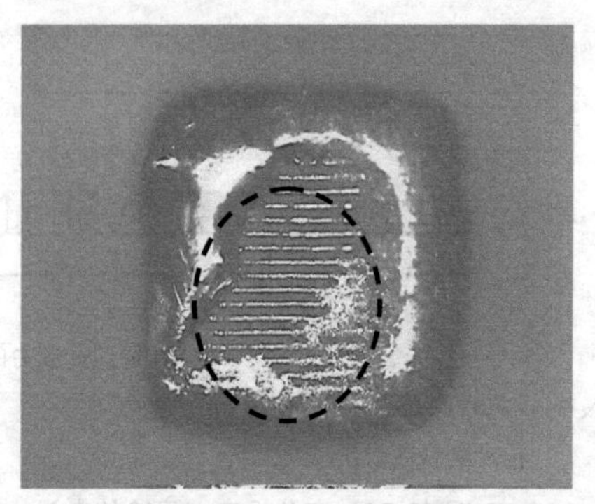 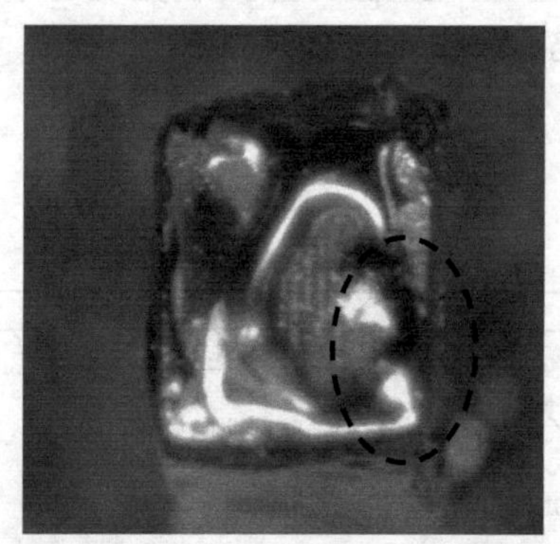

图 11-78 镀层浸析不良

MLCC 厂家一般在规格书上承诺的抗浸析标准是：端电极浸入熔融的焊锡（260±5℃）里，浸入时间（30±1）s，在此条件下不会产生浸析不良。

“浸析（leaching）”问题可以通过阻隔层（比如镍隔层）这样的要求来解决。但是一般要求也许不是那么充分。镍层中气孔自由度（freedom of pores）和它的厚度是非常重要的，除此之外对生产厂家的了解也是必要的。有很多缺陷是因电镀槽残留物的不干净引起的，包括疏忽镍层的氧化防护等。对于以镍作为隔层的设计来说最后的焊接工艺也许是非常不合适的。波峰焊的流动焊锡迅速把热量传输到元件表面，特别是快速润湿的镍隔层。早在陶瓷本体变暖之前镍隔层的热膨胀已经发生效应了。当晶片尺寸大于 1210 且如果镍隔层相当厚的时候，陶瓷本体就会带来内裂的风险。因此很多主流厂家在生产大尺寸贴片电容器时不用镍隔层。但是也许我们可能发现一些不太严谨的厂家生产有镍隔层的大尺寸贴片电容器，这些大尺寸的贴片电容器不能采用波峰焊但是可以采用较慢和较宽松的焊接工艺，比如采用气相焊接工艺、红外焊（IR）或者热风焊（hot air），即使尺寸到了 2220 应该也没有任何风险。再有更大的尺寸应该采用柔性端电极。

在回流焊工艺中，温度应保持在焊料熔点以上至少 20℃。无论如何，镀层端电极只能在有限的时间内承受熔化焊锡的高温。一旦超过这个限度，端电极镀层就开始溶解到焊锡中，即所谓的浸析（leaching）不良，并最终从基底中分离出来，从而导致破坏致密结构或开路。此外，焊接将热量传递到了元件本体，如果为了不使本体受损，这个传递的热量就必须保持最小。最后，热传递必须在对称中进行，并且为了不伤本体尽可能地缓慢，因为元件本体通常对温度差相当敏感。

因此，焊接过程必须适应相互矛盾的要求。一方面，在熔化焊锡中至少需要一定的时间来获得良好的爬锡性，另一方面，端电极尽可能短地润湿在熔化的焊锡中，以尽量减少浸析（leaching）和损坏的风险。

如果采用的焊接工艺融化了太多的金属镀层，或者如果我们希望用重焊接来维修，那就可能会导致危险的熔化，我们应该使用一种前面已经提及到所谓的有隔层元件，它的隔层由镍组成，镍电镀在最里面的铜电极层上。为了效果，镍隔层必须没有孔，并且有一定的最小厚度，这是由制造商的电镀方法决定的。无孔的隔层厚度达到 1μm 通常被认为是合适的。另外高品质的镍镀层也许需要达到 3.0～4.5μm，但是必须小心的是：隔层越厚有可能因较强的内应力造成剥落。因为镍层氧化很快，所以它需要最低厚度的镀锡或者焊锡覆盖，电镀锡层大于 5μm（锡膜厚度约 4.3～7.8μm），吃锡厚度大于 4μm。在这方面我们应该留意陶瓷电容器尺寸大于 1210 的镍隔层，如果我们采用波峰焊，因为隔层上快速的焊锡润湿产生有害的温度差，所以好多大厂已经取消 1210 以上尺寸的镍隔层设计。

11.2.6 锡球锡珠不良（锡爆现象）

焊锡球是最常见的也是最棘手的问题，这是指熔锡焊接工艺（例如波峰焊）中，焊锡在离主焊锡熔池不远的地方凝固成大小不等的球粒；大多数的情况下，这些球粒是由焊膏中的焊料杂质颗粒造成的，焊料成球会导致电路短路、漏电和焊接点上焊料不足等问题发生。

1. 引起锡球的原因

1）由于电路印制工艺不当而造成的油渍；

2）焊膏过多地暴露在具有氧化作用的环境中；

3）焊膏过多地暴露在潮湿环境中；

4）不适当的加热方法；

5）加热速度太快；

6）预热时间太长；

7）焊料掩膜和焊膏间的相互作用；

8）焊剂活性不够；

9）焊粉氧化物或污染过多；

10）尘粒太多；

11）在特定的软熔处理中，焊剂里混入了不适当的挥发物；

12）由于焊膏配方不当而引起的焊料坍落；

13）焊膏使用前没有充分恢复至室温就打开包装使用；

14）印刷厚度过厚导致“塌落”形成锡球；

15）焊膏中金属含量偏低。

锡珠不良是在使用焊膏和 SMT 工艺时焊料成焊锡珠的一个特殊现象，它们形成在 MLCC 端电极的周围。焊锡结珠是由助焊剂排气而引起的，在预热阶段这种排气作用超过了焊膏的内聚力，排气促进了焊膏在低间隙元件下形成孤立的团粒，在软熔时，熔化了的孤立焊膏再次从元件下冒出来，并聚结在一起。

2. 引起锡珠的原因

1）印制电路的厚度太厚；
2）焊点和元件重叠太多；
3）在元件下涂布了过多的锡膏；
4）贴装元件的压力太大；
5）预热时温度上升速度太快；
6）预热温度太高；
7）湿气从元件和阻焊料中释放出来；
8）焊剂的活性太高；
9）所用的粉料太细；
10）金属负荷太低；
11）焊膏坍落太多；
12）焊粉氧化物太多；
13）溶剂蒸气压不足。

消除焊料结珠的最简易的方法也许是改变模板孔隙形状，以使在低托脚元件和焊点之间夹有较少的焊膏。

3. 引起锡爆的原因

所谓的“锡爆”是指 MLCC 在焊接过程中，端电极有气体喷出，把熔融的焊锡喷射到四周形成锡球或锡珠，严重的情况是 MLCC 其中一端被喷射反冲力抬起，这也是导致竖件不良（立碑效应）的一个原因。锡爆的危害非常大，它不仅仅是焊锡性的问题，喷射的锡珠还有可能造成其他元件的短路。

锡爆形成的原因大多是 MLCC 厂家品质问题，首先是 MLCC 端头的最里层铜电极致密性不够有很多孔洞，其次是隔层镍电极太薄或有缺陷，无孔的镍隔层厚度达到 1μm 通常被认为是合适的，另外高品质的镍镀层也许需要达到 3.0～4.5μm。如果此两项异常同时出现，那么在电镀或清洗的过程中，这些孔洞可能残留空气或水汽。当 MLCC 焊接时，端头表面的镀锡熔化，同时孔洞里残留的水汽受热膨胀，冲破隔层把熔锡喷射出来。说到底，锡爆是 MLCC 端电极内部结构异常引起的，为了便于非专业人员了解，请参考图 11-79。

图 11-79　MLCC 锡爆不良示意

如果 MLCC 在焊接工艺中出现锡爆问题，为了确定是否是 MLCC 本身端头品质问题引起的，我们可就以参考第 8.24 节的锡爆测试，取同批次的未使用品，抽样数由发生的不良率来确定，通过锡爆测试结果来确认是否属于 MLCC 本身品质问题。如果锡爆测试结果证明了锡爆异常的存在，那么我们还可以进一步做剖面分析确认内部结构缺陷点（参考第 8.30 节 DPA 测试）。如图 11-80 所示为有锡爆问题的异常批次经抛光剖面分析后，发现烧铜层出现孔隙现象。

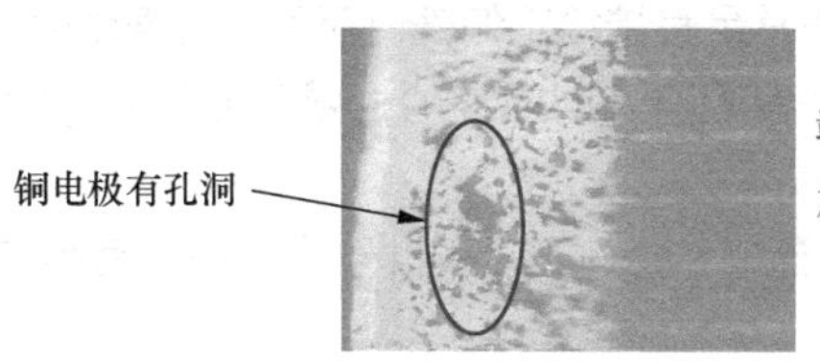

图 11-80　存在锡爆风险的 MLCC 剖面

11.2.7　竖件不良（立碑效应）

竖件不良（Tombstoning）是指 MLCC 其中一个端电极离开了焊盘，甚至整个 MLCC 都支撑在它的另一端上，如图 11-81 所示。

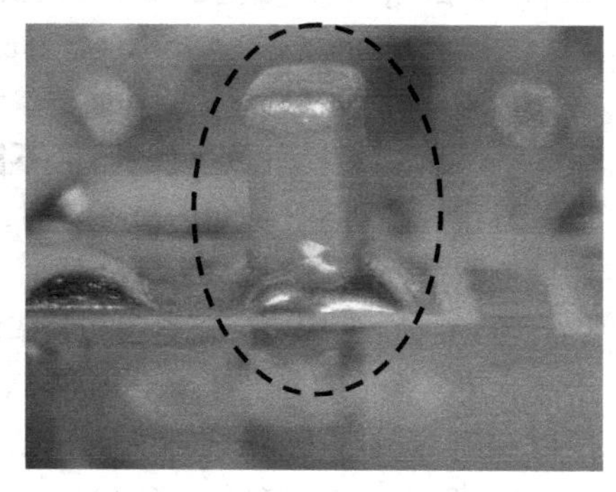

图 11-81　竖件（立碑）不良

竖件不良是在 MLCC 焊接过程中，两端电极爬锡能力不均匀而引起的；因此，熔融焊锡的不够均衡的表面张力就施加在元件的两端上，随着 SMT 小型化的进展，电子元件对这个问题也变得越来越敏感。造成竖件不良（立碑效应）的原因有：

1）加热不均匀；

2）元件问题：外形差异、重量太轻、可焊性差异；

3）基板材料导热性差，基板的厚度均匀性差；

4）焊盘的热容量差异较大，焊盘的可焊性差异较大；

5）锡膏中助焊剂的均匀性差或活性差，两个焊盘上的锡膏厚度差异较大，锡膏太厚，印刷精度差，错位严重；

6）预热温度太低；

7）贴装精度差，元件偏移严重。

11.3　电气性能方面投诉

11.3.1　容值不良

MLCC 厂家在做 4 大电性（*CP*/*DF*/*IR*/*FL*）筛选时是采用全检的方式进行的，每颗 MLCC 都经过了容值检测，一盘 MLCC 中发生容值不良的概率为 0，所以一般情况下，很少出现容值不良的问题。但是，为什么在实际应用中往往客户投诉容值不良的件数却很多呢？这里有几方面原因，有些原因甚至可以解读为用户的误解。解决容值不良投诉的最佳方法就是用最标准的测量仪器和采用正确的测试条件来测量容值，然后把测量数据跟判定标准进行对比来确定判定结果。

1. 容值上限值和下限值的计算

我们要判定所测容值是否在规格要求的标准范围内，首先得知道待测规格允许的容值上限值和下限值。而我们获得允许的容值上限值和下限值的途径有两种。

一是，从订单规格描述或标签规格描述中获得，例如 10μF，±10%，这里的 10μF 就是该规格的标称容值，一般用 C_N 表示，这里的 ±10%是指该规格的允许偏差。

允许上限容值：10×（1+10%）μF =11μF；

允许下限容值：10×（1−10%）μF =9μF。

NP0 系列 10pF 以下规格的允许偏差通常是直接给定偏差值而不是偏差比例，例如 4.7pF±0.25pF，这里 4.7pF 是标称容值，±0.25pF 是允许偏差值，则允许的上限容值是 4.7pF+0.25pF=4.95pF，允许的下限容值是 4.7pF−0.25pF=4.45pF。

二是，从 MLCC 厂家料号里获得，通常 MLCC 厂家料号的代码里有标称容值代码和允许偏差代码。

例如前面举例的 10μF，±10%，标称容值 10μF 在 MLCC 料号里的代码是 106（即 10×10^6pF=10μF），允许偏差±10%在 MLCC 料号里的代码是 K。

再例如前面举例的 4.7pF，±0.25pF，标称容值 4.7pF 在 MLCC 料号里代码是 4R7，允差±0.25pF 在 MLCC 料号里代码是 C。具体请参考第 7.2 节，有更完整的介绍和说明。

2．测试条件错误造成的容值不良投诉

当我们接到客户投诉容值不良时，我们第一时间应该是先确认测试条件是否正确，然后再确认测试仪器是否符合规范。

因 MLCC 的容值会随电压和频率的变化而变化，即所谓容值的电压特性和频率特性。再者，对于高介电常数（例如 X7R、X5R、Y5V 等）的 MLCC，因其温度特性，容值会随温度的变化而变化。所以 MLCC 的容值测试有 3 大测试条件。

1）测试温度：通常 25℃（NP0 系列受温度影响几乎可以忽略不计）；

2）测试电压；

3）测试频率。

根据 IEC-60384-21&22 标准，MLCC 详细测试条件请参考第 8.5.3 节，这里就不再重复说明。

3．测试仪器误差造成的容值不良投诉

通常终端用户较少有专业的适用于 MLCC 容量测试的仪器，MLCC 的容量从 0.10pF～330μF 之间如此大的跨度，好比 0.10g～330t 之间的跨度，对于质量测量我们较为熟悉，质量为克级别的我们用天平秤，吨级别的我们用磅秤。那么，MLCC 有如此大的量程范围，我们必须依靠一台专业容值量测仪才能完成准确测量。大多数终端用户手上的普通 LCR 测试仪，看似功能良多，它们既能测容值又能测阻值和感值，但是它们通常只能在某一个容值范围勉强完成测量，普通 LCR 也许在 1nF～1μF 范围内跟专业 LCR 测试仪无区别，但是，碰到 10pF 以下和 10μF 以上 MLCC 的量测，它跟专业的 LCR 比就会出现较大的误差。也许普通 LCR 也通过第三方机构校验，但是它可能没有下面提到的测试电压自动控制功能（ALC：Automatic Level Control）、短路补偿功能、开路补偿功能、负载补偿功能等。

目前测量 MLCC 较为权威的设备是是德科技的 LCR 测试仪，最新型号为 E4980A（替代 HP4284A 和 HP4278A），其配套测试夹具型号为 16034E/G。

无论是使用 HP4284A 还是使用 E4980A，在测量高容时都要注意是否开启测试电压自动控制功能（ALC），因为当测试高容时在测量的一瞬间有压降，所以造成实际测试电压达不到标准，这样就造成容值偏低的误判。LCR 实际测试电压是否达到标准的测试电压，是可以用精度较高的万用表去量测的，当我们在测试 MLCC 时，用万用表测试陶瓷电容器两个端电极之间的电压，标准测试电压通常是 1V 或 0.5V（AC），详细标准请参考第 8.5.3 节。如果测得的实际测试电压低于标准测试电压，可以通过手动调整，让实际测试电压接近标准测试电压。

用于 MLCC 容值测试的 LCR 还要具备开路补偿、短路补偿和负载补偿功能。因夹测 MLCC 的两测针之间就相当于一个小电容器，它与待测 MLCC 并联，所以，开路补偿的目的是为了矫正这个测试夹具的寄生电容对待测容值的影响。另外，因测试夹具的导线存在阻值，尽管这个阻值很小，但是它跟待测 MLCC 串联，从而影响容值测试的结果，短路补偿的目的就是要矫正这个夹具导线的阻值对测量结果的影响。再者，LCR 把实际测量值修正到跟标准电容器的参考容值一样，这个修正功能叫负载补偿功能。如果一台 MLCC 容值测试仪没有电压补偿、开路补偿、短路补偿这三个功能，那么就很难达到精准测量。尤其是 10pF 以下和 10μF 以上的 MLCC 容值测量。这就解释了终端用户为什么经常投诉容值问题，这是因为他们没有专业容值测量仪，大多数终端用户所拥有的 LCR，仅仅可以作为规格确认或防止混料之用，而不能做容值良与不良的判定。

关于 LCR 测试仪的精度，国际标准 IEC-60384-21&22 标准对 MLCC 容值测量仪器的精度做了具体要求，请参考第 8.5.3 节。

如果你想了解更详细的 MLCC 测量原理和 LCR 条件设置要求，请参考是德科技的 E4980A 和 HP4284A 操作说明书，这里就不再做简要说明。

4. 规格不符造成的容值不良投诉

正常在终端客户没有特殊要求的情况下，MLCC 厂家在出货时料盘上至少有两个标签，一个是 MLCC 产品规格标签，其上信息包含厂家料号（P/N：part number）、批号（L/N：lot number）、数量（QTY）、生产日期代码（date code），此标签在 MLCC 完工入库时就有，通常没有规格描述，作为 MLCC 厂家内部规格识别用，用户一般看不懂，或者需要借助规格书上的料号描述规则才能看懂，特别是产品规格标签上的生产日期有厂家用代码或条码标示，更是无法辨认真实生产日期，所以很多时候默认出货日期为生产日期。另外一个标签是出货标签，其上信息包含厂家产品料号（P/N）、客户订单料号（customer P/N，也有简称 C/N）、规格描述（通常备注尺寸、标称容值及允差、介质类别、额定电压）、数量、客户名称代码、订单号、出货日期等。

MLCC 出货时按要求，实物、厂家料号、客户料号、料号描述这四项要一致，才算交货规格正确，参考如图 11-82 所示的 MLCC 出货标签示意图。从客户立场来看，只要发现实物与客户订单料号和料号描述不一致，就称为规格不符，规格确认最简易的方法就是测量容值是否在允差范围内。最终客户投诉的是容值不良，严格来讲是规格不符。

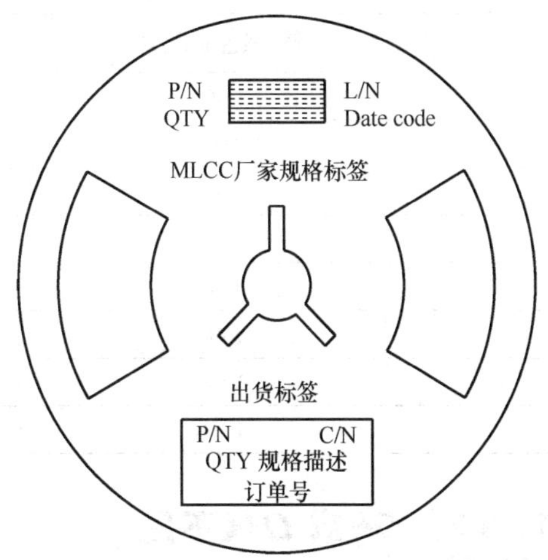

图 11-82　MLCC 出货标签示意

通过容值测量来确认 MLCC 的规格是否正确，虽然方法比较简单好用，但是此方法也有不严谨的地方。这是因为同一尺寸规格不同陶瓷介质的 MLCC，它的容值有重叠区，例如 0603（1608），50V，可通过第 7.5 节查询出，C0G 与 X7R 重叠的容值区间是 1～10nF，X7R 与 X5R 重叠的容值区间是 100nF～1μF，X5R 与 Y5V 重叠的容值区间是 100～220nF，这就导致出现这样的现象：容值正确并不代表介质材料正确。例如 Y5V 混到 X5R 里，X5R 混到 X7R 里，这些外观不是特别明显的，是难以区分的。II 类和 III 类介质混到 I 类介质，可能从外观上比较好区分。出现不同陶瓷介质互混的异常，最专业最可靠的确认方法是做 TCC 测试（即容值温度特性测试）。关于 TCC 测试方法请参考第 8.13 节的容值温度特性测试（TCC）。

5. 陶瓷介质老化造成的容值不良投诉

针对 II 类介质（例如 X7R 和 X5R）和 III 类介质（例如 Y5V），因为它们具有铁电性，所以此类介质的容值存在一种所谓的“老化现象”，通俗地讲就是容值随时间的延长而降低。这种“老化现象”不可避免，但是它是可逆的，温度加热到该材质居里温度以上，可以彻底去老化，即之前降低的容量又回升了。终端客户制程中的焊接和通电有一定程度的去老化作用，这就解释了为什么刚刚焊接过的 MLCC 容值升高了，通电也有类似现象。关于老化原理及老化常数在第 6.5 节有详细介绍，如果你有兴趣了解更专业更详细的介绍，请参考此章节，这里不做重复介绍。

由于老化的存在，所以有必要规定一个参考老化时间，在此老化时间内确保受老化影响的容值还在规定的公差范围内。这个参考的老化时间是 1 000h，因为，实际上经过这 1 000h 老化后，容值老化损耗幅度没有之前那么大了，处于相对稳定的状态。所以针对 II 类介质（例如 X7R 和 X5R）和 III 类介质（例如 Y5V），MLCC 厂家在做电性筛选前是有做“去老化”动作的，即在 150℃下烘烤 1h 然后再静置 24h（也有采用 140℃，2h）。所以它的容值筛选设计思路是确保 24～1 000h 内容值在允差范围内，那么从 MLCC 厂家电性筛选完算起，超出 1 000h，容值有可能偏低。这就解释了为什么 II 类和 III 类 MLCC 库存久了会出现容值偏低的问题。

对于老化造成的容值偏低问题，我们在测试容值前，把待测样品做预处理，即通过烘烤排除老化干扰。MLCC 厂家推荐的预处理条件是：在 150℃下烘烤 1h，然后静置 24h。这里需要说明的是：在静置时间低于 24h，容值有可能偏高，另外如果烘烤温度高于 150℃，有可能需要更长一些的静置时间。我们需要理解一个现象，也就是容值的衰减百分比在烘烤后 1h 内变化最大且没有明显的规律，所以把 1h 作为起始时间，假设容值的衰减百分比在 1～10h 是 K，那么，在 10～100h 是 K，在 100～1 000h 是 K。为了便于对比不同时间段的变化率，我们想象成匀速变化，则在 1～10h 容值变化率是 0.1K/h，那么，在 10～100h 约 0.01K/h，在 100～1 000h 约 0.001K/h，显然在接近 1 000h 时容值下降趋缓。虽然我们烘烤后要求的最低静置时间是 24h，但是静置时间越长容值就越接近稳定值。

一般 MLCC 厂家在规格书上没有提供陶瓷介质老化率，另外终端用户也不是都具备条件自己测试，不过，也许客户可以要求厂家提供。因而本书第 6.5 节提供了各陶瓷介质的每 10 进制小时的老化率（见表 11-13），以便用户参考。

表 11-13　MLCC 各陶瓷绝缘介质老化率

陶瓷绝缘介质	每 10 进制小时的老化率
C0G	0%
U2J	0.1%
X8R	0%
X7R	3.0%
X5R	5.0%
X8L	3.0%
Y5V	7.0%
Z5U	7.0%

11.3.2　*DF* 或 *Q* 值不良

损耗因数 $\tan\delta$ 也称 *DF*（Dissipation factor），*DF* 值可以理解为：电容器先充电，然后又放电，这一充一放前后电荷损失的百分比，所以 *DF* 没有单位，通常用百分比表示。I 类介质（例如 C0G）通常不是用 *DF* 表达，而是用 *Q* 值表达，$Q=1/DF$。当接到 *DF* 值不良投诉时，首先要确认的测试条件是否正确以及测试仪器是否符合要求。

1. 测试条件错误引起的 *DF* 值不良

DF 值或 *Q* 值的测试条件跟容值测试一样，详细测试条件请参考第 8.6.3 节。测试 MLCC 容值的 LCR 一般也能同时测试 *DF* 和 *Q* 值，如果选择“CP-D”设置模式，测试结果显示容值和 *DF* 值，如果选择“CP-Q”设置模式，测试结果显示容值和 *Q* 值。也可以把测试的 *DF* 值换算成 *Q* 值。

2. 测试仪器误差造成的 *DF* 不良

DF 值测试对测试仪器的要求应该说比容值测试要求更严，所以客户端的普通 LCR 一般很难完成准确测量。如果需要测试 *DF* 值或 *Q* 值，跟前面的容值测试一样，较为权威的设备是是德科技的 LCR 测试仪，最新型号为 E4980A（替代 HP4284A 和 HP4278A），其配套测试夹具型号为 16034E/G。其他品牌的 LCR 如果跟 E4980A 有同等精度才可以采用。

3. *DF* 值判定标准引用错误引起的误判

不同陶瓷介质、不同尺寸规格、不同额定电压、不同容值的 MLCC，严格来讲其 *DF* 值是有差异的，所以 *DF* 值判定标准需要细分到具体规格型号才比较合理。关于 *DF* 值的判定标准请参考第 8.6.4 节。该章节介绍了国际 IEC 的 *DF* 判定标准和 MLCC 厂家中最严的 *DF* 判定标准，推荐参考 MLCC 厂家标准。因为 MLCC 厂家针对 I 类介质（NP0 系列）以大家习惯的 *Q* 值作为判定标准，针对 II 和 III 类介质（例如 X7R、X5R、Y5V 等）不仅考虑了介质和额定电压的区别，还考虑了尺寸大小和容值大小的区别。有时候即使其他规格值都相同，只有某一规格值不同，结果 *DF* 判定标准差异很大。例如尺寸、介质、容值都相同但是额定电压不同，*DF* 值判定标准也就不同。

例如：1206（3216）X5R 4.7μF 6.3V *DF* 判定标准：*DF*≤10%

而 1206（3216）X5R 4.7μF 50V *DF* 判定标准：*DF*≤2.5%

例如：0805（2012）X5R 4.7μF 50V *DF* 判定标准：*DF*≤10%

而 1206（3216）X5R 4.7μF 50V *DF* 判定标准：*DF*≤2.5%

以上各个规格之间的 *DF* 值判定标准都可以从第 8.6.4 节表单中查询。

4. 终端用户制程异常引起的 *DF* 值不良

终端用户在制程中如果造成了 MLCC 端电极表面污染，这时候测试 *DF*，可能会因为接触电阻变大，从而影响 *DF* 测试结果造成误判。正确做法是对被污染的待测样品用酒精进行清洗，晾干再进行测试。

另外，焊接后的 MLCC，有可能受到异常机械外力和异常热冲击，造成 MLCC 内部结构损伤（微裂），或者造成端电极最里层烧铜层局部分层，或者造成镍隔层分层等，这些都有可能造成 *DF* 不良。端电极内部结构不良造成的 *DF* 不良，有时候有这样一个现象：测试探针压紧和压松，*DF* 值有明显变化。

5. MLCC 本身品质问题造成的 *DF* 不良

前面提到过，MLCC 4 大电性是 100%全检的，所以因电性筛选错误造成的不良外流的可能性非常低，通常是内部结构的不稳定造成的情况比较多。特别是端头的烧铜层、镍隔层及镀锡层牢固度和陶瓷体的应力释放，这两项风险较高。内部结构异常只能通过专业的内部结构抛光分析（即破坏性物理分析 DPA）才能发现问题。有关破坏性物理分析（DPA）方法请参考第 8.30 节介绍，其中在 8.30.4 节中的第 7 条介绍了端电极镀层缺陷判定标准，这些缺陷有可能影响到 *DF* 值。

11.3.3 漏电和烧板（绝缘电阻不良）

1. 漏电流与绝缘电阻 *IR* 的关系

在 MLCC 所有品质异常中，漏电和烧板这两项是最让供需双方困扰的问题，之所以让大家困扰，是因为这类问题具有隐蔽性、偶发性、危险性这样的特征。我们经常说 MLCC 是所有静电电容器中可靠性最高的电容器，但是每当发生漏电或烧板问题时，似乎大家开始怀疑这种“赞誉”。实际上，MLCC 的高可靠性是高度依赖于陶瓷介质的优良绝缘性，如果陶瓷介质一旦受到损伤，这个优良的绝缘性就丧失殆尽，所以问题的根源是如何避免 MLCC 内部结构受损，以及如何提高 MLCC 的抗内部结构受损能力。另外，关于 MLCC 漏电标准到底是什么，通常也让客户困扰不已，因为这个漏电标准在 MLCC 规格书上并没有做描述和说明。因为 MLCC 的漏电流通常非常小，nA 或μA 级，普通的漏电测试仪几乎无法精确测量，所以通常用另外一个等效的电性参数叫直流绝缘电阻（*IR*）。

如果有客户一定想要搞清楚 MLCC 漏电标准到底是多少，又该怎么办呢?

在测出了绝缘电阻 *IR* 后，再根据欧姆定律可以换算出近似漏电流参考值，见如下公式：

$$L_{\rm LC}=\frac{U_{\rm R}}{R_{\rm IR}}$$

$I_{\rm LC}$ 为漏电流，$U_{\rm R}$ 为额定电压（也是测试电压），$R_{\rm IR}=IR$。

针对 *IR* 测试目前比较权威的测量仪是是德科技的 B2985A（替代安捷伦的 HP4339B）。若采用其他品牌直流高阻测试仪，须确保精度和功能接近。

举例：计算 1206（3216）X7R 4.7μF 50V 的漏电标准。

第一步，查询该规格是绝缘电阻的判定标准，根据第 8.7.6 节，可查询 MLCC 厂家的 *IR* 判定标准为：

$IR\geqslant 10\text{G}\Omega$ 或 $IR\times C_{\rm N}\geqslant 500\text{M}\Omega\cdot\mu\text{F}$，两者取其小，这里需要计算然后取最小标准。

$IR\times C_{\rm N}\geqslant 500\text{M}\Omega\cdot\mu\text{F}$ 可以推导如下，求出 *IR* 判定标准：

$$IR\geqslant\frac{500\text{M}\Omega\cdot\mu\text{F}}{C_{\rm N}}=\frac{500\text{M}\Omega\cdot\mu\text{F}}{4.7\mu\text{F}}\approx 106.4\text{M}\Omega$$

$IR\geqslant 106.4\text{M}\Omega$ 比 $IR\geqslant 10\text{G}\Omega$ 小，所以该规格的 *IR* 判定标准是：$IR\geqslant 106.4\text{M}\Omega$。

注意：容值的单位统一换算到μF。

第二步，通过欧姆定律，把 *IR* 换算成漏电流标准。

已知 $IR\geqslant 106.4\text{M}\Omega$，$U_{\rm R}$=50V，则：

$$I_{\rm LC}\leqslant\frac{U_{\rm R}}{R_{\rm IR}}=\frac{50\text{V}}{106.4\text{M}\Omega}\approx 0.47\mu\text{A}=470\text{nA}$$

推算出 1206（3216）X7R 4.7μF 50V 的漏电标准：漏电流小于 0.47μA（470nA）。

通过上面的介绍，让我们明白，漏电不良就是绝缘电阻 *IR* 不良，所以当怀疑 MLCC 有漏电不良时，我们可以参照第 8.7 节绝缘电阻 *IR* 测试标准，进行 *IR* 测试，然后根据测量结果判定是否符合标准要求即可。目前比较权威的测量仪为是德科技的 B2985A（替代安捷伦的 HP4339B），有客户用万用表测量当然是没有参考意义的。

2. 漏电不良与内裂关系

当介质厚度低于 25μm 时，在高阻抗应用中会发生穿透内部微细裂纹的低压短路。关于贴片元件，温度变化产生的温度差和疲劳应力可能导致陶瓷本体内裂，以及在焊点接缝处断裂造成开路。

在实际应用中，我们发现几乎所有的漏电都跟内裂有关，而内裂（crack）或微裂（micro-crack）存在于 MLCC 内部，我们只有参照第 8.30 节做破坏性物理分析（DPA）才能确认。但是，不是所有内裂或者微裂我们都可以通过剖面分析（DPA）可以捕捉得到（例如第 8.30.4 节的图 8-42 MLCC 内部裂纹示意），往往内裂纵深程度较大的才容易被研磨得到，局部的、细微的裂纹有可能在剖面分析中被研磨掉而不被发现。所以做剖面分析人员除需要足够的经验之外还需足够的耐心和细心，即便是这样也未必能把所有微裂给研磨抛光出来。

内裂造成陶瓷电容在低压高阻电路中的短路或漏电，通常可以这么理解："微裂"现象一般会出现在陶瓷本体，在湿气和极化电压影响下，从一个电极到另一个电极之间的电解物的偏移就很容易发生，我们称之为"离子迁移（ionic migration）"，也称作"电晕放电（corona discharge）"。我们碰到的短路现象，它的特征类似于塑胶膜电容在被碳化污染的自愈点发生的短路。电晕放电是电极间的气体还没有被击穿，电荷在高电场的作用下发生移动而进行的放电。电晕放电可以是相对稳定的放电形式，也可以是不均匀电场间隙击穿过程中的早期发展阶段。

同样地，如果电压超过规定的最小值，则导电通路是非常薄的并且容易被烧毁。另一方面，电压如果太高会在内裂处发生“飞弧（flash-over）” 现象，对于这个现象我们几乎没有更好的办法。

一般来说，对于在 500V 以上的高压元件，电晕放电电压才是设计中的一个考虑因素。电晕通常被理解为带电元件周围空气被电离，然而，电晕能穿透绝缘材料，包括电容器的绝缘介质材料，并将慢慢地导致介质击穿。当电晕发生在电容器，它将产生不必要的电磁干扰，如果持续很长时间，会使绝缘介质的绝缘性下降，并最终导致失效发生。电晕临界电压（Corona start voltage levels）等级是可测量的，并应在高压电容器中加以规定，以避免工作电压超出电晕启动电压的安全水平。

当 MLCC 内部断裂发生时，其密闭性也应当受到影响，断裂的局部缝隙，不可能是绝对真空状态，那么，我们知道空气在正常情况下，当电晕电场强度达到 3×10^6V/m 以上时会发生电晕放电。MLCC 目前介质厚度已经达到 μm 级，根据电场强度公式：

$$E=\frac{U}{d}$$

E 为电场强度，U 为临近两极间电压，d 为临近两极间距离。

$$E=\frac{U}{d}=\frac{3\times10^6\,\text{V}}{\text{m}}=\frac{3\text{V}}{10^{-6}\,\text{m}}=\frac{3\text{V}}{\mu\text{m}}=3\text{V}/\mu\text{m}$$

通过电场强度换算可知，在 1μm 介质厚度的情况下，3V 电压下的电场强度就有可能达到电晕临界电压，如果介质厚度是 2μm，6V 就达到电晕临界电压，以此类推。所以我们不能因为是低压产品就认为不会发生电晕放电，实际上，只要断裂出现在 MLCC 内部，一切就会变得皆有可能。

当 MLCC 有裂纹、分层、斑点或孔隙时，其电晕临界电压比正常 MLCC 更低。其原理与前面章节举例的聚酯膜电容器一样（第 2.10.2 节介绍电晕电压）。推理过程如下。

当 MLCC 交错重叠的两临近电极间出现如图 11-83 所示的孔隙，我们把局部放大后如图 11-84 所示。假设孔隙里绝缘介质为真空，陶瓷介质为 C0G，则 $\varepsilon_1=1$，$\varepsilon_2=65$（第 2.1 节可查参考值）。如果我们把真空和陶瓷介质一起看作混合介质，则根据第 2.5 节介绍的混合介质场强公式：

$$\varepsilon_1\times E_1=\varepsilon_2\times E_2$$

$$1\times E_1=65\times E_2$$

$$E_1=65E_2$$

从上面推导的结果可以看出：若在 MLCC 两端施加额定电压，孔隙处的场强远大于陶瓷体内的场强，若陶瓷介质是 X5R，因其介电常数更大（参考值为 3 000），那么孔隙处场强比陶瓷体场强大更多倍数。因而，孔隙处更容易达到电晕临界电压，我们就可以利用 MLCC 内部缺陷处电晕临界电压更低这一特点，设置合适的测试电压，把有孔隙缺陷的 MLCC 筛选掉。

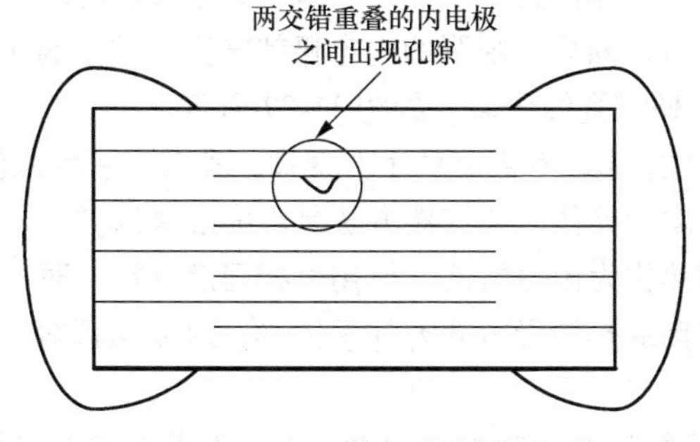

图 11-83　MLCC 内部孔隙剖面示意

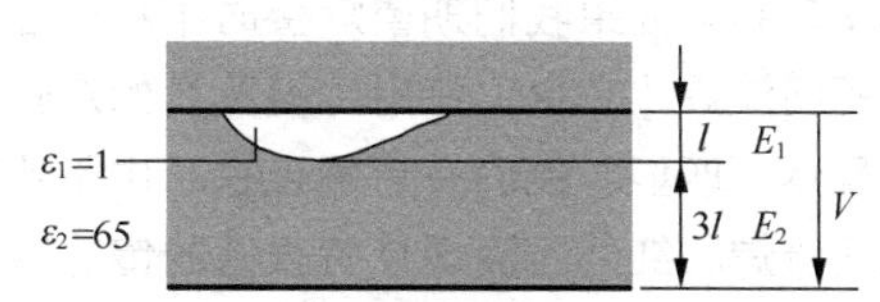

图 11-84　MLCC 内部孔隙剖面放大示意

当出现漏电问题时，有客户经常这样抱怨：为什么正常的贴片陶瓷电容器，用万用表量测绝缘电阻是无穷大，有漏电的电容器，量测阻值是几十欧或几千欧？也有客户这么问，为什么我用电烙铁焊一下端头，阻抗又变大了，放上几天又电阻又降低了？为什么电容器变成电阻了？等等诸如此类的问题。这些都是因内裂的发生，使内部交错重叠的临近两电极间的绝缘介质不再是陶瓷而是空气，并且其间距极短，为μm 级，如果陶瓷体的致密性受到破坏，让湿气浸入，就会发生如上面客户所抱怨的一样，电烙铁一加热电阻上升，放上几天受潮湿影响，电阻又下降了。

众所周知，当绝缘介质厚度薄于 20～25μm 时，元件制造的失效率就会上升，何况目前 MLCC 最薄介质厚度已达 1μm。即使一些生产厂家的工艺流程已经能把薄绝缘介质的品质做得很好，我们仍然必须保持小心谨慎。有种失效类型是受制于批次限制和制造工艺依赖性，它是对空气中的灰尘和颗粒非常敏感的。绝缘介质厚度低于 50μm 时需要在无尘室里生产。比如车间需要过滤空气和控制空气中颗粒数量和大小。换句话说，对好的厂家的了解是必需的。当然还有一个不同方法跟踪可疑批次，被称作“85/85 测试”（参考 8.28 稳态湿热测试），就是将电容暴露在湿度 85%以及温度 85℃的条件下加载最大直流电压 1.5V，串联 100kΩ 电阻，持续至少 240h。但是这个测试效果不能 100%保证。

3. MLCC 在焊接工艺中的热冲击（thermal shock）

表面贴装工艺虽然实现了诸如高密集度、自动组装和改良电气性能等方面的优势，但是贴片元件直接暴露在焊接高温下，并且没有任何附带的透气设计。当温度上升速度过快时，由于机械应力不能在整个元件中扩散，这种在焊接高温下的直接暴露就会导致可靠性问题。这是由于电子元件的组成材料的热膨胀系数（*CTE*：coefficients in thermal expansion）和热传导系数（S_r）的不同而造成的。MLCC 是众多对热冲击敏感的贴片元件之一，下面我们对此做详细介绍。图 11-85 是 MLCC 横切剖面图，它标注了陶瓷体、端电极和内电极的热膨胀系数和热传导系数。

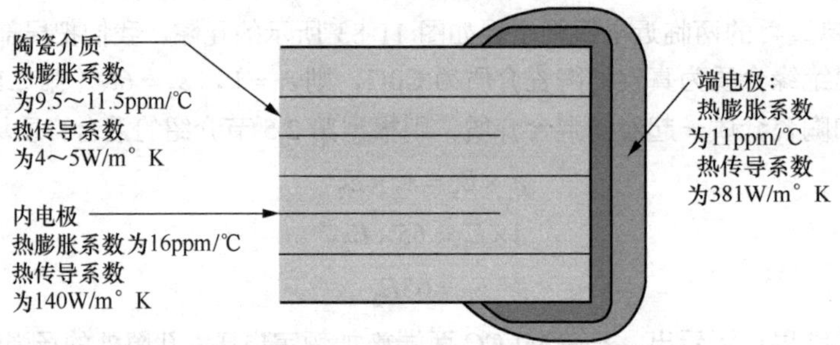

图 11-85　MLCC 内部各组成结构的热膨胀系数和热传导系数

端电极和内电极比陶瓷体升温更快，如果升温速率过快，因为端电极和内电极的热膨胀系数和热传导系数都比陶瓷体大很多，所以会对陶瓷体产生作用力，从而导致陶瓷体断裂。随着端电极温度的升高，将会出现一个沿着矩形环向外的拉伸力，同理，膨胀的内电极就充当了楔子的作用（如图 11-86 所示），在内电极和端电极的接触面处，使陶瓷体分离，如图 11-87 所示。

不同的焊接工艺根据其采用的不同热传递方式，影响着温度的上升速率。波峰焊采用液态熔锡，其传热率最高，如果我们期望焊接时不冲击任何贴片元件，此焊接方法是难度最大的。

气相回流焊（VPR）使用冷凝蒸汽的汽化潜热作为传热方式。使用气相回流焊焊接时，元件的热冲击虽然不明显，但仍有可能存在。由于所采用的热传导方式无外乎传导、对流和辐射，所以传输带式回流焊和红外回流焊具有很低的传热率。

对于元件，波峰焊具有最高的热传导率和释放最大的热冲击应力。当出现极端热冲击时，在 MLCC 的表面和内部会出现明显的裂纹。这些裂纹起始于端电极和陶瓷本体的交接界面处，并从端电极沿 MLCC 边缘向下延伸。尺寸较大的 MLCC（1812 以上）中，表面可能出现椭圆形或圆形裂纹。在非常严重的情况下，它甚至可能出现在 1210 尺寸中。

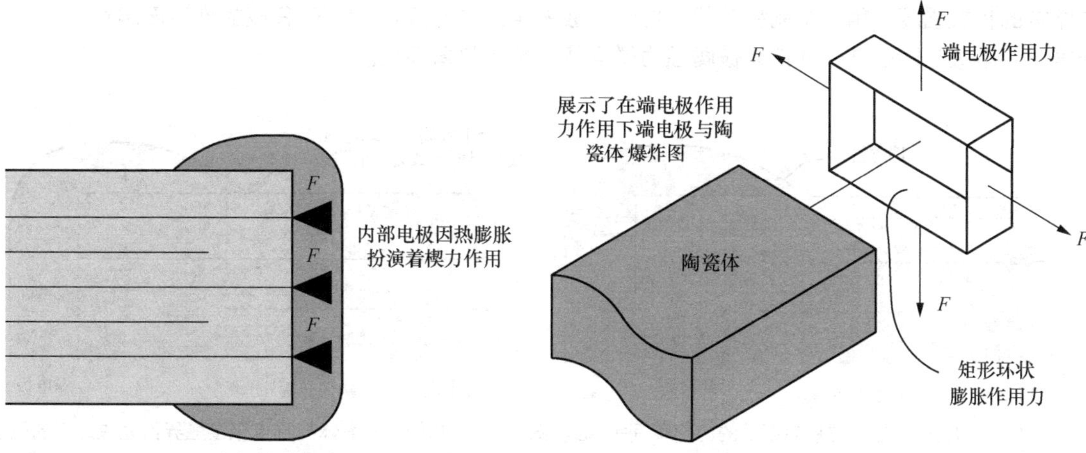

图 11-86　MLCC 内部结构受热应力作用示意　　图 11-87　端电极作用在陶瓷本体上的热膨胀力示意

由陶瓷体上的端电极产生的扩展应力，一旦裂纹出现，它就会沿着这些扩展应力延伸，形成典型的热冲击裂纹。图 11-88、图 11-89 显示了极端热冲击的外在表现。因热冲击造成的完整椭圆形表面裂纹，有时被误认为是：SMT 将 MLCC 贴放到 PCB 上时，被吸料头损伤的。如果 MLCC 被撞碎或压碎，表面裂纹将不会是光滑的，而且将有一个粗糙或粉末状的痕迹轮廓。事实上，SMT 很难造成表面裂纹，一般都是元件被撞碎或被压碎。

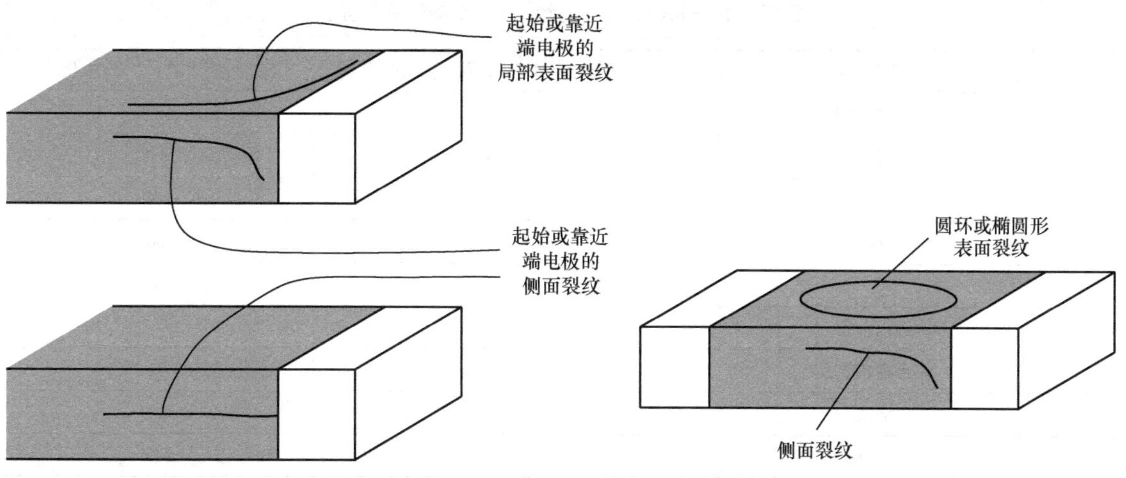

图 11-88　异常热冲击造成的裂纹示意　　图 11-89　大尺寸 MLCC 上严重热冲击裂纹示意

热冲击有两种表现形式，一种是明显的可见裂纹，另一种是更为隐蔽的不可见微裂。在较慢的升温速率下，“微裂”沿着等温线形成于端电极和陶瓷体界面处或刚好形成于界面内侧处，如图11-90 所示。在焊接工艺中快速升温，沿着端电极和陶瓷本体界面交接线产生最大的剪切力。

“微裂”将沿等温线延伸（如图 11-91 所示），在此处电容器结构遭受最大应力，这种延伸需要很长时间，取决于电容器的物理尺寸、MLCC 与 PCB 之间的热膨胀系数差异以及循环供电下的急剧升温。当元件尺寸小、热膨胀系数差异小、温度波动小时，裂纹扩展最小，但不幸的是，真实世界并不理想，巨大的差异始终存在。

在弯曲、机械振动和热冲击等应力作用下，裂纹易发生在端电极部位，除了应力集中外，还与 MLCC 端电极存在天然制程缺陷有关。第一个制程缺陷：为提高端电极最里层在陶瓷本体上的附着力，铜电极浆料中含有玻璃体，在烧结端电极时玻璃体会渗进入陶瓷体一定的深度，会影响了陶瓷体原本的机械强度。第二个制程缺陷：由于电镀液是酸性溶液，MLCC 会被酸性镀液腐蚀，尤其是最里层铜电极与陶瓷结合处最易被腐蚀为微沟槽，成了最薄弱处。

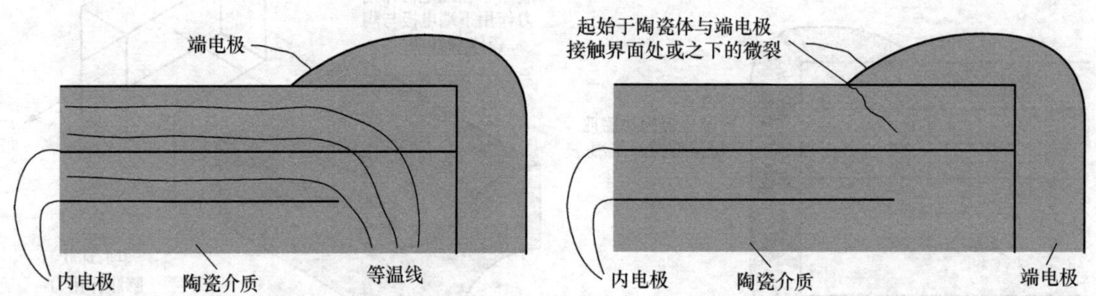

图 11-90　MLCC 暴露在焊接温度下的内部瞬间等温线　图 11-91　起始于陶瓷体与端电极接触界面处或之下的微裂

在循环供电时，热膨胀系数差异大和尺寸大的元件，可能在局部增加应力，从而导致尺寸或热膨胀系数差异的线性位移。当 PCB 的热膨胀系数比 MLCC 大时，该元件在循环供电时处于张力状态，微裂纹的传播速度比其被压缩时要快（如图 11-92 所示）。当一颗电容器被贴装在氧化铝基板上时，实际情况是相反（现在是压缩）的，微裂纹将传播更慢。

MLCC 组成材料和 PCB 的热膨胀系数 CTE 参考值见表 11-14。

表 11-14　MLCC 组成材料和 PCB 的热膨胀系数

材质	热膨胀系数 *CTE*（ppm/℃）	导热系数 *δT*（W/m°K）
钛酸钡陶瓷本体	9.5～11.5	4～5
二氧化硅（SiO_2）	0.57	3.4
铜	17.6	390
镍	15	86
银	19.6	419
银钯合金	13～17	—
锡合金端电极	27	34
钢铁	15	46.7
氧化铝	7	34.6
钽	6.5	55
PCB（FR-4/G-10）	18	—
PCB（聚酰亚胺玻璃）	12	—
PCB（Polyimide Kevlar）	7	—
环氧树脂	18～25	≈0.5
环氧树脂黏合剂	20～100	—

为了提高元件的密度、增加贴装的自动化程度以及优化电气性能，机械的和电气的失效随之增加，这是不可取的。一旦理解了这个问题并制定了控制措施，任何焊接工艺都可以可靠地使用。不幸的是，一旦用户遇到了老大难的热冲击问题，他们往往倾向于依赖一些不切实际或无关紧要的测试，而这些测试只能证明热冲击应力可能确实超过了元件的机械强度。

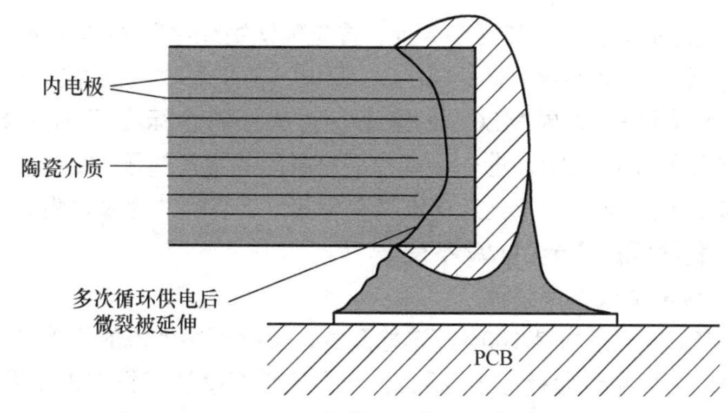

图 11-92　循环供电后微裂延伸示意

这些测试包括：在不知道压力、位置或尺寸情况下，用镊子将元件放入焊锡槽中，或用夸大的焊接温度将元件焊接到测试板上。不同供应商的不同批次可能通过这种测试，但主要问题是表面贴装生产需要工艺改善，以确保可靠的贴装。此外，波峰焊是最大的问题，因为许多制造集团不希望改变焊接温度或助焊剂。他们坚持认为，供应商必须遵守这样的工艺要求，要求元件经过数月现场应用后不能呈现出不可靠和失效问题。所有焊接工艺必须是独立于元件和材料供应商的。表面贴装生产需要严格的培训，一个可靠的焊接工艺必须是成熟的并且严格遵守焊接曲线。

合理焊接工艺条件已在第 11.2.2 节推荐，使用者严格遵照这些条件可以避免热冲击带来的“断裂”或“微裂”。所有表面贴装组件都是用不同热膨胀系数和不同的热传导系数的材料构成的。如果一个元件升温太快，它会发生断裂或内部致密性遭到破坏，所以这个元件会因为应力不能扩散到整个元件本体而更快地失效。适当地处理可以避免这些问题，但是用户和供应商必须了解元件的限制，不能超过这些限制。

在 MLCC 各个陶瓷绝缘介质中，NP0 耐热冲击能力最强，所以通常我们很少看到 NP0 材质发生内裂问题。陶瓷介质为 X7R 的 MLCC 在叠层设计时采用如图 11-93 所示的桥式设计，可以大大提高耐热冲击能力。MLCC 的厚度在贴片的整体设计中起着非常重要的作用，随着贴片整体厚度的减小，可见裂纹会显著减小。随着介质厚度的增加，X7R 介质对热冲击的敏感性可能增加。这一结果支持利用桥式设计作为一种可行的技术来改善耐热冲击能力。贴片的物理缺陷与热冲击敏感性之间存在着普遍的相关性。物理缺陷，例如主要的分层和电极孔洞通常是裂纹诱发的起始点。在波峰焊中，为了预防热冲击，预热温度和浸入速度这两个条件都是很重要的，预热温度与波峰焊熔锡温度的温差小于 100℃，浸入速度 1.2m/min（取决于传输带将 PCB 送到波峰的速度）。

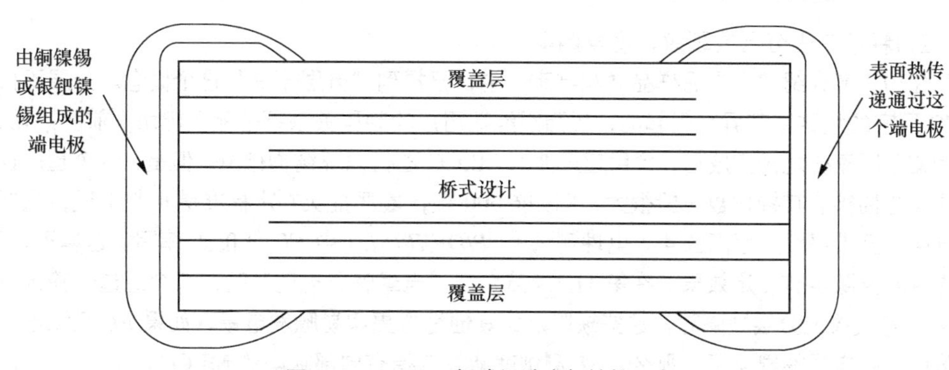

图 11-93　MLCC 桥式设计内部结构示意

4. 漏电（绝缘电阻 *IR*）不良确认

虽然绝缘电阻 *IR* 与漏电流有换算关系，但是 MLCC 电性筛选和规格书中均以 *IR* 作为判定标准。

所以当客户投诉漏电问题时，我们还是回归专业，首先确认绝缘电阻 *IR* 是否符合标准。如果 MLCC 的绝缘电阻 *IR* 符合标准，那就不要再怀疑 MLCC 漏电，而是寻找其他周边电路问题，进一步查找不良原因的责任属于终端用户；如果 MLCC 的绝缘电阻 *IR* 不符合标准，那就需要进一步分析 MLCC 绝缘电阻 *IR* 偏低（或短路）的原因，进一步查找不良原因的责任属于 MLCC 厂家。关于 MLCC 绝缘电阻 *IR* 的测试方法、测试条件以及判定标准请参考第 8.7 节的“绝缘电阻 *IR* 测试”。

5. MLCC 厂家品质问题引起的 *IR* 不良

1）电性筛选发生异常造成不良外流

绝缘电阻 *IR* 在 MLCC 厂家均是 100%筛选检测的，所以不良外流的可能性是非常低的。一旦发生这样的问题，说明未使用品也会存在 *IR* 不良，我们只需要确认同批次未使用的 MLCC 是否存在 *IR* 不良即可。抽样比例根据发生不良率，例如 1%的不良率，抽 200 颗。如果不良率低于 1‰以下，抽测数量太大怎么办？这个对用户来说有点难，但对于 MLCC 原厂想找异常原因来说并不难，可取同批次的产品做重筛处理，然后确认重筛后的不良数，当然重筛时要临时校验 *IR* 测试机，以确保测试仪器功能正常。MLCC 厂家每批次留样通常在 100 颗左右，如果不良率太低，加上同批次的 MLCC 全部使用完，那么寻找不良原因就比较困难了。用户有时候选择知名品牌，就是为了预防这万分之一的风险，毕竟品牌是经过各种品质问题的洗礼和时间的选择而形成的。关于 MLCC 绝缘电阻 *IR* 的测试方法、测试条件以及判定标准请参考第 8.7 节的“绝缘电阻 *IR* 测试”。

2）内电极外露不良经焊接后诱发的短路

在第 11.1.2 节，介绍 MLCC 外观不良判定标准时，有提及到一种具有潜在隐患的外观不良叫“内电极外露”。这个问题是在 MLCC 制程中的叠压和切割环节造成的，致使镍层电极部分露出陶瓷体表面，呈银色线条状，通常 4 大电性均正常，请参考图 11-94。内电极外露不良，对电性筛选和检测没有影响，但是，当它经过焊接工艺（特别是波峰焊）时，外露的内电极可粘锡，起到桥接作用，使 MLCC 的两个端电极连焊，进而发生短路（如图 11-95 所示）。如果在高压产品的陶瓷本体上出现内电极外露，有可能发生跳火不良（电弧现象）。

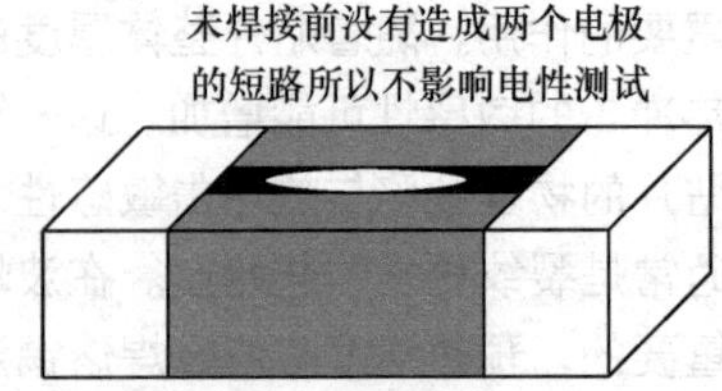

图 11-94　内电极外露示意

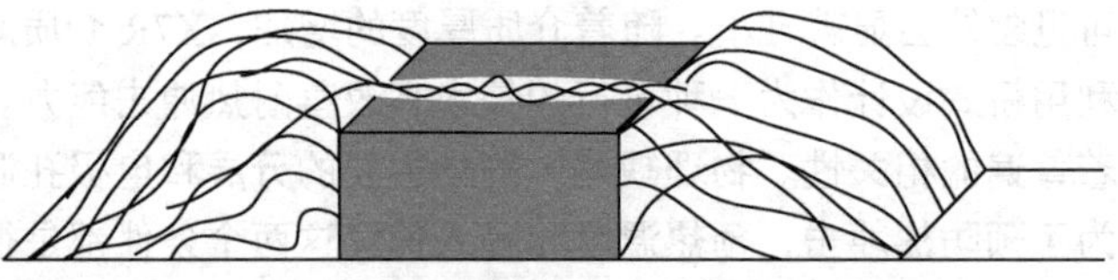

图 11-95　焊接后因内电极外露连锡示意

3）应力释放产生分层或裂纹，诱发漏电

在第 8.30.4 节介绍“抛光后样品微观判定”中，已提到“分层不良”这个概念。分层不良更多的是 MLCC 厂家的烧结工艺异常引起的，反而跟终端用户的制程关系不是那么密切。前面第 4.4.2 节介绍过，MLCC 厂家在烧结完成后，会用超声波对 MLCC 进行内部结构检查，但是，这个超声检查不是全检，通常是抽检。其抽样数一般很大，例如 6 000 颗，最严批次判定标准是 0 收 1 退，只要发现有内裂或分层，整批报废。后面的 4 大电性测试（*CP*/*DF*/*IR*/*FL*）中 *FL* 即 flash 缩写，这属于耐压概念，对筛选内裂或空隙也有一定效果。在第 11.3.3 节介绍“电晕临界电压”时，有介绍这个筛选原理，当 MLCC 内部有裂纹或分层缺陷时，这些缺陷点比其他地方更容易触发电晕，如果 *FL* 测试电压设计高于“缺陷点”的电晕临界电压，那么，*FL* 测试就能筛选掉有内部缺陷的 MLCC。

对于 MLCC 内部裂纹，有一种潜在可怕的情况是：在超声波检查和电性筛选之后缓慢发生。这是由于烧结后 MLCC 内部残留的应力缓慢释放出来，致使内部陶瓷体局部出现裂纹。如果裂纹发生的情况较严重，就会出现内电极的有效正对面积减少，则有可能出现：第 1 天测试容值正常，过几天再测容值则偏出下限。但是，这个现象并非老化问题，C0G 材质都有可能出现。

另外，分层问题属于 MLCC 厂家品质问题，跟终端用户使用无关，这个判定界定应无争议，但是裂纹问题争议就很大了，除了前面提到的残余应力释放裂纹，还有 MLCC 本身抗弯曲能力不足和耐热冲击能力不足造成的裂纹，这三个方面的品质异常都属于MLCC厂家制造工艺和品质管控问题。同时，MLCC 用户的不当机械外力和异常热冲击也可能造成 MLCC 内部出现裂纹。不过，如果分层或裂纹跟内电极平行（如图 11-96 所示），一般默认为跟内应力释放有关，所以属于 MLCC 厂家品质问题的可能性比较高。

因而，MLCC 厂家经常在客诉分析报告里，强调剖面分析（DPA）结果为：发现裂纹跟 MLCC 内电极或长度方向成近似 45°角，属于典型“弯曲裂（bending crack）”，如图 11-97 所示。

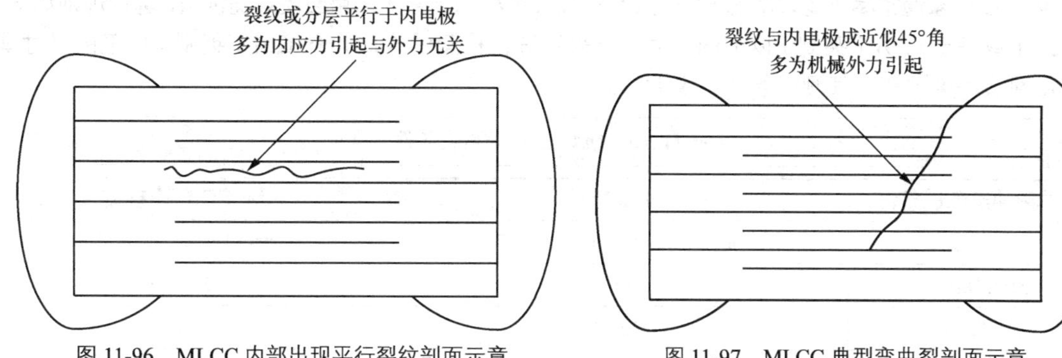

图 11-96　MLCC 内部出现平行裂纹剖面示意　　图 11-97　MLCC 典型弯曲裂剖面示意

实际上，这个推理过程是：先从裂纹特征推断出弯曲破坏力方向，再判定弯曲破坏力方向跟 MLCC 焊接完成后的 PCB 可能的弯曲方向是否一致，如果受力方向跟 PCB 弯曲方向相吻合，则证明 MLCC 裂纹因机械弯曲外力引起。其实这个推理只能证明裂纹是因异常弯曲力引起的，但是无法证明就是客户使用不当，必须还要证明 MLCC 能承受正常弯曲力，才能证明是使用者问题。

4）MLCC 内部斑点或孔隙，诱发漏电

当 MLCC 陶瓷介质出现较大尺寸孔隙或出现连续孔洞时，其危害程度跟上面介绍的分层和裂纹一样。如上述介绍，它们也可以利用超声波抽检，也可以利用缺陷点的电晕临界电压比较低的特性进行电性筛选。关于 MLCC 孔隙的确认方法和判定标准，请参考第 8.30.4 节破坏性物理分析的“抛光后样品的微观判定”。

5）抗弯曲能力不达标，诱发内裂

在前面第 11.2.4 节介绍了 MLCC 焊接后断裂不良，那里介绍的“断裂”是外观可见的断为两半，所以推荐的分析方法是：直接分析断裂原因，不用分析电性不良。而本节提到的“内裂”，是指外观不可分辨，断裂程度较轻微的“微裂”，并且这些“微裂”只能通过内部结构的剖面分析才可能看到。如果 MLCC 的抗弯曲能力不达标，那么在使用中正常的 PCB 弯曲变形或碰撞，都有可能使 MLCC 发生内裂。所以我们首先需要验证异常批次的 MLCC 的抗弯曲能力是否符合标准。

验证 MLCC 抗弯曲能力是否符合标准，最可行的检验办法就是参考第 8.18 节的抗弯曲测试。前面已经多次提到过，MLCC 具有结构近似性，所谓“结构近似性”是指 MLCC 虽然有不同的尺寸、容值、额定电压，但是它的材料组成和烧结工艺一样。正因为如此，抗弯曲测试的测试样品取自异常批次的未使用品或留样即可，只要取样对象没有出错，那么，测试结果代表批次一致性一般不用怀疑。

正常情况下，MLCC 普通品做抗弯曲测试的压弯深度按厂家对外标准是 1mm，汽车级用品压弯深度才是 3mm。实际上，即便是普通品在工厂内部测试标准都是 3mm，但是 MLCC 厂家基于自利的原则，在其规格书上抗弯曲的标准都是 1mm。所以抗弯曲测试好像永远都见不到不良测试结果。因而，本书推荐：在发生断裂异常时，普通品也要按 3mm 压弯深度做加严测试。这方面只有使用者越专业，才能提出相应要求，并且这些要求是可以达到的。

如果抗弯测试结果显示不良，那么，对MLCC厂家来说问题可能出在陶瓷粉末和烧结工艺上。但是MLCC厂家可能不会告知终端用户真实原因，一是牵涉到技术秘密，二是告知真实原因后难以取得客户对其他批次的信赖。如果抗弯测试结果达标，那么就需要验证抗热冲击能力是否符合标准，这在下一节做介绍。

6）抗热冲击能力不达标，诱发内裂

为了确认MLCC抗热冲击能力是否达标，可参照第8.23节做抗焊热冲击测试（RSH），基于MLCC结构相似性，此测试为抽测即可，并以测试结果来判定MLCC是否符合要求。

抗焊热冲击测试有两个测试方法，即焊锡槽测试法和回流焊测试法。焊锡槽测试法相对比较简单所以MLCC厂家通常尽可能采用此方法，只有对尺寸过小的规格才采用回流焊测试法，选择规则如下。

大于或等于0201（英制）以上的尺寸规格采用焊锡槽测试法，小于0201（英制）以下的尺寸规格采用回流焊测试法，其测试条件见表11-15。

表11-15　抗焊热冲击测试条件

抗焊热冲击测试条件	IEC标准	MLCC厂家标准
焊锡成分	Sn-Pb或Sn-Ag-Cu（选自上表）	Sn96.5Ag3Cu0.5（无铅）
预热温度/℃	110～140	120～150
预热时间/s	30～60	60
焊锡温度/℃	260±5	270±5
浸入时间/s	10±1	10±1
浸入深度/mm	10	10
浸入次数	1	1

抗焊热冲击测试的判定项目包括外观和4大电性（*CP*/*DF*/*IR*/*FL*），其判定标准请参考第8.23.7节，这里不再重复。

6. 终端用户制程异常引起的*IR*不良

1）焊接或其他制造工艺中，MLCC表面被污染

MLCC在焊接的过程中，如果其陶瓷体表面残留助焊剂（松香）等挥发物，就有可能造成MLCC的体表绝缘电阻低于内部介质绝缘电阻，从而发生*IR*不良。使用后的MLCC出现*IR*不良，我们应该先用酒精清洗，然后晾干后再测*IR*，如果清洗后*IR*符合标准，则可以判断为污染所致的绝缘电阻（*IR*）不良；如果清洗后*IR*依然不符合标准，则可以判断为MLCC本身的绝缘电阻不良所致。

2）制程异常的机械应力诱发的MLCC内裂

在第11.2.4节中已介绍过关于“焊接后机械应力造成的断裂”，那里介绍的“断裂”是指肉眼可见的断裂，从PCB上取下后通常断为两半。而这里的“内裂”或“微裂”是指表面看不出，通过破坏性物理分析（DPA），放大后才可察觉的一种断裂。可以这样理解：它们断裂的原因有相通相似之处，只是断裂“程度”不同而已。此两种断裂情形，之所以分开介绍，是因为我们采用的分析方法略有不同，前者明明已断为两半了，我们就没有必要去做剖面分析（DPA）去看内部怎么断的了，而是应该直接去找断裂原因。后者，即“内裂”或“微裂”，它引起的*IR*不良可能与MLCC内部的孔隙、分层、异物、击穿等不良引起的*IR*不良容易混淆，所以通常需要借助剖面分析（DPA）来进一步确认不良原因。因而，第11.2.4节中致使焊接后机械应力造成的断裂的所有原因，都有可能引起“内裂”或“微裂”，例如在贴片工艺中的吸料头撞击、分板过程中的PCB弯曲、各焊点之间发生连焊、爬锡量超常等不良都有可能造成内裂发生，具体内容介绍请参照前面提到的章节，这里不做重复介绍。

3）制程异常的热冲击应力诱发的 MLCC 内裂

在第 11.2.4 节中已介绍过关于“焊接后热冲击造成的断裂”，其诱发的原因也适用于“内裂”，在终端用户的制程中最大的风险就是焊接工艺可能存在的热冲击（即温度的急剧变化）。

关于波峰焊和回流焊曲线，可以参考第 11.2.2 节波峰焊和回流焊曲线，这些温度曲线设计都充分考虑了热应力可能存在的破坏性。在焊接工艺中，比如回流焊，3 个风险比较大的温度点都做了量化要求：预热阶段要求温度爬升梯度不应大于 3℃/s，峰值温度的持续时间最长为 10±1s（无铅），20±5s（有铅），冷却阶段，温度下降梯度不大于 6℃/s。波峰焊的预热阶段和冷却阶段跟回流焊条件一样，峰值温度持续时间小于等于 5s（无铅）。

MLCC 焊接不建议使用手工焊，如果返工作业不得已要采用手工焊的，电烙铁的功率须小于 30W，温度不大于 300℃，烙铁头接触焊盘而不能直接接触 MLCC。

4）MLCC 在 PCB 上不合理的布设方式造成的内裂

在第 11.2.4 节介绍“焊接后机械应力造成的断裂”时，我们介绍了在 PCB 上贴装的 MLCC 如出现以下几种不合理的布设，就有可能容易让 MLCC 遭受弯曲力破坏。这一诱因同样适用于“内裂”或“微裂”。

a）分板缝隙附近的不合理的布设。

如第 11.2.4 节中的图 11-70 所示的 MLCC 布设方式，图中 A、B、C 的布设方式是需要尽量避免的。

b）PCB 可能发生弯曲轴向方向与 MLCC 布设方向的不合理。

如第 11.2.4 节所介绍，图 11-71 所示的 MLCC 布设方式优于图 11-72 所示的布设方式，MLCC 布设的长度方向与 PCB 可能弯曲的折弯轴垂直，是风险比较大的布设方式。

c）有分板要求时，根据分板方向，MLCC 在 PCB 上不合理的布设面。

如第 11.2.4 节所介绍，图 11-73 所示的 MLCC 布设方式优于图 11-74 所示的布设方式。

d）与其他元件引脚有连焊的不合理布设。

MLCC 与其他贴片元件和插件元件连焊都是不可取的布设，如图 11-98 和图 11-99 所示。

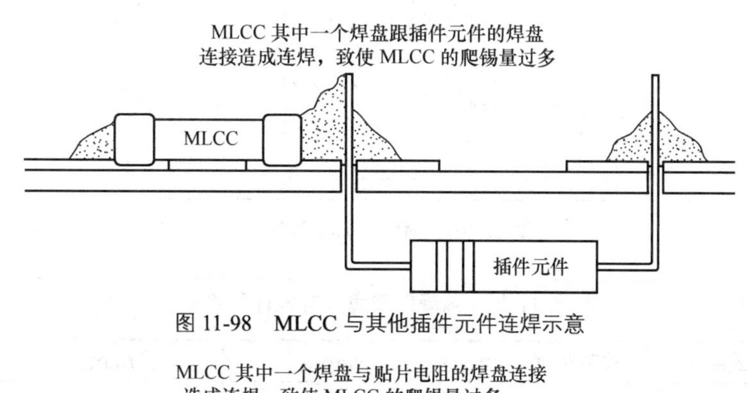
MLCC 其中一个焊盘跟插件元件的焊盘
连接造成连焊，致使 MLCC 的爬锡量过多
MLCC
插件元件

图 11-98　MLCC 与其他插件元件连焊示意

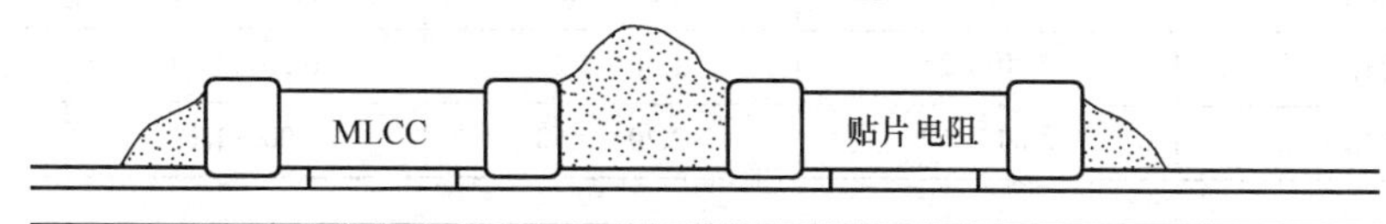
MLCC 其中一个焊盘与贴片电阻的焊盘连接
造成连焊，致使 MLCC 的爬锡量过多
MLCC
贴片电阻

图 11-99　MLCC 与其他贴片元件连焊示意

e）当 MLCC 靠近大体积元件时，不合理的布设；

当 MLCC 跟大体积元件靠近布设时，在焊接的过程中，MLCC 与大体积元件之间不仅因材质差异“比热容量”不同，还因体积差异“热容量”不同。我们知道焊接工艺中，从“熔锡”到“固化”

时间其实很短（大约 10s 以内），在这极短的时间内，“热容量”差异容易造成局部温差，MLCC 靠近大元件一端可能受到升温慢和降温慢的影响，使 MLCC 遭受不均衡受热，进而遭受“热冲击应力”损伤。虽然这个不良现象无法测量和感知，但是通过本人接触的用户反馈案例中，太多的如图 11-100 所示的这种类似的“不合理布设”，碰巧地都发生了同样困扰问题，即内裂引起的漏电不良，并且在分析原因时完全找不到外力破坏的任何疑点。

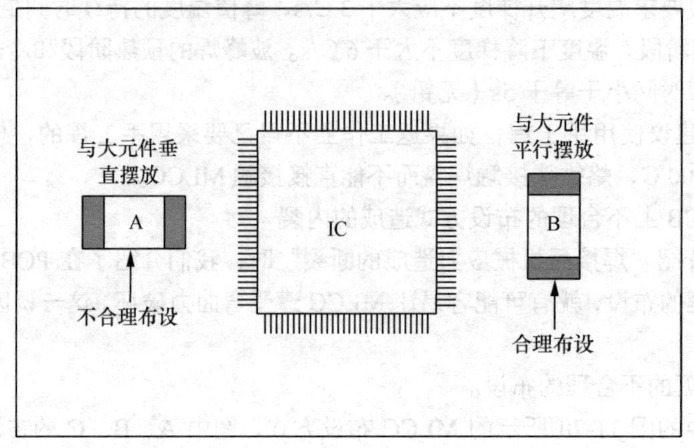

图 11-100　MLCC 与大体积元件布设示意

f）关于 MLCC 焊盘设计要求；

关于 MLCC 焊盘设计推荐见图 11-101、表 11-16 及表 11-17，可以通过阻焊区尺寸 *a* 的设计来提升 PCB 抗弯曲能力。

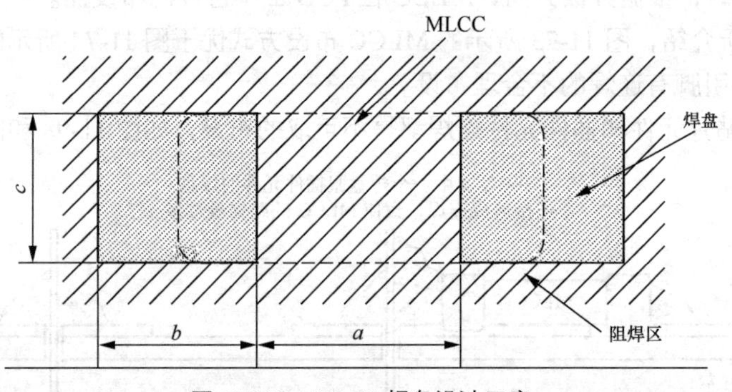

图 11-101　MLCC 焊盘设计示意

表 11-16　波峰焊焊盘尺寸设计参照表

尺寸代码英制（公制）	尺寸/mm×mm	*a*/mm	*b*/mm	*c*/mm
0603（1608）	1.60×0.80	0.60～1.00	0.80～0.90	0.60～0.80
0805（2012）	2.00×1.25	1.00～1.20	0.90～1.00	0.80～1.10
1206（3216）	3.20×1.60	2.20～2.60	1.00～1.10	1.00～1.40

表 11-17　回流焊焊盘尺寸设计参照表

尺寸代码英制（公制）	尺寸/mm×mm	*a*/mm	*b*/mm	*c*/mm
008004（0201）	0.25×0.125	0.10～0.11	0.07～0.12	0.125～0.145
01005（0402）	0.40×0.20	0.16～0.20	0.12～0.18	0.20～0.23

续表

尺寸代码英制（公制）	尺寸/mm×mm	a/mm	b/mm	c/mm
0201（0603）	0.60×0.30	0.20～0.25	0.20～0.30	0.25～0.35
0402（1005）	1.00×0.50	0.30～0.50	0.35～0.45	0.40～0.60
0603（1608）	1.60×0.80	0.60～0.80	0.60～0.70	0.60～0.80
0805（2012）	2.00×1.25	1.20	0.60	1.25
1206（3216）	3.20×1.60	1.80～2.00	0.90～1.20	1.50～1.70
1210（3225）	3.20×2.50	2.00～2.40	1.00～1.20	1.80～2.30
1808（4520）	4.50×2.00	2.80～3.40	1.20～1.40	1.40～1.80
1812（4532）	4.50×3.20	3.00～3.50	1.20～1.40	2.30～3.00
2211（5728）	4.50×2.80	4.00～4.60	1.40～1.60	2.10～2.60
2220（5750）	4.50×3.20	4.00～4.60	1.40～1.60	3.50～4.80

g）PBC 尺寸设计如何尽可能地减少张力；

当我们设计 PCB 时，必须留意 PCB 尺寸和材料对张力的影响，下面我们介绍 PCB 张力大小跟 PCB 长度、宽度和厚度的关系（如图 11-102 所示），PCB 的张力有如下一个关系式。

$$\varepsilon = \frac{3PL}{2EWh^2}$$

ε 指 PCB 中心的张力（单位：μst），

L 指 PCB 两支点之间的距离（单位：mm），

W 指 PCB 的宽度（单位：mm），

h 指 PCB 的厚度（单位：mm），

E 指 PCB 的弹性系数（单位：N/m^2=Pa），

Y 指弯曲深度（单位：mm），

P 指下压负载（单位：N）。

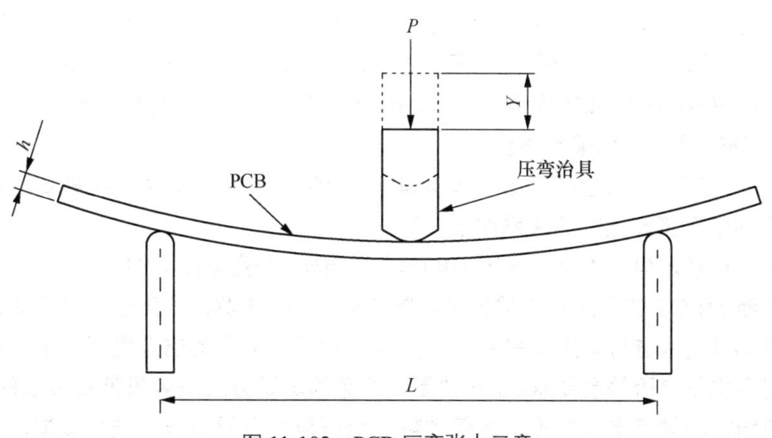

图 11-102　PCB 压弯张力示意

当下压负载 P 恒定时，如下关系可能存在：

当支撑点距离 L 增加，张力大小也随之增加，所以 PCB 设计时尽可能缩短支撑点距离；

当 PCB 弹性系数 E 降低时，张力大小反而增大，所以 PCB 设计时尽可能地提高 PCB 弹性系数；

当 PCB 宽度 W 减小时，张力大小反而增大，所以 PCB 设计时尽可能地增加 PCB 宽度；

当 PCB 厚度 h 减小时，张力大小反而增大，所以 PCB 设计时尽可能地增加 PCB 厚度。

对比以上对张力影响的各个因素，因为张力大小跟厚度的平方成反比，所以厚度对张力的影响比其他条件更显著，因而我们在 PCB 设计中，厚度要求是一个重点。

5）因储存条件造成的内裂

如果 MLCC 经过硅胶密封和涂敷并且硅胶产生了氢气，就有可能造成内裂。

7. MLCC 厂家应对断裂措施

基于 MLCC 断裂的危害性和隐蔽性，MLCC 厂家从设计上给出两个应对措施，一是柔性端电极措施，二是叠层开路模式设计，具体内容请参考第 12.5 节。

11.3.4 耐压不良（被击穿）

1. MLCC 耐压标准

MLCC 在使用过程中若意外被击穿，那么，我们在分析原因时无非就是要从两方面去确认：一方面，确认实际使用电压是否超出了 MLCC 耐压标准；另一方面，确认 MLCC 的实际耐压是否达到规格书规定的耐压标准。无论哪种情况都牵涉到“耐压标准”这个概念，很多 MLCC 用户并不一定清楚耐压判定标准到底是什么，也许有终端用户误以为 MLCC 规格书上的额定电压就是耐压判定标准，其实并非如此。

MLCC 规格书上给出的“额定电压 U_R”是 MLCC 厂家推荐给用户的参考工作电压，实际使用电压可能是小于或等于额定电压。

耐电压在第 2.10 节已介绍过，是一个保证电容器能承受的电压值。它定位在电晕电压以下并且加载限定的时间。例如制程控制检验用 1～5s，正规测试和进料检验用 1min。

1）I 类介质 $U_R \leqslant 100V$，耐压测试电压是 3 倍额定电压；

2）II 类和 III 类介质 $U_R \leqslant 100V$，耐压测试电压是 2.5 倍的额定电压；

3）$100V < U_R < 500V$，耐压测试电压是 2 倍的额定电压；

4）$500V \leqslant U_R < 1\,000V$，耐压测试电压是 1.5 倍的额定电压；

5）$1000V \leqslant U_R \leqslant 2\,000V$，耐压测试电压是 1.3 倍的额定电压。

击穿电压是判定陶瓷绝缘强度的测试电压，MLCC 低压规格（$U_R \leqslant 100V$）要能承受 8 倍以上额定电压才能达到要求，$500V > U_R > 100V$ 规格（例如 200V）要能承受 5 倍额定电压，$1\,000V > U_R \geqslant 500V$ 规格（例如 500V）要能承受 2.5 倍额定电压，$2\,000V > U_R \geqslant 1\,000V$ 规格（例如 1 000V）要能承受 2 倍额定电压，$3\,000V > U_R \geqslant 2\,000V$ 规格（例如 2 000V）要能承受 1.5 倍额定电压，$U_R \geqslant 3\,000V$ 规格（例如 3 000V）要能承受 1.2 倍额定电压。

还有一个电晕电压，有兴趣的读者可以参考第 2.10 节介绍，这里不再重复说明。这样，有关 MLCC 的几个不同电压概念之间的关系如下：

实际使用电压≤额定电压 U_R<耐电压 DWV<电晕电压<击穿电压 BDV

因而，要判断 MLCC 的耐压首先需要参照第 8.8 节的耐压测试方法进行耐压测试，然后，根据耐压判断标准对测试结果进行判定。另外，也可以参考第 8.9 节的击穿电压测试，进一步辅助评估被测量批次的耐压水平是否符合要求。还一种更为严苛的测试方法是参照第 8.16 节的加速寿命测试，测试方法是按照给定的额定电压换算出 8 倍的额定电压值在高温高压下进行测试，然后根据初次失效时间及总失效数来评估测试结果。

2. 在 MLCC 实际应用中对使用耐压的要求

1）在 MLCC 两端电极上加载的直流电压（U_W）应小于或等于规格书上规定的额定电压（U_R），见图 11-103。

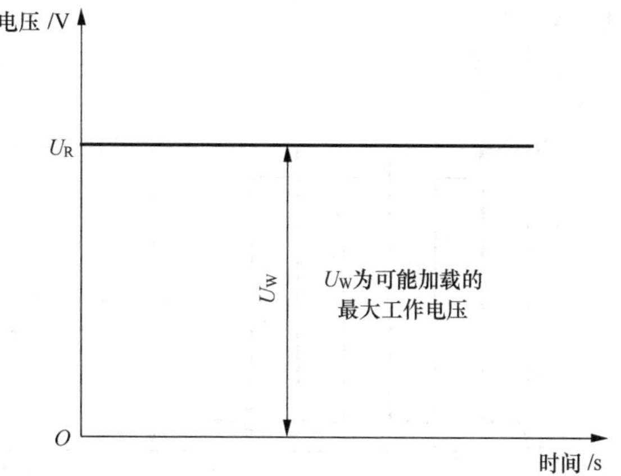

图 11-103　直流工作电压 U_W 与额定电压 U_R 的关系

2）当 MLCC 两端电极上加载交流电压时，峰峰值电压应小于或等于规格书上规定的额定电压，见图 11-104。

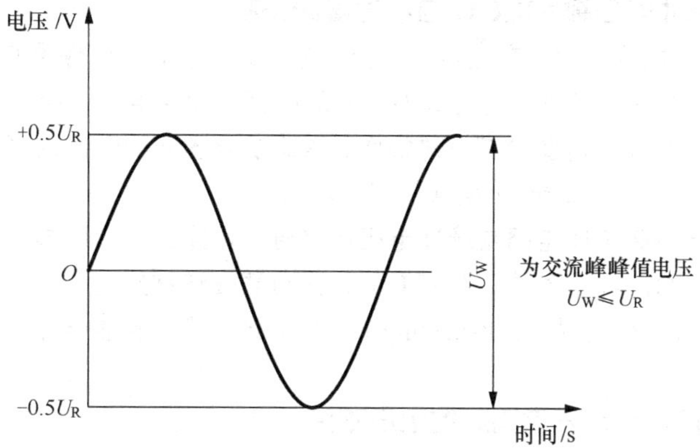

图 11-104　交流峰对峰电压 U_W 与额定电压 U_R 的关系

3）当 MLCC 两端电极上同时加载直流和交流电压时，零到峰值电压应小于或等于规格书上规定的额定电压，见图 11-105。

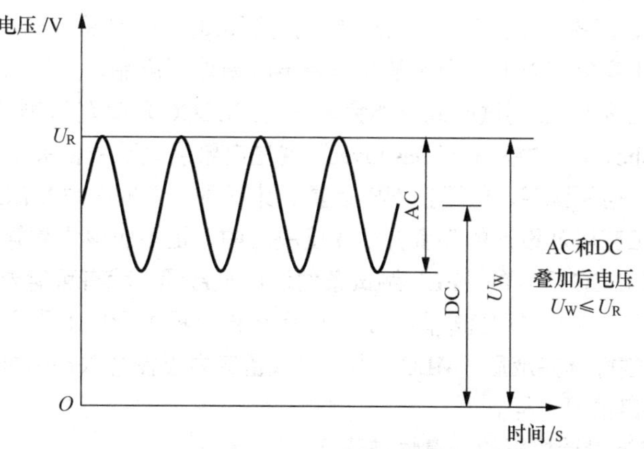

图 11-105　AC 叠加到 DC 后的工作电压 U_W 与额定电压 U_R 的关系

4）异常的电压（例如浪涌电压、静电、脉冲电压等）不应超过 MLCC 的额定电压，见图 11-106。

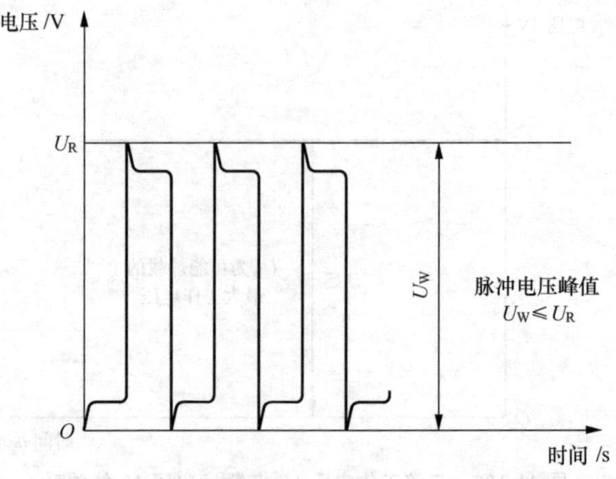

图 11-106　异常电压 U_W 与额定电压 U_R 的关系

5）过压影响：如果加载在 MLCC 上的电压超过额定电压，就有可能击穿内部绝缘介质，从而发生短路问题。过压之后多久被击穿，这取决于加载的电压大小和环境温度高低。

3. 交流或脉冲电压跟 MLCC 自热温度的关系

当 MLCC 两端加载连续的交流电压或脉冲电压时，我们应确保没有大电流流入电容器。当额定电压为直流的产品用于交流或脉冲电路时，交流电流或脉冲电流会流入电容器。因此，当 MLCC 通过连续的交流电流时我们需要检查自热条件。请确认电容器的表面温度，使其保持在上限工作温度范围内，包括自热（self-heating）引起的温升。

当电容器用于高频电压电路或脉冲电压电路时，可能会因介电损耗而产生热量。直流额定电压小于 100V 的 MLCC，当环境温度为 25℃时，其负载应该被控制，使电容器本体的自热温度保持在 20℃以下。关于 MLCC 自热（self-heating）现象的详细介绍请参照第 6.4 节的陶瓷绝缘介质的纹波电流发热特性。

4. MLCC 厂家制程异常引起的耐压不良

1）电性筛选条件不合理引起耐压不良

耐电压属于 MLCC 所谓的 4 大电性之一，出厂前都是 100%筛选，其实 MLCC 厂家不是按规格书上所规定的测试条件进行测试的，大家可以留意 MLCC 规格书上建议的耐压测试时间（1～5s），目前用于筛选 4 大电性的自动筛选机，最多有 8 轨，按此计算，一台筛选机最快每秒测试 8 颗 MLCC，这个速度是 MLCC 厂家无法接受的，所以它们的测试时间通常是 ms 级的。其实，MLCC 耐压测试可以理解为：在击穿电压以下，利用初始电晕电压剔除瑕疵品，所以它的测试电压比规格书规定的耐压略高才是合理设置，而测试时间可能会短些。在 MLCC 厂家耐压测试工序里耐压通常简称“FL”，其实大概是“flashover”的缩写。“flashover”就是电晕跳火现象，关于电晕电压在第 2.10.2 节以及第 11.3.3 节都做了相关说明，这里就不再重复。针对同一个批次的 MLCC 来说，它的耐压是由陶瓷粉末配方、烧结工艺以及设计的陶瓷介质厚度决定的，是不应该依靠筛选的，筛选的功能是剔除极少瑕疵品。如果 MLCC 厂家的“FL”测试条件设计不合理，就有可能无法剔除掉极少数瑕疵品，造成不良品流入客户，这些“瑕疵缺陷”通常就是烧结过程中形成的微裂或孔隙。最糟糕的情况是：在 MLCC 厂家电性筛选完成后，MLCC 内部的残留应力慢慢释放出来并产生裂纹，这一点跟前面介绍 MLCC 漏电不良情况一样。

2）MLCC 接近设计极限的可靠性被降低

我们有人说 MLCC 像 IC 一样遵循摩尔定律，正在向小型化方向发展，或者在尺寸和电压一定的条件下，向高容量方向发展，这是工艺的进步所致，本没有错，但是某些正在挑战设计极限的新规格，其可靠性是要打折扣的。接近设计极限的规格，MLCC 厂家通常会对部分测试条件放低要求，出现所谓的“降额”或“降规”不是没有原因的。如果不是必须，建议尽量不要选用靠近设计极限的规格，如果实在为了前沿的领先产品必须用到设计极限规格，也请做充分的可靠性评估分析。通过第 7.5 节我们可以查询 0603（1608）X5R 6.3V 最大容量目前可以做到 47μF，见表 11-18。

表 11-18　MLCC 各尺寸规格的容值和电压设计范围

尺寸		绝缘介质类别		容值可选范围		额定电压/V										
英制	公制	类别	温度特性代码			2.5	4	6.3	10	16	25	35	50	63	75	80
		II类介质	X8R	容值（pF）	最低					334	683		102			
					最高					474	474		224			
				可选代表品牌						TDK	MURATA		MURATA			
			X7R	容值（pF）	最低			105	223	223	102	473	102			
					最高			475	106	475	225	105	105			
				可选代表品牌				TAIYO	MURATA	MURATA	MURATA	TDK	TAIYO			
			X5R	容值（pF）	最低	226	106	105	474	104	223	223	104			
					最高	476	476	476	226	106	106	106	225			
				可选代表品牌		MURATA	MURATA	MURATA	MURATA	MURATA	TAIYO	MURATA	MURATA			

另外，接近设计极限的产品在制程中，自然也是挑战工艺难度，产品容易出现内部缺陷，特别是出现那些不容易剔除的缺陷，更是一个潜在风险。

因此建议：假设某规格接近设计极限的容量为 C，我们需要选择 $0.8C$ 以下的规格，例如上面这个 0603（1608）-X5R-6.3V-47μF。

$$47\mu F \times 0.8=37.6\mu F$$

根据这个计算结果，0603（1608）、X5R、6.3V 这个条件我们应选择 22μF（226）以下容值规格，大于 22μF 的需求向大一级尺寸去选用，比如 0805（2012）。

3）MLCC 耐压不良判定方法

当怀疑 MLCC 内部结构存在缺陷造成耐压不足时，仅仅通过耐压测试可能发现不了问题，我们可能要借助两个破坏性测试和一个加速寿命测试来评估其可靠性。

两个破坏性测试就是第 8.9 节的“击穿电压测试”和第 8.30 节的“剖面分析（DPA）”，击穿电压测试是为了初步评估额定电压规格正确性，例如有两个除额定电压不同其余规格参数均相同的 MLCC，一个 16V，另一个 25V，它们的耐电压是 2.5 倍额定电压，则分别为 40V、62.5V，击穿电压为 8 倍的额定电压，则分别为 128V、200V，我们发现 16V 规格的耐压标准是 40V，如果用 25V 规格的耐压标准（62.5V）去测试也没有问题，因为没有超过它的击穿电压标准 128V。总之，用 25V 的耐压条件去测 16V 也是符合标准的。所以采用击穿电压测试才可以分辨差异。而另一破坏测试剖面分析（DPA）则是查看 MLCC 内部结构是否存在缺陷。

加速寿命测试的条件是高温高压，能催生失效提前出现，然后对早期出现失效的不良品进行剖面分析，以期找出内部原因。

因为前面多次提及过，尽管 MLCC 有不同的外形尺寸和不同容值规格，但是它们都有近似的制造工艺和材料，所以这些不同规格的 MLCC 被视为具有结构近似性。所以，尽管上述相关测试很复杂，但是，我们一旦做了相关测试并考虑了不良率，如果耐压测试结果均符合标准，则不必因为是抽测而怀疑测试结果。接下来应该从使用方面去查找耐压不良原因。

击穿电压测试和加速寿命虽然在有些MLCC厂家内部成为例行测试，但是它们未成为行业标准，所以IEC标准里无这两项测试，MLCC用户在规格承认时提出相关要求，或者在发生失效不良时，把它们作为一种分析手段。

5. 终端用户使用不当引起的耐压不良

1）终端用户制程异常引起的耐压不良

在终端用户生产中，若出现制程异常，就有可能造成MLCC内部损伤，从而发生耐压不良，此点跟漏电不良一样，请参照第11.3.3节（终端用户制程异常引起的*IR*不良）的内容，此节所描述的所有异常情形均适用于耐压不良。

2）异常的电压击穿MLCC

在电子电路中，如果出现像浪涌电压、静电ESD、脉冲电压等异常电压，它们本身或跟工作电压叠加后的电压远远超过MLCC额定电压，就有可能击穿MLCC。当MLCC被击穿时，通常是发生在交错重叠内电极末端并且是局部的，如图11-107所示为MLCC被击穿后的剖面，我们可以看出，交错重叠的临近内电极之间的陶瓷介质被高压击伤，像冰面被硬物击碎一样，呈现局部碎裂状，它区别于因热冲击和机械弯曲诱发的裂纹。热冲击裂纹跟热传递过程中形成的瞬间等温线有关，所以典型的热冲击裂纹（thermal shock crack）呈“U”形，机械弯曲裂纹跟PCB弯曲时受力方向有关，所以典型的弯曲裂纹（bending crack）跟PCB大约成45°角。当MLCC击穿后，不一定发生短路，但是，因绝缘介质受损或退化，绝缘电阻*IR*和耐压会大大降低。当MLCC击穿后有一种特殊情况可能引起短路，那就是在陶瓷介质裂纹处的内电极（通常是镍或银钯合金）也碎裂成颗粒状，并把临近交错的两内电极连接起来造成MLCC两极直接导通，从而发生短路。

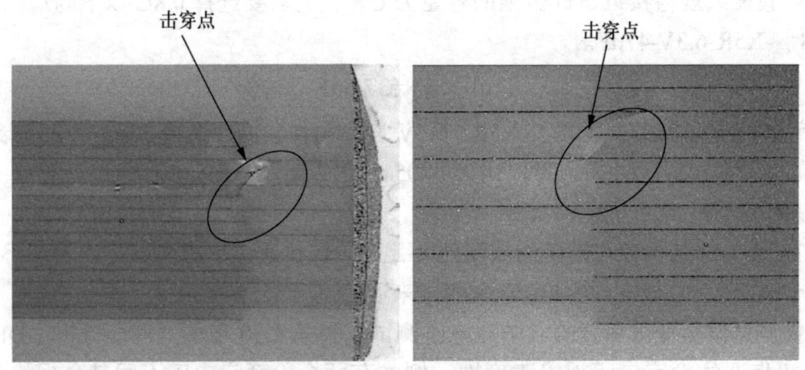

图11-107　MLCC被击穿后剖面

异常电压击穿MLCC通常发生在局部陶瓷绝缘强度最弱的地方，被击穿的MLCC不良品在做电性测试时，容量有可能偏低或不良，也有可能还在误差范围内，绝缘电阻*IR*应该确定是不良的。如果将不良品做剖面分析（DPA），其实很难刚好剖到缺陷点，通常是一不小心打磨过头，就把缺陷点给打磨掉了。正确的做法是需要耐心，边打磨抛光边观察，但是即使是这样也不能100%保证剖到缺陷点，所以，这就不难解释为什么我们会经常碰到这样一种情形：*IR*测试发现不良而DPA分析未发现任何内部裂纹等缺陷。

3）PCB设计不合理造成的击穿现象

PCB不合理的设计形式也有可能容易触发外部击穿，具体内容请参考第12.4节。

11.3.5　异响（啸叫）

1. MLCC啸叫现象及原因

笔记本电脑或手机上的某些规格MLCC有时候可能会发出“吱吱”声音，我们称之为异响或啸叫。出现啸叫是因为贴片陶瓷电容器中使用的强介电陶瓷材料发生了“电致伸缩”现象。电致伸缩效应是指电介质在电场的作用下，由于感应极化作用而产生机械变形，变形大小与电场平方成正比，与电场方向无关。因此，向 MLCC 施加纹波电压（交流电压）时，电容器自身就会伸缩（如图 11-108 所示）。这种伸缩传递到 PCB 上就会导致 PCB 振动。虽然振动的振幅只有 1pm～1nm，但此时的振动频率如果是在人可听频率范围（20Hz～20kHz）之内的话，人们就会听到声音。也就是说，PCB 充当了扬声器功能。

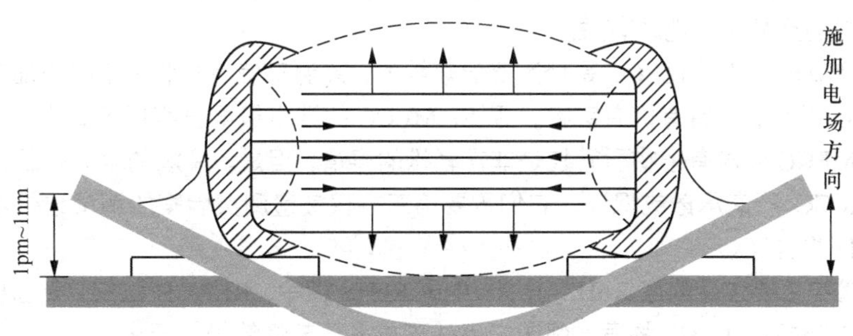

图 11-108　电致伸缩导致基板振动示意

因而，在交流或脉冲电路中使用高介电常数型电容器时，电容器本身会在特定频率振动，并可能产生啸叫。此外，当电容器受到机械振动或冲击时，可能会产生噪杂信号。

2. MLCC 啸叫改善对策

我们往往在设计的初期阶段，难以预测是否会发生啸叫问题，因为这与电容器的贴装位置、PCB 的外形尺寸、厚度和层数等非常多的参数都有关系。虽然改变 PCB 的设计是解决啸叫的方法之一，但很多时候，我们发现问题时已经进入了制造阶段，在制造阶段改变设计是不切实际的，因为重新设计需要花费大量的成本和时间。

推荐的解决方法是改变电容器的种类。有两个选择。一是换成带金属支架端电极的电容器（见图 11-109）。金属支架端电极的弹性具有吸收电容器伸缩的功效，因此振动基本不会传递到印制基板上。所以能大幅抑制电容器的啸叫。

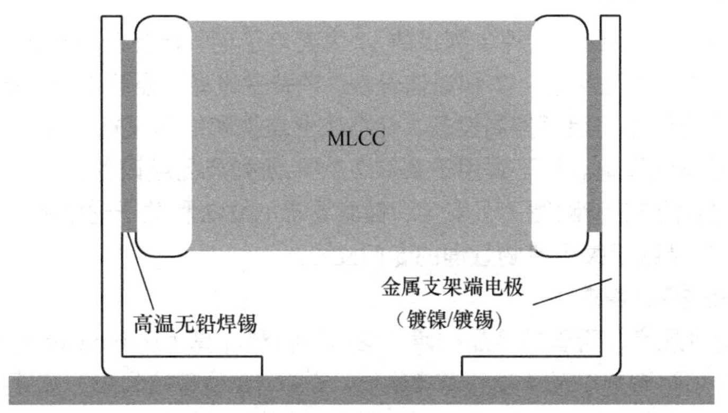

图 11-109　金属支架端电极示意图

另一个方法是更换成采用低介电常数材料的电容器。因为介电常数越低，电致伸缩效应就越小，可将啸叫的声压降低 20dB 左右。这样对应后就基本听不到啸叫了。带金属端子的品种不利于小型化，因此解决智能手机的啸叫问题时，采用低介电常数电容器的方法更为实用。

11.4 有害物质管控方面投诉

近些年，全球各个国家和地区对电子产品陆续制定了更高更细则的环保要求，因而倒逼各 MLCC 终端用户为了应对这一要求，向上溯源管控，对电子元器件进行有害物质管控。这是 MLCC 有害物质管控的大背景，但是，各个 MLCC 终端用户对有害物质管控的宽严程度是有差异的，这可能与 MLCC 终端用户的产品销往地区有关。

在前面的章节已介绍过 MLCC 是经过高温烧结的，高温已使有机物（主要添加剂之类）气化释放，所以 MLCC 不可能含有有机有害物。另外，MLCC 的端电极早已实现无铅化工艺，可保证无铅可焊性。按理 MLCC 应对有害物质管控是非常轻松的事情，但是，麻烦的地方就是，MLCC 终端用户不能信任 MLCC 厂家承诺或保证，它们需要第三方权威检测实验室的测试结果才能安心，例如 SGS 报告或 CTI 报告等。

有害物质管控主要包括欧盟 RoHS 指令、中国 RoHS 指令、REACH 法规、无卤要求、SVHC 高关注物质、PFOS 物质、PAHS 物质、邻苯二甲酸酯或多环芳烃等管控要求。

11.4.1 ROHS 要求

1. 欧盟 RoHS 法源依据

欧盟议会和欧盟理事会 2011 年 6 月 8 日发布第 2011/65/EU 号关于在电子电气设备中限制使用某些有害物质的改写指令，即 RoHS 2.0。生效日期：2011 年 7 月 21 日。欧盟各成国应在 18 个月内，即 2013 年 1 月 2 日前完成本国法律的转化，届时 2002/95/EC（RoHS 1.0）及其所有修订指令废止。

2015 年 6 月 4 日欧盟公布（EU）2015/863 指令，将邻苯二甲酸二（2-乙基已）酯（DEHP）、邻苯二甲酸二丁酯（DBP）、邻苯二甲酸丁苄酯（BBP）和邻苯二甲酸二异丁酯（DIBP）列入 RoHS 2.0 附件 II 受限物质清单中。至此，RoHS 2.0 限制物质列表中已达到 10 种物质，见表 11-19。电子电器设备过渡期至 2019 年 7 月 22 日，医疗设备及监控设备的过渡期至 2021 年 7 月 22 日。对于属于电子电气类别的玩具产品，DEHP、BBP、DBP 的含量仍需按照 REACH 法规附录 XVII 的要求进行管控。

2. 欧盟 RoHS 适用范围

1）适用于投放欧盟市场的、附件 1 列出的 11 大类电子电气产品及其相关组件、材料等，11 大类产品包括：大型家电、小型家电、IT 和通信设备、消费性设备、照明设备、电子电气工具、玩具、休闲和运动设备、医疗设备、视频控制设备，包括工业监视和控制设备、自动售货机、上述类别未覆盖的所有其他电子电气设备。但不适用于条款 2（4）所列产品或设备。

2）本指令的实施不应违背欧盟关于安全和健康要求的立法和关于化学品的立法，特别是（EC）1907/2006 号法规，以及欧盟关于废物管理的专门立法。

3. 欧盟 RoHS 核心要求

1）RoHS 2.0 指令规定，所管控产品按照“均质”材料计算（Homogenous material），管控物质包括 4 大重金属、2 项阻燃剂以及 4 项邻苯类物质，总共 10 项管控物质，其管控标准见表 11-19。

表 11-19 RoHS2.0 指令有害物质管控种类及标准

序号	管控物质名称	管控标准	备注
1	含铅（Pb）	1 000ppm	4 大重金属
2	镉（Cd）	100ppm	
3	汞（Hg）	1 000ppm	

续表

序号	管控物质名称	管控标准	备注
4	六价铬（Cr（VI））	1 000ppm	4 大重金属
5	多溴联苯（PBBs）	1 000ppm	2 项阻燃剂
6	多溴联苯醚（PBDEs）	1 000ppm	
7	邻苯二甲酸二（2－乙基己基）酯（DEHP）	1 000ppm	4 项新增邻苯类物质
8	邻苯二甲酸丁苄酯（BBP）	1 000ppm	
9	邻苯二甲酸二丁基酯（DBP）	1 000ppm	
10	邻苯二甲酸二异丁酯（DIBP）	1 000ppm	

2）RoHS 2.0 生效后完全取代 RoHS 1.0，其中新加入的管控产品实施分阶段管理：医疗设备和视频监控设备从 2014 年 7 月 22 日起纳入管控，体外诊断医疗器械和工业监控设备将分别从 2016 年 7 月 22 日和 2017 年 7 月 22 日起纳入管控，最后一大类产品则从 2019 年 7 月 22 日起纳入管控。

3）某些因现行经济上或技术上仍无法取代产品/材料，可按照附件 3 和附件 4 准予豁免。

4）依据 2011/65/EU 第 16 条的规定，今后贴有 CE 标志的产品将表明该产品不仅符合相关协调指令的要求（如 EMC、LVD 等），同时也符合 RoHS 2.0 指令的要求。同时根据欧盟官方所发布的 RoHS 2.0 FAQ 所述：自 2013 年 1 月 2 日起，CE 标识将成为产品符合 RoHS 2.0 要求的唯一标识。

5）电子电气设备应在投放市场之前正确加贴 CE 标志，同时制造商应撰写相应的技术文档和 EU 符合性声明。在电子电气设备投放市场后，制造商及其授权代表/进口商应留存 EU 符合性声明及技术文档至少 10 年。

4. MLCC 厂家和供应商如何应对欧盟 RoHS 要求

对于 MLCC 厂家和供应商来说，有 3 个方式应对欧盟 RoHS 要求：

1）提供第三方检测报告例如 SGS 或 CTI 等检测报告

MLCC 厂家委托的第三方实验室或检测机构需要具有权威性，送测样品需跟出货品成分一致，测试项目要包含最新要求的 10 项。另外，检测报告虽然目前没有明确有效期限，但是行业默认为 1 年。

2）前面的第三方测试报告只保证测试结果的真实性，测试报告不出具判定结论，也有部分客户要求提供 VoC 合格证明，根据产品测试报告数据验证产品有害物质的限量 RoHS 2.0 指令符合性，评审合格出具 VoC 合格证明（Verification of Conformity），这种要求目前还不是普遍要求。

3）依据欧盟 RoHS 协调标准 EN50581，对企业产品和产品系列进行审核，验证产品对 RoHS 2.0 指令的符合性，评审合格出具 CoC 证书（Certificate of Conformity），这个认证上升到对 MLCC 制程的管控能力的认证，目前也还没有普及。

5. 中国 RoHS 要求

《电子信息产品污染控制管理办法》又称作“中国 RoHS”，于 2007 年 3 月 1 日起开始施行。它对投放中国市场的电子信息产品中的有害物质（汞、铅、六价铬、镉、多溴联苯及多溴二苯醚等）进行限制，对电子电气产品列了 6 种限用物质：铅、汞、镉、六价铬、多溴联苯和多溴二苯醚。跟欧盟 RoHS 2.0 比少了 4 项邻苯类管控物质。

11.4.2 REACH 要求

1. REACH 的定义

REACH 是“Registration，Evaluation，Authorization and Restriction of Chemicals”的简称，是指：化学品注册、评估、许可和限制，是欧盟对进入其市场的所有化学品进行预防性管理的法规。于 2007

年 6 月 1 日正式实施。

2. REACH 的主要内容

注册（Registration）：年产量或进口量超过 1 吨的所有化学物质需要注册，年产量或进口量 10 吨以上的化学物质还应提交化学安全报告。

评估（Evaluation）：包括档案评估和物质评估。档案评估是核查企业提交注册卷宗的完整性和一致性。物质评估是指确认化学物质危害人体健康与环境的风险性。

许可（Authorization）：对具有一定危险特性并引起人们高度重视的化学物质的生产和进口进行授权，包括 CMR、PBT、vPvB 等。

限制（Restriction）：如果认为某种物质或其配置品、制品的制造、投放市场或使用导致对人类健康和环境的风险不能被充分控制，将限制其在欧盟境内生产或进口。

3. REACH 管控对象

化学物质（Substance）：自然状态下（存在的）或通过生产过程获得的化学元素及其化合物。

混合物（Mixture）：由两种或两种以上物质组成的混合物或溶液。

物品（Article）：由一种或多种物质一种或多种配制品组成的物体。具有特定的形状、外观或设计方案。

REACH 总共 17 个附件，这里就不再详细介绍，请参阅相关网站。目前 REACH 最主要的要求是下一节要介绍的 209 项高关注物质（简称 SVHC），这个清单是定期更新的。

11.4.3 MLCC 物质安全资料表 MSDS

MSDS 是物质安全资料表（Material Safty Data Sheet）的简称，也称 SDS（Safty Data Sheet）。是一份关于化学品组分信息、理化参数、燃爆性能、人体毒性、环境危害以及安全使用存储、泄漏应急处理、运输法规要求等方面信息的综合性文件，也是 REACH 中法定的信息传递载体之一。MSDS 通常 MLCC 厂家可以提供，或可在官网下载，MSDS 是针对整个 MLCC，它不需要细分陶瓷介质类别或尺寸等。

为了更清楚地了解 MLCC 物质构成，一般用户可能要求提供材料成分分析表（Material Composition Sheet）。材料成分分析表需要细分陶瓷介质类别和尺寸，不需要细分容值和电压，内容主要是组成材料及其含量。

MSDS 和材料成分分析表应由 MLCC 厂家提供，在 MLCC 工艺没有大的变更前，一般没有有效期。

11.4.4 SVHC 高关注物质

1. SVHC 候选清单

SVHC 是高度关注物质的简称（Substances of Very High Concern）。根据 REACH 法规第 57、59 条规定，对符合以下标准的物质将可能被列入 SVHC 候选清单：

按照欧盟 CLP 法规属于 1A 类和 1B 类致癌物质；

按照欧盟 CLP 法规属于 1A 类和 1B 类致畸变物质；

按照欧盟 CLP 法规属于 1A 类和 1B 类生殖毒性物质；

按照 REACH 法规附件 XIII，持久性、生物积累性和有毒物质（PBT）；

按照 REACH 法规附件 XIII，强持久性和强生物积累性物质（vPvB）；

按照 REACH 条款 59 所确定的其他危害物质。

自 2008 年 10 月 28 日第一批 SVHC 清单正式发布之后，越来越多的 SVHC 被纳入清单中，

SVHC 候选清单持续更新中。一般，ECHA 会至少每 2 年更新一次清单物质，自 2010 年以来，基本上每年更新 2 次 SVHC 候选清单。最新 SVHC 候选清单有 209 项。

2. SVHC 相关责任义务

REACH 法规第 3 条将产品分为物质、混合物和物品 3 种类型，对含有 SVHC 的产品的要求主要包括通报和信息传递，具体如下所述。

通报条件：根据 REACH 法规第 7.2 条的规定，如果物品中含有已列入 SVHC 候选清单中的物质，任一 SVHC 含量大于 0.1%（w/w），且物品中该 SVHC 的出口总量超过每制造商或进口商每年 1 吨时，则此物品的制造商或进口商必须向 ECHA 进行通报。

通报时间：2010 年 12 月 1 日之前被列入 SVHC 候选清单的物质，应于 2011 年 6 月 1 日前完成通报。2010 年 12 月 1 日后列入清单的物质，应在其被列入清单后的 6 个月内完成通报。

通报内容：依据 REACH 法规第 7.4 条的规定，通报时需提供的资料包括企业信息、注册号（如果有的话）、物质信息、物质分类、物品中物质的使用简短表述和物品用途简述以及物质吨位范围。

信息传递：根据 REACH 法规第 31、33 条的规定，若 SVHC 候选清单中任一物质在物质/混合物类型的产品中浓度超过 0.1%（w/w），需提交 SDS 给买家。若物品中含有已列入 SVHC 候选清单中的物质，且含量超过 0.1%（w/w），则要履行要向接受方或消费者提供足够的信息义务，包括允许安全使用，至少要有物质的名称，相关的信息要在 45 天之内免费提供。

3. MLCC 应对措施

对于 MLCC 来说，目前 REACH 高关注物质是 209 项，MLCC 厂家和供应商需要向终端用户提供 209 项高关注物质，不包含承诺书。

11.4.5 无卤要求

卤素的管控要求是从 PCB 行业开始，现在慢慢扩展到更多的产品和领域中，一般来源于行业协会和品牌公司。虽然没有直接的国家法律强制要求管控，但是在以买家为导向的供应链上，常被要求强制执行。

不同的行业规范和企业内部标准可能对卤素提出不同的要求，一般根据具体的企业标准要求来判定具体需要管控卤素的材料或部件。

一般行业所说的卤素管控是氯（Cl）元素和溴（Br）元素 2 种，具体限值如表 11-20 所示。

表 11-20　卤素管控限制标准

<table>
<tr><th rowspan="2">标准</th><th colspan="3">限值要求/ppm</th><th rowspan="2">范围</th></tr>
<tr><th>氯（Cl）</th><th>溴（Br）</th><th>氯（Cl）+溴（Br）</th></tr>
<tr><td>IEC61249-2-21
IPC-4101C
JPCA-ES01-2003</td><td>≤900</td><td>Cl≤900</td><td>≤1500</td><td>主要针对 PCB 或其基材</td></tr>
<tr><td rowspan="2">JS709A</td><td>≤900</td><td>Cl≤900</td><td>≤1500</td><td>电子产品中的 PCB</td></tr>
<tr><td><1000（如果来源于 CFRs，PVC 或 PVC 共聚物）</td><td><1000（如果来源于 BFRs）</td><td>—</td><td>电子产品中的塑料材料（不包含 PCB 层压板）</td></tr>
</table>

对于 MLCC 厂家和供应商来说，应对无卤要求的具体办法就是提供第三方无卤检测报告。有厂家将 RoHS 10 项跟无卤项一起送测。

第 12 章 MLCC 在电路设计中的应用知识

12.1 设计选型时需要考虑的性能和参数

12.1.1 MLCC 应用类别选择

前面我们已经介绍了贴片陶瓷电容器按陶瓷绝缘介质分类，这个是针对陶瓷介质特性的区别来分类的。实际应用中终端客户因按陶瓷介质分类过于专业而倾向于按应用分类，客户只想知道按行业要求该选什么型号产品，这是结果导向，比较直接。所以 MLCC 制造商像村田、三星、国巨、华新科等在其规格书中均按应用做了分类，以方便用户选型。目前市面上大多是通用品，比如有些是应用在车载装备上的或者应用在对可靠性有较高要求的，依然可能选择的是通用品，这样因选型错误造成的投诉，目前并不被大家完全了解。各大生产商尽管它们的分类有细微差异但是总体分类基本近似，表 12-1 列出了简明分类，方便用户参考。

表 12-1　MLCC 应用分类

序号	应用分类	应用领域说明
1	通用品（General Purpose）	适用于无特殊可靠性要求的商用普通电子产品
2	中高压应用品（Medium-high Voltage）	工作电压在 100V～2kV 的产品
3	排容（Array type）	适用于节省 PCB 中元件排列空间
4	高 *Q* 值低 *ESR* 应用型（High Q and low ESR）	适用于高频的 RF 电路，高效低损耗，也应用于高功率电路
5	车载电子应用型（Infotainment for Automotive）	适用于汽车导航、音响、车身控制装置比如车窗和雨刮等
6	汽车动力和安全应用型（Powertrain/Safety for Automotive）	适用于汽车上与人类生命特别有关的应用，比如运行、转弯、停车和安全装置
7	医用装备应用型（Medical-grade Devices）	适用于医疗器械
8	低感抗应用型（Low ESL）	适用于低寄生电感应用
9	柔性端电极应用型（Soft Termination）	在焊接过程中比通用型有更高的抗弯曲和抗热冲击能力，从而降低内裂风险
10	抗噪声应用型（Anti-noise）	适用于减噪和低失真应用、高纹波电流电路
11	高有效容量型（high effective capacitance）	受直流偏压影响较常用规格小

续表

序号	应用分类	应用领域说明
12	安规应用型（Safety Standard Certified）	适用于对元件安规认证有要求的应用
13	开路模式设计型（Open-mode Design）	适用于即使发生断裂也不会带来短路风险
14	超薄超小型（Ultra-small &Low Profile）	超小是指尺寸小于 01005 以下的规格，超薄是指厚度比常规小的规格，最薄到 0.2mm

另外，MLCC 按照其在电路中的功能的不同，推荐选型建议见表 12-2。

表 12-2 陶瓷电容器选型推荐

功能要求	陶瓷电容器结构类型	选择要求
去耦/旁路	MLCC	低 *ESL*，低 *ESR*
计时	MLCC/盘式陶瓷电容器	I 类介质，容值稳定，高 *Q*
带通/滤波	MLCC	谐振频率点低阻抗
耦合	所有陶瓷电容器	小尺寸，低成本，低 *ESL* 和低 *ESR*
电压倍增	所有陶瓷电容器	高绝缘强度，小尺寸
脉冲/储能	高压盘式电容器，中低压 MLCC	快速放电，低 *ESL*，高电流密度
瞬变电压	所有陶瓷电容器	高绝缘强度，小尺寸
航空/原子能	所有陶瓷电容器	防辐射/高可靠性
交流线路旁路和跨交流线路	盘式陶瓷电容器/安规 MLCC	低成本和可靠性

12.1.2 MLCC 陶瓷绝缘介质选择

绝缘材料对 MLCC 的工作特性起着重要的决定作用。因此，它们被按配方制备，以此满足特定的性能需求。

在第 5 章的常用陶瓷绝缘介质温度特性及代码中已经列举过 MLCC 常用绝缘介质材料类别了，并且在介绍 MLCC 陶瓷绝缘介质时，已经提到过，美国 EIA 标准通常把陶瓷绝缘介质分 I 类、II 类和 III 类，IEC 标准把 EIA 标准里的 II 类和 III 类，统称 II 类，况且 III 类主要是 Y5V 材质，日系厂家有些都不再生产 Y5V 材质了，因为这一部分完全可以用 X5R 替代，温度特性更好且单价也不会贵出很多。

各类常用陶瓷绝缘介质在不考虑成本的情况下，温度特性选用的优先顺序是：C0G、C0H、C0J、C0K、U2J、X8R、X7R、X5R、X7S、X6S、X8L、X7T、X6T、X7U、Y5V。实际应用中也许不得不考虑成本、耐压、最大工作高温以及常用规格优先等原则。

1. I 类陶瓷绝缘介质选用推荐

I 类陶瓷绝缘材质采用了温度补偿型配方，其主要成分是二氧化钛，所谓“温度补偿型配方”就是它构成成分里既有容值随温度升高而增大的成分，又有容值随温度升高而降低的成分，前者显正温度系数，后者显负温度系数，两者相互抵消实现了容值几乎不随温度变化，大家耳熟能详的 NP0 中的“N”和“P”代表“负”和“正”。其实严格来讲 NP0 是一个系列，它包含 C0G、C0H、C0J 和 C0K，所谓“NP0”是指标称温度系数为“0”的 I 类绝缘介质，见表 12-3 举例。

表 12-3 I 类陶瓷绝缘介质温度特性代码举例

温度特性代码	标称温度系数	温度系数偏差/（ppm/℃）
C0G	0	±30
C0H	0	±60

续表

温度特性代码	标称温度系数	温度系数偏差/（ppm/℃）
M7G	+100	±30
P2G	–150	±30

MLCC 厂家村田和太阳诱电都没有用 NP0 统称，但是 TDK 给了 NP0 新的定义，跟 C0G 比更好，最大工作温度更高，到 150℃。中国台湾 MLCC 厂家几乎都是用 NP0 来称呼，其实它的 NP0 就是接近 C0G 材质，但是难免显得不严谨，当有品质争议时，温度系数到底遵循哪个标准，C0G 是 I 类介质中温度特性最好的（±30ppm/℃，–55～125℃），而 NP0 中最差的 C0K 依据 EIA 标准最宽标准可到 ±250ppm/℃，–55～125℃。我们在评估一个产品性能时，到底要参照哪一个行业标准这个很重要，很多时候会出现这种情况，国家标准的更新赶不上行业标准，行业标准的更新赶不上厂家的技术进步。作为聪明厂家如果想真正获得前沿品质保证，就得在品质合同里特别补充说明，否则最新的工艺进步并不代表有最好的可靠性。

C0G 作为 NP0 的典型代表，它有 8 大优点。

① C0G 温度特性最好：容值几乎不随温度变化，±30ppm/℃换算成容易理解的百分比为 ±0.003%/℃。

② 高 Q 值：高 Q 值就意味着低损耗，损耗因数 DF 小。

③ 频率特性最好：在特定频率段内容值随频率变化非常小，容值非常稳定。

④ 电压特性最好：容值也几乎不随直流和交流电压变化。

⑤ 容值没有老化问题：容值不会随着存放时间而下降。

⑥ 低介质吸收：C0G≈0.5%～1%（X7R≈2.5%～4.5%，Y5V≈4.5%～8.5%）。

⑦ 高容值精度：只有 I 类陶瓷绝缘介质，才容易做到 ±1%和 ±2%偏差。

⑧ 高耐压：在介质厚度一样的情况下，C0G（NP0）耐压性能比 II 类陶瓷绝缘介质优良。

C0G（NP0）具有上述这么多的优点，但是它也有一个难以回避的缺点，因介电常数 ε 小而无法生产大容量的 MLCC，我们就拿居中尺寸 0603（1.6mm×0.8mm）来举例，C0G 50V 容值最高只能做到 10nF，X7R 50V 最大容值可以做到 1μF，X5R 50V 最大容值可以做到 2.2μF，同尺寸下容量差异是百倍级别。

有关介电常数在第 2.1 节已经详细介绍过，在 MLCC 尺寸和额定电压一定的情况下，要想获得大容量，介电常数 ε 起到关键作用，因此设计时追求小型化 MLCC，高介电常数是必须选项。常见陶瓷绝缘介质的介电常数参考值见表 12-4。

表 12-4　常见陶瓷绝缘介质的介电常数参考值

绝缘介质材料类别	介电常数 ε_r	
	典型值	参考范围
真空	—	1
陶瓷（NP0）	65	10～450
陶瓷（X7R）	2 000	2 000～8 000
陶瓷（X5R）	3 000	3 000～8 000
陶瓷（Y5V）	10 000	10 000～20 000

I 类 MLCC，例如 C0G（NP0）最适合在容值随温度变化较稳定和 Q 值要求较高的场合使用。通常适用于高频电路（High-frequency circuits）、滤波电路（Filter circuits）、谐振电路（syntonic circuits）

等应用。

2. II 类和 III 类陶瓷绝缘介质选用推荐

II 类和 III 类陶瓷介质电容器适合平滑电路（smoothing circuits）、耦合电路（coupling circuits）、旁路和去耦（decoupling circuits）应用或适用于对 Q 值和容值的稳定性要求不是太高的鉴频电路。

II 类陶瓷绝缘介质基于钛酸钡化学特性，跟 I 类相比在体积相同的情况下可提供更为宽泛的容值范围，II 类陶瓷绝缘介质代表性的型号是 X7R 和 X5R。X7R 和 X5R 在工作温度下容值变化比均在 ±15%，区别在于 X7R 的最高工作温度比 X5R 高，X7R 工作温度范围为–55～+125℃，X5R 工作温度范围为–55～+85℃。如果应用在工作温度不太高的环境中，此两者理论上没有区别，但是如果应用在例如电源类产品，环境温度有可能高达 60℃以上，就建议选择 X7R。

另外 X7R 的耐压也比 X5R 好，我们可以看到中高压产品的陶瓷绝缘介质几乎都是选择 C0G 和 X7R。但是 X7R 还是有不如 X5R 的地方，就是在尺寸一定的情况下 X7R 最大容量比 X5R 小，我们拿 0402（1.0×0.5）50V 来举例，X5R 最高容量可以做到 1μF（105），而 X7R 最高容量只能做到 100nF（104）。

III 类陶瓷绝缘介质的代表是 Y5V，它的工作温度范围是–30～+85℃，容值变化范围是–82%～+22%，Y5V 同 X5R 一样可以获得大容量，但是它的致命缺点是容值随温度变化大，所以通常被应用于可预知真实工作温度范围的领域。

近年来由于 X5R 类产品制造技术的发展，通过不断降低 X5R 类 MLCC 介质膜厚，获得的电容值已接近 Y5V 的容值水平。而 Y5V 类材质因晶粒较大的特点，其介质厚度不能更进一步降低，不能有效发展更高容量的产品。另外，Y5V 类材质存在着损耗较大和可靠性较差的问题，所以 Y5V 有逐步被淘汰之势。

因为 II 类和 III 类陶瓷介质电容器的容值随工作温度、工作电压（直流和交流）、频率和时间的变化而变化，这些在第 6 章有细节介绍，所以在实际应用中需考虑下述所列因素。

3. 陶瓷介质选用考虑因素一 ——温度特性（TCC）

关于 MLCC 陶瓷绝缘介质的温度特性（TCC）的详细介绍请参考第 5 章，关于 TCC 的测试标准请参考第 8.13 节。下面主要说明如何根据 TCC 计算 MLCC 容值最大变化量，此点在 MLCC 应用设计选型时可能会涉及。

MLCC 温度系数（TCC）描述了电容在一定温度范围内的最大变化。MLCC 厂家在规格书中所述的电容值是在参考温度 25℃下确定的。对于高于或低于该温度的应用，应始终考虑 MLCC 的温度特性（TCC）。

陶瓷绝缘介质材料通常会在某个温度点出现容值峰值或容值陡增，这个温度称为居里温度点，见图 12-1。加入化学制剂，以升高或降低居里温度点。这就是在设计中针对温度系数（TCC）做高低温限定的主要考虑因素。因而在实际应用中确保 MLCC 工作温度不要超过该陶瓷绝缘介质的温度上下限。

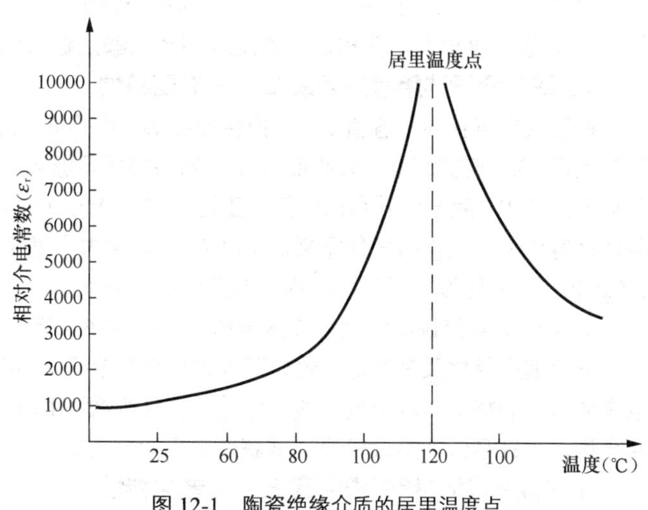

图 12-1　陶瓷绝缘介质的居里温度点

1）I 类 MLCC 容值随温度变化的计算如下。

I 类 MLCC，例如 C0G（NP0），具

有高度的温度稳定性，称为温度补偿电容器。I 类电容器的 TCC 因容值随温度变化极小，所以总是以温度每升高或降低 1℃时容值变化比（单位为 ppm/℃）来描述电容变化。因而，最大电容变化的计算方法是将电容乘以 TCC，再乘以高于或低于参考温度（25℃）的温度变化，再除以 10^6，公式如下：

$$\Delta C = C_N \times TCC \times \Delta T$$

C_N是标称容值，也可以是实测容值，单位 pF；TCC 是 MLCC 的温度特性，参照温度是 25℃，单位 ppm/℃=10^{-6}/℃；ΔT 是指温度升高或降低的变化量，单位℃。

举例：给定一个容值为 1 000pF，介质为 C0G（NP0）的 MLCC 在 55℃条件下容值最大变化量，C0G 的 TCC=±30ppm/℃。

$$\Delta C = C_N \times TCC \times \Delta T = 1000\text{pF} \times \left(\pm 30 \times 10^{-6} / ℃\right) \times 30℃ = \pm 0.9\text{pF}$$

则 1 000pF 在 55℃条件下温度相当于 25℃其温度变化量为 30℃，所以在 55℃处的容值变化最大可能为 1 000.9pF，最小可能为 999.1pF

2）II 类和 III 类 MLCC 容值随温度变化的计算

II 类和 III 类 MLCC，其温度稳定性不如 I 类，但它们的主要优势是容积效比，即在给定的外形尺寸和额定电压条件下，可以比 I 类 MLCC 获得更大容量。这类 MLCC 最适用于要求较高容值，而 Q 值和温度稳定性不是主要问题的应用场合。II&III 类电容器介质的 TCC 是用百分比表示的，因此，最大电容变化的计算方法是用规定的电容乘以该电容器的 TCC 所对应的百分比。计算公式如下：

$$\Delta C = C_N \times TCC$$

C_N 是标称容值，也可以是实测容值，单位可以是 pF、nF、μF，但是需注意计算结果的单位跟代入单位一致；TCC 是 MLCC 的温度特性，在工作温度范围内容值变化百分比，单位为%/（最低工作温度～最高工作温度℃）。

举例：1206 X7R 100nF 在其规定的温度范围内工作时，容值的最大变化。

由 X7R 的 TCC=±15%/（–55～125℃）可知：在工作温度范围–55～125℃内，容值变化比为±15%。

$$\Delta C = C_N \times TCC = 100\text{nF} \times \left(\pm 15\%\right) = \pm 15\text{nF}$$

1206 X7R 100nF 在高于或低于 25℃的参照温度工作时，容值的最高变化量为 115nF，最低变化为 85nF，当然这里有个前提是工作温度不超出额定极限温度。

4. 陶瓷介质选用考虑因素二——电压特性

在直流电压作用下容值 CP 和损耗因数 DF 均降低，而在某适当的交流电压范围内，容值 CP 和损耗因数 DF 随交流电压升高而升高。如果加载足够大的交流电压最终像直流电压一样，容值 CP 和损耗因数 DF 随电压升高而降低。正因为如此 MLCC 的测试电压需要有统一标准，否则抛开这些条件谈容值大小就没有任何意义。MLCC 的规格书上通常备注的测试电压条件是 0.5V@1kHz 或者 1V@1kHz，就是为了规范标准测试电压和测试频率。

MLCC 的直流偏压特性和交流电压特性在第 6.3 节有详细介绍，其中提供了各陶瓷介质代表容量的直流偏压特性及其交流特性，可以作为对照参考。如果为了更精准，可以从 MLCC 厂家网站下载具体每个规格的电压特性曲线，可惜只有极少数 MLCC 厂家提供了可供下载的相关数据。如果条件允许，根据具体规格做模拟测试获得数据更为可靠。

5. 陶瓷介质选用考虑因素三——老化特性

第 6.5 节已介绍过 II 类和 III 类 MLCC 的老化特性。它的容值随时间的 10 指数级递减，也就是刚刚开始降速快，后面渐渐趋缓。但是所谓的“老化”是个可逆的现象，置于 125℃4h 或者 150℃1h 条件下可以去“老化”，然后建议再静止 24h 再测量。这个老化现象对使用没有影响，在生产过程中焊接热有去老化作用，产品生产完成后通电测试也有去“老化”作用（通电 1min 以上）。

关于老化的应用注意事项：特别是当设计应用中需要最小漂移时，如滤波、调谐、匹配和定时，应选择低的或无老化率的 MLCC。

在实际应用设计中采用铁电级高介电常数的 MLCC 时，不要指定精确偏差的 MLCC。这里所说的铁电级高介电常数主要指 II 类和 III 类介质，例如 X7R、X5R、Y5V 等，随着时间的推移，这类 MLCC 的容值很容易偏离公差，例如 X7R 按表 12-5 所查询每 10 进制小时的老化率约为 3%，所以我们选择 ± 2%容值偏差没有任何意义，选择 ± 5%偏差也同样差强人意，所以 X7R 的容值偏差通常是 ± 10%。

表 12-5　陶瓷绝缘介质老化率参考值

陶瓷绝缘介质	介电常数 ε_1	每 10 进制小时的老化率
C0G	65	0%
X7R	2 000	3.0%
X5R	3 000	5.0%
Y5V	10 000	5.0%～7.0%
Z5U	8 000	4.0%～5.0%

备注：每 10 进制小时是指 10h、100h、1 000h……

在设计时采用 II 类和 III 类 MLCC 之前，老化率和温度系数（TCC）均要考虑，以此评估所需要的最小容量。这将需要设计者多次指定一个保证的最小值（GMV：guaranteed minimum value）。

6. 陶瓷介质选用考虑因素四——频率特性

MLCC 的容量 CP、损耗因数 DF、阻抗 Z、等效串联电阻 ESR、等效串联电感 ESL、谐振频率 f_0 都与频率有关，所以应用中应该考虑这些影响因素，细节介绍请参考第 6.2 节。这里主要说明 MLCC 有效容量跟频率的关系。

一般假定从 MLCC 厂家规格书中选择的电容值在频率上是恒定的。这对于应用频率远低于电容器自谐振频率的应用是基本准确的。然而，当工作频率接近电容器的自谐振频率时，电容值会增大，从而使有效电容（C_E）大于标称容值（C_N）。本节将详细讨论有效电容与应用工作频率的函数关系。为了说明这一现象，将考虑采用一个在网络中将电容器连接到工作频率源的简化集总元件模型，如图 12-2 所示。

之所以选择这个模型，是因为有效电容（C_E）很大程度上是由电容器和它的寄生串联电感（L_S）之间的形成的净电抗中的一个函数。图中所示的等效串联电阻 ESR 对有效电容没有显著影响。

7. 有效容值

标称电容值（C_0）是通过在 1MHz 的频率下进行测量而确定的。在典型的射频应用中，所应用的频率通常比 1MHz 测量频率高得多，因此在这些频率下，与寄生串联电感（L_S）相关联的感抗（X_L）比容抗（X_C）显著增大。图 12-3 说明了随着频率的增加，感抗 X_L 与容抗 X_C 比有一个不成比例的增长。这将导致有效电容大于标称电容。最后，在电容器串联谐振频率上，两个电抗相等且相反，产生的净电抗为零，在该频率上 C_E 的表达式变得无定义。

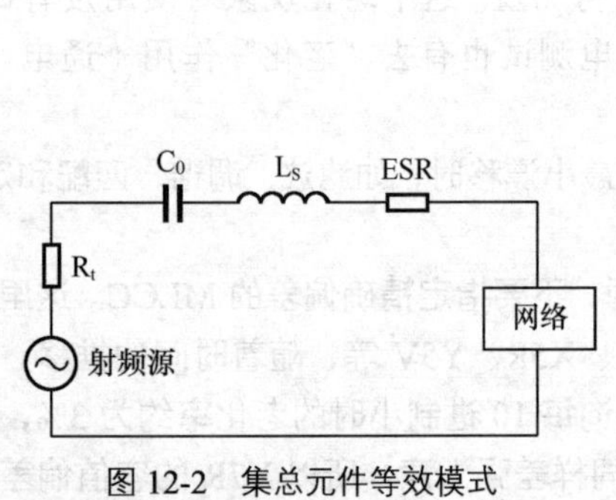

图 12-2　集总元件等效模式

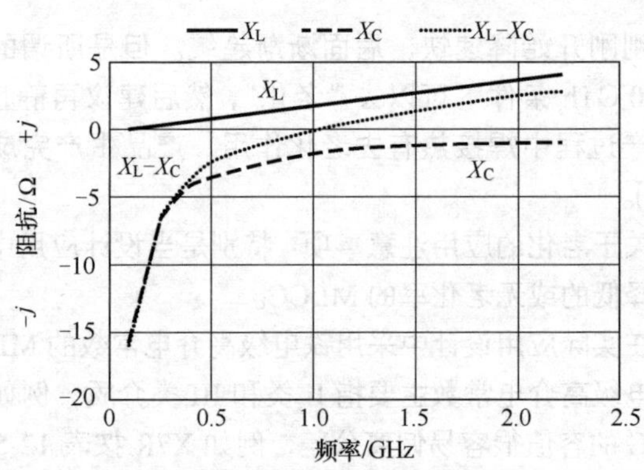

图 12-3　净阻抗与频率关系

8. 净阻抗与频率的关系

集总元件等效模式如图 12-2 所示，实物电容器可以表示为与寄生电感 L_S 串联的标称容值 C_0，C_0 和 L_S 串联组合的阻抗然后被设为等于 C_E，这可能被称为“理想的等效”电容器。由此可得公式（12-1）和（12-2）。

$$j\left(\omega L_S - \frac{1}{\omega C_0}\right) = -j\left(\frac{1}{\omega C_E}\right) \quad \text{公式（12-1）}$$

$$\omega^2 L_S - \frac{1}{C_0} = -\frac{1}{C_E} \quad \text{公式（12-2）}$$

工作频率 F_0 与有效容值 C_E 之间的关系可以表达成公式（12-3）和（12-4）。

$$C_E = \frac{C_0}{\left(1-\omega^2 L_S C_0\right)} \quad \text{公式（12-3）}$$

$$C_E = \frac{C_0}{\left[1-\left(2\pi F_0\right)^2 L_S C_0\right]} \quad \text{公式（12-4）}$$

这里 C_E 代指应用频率 F_0 下的有效容值，C_0 代指在 1MHz 条件下的标称容值，L_S 代指寄生电感（单位 H），F_0 代指工作频率（单位 Hz）。

从这个关系可以看出，随着应用频率的增加，分母变小，从而产生更大的有效电容。在电容器串联谐振频率处，分母为零，表达式无定义。C_E 与频率的关系是一个双曲函数，如图 12-4 所示。

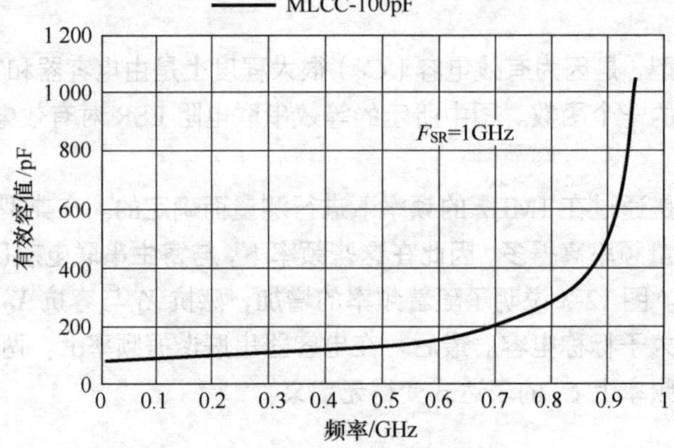

图 12-4　有效容值 C_E 与频率的关系

举例：一颗 100pF 的 MLCC 分别计算在 10MHz、100MHz、500MHz、900MHz、950MHz 处的有效容值 C_E，根据公式（12-4）

$$C_E = \frac{C_0}{\left[1 - (2\omega F_0)^2 L_S C_0\right]}$$

计算结果见表 12-6。

表 12-6　F_0，C_E 以及 Z 之间的关系

工作频率/MHz	有效容值 C_E/pF	阻抗 Z/Ω
10	100.01	0.013-j159.13
100	101.01	0.023-j15.76
500	133.34	0.051-j2.38
900	526.29	0.069-j0.337
950	1025.53	0.070-j0.168

9. 应用注意事项

阻抗匹配和最小漂移应用，如滤波器和振荡器，需要特别注意 C_E。对于应用在自谐振频率以下的电容器，其净阻抗为电容性（–j），而应用在谐振频率以上的电容器，其净阻抗为电感性（+j）。当电容器工作在串联谐振频率以上时，应把电容器阻抗放置在史密斯图（smith chart）的电感性一侧（+j）。当为这些应用程序设计时，必须仔细考虑 C_E 和工作频率处的净阻抗特性。

相比之下，大多数耦合、旁路和阻截直流应用通常对阻抗特性不敏感，只要在应用频率处阻抗的大小较低，就可以是电容性的或电感性的。当接近谐振频率时，有效电容将非常大，净阻抗将非常低。在谐振时，净阻抗将等于 *ESR* 的大小，容值将无法被定义。

10. 陶瓷介质选用考虑因素五——压电特性

关于陶瓷介质的压电效应的原理请参照第 6.6 节的具体介绍，这里主要说明 MLCC 压电效应在电路应用中需要注意的事项。MLCC 的压电效应主要是影响电路应用的稳定性，在许多电路应用中，由于压电效应而产生的颤噪声问题会导致各种性能问题。下面列举一些例子。

① 由于结构振动而产生的外来（不需要的）信号电压，可以使高 Q 电路去谐。

② 振荡器不稳定，特别是用被动元件进行调谐时。

③ 在脉冲电路应用中的啸叫声响。

④ 在数字电路中产生错误数据。

（1）压电效应产生的有害机械应力。

由于振动而在 MLCC 上产生的机械应力会破坏端电极与陶瓷体连接的界面。压电陶瓷中存在的剪切力会导致陶瓷与端电极的连接界面不可靠。这种情况可能会通过逐渐降低损耗因数（*DF*）而逐渐降低性能。

当射频电压施加在电容器上时，电容器的微观结构会以与所施加电压相同的频率伸缩，从而产生可导致变形的剪切力，进而导致可靠性降低或灾难性失效。

（2）压电效应在相位敏感应用中的不良影响。

具有压电效应的电容器不能应用于滤波器网络的设计。例如移相器、滤波器、振荡器，任何对相位稳定性至关重要的设计，都应避免使用压电介质材料，因为根据机械激励可能会发生相位变化。

（3）压电效应在耦合应用中的不良影响。

级间耦合（interstage coupling）应用往往对电容器表现出压电效应敏感。设计者应避免在敏感应用中使用这些电容器，因为它们会将非线性失真传递到后续阶段。

12.1.3 MLCC 容值选择

所谓的“标称容值”是指在 MLCC 规格书中某规格在不考虑误差情况下的理想容量，例如 0603、X7R、100nF、±10%、50V，标称容值就是 100nF，而容值实际允收范围是 90～110nF。

在第 7.2.1 节介绍过有关容值优先数系的概念，MLCC 的标称容值主要参照了 IEC-60063 标准中 E24 优先数系，通过第 7.2.4 节的 MLCC 容值优先数系与容值代码对照表的表 I～表 V，可以查询常用容值规格，E24 优先数系是包含 E12、E6 和 E3 优先数系的。所以优先数系选用优先顺序应该是 E3、E6、E12、E24 及其他。在不考虑重叠的优先数值情况下选用的优先顺序如下。

E3：10、22、47（第一优先）。

E6 在 E3 的基础上增加：15、33、68（第二优先）。

E12 在 E3 和 E6 的基础上增加：12、18、27、39、56、82（第三优先）。

E24 在 E3、E6 和 E12 的基础上增加：11、13、16、20、24、30、36、43、51、62、75、91（第四优先）。

举例 E3 优先数系中的“10”，意味着 MLCC 设计的优先容值规格可能有 1.0pF、10pF、100pF、1.0nF、10nF、100nF、1μF、10μF、100μF，而“22”意味着 MLCC 设计的优先容值规格可能有 2.2pF、22pF、220pF、2.2nF、22nF、220nF、2.2μF、22μF、220μF。从举例可以看出这些优先容值规格都是 E 优先数系 10 的倍数。当然 MLCC 也有一些 E24 优先数系以外的规格，这些是 MLCC 厂家根据用户实际需求而增加的，这部分规格用户可以到 MLCC 厂家网站上去查询。

虽然 EIA-198-1-F 标准里有规范 MLCC 本体规格标示，但是绝大多数厂家都没有在 MLCC 本体上丝印标示，这点不同于贴片电阻。

标称容值选定后，容值偏差的选择请参考第 7.2.2 节相关介绍。

容值应用选择举例：尺寸 0402（1005）、工作电压 16V，确认可选容值范围。

第一步，查询可选容值范围，根据第 7.5 节的 MLCC 各尺寸规格的容值和电压设计范围查询表，可知 0402、16V 可选容值范围为 10nF～2.2μF（103～225）之间，见表 12-7。

表 12-7 MLCC 各尺寸规格的容值和电压设计范围

尺寸		绝缘介质类别		容值可选范围		额定电压/V										
英制	公制	类别	温度特性代码			2.5	4	6.3	10	16	25	35	50	63	75	80
0402	1005		X5R	容值/pF	最低	475	474	104	124	103	472	103	471			
					最高	106	226	156	226	225	225	225	105			
				可选代表品牌		MURATA	TAIYO	MURATA	MURATA	MURATA	MURATA	MURATA	MURATA			

第二步，确认可供选择的标称容值，根据第 7.2.4 节的 MLCC 容值优先数系与容值代码对照表查询 103～225 之间的容值优先数系如表 12-8 虚线里所显示，在 10nF～2.2μF 之间共有 40 个容值规格（即所谓的容值优先数值）。

表 12-8 MLCC 容值优先数系与容值代码对照

序号	容值优先值	容值单位	容值代码	序号	容值优先值	容值单位	容值代码	序号	容值优先值	容值单位	容值代码	序号	容值优先值	容值单位	容值代码
129	14	pF	140	161	150	pF	151	193	3.3	nF	332	225	68	nF	683
130	15	pF	150	162	160	pF	161	194	3.6	nF	362	226	75	nF	753

续表

序号	容值优先值	容值单位	容值代码	序号	容值优先值	容值单位	容值代码	序号	容值优先值	容值单位	容值代码	序号	容值优先值	容值单位	容值代码
131	16	pF	160	163	180	pF	181	195	3.9	nF	392	227	82	nF	823
132	17	pF	170	164	200	pF	201	196	4.3	nF	432	228	91	nF	913
133	18	pF	180	165	220	pF	221	197	4.7	nF	472	229	100	nF	104
134	19	pF	190	166	240	pF	241	198	5.1	nF	512	230	120	nF	124
135	20	pF	200	167	270	pF	271	199	5.6	nF	562	231	150	nF	154
136	21	pF	210	168	300	pF	301	200	6.2	nF	622	232	180	nF	184
137	22	pF	220	169	330	pF	331	201	6.8	nF	682	233	220	nF	224
138	23	pF	230	170	360	pF	361	202	7.5	nF	752	234	270	nF	274
139	24	pF	240	171	390	pF	391	203	8.2	nF	822	235	330	nF	334
140	25	pF	250	172	430	pF	431	204	9.1	nF	912	236	390	nF	394
141	27	pF	270	173	470	pF	471	205	10	nF	103	237	470	nF	474
142	28	pF	280	174	510	pF	511	206	11	nF	113	238	560	nF	564
143	30	pF	300	175	560	pF	561	207	12	nF	123	239	680	nF	684
144	33	pF	330	176	620	pF	621	208	13	nF	133	240	820	nF	824
145	34	pF	340	177	680	pF	681	209	15	nF	153	241	1.0	μF	105
146	36	pF	360	178	750	pF	751	210	16	nF	163	242	1.2	μF	125
147	39	pF	390	179	820	pF	821	211	18	nF	183	243	1.5	μF	155
148	43	pF	430	180	910	pF	911	212	20	nF	203	244	2.2	μF	225
149	47	pF	470	181	1.0	nF	102	213	22	nF	223	245	3.3	μF	335
150	51	pF	510	182	1.1	nF	112	214	24	nF	243	246	3.9	μF	395
151	56	pF	560	183	1.2	nF	122	215	27	nF	273	247	4.7	μF	475
152	62	pF	620	184	1.3	nF	132	216	30	nF	303	248	6.8	μF	685
153	68	pF	680	185	1.5	nF	152	217	33	nF	333	249	10	μF	106
154	75	pF	750	186	1.6	nF	162	218	36	nF	363	250	15	μF	156
155	82	pF	820	187	1.8	nF	182	219	39	nF	393	251	20	μF	206
156	91	pF	910	188	2.0	nF	202	220	43	nF	433	252	22	μF	226
157	100	pF	101	189	2.2	nF	222	221	47	nF	473	253	43	μF	436
158	110	pF	111	190	2.4	nF	242	222	51	nF	513	254	47	μF	476
159	120	pF	121	191	2.7	nF	272	223	56	nF	563	255	100	μF	107
160	130	pF	131	192	3.0	nF	302	224	62	nF	623	256	220	μF	227
												257	330	μF	337

根据第 7.2.1 节的 E 系列优先数系可知如下信息。

属于 E3 优先数系的容值规格共有 8 个：10nF、22nF、47nF、100nF、220nF、470nF、1.0μF、2.2μF。

属于 E6 优先数系（不含 E3）的容值规格共有 7 个：15nF、33nF、68nF、150nF、330nF、680nF、1.5μF。

属于 E12 优先数系（不含 E6）的容值规格共有 13 个：12nF、18nF、27nF、39nF、56nF、82nF、120nF、180nF、270nF、390nF、560nF、820nF、1.2μF。

属于 E24 优先数系（不含 E12）的容值规格共有 12 个：11nF、13nF、16nF、20nF、24nF、30nF、36nF、43nF、51nF、62nF、75nF、91nF。

标称容值选择优先顺序：E3 > E6 > E12 > E24，E3 系列一般属于常规物料，市面上比较容易采购，E24 系列有部分规格甚至需要订货，所以如果不是必需，设计者应优先选择 E3 系列。

第三步，确定具体标称容值，从 E3 优先数系里选择 100nF（104）。

第四步，确定标称容值偏差，标称容值偏差请参考第 7.2.2 节容值偏差与优先数系的对应关系，如果选择尽可能高容值的精度，其选择顺序跟上面标称容值选择恰好相反，E24 > E12 > E6 > E3，这里需留意 E24 是包含 E12、E6、E3 的，以此类推。100nF 的可能的偏差有 K（±10%）、M（±20%）以及 Z（–20%～+80%），再根据 X5R 介质温度特性，其在–55～85℃工作温度范围内，允许的容值变化比是±15%，选择 Z 挡对于 X5R 来说过于宽松，选择 K 挡和 M 挡比较合适，此两者通常选择更优的 K 挡。也许有使用者疑问为什么不选精度更高的 J（±5%），实际上，从 X5R 温度特性可以看出，选择 J 是没有意义的，在某个温度点或特定电压频率下容值可以保证落在此范围内，但是无法保证工作条件变化时，依然还在标准范围内，如果一定要 J 挡最好是选 C0G 介质。

其他绝缘介质的标称容值选择可用类似方法，本书第 7 章提供的标称容值优先数系是搜集全球 MLCC 厂家的规格得来的，单看某一厂家有可能出现规格不全的情况，全行业概况和具体厂家特色这两者需要进行结合考虑并评估最优选择。

12.1.4 MLCC 额定电压选择

我们在选择 MLCC 额定电压时，实际上考虑的是耐压能力安全可靠，而耐压能力就是绝缘材料的绝缘强度。在第 2.10 有过介绍，它取决于介质配方和内电极间距大小。过压造成的击穿失效分内部击穿失效和外部击穿失效。内部击穿失效是指当加载电压超过介电材料的绝缘强度时致使 MLCC 发生短路。外部击穿失效是指当加载电压超过 MLCC 外部两端电极之间的击穿通道。

MLCC 的额定电压规格也是参照国际标准 IEC-60063 中 R10 优先数系，通常 U_R<100V 的我们叫低压产品，100V≤U_R < 1000V 的叫中压产品，U_R≥1000V 的叫高压产品。MLCC 可供选择的额定电压值请参考第 7.3 节的 MLCC 常用额定电压规格。

MLCC 规格书上通用规格大多备注的额定电压是指直流电压，只有安规陶瓷电容器才有备注 AC 额定电压。如果将 DC 额定电压应用于交流或脉冲信号，那么建议所使用的交流工作电压低于 0.5 倍的直流额定电压，例如用 DC 50V 额定电压去替代 AC 25V。

设计者如果为了提高产品可靠性而留足够的额定电压余量，建议在实际工作电压的基础上做升额选择，比如实际工作电压是 6.3V 可以选 10V 额定电压，以此类推 2.5V 选 4V、4V 选 6.3V、6.3V 选 10V、10V 选 16V、16V 选 25V、25V 选 50V 等。其实不留余量也并不意味着存在风险，因为 MLCC 的耐电压至少是额定电压的 1.5 倍（高压产品）或者 2 倍（低压产品）。击穿电压要达到 8 倍额定电压以上。如果不小心用错了电压，额定电压 25V（X7R）而实际电压到了 50V，那么其实不会轻易被击穿而发生短路问题，顶多影响可靠性，也就是发生不良的可能性提前了，因此可以理解为用错电压影响使用寿命，而寿命这个问题在短期又难以发现，所以市面上也许有部分经销商依仗这点专业知识用低压代替高压而获得高额利润，终端用户如果不专业是很难发现的。

12.1.5 MLCC 尺寸选择

1. 尽量避免选择接近设计极限的尺寸规格

前面章节曾提及 MLCC 像半导体 IC 一样也存在一个“摩尔定律”，每 10 年左右产品尺寸缩小一代，目前最小尺寸做到 008004（0.25mm × 0.125mm），因此有很多容值规格跨好几个尺寸，例如 C0G 100pF 50V 有 01005、0201、0402 这 3 个尺寸可供选择。作为手持设备通常越小越好，比如手机，自然而然对元器件的尺寸要求也是越小越好。但是请注意最小尺寸规格往往有可能接近设计极限，它的可靠性是有疑虑的。比如上面举例的 C0G 100pF 50V 01005 根据第 7.5 节的 MLCC 各尺寸规格的容值和电压设计范围进行查询，结果见表 12-9。

表 12-9　MLCC 各尺寸规格的容值和电压设计范围

尺寸		绝缘介质类别		容值可选范围		额定电压/V										
英制	公制	类别	温度特性代码			2.5	4	6.3	10	16	25	35	50	63	75	80
01005	0402	I 类介质	C0G（NP0）	容值/pF	最低			510	510	0R2	0R2	101	0R2			
					最高			221	221	331	221	101	101			
				可选品牌				MURATA	MURATA	TAIYO	MURATA	MURATA	MURATA			
			C0H（NP0）	容值/pF	最低			510	510	4R0	4R0		4R0			
					最高			221	221	221	221		101			
				可选品牌				MURATA	MURATA	MURATA	MURATA		MURATA			
			C0J（NP0）	容值/pF	最低					2R1	2R1		2R1			
					最高					3R9						
				可选品牌						MURATA	M					
			C0K（NP0）	容值/pF	最低					0R2	0R2		0R2			
					最高					2R0	2R0		2R0			
				可选品牌						MURATA	MURATA		MURATA			

最高容值 101

可知 C0G 50V 01005 最大容值做到 101 即 100pF，前面章节在介绍贴片陶瓷电容器烧结工艺时介绍过，堆叠层数接近设计极限是容易引起短路风险的，所以推荐例如某个尺寸规格的电容器容量达到设计极限值并假设这个极限值为 C，那么该尺寸规格的容量达到 $0.8C$ 的存在风险，可以考虑把容量在 $0.8C$～$1C$ 的容值规格选下一级更大尺寸的贴片陶瓷电容器。这样 01005 C0G 50V 容值在 0.2～80pF 之间是相对安全的，80～100pF 的规格应该选择大一级尺寸 0201 或 0402。其他介质 X7R、X5R 以此类推。

2. 采用波峰焊时的尺寸选择建议

在选择电路基板材料时也必须小心，以尽量减少由于热膨胀系数不同而可能产生的应力。特别是当焊接方法采用波峰焊时，可能会导致 MLCC 因受热冲击（thermal shock）而发生失效。焊接基板的热膨胀、挠曲和热冲击引起的内裂的敏感性随基板尺寸的增大而增大。对于波峰焊工艺，通常不推荐使用尺寸大于 1210（3.2mm × 2.5mm）和小于 0402（1.0mm × 0.5mm）的 MLCC，也不推荐任何厚度大于 1.7mm 的 MLCC，特别是在 PCB 背面更是不予推荐使用。

12.2 用错额定电压对 MLCC 使用寿命影响的评估方法

12.2.1 近似推算方法

对于 MLCC 来说万一用错电压会带来什么影响，有一个近似的测算方法，其原理在第 10.2 节介绍加速寿命测试理论时已做详细说明，这里只提供计算方法。我们可以用第 10.2 节的公式（10-9）大概推算出元件寿命为：

$$L_R = L_1 \times \left(\frac{U_1}{U_R}\right)^n$$

L_R 是元件在额定电压下的使用寿命，L_1 是实际使用电压下的寿命，U_R 是额定电压，U_1 是实际使用电压，指数 n 随着绝缘材料和应激因子变化，根据 US-MIL-HDBK 979 标准我们可以得到:

$$n=5 \quad U_1=1.0\sim1.4\times U_R$$

$$n=3 \quad U_1=1.0\sim0.5\times U_R$$

$$n=2 \quad U_1=0.5\sim0.25\times U_R$$

如果额定电压为 25V 的陶瓷电容器被错用成 50V，其实际使用寿命 L_1 推算如下:

$$U_1=50\text{V},\ U_R=25\text{V},\ n=2$$

$$L_R = L_1\times\left(\frac{50}{25}\right)^2 = 4L_1 \quad L_1=\frac{1}{4}L_R$$

近似推算法估算出，在其他条件不变的情况下，额定电压为 25V 的规格错用成 50V，寿命只有先前的 $\frac{1}{4}$。

12.2.2 利用加速寿命理论推算

对于用错电压对使用寿命的影响，我们还可以利用加速寿命测试的原理来评估。我们假设标准寿命测试的结果已知的情况下，去求两种工作条件下的 *MTBF* 即可，*MTBF* 是 “Mean Time Between Failure” 的缩写，为平均失效间隔时间，计算其使用条件下的值可作为理论寿命参考，计算步骤如下:

第一步，计算寿命测试加速因子 Fa。

加速寿命测试（HALT）的原理简单说就是通过把测试温度和测试电压加倍来缩短测试时间。利用第 10.2.3 节的加速因子公式（10-5）可得:

$$Fa=\left(\frac{U_{测试}}{U_{工作}}\right)^3\times10\times \mathrm{e}^{\frac{T_{测试}-T_{工作}}{20}}$$

（$U_{测试}$ 为测试电压，$U_{工作}$ 为工作电压，$T_{测试}$ 为测试温度，$T_{工作}$ 为测试温度，e 为常数 2.71828182845905）

第二步，计算出元件工作等效小时数 T。

利用第 10.2.3 节的公式（10-4）可得:

$$T=Fa\times N\times t$$

T 为元件工作等效小时数（equivalent device hours）;

N 为进行测试的元件数量（No. of devices under test）;

t 为测试持续时间（test duration in hrs）;

Fa 为加速因子（acceleration factor）;

第三步，计算失效率 FR（failure rate）。

利用第 10.2.3 节的公式（10-6）可得:

$$FR=\frac{n\times K}{T}=\frac{n}{T}\times K\times10^9\times FIT$$

n 为测试中失效累计数，T 为累计的元件工作等效小时数（accumulated device-hours），K 为置信水平系数（coefficient of confidence level），当 n=0 时 $n\times K$=0.917。1FIT=1×10^{-9}/h

第四步，计算平均失效间隔时间 *MTBF*。

$$MTBF=\frac{1}{FR}$$

12.2.3 应用举例

我们若计算出工作条件下的 *MTBF* 就可以看作参考使用寿命了。上述把额定电压为 25V 的规格错用成 50V 的情况我们可以演算一下。

假设此 25V（X7R）在做标准寿命测试时的条件和结果如下：

抽样 N=100 颗；

测试时间 t=1 000h；

测试电压通常 2 倍额定电压即 $U_{测试}$=50V；

测试温度通常采用该介质的工作上限温度 $T_{测试}$=125℃。

测试结果：在 1 000h 内 0 颗失效。

根据上述条件我们先算出 25V 工作条件下的 $MTBF_{25}$，工作温度假设是 25℃。

第一步，计算寿命测试加速因子 Fa。

$$Fa=\left(\frac{U_{测试}}{U_{工作}}\right)^3\times10\times e^{\frac{T_{测试}-T_{工作}}{20}}=\left(\frac{50}{25}\right)^3\times10\times e^{\frac{125-25}{20}}=11\ 873.05$$

第二步，计算出元件工作等效小时数 T。

$$T=Fa\times N\times t=11\ 873.05\times100\times1\ 000=1\ 187\ 305\ 000$$

第三步，计算失效率 FR（failure rate）。

$$FR=\frac{n\times K}{T}=\frac{0.917}{1187\ 305\ 000}=7.723\ 37\times10^{-10}$$

第四步，计算平均失效间隔时间 $MTBF$。

$$MTBF_{25}=\frac{1}{FR}=\frac{1187\ 305\ 000}{0.917}=1.294\ 8\times10^{9}\ (小时)$$

$MTBF_{25}$ 可以看作是在 25℃工作条件下，加载正确额定电压 25V 时的正常工作寿命。

如果错用成 50V，先算出 50V 工作条件下的 $MTBF_{50}$，工作温度假设仍是 25℃

$$Fa=\left(\frac{U_{测试}}{U_{工作}}\right)^3\times10\times e^{\frac{T_{测试}-T_{工作}}{20}}=\left(\frac{50}{50}\right)^3\times10\times e^{\frac{125-25}{20}}=1\ 484.13$$

$$T=Fa\times N\times t=1\ 484.13\times100\times1\ 000=148\ 413\ 000$$

$$FR=\frac{n\times K}{T}=\frac{0.917}{148\ 413\ 000}=6.178\ 7\times10^{-9}$$

$$MTBF_{50}=\frac{1}{FR}=\frac{148\ 413\ 000}{0.917}=1.618\ 5\times10^{8}\ (小时)$$

在额定电压 25V 下工作时的 *MTBF* 是 1.2948×10^9h，而 50V 时为 $1.618\ 5\times10^8$h，25V 规格错用成 50V，理论寿命降到先前的 0.125 倍。

12.3 关于 DC 额定电压 MLCC 的 AC 功率计算

MLCC 的额定电压我们通常用 DC 电压来标示，这个额定值仅仅确保元件在额定 DC 电压下和额定温度下可满足长期可靠工作。既然大多数应用包含了交流成分，那么有些重要的因素需要弄清楚，根据这些因素我们可以判定一个 DC 额定元件能承受多少 AC 电压，它们包括频率、电压、额定功率（尺寸）、容值、介质特性。

交流作用下电容器的特性和可靠性一定程度上依赖于所使用的介质类别，例如陶瓷电容器的 4 大主流介质（NP0、X7R、Y5V、Z5U）在交流条件下具有不同的特性变化。NP0 在各种交流信号下具有稳定的容值和 *DF*，而 X7R 的容值和 *DF* 会随着所使用的频率展现小幅变化，随着所使用的电压大小展现相应大小变化，Y5V 和 Z5U 随频率和电压变化更大，所以 Y5V 和 Z5U 通常不用于交流。电容器的特殊设计可以影响变化大小，这些设计参数包括所使用的介质类别和给定电压下的介质厚度。

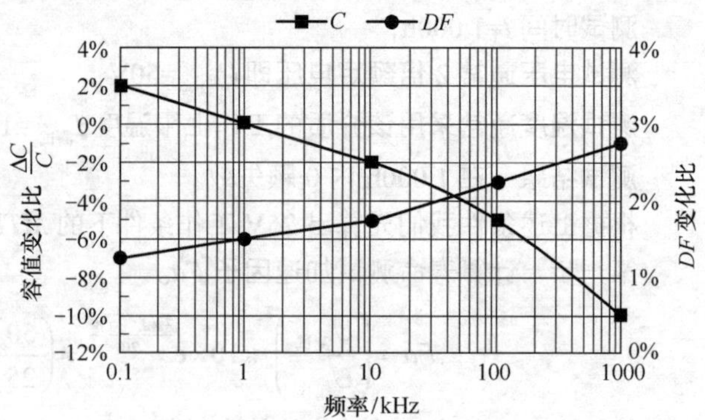

图 12-5　X7R 容值和 DF 随频率变化曲线

X7R 的容值和 *DF* 因频率变化可以比较容易地绘制成如图 12-5 所示的曲线；X7R 容值和 *DF* 因电压等级变化取决于电介质应力（V/mm 介质厚度）并且随各个额定电压而不同。直流额度电压分别为 50V、100V、200V、500V、1 000V、2 000V、3 000V 的 MLCC，它们的容值随交流电压变化曲线如图 12-6、图 12-7 所示，*DF* 随交流电压变化曲线如图 12-8、图 12-9 所示（注：电压为有效值电压）。

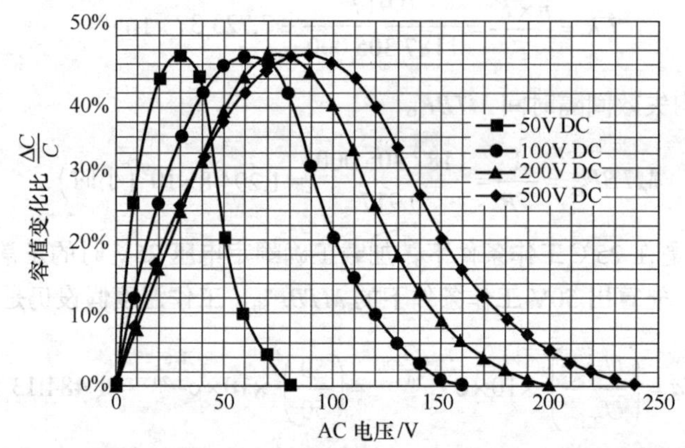

图 12-6　X7R 不同额定 DC 电压规格容值随 AC 电压变化曲线

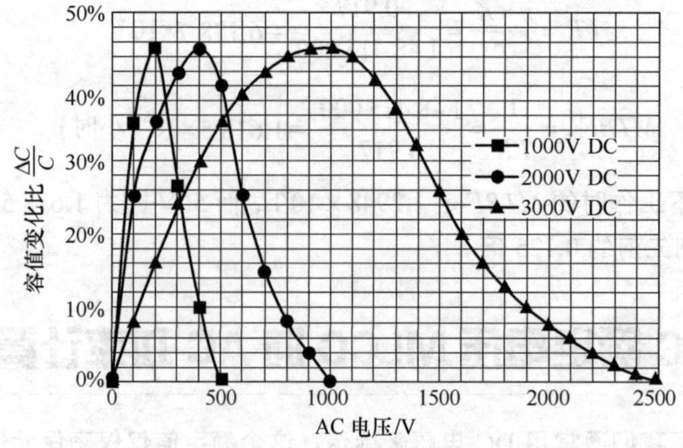

图 12-7　X7R 不同额定 DC 电压规格容值随 AC 电压变化曲线

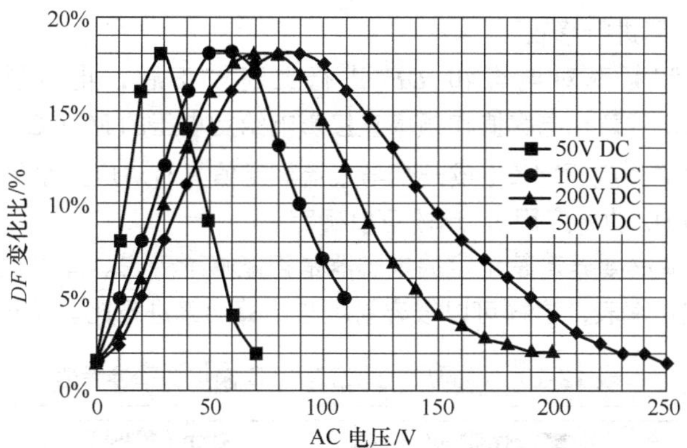

图 12-8　X7R 不同额定 DC 电压规格 *DF* 随 AC 电压变化曲线

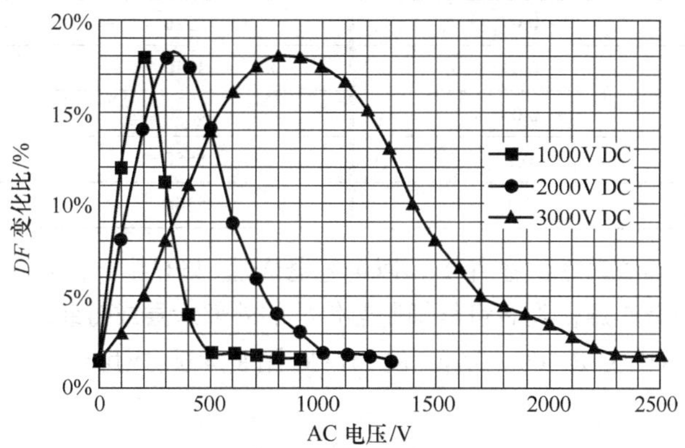

图 12-9　X7R 不同额定 DC 电压规格 *DF* 随 AC 电压变化曲线

针对一个给定的应用，电容器的功率损耗可以用如下公式计算：

$$P=I^2R \qquad \text{公式（12-5）}$$

P 为功率（单位 W），*I* 为经过电容器的电流（单位 A），*R* 为电容器的等效串联电阻 *ESR*（单位Ω）。

$$I=2\pi fCU \qquad \text{公式（12-6）}$$

f 为频率（单位 Hz），*C* 为容值（单位 F），*U* 为加载的 rms（有效值）电压。

$$R=ESR=\frac{DF}{2\pi fC}$$

DF 为损耗因数。

推导出：

$$P=I^2R=\left(2\pi fCU\right)^2\times\frac{DF}{2\pi fC}=2\pi fCU^2\times\left(DF\right)$$

$$P=2\pi fCU^2\times\left(DF\right) \qquad \text{公式（12-7）}$$

现在我们假设在知道所使用的电压和频率的情况下，确定 MLCC 的容值和 *DF* 值。容值可以通过上面图 12-5～图 12-7 中容值随频率变化曲线和容值随电压变化曲线，把标准的测量容值修正到实际使用频率和电压下的容值，同样，*DF* 值可以通过上面图 12-5、图 12-8、图 12-9 来确定。需要留意的是这些举例是典型值，它将会随不同厂家而变化，为了符合应用要求，容值因电压变化可能也要根据 MLCC 厂家的不同进行修正。

根据电路中电压和频率对电容和 DF 进行上述校正后，电容器的实际功耗可由公式 $P=2\pi fCU^2\times(DF)$ 计算。注意，电容值和频率直接影响给定电压的 MLCC 功率。这就是为什么不能为电容器指定一个通用的交流额定值（或一个与直流额定值具有对应关系的因子）。只有当这些值是已知的（如在固定值 60Hz 功率应用），这才可以确定。

一旦功率确定，就有必要弄清楚给定的电容器是否能够承受它。有的 MLCC 厂家为不同尺寸的电容器建立了一个额定功率表，这样可以很容易地与计算功率进行比较（见表 12-10）。

表 12-10　不同尺寸规格 MLCC 额定功率参考值

尺寸（英制）	额定功率/W	尺寸（英制）	额定功率/W
0402	0.005	1515	0.4
0603	0.02	2520	0.9
0805	0.04	3530	1.5
1206	0.08	4540	2.1
1210	0.2	5550	2.8
1812	0.4	6560	3.8

这些额定功率是在加载功率的条件下，以电容器表面 25℃温升为基准。评级也是基于焊接在 PCB 上的标准，附近没有热源，没有可能抑制热传导的外部涂层或封装。

下面举一个例子：1812 X7R 500V 0.1μF 的 MLCC 贴装焊接，应用到交流 30V（rms）、频率 10kHz，可以根据公式（12-7）：

$$P=2\pi fCU^2\times(DF)$$

计算，已知条件 f=10 000Hz，U=30V（rms），C 和 DF 必须通过上面图 12-5～图 12-9 进行评估。通过图 12-5 查询 X7R 在 10kHz 频率下容值变化比为–2%，通过图 12-6 查询 DC 500V 规格在 30V（rms）交流条件下容值变化比为 25%，实际容值 C 计算如下：

$$C=0.1\mu\text{F}\times(1-2\%+25\%)=0.123\mu\text{F}$$

同样的，DF 值通过图 12-5 和图 12-7 查询分别为 1.75%和 8%，取最大值，所以 DF=8%。

$$P=2\pi fCU^2\times(DF)=2\times3.141\ 59\times10\ 000\times0.123\times10^{-6}\times30^2\times0.08=0.556\ (\text{W})$$

计算出的损耗功率为 0.556W，大于表 12-9 中 1812 尺寸对应的 0.4W，因此设计时需要选择更大的尺寸（例如 2520）。

12.4 PCB 设计如何避免击穿现象发生

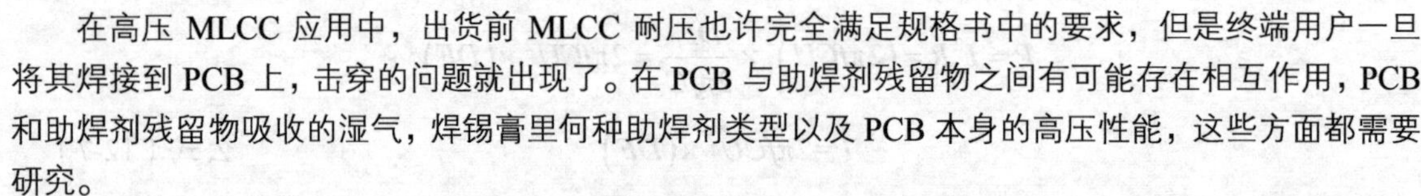

在高压 MLCC 应用中，出货前 MLCC 耐压也许完全满足规格书中的要求，但是终端用户一旦将其焊接到 PCB 上，击穿的问题就出现了。在 PCB 与助焊剂残留物之间有可能存在相互作用，PCB 和助焊剂残留物吸收的湿气，焊锡膏里何种助焊剂类型以及 PCB 本身的高压性能，这些方面都需要研究。

针对高压应用问题，虽然包括测试设备和测试方法问题，但是，主要缺陷来源还是 PCB 设计、焊接工艺、锡膏助焊剂的选择以及必需的清洗操作。全球大多数制造商采用水溶性助焊剂的锡膏，因为它跟免清洗助焊剂比有更宽松的回流焊工艺和较少的焊锡性问题。但是，水溶性锡膏的有机酸是非常活跃的，如果在焊接过程中没有彻底清洗助焊剂残留物，这些助焊剂残留物就开启其损害作用并难以清除。这样，我们就面对这样一个高漏电流、低电弧电压以及焊接失效问题。

如图 12-10 显示了一个飞弧失效模式，PCB 采用水溶性锡膏并未做清洗，在高压的 MLCC 的正下方的 PCB 上设计了 U 形槽，U 形槽是典型的高压应用中 PCB 设计手法，当这个设计手法用到水溶性助焊剂时，助焊剂残留物充分彻底的清洗是需要保证的。但是在 MLCC 焊接过程中，PCB 表面可能黏附助焊剂残留物飞沫，并且在 MLCC 底部有可见的助焊剂残留物。如图 12-11 所示，在沿着 PCB 的 U 形槽的边缘，其上的助焊剂残留物成了跳火（飞弧）的通道。

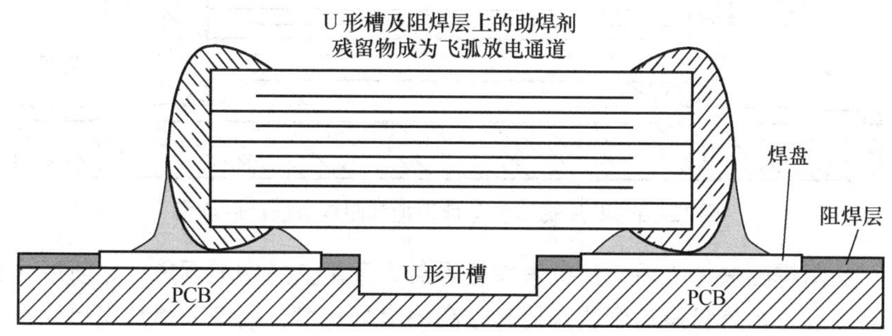

图 12-10　PCB 上开槽设计造成飞弧放电示意

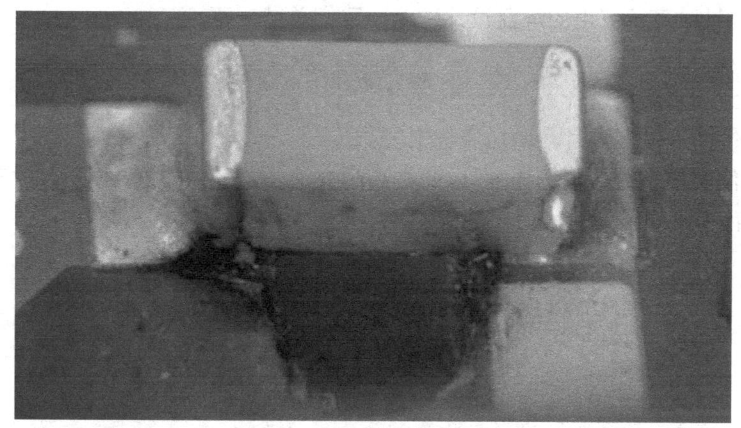

图 12-11　发生跳火现象的实物

既然采用 U 形槽设计没有提高高压性能，反而因容易吸附助焊剂残留物给飞弧放电构筑了通道，并且这个结论也通过相关测试验证过，那么我们建议取消 U 形槽设计并保留 MLCC 底部阻焊层（如图 12-12 所示），效果又如何呢？取消 U 形槽之后的焊接示意图见图 12-12。

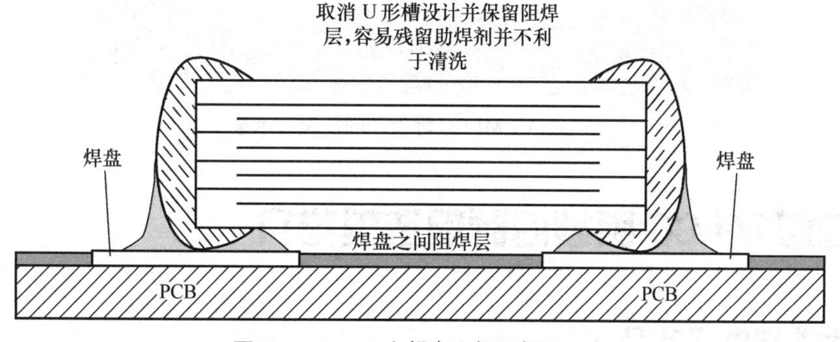

图 12-12　PCB 上焊盘之间阻焊层示意

当我们取消开槽设计保留阻焊层，模拟终端用户使用条件进行测试后，发现：阻焊层对交流耐压没有起到任何增强作用，反而，在回流焊中助焊剂还处于液体时，助焊剂残留物被吸附在 MLCC

本体与阻焊层之间的孔隙，这是由于 MLCC 本体与阻焊层之间形成的毛细作用力。因而对于高压 MLCC 焊盘设计，我们建议取消焊盘之间阻焊层设计，见图 12-13。

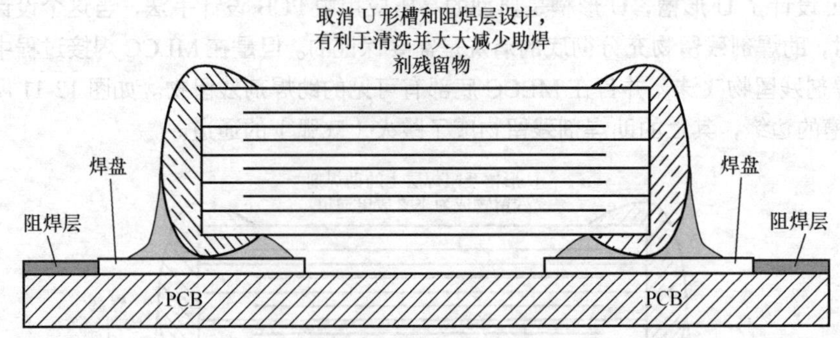

图 12-13　贴片底部取消 U 形槽和阻焊层设计后示意

当焊盘之间的阻焊层去掉之后，还应考虑把焊盘本身由直角倒成圆角，之所以这么做是因为：当焊盘暴露在高压场下，焊盘角这个位置拥有最高的电场梯度，所有飞弧放电出现在焊盘角。每个焊盘角倒圆角可以减低电场梯度从而提高耐压性能，倒圆角半径根据焊盘尺寸范围在 0.2～0.5mm，如图 12-14 所示是针对高压应用的焊盘设计建议，我们总结一下：

a. 取消 U 形槽设计；

b. 取消焊盘之间阻焊层设计；

c. 采用水溶性助焊剂锡膏时，增加清洗工艺；

d. 通过焊盘倒圆角来分散电场梯度，以此提高耐交流击穿能力（1206 以下尺寸有明显效果，1808 以上尺寸也许没有明显效果）。

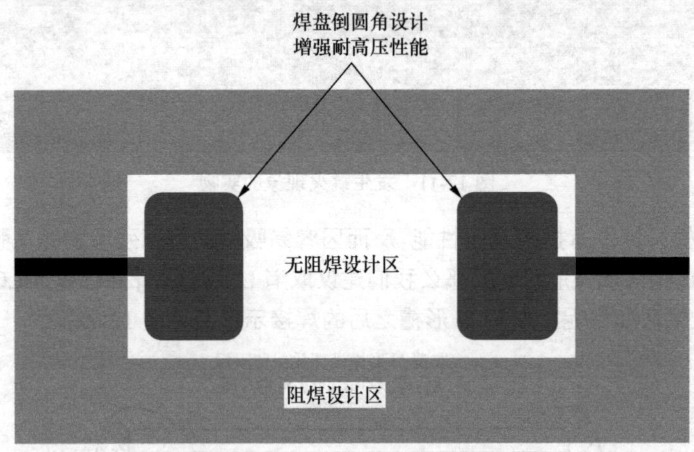

图 12-14　MLCC 焊盘倒圆角设计示意

12.5 应对 MLCC 断裂问题的选型推介

12.5.1 柔性端电极产品

前面介绍过，断裂通常发生在 MLCC 焊接完成后，有两种原因，一种是 PCB 弯曲时，MLCC 两焊点随之发生弯曲，造成 MLCC 断裂，另外一种是因 PCB 与 MLCC 热膨胀系数差异较大，进而在 MLCC 两焊点处产生过大的热变形应力，从而造成 MLCC 断裂。为了释放或减缓这两种异常破坏力，MLCC 厂家专门设计了一种叫“柔性端电极”的产品（见图 12-15），在端电极烧铜层与镍锡镀层之间夹裹一层可导电且具有一定弹性的树脂，这层树脂可以在 MLCC 受到弯曲力时，起到缓解和释放作用，从而使 MLCC 抗弯曲能力大大提升，如果参照第 8.18 节做抗弯测试，普通品压弯深度可达 1mm，而柔性端电极产品可达 3mm。不过需要留意的是：导电树脂的热传导和导电性大约比焊点小 10 倍，导电性能较差的导电树脂不适合 GHz 应用，湿热引起的接合点退化也是导电树脂所面对的一个问题。

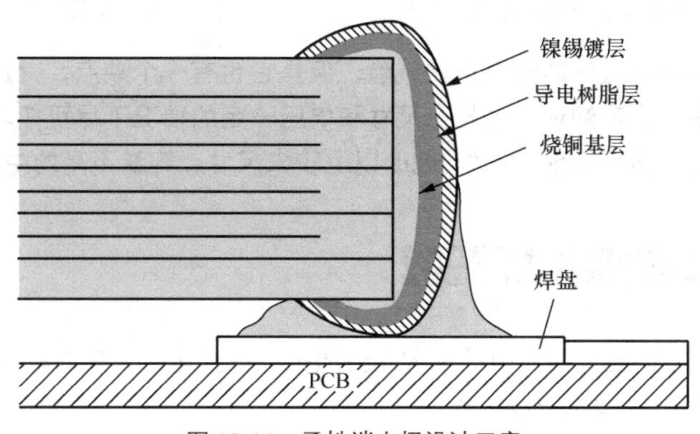

图 12-15　柔性端电极设计示意

12.5.2　叠层开路模式设计产品

MLCC 厂家还有另外一种应对断裂的预防措施是“开路模式”叠层设计。正常叠层设计如图 12-16 所示，如果发生断裂，就有可能在交错重叠的两内电极之间的断裂缝隙落入内电极金属碎屑，从而造成危险的短路失效。

因为 MLCC 内裂发生点大概率位于陶瓷体两端被端电极包裹的部位，所以正常叠层设计，一旦出现内裂，就很容易造成短路，如图 12-16 和图 12-17 所示。

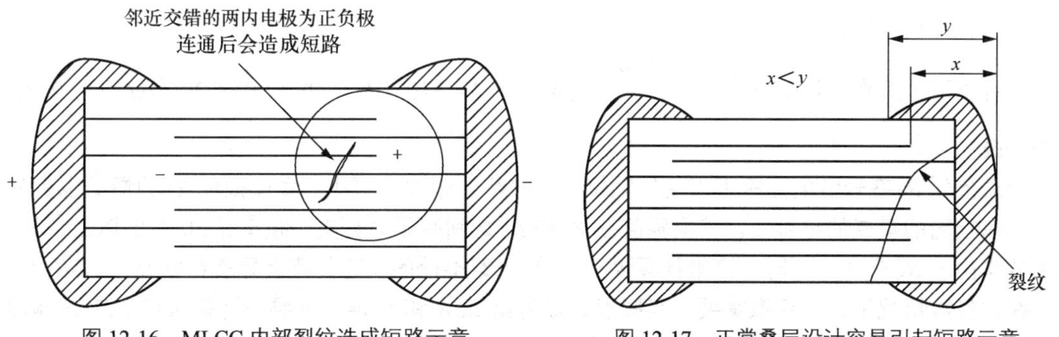

图 12-16　MLCC 内部裂纹造成短路示意　　图 12-17　正常叠层设计容易引起短路示意

为了预防 MLCC 发生内裂造成短路问题，MLCC 设计者就思考是否有一种设计让内裂发生时出现开路失效而不是短路失效，以此增加电子产品安全性。其实有两种方法可以达到这个目的，第一个方法是：采用所谓的“N 网版”设计，但是将内电极交错重叠的长度缩短，见开路设计方案 1 示意图（见图 12-18）。第二个方法是：采用所谓的“F 网版”设计，见开路设计方案 2 示意图（见图 12-19）。

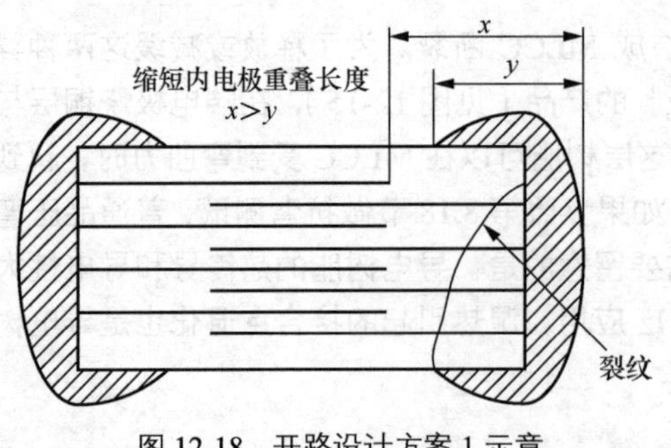

图 12-18　开路设计方案 1 示意

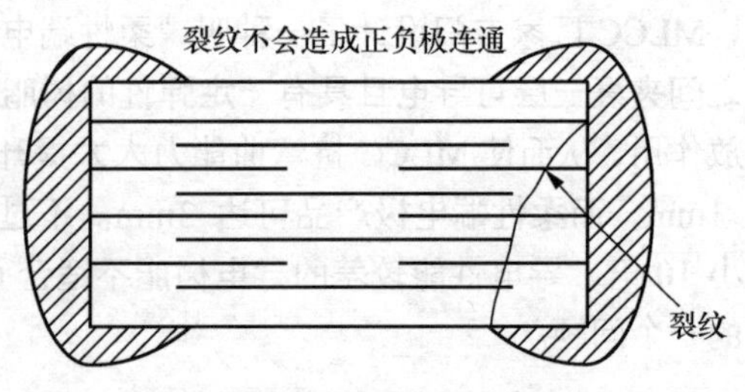

图 12-19　开路设计方案 2 示意

上述叠层开路模式设计虽然能避免短路风险，但是它也有一个缺点，就是这种设计大大减少了内电极的有效正对面积，大家知道，这与在尺寸和电压一定的情况下尽可能地提高容量相矛盾。因而这种设计只能在部分规格中实现，比如 0805 以上较大尺寸，容量不高的中高压产品。

12.6 关于 *ESR* 的损耗系数

在第 2.11.3 节中，我们已讨论过有关电容器介质损耗等效电路，其中就提到过 MLCC 的等效串联电阻 *ESR* 由两部分组成，即 $ESR=R_d+R_S$。

介质损耗 R_d 是由介质材料的特性决定的。每一种介质都有一个相关的损耗因数，称为损耗角正切。损耗角正切在数值上等于损耗因数（*DF*），是在射频（RF）条件下一种电容介电质损耗测量。这种损耗的作用结果将导致电介质发热。在极端情况下，热击穿可能导致灾难性失效。损耗因数（*DF*）可以很好地显示介电损耗，通常在低频率下测量，例如在 1MHz，损耗因数占主导。

金属损耗 R_S 是由电容器结构中所有金属材料的导电性能决定的。这包括内电极、端电极和其他如阻隔层金属等。R_S 的作用结果是会引起电容器的发热。在极端情况下，热击穿可能导致灾难性故障。对于大多数 MLCC 来说，通常在频率大于 30MHz 时，这些损耗具有同"趋肤效应"一样的电阻性损耗。

举例：如果一颗 100pF 的 MLCC 在 30MHz 下的 *ESR* 是 18mΩ（金属损耗 R_S），这颗 MLCC 在 120MHz 下的 *ESR* 又是多少呢?

先计算两个频率比值的平方根：$\sqrt{\dfrac{120}{30}}=\sqrt{4}=2$，则 120MHz 下的 *ESR* 是 30MHz 下的 2 倍，即为 36mΩ。

介质损耗 R_d 在较低的频率下占主导地位，在较高的频率下减小。金属损耗 R_S 的情况也是如此。其他具有相同的模式的电容器，其损耗值在 R_d 和 R_S 之间有不同分支。频率在 30MHz 以上，其中损耗主要是由于 R_S 产生，此时，介电损耗 R_d 几乎是忽略不计的，它并不会显著影响整个 *ESR*。

在大多数情况下，这点很重要：高频设计需考虑 *ESR* 和 *Q* 值，低频设计需考虑 *DF*。一般的规则是，*DF* 是帮助设计工程师评估低频介质损耗（R_d）的一个系数，使用频率通常远低于 10MHz，而 *ESR* 和相关 *Q* 值实际上总是与较高射频的金属损耗 R_S 有关，例如 30MHz 以上的微波电路。

损耗因数 *DF*、*Q* 值、容抗 X_C、等效串联电阻 *ESR* 它们的关系如下。

$$\mathrm{DF}=\tan\delta=\frac{1}{Q}=\frac{ESR}{X_C}\qquad Q=\frac{1}{DF}=\frac{1}{\tan\delta}=\frac{X_C}{ESR}$$

$$X_C=\frac{1}{2\pi fC}=\frac{ESR}{DF}=ESR\times Q\qquad ESR=X_C\times DF=X_C\times\tan\delta=\frac{X_C}{Q}=\frac{DF}{2\pi fC}$$

12.7 电容器 ESR 测量技巧

等效串联电阻（ESR）是电容器的介质电阻（R_d）和金属电阻（R_S）产生的所有损耗的总和。陶瓷电容器的介质损耗因数（DF）取决于介质配方的特定特性、掺杂水平以及微观结构因素，如粒径、形态和孔隙度（密度）。金属损耗依赖于内电极和端电极材料的电阻特性，以及“趋肤效应”导致的与频率相关的电极损耗。ESR 是射频设计中使用电容器时要考虑的关键参数。为了建立有效的电容器 ESR 特性，必须实施可靠和可重复的测试方法。

12.7.1 ESR 测试方法

测量高 Q 贴片陶瓷电容器的 ESR 需要一个固有 Q 值高于受测器件（DUT）的测试系统。高 Q 同轴线谐振器通常用于这些测量。典型的同轴线谐振器是以铜管和实心铜棒为中心导体。受测器件（DUT）被串联在中心导体和接地线之间。

在进行 ESR 测量之前，必须建立谐振线的空载特性。这是通过向短路的同轴线提供射频激励并确定 $\frac{1}{4}$ 和 $\frac{3}{4}$ 的 λ 带宽来完成的。在 $\frac{1}{2}$ 和 1 的 λ 带宽测量被建立之后，线路被开路。该数据用于描述谐振线的空载 Q 值、固定电阻和谐振频率。该线路的空载 Q 值通常在 1300～5000（130MHz～3GHz），固定电阻 R_{fo} 在 5～7mΩ。

电容器样品与固定在低阻抗线路末端的短路棒串联放置。发生器被调整为一个峰值谐振电压，然后从谐振两侧峰值电压向下重新调整 6dB。一个松散耦合的射频毫伏表探头固定于高阻抗的线路末端（大约在短路端 $\frac{1}{4}$ 波长处），它将测量 6dB 点的射频电压。

与空载线路相比，受测器件会扰动线路的 Q 值，从而改变共振频率和带宽。相应的 6dB 下降频率称为 f_a 和 f_b，被用于计算电容器的 ESR。这个过程被称为 Q 微扰法（perturbation method），参考图 12-20。

注：由于测试样品的容抗与线路串联，其电长度（electrical length）会随容值而缩短。容值大于 10pF 将产生合理的测量精度，然而，当我们接近 1pF 时，测得的 ESR 可能会产生很大的误差，高 X_C 的小容值将导致线路的电长度发生剧烈变化。在谐振时，线路的电抗与被测物体的电抗大小相等方向相反。

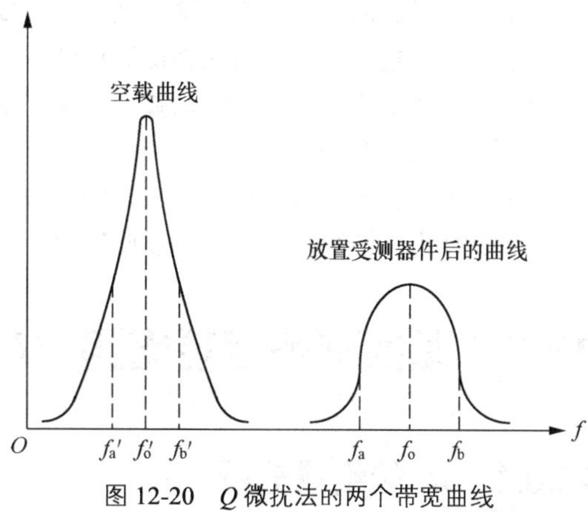

图 12-20　Q 微扰法的两个带宽曲线

12.7.2 ESR 测试装置

测试系统最常用的是标称长度为 57.7cm 长度的同轴线（Boonton Model 34A），谐振频率为 130MHz，特性阻抗为 75Ω。选择这个阻抗是因为它可以产生最高的线路 Q 值。不同的线长度也可以用于其他频率范围。

信号发生器连接到线路的低阻抗端，并终止于一个无感精密电阻。电阻安装在 TNC 连接器上，并插入到受测器件的线路末端。它有一个暴露的回路，用来松散地将 RF 能量与线路耦合。1mW（0dBm）的射频激励驱动短路线通过源回线。发生器被扫描，直到一个峰值谐振电压显示在 RF 毫伏表上。源回线被旋转，直到在线路的高阻抗线端达到 3mV 的参考电压。这个程序确保射频激励处于空载线路，见图 12-21。

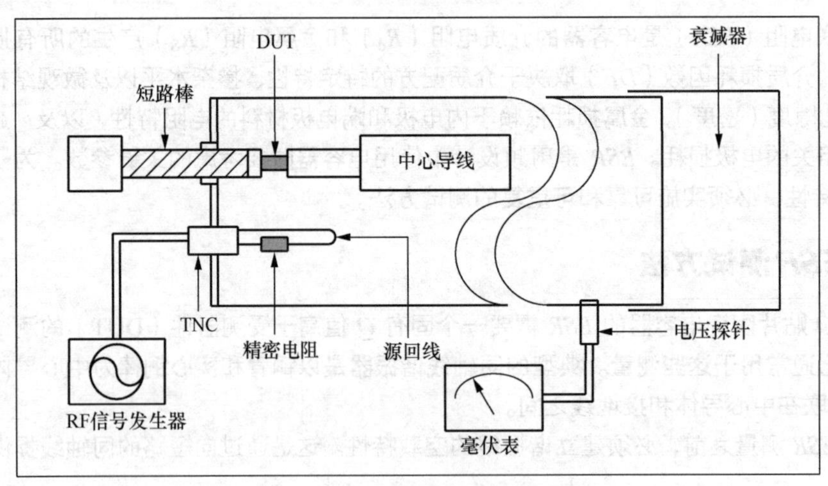

图 12-21　放置了受测器件的谐振器示意

为了测量谐振处射频电压，一个固定在高阻抗线路端的 RF 探针被连接到毫伏表，通过测量带宽和 Q 值就可以确定了。*ESR* 可以通过带宽（*BD*）的变化和 Q 值进行等式计算，这要与初始空载短路条件进行对比。将带宽数据与初始线特征带入一个等式，计算测试样品的 *ESR*。这里描述的 *ESR* 测量是在串联模式下进行的，可以高达约 3GHz。

12.7.3　影响 *ESR* 测量的因素

1）建立带宽所需的频率测量数据至少需要小数点后 4 位，但最好是 5 位。

2）源和测量探针必须与线路松散耦合。

3）线路的高阻抗端应屏蔽以减少因辐射造成的损耗，以保持 Q 值。屏蔽是一个截止衰减器，每半径提供 16dB 的衰减。

4）受测器件（DUT）在线路夹具中的位置应保持一致。

5）保持夹具接触面的洁净，以此确保良好的重复性。

12.8　如何理解绝缘电阻 *IR*

12.8.1　*IR* 的组成分析

绝缘电阻（*IR*）是衡量介质材料绝缘性能的一个指标，通常用兆欧姆（MΩ）表示。绝缘电阻包括体积电阻（Volume resistance）和表面电阻（surface resistance），可以表示为体积电阻和表面电阻的并联组合。

体积电阻率（volume resistivity）也称体积电阻（bulk resistance），是指介质绝缘材料每单位体积的电阻大小，单位为Ω · cm，我们这里把 MLCC 的体积电阻用 R_V 表示。

表面电阻（surface resistance）还有另外的英文称谓为“sheet resistance”表示单位面积上的电阻，并表示电容器外表面漏电路径所占比例。这是一种物质属性，然而，表面污染和孔隙率也会影响这一参数。我们这里把 MLCC 的表面电阻用 R_S 表示。

因为 MLCC 的绝缘电阻 *IR* 是体积电阻 R_V 和表面电阻 R_S 的并联组合而成，所以根据电阻并联公式得出 *IR* 的关系式如下：

$$IR = \frac{R_V \times R_S}{R_V + R_S} \qquad \text{公式（12-8）}$$

12.8.2 *IR* 的测量原理

一台绝缘测量仪通过加载电压来设置测试 *IR*，测试电压通常等于电容器的额定工作电压（WVDC），测试时间 1min。在 MLCC 充电后，然后才开始测量漏电流。*IR* 值就是由加载到 MLCC 的直流电压与经过初始充电后产生的泄漏电流的比值决定的。这个比值被表达成漏电流或绝缘电阻。

图 12-22 所示的是一个简化的 IR 测试电路，在虚线之间有一个电容器 IR 构成模型。R_{L1} 与直流电源串联，以限制充电电流在 50mA 以内。此外，R_{L1} 在 IR 很低或测试样品短路的情况下会限制电流。R_{L2} 与微安表串联放置，以校准通过合适绝缘电阻值的漏电流。为了在测量完成后给测试样品放电，泄流电阻（R_B）串接到电容器两端。

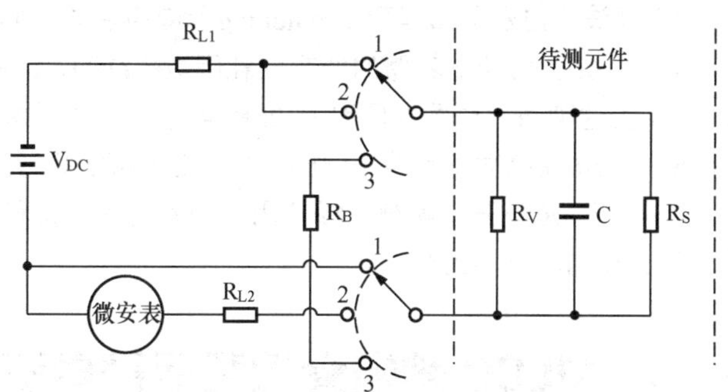

图 12-22 电容器 IR 模型及 IR 测试仪原理

R_V 是绝缘介质的体积电阻，R_S 是绝缘介质的表面电阻，R_{L1} 是电流源限流电阻，R_{L2} 是电容器校准电阻，R_B 是泄流电阻。

12.8.3 影响 *IR* 的因素

介质材料的性质和工艺对陶瓷片电容器的绝缘特性起着重要的影响。具体的陶瓷配方和陶瓷烧制曲线是决定绝缘电阻的主要因素。微结构缺陷，如空洞、裂纹、分层和异物也与绝缘电阻的变化有关。这些缺陷是我们不希望看到的，需要严格控制制造工艺以防止其发生。

绝缘电阻主要受陶瓷晶体结构中离子不平衡的影响，从而产生在电场存在下可移动的载流子。

移动载流子数量的增加影响了漏电流路径，从而降低了 *IR*。载流子迁移率也随着温度的升高而增加，因此在高温下会导致绝缘电阻 *IR* 降低。在 125℃时，*IR* 会降低大约一个数量级。各种生产批次的电容器经常在最高额定工作温度下进行测试，以便更容易发现绝缘介质中的缺陷。影响 *IR* 的其他因素如下。

添加剂：在陶瓷介质配方中使用的化学添加剂可能会表现出影响介电质的 *IR* 的化合价。谨慎选择化学添加剂，如各种氧化物被采用时必须起到优化 *IR* 的作用。

粒径和晶界：小的陶瓷粒径将在陶瓷中提供一个优良的颗粒结构。这是可取的，因为小粒径可以产生最大数量的晶界，因此可以作为漏电流的屏障，从而增大 *IR*。

黏合剂系统：用于陶瓷浆料和电极膏的制备，并随后被释放掉。这是在一个缓慢的加热循环中完成的，在这个循环中有机化合物被分解和释放。如果黏结剂没有被适当地释放掉，它们可能会在陶瓷中残留碳和其他杂质。这些残余元素在烧结过程中与介质发生反应，可能改变移动载流子的分布，形成导电路径，从而降低绝缘电阻。

杂质：在整个生产过程中必须小心，以避免制程污染。杂质会降低介质的 *IR* 性能，因此必须严格控制。

表面污染：助焊剂、湿气、盐和任何数量的环境污染物可以很容易地降低电容器的绝缘电阻。必须小心清洁表面，不黏附任何异物。

密度/孔隙率：陶瓷介质的制造必须尽可能接近介质材料的理论密度，以减少陶瓷中的孔隙。陶瓷微观结构中的大孔隙可以吸收环境污染物和水分，导致 *IR* 降低。这种对绝缘电阻的影响在高工作湿度下最明显，可以通过加热 MLCC 暂时逆转，这是因为 MLCC 孔隙中湿气被烤出。

12.8.4 *IR* 在应用中需考量的因素

1）在偏置网络中，低 *IR* 可以通过提供额外的分流电阻来改变场效应管放大器（FET amplifier）的偏置条件。

2）用于阻截直流和耦合应用的电容器需要表现出高 *IR*，以防止直流漏电流的流通。

3）滤波（filter）和匹配（matching）应用需要高的 *IR*，以使整个电路的 *Q* 值不受影响。

4）低 *IR* 会影响电容器的低频损耗因数（*DF*）。这将使 *IR* 扮演了介电损耗的大部分作用，从而降低 *DF*。这种退化的发生是因为 *IR* 随电容器的并联扮演了一个分流电阻的作用。

5）低 *IR* 在高功率旁路（bypass）应用中可能会导致过多的热损耗，从而降低电路性能。

6）如果 *IR* 一开始就被降级使用，随着时间的推移，整个电路的性能和可靠性可能会受到电压应力和工作温度升高的影响。

12.9 MLCC 耦合交流和阻截直流应用

12.9.1 耦合应用的基本要求

在耦合交流和阻截直流应用中使用的电容器用于将射频能量从电路的一部分耦合到另一部分，并作为串联元件实现。正确选用耦合电容器，可确保射频能量的最大传输。根据定义，所有电容器将阻截直流，然而，满足耦合应用要求的考虑因素取决于必须事先考虑的各种与频率特性相关的参数。

图 12-23 说明了在由耦合电容（C_0）相互连接的在 50Ω网络中工作的两个射频放大器级。表 12-10 概述了在各种无线频率下实现级间耦合的几种元件选择。电气参数如串联谐振频率、阻抗、插入损耗和等效串联电阻必须评估，以实现最佳耦合解决方案。

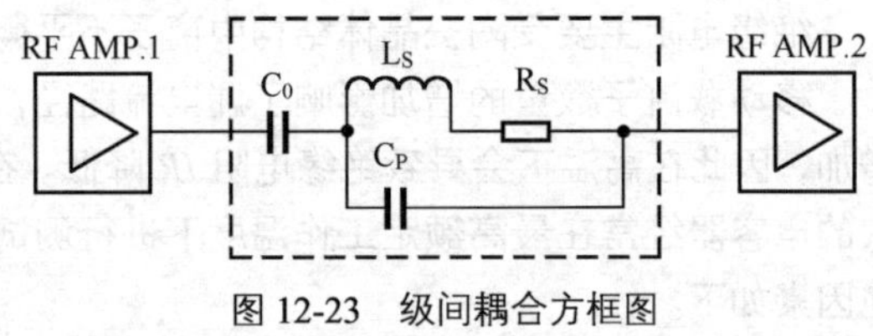

图 12-23 级间耦合方框图

注：图 12-23 中的耦合电容 C_0 用其等效串联电阻（ESR）表示为 R_S，等效串联电感（ESL）表示为 L_S，寄生并联电容 C_p，以及与之相关的并联谐振频率（parallel resonant frequency），表示为 F_{PR}。

电容器的串联谐振频率（series resonant frequency）也称作自谐振频率（self-resonance），用 F_{SR} 表示，用公式（12-9）表达如下：

$$F_{SR} = \frac{1}{2\pi\sqrt{L_S C_0}} \qquad 公式（12-9）$$

在自谐振频率处，电容器的净电抗等于 0，并且阻抗 *Z*=*ESR*。如表 12-11 所示，100pF 瓷电容器的 F_{SR} 为 1340MHz，其 *ESR* 为 0.070Ω。在这个频率，电容器将提供最优耦合所需的最低阻抗路径。相比之下，电容器在其并联谐振频率（F_{PR}）处的阻抗可能是陡然升高。通过评估一个给定电容器与频率相对的插入损耗（*S*21）大小。在工作频率点与 F_{PR} 有关的过度损耗可以很容易地观察到。在耦合应用中，只要净阻抗保持较低，电容器 F_{SR} 的过大可能不会造成什么问题。

表 12-11　MLCC 耦合应用举例

频率/MHz	元件选择/pF	F_{SR}/MHz	插入损耗 S21/dB	ESR/Ω	尺寸规格
900	100	1340	<0.1	0.070	0603
1900	56	1890	<0.1	0.085	0603
2400	39	2340	<0.1	0.140	0603

12.9.2　净阻抗

电容器的阻抗计算公式如下：

$$Z=\sqrt{ESR^2+\left(X_C-X_L\right)}$$

从这一关系可以看出，电容器的阻抗受其净电抗 (X_C-X_L) 的显著影响。重要的是要知道贯穿所需通带（passband）的阻抗大小。耦合电容器的正确选择条件是：在使用频率处展现出合适的较低阻抗。

如图 12-24 所示，在串联谐振频率 F_{SR} 以下的净阻抗是容性的，且以 $\frac{1}{\omega C}$ 为主导，产生一条在 F_{SR} 频率之下的曲线。相反地，在串联谐振频率 F_{SR} 以上的净阻抗是感性的，并由 ωL 支配，产生一条在 F_{SR} 频率之上的线性线段。

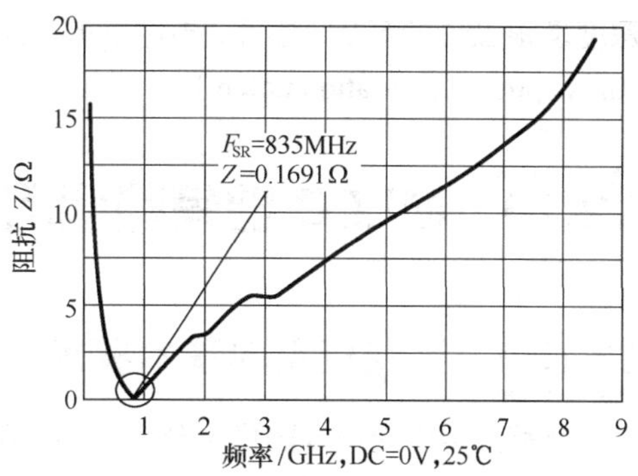

图 12-24　0402-C0G-100pF-50V 阻抗频率特性曲线

12.9.3　插入损耗 S21

所有耦合应用的一个基本考虑是在工作频率下的电容器插入损耗。通过评估 S21 大小，设计者很容易判断所使用的电容器是否合适。寻找一个或多个属于工作通带内的并联谐振是特别重要的。这些谐振通常会在它们使用频率处呈现出明显的衰减凹陷（attenuation notch）。如果并联谐振确实落在工作通带内，则有必要评估其深度，以确定损耗是否可接受。在许多情况下，给定电容器的 S21 大小可能是过大的，以致无法应用。对于大多数耦合应用来说，零点几 dB 的插入损耗通常是可接受的。在通带内超过零点几 dB 的损耗会很容易地影响电路设计的最终性能。因此，最终决定权留给了设计师来决定这些损耗对于特定的设计要求是否可以接受。

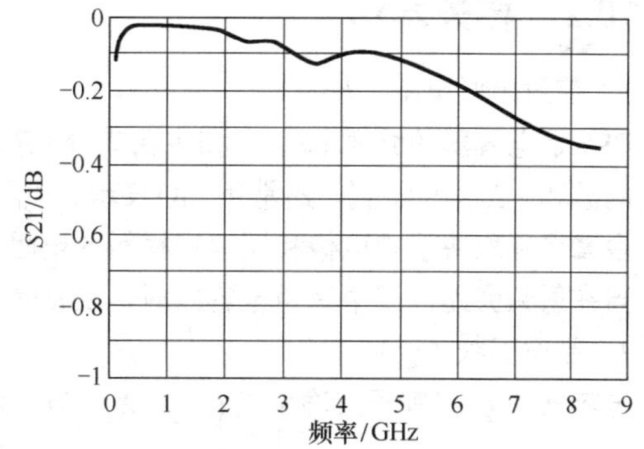

图 12-25　0201-C0G-100pF-50V 贴片电容器水平方向焊接后的插入损耗与频率的关系

图 12-25 说明了 100pF 电容器的插入损耗特性。样品在频率范围为 100MHz～9GHz 的一个串联装置中进行测试，电容器焊接需使其内电极与基板平行。如图 12-25 所示，在 200MHz～1.5GHz，电容器的插入损耗小于 0.1dB。变换侧边位置焊接电容，使内电极垂直于基板，第一个并联谐振缺陷将在 1.6GHz 处被抑

制。因此，可用的频率范围将扩大到大约 2.4GHz。在这个方向，相同的电容器可以用于宽带耦合应用中的所有无线频率。

12.9.4 *ESR* 和品质因数 *Q*

电容器的品质因数（Q）在数值上等于其净电抗$\left(X_C - X_L\right)$与等效串联电阻 *ESR* 的比值，等式如下：

$$Q = \frac{X_C - X_L}{ESR} \qquad \text{公式（12-10）}$$

由这个表达式可以看出，电容器的 Q 与 *ESR* 成反比，与净电抗成正比。一个电容器的 *ESR* 应该在通带内的所有频率都是已知的，特别是在电容器的串联谐振频率之上的频率。在所述内电极厚度至少为趋肤深度处，*ESR* 将随着 $\sqrt{f}$ 的增加而增加。因此，*ESR* 将通过增加频率的方式增加，并可能成为主要的损耗因素。如前所述，衰减凹陷（attenuation notch）将出现在电容器的 F_{PR} 处，其深度是跟 *ESR* 成反比。因此，电容器的 *ESR* 在很大程度上决定了并联谐振频率处的衰减凹陷的深度（the depth of attenuation notch）。

12.10 MLCC 的旁路应用

12.10.1 旁路应用的基本要求

旁路应用中的电容器作为分流元件，用于将射频能量从电路中的一个特定点传送到接地。正确选择一个旁路电容将提供一个非常低的阻抗路径到接地。理论上理想阻抗为 0Ω，然而，一个实际的电容器由于其电抗和固有的寄生元件将具有一定阻抗。满足电容器旁路应用要求需要仔细分析各种频率特性的电容器参数，如串联谐振频率（F_{SR}）、等效串联电阻（*ESR*）和阻抗的大小。*ESR* 和阻抗应该总是在工作频率处进行评估。

图 12-26 是一个方框图，说明电容器旁路应用。电容用 C_0 表示，等效串联电阻 ESR 用 R_S 表示，等效串联电感（ESL）用 L_S 表示，寄生并联电容用 C_p 表示，相关的并联谐振频率为 F_{PR}。

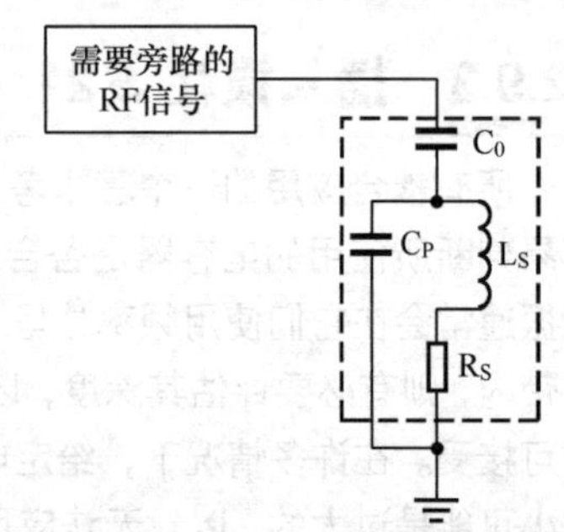

图 12-26 旁路电容器内部等效结构

12.10.2 相关术语

1）等效串联电阻（*ESR*）

ESR 是电容器的介质（R_{SD}）和金属成分（R_{SM}）产生的所有损耗的总和（$R_{SD} + R_{SM}$），通常用 mΩ表示。R_{SD} 是介电损耗的正切，依赖于介质配方特性和制造工艺。金属损耗取决于内电极和端电极材料的电阻特性，以及因趋肤效应（skin effect）引起的电极损耗。当在射频旁路应用中采用电容器时，*ESR* 是需要考虑的一个关键参数。

2）品质因数（Q）

电容器的 Q 值等于其净电抗$\left(X_C - X_L\right)$与等效串联电阻（*ESR*）之比，即

$$Q = \frac{X_C - X_L}{ESR}$$

由这个表达式可以看出，电容器的 Q 值与 *ESR* 成反比，与净电抗成正比。

3）串联谐振频率（F_{SR}）

电路在 $F_{SR} = \dfrac{1}{2\pi\sqrt{L_S C_0}}$ 时出现谐振，在这个频率，电容器的净电抗为 0，阻抗等于 *ESR*。在此频率下电容器将提供最佳旁路所需的最低阻抗路径。

4）并联谐振频率（F_{PR}）

对于盘式电容器，大约在 2 倍的 F_{SR} 频率处出现谐振。与 F_{SR} 相比，电容器在其 F_{PR} 处的阻抗可能陡然升高。通过评估 F_{PR} 处的插入损耗大小，这种现象是很容易被观察到的。

5）阻抗（Z）

电容器阻抗 $Z=\sqrt{(ESR)^2+(X_C-X_L)^2}$，从这一关系可以看出，电容器的阻抗受净电抗 (X_C-X_L) 的显著影响。

重要的是要评估整个所需频率范围内的阻抗大小，选择一个合适的旁路电容器，它将在此频率范围内显示最佳的低阻抗。如图 12-27 所示，频率在 F_{SR} 以下，净阻抗呈容性，且受 $\dfrac{1}{\omega C}$ 支配，阻抗频率特性关系线生成一条曲线。相反地，频率在 F_{SR} 以上，净阻抗呈感性，并受 ωL 支配，阻抗频率特性关系线生成一条线性线段。

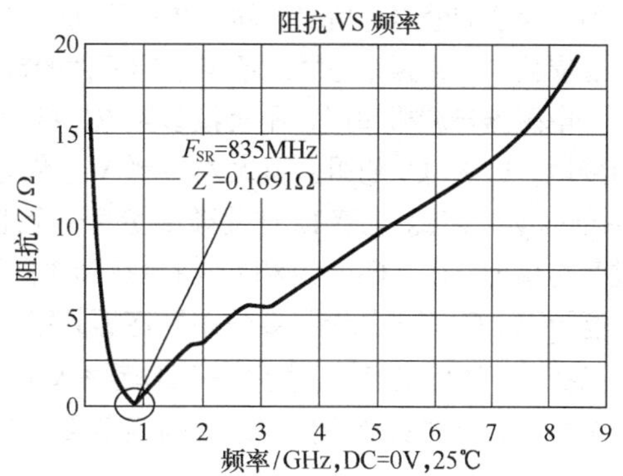

图 12-27　0402-C0G-100pF-50V 阻抗频率特性曲线

12.10.3　应用举例

旁路是一个需要仔细考虑的关键设计问题。图 12-28 显示了 1.9 GHz 蜂窝式 FET 放大器（cellular FET amplifier），强调漏极偏置网络。

图 12-28 所示的电路元件将抑制射频能量进入 V_{DD} 电源，同时在漏极提供高阻抗，以保持最佳的带内射频增益。它还可以防止由电源产生的噪声出现在 FET 的漏极上。由开关模式电源（SMPS）产生的高速开关环境将在 V_{DD} 供电线路上产生噪声。由开关脉冲边缘快速上升和下降产生的瞬时电流容易引起 V_{DD} 供电线路的回响（ring）。由此产生的噪声频率可达数百 MHz。SMPS 开关产生的射频噪声是连续的，通常频率为 0.35/*PE*，其中 *PE* 为脉冲上升或下降时间（s）。例如，一个上升和下降时间为 1.5ns 的开关脉冲将产生高达 233MHz 的杂散频谱成分。

12.10.4　漏极偏置网络

如图 12-28 所示，FET 的漏极偏置网络由阻抗为 ωL 的串联电感成分和阻抗为 $\dfrac{1}{\omega C}$ 的分流电容成分组成。在偏置网络中适当选择旁路电容器是必不可少的，它们在一个宽阔的频率范围内，将有助于将射频能量从 V_{DD} 供电线路解耦到接地。由于电容器展现出一个小的寄生电感，所以有一个相关的串联自谐振频率，自

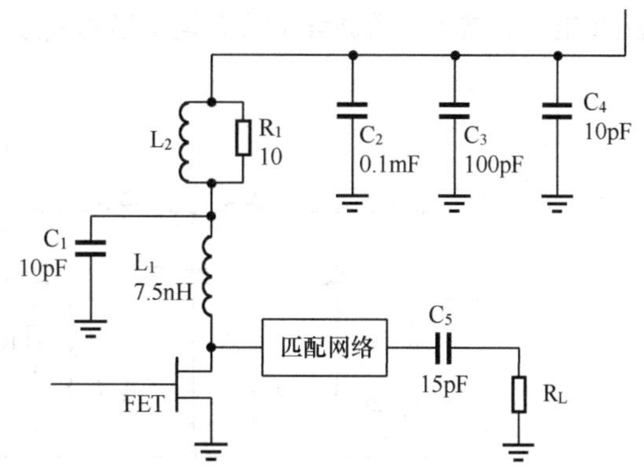

图 12-28　在 1.9GHz FET 带宽偏置网络中的旁路电容器

谐振频率 $F_{SR} = \dfrac{1}{2\pi\sqrt{L_S C_0}}$。在自谐振频率点（$F_{SR}$），感抗大小跟容抗大小相等，因净阻抗 $Z=\sqrt{(ESR)^2+(X_L-X_C)^2}$，所以，在自谐振频率点 $Z=ESR$。因此，设计者将选择一个理想的电容器，使自谐振频率（F_{SR}）等于或接近期望的“旁路频率”。这种倾向是基于建立一个低阻抗路径，它具有最小或接近 0 的净电抗，从而使其成为理想的旁路应用。

对于大多数 MLCC，并联谐振频率（F_{PR}）通常在大于两倍的串联谐振频率（F_{SR}）的频率点出现。在电容器的 F_{PR} 频率点，阻抗很可能高并且呈现感性（$R+j\omega L$），可能不能提供一个足够的射频路径到接地。为了减轻这种情况，同时选择了几个电容器，使其自谐振频率错开，目的是为了覆盖一个具有合适低损耗的宽阔频率范围。所需电容元件的数量取决于每个元件在预期频带段上的损耗和阻抗特性。

电感器与漏极串联，不直接参照 RF 接地。因此，它们依靠旁路电容器，C_1 至 C_4 实现低阻抗路径到接地。L_1 和 C_1 的组合将大大抑制 V_{DD} 供电线路上出现的带内（in-band）1.9GHz 载波频率（carrier frequency）能量。电感 L_1 在此频率扮演一个阻隔角色，而电容 C_1 将有利于进一步抑制带内射频能量通过旁路接地。L_2、C_2、C_3 和 C_4 将会在频率低于 1.9GHz 载波频率时抑制射频能量，此时放大器的增益可能更高。C_1 容量的选择要使串联谐振频率（F_{SR}）接近放大器的工作频率。由于 C_1 是一个分流元件，并且在 F_{SR} 处阻抗较低，所以在工作频率处的射频能量将被旁路接地。电容器 C_2、C_3 和 C_4 的容值是错开选择的，这样每个阻抗在连续的频率段都很低，以便在放大器工作频带以下频率提供连续的旁路。

12.11 高 Q 电容器的匹配应用

12.11.1 匹配应用的作用

在射频匹配应用（matching application）中，电容器的品质因数 Q 几乎总是主要的设计考虑因素。电容器的功耗 P_D 与其 Q 系数成反比，与等效串联电阻（ESR）成正比，见公式（12-11）。

$$P_D = I^2 \times \left(\frac{X_C}{Q}\right) = I^2 \times (ESR) \qquad \text{公式（12-11）}$$

为了将主动增益元件（active gain device）的相对低阻抗转换为系统阻抗，一个输入型匹配网络（input matching network）对大多数射频放大器设计是必不可少的。主动元件（active device）的输入阻抗通常在 0.5～2Ω的数量级，通常与 50Ω系统匹配。假设功率放大器中的晶体管的输入阻抗为 1Ω。这将需要一个 50:1 的阻抗转换。因此，当匹配网络将信号阻抗从 50Ω转换为 1Ω时，我们必须权衡电压和电流。这将导致循环电流 i_3 是 7 倍的 I_{IN}。参见图 12-29。

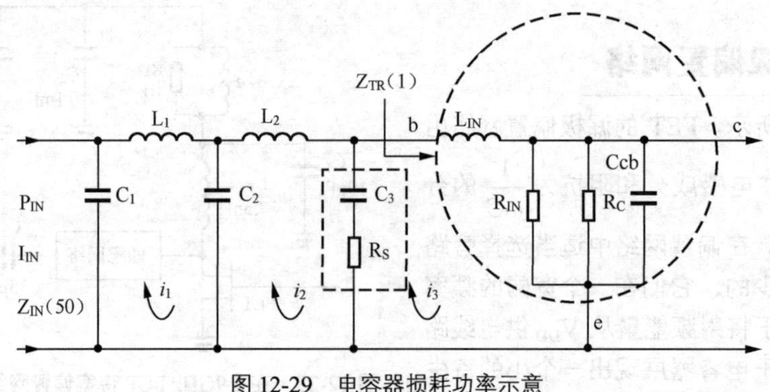

图 12-29 电容器损耗功率示意

12.11.2 将高 Q 电容设计成匹配网络的原因

1）输出能力：在匹配网络应用中的低损耗高 Q 电容器将确保放大器的最大有效增益和可用输出。尤其在高射频功率应用中，因元件生热造成的损耗通过高 Q 被动元件的使用大大减轻了。

2）噪声系数：例如卫星接收机中采用的 LNA 中小信号放大器，需要高 Q 电容器。具有损耗的被动元件会增加热噪声（KTB）和降低放大器的整体噪声系数，从而降低信噪比。

同样，MRI 成像线圈（imaging coils）也需要极低损耗的电容器。这些应用是利用电容器来调节谐振电路中的线圈，并且必须是透明的。被 MRI 线圈检测到的信号是非常小的，来自低 Q 电容器的任何损耗负作用会产生更多的热噪声，使处理信号变得困难或不可能。

3）热量管控（thermal management）：如图 12-29 所示在极端的情况下，如果 C_3 损耗非常大，它可能因高循环电流产生足够的热从而熔化焊锡。过度热量累积结果很容易导致元件从 PCB 上脱焊。由于 C_3 在物理上接近主动器件，电容器产生的任何额外热量将反射到晶体管中，从而降低可靠性，并可能导致元件早期失效。尽管，为了最优的 RF 性能，技术上将匹配电容器(matching capacitor)焊接到离三极管元件平面很近的位置是可取的，但在这些应用中必须明智地考虑热量管控。在关键应用中，电容器的不当选择很容易导致各种电路性能问题。

12.11.3 应用举例

举例如下应用条件：

- 功率放大器@150MHz
- 输出功率 P=400W
- 系统阻抗 Z=50Ω

$$I=\sqrt{\frac{P}{Z}}=\sqrt{\frac{400}{50}}=2.83\text{A}$$

假设 400W 放大器的输出耦合电容 ESR=0.022Ω。在这种情况下，电容器的损耗功率 P_{D}（power dissipation）将是：

$$P_{\text{D}}=I^2\times(ESR)=2.83^2\times0.022=176\text{mW}$$

在这个例子中，我们看到电容损耗功率直接与 ESR 有关，使高 Q 低 ESR 电容器成为这类应用的典型。即使是不产生大电流的小信号放大器，如果不将损耗保持在最低限度，其有效增益和总体噪声系数也会受到影响。

表 12-12 显示了典型的损耗功率作为倍频相关频率 ESR 的函数。某 MLCC 厂家高 Q 系列 220pF 电容器与典型 0805-NPO-220pF 进行比较。

表 12-12　高 Q 电容器与普通电容器的损耗功率对比

频率/MHz	高 Q 系列（220pF）		通用型（0805-NP0-220pF）	
	ESR/Ω	损耗功率/W	ESR/Ω	损耗功率/W
150	0.025	0.200	0.080	0.640
300	0.035	0.280	0.113	0.904
600	0.049	0.392	0.159	1.272
1200	0.069	0.552	0.224	1.792

12.11.4 可靠性

损耗电容器产生的过多热量会影响主动元件以及与热源相关或接近的其他部件的可靠性。在耦合（coupling）、匹配（matching）、旁路（bypass）和阻截（blocking）应用中，损耗电容器可以很容易地降低整个电路的 *MTBF*。

缩　写

我们在这里列出一些最常见的关于电容器的概念和参考文献，为了清晰起见，有时解释在相应的章节重复。

标准及协会缩写

IEC	International Electro-technical Commission 国际电工技术委员会
EIA	Electronic Industries Alliance 美国电子工业协会
JIS	Japanese Industrial Standards 日本工业标准
MIL	Military Specification/USA 美国军方标准
AQL	Acceptable Quality Level 验收质量标准
UL	Underwriters' Laboratories 保险商实验所

名词缩写

CP	Capacitance 容值
DF	Dissipation Factor/Tanδ 介质损耗角（损耗因数）
Q	The Capacitor's Factor of Merit 品质因数（与损耗因数 DF 互为倒数）
IR	Insulation Resistance 绝缘电阻
U_R	Rated Voltage 额定电压（工作电压）
FL	Flash 耐压
ε	Dielectric Constant，permittivity 介电常数
@	at（例如：@25℃为在 25℃下）
AC	Alternating Current 交流电
DC	Direct Current 直流电
D/A	Digital to Analog 数模转换
DPA	Destructive Physical Analysis 剖面分析
ESD	Electrostatic Discharge 静电释放
HF	High Frequency 高频
RF	Radio Frequency 射频
RFI	Radio Frequency Interference 射频干扰
RH	Relative Humidity 相对湿度
RT	Room Temperature（≈23℃）室温
SMD	Surface Mount Devices 贴片元件

TCE	Temperature Coefficient of Expansion 温度膨胀系数
R.M.S	Root-Mean-Square 均方根是定义 AC 波的有效电压或电流的一种最普遍的数学方法
FR	Failure Rate 失效率
FRL	Failure Rate Level 失效率标准
LTPD	Lot Tolerance Percent Defective 批量允许不良率
QPL	Qualified Products List 合格品清单
ppm	parts per million 百万分之一
PCB	Printed Circuit Board 印制电路板
TC	Temperature Coefficient 温度系数